HUNNINGTU PEIZHI
SHIYONG JISHU SHOUCE

混凝土配制
实用技术手册

第三版

李继业　刘福臣　王　宁　编著

化学工业出版社
·北京·

本书是在参考大量有关资料的基础上，结合国家现行标准、规范、规定和规程编著而成，较系统地介绍了多种混凝土的材料组成和要求、配合比设计的方法步骤及配制混凝土的参考配合比，不仅涵盖面比较广、内容先进丰富，而且具有很强的工程实用性，是一本供混凝土配合比设计和施工的应用型工具书。

本书可供建筑、土木工程、水利等领域从事设计、施工、监理、质监、造价等专业的技术人员、科研人员和管理人员参考，也可供高等学校相关专业师生参阅。

图书在版编目（CIP）数据

混凝土配制实用技术手册/李继业，刘福臣，王宁

编著. —3 版 .—北京：化学工业出版社，2014.9（2021.8 重印）

ISBN 978-7-122-21531-4

Ⅰ.①混…　Ⅱ.①李…②刘…③王…　Ⅲ.①混

凝土-配制-技术手册　Ⅳ.①TU528.062-62

中国版本图书馆 CIP 数据核字（2014）第 175095 号

责任编辑：刘兴春

责任校对：宋　玮　　　　　　　　　　装帧设计：杨　北

出版发行：化学工业出版社（北京市东城区青年湖南街 13 号　邮政编码 100011）

印　　装：北京七彩京通数码快印有限公司

787mm×1092mm　1/16　印张 26　字数 645 千字　　2021 年 8 月北京第 3 版第 2 次印刷

购书咨询：010-64518888　　　　　　售后服务：010-64518899

网　　址：http://www.cip.com.cn

凡购买本书，如有缺损质量问题，本社销售中心负责调换。

定　　价：98.00 元　　　　　　　　　　　　　　　版权所有　违者必究

第三版前言

混凝土是土建工程中应用最广、用量最大的建筑材料之一，任何一个现代建筑工程都离不开混凝土。据有关部门初步估计，目前全世界每年生产的混凝土材料已超过 100 亿吨，预计今后每年生产混凝土将达到 120 亿～150 亿吨。随着科学技术的进步，混凝土不仅广泛地应用于工业与民用建筑、水工建筑和城市建设，而且还可以制成压力管道、地下工程、宇宙空间站及海洋开发用的各种构筑物等。

进入 21 世纪以来，我国各项建设事业飞速发展，给混凝土科学技术的发展带来欣欣向荣的景象，各种现代化的大型建筑如雨后春笋，新型混凝土技术和施工工艺不断涌现，并在工程应用中获得巨大的经济效益和社会效益，为我国社会主义现代化建设插上了腾飞的翅膀，有力地促进了国民经济各项事业的发展。

根据专家预测，混凝土今后发展的基本趋势是：①混凝土技术已进入高科学技术时代，正向着高强度、高工作性和高耐久性的高性能方向发展；②混凝土科学技术的任务已从过去的"最大限度向自然索取财富"，变为合理应用、节省能源、保护生态平衡，使其成为科学、节能和绿色建筑材料；③混凝土能否长期维持在特殊环境中正常使用，以适应特殊性能、特殊材料和特殊施工的要求也成为今后混凝土的努力方向，也是混凝土的未来和希望；④混凝土如何科学合理地进行配制，以达到混凝土的性能和技术要求，这也是混凝土技术发展和研究的重要课题。

随着混凝土科学技术的发展，国家对混凝土所用材料、施工工艺、质量标准提出新的要求，自 2008 年以来颁布了很多新的规范和规程，如《混凝土结构工程施工质量验收规范》（GB 50204—2010）、《通用硅酸盐水泥》（GB 175—2007/XG1—2009）、《混凝土膨胀剂》（GB 23439—2009）、《高层建筑混凝土结构技术规程》（JGJ 3—2010）、《混凝土结构设计规范》（GB 50010—2010）、《混凝土膨胀剂》（GB 23439—2009）、《用于水泥中的粒化高炉矿渣》（GB/T 203—2008）、《砂浆、混凝土防水剂》（JC 474—2008）等。

随着对建筑节能和环境保护要求的提出，对混凝土的应用也提出了更高的要求，如再生混凝土的利用等已成为当今混凝土技术研究的重点，很有必要将这些内容及时增加。另外，根据工程实际需要，也有必要对书中有关内容进行完善和删减。因此，需要对《混凝土配制实用技术手册》（第二版）进行修订。

本次出版为第三次修订，修订的主要内容有：（1）对已作废的规范和标准以现行的进行了修订，这是本次修订的重点，如《建设用砂》（GB 14684—2011）、《建设用卵石、碎石》（GB 14685—2011）、《普通混凝土配合比设计规程》（JGJ 55—2011）等；（2）对在工程中应用较少的混凝土进行删除，如删减了第二版中的"耐油混凝土"、"膨胀混凝土"、"无砂大孔混凝土"、"树脂混凝土"等章节；（3）重新补充和完善了"再生骨料混凝土"等章节；等等。

本书在编著过程中非常注重实践与理论相结合，特别注意突出了工程的应用性、实用性，尽量为混凝土配合比设计和施工技术人员的具体应用创造有利条件。

本书主要由山东农业大学李继业、刘福臣、王宁编著，张雷、李海豹、李海燕参加了部分内容的编著工作。本书由李继业教授负责全书的规划，由刘福臣负责全书的资料收集，由王宁负责全书的校核。编著具体分工为：李继业编著第一章、第三章、第四章、第十七章、第二十一章、第二十四章；刘福臣编著第二章、第十章、第十二章、第十八章、第十九章、第二十章、第三十章；王宁编著第五章、第十一章、第二十二章、第二十八章、第三十一章；李海豹编著第七章、第十三章、第二十五章、第二十六章、第二十九章；李海燕编著第六章、第十四章、第二十三章、第二十七章；张雷编著第八章、第十五章、第九章、第十六章。全书最后由李继业终稿、定稿。

本书较系统地介绍了多种混凝土的材料组成和要求，配合此设计的方法步骤及配制混凝土的参考配合比，涵盖面广、内容先进丰富，具有较强的工程实用性，可以作为土木工程混凝土配合比设计和施工技术人员的工具书、技术参考书，也可以作为建筑类技术工人的自学教材，还可以作为土木工程类高等学校教师和学生的参考和辅助教材。

由于混凝土技术与施工工艺发展非常迅速，限于编著者掌握的技术资料不全和水平有限，不当之处在所难免，敬请专家和读者提出宝贵的意见。

编著者

2014 年 8 月于泰山

第一版前言

在人类社会发展和科学技术发展的实践中，人们将材料、信息和能源作为实现现代文明的三大支柱，把信息技术、生物技术和新材料作为"新产业革命"的重要标志。由此可以清楚地看出，建筑材料在社会发展和国民经济建设中具有举足轻重的作用。

纵观混凝土100余年的发展历程，特别是当今混凝土科学技术的进步，才使得混凝土这种传统的建筑材料立于不败之地。各国的经济发展充分证明：混凝土仍然是现代建筑中运用最广泛的材料之一，它具有结构性能好、可塑性好、防水性能好和适合工业化生产等优点。混凝土经过20世纪的发展，已经从一种简单的结构材料转变成一种富有诗意的、浪漫的建筑材料，从一种单一性能的材料扩展成为一种多性能的材料，从一种低技术含量的材料发展成为一种高技术含量的材料。

根据专家预测，混凝土今后发展的基本趋势是：①混凝土技术已进入高科学技术时代，正向着高强度、高工作性和高耐久性的高性能方向发展；②混凝土科学技术的任务已从过去的"最大限度向自然索取财富"变为合理应用、节省能源、保护生态平衡，使其成为科学、节能和绿色建筑材料；③混凝土能否长期维持在特殊环境中正常使用，以适应特殊性能、特殊材料和特殊施工的要求也成为今后混凝土的研制、发展的方向，也是混凝土的未来和希望；④如何科学合理地进行配制，以达到混凝土的性能和技术要求，这也是混凝土技术发展和研究的重要课题。

我们根据一些混凝土工程的实践和科研项目，参考近几年国内外有关专家的研究成果，在总结、学习和发展的基础上，组织编写了这本《混凝土配制实用技术手册》，目的是通过介绍这些混凝土的组成材料、配合比设计和参考配合比等，大力推广应用、发展混凝土先进、快捷的配制技术，为混凝土的配合比设计和配制做出更大的贡献。

本书在编写过程中非常注重实践与理论相结合，特别注意突出了工程的应用性、实用性，尽量为混凝土配合比设计和施工技术人员的具体应用创造有利条件。

全书由山东农业大学李继业教授担任主编，由刘经强副教授、张峰工程师和郗忠梅副教授担任副主编，张平、沈万和、武岩、李琪、李凌霄参加了编写。

本书由李继业教授负责全书的规划及统稿，刘经强负责全书的资料收集，张峰负责全书的校核，郗忠梅负责为全书绘图。编写具体分工为：李继业编写第一章、第三章、第四章、第十九章、第三十六章；刘经强编写第二章、第十章、第十二章、第二十四章、第三十章；张峰编写第五章、第十一章、第二十二章、第三十一章；郗忠梅编写第七章、第十三章、第二十五章、第二十六章、第二十九章；第六章、第十四章、第二十三章、第二十七章、第三十五章；沈万和编写第八章、第十五章、第三十三章；武岩编写第九章、第十六章、第三十四章；李琪编写第十七章、第二十一章、第三十二章；李凌霄编写第十八章、第二十章、第二十八章。

本书可作为建筑、土木工程、水利等领域混凝土配合比设计和施工技术人员的工具书、技术参考书，也可作为建筑类技术工人的自学教材，还可作为高等院校相关专业的本科生、研究生参考和辅助教材。

由于混凝土技术与施工工艺发展非常迅速，限于编者掌握的技术资料和水平，不当之处，敬请专家和读者提出宝贵的意见。

编　者

2008 年 1 月于泰山

第二版前言

混凝土是土建工程中应用最广、用量最大的建筑材料之一，任何一个现代建筑工程都离不开混凝土。据有关部门初步估计，目前全世界每年生产的混凝土材料已超过 100 亿吨，预计今后每年生产混凝土将达到 120 亿～150 亿吨，随着科学技术的进步，混凝土不仅广泛地应用于工业与民用建筑、水工建筑和城市建设，而且还可以制成压力管道、地下工程、宇宙空间站及海洋开发用的各种构筑物等。

进入 21 世纪以来，我国各项建设事业飞速发展，给混凝土科学技术的发展带来欣欣向荣的景象，各种现代化的大型建筑如雨后春笋，新型混凝土技术和施工工艺不断涌现，并在工程应用中获得巨大的经济效益和社会效益，为我国社会主义现代化建设插上了腾飞的翅膀，有力地促进了国民经济各项事业的发展。

2008 年，我们根据一些混凝土工程的实践和科研项目，参考近几年国内外有关专家的研究成果，在总结、学习和发展的基础上，组织编写了《混凝土配制实用技术手册》。由于本书非常注重实践与理论相结合，特别注意突出了应用性和实用性，得到广大读者的认可。

随着混凝土科学技术的发展，国家对混凝土所用材料、施工工艺、质量标准提出新的要求，自 2008 年以来颁布了很多新的规范和规程，如《混凝土结构工程施工质量验收规范》（GB 50204—2010）、《通用硅酸盐水泥》（GB 175—2007/XG1—2009）、《混凝土膨胀剂》（GB 23439—2009）、《高层建筑混凝土结构技术规程》（JGJ 3—2010）和《混凝土结构设计规范》（GB 50010—2010）等。为适应新形势的变化，在 2008 年版《混凝土配制实用技术手册》的基础上，我们又修订出版了《混凝土配制实用技术手册》（第二版）。

本书由山东农业大学李继业教授担任主编，由刘经强副教授、高树清高级工程师和黄传国工程师担任副主编，孔繁明、孔祥田、李海豹、任烁、王海宇参加了编写。

本书编写具体分工为：李继业编写第一章、第三章、第四章、第十九章；刘经强编写第二章、第十章、第十二章、第二十四章、第三十章；高树清编写第五章、第十一章、第二十二章、第三十一章；黄传国编写第七章、第十三章、第二十五章、第二十六章、第二十九章；孔繁明编写第六章、第十四章、第二十三章、第二十七章、第三十五章；孔祥田编写第八章、第十五章、第三十三章；李海豹编写第九章、第十六章、第三十四章；任烁编写第十七章、第二十一章、第三十二章；王海宇编写第十八章、第二十章、第二十八章。

　　本书虽然经过修订，但由于混凝土的材料和施工工艺发展非常迅速，限于编者掌握的技术资料和水平，不当和疏漏之处仍在所难免，敬请读者提出宝贵的意见。

编　者
2011 年 5 月于泰山

目　录

第一章　普通混凝土

普通混凝土一般指以水泥为主要胶凝材料，与水、砂、石子，必要时掺入化学外加剂和矿物掺合料，按适当比例配合，经过均匀搅拌、密实成型及养护硬化而成的人造石材。混凝土在凝结硬化前的塑性状态，即新拌混凝土或混凝土拌和物；硬化之后的坚硬状态，即硬化混凝土或混凝土。

普通混凝土具有很多的优异性能，广泛地应用于建筑工程、水利水电工程、道路桥梁工程、地下工程、国防工程、港口工程等，是当代最重要的建筑材料之一，也是世界上用量最大的人工建筑材料。

第一节　普通混凝土的材料组成

普通混凝土是由水泥、砂子、石子、水和外加剂按适当比例配合，经过混合、拌制而成的水硬性材料。在普通混凝土中，砂子（细骨料）和石子（粗骨料）统称为骨料，主要起着骨架的作用，是混凝土中占比例最大的材料，它们不参与水泥与水的化学反应；水泥与水混合形成水泥浆，水泥浆包裹在骨料的表面并填充其空隙。在混凝土硬化前，水泥浆主要起润滑作用，赋予混凝土拌和物一定的流动性，以便于混凝土浇筑、振捣施工；水泥浆硬化后主要起胶结作用，将砂、石骨料胶结成为一个坚硬的整体。

普通混凝土的技术性能在很大程度上是由原材料及其相对含量决定的，另外也与施工环境条件、施工工艺等有关。因此，要确保普通混凝土的质量，必须了解组成混凝土原材料的性质和质量要求。

一、水泥

水泥是普通水泥混凝土中价格最贵、影响质量和性能的关键性材料，它不仅直接影响普通混凝土的强度和耐久性，而且还影响工程的经济性。因此，在普通水泥混凝土中主要是合理选择水泥品种和强度等级。

（一）水泥品种的选择

配制普通混凝土所用的水泥，应根据混凝土的工程特点和所处环境，结合各种水泥的不同特性进行选用。在建筑工程中最常用的水泥是硅酸盐系列水泥，其技术性能应符合国家标准《通用硅酸盐水泥》（GB 175—2007/XG1－2009）中的规定。常用水泥品种的选用如表 1-1 所列。

（二）水泥强度等级的选择

配制普通混凝土所用水泥的强度等级，应当与混凝土的设计强度等级相适应。原则上是配制高强度等级的混凝土，应选用高强度等级的水泥；配制低强度等级的混凝土，应选用低强度等级的水泥。

对于一般强度的混凝土，水泥的强度等级宜为混凝土强度等级的 1.5～2.0 倍。例如，配制 C25 混凝土，可选用强度等级为 42.5 的水泥；配制 C30 混凝土，可选用强度等级为 52.5 的水泥。

二、细骨料

粒径在 0.15～4.75mm 之间的骨料称为细骨料，俗称为砂（子）。砂可分为天然砂和人工砂两类。天然砂是岩石经自然风化后所形成的大小不等的颗粒，包括河砂、山砂及淡化海砂；人工砂包括机制砂和混合砂。

根据现行国家标准《建设用砂》（GB/T 14684—2011）中的规定，配制混凝土应选用质量良好的砂子，对砂的质量要求主要包括砂中有害杂质的含量、砂的坚固性与碱活性、砂的粗细程度与级配等。

表 1-1　常用水泥品种的选用

混凝土工程特点或所处的环境条件		优先选用	可以选用	不宜选用
普通混凝土	在普通气候环境中的混凝土	普通硅酸盐水泥	矿渣硅酸盐水泥 火山灰硅酸盐水泥 粉煤灰硅酸盐水泥	
	在干燥环境中的混凝土	普通硅酸盐水泥	矿渣硅酸盐水泥	火山灰硅酸盐水泥 粉煤灰硅酸盐水泥
	在高湿环境中或水下的混凝土	矿渣硅酸盐水泥	普通硅酸盐水泥 火山灰硅酸盐水泥 粉煤灰硅酸盐水泥	
	厚大体积的混凝土	粉煤灰硅酸盐水泥 矿渣硅酸盐水泥 火山灰硅酸盐水泥	普通硅酸盐水泥	硅酸盐水泥 快硬硅酸盐水泥
有特殊要求的混凝土	要求快硬的混凝土	快硬硅酸盐水泥 硅酸盐水泥	普通硅酸盐水泥	矿渣硅酸盐水泥 火山灰硅酸盐水泥 粉煤灰硅酸盐水泥
	高强（大于 C40）混凝土	硅酸盐水泥	普通硅酸盐水泥 矿渣硅酸盐水泥	火山灰硅酸盐水泥 粉煤灰硅酸盐水泥
	严寒地区的露天混凝土和处在水位升降范围内的混凝土	普通硅酸盐水泥	矿渣硅酸盐水泥	火山灰硅酸盐水泥 粉煤灰硅酸盐水泥
	严寒地区处在水位升降范围内的混凝土	普通硅酸盐水泥	—	矿渣硅酸盐水泥 火山灰硅酸盐水泥 粉煤灰硅酸盐水泥
	有抗渗要求的混凝土	普通硅酸盐水泥 火山灰硅酸盐水泥	—	矿渣硅酸盐水泥
	有耐磨性要求的混凝土	硅酸盐水泥 普通硅酸盐水泥	矿渣硅酸盐水泥	火山灰硅酸盐水泥 粉煤灰硅酸盐水泥

（一）建设用砂的分类、规格和类别

（1）建设用砂的分类　建设用砂按其产源不同，可分为天然砂和人工砂两类。

（2）建设用砂的规格　建设用砂按细度模数，可分为粗砂、中砂和细砂三种规格，其细度模数分别为 3.7～3.1、3.0～2.3、2.2～1.6。

（3）建设用砂的类别　建设用砂按其技术要求可分为Ⅰ类、Ⅱ类和Ⅲ类三个类别。

（二）建设用砂的技术要求

建设用砂的技术要求主要包括颗粒级配、砂的含泥量、泥块含量和石粉含量、有害物

质、坚固性、表观密度、堆积密度和空隙率,碱集料反应等方面。

(1)建设用砂的颗粒级配 建设用砂的颗粒级配应符合表 1-2 中的规定。对于砂浆用砂,4.75mm 筛孔的筛余量应为 0。砂的实际颗粒级配除 4.75mm 和 600μm 筛子外,可以略有超出,但各级累计筛余量超出数值总和应不大于 5%。

表 1-2　建设用砂的颗粒级配

砂的分类	天然砂			机制砂		
级配区	Ⅰ区	Ⅱ区	Ⅲ区	Ⅰ区	Ⅱ区	Ⅲ区
方孔筛	累计筛余/%					
4.75mm	10～0	10～0	10～0	10～0	10～0	10～0
2.36mm	35～5	25～0	15～0	35～5	25～0	15～0
1.18mm	65～35	50～10	25～0	65～35	50～10	25～0
600μm	85～71	70～41	40～16	85～71	70～41	40～16
300μm	95～80	92～70	85～55	95～80	92～70	85～55
150μm	100～90	100～90	100～90	97～85	94～80	94～75

(2)建设用砂的含泥量、泥块含量和石粉含量 建设用砂的含泥量、泥块含量和石粉含量,应符合表 1-3 中的规定。

表 1-3　建设用砂的含泥量、泥块含量和石粉含量

砂的种类		类别	Ⅰ类	Ⅱ类	Ⅲ类
天然砂		含泥量(按质量计)/%	≤1.0	≤3.0	≤5.0
		泥块含量(按质量计)/%	0	≤1.0	≤2.0
机制砂		MB 值	≤0.5	≤1.0	≤1.4 或合格
	MB 值 ≤1.4	石粉含量(按质量计)/%	≤10.0	≤10.0	≤10.0
		泥块含量(按质量计)/%	0	≤1.0	≤2.0
	MB 值 >1.4	石粉含量(按质量计)/%	≤1.0	≤3.0	≤5.0
		泥块含量(按质量计)/%	0	≤1.0	≤2.0

注:石粉含量可根据使用地区和用途,经试验检验,由供需双方协商确定。

(3)建设用砂的有害物质 砂中如含有云母、轻物质、硫化物及硫酸盐、氯化物、贝壳等,其限量应符合表 1-4 中的规定。

表 1-4　建设用砂的有害物质限量

有害物质名称	Ⅰ类	Ⅱ类	Ⅲ类
云母(按质量计)/%	≤1.0	≤2.0	≤2.0
轻物质(按质量计)/%	≤1.0	≤1.0	≤1.0
有机物	合格	合格	合格
硫化物及硫酸盐 (按 SO_3 质量计)/%	≤0.5	≤0.5	≤0.5
氯化物(以 Cl^- 质量计)/%	≤0.01	≤0.02	≤0.06
贝壳(按质量计)/%	≤3.0	≤5.0	≤8.0

注:贝壳指标仅适用于海砂,其他的砂子不做要求。

（4）建设用砂的坚固性　建设用砂的坚固性采用硫酸钠溶液法进行试验，砂的质量损失应符合表 1-5 中的规定。机制砂除了满足坚固性要求外还应满足表 1-5 中的单级最大压碎指标要求。

表 1-5　建设用砂的坚固性和压碎指标

类别	Ⅰ类	Ⅱ类	Ⅲ类
坚固性质量损失/%	≤8.0	≤8.0	≤10.0
机制砂的单级最大压碎指标/%	≤20	≤25	≤30

（5）表观密度、堆积密度和空隙率　建设用砂的表观密度、堆积密度和空隙率应满足以下要求：表观密度不小于 2500kg/m³；堆积密度不小于 1400kg/m³；空隙率不大于 44%。

（6）建设用砂的碱集料反应　经碱集料反应试验后，试件应无裂缝、酥裂、胶体外溢等现象，在规定的试验龄期膨胀率应小于 0.10%。

三、粗骨料

粗骨料一般是指粒径大于 4.75mm 的岩石颗粒，主要可分为卵石和碎石两类。卵石是由于自然条件的作用形成的岩石颗粒，一般可分为河卵石、海卵石和山卵石；碎石是由天然岩石（或卵石）经破碎、筛分而制得。

根据国家标准《建设用卵石、碎石》（GB/T 14685—2011）中的规定，按卵石、碎石的技术要求，将卵石、碎石分为Ⅰ类、Ⅱ类和Ⅲ类。Ⅰ类宜用于强度等级大于 C60 的混凝土，Ⅱ类宜用于强度等级大于 C30～C60 及抗冻、抗渗或其他要求的混凝土，Ⅲ类宜用于强度等级小于 C30 的混凝土（或建筑砂浆）。

为保证混凝土的强度和耐久性，在国家标准《建设用卵石、碎石》（GB/T 14685—2011）中，对卵石和碎石的各项技术指标都做了具体规定，主要包括以下几个方面。

（一）建设用卵石、碎石的一般要求

（1）用矿山废石生产的碎石有害物质，除应符合"建设用卵石、碎石的有害物质限量"要求外，还应符合我国环保和安全相关的标准、规范，不应对人体、生物、环境及混凝土性能产生有害影响。

（2）建设用卵石、碎石的放射性应符合《建筑材料放射性核素限量》（GB 6566—2010）中的规定。

（二）建设用卵石、碎石的技术要求

建设用卵石、碎石的技术要求主要包括颗粒级配，含泥量和泥块含量，针、片状颗粒含量，有害物质，坚固性，岩石抗压强度，压碎指标，表观密度、连续级配松散堆积空隙率，吸水率，碱集料反应等方面。

（1）颗粒级配　建设用卵石、碎石的颗粒级配应符合表 1-6 中的规定。

（2）建设用卵石、碎石的含泥量和泥块含量　建设用卵石、碎石的含泥量和泥块含量应符合表 1-7 中的规定。

（3）建设用卵石、碎石的针、片状颗粒含量　建设用卵石、碎石的针、片状颗粒含量应符合表 1-8 中的规定。

表 1-6　建设用卵石、碎石的颗粒级配

公称粒级 /mm		累计筛余/%											
		方孔筛/mm											
		2.35	4.75	9.50	16.0	19.0	26.5	31.5	37.5	53.0	63.0	75.0	90.0
连续粒级	5～16	95～100	85～100	30～60	0～10	0							
	5～20	95～100	90～100	40～80	—	0～10	0						
	5～25	95～100	90～100	—	30～70		0～5	0					
	5～31.5	95～100	90～100	70～90	—	15～45	—	0～5	0				
	5～40	—	95～100	70～90	—	30～65	—	—	0～5	0			
单粒粒级	5～10	95～100	80～100	0～15	0								
	10～16		95～100	80～100	0～15								
	10～20		95～100	85～100	—	0～15	0						
	16～25			95～100	55～70	25～40	0～10	0					
	16～31.5		95～100		85～100			0～10	0				
	20～40			95～100		80～100			0～10	0			
	40～80					95～100			70～100	30～60	0～10	0	

表 1-7　建设用卵石、碎石的含泥量和泥块含量

类别	Ⅰ类	Ⅱ类	Ⅲ类
含泥量（按质量计）/%	≤0.5	≤1.0	≤1.5
泥块含量（按质量计）/%	0	≤0.2	≤0.5

表 1-8　建设用卵石、碎石的针、片状颗粒含量

类别	Ⅰ类	Ⅱ类	Ⅲ类
针、片状颗粒总含量（按质量计）/%	≤5	≤10	≤15

（4）建设用卵石、碎石的有害物质限量　建设用卵石、碎石的有害物质限量应符合表1-9 中的规定。

表 1-9　建设用卵石、碎石的有害物质限量

类别	Ⅰ类	Ⅱ类	Ⅲ类
有机物	合格	合格	合格
硫化物及硫酸盐（按 SO_3 质量计）/%	≤0.5	≤1.0	≤1.0

（5）建设用卵石、碎石的坚固性　建设用卵石、碎石的坚固性采用硫酸钠溶液法进行试验，砂的质量损失应符合表1-10 中的规定。

表 1-10　建设用卵石、碎石的坚固性

类别	Ⅰ类	Ⅱ类	Ⅲ类
坚固性质量损失/%	≤5.0	≤8.0	≤12.0

（6）建设用卵石、碎石强度　建设用卵石、碎石强度包括岩石抗压强度和压碎指标。

① 岩石抗压强度。在水饱和状态下，岩石抗压强度应符合下列要求：火成岩应不小于 80MPa，水成岩应不小于 60MPa，变质岩应不小于 30MPa。

② 压碎指标。建设用卵石、碎石的压碎指标应符合表 1-11 中的规定。

表 1-11　建设用卵石、碎石的压碎指标

类别	Ⅰ类	Ⅱ类	Ⅲ类
碎石压碎指标/%	≤10	≤20	≤30
卵石压碎指标/%	≤12	≤14	≤16

（7）建设用卵石、碎石的表观密度、连续级配松散堆积空隙率　建设用卵石、碎石的表观密度、连续级配松散堆积空隙率应符合下列要求：表观密度应不小于 2600kg/m³，连续级配松散堆积空隙率应符合表 1-12 中的规定。

表 1-12　连续级配松散堆积空隙率

类别	Ⅰ类	Ⅱ类	Ⅲ类
空隙率/%	≤43.0	≤45.0	≤47.0

（8）建设用卵石、碎石的吸水率　建设用卵石、碎石的吸水率应符合表 1-13 中的规定。

表 1-13　建设用卵石、碎石的吸水率

类别	Ⅰ类	Ⅱ类	Ⅲ类
吸水率/%	≤1.0	≤2.0	≤2.0

（9）建设用卵石、碎石的碱集料反应　经碱集料反应试验后，试件应无裂缝、酥裂、胶体外溢等现象，在规定的试验龄期膨胀率应小于 0.10%。

四、拌和及养护用水

混凝土所用的拌和及养护用水，对混凝土的质量具有很大影响。混凝土拌和及养护用水的质量，应符合《混凝土用水标准》（JGJ 63—2006）中的具体规定。

五、混凝土外加剂

混凝土外加剂的使用是混凝土技术的重大突破，其掺量虽然很小，但能显著改善混凝土的某些性能，具有投资少、见效快、技术经济效益显著的特点。随着科学技术的不断进步，如今外加剂已成为混凝土中的重要组分。

在使用混凝土外加剂时，应特别注意品种和掺量的选择、掺入方法的确定。无论掺加何种外加剂，其质量均应符合《混凝土外加剂应用技术规范》（GB 50119—2003）中的要求。

第二节　普通混凝土配合比设计

普通混凝土配合比设计，实质上就是确定混凝土中各组成材料数量之间的比例关系，即确定 1m³ 混凝土中各组成材料的用量，使得按此用量拌制出的混凝土能够满足工程所需的各项性能要求。

混凝土配合比设计的基本要求主要包括：①满足施工条件所要求的和易性；②满足混凝土结构设计的强度等级；③满足工程所处环境和设计规定的耐久性；④在满足以上 3 项要求的前提下，尽可能节约水泥，降低混凝土成本。

一、混凝土配合比设计的参数

普通混凝土配合比设计，实质上就是确定水泥、水、砂子与石子这 4 种基本组成材料的相对比例关系，通常是以水灰比、砂率和单位用水量这 3 个参数来控制。水灰比是指混凝土中水的用量与水泥用量的比值；砂率是指混凝土中砂的质量占砂、石总质量的百分率；单位用水量是指 1m³ 混凝土中的用水量。水灰比、砂率和单位用水量这 3 个参数，与混凝土各项性能之间有着密切的关系，正确地确定这三个参数，就能使混凝土满足各项技术性能要求。

二、混凝土配合比设计的步骤

在进行普通混凝土配合比设计时，首先应明确如下基本资料：混凝土设计要求的强度等级；工程所处环境对耐久性的要求；混凝土的施工方法及施工管理水平；混凝土结构的类型；原材料的品种及技术指标等。然后，根据原材料的性能及对混凝土的技术要求进行初步计算，得出初步配合比；再经过实验室试拌调整，得出满足和易性、强度和耐久性要求的实验室配合比；最后再根据施工现场砂、石含水情况，对实验室配合比进行修正，计算出施工配合比。

（一）初步配合比的计算

1. 确定混凝土配制强度

为了保证混凝土能够达到设计要求的强度等级，在进行混凝土配合比设计时，既要考虑到实际施工条件与实验室条件的差别，又要考虑到对混凝土强度的不利影响因素，必须使混凝土的配制强度高于设计强度等级。根据《普通混凝土配合比设计规程》（JGJ 055—2011）中的规定，配制强度 $f_{cu,0}$ 可按式(1-1)计算：

$$f_{cu,0} = f_{cu,k} + t\sigma \tag{1-1}$$

式中，$f_{cu,0}$ 为混凝土的配制强度，MPa；$f_{cu,k}$ 为混凝土的设计强度等级，MPa；t 为强度保证率系数，当强度保证率为 95% 时，取 $t=1.645$；σ 为混凝土强度标准差，MPa，可根据施工单位以往的生产质量水平进行测算，如施工单位无历史统计资料时可按表 1-14 选用。

表 1-14　混凝土强度标准差取值表（JGJ 55—2011）

混凝土强度等级	<C20	C20～C35	>C35
混凝土强度标准差/MPa	4.0	5.0	6.0

2. 确定混凝土的水灰比

瑞士学者保罗米，通过大量混凝土试验研究，应用数理统计的方法，提出了混凝土强度与水泥强度等级及水灰比之间的关系式，即混凝土强度公式。

$$f_{cu,28} = A f_{ce} \left(\frac{C}{W} - B \right) \tag{1-2}$$

式中，$f_{cu,28}$ 为混凝土 28 天龄期立方体抗压强度，MPa；f_{ce} 为水泥实际强度，MPa，f_{ce} 可通过试验确定，也可根据《普通混凝土配合比设计规程》（JGJ 55—2011）中的规定，取水泥强度富余系数为 1.13，按 $f_{ce}=1.13f_c$ 计算，其中 f_c 为水泥强度等级；C 为每立方米混凝土中水泥用量，kg；W 为每立方米混凝土中水的用量，kg；A、B 分别为经验系数，与骨料品种等有关，当采用碎石时 $A=0.46$、$B=0.07$，采用卵石时 $A=0.48$、$B=0.33$。

根据混凝土强度公式(1-2)，可推导出满足配制强度要求的水灰比，如式(1-3) 所列：

$$\frac{W}{C}=\frac{Af_{ce}}{f_{cu,0}+ABf_{ce}} \tag{1-3}$$

混凝土工程实践证明：混凝土的水灰比不仅要满足强度的要求，而且还要满足耐久性的要求，这是配制混凝土不可缺少的条件。

根据行业标准《普通混凝土配合比设计规程》（JGJ 55—2011）中的规定，混凝土的最大水灰比和最小水泥用量，如表 1-15 所列。最后应在按强度计算出的水灰比与查表所得的水灰比中，选用其中较小的一个值作为混凝土的设计水灰比。

表 1-15　混凝土的最大水灰比和最小水泥用量（JGJ 55—2011）

环境条件		结构物类型	最大水灰比(W/C)			最小水泥用量/(kg/m³)		
			素混凝土	钢筋混凝土	预应力混凝土	素混凝土	钢筋混凝土	预应力混凝土
干燥环境		正常的居住或办公用房屋内部件	无规定	0.65	0.60	200	260	300
潮湿环境	无冻害	(1)高湿度的室内部件；(2)室外部件；(3)在非侵蚀土或水中的部件	0.70	0.60	0.60	225	280	300
	有冻害	(1)经受冻害的室外部件；(2)在非侵蚀土或水中且经受冻害的部件；(3)高湿度且经受冻害的室内部件	0.55	0.55	0.55	250	280	300
有冻害和除冰剂的潮湿环境		经受冻害和除冰剂作用的室内和室外部件	0.50	0.50	0.50	300	300	300

注：当用活性掺合料取代部分水泥时，表中的最大水灰比及最小水泥用量即为替代前的水灰比及水泥用量。

3. 确定混凝土的用水量（W_0）

根据混凝土施工所要求的坍落度，以及所用骨料的品种、最大粒径等因素，参考表 1-16、表 1-17 选用 1m³ 混凝土的用水量。

表 1-16　塑性混凝土用水量选用表（JGJ 55—2011）　　　　单位：kg/m³

所需坍落度/mm	卵石最大粒径/mm				碎石最大粒径/mm			
	10.0	20.0	31.5	40.0	16.0	20.0	31.5	40.0
10～30	190	170	160	150	205	185	175	165
30～50	200	180	170	160	215	195	185	175
50～70	210	190	180	170	225	205	195	185
70～90	215	195	185	175	235	215	205	195

表 1-17　干硬性混凝土用水量选用表（JGJ 55—2011）

拌和物稠度		卵石最大粒径/mm			碎石最大粒径/mm		
项目	指标	10.0	20.0	40.0	16.0	20.0	40.0
维勃稠度/s	16～20	175	160	145	180	170	155
	11～15	180	165	150	185	175	160
	5～10	185	170	155	190	180	165

注：1. 本表不宜用于水灰比小于 0.40 或大于 0.80 的混凝土。
2. 本表用水量采用中砂时的平均值，若用细（粗）砂时，每立方米混凝土用水量可增加（减少）5～10kg。
3. 掺用外加剂（掺合料），可相应增减用水量。

4. 确定混凝土水泥用量（C_0）

根据确定出的水灰比（W/C）和 $1m^3$ 混凝土的用水量（W_0），用式(1-4)可求出 $1m^3$ 混凝土中的水泥用量（C_0）。

$$C_0 = \frac{W_0 C}{W} \tag{1-4}$$

为了保证满足混凝土的耐久性，由公式(1-4)计算得出的水泥用量，还应当满足表 1-15 中规定的最小水泥用量的要求。如果算得的水泥用量小于表 1-15 中规定的最小水泥用量，则应取表 1-15 中规定的最小水泥用量值。

5. 选取合理的砂率（S_P）

应当根据混凝土拌和物的和易性，通过试验求出合理砂率。在初步计算配合比或无试验资料时，可以根据骨料的品种、规格和水灰比（W/C），按表 1-18 中选取。

表 1-18　混凝土砂率选用表（JGJ 55—2011）　　　　单位：%

水灰比	卵石最大粒径/mm			碎石最大粒径/mm		
（W/C）	10	20	40	16	20	40
0.40	26～32	25～31	24～30	30～35	29～34	27～32
0.50	30～35	29～34	28～33	33～38	32～37	30～35
0.60	33～38	32～37	31～36	36～41	35～40	33～40
0.70	36～41	35～40	34～39	39～44	38～43	36～41

注：1. 本表适用于坍落度为 10～60mm 的混凝土；坍落度若大于 60mm，应在上表的基础上，按坍落度每增大 20mm 砂率增大 1% 的幅度予以调整。

2. 本表数值系采用中砂时选用的砂率，若用细（粗）砂，可相应减少（增加）砂率。

3. 只用一个单粒级骨料配制的混凝土，砂率应适当增加。

4. 掺有外加材料时，合理砂率经试验或参考有关规定选用。

6. 计算粗、细骨料的用量（S_0、G_0）

在混凝土配合比组成材料用量计算中，确定砂、石骨料用量的方法很多，最常用的是绝对体积法和假定表观密度法。

(1) 绝对体积法　绝对体积法是假定混凝土拌和物的体积等于各组成材料的绝对体积和拌和物中所含空气的体积之和。因此，在计算 1m 混凝土拌和物的各材料用量时，可列出式(1-5)。再根据砂率的计算公式(1-6)，将式(1-5)和式(1-6)联立，即可求出 $1m^3$ 混凝土中砂（S_0）、石子（G_0）的用量。

$$\frac{C_0}{\rho_c} + \frac{S_0}{\rho_{0s}} + \frac{G_0}{\rho_{0g}} + \frac{W_0}{\rho_w} + 10\alpha = 1000 \text{ (L)} \tag{1-5}$$

$$S_p = \frac{S_0}{S_0 + G_0} \times 100\% \tag{1-6}$$

式中，C_0、W_0 分别为 $1m^3$ 混凝土中的水泥、水的用量，kg；S_0、G_0 分别为 $1m^3$ 混凝土中的砂、石子的用量，kg；ρ_c、ρ_w 分别为混凝土中的水泥、水的密度，g/cm^3，通常取 $\rho_c = 3.1$，$\rho_w = 1.0$；ρ_{0s}、ρ_{0g} 分别为混凝土中的砂、石的密度，g/cm^3；α 为混凝土中含气百分数，%，在不使用引气型外加剂时 α 取 1.0；S_p 为混凝土的砂率，%。

(2) 假定表观密度法　如果混凝土所用原材料的情况比较稳定，所配制混凝土的表观密度将接近一个固定值，这样就可以根据施工水平和管理水平，假定一个混凝土拌和物的表观密度 ρ_{0h}，可得公式(1-7)。

$$C_0 + S_0 + G_0 + W_0 = \rho_{0h} \tag{1-7}$$

式中，ρ_{0h} 为假定混凝土拌和物的表观密度，kg/m^3。

将式(1-6)和式(1-7)联立，即可求出 $1m^3$ 混凝土中砂（S_0）、石（G_0）的用量。

通过以上 6 个步骤便可将 $1m^3$ 混凝土中水泥、水、砂子和石子的用量全部计算出，得到混凝土的初步配合比。但是，需要注意的是，以上混凝土配合比计算的公式和表格，均以干燥状态骨料为基准，如果以其他含水状态的骨料为基准，则应进行相应的修正。

（二）实验室配合比的确定

混凝土的初步配合比是根据经验公式、经验图表等估算而得出，因此不一定符合工程的实际情况，必须通过实验室进行检验，不符合要求时进行配合比调整。配合比调整的目的有两个方面：一是使混凝土拌和物的和易性满足施工需要；二是使水灰比满足混凝土强度及耐久性要求。

1. 调整施工的和易性，确定基准配合比

根据计算的初步配合比称取材料试样，按规定方法拌制成混凝土拌和物，测定拌和物的坍落度，并检验其黏聚性和保水性，如果和易性不符合设计要求，应对初步配合比进行调整。

调整的原则是：若坍落度过大，应保持砂率不变，适当增加砂、石的用量；若坍落度过小，应保持水灰比不变，适当增加水泥浆的用量；若拌和物出现因含砂不足而黏聚性和保水性不良时，应适当增加砂率；若拌和物显得砂浆过多时，应适当降低砂率。

每次调整后再进行试拌，并评定拌和物的和易性，直到和易性满足设计要求为止。当试拌成功之后，记录调整后各种材料的用量和实际表观密度。满足混凝土和易性要求的配合比称为基准配合比。

2. 检验强度和耐久性，确定实验室配合比

经过和易性调整后得到的基准配合比，其水灰比不一定满足混凝土强度和耐久性的设计要求，所以还应当检验混凝土的强度和耐久性。混凝土强度检验，一般采用三组不同的水灰比，其中一组为基准配合比中的水灰比，另两组在基准配合比水灰比值的基础上，分别增加和减少0.05，其用水量与基准配合比相同，砂率值可稍加调整。在制作混凝土标准试件时，应记录好各组配合比中各种材料用量，检验混凝土拌和物的和易性，并测定混凝土的表观密度。

三组不同配合比的混凝土标准试件，经标准养护 28 天后进行抗压强度试验，从三个抗压强度的代表值中，选择一个大于或等于试配强度、水泥用量较少的配合比，作为满足混凝土强度要求所需的配合比。如果对混凝土还有抗冻性、抗渗性等耐久性方面的要求，应根据需要增加相应的试验项目。

如果已知试拌调整后满足和易性、强度和耐久性要求的各种材料用量，并得到实测的混凝土表观密度 $\rho_{0h实}$，可按式(1-8)～式(1-11)计算混凝土的实验室配合比。

$$C = \frac{C_{拌}}{C_{拌} + W_{拌} + S_{拌} + G_{拌}} \times \rho_{0h实} \tag{1-8}$$

$$W = \frac{W_{拌}}{C_{拌} + W_{拌} + S_{拌} + G_{拌}} \times \rho_{0h实} \tag{1-9}$$

$$S = \frac{S_{拌}}{C_{拌} + W_{拌} + S_{拌} + G_{拌}} \times \rho_{0h实} \tag{1-10}$$

$$G = \frac{G_{拌}}{C_{拌} + W_{拌} + S_{拌} + G_{拌}} \times \rho_{0h实} \tag{1-11}$$

式中，C、W、S、G 分别为实验室配合比 $1m^3$ 混凝土中的水泥、水、砂和石子的用量，kg；$C_{拌}$、$W_{拌}$、$S_{拌}$、$G_{拌}$ 分别为实验室配合比试拌调整后水泥、水、砂和石子的实际用量，

kg；$\rho_{0h\text{实}}$ 为试拌调整后混凝土的实测表观密度，kg/m^3。

（三）现场施工配合比的确定

混凝土的基准配合比和实验室配合比，均是以干燥材料为基准而得出的，但工程现场存放的砂、石骨料实际都含有一定的水分，有时甚至变动比较大。所以，对现场材料的实际称量，应按工地砂、石的实际含水情况进行修正，修正后的配合比称为施工配合比。

现假定工地上砂的含水率为 $a(\%)$，石子的含水率为 $b(\%)$，则施工配合比中 $1m^3$ 混凝土各项材料的实际称量可按式(1-12)～式(1-15)进行计算：

$$C' = C \tag{1-12}$$
$$S' = S(1+a) \tag{1-13}$$
$$G' = G(1+b) \tag{1-14}$$
$$W' = W - S \cdot a\% - G \cdot b \tag{1-15}$$

式中，C'、W'、S'、G' 分别为施工配合比中 $1m^3$ 混凝土中的水泥、水、砂子、石子的实际称量，kg。

第三节 普通混凝土参考配合比

为便于施工过程中拌制混凝土方便，作为混凝土设计和施工时的配合参考、对照，按照新的行业标准《普通混凝土配合比设计规程》（JGJ 55—2000）的规定，按照混凝土质量法的设计程序，特编制出不同强度等级、不同粗骨料最大粒径、不同水灰比、不同水泥强度、不同水泥富余系数下碎石和卵石混凝土配合比参考数值，以供设计和施工单位参考，如表1-19～表1-50所列。

表 1-19 C15 碎石混凝土配合比参考表

粗骨料最大粒径/mm	水泥富余系数	水泥强度/MPa	坍落度/mm	砂率/%	每立方米混凝土材料用量/kg				混凝土的配合比			
					水	水泥	砂	石子	水	水泥	砂	石子
16.0	1.00	32.5	10～30	41.0	200	303	761	1096	0.66	1	2.512	3.617
			35～50		210	318	751	1081	0.66	1	2.362	3.399
			55～70		220	333	741	1066	0.66	1	2.225	3.201
	1.08	35.1	10～30	43.0	200	282	807	1071	0.71	1	2.862	3.798
			35～50		210	296	797	1057	0.71	1	2.693	3.571
			55～70		220	310	787	1043	0.71	1	2.539	3.365
20.0	1.00	32.5	10～30	39.0	185	280	739	1156	0.66	1	2.639	4.129
			35～50		195	295	729	1141	0.66	1	2.471	3.868
			55～70		205	311	719	1125	0.66	1	2.312	3.617
	1.08	35.1	10～30	41.0	185	261	785	1129	0.71	1	3.008	4.326
			35～50		195	275	775	1115	0.71	1	2.818	4.055
			55～70		205	289	765	1101	0.71	1	2.647	3.810
31.5	1.00	32.5	10～30	38.0	175	265	730	1190	0.66	1	2.755	4.491
			35～50		185	280	720	1175	0.66	1	2.571	4.196
			55～70		195	295	710	1160	0.66	1	2.497	3.932
	1.08	35.1	10～30	40.0	175	246	776	1163	0.71	1	3.154	4.728
			35～50		185	261	766	1148	0.71	1	2.935	4.398
			55～70		195	275	756	1134	0.71	1	2.749	4.124
40.0	1.00	32.5	10～30	37.0	165	250	720	1225	0.66	1	2.880	4.900
			35～50		175	265	710	1210	0.66	1	2.679	4.566
			55～70		185	280	701	1194	0.66	1	2.504	4.264
	1.08	35.1	10～30	39.0	165	232	766	1197	0.71	1	3.302	5.159
			35～50		175	246	756	1183	0.71	1	3.073	4.809
			55～70		185	261	746	1168	0.71	1	2.858	4.475

注：混凝土强度标准差为 4MPa；混凝土配制强度为 21.58MPa；混凝土单位体积用料假定总重为 2360kg；砂采用细度模数为 2.7～3.4 的中粗砂。

表 1-20 C20 碎石混凝土配合比参考表（一）

粗骨料最大粒径/mm	水泥富余系数	水泥强度/MPa	坍落度/mm	砂率/%	每立方米混凝土材料用量/kg				混凝土的配合比			
					水	水泥	砂	石子	水	水泥	砂	石子
16.0	1.00	32.5	35～50	36.0	210	412	640	1138	0.51	1	1.553	2.762
			55～70		220	421	630	1119	0.51	1	1.462	2.596
			75～90		230	451	610	1100	0.51	1	1.373	2.439
	1.08	35.1	35～50	37.0	210	382	669	1139	0.55	1	1.751	2.982
			55～70		220	400	659	1121	0.55	1	1.648	2.803
			75～90		230	418	648	1104	0.55	1	1.550	2.641
20.0	1.00	35.1	35～50	35.0	195	382	638	1185	0.51	1	1.670	3.102
			55～70		205	402	628	1165	0.51	1	1.562	2.898
			75～90		215	422	617	1146	0.51	1	1.462	2.716
	1.08	35.1	35～50	36.0	195	355	666	1184	0.55	1	1.876	3.335
			55～70		205	373	656	1166	0.55	1	1.759	3.126
			75～90		215	391	646	1148	0.55	1	1.652	2.936
31.5	1.00	32.5	35～50	34.0	185	363	630	1222	0.51	1	1.736	3.366
			55～70		195	382	620	1203	0.51	1	1.623	3.149
			75～90		205	402	609	1184	0.51	1	1.515	2.945
	1.08	35.1	35～50	35.0	185	336	658	1221	0.55	1	1.958	3.634
			55～70		195	355	648	1202	0.55	1	1.825	3.386
			75～90		205	373	638	1184	0.55	1	1.710	3.174
40.0	1.00	32.5	35～50	33.0	175	343	621	1261	0.51	1	1.810	3.676
			55～70		185	363	611	1241	0.51	1	1.683	3.419
			75～90		195	382	602	1221	0.51	1	1.576	3.196
	1.08	35.1	35～50	34.0	175	318	648	1259	0.55	1	2.038	3.959
			55～70		185	336	639	1240	0.55	1	1.902	3.690
			75～90		195	355	629	1221	0.55	1	1.772	3.439

注：混凝土强度标准差为 5MPa；混凝土配制强度为 28.238MPa；混凝土单位体积料假定总重为 2400kg；砂采用细度模数为 2.7～3.4 的中粗砂。

表 1-21 C20 碎石混凝土配合比参考表（二）

粗骨料最大粒径/mm	水泥富余系数	水泥强度/MPa	坍落度/mm	砂率/%	每立方米混凝土材料用量/kg				混凝土的配合比			
					水	水泥	砂	石子	水	水泥	砂	石子
16.0	1.00	32.5	10～30	41.0	210	318	768	1104	0.66	1	2.415	3.472
			35～50		220	333	757	1090	0.66	1	2.273	32.73
			55～70		230	348	747	1075	0.66	1	2.147	3.089
	1.08	35.1	10～30	43.0	210	296	814	1080	0.71	1	2.750	3.649
			35～50		220	310	804	1066	0.71	1	2.594	3.439
			55～70		230	324	794	1052	0.71	1	2.451	3.247
20.0	1.00	32.5	10～30	39.0	195	295	745	1165	0.66	1	2.525	3.949
			35～50		205	311	735	1149	0.66	1	2.363	3.695
			55～70		215	326	725	1134	0.66	1	2.224	3.479
	1.08	35.1	10～30	41.0	195	275	791	1139	0.71	1	2.876	4.142
			35～50		205	289	781	1125	0.71	1	2.702	3.893
			55～70		215	303	772	1110	0.71	1	2.548	3.663
31.5	1.00	32.5	10～30	38.0	185	280	735	1200	0.66	1	2.625	4.286
			35～50		195	295	726	1184	0.66	1	2.461	4.014
			55～70		205	311	716	1168	0.66	1	2.302	3.756
	1.08	35.1	10～30	40.0	185	261	782	1172	0.71	1	2.996	4.490
			35～50		195	275	772	1158	0.71	1	2.807	4.211
			55～70		205	289	762	1144	0.71	1	2.637	3.958
40.0	1.00	32.5	10～30	37.0	175	265	725	1235	0.66	1	2.736	4.660
			35～50		185	280	716	1219	0.66	1	2.557	4.354
			55～70		195	295	707	1203	0.66	1	2.397	4.078
	1.08	35.1	10～30	39.0	175	246	772	1207	0.71	1	3.138	4.907
			35～50		185	261	762	1192	0.71	1	2.919	4.597
			55～70		195	275	753	1177	0.71	1	2.738	4.280

注：混凝土强度标准差为 5MPa；混凝土配制强度为 28.23MPa；混凝土单位体积用料假定总重为 2400kg；砂采用细度模数为 2.7～3.4 的中粗砂。

表 1-22　C25 碎石混凝土配合比参考表（一）

粗骨料最大粒径/mm	水泥富余系数	水泥强度/MPa	坍落度/mm	砂率/%	每立方米混凝土材料用量/kg				混凝土的配合比			
					水	水泥	砂	石子	水	水泥	砂	石子
16.0	1.00	32.5	35～50	34.0	210	477	654	1059	0.44	1	1.371	2.220
			55～70		220	500	571	1109	0.44	1	1.142	2.218
			75～90		230	523	560	1087	0.44	1	1.071	2.078
	1.08	35.1	35～50	36.0	210	447	527	1116	0.47	1	1.403	2.497
			55～70		220	468	616	1096	0.47	1	1.316	2.342
			75～90		230	489	605	1076	0.47	1	1.237	2.200
20.0	1.00	32.5	35～50	33.0	195	443	581	1181	0.44	1	1.312	2.666
			55～70		205	466	571	1158	0.44	1	1.225	2.485
			75～90		215	489	560	1136	0.44	1	1.145	2.323
	1.08	35.1	35～50	35.0	195	415	627	1163	0.47	1	1.511	2.802
			55～70		205	436	616	1143	0.47	1	1.413	2.622
			75～90		215	457	605	1123	0.47	1	1.324	2.457
31.5	1.00	32.5	35～50	32.0	195	420	574	1221	0.44	1	1.367	2.907
			55～70		205	443	564	1198	0.44	1	1.273	2.704
			75～90		215	466	553	1176	0.44	1	1.187	2.524
	1.08	35.1	35～50	34.0	185	394	619	1202	0.47	1	1.571	3.051
			55～70		195	415	609	1181	0.47	1	1.467	2.846
			75～90		205	436	598	1161	0.47	1	1.372	2.663
40.0	1.00	32.5	35～50	31.0	175	398	566	1261	0.44	1	1.422	3.168
			55～70		185	420	556	1239	0.44	1	1.324	2.950
			75～90		195	443	546	1216	0.44	1	1.233	2.745
	1.08	35.1	35～50	31.5	175	372	584	1269	0.47	1	1.570	3.411
			55～70		185	394	574	1247	0.47	1	1.457	3.166
			75～90		195	415	564	1226	0.47	1	1.359	2.954

注：混凝土强度标准差为 5MPa；混凝土配制强度为 33.25MPa；混凝土单位体积用料假定总重为 2400kg；砂采用细度模数为 2.7～3.4 的中粗砂。

表 1-23　C25 碎石混凝土配合比参考表（二）

粗骨料最大粒径/mm	水泥富余系数	水泥强度/MPa	坍落度/mm	砂率/%	每立方米混凝土材料用量/kg				混凝土的配合比			
					水	水泥	砂	石子	水	水泥	砂	石子
16.0	1.00	42.5	35～50	37.0	210	368	674	1148	0.57	1	1.832	3.120
			55～70		220	386	664	1130	0.57	1	1.720	2.927
			75～90		230	404	654	1113	0.57	1	1.616	2.756
	1.08	45.9	35～50	39.0	210	344	720	1126	0.61	1	2.093	3.273
			55～70		220	361	709	1110	0.61	1	1.964	3.075
			75～90		230	377	699	1094	0.61	1	1.854	2.902
20.0	1.00	42.5	35～50	36.0	195	342	671	1192	0.57	1	1.962	3.485
			55～70		205	360	661	1174	0.57	1	1.836	3.261
			75～90		215	377	651	1157	0.57	1	1.727	3.060
	1.08	45.9	35～50	38.0	195	320	716	1169	0.61	1	2.238	3.653
			55～70		205	336	706	1153	0.61	1	2.101	3.432
			75～90		215	352	697	1136	0.61	1	1.980	3.227
31.5	1.00	42.5	35～50	35.0	195	325	662	1228	0.57	1	2.037	3.778
			55～70		205	342	652	1211	0.57	1	1.906	3.541
			75～90		215	360	642	1193	0.57	1	1.783	3.314
	1.08	45.9	35～50	37.0	185	303	707	1205	0.61	1	2.333	3.977
			55～70		195	320	697	1188	0.61	1	2.178	3.713
			75～90		205	336	688	1171	0.61	1	2.048	3.485
40.0	1.00	42.5	35～50	34.0	175	307	652	1266	0.57	1	2.124	4.124
			55～70		185	325	643	1247	0.57	1	1.978	3.837
			75～90		195	342	633	1230	0.57	1	1.854	3.596
	1.08	45.9	35～50	36.0	175	287	697	1241	0.61	1	2.347	4.324
			55～70		185	303	688	1224	0.61	1	2.271	4.040
			75～90		195	320	679	1206	0.61	1	2.122	3.769

注：混凝土强度标准差为 5MPa；混凝土配制强度为 33.23MPa；混凝土单位体积用料假定总重为 2400kg；砂采用细度模数为 2.7～3.4 的中粗砂。

表 1-24　C30 碎石混凝土配合比参考表（一）

粗骨料最大粒径/mm	水泥富余系数	水泥强度/MPa	坍落度/mm	砂率/%	每立方米混凝土材料用量/kg				混凝土的配合比			
					水	水泥	砂	石子	水	水泥	砂	石子
16.0	1.00	32.5	35～50	32.0	210	553	524	1113				
			55～70		220	579	512	1089				
			75～90		230	605	510	1064				
	1.08	35.1	35～50	33.0	210	512	554	1124	水泥用量过大，一般情况下不宜选用			
			55～70		220	536	543	1101				
			75～90		230	561	531	1078				
20.0	1.00	32.5	35～50	31.0	195	513	525	1167				
			55～70		205	539	513	1143				
			75～90		215	566	502	1117				
	1.08	35.1	35～50	34.0	195	477	552	1176	0.41	1	1.157	2.465
			55～70		205	500	542	1153	0.41	1	1.084	2.306
			75～90		215	524	532	1129	0.41	1	1.015	2.156
31.5	1.00	32.5	35～50	30.0	195	487	518	1210	0.38	1	1.064	2.485
			55～70		205	513	508	1184	0.38	1	0.990	2.308
			75～90		215	539	497	1159	0.38	1	0.922	2.150
	1.08	35.1	35～50	31.0	185	451	547	1217	0.41	1	1.213	2.698
			55～70		195	475	536	1194	0.41	1	1.128	2.514
			75～90		205	500	525	1170	0.41	1	1.050	2.340
40.0	1.00	32.5	35～50	29.0	175	461	512	1252	0.38	1	1.111	2.716
			55～70		185	487	501	1227	0.38	1	1.029	2.520
			75～90		195	513	491	1201	0.38	1	0.957	2.341
	1.08	35.1	35～50	30.0	175	427	539	1259	0.41	1	1.239	2.948
			55～70		185	451	529	1235	0.41	1	1.173	2.738
			75～90		195	476	519	1212	0.41	1	1.090	2.542

注：混凝土强度标准差为 5MPa；混凝土配制强度为 38.23MPa；混凝土单位体积用料假定总重为 2400kg；砂采用细度模数为 2.7～3.4 的中粗砂。

表 1-25　C30 碎石混凝土配合比参考表（二）

粗骨料最大粒径/mm	水泥富余系数	水泥强度/MPa	坍落度/mm	砂率/%	每立方米混凝土材料用量/kg				混凝土的配合比			
					水	水泥	砂	石子	水	水泥	砂	石子
16.0	1.00	42.5	35～50	35.5	210	429	625	1136	0.49	1	1.457	2.648
			55～70		220	449	615	1116	0.49	1	1.370	2.486
			75～90		230	409	604	1097	0.49	1	1.288	2.339
	1.08	45.9	35～50	37.0	210	396	664	1130	0.53	1	1.677	2.854
			55～70		220	415	653	1112	0.53	1	1.573	2.680
			75～90		230	434	642	1094	0.53	1	1.479	2.524
20.0	1.00	42.5	35～50	34.5	195	398	623	1184	0.49	1	1.565	2.975
			55～70		205	418	613	1164	0.49	1	1.467	2.785
			75～90		215	439	602	1144	0.49	1	1.371	2.606
	1.08	45.9	35～50	36.0	195	368	661	1176	0.53	1	1.796	3.196
			55～70		205	387	651	1157	0.53	1	1.682	2.990
			75～90		215	407	640	1138	0.53	1	1.572	2.796
31.5	1.00	42.5	35～50	33.5	195	378	615	1222	0.49	1	1.627	3.233
			55～70		205	398	605	1202	0.49	1	1.520	3.020
			75～90		215	418	595	1182	0.49	1	1.423	2.828
	1.08	45.9	35～50	35.0	185	349	653	1213	0.53	1	1.871	3.476
			55～70		195	368	643	1194	0.53	1	1.747	3.245
			75～90		205	387	633	1175	0.53	1	1.636	3.036
40.0	1.00	42.5	35～50	32.5	175	357	607	1261	0.49	1	1.700	3.532
			55～70		185	378	597	1240	0.49	1	1.579	3.280
			75～90		195	398	587	1220	0.49	1	1.475	3.065
	1.08	45.9	35～50	34.0	175	330	644	1251	0.53	1	1.952	3.791
			55～70		185	349	634	1232	0.53	1	1.817	3.530
			75～90		195	368	625	1212	0.53	1	1.698	3.293

注：混凝土强度标准差为 5MPa；混凝土配制强度为 38.23MPa；混凝土单位体积用料假定总重为 2400kg；砂采用细度模数为 2.7～3.4 的中粗砂。

表 1-26 C35 碎石混凝土配合比参考表（一）

粗骨料最大粒径/mm	水泥富余系数	水泥强度/MPa	坍落度/mm	砂率/%	每立方米混凝土材料用量/kg				混凝土的配合比			
					水	水泥	砂	石子	水	水泥	砂	石子
16.0	1.00	42.5	35～50	34.0	210	477	582	1131	0.44	1	1.220	2.371
			55～70		220	500	571	1109	0.44	1	1.142	2.218
			75～90		230	522	560	1088	0.44	1	1.073	2.084
	1.08	45.9	35～50	35.0	210	447	610	1133	0.47	1	1.365	2.535
			55～70		220	468	599	1113	0.47	1	1.280	2.378
			75～90		230	489	588	1093	0.47	1	1.202	2.235
20.0	1.00	42.5	35～50	33.0	195	443	581	1181	0.44	1	1.312	2.666
			55～70		205	466	571	1158	0.44	1	1.225	2.485
			75～90		215	489	560	1136	0.44	1	1.145	2.323
	1.08	45.9	35～50	34.0	195	415	609	1181	0.47	1	1.467	2.846
			55～70		205	436	598	1161	0.47	1	1.372	2.663
			75～90		215	457	588	1140	0.47	1	1.287	2.495
31.5	1.00	42.5	35～50	32.0	195	420	574	1221	0.44	1	1.367	2.907
			55～70		205	443	564	1198	0.44	1	1.273	2.704
			75～90		215	466	553	1176	0.44	1	1.187	2.524
	1.08	45.9	35～50	33.0	185	394	601	1220	0.47	1	1.525	3.096
			55～70		195	415	591	1199	0.47	1	1.424	2.889
			75～90		205	436	580	1179	0.47	1	1.330	2.704
40.0	1.00	42.5	35～50	31.0	175	398	566	1261	0.44	1	1.422	3.168
			55～70		185	420	556	1239	0.44	1	1.324	2.950
			75～90		195	443	546	1216	0.44	1	1.233	2.745
	1.08	45.9	35～50	32.0	175	372	593	1260	0.47	1	1.594	3.387
			55～70		185	394	583	1238	0.47	1	1.480	3.142
			75～90		195	415	573	1217	0.47	1	1.381	2.933

注：混凝土强度标准差为 5MPa；混凝土配制强度为 43.23MPa；混凝土单位体积用料假定总重为 2400kg；砂采用细度模数为 2.7～3.4 的中粗砂。

表 1-27 C35 碎石混凝土配合比参考表（二）

粗骨料最大粒径/mm	水泥富余系数	水泥强度/MPa	坍落度/mm	砂率/%	每立方米混凝土材料用量/kg				混凝土的配合比			
					水	水泥	砂	石子	水	水泥	砂	石子
16.0	1.00	52.5	35～50	36.0	210	389	648	1153	0.54	1	1.666	2.964
			55～70		220	407	638	1135	0.54	1	1.568	2.789
			75～90		230	426	627	1117	0.54	1	1.472	2.622
	1.08	56.7	35～50	38.0	210	362	695	1133	0.58	1	1.920	3.130
			55～70		220	379	684	1117	0.58	1	1.805	2.955
			75～90		230	397	674	1099	0.58	1	1.698	2.768
20.0	1.00	52.5	35～50	35.0	195	361	645	1199	0.54	1	1.787	3.321
			55～70		205	380	635	1180	0.54	1	1.671	3.105
			75～90		215	398	625	1162	0.54	1	1.570	2.920
	1.08	56.7	35～50	37.0	195	336	692	1177	0.58	1	2.060	3.503
			55～70		205	353	682	1160	0.58	1	1.932	3.286
			75～90		215	371	671	1143	0.58	1	1.809	3.088
31.5	1.00	52.5	35～50	34.0	195	343	636	1236	0.54	1	1.854	3.603
			55～70		205	361	627	1217	0.54	1	1.737	3.371
			75～90		215	380	617	1198	0.54	1	1.624	3.153
	1.08	56.7	35～50	36.0	185	320	682	1213	0.58	1	2.131	3.791
			55～70		195	336	673	1196	0.58	1	2.003	3.560
			75～90		205	353	663	1179	0.58	1	1.878	3.340
40.0	1.00	52.5	35～50	33.0	175	324	627	1274	0.54	1	1.935	3.932
			55～70		185	343	618	1254	0.54	1	1.802	3.656
			75～90		195	361	609	1235	0.54	1	1.687	3.421
	1.08	56.7	35～50	35.0	175	302	673	1250	0.58	1	2.228	4.139
			55～70		185	319	664	1232	0.58	1	2.082	3.862
			75～90		195	336	654	1215	0.58	1	1.946	3.616

注：混凝土强度标准差为 5MPa；混凝土配制强度为 43.23MPa；混凝土单位体积用料假定总重为 2400kg；砂采用细度模数为 2.7～3.4 的中粗砂。

表 1-28 C40 碎石混凝土配合比参考表（一）

粗骨料最大粒径/mm	水泥富余系数	水泥强度/MPa	坍落度/mm	砂率/%	每立方米混凝土材料用量/kg				混凝土的配合比			
					水	水泥	砂	石子	水	水泥	砂	石子
16.0	1.00	42.5	35～50	33.0	210	553	540	1097	水泥用量过大，一般情况下不宜选用			
			55～70		220	579	528	1073				
			75～90		230	603	517	1050				
	1.08	45.9	35～50	34.0	210	512	586	1142	0.38	1	1.145	2.230
			55～70		220	537	576	1117	0.38	1	1.075	2.080
			75～90		230	561	564	1095	0.38	1	1.005	1.952
20.0	1.00	42.5	35～50	33.0	195	513	575	1167	0.41	1	1.121	2.275
			55～70		205	539	563	1143	0.41	1	1.045	2.121
			75～90		215	566	551	1118	0.41	1	0.975	1.975
	1.08	45.9	35～50	34.0	195	476	605	1174	0.38	1	1.271	2.466
			55～70		205	500	593	1152	0.38	1	1.180	2.304
			75～90		215	524	582	1129	0.38	1	1.111	2.155
31.5	1.00	42.5	35～50	32.0	195	487	569	1209	0.41	1	1.168	2.483
			55～70		205	513	557	1185	0.41	1	1.086	2.310
			75～90		215	539	546	1160	0.41	1	1.013	2.152
	1.08	45.9	35～50	33.0	185	451	599	1215	0.38	1	1.328	2.694
			55～70		195	476	587	1192	0.38	1	1.233	2.504
			75～90		205	500	576	1169	0.38	1	1.152	2.338
40.0	1.00	42.5	35～50	30.0	175	460	545	1270	0.41	1	1.185	2.761
			55～70		185	487	533	1245	0.41	1	1.094	2.556
			75～90		195	513	523	1219	0.41	1	1.019	2.376
	1.08	45.9	35～50	32.0	175	427	591	1257	0.38	1	1.384	2.944
			55～70		185	451	580	1234	0.38	1	1.286	2.736
			75～90		195	475	570	1210	0.38	1	1.200	2.547

注：混凝土强度标准差为 5MPa；混凝土配制强度为 49.87MPa；混凝土单位体积用料假定总重为 2450kg；砂采用细度模数为 2.7～3.4 的中粗砂。

表 1-29 C40 碎石混凝土配合比参考表（二）

粗骨料最大粒径/mm	水泥富余系数	水泥强度/MPa	坍落度/mm	砂率/%	每立方米混凝土材料用量/kg				混凝土的配合比			
					水	水泥	砂	石子	水	水泥	砂	石子
16.0	1.00	42.5	35～50	34.0	210	447	610	1183	0.47	1	1.365	2.647
			55～70		220	468	599	1163	0.47	1	1.280	2.485
			75～90		230	489	589	1142	0.47	1	1.204	2.335
	1.08	45.9	35～50	35.5	210	420	646	1174	0.50	1	1.538	2.795
			55～70		220	440	635	1155	0.50	1	1.443	2.625
			75～90		230	460	625	1135	0.50	1	1.350	2.467
20.0	1.00	42.5	35～50	33.0	195	415	607	1233	0.47	1	1.463	2.971
			55～70		205	436	597	1212	0.47	1	1.369	2.780
			75～90		215	457	587	1191	0.47	1	1.284	2.606
	1.08	45.9	35～50	34.5	195	390	643	1222	0.50	1	1.649	3.133
			55～70		205	410	633	1202	0.50	1	1.544	2.932
			75～90		215	430	623	1181	0.50	1	1.449	2.740
31.5	1.00	42.5	35～50	32.0	195	394	599	1272	0.47	1	1.520	3.228
			55～70		205	415	589	1251	0.47	1	1.419	3.014
			75～90		215	436	579	1230	0.47	1	1.328	2.821
	1.08	45.9	35～50	33.5	185	370	635	1260	0.50	1	1.716	3.407
			55～70		195	390	625	1240	0.50	1	1.597	3.179
			75～90		205	410	615	1220	0.50	1	1.500	2.976
40.0	1.00	42.5	35～50	31.0	175	372	590	1313	0.47	1	1.586	3.530
			55～70		185	394	580	1291	0.47	1	1.472	3.277
			75～90		195	415	570	1270	0.47	1	1.373	3.060
	1.08	45.9	35～50	32.5	175	350	626	1299	0.50	1	1.780	3.711
			55～70		185	370	616	1279	0.50	1	1.665	3.457
			75～90		195	390	606	1259	0.50	1	1.554	3.228

注：混凝土强度标准差为 5MPa；混凝土配制强度为 49.87MPa；混凝土单位体积用料假定总重为 2450kg；砂采用细度模数为 2.7～3.4 的中粗砂。

表 1-30 C45 碎石混凝土配合比参考表（一）

粗骨料最大粒径/mm	水泥富余系数	水泥强度/MPa	坍落度/mm	砂率/%	每立方米混凝土材料用量/kg				混凝土的配合比			
					水	水泥	砂	石子	水	水泥	砂	石子
16.0	1.00	32.5	35~50	33.0	210	488	578	1174	0.43	1	1.184	2.406
			55~70		220	511	567	1152	0.43	1	1.110	2.254
			75~90		230	535	556	1129	0.43	1	1.039	2.031
	1.08	35.1	35~50	34.5	210	456	615	1169	0.46	1	1.349	2.564
			55~70		220	478	604	1148	0.46	1	1.264	2.402
			75~90		230	500	593	1127	0.46	1	1.186	2.254
20.0	1.00	32.5	35~50	32.0	195	453	577	1225	0.43	1	1.274	2.704
			55~70		205	477	566	1202	0.43	1	1.187	2.520
			75~90		215	500	555	1180	0.43	1	1.110	2.360
	1.08	35.1	35~50	33.5	195	424	613	1218	0.46	1	1.446	2.873
			55~70		205	446	603	1196	0.46	1	1.352	2.682
			75~90		215	467	592	1176	0.46	1	1.268	2.518
31.5	1.00	32.5	35~50	31.0	195	430	569	1266	0.43	1	1.323	2.944
			55~70		205	453	559	1243	0.43	1	1.234	2.744
			75~90		215	477	548	1220	0.43	1	1.149	2.558
	1.08	35.1	35~50	33.0	185	402	645	1248	0.46	1	1.530	3.104
			55~70		195	424	604	1227	0.46	1	1.425	2.894
			75~90		205	446	594	1205	0.46	1	1.332	2.702
40.0	1.00	32.5	35~50	30.0	175	407	560	1308	0.43	1	1.376	3.214
			55~70		185	430	551	1284	0.43	1	1.281	2.986
			75~90		195	453	541	1261	0.43	1	1.194	2.784
	1.08	35.1	35~50	32.0	175	380	606	1289	0.46	1	1.595	3.392
			55~70		185	402	596	1267	0.46	1	1.483	3.152
			75~90		195	424	586	1245	0.46	1	1.382	2.936

注：混凝土强度标准差为 6MPa；混凝土配制强度为 54.87MPa；混凝土单位体积用料假定总重为 2450kg；砂采用细度模数为 2.7~3.4 的中粗砂。

表 1-31 C45 碎石混凝土配合比参考表（二）

粗骨料最大粒径/mm	水泥富余系数	水泥强度/MPa	坍落度/mm	砂率/%	每立方米混凝土材料用量/kg				混凝土的配合比			
					水	水泥	砂	石子	水	水泥	砂	石子
16.0	1.00	62.5	35~50	35.0	210	412	640	1188	0.51	1	1.553	2.883
			55~70		220	431	630	1169	0.51	1	1.462	2.712
			75~90		230	451	619	1150	0.51	1	1.373	2.550
	1.08	67.5	35~50	37.0	210	389	685	1166	0.54	1	1.761	2.997
			55~70		220	407	675	1148	0.54	1	1.658	2.821
			75~90		230	426	664	1130	0.54	1	1.559	2.653
20.0	1.00	62.5	35~50	34.0	195	382	637	1236	0.51	1	1.668	3.236
			55~70		205	402	627	1216	0.51	1	1.560	3.025
			75~90		215	422	616	1197	0.51	1	1.460	2.836
	1.08	67.5	35~50	36.0	195	361	682	1212	0.54	1	1.880	3.357
			55~70		205	380	671	1194	0.54	1	1.766	3.142
			75~90		215	398	661	1176	0.54	1	1.661	2.955
31.5	1.00	62.5	35~50	33.0	195	363	628	1274	0.51	1	1.730	3.510
			55~70		205	382	618	1255	0.51	1	1.618	3.285
			75~90		215	402	608	1235	0.51	1	1.512	3.072
	1.08	67.5	35~50	35.0	185	343	673	1249	0.54	1	1.962	3.641
			55~70		195	361	663	1231	0.54	1	1.837	3.410
			75~90		205	380	653	1212	0.54	1	1.718	3.189
40.0	1.00	62.5	35~50	32.0	175	343	618	1314	0.51	1	1.802	3.831
			55~70		185	363	609	1293	0.51	1	1.678	3.561
			75~90		195	382	599	1274	0.51	1	1.568	3.335
	1.08	67.5	35~50	34.0	175	324	663	1288	0.54	1	2.046	3.975
			55~70		185	343	653	1269	0.54	1	1.904	3.700
			75~90		195	361	644	1250	0.54	1	1.784	3.463

注：混凝土强度标准差为 6MPa；混凝土配制强度为 54.87MPa；混凝土单位体积用料假定总重为 2450kg；砂采用细度模数为 2.7~3.4 的中粗砂。

表 1-32 C50 碎石混凝土配合比参考表（一）

粗骨料最大粒径/mm	水泥富余系数	水泥强度/MPa	坍落度/mm	砂率/%	每立方米混凝土材料用量/kg				混凝土的配合比			
					水	水泥	砂	石子	水	水泥	砂	石子
16.0	1.00	52.5	35~50	32.5	210	538	537	1115	水泥用量过大，一般情况下不宜选用			
			55~70		220	564	525	1091				
			75~90		230	590	514	1066				
	1.08	56.7	35~50	33.0	210	500	572	1168	0.42	1	1.144	2.336
			55~70		220	524	563	1143	0.42	1	1.074	2.184
			75~90		230	548	552	1120	0.42	1	1.007	2.044
20.0	1.00	52.5	35~50	31.5	195	500	553	1202	0.39	1	1.106	2.404
			55~70		205	526	541	1178	0.39	1	1.020	2.240
			75~90		215	551	530	1154	0.39	1	0.962	2.094
	1.08	56.7	35~50	32.0	195	464	573	1218	0.42	1	1.235	2.625
			55~70		205	488	562	1195	0.42	1	1.152	2.449
			75~90		215	512	551	1172	0.42	1	1.076	2.289
31.5	1.00	52.5	35~50	30.5	195	474	546	1245	0.39	1	1.152	2.627
			55~70		205	500	535	1220	0.39	1	1.070	2.440
			75~90		215	526	524	1195	0.39	1	0.996	2.272
	1.08	56.7	35~50	31.0	185	440	566	1259	0.42	1	1.286	2.861
			55~70		195	464	555	1236	0.42	1	1.196	2.664
			75~90		205	488	545	1212	0.42	1	1.117	2.484
40.0	1.00	52.5	35~50	29.5	175	449	539	1287	0.39	1	1.200	2.866
			55~70		185	474	528	1263	0.39	1	1.114	2.665
			75~90		195	500	518	1237	0.39	1	1.036	2.474
	1.08	56.7	35~50	30.0	175	417	557	1301	0.42	1	1.336	3.120
			55~70		185	440	548	1277	0.42	1	1.245	2.902
			75~90		195	464	537	1254	0.42	1	1.157	2.703

注：混凝土强度标准差为 6MPa；混凝土配制强度为 59.87MPa；混凝土单位体积用料假定总重为 2450kg；砂采用细度模数为 2.7~3.4 的中粗砂。

表 1-33 C50 碎石混凝土配合比参考表（二）

粗骨料最大粒径/mm	水泥富余系数	水泥强度/MPa	坍落度/mm	砂率/%	每立方米混凝土材料用量/kg				混凝土的配合比			
					水	水泥	砂	石子	水	水泥	砂	石子
16.0	1.00	62.5	35~50	33.0	210	457	586	1195	0.46	1	1.287	2.615
			55~70		220	478	578	1174	0.46	1	1.209	2.456
			75~90		230	500	568	1152	0.46	1	1.136	2.304
	1.08	67.5	35~50	36.0	210	420	655	1165	0.50	1	1.560	2.774
			55~70		220	440	644	1146	0.50	1	1.464	2.605
			75~90		230	460	634	1126	0.50	1	1.378	2.448
20.0	1.00	62.5	35~50	32.0	195	424	586	1245	0.46	1	1.382	2.936
			55~70		205	446	576	1223	0.46	1	1.291	2.742
			75~90		215	467	566	1202	0.46	1	1.212	2.574
	1.08	67.5	35~50	35.0	195	390	653	1212	0.50	1	1.674	3.108
			55~70		205	410	642	1193	0.50	1	1.566	2.910
			75~90		215	430	632	1173	0.50	1	1.470	2.728
31.5	1.00	62.5	35~50	31.0	195	402	578	1285	0.46	1	1.438	3.197
			55~70		205	424	568	1263	0.46	1	1.340	2.978
			75~90		215	446	558	1241	0.46	1	1.251	2.783
	1.08	67.5	35~50	34.0	185	370	644	1251	0.50	1	1.741	3.381
			55~70		195	390	634	1231	0.50	1	1.626	3.156
			75~90		205	410	624	1211	0.50	1	1.522	2.954
40.0	1.00	62.5	35~50	30.0	175	380	569	1326	0.46	1	1.497	3.489
			55~70		185	402	559	1304	0.46	1	1.391	3.244
			75~90		195	424	549	1282	0.46	1	1.295	3.024
	1.08	67.5	35~50	33.0	175	350	635	1290	0.50	1	1.814	3.686
			55~70		185	370	625	1270	0.50	1	1.689	3.432
			75~90		195	390	615	1250	0.50	1	1.577	3.205

注：混凝土强度标准差为 6MPa；混凝土配制强度为 59.87MPa；混凝土单位体积用料假定总重为 2450kg；砂采用细度模数为 2.7~3.4 的中粗砂。

表 1-34　C55 碎石混凝土配合比参考表

粗骨料最大粒径/mm	水泥富余系数	水泥强度/MPa	坍落度/mm	砂率/%	每立方米混凝土材料用量/kg				混凝土的配合比			
					水	水泥	砂	石子	水	水泥	砂	石子
16.0	1.00	62.5	35~50	32.5	210	488	569	1183	0.43	1	1.166	2.424
			55~70		220	512	558	1160	0.43	1	1.090	2.266
			75~90		230	535	548	1137	0.43	1	1.024	2.125
	1.08	67.5	35~50	34.0	210	457	606	1177	0.46	1	1.326	2.575
			55~70		220	478	597	1155	0.46	1	1.249	2.416
			75~90		230	500	585	1135	0.46	1	1.170	2.270
20.0	1.00	62.5	35~50	31.5	195	453	568	1234	0.43	1	1.254	2.724
			55~70		205	477	557	1211	0.43	1	1.168	2.530
			75~90		215	500	547	1188	0.43	1	1.094	2.376
	1.08	67.5	35~50	33.0	195	424	604	1227	0.46	1	1.425	2.894
			55~70		205	446	594	1205	0.46	1	1.332	2.702
			75~90		215	467	583	1185	0.46	1	1.248	2.593
31.5	1.00	62.5	35~50	30.5	195	430	560	1275	0.43	1	1.302	2.965
			55~70		205	453	550	1252	0.43	1	1.214	2.764
			75~90		215	477	539	1229	0.43	1	1.130	2.577
	1.08	67.5	35~50	32.0	185	402	596	1267	0.46	1	1.483	3.152
			55~70		195	424	586	1245	0.46	1	1.382	2.936
			75~90		205	446	576	1223	0.46	1	1.291	2.742
40.0	1.00	62.5	35~50	29.5	175	407	551	1317	0.43	1	1.354	3.236
			55~70		185	430	541	1294	0.43	1	1.258	3.002
			75~90		195	453	532	1270	0.43	1	1.174	2.803
	1.08	67.5	35~50	31.0	175	380	587	1308	0.46	1	1.545	3.442
			55~70		185	402	578	1285	0.46	1	1.438	3.197
			75~90		195	424	568	1263	0.46	1	1.340	2.979

注：混凝土强度标准差为 6MPa；混凝土配制强度为 64.87MPa；混凝土单位体积用料假定总重为 2450kg；砂采用细度模数为 2.7~3.4 的中粗砂。

表 1-35　C15 卵石混凝土配合比参考表

粗骨料最大粒径/mm	水泥富余系数	水泥强度/MPa	坍落度/mm	砂率/%	每立方米混凝土材料用量/kg				混凝土的配合比			
					水	水泥	砂	石子	水	水泥	砂	石子
16.0	1.00	32.5	10~30	35.5	190	328	654	1188	0.58	1	1.994	3.622
			35~50		200	345	644	1171	0.58	1	1.867	3.394
			55~70		210	362	635	1153	0.58	1	1.754	3.185
	1.08	35.1	10~30	36.0	190	306	671	1193	0.62	1	2.193	3.897
			35~50		200	323	661	1176	0.62	1	2.046	3.641
			55~70		210	339	652	1159	0.62	1	1.923	3.419
20.0	1.00	32.5	10~30	34.5	170	293	654	1243	0.58	1	2.232	4.242
			35~50		180	310	645	1225	0.58	1	2.080	3.952
			55~70		190	328	635	1207	0.58	1	1.936	3.608
	1.08	35.1	10~30	35.0	170	274	671	1245	0.62	1	2.449	4.544
			35~50		180	290	662	1228	0.62	1	2.283	4.234
			55~70		190	306	652	1212	0.62	1	2.131	3.961
31.5	1.00	32.5	10~30	33.5	160	276	645	1279	0.58	1	2.337	4.634
			35~50		170	293	635	1262	0.58	1	2.167	4.307
			55~70		180	310	626	1244	0.58	1	2.019	4.013
	1.08	35.1	10~30	34.0	160	258	660	1282	0.62	1	2.558	4.969
			35~50		170	274	651	1165	0.62	1	2.376	4.252
			55~70		180	290	643	1247	0.62	1	2.217	4.300
40.0	1.00	32.5	10~30	33.0	150	259	644	1307	0.58	1	2.486	5.046
			35~50		160	276	635	1289	0.58	1	2.301	4.670
			55~70		170	293	626	1271	0.58	1	2.137	4.338
	1.08	35.1	10~30	34.5	150	242	679	1289	0.62	1	2.806	5.326
			35~50		160	258	670	1276	0.62	1	2.597	4.930
			55~70		170	274	661	1255	0.62	1	2.412	4.580

注：混凝土强度标准差为 4MPa；混凝土配制强度为 21.58MPa；混凝土单位体积用料假定总重为 2360kg；砂采用细度模数为 2.7~3.4 的中粗砂。

表 1-36　C20 卵石混凝土配合比参考表（一）

粗骨料最大粒径/mm	水泥富余系数	水泥强度/MPa	坍落度/mm	砂率/%	每立方米混凝土材料用量/kg				混凝土的配合比			
					水	水泥	砂	石子	水	水泥	砂	石子
16.0	1.00	32.5	35～50	31.0	200	426	550	1224	0.47	1	1.291	2.873
			55～70		210	447	540	1203	0.47	1	1.208	2.691
			75～90		215	457	536	1192	0.47	1	1.173	2.608
	1.08	35.1	35～50	32.5	200	400	585	1215	0.50	1	1.463	3.038
			55～70		210	420	575	1195	0.50	1	1.369	2.845
			75～90		215	430	570	1185	0.50	1	1.326	2.756
20.0	1.00	32.5	35～50	30.0	180	383	551	1286	0.47	1	1.439	3.358
			55～70		190	404	542	1264	0.47	1	1.342	3.129
			75～90		195	415	537	1253	0.47	1	1.294	3.019
	1.08	35.1	35～50	31.5	180	360	586	1274	0.50	1	1.628	3.539
			55～70		190	380	576	1254	0.50	1	1.516	3.300
			75～90		195	390	572	1243	0.50	1	1.467	3.187
31.5	1.00	32.5	35～50	29.5	170	362	551	1317	0.47	1	1.522	3.638
			55～70		180	383	542	1295	0.47	1	1.415	3.381
			75～90		185	394	537	1284	0.47	1	1.363	3.259
	1.08	35.1	35～50	31.0	170	340	586	1304	0.50	1	1.724	3.835
			55～70		180	360	577	1283	0.50	1	1.603	3.564
			75～90		185	370	572	1273	0.50	1	1.546	3.441
40.0	1.00	32.5	35～50	29.0	160	340	551	1349	0.47	1	1.621	3.968
			55～70		170	362	542	1326	0.47	1	1.497	3.663
			75～90		175	372	537	1316	0.47	1	1.444	3.538
	1.08	35.1	35～50	30.5	160	320	586	1334	0.50	1	1.831	4.169
			55～70		170	340	576	1314	0.50	1	1.694	3.865
			75～90		175	350	572	1303	0.50	1	1.634	3.723

注：混凝土强度标准差为 5MPa；混凝土配制强度为 28.23MPa；混凝土单位体积用料假定总重为 2400kg；砂采用细度模数为 2.7～3.4 的中粗砂。

表 1-37　C20 卵石混凝土配合比参考表（二）

粗骨料最大粒径/mm	水泥富余系数	水泥强度/MPa	坍落度/mm	砂率/%	每立方米混凝土材料用量/kg				混凝土的配合比			
					水	水泥	砂	石子	水	水泥	砂	石子
16.0	1.00	32.5	35～50	35.0	200	345	649	1206	0.58	1	1.881	3.496
			55～70		210	362	640	1188	0.58	1	1.768	3.282
			75～90		215	371	635	1179	0.58	1	1.716	3.178
	1.08	35.1	35～50	36.5	200	323	685	1192	0.62	1	2.121	3.690
			55～70		210	339	676	1175	0.62	1	1.994	3.466
			75～90		215	347	671	1167	0.62	1	1.934	3.363
20.0	1.00	32.5	35～50	34.0	180	310	649	1261	0.58	1	2.094	4.068
			55～70		190	328	640	1242	0.58	1	1.951	3.787
			75～90		195	336	635	1234	0.58	1	1.896	3.673
	1.08	35.1	35～50	35.5	180	290	685	1245	0.62	1	2.362	4.293
			55～70		190	306	676	1228	0.62	1	2.209	4.013
			75～90		195	315	671	1219	0.62	1	2.130	3.809
31.5	1.00	32.5	35～50	33.5	170	293	649	1288	0.58	1	2.215	4.396
			55～70		180	310	640	1270	0.58	1	2.065	4.097
			75～90		185	319	635	1261	0.58	1	1.991	3.953
	1.08	35.1	35～50	34.5	170	274	675	1281	0.62	1	2.464	4.675
			55～70		180	290	666	1264	0.62	1	2.297	4.357
			75～90		185	298	651	1256	0.62	1	2.218	4.215
40.0	1.00	32.5	35～50	33.0	160	276	648	1316	0.58	1	2.348	4.768
			55～70		170	293	639	1298	0.58	1	2.181	4.430
			75～90		175	302	635	1288	0.58	1	2.103	4.265
	1.08	35.1	35～50	34.0	160	258	674	1308	0.62	1	2.612	5.070
			55～70		170	274	665	1291	0.62	1	2.427	4.712
			75～90		175	282	661	1282	0.62	1	2.344	4.546

注：混凝土强度标准差为 5MPa；混凝土配制强度为 28.23MPa；混凝土单位体积用料假定总重为 2400kg；砂采用细度模数为 2.7～3.4 的中粗砂。

表 1-38 C25 卵石混凝土配合比参考表（一）

粗骨料最大粒径/mm	水泥富余系数	水泥强度/MPa	坍落度/mm	砂率/%	每立方米混凝土材料用量/kg				混凝土的配合比			
					水	水泥	砂	石子	水	水泥	砂	石子
16.0	1.00	32.5	35~50	29.0	200	488	496	1216	0.41	1	1.016	2.492
			55~70		210	512	487	1191	0.41	1	0.951	2.326
			75~90		215	524	482	1179	0.41	1	0.920	2.250
	1.08	35.1	35~50	30.5	200	465	529	1206	0.43	1	1.138	2.594
			55~70		210	488	519	1183	0.43	1	1.064	2.424
			75~90		215	500	514	1171	0.43	1	1.028	2.342
20.0	1.00	32.5	35~50	28.0	180	439	499	1282	0.41	1	1.137	2.920
			55~70		190	463	489	1258	0.41	1	1.056	2.717
			75~90		195	476	484	1245	0.41	1	1.017	2.616
	1.08	35.1	35~50	29.5	180	419	531	1270	0.43	1	1.267	3.031
			55~70		190	442	521	1247	0.43	1	1.179	2.821
			75~90		195	453	517	1235	0.43	1	1.141	2.726
31.5	1.00	32.5	35~50	27.5	170	415	499	1316	0.41	1	1.202	3.171
			55~70		180	439	490	1291	0.41	1	1.116	2.941
			75~90		185	451	485	1279	0.41	1	1.075	2.836
	1.08	35.1	35~50	29.0	170	395	532	1303	0.43	1	1.347	3.299
			55~70		180	419	522	1279	0.43	1	1.246	3.053
			75~90		185	430	518	1267	0.43	1	1.205	2.947
40.0	1.00	32.5	35~50	27.0	160	390	500	1350	0.41	1	1.282	3.462
			55~70		170	415	490	1325	0.41	1	1.181	3.193
			75~90		175	427	485	1313	0.41	1	1.136	3.075
	1.08	35.1	35~50	28.5	160	372	532	1336	0.43	1	1.430	3.591
			55~70		170	395	523	1312	0.43	1	1.324	3.322
			75~90		175	407	518	1300	0.43	1	1.273	3.194

注：混凝土强度标准差为 5MPa；混凝土配制强度为 33.23MPa；混凝土单位体积用料假定总重为 2400kg；砂采用细度模数为 2.7~3.4 的中粗砂。

表 1-39 C25 卵石混凝土配合比参考表（二）

粗骨料最大粒径/mm	水泥富余系数	水泥强度/MPa	坍落度/mm	砂率/%	每立方米混凝土材料用量/kg				混凝土的配合比			
					水	水泥	砂	石子	水	水泥	砂	石子
16.0	1.00	42.5	35~50	32.8	200	392	593	1215	0.51	1	1.513	3.099
			55~70		210	412	583	1195	0.51	1	1.415	2.900
			75~90		215	422	578	1185	0.51	1	1.370	2.808
	1.08	45.9	35~50	33.7	200	370	617	1213	0.54	1	1.668	3.278
			55~70		210	389	607	1194	0.54	1	1.560	3.069
			75~90		215	398	602	1185	0.54	1	1.513	2.977
20.0	1.00	42.5	35~50	31.8	180	353	594	1273	0.51	1	1.683	3.606
			55~70		190	373	584	1253	0.51	1	1.566	3.359
			75~90		195	382	580	1243	0.51	1	1.518	2.254
	1.08	45.9	35~50	32.7	180	333	617	1270	0.54	1	1.824	3.814
			55~70		190	352	608	1250	0.54	1	1.727	3.551
			75~90		195	361	603	1241	0.54	1	1.670	3.438
31.5	1.00	42.5	35~50	31.3	170	333	594	1303	0.51	1	1.784	3.913
			55~70		180	353	584	1283	0.51	1	1.654	3.635
			75~90		185	363	580	1272	0.51	1	1.598	3.504
	1.08	45.9	35~50	32.2	170	315	617	1298	0.54	1	1.959	4.121
			55~70		180	333	608	1279	0.54	1	1.826	3.841
			75~90		185	343	603	1269	0.54	1	1.758	3.700
40.0	1.00	42.5	35~50	30.8	160	314	593	1333	0.51	1	1.889	4.245
			55~70		170	333	584	1313	0.51	1	1.754	3.943
			75~90		175	343	580	1302	0.51	1	1.691	3.796
	1.08	45.9	35~50	31.7	160	296	616	1328	0.54	1	2.081	4.486
			55~70		170	315	607	1308	0.54	1	1.927	4.152
			75~90		175	324	602	1299	0.54	1	1.858	4.009

注：混凝土强度标准差为 5MPa；混凝土配制强度为 33.23MPa；混凝土单位体积用料假定总重为 2400kg；砂采用细度模数为 2.7~3.4 的中粗砂。

表 1-40　C30 卵石混凝土配合比参考表（一）

粗骨料最大粒径/mm	水泥富余系数	水泥强度/MPa	坍落度/mm	砂率/%	每立方米混凝土材料用量/kg				混凝土的配合比			
					水	水泥	砂	石子	水	水泥	砂	石子
16.0	1.00	32.5	35～50	28.5	200	526	477	1197	水泥用量过大，一般情况下不宜选用			
			55～70		210	553	467	1170				
			75～90		215	566	461	1158				
	1.08	35.1	35～50	29.5	200	488	505	1207	0.41	1	1.035	2.473
			55～70		210	512	495	1183	0.41	1	0.967	2.311
			75～90		215	524	490	1171	0.41	1	0.935	2.235
20.0	1.00	32.5	35～50	28.0	180	474	489	257	0.38	1	1.032	2.652
			55～70		190	500	479	1231	0.38	1	0.958	2.462
			75～90		195	513	474	1218	0.38	1	0.924	2.374
	1.08	35.1	35～50	30.0	180	439	534	1247	0.41	1	1.216	2.841
			55～70		190	463	524	1223	0.41	1	1.132	2.641
			75～90		195	476	519	1210	0.41	1	1.090	2.542
31.5	1.00	32.5	35～50	27.0	170	447	481	1302	0.38	1	1.076	2.913
			55～70		180	474	471	1275	0.38	1	0.944	2.690
			75～90		185	487	467	1261	0.38	1	0.959	2.589
	1.08	35.1	35～50	29.0	170	415	526	1289	0.41	1	1.267	3.106
			55～70		180	439	516	1265	0.41	1	1.175	2.882
			75～90		185	451	512	1252	0.41	1	1.135	2.776
40.0	1.00	32.5	35～50	26.0	160	421	473	1346	0.38	1	1.124	3.197
			55～70		170	447	464	1319	0.38	1	1.038	2.951
			75～90		175	461	459	1305	0.38	1	0.996	2.831
	1.08	35.1	35～50	28.0	160	390	518	1332	0.41	1	1.328	3.415
			55～70		170	415	508	1307	0.41	1	1.224	3.149
			75～90		175	427	503	1295	0.41	1	1.178	3.033

注：混凝土强度标准差为 5MPa；混凝土配制强度为 38.23MPa；混凝土单位体积用料假定总重为 2400kg；砂采用细度模数为 2.7～3.4 的中粗砂。

表 1-41　C30 卵石混凝土配合比参考表（二）

粗骨料最大粒径/mm	水泥富余系数	水泥强度/MPa	坍落度/mm	砂率/%	每立方米混凝土材料用量/kg				混凝土的配合比			
					水	水泥	砂	石子	水	水泥	砂	石子
16.0	1.00	42.5	35～50	30.7	200	444	539	1217	0.45	1	1.214	2.741
			55～70		210	467	529	1194	0.45	1	1.133	2.557
			75～90		215	478	524	1183	0.45	1	1.096	2.475
	1.08	45.9	35～50	32.3	200	417	576	1207	0.48	1	1.381	2.894
			55～70		210	438	566	1186	0.48	1	1.292	2.708
			75～90		215	448	561	1176	0.48	1	1.252	2.625
20.0	1.00	42.5	35～50	29.7	180	400	541	1279	0.45	1	1.353	3.198
			55～70		190	422	531	1257	0.45	1	1.258	2.979
			75～90		195	433	526	1246	0.45	1	1.215	2.878
	1.08	45.9	35～50	31.5	180	375	581	1264	0.48	1	1.549	3.371
			55～70		190	396	571	1243	0.48	1	1.442	3.139
			75～90		195	406	567	1232	0.48	1	1.397	3.034
31.5	1.00	42.5	35～50	29.3	170	378	543	1309	0.45	1	1.437	3.463
			55～70		180	400	533	1287	0.45	1	1.333	3.218
			75～90		185	411	529	1275	0.45	1	1.287	3.102
	1.08	45.9	35～50	30.8	170	354	578	1398	0.48	1	1.633	3.949
			55～70		180	375	568	1277	0.48	1	1.515	3.405
			75～90		185	385	564	1266	0.48	1	1.465	3.288
40.0	1.00	42.5	35～50	28.7	160	356	541	1343	0.45	1	1.520	3.772
			55～70		170	378	532	1320	0.45	1	1.407	3.492
			75～90		175	389	527	1309	0.45	1	1.355	3.365
	1.08	45.9	35～50	30.3	160	333	578	1329	0.48	1	1.736	3.991
			55～70		170	354	568	1308	0.48	1	1.605	3.695
			75～90		175	365	564	1296	0.48	1	1.545	3.551

注：混凝土强度标准差为 5MPa；混凝土配制强度为 38.23MPa；混凝土单位体积用料假定总重为 2400kg；砂采用细度模数为 2.7～3.4 的中粗砂。

表 1-42 C35 卵石混凝土配合比参考表 (一)

粗骨料最大粒径/mm	水泥富余系数	水泥强度/MPa	坍落度/mm	砂率/%	每立方米混凝土材料用量/kg				混凝土的配合比			
					水	水泥	砂	石子	水	水泥	砂	石子
16.0	1.00	42.5	35~50	29.0	200	488	496	1216	0.41	1	1.016	2.492
			55~70		210	512	487	1191	0.41	1	0.951	2.326
			75~90		215	524	482	1179	0.41	1	0.920	2.250
	1.08	45.9	35~50	30.5	200	455	532	1213	0.44	1	1.169	2.666
			55~70		210	477	622	1191	0.44	1	1.094	2.497
			75~90		215	489	517	1179	0.44	1	1.057	2.411
20.0	1.00	42.5	35~50	28.0	180	439	499	1292	0.41	1	1.137	2.943
			55~70		190	463	489	1258	0.41	1	1.056	2.717
			75~90		195	476	484	1245	0.41	1	1.017	2.616
	1.08	45.9	35~50	29.5	180	409	534	1277	0.44	1	1.306	3.122
			55~70		190	432	525	1253	0.44	1	1.215	2.900
			75~90		195	443	520	1242	0.44	1	1.174	2.804
31.5	1.00	42.5	35~50	27.5	170	415	499	1316	0.41	1	1.202	3.171
			55~70		180	439	490	1291	0.41	1	1.116	2.941
			75~90		185	451	485	1279	0.41	1	1.075	2.836
	1.08	45.9	35~50	29.0	170	386	535	1309	0.44	1	1.380	3.391
			55~70		180	409	525	1286	0.44	1	1.284	3.144
			75~90		185	420	521	1274	0.44	1	1.240	3.033
40.0	1.00	42.5	35~50	27.0	160	390	500	1350	0.41	1	1.282	3.462
			55~70		170	415	490	1325	0.41	1	1.181	3.193
			75~90		175	427	485	1313	0.41	1	1.136	3.075
	1.08	45.9	35~50	28.5	160	364	535	1341	0.44	1	1.470	3.684
			55~70		170	386	526	1318	0.44	1	1.363	3.415
			75~90		175	398	521	1306	0.44	1	1.309	3.281

注：混凝土强度标准差为 5MPa；混凝土配制强度为 43.23MPa；混凝土单位体积用料假定总重为 2400kg；砂采用细度模数为 2.7~3.4 的中粗砂。

表 1-43 C35 卵石混凝土配合比参考表 (二)

粗骨料最大粒径/mm	水泥富余系数	水泥强度/MPa	坍落度/mm	砂率/%	每立方米混凝土材料用量/kg				混凝土的配合比			
					水	水泥	砂	石子	水	水泥	砂	石子
16.0	1.00	52.5	35~50	34.0	200	370	622	1208	0.54	1	1.681	3.265
			55~70		210	389	612	1189	0.54	1	1.573	3.057
			75~90		215	398	608	1179	0.54	1	1.528	2.962
	1.08	56.7	35~50	35.0	200	345	649	1206	0.58	1	1.881	3.496
			55~70		210	362	640	1188	0.58	1	1.768	3.281
			75~90		215	371	635	1179	0.58	1	1.712	3.178
20.0	1.00	52.5	35~50	33.0	180	333	623	1264	0.54	1	1.871	3.796
			55~70		190	352	613	1245	0.54	1	1.741	3.537
			75~90		195	361	609	1235	0.54	1	1.687	3.421
	1.08	56.7	35~50	34.0	180	310	649	1261	0.58	1	2.094	4.068
			55~70		190	328	640	1242	0.58	1	1.951	3.787
			75~90		195	336	635	1234	0.58	1	1.890	3.673
31.5	1.00	52.5	35~50	32.0	170	315	613	1302	0.54	1	1.946	4.133
			55~70		180	333	604	1283	0.54	1	1.814	3.853
			75~90		185	343	599	1273	0.54	1	1.746	3.711
	1.08	56.7	35~50	33.0	170	293	639	1298	0.58	1	2.181	4.430
			55~70		180	310	630	1280	0.58	1	2.032	4.129
			75~90		185	319	626	1270	0.58	1	1.962	3.981
40.0	1.00	52.5	35~50	31.0	160	296	603	1341	0.54	1	2.037	4.530
			55~70		170	315	594	1321	0.54	1	1.886	4.194
			75~90		175	324	589	1312	0.54	1	1.818	4.049
	1.08	56.7	35~50	32.0	160	276	628	1336	0.58	1	2.275	4.841
			55~70		170	393	620	1317	0.58	1	2.116	4.495
			75~90		175	302	615	1308	0.58	1	2.036	4.331

注：混凝土强度标准差为 5MPa；混凝土配制强度为 43.23MPa；混凝土单位体积用料假定总重为 2400kg；砂采用细度模数为 2.7~3.4 的中粗砂。

表 1-44　C40 卵石混凝土配合比参考表（一）

粗骨料最大粒径/mm	水泥富余系数	水泥强度/MPa	坍落度/mm	砂率/%	每立方米混凝土材料用量/kg				混凝土的配合比			
					水	水泥	砂	石子	水	水泥	砂	石子
16.0	1.00	42.5	35～50	28.0	200	526	483	1241	水泥用量过大，一般情况下不宜选用			
			55～70		210	553	472	1215				
			75～90		215	566	467	1202				
	1.08	45.9	35～50	30.0	200	488	529	1233	0.41	1	1.084	2.527
			55～70		210	512	518	1210	0.41	1	1.012	2.363
			75～90		215	524	513	1198	0.41	1	0.979	2.286
20.0	1.00	42.5	35～50	27.0	180	474	485	1311	0.38	1	1.023	2.766
			55～70		190	500	475	1285	0.38	1	0.950	2.570
			75～90		195	513	470	1272	0.38	1	0.916	2.480
	1.08	45.9	35～50	29.0	180	439	531	1300	0.41	1	1.210	2.961
			55～70		190	463	521	1276	0.41	1	1.125	2.756
			75～90		195	476	516	1263	0.41	1	1.084	2.653
31.5	1.00	42.5	35～50	26.5	170	447	486	1347	0.38	1	1.087	3.013
			55～70		180	474	476	1320	0.38	1	1.004	2.785
			75～90		185	487	471	1307	0.38	1	0.967	2.684
	1.08	45.9	35～50	28.5	170	415	532	1333	0.41	1	1.282	3.212
			55～70		180	439	522	1309	0.41	1	1.189	2.982
			75～90		185	451	517	1297	0.41	1	1.146	2.876
40.0	1.00	42.5	35～50	25.0	160	421	467	1402	0.38	1	1.109	3.330
			55～70		170	447	458	1375	0.38	1	1.025	3.076
			75～90		175	461	454	1360	0.38	1	0.985	2.950
	1.08	45.9	35～50	28.0	160	390	532	1368	0.41	1	1.364	3.508
			55～70		170	415	522	1343	0.41	1	1.258	3.236
			75～90		175	429	517	1329	0.41	1	1.205	3.098

注：混凝土强度标准差为 6MPa；混凝土配制强度为 49.87MPa；混凝土单位体积用料假定总重为 2450kg；砂采用细度模数为 2.7～3.4 的中粗砂。

表 1-45　C40 卵石混凝土配合比参考表（二）

粗骨料最大粒径/mm	水泥富余系数	水泥强度/MPa	坍落度/mm	砂率/%	每立方米混凝土材料用量/kg				混凝土的配合比			
					水	水泥	砂	石子	水	水泥	砂	石子
16.0	1.00	52.5	35～50	30.0	200	465	536	1249	0.43	1	1.153	2.686
			55～70		210	488	526	1226	0.43	1	1.078	2.512
			75～90		215	500	521	1214	0.43	1	1.042	2.428
	1.08	56.7	35～50	31.0	200	435	563	1252	0.46	1	1.294	2.878
			55～70		210	457	553	1230	0.46	1	1.210	2.691
			75～90		215	467	548	1220	0.46	1	1.173	2.612
20.0	1.00	52.5	35～50	29.0	180	419	537	1314	0.43	1	1.281	3.136
			55～70		190	442	527	1291	0.43	1	1.192	2.921
			75～90		195	453	523	1279	0.43	1	1.155	2.823
	1.08	56.7	35～50	30.0	180	391	564	1315	0.46	1	1.442	3.363
			55～70		190	413	554	1293	0.46	1	1.341	3.131
			75～90		195	424	549	1282	0.46	1	1.294	3.024
31.5	1.00	52.5	35～50	28.5	170	395	537	1348	0.43	1	1.359	3.413
			55～70		180	419	528	1323	0.43	1	1.260	3.158
			75～90		185	430	523	1312	0.43	1	1.216	3.051
	1.08	56.7	35～50	29.5	170	370	563	1347	0.46	1	1.522	3.641
			55～70		180	391	554	1325	0.46	1	1.417	3.389
			75～90		185	402	550	1313	0.46	1	1.368	3.266
40.0	1.00	52.5	35～50	28.0	160	372	537	1381	0.43	1	1.444	3.712
			55～70		170	395	528	1357	0.43	1	1.337	3.435
			75～90		175	407	523	1345	0.43	1	1.285	3.305
	1.08	56.7	35～50	29.0	160	348	563	1379	0.46	1	1.618	3.963
			55～70		170	370	553	1357	0.46	1	1.495	3.668
			75～90		175	380	550	1345	0.46	1	1.447	3.539

注：混凝土强度标准差为 6MPa；混凝土配制强度为 49.87MPa；混凝土单位体积用料假定总重为 2450kg；砂采用细度模数为 2.7～3.4 的中粗砂。

表 1-46　C45 卵石混凝土配合比参考表（一）

粗骨料最大粒径/mm	水泥富余系数	水泥强度/MPa	坍落度/mm	砂率/%	每立方米混凝土材料用量/kg				混凝土的配合比			
					水	水泥	砂	石子	水	水泥	砂	石子
16.0	1.00	52.5	35～50	29.0	200	500	508	1242	0.40	1	1.016	2.484
			55～70		210	525	497	1228	0.40	1	0.947	2.339
			75～90		215	538	492	1205	0.40	1	0.914	2.240
	1.08	56.7	35～50	30.5	200	465	544	1241	0.43	1	1.170	2.669
			55～70		210	488	534	1218	0.43	1	1.094	2.496
			75～90		215	500	529	1206	0.43	1	1.058	2.412
20.0	1.00	52.5	35～50	28.0	180	450	510	1310	0.40	1	1.133	2.911
			55～70		190	475	500	1285	0.40	1	1.053	2.705
			75～90		195	488	495	1272	0.40	1	1.014	2.607
	1.08	56.7	35～50	30.0	180	419	555	1296	0.43	1	1.325	3.093
			55～70		190	442	545	1273	0.43	1	1.233	2.880
			75～90		195	453	541	1261	0.43	1	1.194	2.784
31.5	1.00	52.5	35～50	27.5	170	425	510	1345	0.40	1	1.200	3.165
			55～70		180	450	501	1319	0.40	1	1.113	2.931
			75～90		185	463	496	1306	0.40	1	1.071	2.821
	1.08	56.7	35～50	29.0	170	395	547	1338	0.43	1	1.385	3.387
			55～70		180	419	537	1314	0.43	1	1.282	3.136
			75～90		185	430	532	1303	0.43	1	1.237	3.030
40.0	1.00	52.5	35～50	27.0	160	400	510	1380	0.40	1	1.275	3.450
			55～70		170	425	501	1354	0.40	1	1.179	3.186
			75～90		175	438	496	1341	0.40	1	1.132	3.062
	1.08	56.7	35～50	28.5	160	372	547	1371	0.43	1	1.470	3.685
			55～70		170	395	537	1348	0.43	1	1.359	3.413
			75～90		175	407	532	1336	0.43	1	1.307	3.283

注：混凝土强度标准差为 6MPa；混凝土配制强度为 54.87MPa；混凝土单位体积用料假定总重为 2450kg；砂采用细度模数为 2.7～3.4 的中粗砂。

表 1-47　C45 卵石混凝土配合比参考表（二）

粗骨料最大粒径/mm	水泥富余系数	水泥强度/MPa	坍落度/mm	砂率/%	每立方米混凝土材料用量/kg				混凝土的配合比			
					水	水泥	砂	石子	水	水泥	砂	石子
16.0	1.00	62.5	35～50	32.5	200	392	604	1251	0.51	1	1.541	3.191
			55～70		210	412	594	1234	0.51	1	1.442	2.995
			75～90		215	422	589	1224	0.51	1	1.396	2.900
	1.08	67.5	35～50	33.5	200	370	630	1250	0.54	1	1.698	3.378
			55～70		210	389	620	1231	0.54	1	1.594	3.165
			75～90		215	398	615	1222	0.54	1	1.545	3.070
20.0	1.00	62.5	35～50	31.5	180	353	604	1313	0.51	1	1.711	3.720
			55～70		190	373	594	1293	0.51	1	1.592	3.466
			75～90		195	382	590	1283	0.51	1	1.545	3.359
	1.08	67.5	35～50	33.0	180	333	639	1298	0.54	1	1.919	3.898
			55～70		190	352	630	1278	0.54	1	1.790	3.631
			75～90		195	361	625	1269	0.54	1	1.731	3.515
31.5	1.00	62.5	35～50	31.0	170	333	604	1343	0.51	1	1.814	4.033
			55～70		180	353	594	1323	0.51	1	1.683	3.748
			75～90		185	363	590	1312	0.51	1	1.625	3.614
	1.08	67.5	35～50	32.5	170	315	639	1326	0.54	1	2.029	4.210
			55～70		180	333	630	1307	0.54	1	1.892	3.925
			75～90		185	343	625	1297	0.54	1	1.822	3.781
40.0	1.00	62.5	35～50	30.5	160	314	603	1373	0.51	1	1.920	4.373
			55～70		170	333	594	1353	0.51	1	1.784	4.063
			75～90		175	343	589	1343	0.51	1	1.717	3.915
	1.08	67.5	35～50	32.0	160	296	638	1356	0.54	1	2.155	4.581
			55～70		170	315	629	1336	0.54	1	1.997	4.241
			75～90		175	324	624	1327	0.54	1	1.926	4.096

注：混凝土强度标准差为 6MPa；混凝土配制强度为 54.87MPa；混凝土单位体积用料假定总重为 2450kg；砂采用细度模数为 2.7～3.4 的中粗砂。

表 1-48　C50 卵石混凝土配合比参考表（一）

粗骨料最大粒径/mm	水泥富余系数	水泥强度/MPa	坍落度/mm	砂率/%	每立方米混凝土材料用量/kg				混凝土的配合比			
					水	水泥	砂	石子	水	水泥	砂	石子
16.0	1.00	52.5	35~50	29.0	200	540	496	1214	水泥用量过大，一般情况下不宜选用			
			55~70		210	568	485	1187				
			75~90		215	581	480	1174				
	1.08	56.7	35~50	31.0	200	500	543	1207	0.40	1	1.086	2.414
			55~70		210	525	532	1183	0.40	1	1.013	2.253
			75~90		215	538	526	1171	0.40	1	0.978	2.177
20.0	1.00	52.5	35~50	28.0	180	486	500	1284	0.37	1	1.029	2.642
			55~70		190	514	489	1251	0.37	1	0.951	2.446
			75~90		195	527	484	1244	0.37	1	0.918	2.361
	1.08	56.7	35~50	30.0	180	450	546	1274	0.40	1	1.213	2.831
			55~70		190	475	536	1249	0.40	1	1.128	2.629
			75~90		195	488	530	1237	0.40	1	1.086	2.535
31.5	1.00	52.5	35~50	27.0	170	459	492	1329	0.37	1	1.072	2.895
			55~70		180	486	482	1302	0.37	1	0.992	2.679
			75~90		185	500	477	1288	0.37	1	0.954	2.575
	1.08	56.7	35~50	29.0	170	425	538	1317	0.40	1	1.266	3.099
			55~70		180	450	528	1292	0.40	1	1.173	2.871
			75~90		185	463	523	1279	0.40	1	1.130	2.743
40.0	1.00	52.5	35~50	26.0	160	432	483	1375	0.37	1	1.118	3.183
			55~70		170	459	473	1348	0.37	1	1.031	2.937
			75~90		175	473	469	1333	0.37	1	0.992	2.818
	1.08	56.7	35~50	28.0	160	400	529	1361	0.40	1	1.323	3.403
			55~70		170	425	519	1336	0.40	1	1.221	3.144
			75~90		175	438	514	1323	0.40	1	1.174	3.021

注：混凝土强度标准差为 6MPa；混凝土配制强度为 59.87MPa；混凝土单位体积用料假定总重为 2450kg；砂采用细度模数为 2.7~3.4 的中粗砂。

表 1-49　C50 卵石混凝土配合比参考表（二）

粗骨料最大粒径/mm	水泥富余系数	水泥强度/MPa	坍落度/mm	砂率/%	每立方米混凝土材料用量/kg				混凝土的配合比			
					水	水泥	砂	石子	水	水泥	砂	石子
16.0	1.00	62.5	35~50	31.0	200	435	563	1252	0.46	1	1.294	2.878
			55~70		210	457	553	1230	0.46	1	1.210	2.691
			75~90		215	467	548	1220	0.46	1	1.173	2.612
	1.08	67.5	35~50	32.5	200	400	601	1249	0.50	1	1.503	3.123
			55~70		210	420	591	1229	0.50	1	1.407	2.926
			75~90		215	430	587	1218	0.50	1	1.365	2.833
20.0	1.00	62.5	35~50	30.0	180	391	564	1315	0.46	1	1.442	3.363
			55~70		190	413	554	1293	0.46	1	1.341	3.131
			75~90		195	424	549	1282	0.46	1	1.295	3.024
	1.08	67.5	35~50	31.5	180	360	602	1308	0.50	1	1.672	3.633
			55~70		190	380	592	1288	0.50	1	1.558	3.389
			75~90		195	390	587	1278	0.50	1	1.505	3.277
31.5	1.00	62.5	35~50	29.5	170	370	563	1347	0.46	1	1.522	3.641
			55~70		180	391	554	1325	0.46	1	1.417	3.388
			75~90		185	402	550	1313	0.46	1	1.368	3.266
	1.08	67.5	35~50	31.0	170	340	601	1339	0.50	1	1.768	3.938
			55~70		180	360	592	1318	0.50	1	1.644	3.661
			75~90		185	370	587	1308	0.50	1	1.586	3.535
40.0	1.00	62.5	35~50	29.0	160	348	563	1379	0.46	1	1.618	3.963
			55~70		170	370	554	1356	0.46	1	1.497	3.665
			75~90		175	380	550	1345	0.46	1	1.447	3.539
	1.08	67.5	35~50	30.5	160	320	601	1369	0.50	1	1.878	4.278
			55~70		170	340	592	1348	0.50	1	1.741	3.965
			75~90		175	350	587	1338	0.50	1	1.677	3.823

注：混凝土强度标准差为 6MPa；混凝土配制强度为 59.87MPa；混凝土单位体积用料假定总重为 2450kg；砂采用细度模数为 2.7~3.4 的中粗砂。

表 1-50　C55 卵石混凝土配合比参考表

粗骨料最大粒径/mm	水泥富余系数	水泥强度/MPa	坍落度/mm	砂率/%	每立方米混凝土材料用量/kg				混凝土的配合比			
					水	水泥	砂	石子	水	水泥	砂	石子
16.0	1.00	62.5	35～50	29.0	200	500	508	1242	0.40	1	1.016	2.484
			55～70		210	525	497	1218	0.40	1	0.947	2.320
			75～90		215	538	492	1205	0.40	1	0.914	2.240
	1.08	67.5	35～50	33.0	200	465	589	1196	0.43	1	1.267	2.572
			55～70		210	488	578	1174	0.43	1	1.184	2.406
			75～90		215	500	573	1162	0.43	1	1.146	2.324
20.0	1.00	62.5	35～50	28.0	180	450	510	1310	0.40	1	1.133	2.911
			55～70		190	475	500	1285	0.40	1	1.053	2.705
			75～90		195	488	495	1272	0.40	1	1.014	2.607
	1.08	67.5	35～50	32.0	180	419	592	1259	0.43	1	1.413	3.005
			55～70		190	442	582	1236	0.43	1	1.317	2.796
			75～90		195	453	577	1225	0.43	1	1.274	2.704
31.5	1.00	62.5	35～50	27.5	170	425	510	1345	0.40	1	1.200	3.105
			55～70		180	450	501	1319	0.40	1	1.113	2.931
			75～90		185	463	496	1306	0.40	1	1.071	2.821
	1.08	67.5	35～50	31.5	170	395	594	1291	0.43	1	1.504	3.268
			55～70		180	419	583	1268	0.43	1	1.391	3.026
			75～90		185	430	578	1357	0.43	1	1.344	3.156
40.0	1.00	62.5	35～50	27.0	160	400	510	1380	0.40	1	1.275	3.450
			55～70		170	425	501	1354	0.40	1	1.179	3.186
			75～90		175	438	496	1341	0.40	1	1.132	3.062
	1.08	67.5	35～50	31.0	160	372	595	1323	0.43	1	1.599	3.556
			55～70		170	395	584	1301	0.43	1	1.478	
			75～90		175	407	579	1289	0.43	1	1.423	

注：混凝土强度标准差为 6MPa；混凝土配制强度为 64.87MPa；混凝土单位体积用料假定总重为 2450kg；砂采用细度模数为 2.7～3.4 的中粗砂。

第二章　道路水泥混凝土

　　道路水泥混凝土是以硅酸盐水泥或道路专用水泥为胶结材料，以砂和石子为骨料，掺入矿物掺合料和少量外加剂拌制而成的混合料，经过浇筑或碾压成型，通过水泥的水化、硬化而形成具有一定强度、用于铺筑道路的混凝土。

　　道路水泥混凝土不仅具有较高的抗压、抗折、抗磨损、耐冲击等力学性能，而且具有稳定性高、整体性强、耐久性好、色泽鲜明等明显优点，是现代高等级公路路面最常用的材料之一。按组成材料不同，道路水泥混凝土可分为无筋混凝土、钢筋混凝土、连续配筋混凝土和钢纤维混凝土；按施工方法不同，道路水泥混凝土可分为人工摊铺及真空吸水式混凝土、滑模摊铺混凝土和碾压混凝土。

第一节　道路水泥混凝土的材料组成

　　组成路面水泥混凝土的基本材料，主要是水泥、水、砂和石子。一般砂石总含量占其总体积的80％以上，主要起骨架作用，故分别称为细集料和粗集料。水泥加水后形成水泥浆，包裹在砂粒表面并填充砂粒间的空隙形成水泥砂浆，水泥砂浆又包裹石子并填充石子的空隙而形成混凝土。水泥浆在硬化前起润滑作用，使混凝土拌和物具有良好的流动性，硬化后将集料胶结在一起，从而形成坚硬的整体——人造石材混凝土。

一、水泥

　　水泥是路面水泥混凝土中最重要的组成材料，也是价格相对比较高的材料，其质量直接影响混凝土路面的弯拉强度、抗冲击振动性能、疲劳循环周次、体积稳定性和耐久性等关键物理力学性能和路用品质，必须引起高度重视。因此，在配制水泥混凝土时，如何正确选择水泥的品种及强度等级，将直接关系到水泥混凝土的耐久性和经济性。

（一）水泥品种的选择

　　在道路工程施工所用的材料中，我国有一种专用特种道路水泥，即道路硅酸盐水泥。《道路硅酸盐水泥》（GB 13693—2005）中的各项技术指标，完全符合高速公路水泥混凝土路面使用技术要求。工程实践证明特重交通公路更应优先选用旋窑生产的道路硅酸盐水泥，重交通公路宜可采用旋窑生产的硅酸盐水泥和普通硅酸盐水泥；中等以下交通量的公路路面，也可采用矿渣硅酸盐水泥；其他混合水泥不得在混凝土路面中使用。

　　在低温天气施工、有快通要求的路段或快速修复的工程中，可采用 R 型水泥；在冬季负温条件下，R 型水泥有利于蓄热保温和养护，能够尽早达到抗冻临界强度；抢修工程中 R 型水泥能加快施工速度和混凝土凝结硬化，满足尽快开放交通的需要。但 R 型早强水泥的水化放热量大，热峰值高而集中，凝结时间相对较短，不利于控制断板和温度裂缝，更不便于混凝土拌和物远距离运输，特别是在夏季高温下施工不得采用。

　　根据部颁标准《公路水泥混凝土路面施工技术规范》（JTG F30—2003）中的规定，高等级公路水泥混凝土路面所用的水泥，应采用抗折强度高、耐疲劳、收缩性小、耐磨性强、抗冻性好的水泥。用于各级交通路面水泥，其各龄期的抗折强度、抗压强度，不得低于表 2-1

中的规定。

立窑生产的水泥中游离氧化钙和氧化镁含量较高、水泥性能稳定性较差，严重影响路面混凝土的耐动载交通的疲劳循环周次，因此，高速公路、一级公路和重交通二级公路的水泥混凝土路面，应采用旋窑生产的质量稳定、性能可靠的水泥。

表 2-1　各级交通路面水泥各龄期的抗折强度、抗压强度

交通等级	特重交通		重交通		中、轻交通	
龄期	3 天	28 天	3 天	28 天	3 天	28 天
抗压强度/MPa	≥25.5	≥57.5	≥23.0	≥52.5	≥16.0	≥42.5
抗折强度/MPa	≥4.5	≥7.5	≥4.0	≥7.0	≥3.5	≥6.5

在选用水泥时，除应满足表 2-1 中的规定外，还应通过混凝土配合比试验，根据其配制弯拉强度、耐久性和工作性优选适宜的水泥品种、强度等级。水泥在公路路面工程中使用的前提是抗压强度等级必须符合要求，而混凝土路面的第一力学指标是水泥的弯拉强度，因此，道路混凝土路面所要求水泥强度，与其他建筑工程不同，必须同时满足抗压强度和抗折强度的要求。

当贫混凝土和碾压混凝土用作基层时，可使用各种硅酸盐类水泥。当不掺用粉煤灰时，宜使用强度等级 32.5MPa 以下的水泥。当掺用粉煤灰时，只能使用道路硅酸盐水泥、硅酸盐水泥、普通硅酸盐水泥。水泥的抗压强度、抗折强度、安定性和凝结时间必须检验合格，符合国家的有关标准。

(二) 水泥的技术性能

水泥进场时每批量应附有齐全的矿物组成、物理和力学指标合格的检验证明，使用前应对水泥的安定性、凝结时间、标准稠度用水量、抗折强度、细度等主要技术指标检验合格后，方可使用。水泥的存放期不得超过 3 个月。

根据部颁标准《公路水泥混凝土路面施工技术规范》（JTG F30—2003）的规定：对水泥的化学品质，特别是游离氧化钙、氧化镁和碱度的含量提出了明确要求；对水泥的安定性在蒸煮法的基础上，首次提出高速公路、一级公路要用雷氏夹进行检验。各级公路混凝土路面所用水泥的矿物组成、物理性能等路用品质要求，应符合表 2-2 中的规定。

表 2-2　各交通等级路面用水泥的化学成分和物理指标 （摘自 JTG F30—2003）

项　目	特重、重交通路面	中、轻交通路面
铝酸三钙	不宜大于 7.0%	不宜大于 9.0%
铁铝酸四钙	不宜小于 15.0%	不宜小于 12.0%
游离氧化钙	不得大于 1.0%	不得大于 1.5%
氧化镁	不得大于 5.0%	不得大于 6.0%
三氧化硫	不得大于 3.5%	不得大于 4.0%
碱含量	$Na_2O+0.658K_2O \leqslant 0.6\%$	怀疑有碱性骨料时，小于等于 0.6%；无碱性骨料时，小于等于 1.0%
混合材种类	不得掺窑灰、煤矸石、火山灰和黏土，有抗盐冻要求时不得掺石灰、石粉	不得掺窑灰、煤矸石、火山灰和黏土，有抗盐冻要求时不得掺石灰、石粉
出磨时安定性	雷氏夹或蒸煮法检验必须合格	蒸煮法检验必须合格
标准稠度需水量	不宜大于 28%	不宜大于 30%
烧失量	不得大于 3.9%	不得大于 5.0%
比表面积	宜在 300~450m²/kg	宜在 300~450m²/kg
细度(80μm)	筛余量不得大于 10%	筛余量不得大于 10%
初凝时间	不早于 1.5h	不早于 1.5h
终凝时间	不迟于 10h	不迟于 10h
28 天干缩率[①]	不得大于 0.09%	不得大于 0.10%
耐磨性[①]	不得大于 3.6kg/m²	不得大于 3.6kg/m²

① 28 天干缩率和耐磨性试验方法采用《道路硅酸盐水泥》（GB 13693—2005）标准。

（三）水泥出厂与搅拌温度

当采用机械化铺筑时，一般宜选用散装水泥。散装水泥的夏季出厂温度：南方不宜高于65℃，北方不宜高于55℃。

混凝土搅拌时的水泥温度：南方不宜高于60℃，北方不宜高于50℃，限制水泥温度的主要目的是为了降低水化反应速度，严防出现温差开裂。低温条件下混凝土搅拌时，水泥的温度不宜低于10℃。这是国际上对低温和负温施工条件下，水泥混凝土路面施工公认的水泥控制温度。规定"不宜低于10℃"的目的：一是要保证水泥凝结硬化尽快达到抗冻临界强度；二是如果低于此温度，水泥的水化反应过慢，凝结时间必然过长，不便于水泥路面铺筑后抗滑构造制作及养护等工序的进行。

二、粗集料

根据我国国家标准《建设用卵石、碎石》（GB/T 14685—2011）的规定，粒径大于4.75mm的岩石颗粒称为粗集料，普通水泥混凝土所用的粗集料有卵石和碎石两种。

（一）粗集料的种类和技术要求

1. 粗集料的种类

混凝土粗集料的种类，从岩石成因上可分为火成岩、变质岩和沉积岩。从岩石化学成分不同，可以分为碱性粗集料（如石灰岩、玄武岩、大理岩等）；酸性粗集料（如花岗岩、石英岩等）；中性粗集料（如闪长岩等）。

粗集料的颗粒形状、粒径大小、矿物成分、表面特征、质量好坏，对所配制的混凝土抗折强度、用水量、工作性、界面黏结等性能均有较大的影响。

行业标准《公路水泥混凝土路面施工技术规范》（JTG F30—2003）中，对所采用的粗集料分类很简单，仅从粒形上分为碎石、破口石和卵石。

2. 粗集料的技术要求

公路路面混凝土所用的粗集料，应使用质地坚硬、耐久、洁净的碎石、碎卵石和卵石，其技术要求应符合表2-3中的规定。

（1）粗集料性能分级与公路等级　根据国家标准《建设用卵石、碎石》（GB/T 14685—2011）的规定，按粗集料的技术要求，可将卵石、碎石分为Ⅰ类、Ⅱ类、Ⅲ类。各类粗集料分别用于不同强度等级的混凝土中。Ⅰ类宜用于强度等级大于C60的混凝土；Ⅱ类宜用于强度等级C30～C60的混凝土；Ⅲ类宜用于强度等级小于C30的混凝土。

用于特重、重交通高速公路、一级公路、二级公路及有抗（盐）冻要求的三、四级公路混凝土路面施工弯拉强度为5.00～5.75MPa时，对应的混凝土强度等级为C30～C45，因此规定使用的粗集料级别应不低于Ⅱ级；无抗（盐）冻要求的三、四级公路混凝土路面及贫混凝土基层，对应的混凝土强度等级为C15～C30，因此可使用Ⅲ级粗集料。

大量混凝土强度试验表明，当水灰比控制在0.40～0.44范围内时，路面混凝土的抗压强度等级可达到C35～C45，只有三、四级公路面板的抗压强度等级为C25～C35，由此可见，混凝土实际达到的强度等级与国家规定的标准是对应的、适宜的。但是，国标中Ⅲ级粗集料压碎指标小于30%及针片状颗粒含量小于25%的规定，对高等级公路路面混凝土是不适宜的，将其均调整为20%比较恰当。

表 2-3 碎石、碎卵石和卵石技术指标（摘自 JTG F30—2003）

项 目	技术要求		
	Ⅰ级	Ⅱ级	Ⅲ级
碎石压碎指标/%	＜10	＜15	＜20①
卵石压碎指标/%	＜12	＜14	＜16
坚固性(按质量损失计)/%	＜5	＜8	＜12
针片状颗粒含量(按质量计)/%	＜5	＜15	＜20②
含泥量(按质量计)/%	＜0.5	＜1.0	＜1.5
泥块含量(按质量计)/%	＜0	＜0.2	＜0.5
有机物含量(比色法)	合格	合格	合格
硫化物及硫酸盐(按 SO₃ 质量计)/%	＜0.5	＜1.0	＜1.0
岩石抗压强度	火成岩不应小于 100MPa；变质岩不应小于 80MPa；水成岩不应小于 60MPa		
表观密度	＞2500kg/m³		
松散堆积密度	＞1350kg/m³		
空隙率	＜47%		
碱集料反应	经碱集料反应试验后，试件无裂缝、酥裂、胶体外溢等现象，在规定试验龄期的膨胀率应小于 0.10%		

① Ⅲ级碎石的压碎指标，用作路面时应小于 20%；用作下面层或基层时可小于 25%。
② Ⅲ级粗集料的针片状颗粒含量，用作路面时应小于 20%；用作下面层或基层时可小于 25%。

(2) 吸水率和含水率 吸水率指集料饱和面干含水量与烘干质量的比值，含水率指天然状态集料从大气中吸附的水量与烘干质量的比值。吸水率和含水率分别用于混凝土配合比计算和实际用水量的施工调整。

孔隙率大、吸水率大的集料，不仅其表观密度小、干缩系数大，而且力学强度差，特别是抗冻性很差。因此，用于高速公路的粗集料即使没有抗（盐）冻性要求，其吸水率和含水率也不宜大于 5%。

粗集料的吸水率和含水率，在原来的公路水泥混凝土路面设计和施工规范中均无规定和限制，它取决于集料的孔隙结构、数量和大小，直接影响混凝土的和易性、抗冻性、隔热性、化学稳定性等。因此，在现行的行业标准《公路水泥混凝土路面施工技术规范》(JTG F30—2003) 中规定，有抗（盐）冻要求时，Ⅰ级粗集料的吸水率不应大于 1.0%，Ⅱ级粗集料的吸水率不应大于 2.0%。

(3) 石料强度和压碎指标 粗集料的强度采用两种强度指标来表示：一种是直接采用岩石制成 5cm×5cm×5cm 立方体（或 ϕ5cm×5cm 圆柱体）试件，在水饱和状态下测得的极限抗压强度；另一种是以粗集料在圆筒中抵抗压碎的能力（压碎指标）间接推测其强度。

一般要求岩石的抗压强度值与混凝土强度等级之比，不宜小于 1.2～1.5。高速公路路面混凝土满足设计弯拉强度 5.0MPa 时，对应混凝土的抗压强度等级约为 C40。所对应粗集料的抗压强度火成岩不宜低于 100MPa，变质岩不宜低于 80MPa，沉积岩不宜低于 60MPa。碎石与卵石压碎指标和对应的混凝土强度等级见表 2-4 所列。

表 2-4 碎石与卵石压碎指标和对应的混凝土强度等级

岩石种类	混凝土强度等级	压碎指标/%	
		碎 石	卵 石
沉积岩	C40～C60	10～12	≤9
变质岩或深成火成岩	C40～C60	12～19	12～18
火成岩	C40～C60	≤13	—

根据我国公路建设的实践经验证明：高速公路水泥混凝土路面粗集料的抗压强度应不小于 60MPa，沉积岩的压碎指标应不大于 12%，其他岩石的压碎指标应不大于 15%；当粗集

料做基层或下面层时，其压碎指标不应大于 20%。

（4）碱活性集料 碱集料反应是指混凝土原材料中的碱性物质与活性成分发生化学反应，生成膨胀物质（或吸水膨胀物质）而引起混凝土产生内部自膨胀应力而开裂的现象，水泥混凝土中发生碱集料反应，必须具备高碱性水泥、碱活性集料和水分 3 个条件。因此，防止碱集料反应最根本的措施是严格限制混凝土中的碱活性集料。

研究结果表明，碱集料反应中不仅碱硅酸盐反应与活性 SiO_2 硅质矿物有关，而且碱碳酸盐反应也与其中夹杂的活性 SiO_2 硅质矿物关系密切。所以，在重要高速公路水泥混凝土路面工程施工中，当怀疑有活性集料时，应进行活性 SiO_2 硅质矿物的鉴定，以免发生碱活性集料反应。

（5）针片状颗粒含量 粗集料的针片状颗粒含量大小，直接关系到路面混凝土的弯拉强度和抗压强度的高低。在现行的行业标准《公路水泥混凝土路面施工技术规范》（JTG F 30—2003）中规定，针片状颗粒的含量Ⅰ级粗集料应小于 5%、Ⅱ级粗集料应小于 15%、Ⅲ级粗集料应小于 20%。

粗集料中的针片状颗粒含量，主要与粗集料的破碎生产方式有关。生产实践证明，针片状颗粒含量小于 10% 的优质碎石，必须采用两级破碎方式生产，第一级破碎可采用颚式，第二级应采用反击式、冲击式、锤击式或对流撞击式进行生产。

（6）软弱颗粒和含泥量 软弱颗粒主要是指泥块、土、石粉、严重风化石、夹杂的砂岩和泥岩等，这些材料用于路面混凝土中，不仅严重影响混凝土的弯拉强度，而且会在短期内使路面形成小坑洞，造成路面冲击和压坏的临空点，路面的平整度和耐磨性急剧劣化。因此，必须从采石开始严格控制，剔除表面风化的岩石和泥块，不使其混入碎石机中。

含泥量对路面混凝土的弯拉强度、塑性收缩开裂和干缩均有重大影响。《公路水泥混凝土路面施工技术规范》（JTG F30—2003）中规定，含泥量Ⅰ级粗集料应小于 0.5%、Ⅱ级粗集料应小于 1.0%、Ⅲ级粗集料应小于 1.5%。高速公路和一级公路路面混凝土的含泥量必须严格控制在 1% 以内。

根据施工经验，要控制含泥量在允许范围内：一是必须明确规定雨天不得破碎生产碎石，凡是雨天生产的碎石含泥量均超标；二是严防砂石料在搅拌站产生二次污染，集料必须堆放在混凝土基层上。

（7）坚固性 坚固性反映集料在气候、外力或其他物理因素的作用下抵抗破碎的能力。集料的坚固性有冻结法和硫酸盐浸泡法两种检验膨胀能力的方法。集料的坚固性是一个非常重要的技术性能，关系到路面混凝土的耐久性和耐磨性。

对于寒冷和严寒地区高速公路使用的混凝土粗集料，在现行的行业标准《公路水泥混凝土路面施工技术规范》（JTG F30—2003）中规定：粗集料的坚固性，按质量损失计，Ⅰ级粗集料应小于 5%、Ⅱ级粗集料应小于 8%、Ⅲ级粗集料应小于 12%。

（8）硫化物（SO_3）含量 为了防止混凝土发生硫酸盐侵蚀，必须严格限制粗集料中硫化物和硫酸盐（SO_3）的含量。在现行的行业标准《公路水泥混凝土路面施工技术规范》（JTG F30—2003）中规定，粗集料中 SO_3 的含量为：Ⅰ级粗集料应小于 0.5%、Ⅱ级粗集料应小于 1.0%、Ⅲ级粗集料应小于 1.0%。

在实际工程中，控制 SO_3 方法是不要单独使用纯水泥，而是掺加适量的粉煤灰。由于硫化物和硫酸盐是粉煤灰的激发剂，生成具有强度和微膨胀性的水化硫铝酸钙，可以有效地防止混凝土可能发生的硫酸盐侵蚀破坏。

（9）磨耗率和磨光值　混凝土路面的磨耗率和磨光值，是与水泥混凝土路面使用寿命密切相关的重要指标。在一般情况下，当路面混凝土的弯拉强度为 4.50MPa 时，其使用寿命为 10～15 年；当路面混凝土的弯拉强度为 5.00MPa 时，其使用寿命为 15～20 年。尤其是在水泥混凝土路面的使用后期，路面混凝土表面砂浆被磨掉，粗集料裸露且光滑，此时粗集料的磨耗率和磨光值对行车安全至关重要，但在现行规范中没有加以具体规定。

为确保水泥混凝土路面使用后期的安全，对于碾压混凝土路面和裸露集料的抗滑表层，粗集料应使用碎石，不宜使用碎卵石，不得使用卵石，其技术指标除应符合上述规定外，还应符合表 2-5 中的要求。

表 2-5　抗滑表层用粗集料的技术要求

公路等级	磨光值(PSV)	磨耗值/%	冲击值/%	压碎指标/%	针片状含量/%
高速、一级公路	≥42	≤14	≤28	≤10	≤6
其他公路	≥35	≤16	≤30	≤12	≤8

（二）粗集料级配与公称最大粒径

1. 粗集料的级配

粗集料级配优劣首先影响混凝土拌和物的工作性、黏聚性、匀质性和可振动密实度。另外，粗集料的级配所提供的较大嵌锁力，也将直接关系到弯拉强度大小和单位水泥用量多少；粗集料级配好坏还影响混凝土水灰比和单位用水量的大小，同时又决定着塑性收缩和硬化混凝土的干缩变形性能和抗冻耐久性。由此可见，粗集料级配优良是优质水泥混凝土路面的先决条件之一。

在一般情况下，公路水泥混凝土所得到的水泥石，其强度和抗磨性低于粗集料岩石，对高速公路水泥混凝土路面而言，从严控制水泥混凝土粗集料的级配，使路面混凝土形成具有嵌锁力的骨架密实结构，对于改善其路用品质和抗磨性具有非常重要的意义。

现行的行业标准《公路水泥混凝土路面施工技术规范》（JTG F30—2003）在粗集料技术指标方面，基本上是沿用国家标准《建设用卵石、碎石》（GB/T 14685—2011）的规定。但是在用于路面混凝土的级配方面，必须要符合公路工程的实际，因此，公路路面混凝土粗集料的级配要求更高。粗集料级配范围如表 2-6 所列。

表 2-6　粗集料级配范围

公称粒径/mm		方筛孔尺寸/mm							
		2.36	4.75	9.50	16.0	19.0	26.5	31.5	37.5
级配情况		累计筛余(以质量计)/%							
连续级配	4.75～16.0	95～100	85～100	40～60	0～10				
	4.75～19.0	95～100	85～95	60～75	30～45	0～5	0		
	4.75～26.5	95～100	90～100	70～90	50～70	25～40	0～5	0	
	4.75～31.5	95～100	90～100	75～90	60～75	40～60	20～35	0～5	0
单粒级配	4.75～9.50	95～100	80～100	0～15	0				
	9.50～16.0		95～100	80～100	0～15	0			
	9.50～19.0		95～100	85～100	40～60	0～25	0		
	16.0～26.5			95～100	55～70	25～40	0～10	0	
	16.0～31.5			95～100	85～100	55～70	25～40	0～10	0

从严要求水泥混凝土路面所用粗集料的级配曲线范围的原因有：首先，路面混凝土级配对弯拉强度的影响很大，主要表现在其振动密实后，能否达到逐级充填密实结构，是否能形成高弯拉强度所要求的嵌锁力；其次，粗集料的级配对于路面的干缩和温缩，即接缝开口位

移量影响相当大，而逐级充填的良好级配的粗集料有利于减小收缩及接缝开口位移量；再者，在《公路水泥混凝土路面设计规范》中有坚实的理论和实践基础，经工程实践证明已比较成熟，不宜轻易变动。

2. 公称最大粒径

水泥混凝土路面所用粗集料的公称最大粒径大小，是多年来一直有争议的问题。原来水泥混凝土路面设计与施工规范中规定公称最大粒径为 40mm，这是按一般公路水泥混凝土路面弯拉强度 4.5MPa 所规定的。但是，高等级水泥混凝土路面的施工弯拉强度为 5.8MPa，再采用 40mm 的公称最大粒径，如此高的弯拉强度很难达到。

根据"八五"国家攻关滑模和振碾两种水泥混凝土路面的材料试验研究，综合考虑普通水泥混凝土路面全部路面结构、混凝土性能和施工质量诸方面因素，在现行的行业标准《公路水泥混凝土路面施工技术规范》（JTG F30—2003）中规定：卵石最大公称粒径不宜大于 19.0mm；碎卵石最大公称粒径不宜大于 26.5mm；碎石最大公称粒径不应大于 31.5mm。贫混凝土基层粗集料最大公称粒径不应大于 31.5mm；钢纤维混凝土与碾压混凝土粗集料最大公称粒径不宜大于 19.0mm。同时，碎卵石或碎石半粒径小于 $75\mu m$ 的石粉含量不宜大于 1%。

国外在高速公路水泥混凝土路面中规定粗集料最大公称粒径为 20mm。工程实践证明，采用这样的粗集料最大公称粒径，对于提高弯拉强度、增大疲劳极限、改善匀质性、提高耐久性和平整度是有利的。我国规定的这些粗集料的最大公称粒径，不仅适合于高速公路水泥混凝土路面，而且适用于所有公路水泥混凝土路面。

三、细集料

根据我国国家标准《建设用砂》（GB/T 14684—2011）的规定，砂按细度模数分为粗砂（3.1~3.7）、中砂（2.3~3.0）和细砂（1.6~2.2）；按技术要求砂可分为 Ⅰ、Ⅱ、Ⅲ 类，Ⅰ 类砂宜用于强度等级大于 C60 的混凝土，Ⅱ 类砂宜用于强度等级 C30~C60 的混凝土，Ⅲ 类砂宜用于强度等级小于 C30 的混凝土和建筑砂浆。建筑用砂的技术要求主要包括：颗粒级配、含泥量、石粉含量和泥块含量，有害物质，坚固性等。

现行的行业标准《公路水泥混凝土路面施工技术规范》（JTG F30—2003）中，对细集料的分类、技术性能要求等作出观察，这是在国家标准《建设用砂》（GB/T 14684—2011）的基础上，根据公路水泥混凝土路面的实际加以修订的，提出了切合实际更高的标准和要求。

（一）路面用砂的种类和技术要求

1. 路面用砂的种类

现行的行业标准《公路水泥混凝土路面施工技术规范》（JTG F30—2003）中规定，配制公路水泥混凝土路面的细集料，应采用质地坚硬、耐久、洁净的天然砂、机制砂或混合砂。砂可分为天然砂和人工砂两种，天然砂包括河砂、湖砂、山砂、淡化海砂，人工砂包括机制砂和混合砂。

河砂经过长期水流冲洗，杂质较少，质量最好，是高速公路和一级公路水泥混凝土所用首选细集料。山砂的含泥量和软弱颗粒比较多，在不超标的前提下，也可以用于工程。机制砂粒形很差，石粉含量高，新拌混凝土工作性差，当石粉和土含量不超标时掺加高效减水剂，也可用于低等级水泥混凝土路面。海砂的氯离子含量、含盐量和贝壳含量等均比较高，一般不宜用于公路工程。

2. 路面用砂的技术要求

在现行的行业标准《公路水泥混凝土路面施工技术规范》（JTG F30—2003）中，砂按技术要求分为Ⅰ级、Ⅱ级、Ⅲ级，路面用砂的技术要求应符合表2-7中的规定。

表 2-7　路面用砂的技术要求（摘自 JTG F30—2003）

项　　目	技术要求		
	Ⅰ级	Ⅱ级	Ⅲ级
机制砂单粒级最大压碎指标/%	<20	<25	<30
氯化物(按氯离子质量计)/%	<0.01	<0.02	<0.06
坚固性(按质量损失计)/%	<6	<8	<10
云母(按质量计)/%	<1.0	<2.0	<2.0
天然砂、机制砂含泥量(按质量计)/%	<1.0	<2.0	<3.0①
天然砂、机制砂泥块含量(按质量计)/%	0	<1.0	<2.0
机制砂 MB 值小于 1.4 或合格石粉含量②(按质量计)/%	<3.0	<5.0	<7.0
机制砂 MB 值小于 1.4 或不合格石粉含量(按质量计)/%	<1.0	<3.0	<5.0
有机物含量(比色法)	合格	合格	合格
硫化物及硫酸盐(按 SO₃ 质量计)/%	<0.5	<0.5	<0.5
轻物质(按质量计)/%	<1.0	<1.0	<1.0
机制砂母岩抗压强度	火成岩不应小于 100MPa；变质岩不应小于 80MPa；水成岩不应小于 60MPa		
表观密度	>2500kg/m³		
松散堆积密度	>1350kg/m³		
空隙率	<47%		
碱集料反应	经碱集料反应试验后，由砂配制的试件无裂缝、酥裂、胶体外溢等现象，在规定试验龄期的膨胀率应小于 0.10%		

① 天然Ⅲ级砂用作路面时，含泥量应小于 3%；用作贫混凝土基层时可小于 5%。

② 亚甲蓝试验 MB 试验方法见有关内容。

高速公路、一级公路、二级公路及有抗（盐）冻要求的三、四级公路混凝土使用的砂应当不低于Ⅱ级，无抗（盐）冻要求的三、四级公路混凝土路面、碾压混凝土及贫混凝土基层可使用Ⅲ级砂。特重、重交通混凝土路面宜使用河砂，砂的硅质含量不应低于 25%。

（1）含泥量和泥块含量　由于砂的种类较多，来源比较广泛，各地的含泥量和泥块含量各不相同，有时控制砂中的含泥（块）含量相当困难，在实际工程操作中，一是控制砂石料中的总含泥量不超标；二是砂石料总含泥量超标，又无法清洗时，必须增加 5～10kg/m³ 水泥用量来保证达到规定的弯拉强度。因此，严格控制砂石各自的含泥量和泥块含量，是非常重要的技术措施。特别用于高速公路和一级公路的砂更应严格控制，不宜超过 2%。

（2）细集料的硬度及磨光值　在现行的行业标准《公路水泥混凝土路面施工技术规范》（JTG F30—2003）中规定，特重、重交通高速公路、一级公路混凝土路面宜采用河砂，其硅质砂和石英砂的含量不应低于 25%。这主要是从路面抗滑及耐磨性出发，对砂提出硬度及其磨光值的规定，实际水泥混凝土路面上横向力系数是通过水泥浆磨损后凸起的砂颗粒来提供的。

（3）氯离子的含量　在现行的行业标准《公路水泥混凝土路面施工技术规范》（JTG F30—2003）中规定，氯离子的含量Ⅰ级砂不大于 0.01%，Ⅱ级砂不大于 0.02%，Ⅲ级砂不大于 0.06%。经计算和试验证明，在一般情况下，这个技术指标是可以的，但在海风、海水、盐碱地区等腐蚀环境下，需要按照表2-8中的规定，认真检测并计算砂、拌和水、加外剂、掺合料、水泥中的总氯离子含量是否超标，如果出现超标应掺加适量的阻锈剂，防止钢筋混凝土路面和桥面中的钢筋锈蚀。

表 2-8　混凝土拌和物中氯化物（以 Cl⁻ 计）总含量的最高限量

结构种类及其环境条件	预应力混凝土及腐蚀环境中的钢筋混凝土	潮湿但不含氯离子环境中的钢筋混凝土	干燥环境或有防潮措施的钢筋混凝土	素混凝土
Cl⁻ 占水泥用量/%	0.06	0.30	1.00	1.60
外加剂、掺合料或共同带入 Cl⁻ 占水泥用量/%	0.02	0.10	0.33	—

（4）云母的含量　砂中的云母含量是细集料中的一个特殊问题，主要是因为岩石风化后，残留下的石英与云母矿物很难再风化分解。结晶良好的石英是立方晶体，构成天然细集料的主要成分；而细集料中混杂的云母形态是层片状颗粒，并且层片非常薄，层间的连接极差，因此是砂中对混凝土物理力学性能、抗滑安全性及耐磨性等有害的成分。

在现行的行业标准《公路水泥混凝土路面施工技术规范》（JTG F30—2003）中规定，云母的含量Ⅰ级砂不大于 1.0%，Ⅱ级和Ⅲ级砂不大于 2.0%，这个技术指标的规定与国家标准《建设用砂》（GB/T 14684—2011）中的规定是完全一致的。根据我国砂源的砂子实际情况来看，大多数砂中的云母含量是小于 2% 的。

另外，砂子的其他技术指标，如压碎指标、坚固性、有机物含量、硫化物及硫酸盐等方面的要求，与粗集料相同，此处不再重复。

（二）细集料的细度模数和级配要求

砂按其细度模数分为 1 区粗砂、2 区中砂、3 区细砂。各区级配要求见表 2-9 所列。路面和桥面普通水泥混凝土、钢筋水泥混凝土及钢纤维水泥混凝土用天然砂的级配曲线宜为 2 区（中砂），可使用 1 区偏细粗砂和 3 区偏粗细砂，细度模数宜控制在 2.0～3.5 范围内，且最小不应小于 2.0。

路面混凝土同一配合比用砂的细度模数变化范围不应超过 0.30，否则应调整配合比中的砂率；细度模数差别超过 0.30 的不同来源或不同产地砂应分别堆放，并应按不同砂率的配合比分别拌和使用。

表 2-9　细集料级配范围

砂 分 级	方筛孔尺寸/mm					
	0.15	0.30	0.60	1.18	2.36	4.75
	累计筛余（以质量计）/%					
粗砂	90～100	80～85	71～85	35～65	5～35	0～10
中砂	90～100	70～92	41～70	10～50	0～25	0～10
细砂	90～100	55～85	16～40	0～25	0～15	0～10

（三）对机制砂和海砂的特殊要求

1. 对机制砂的要求

在我国西南地区，很难得到天然河砂，只能生产破碎机制砂。但是，机制砂路面的耐磨性较差，如果达不到某些特殊要求，是不能用于水泥混凝土路面的。在现行的行业标准《公路水泥混凝土路面施工技术规范》（JTG F30—2003）中规定，路面和桥面混凝土所使用的机制砂，除应符合河砂的有关规定（表 2-8 和表 2-9）外，还应检验砂浆磨光值（PMA），其值（PMA）宜大于 35，不宜使用抗磨性较差的泥岩、页岩、板岩等水成岩类母岩品种生产的机制砂。配制机制砂混凝土应同时掺引气高效减水剂。

2. 对海砂的要求

在我国大量的沿海地区，有着丰富的海砂资源，如何充分利用这个资源，降低工程造价，这是一个值得探讨的问题。在原来的设计与施工技术规范中，不允许使用海砂拌制公路混凝土。在现行的行业标准《公路水泥混凝土路面施工技术规范》（JTG F30—2003）中，首次允许普通混凝土路面中使用淡化海砂。

为了防止钢筋混凝土路面或钢纤维混凝土路面产生严重锈蚀或其他化学侵蚀破坏，在《公路水泥混凝土路面施工技术规范》（JTG F30—2003）中规定，河砂资源紧缺的沿海地区，二级及二级以下公路混凝土路面和基层可使用淡化海砂，缩缝设传力杆混凝土路面不宜使用淡化海砂；钢筋混凝土及钢纤维混凝土路面和桥面不得使用淡化海砂。

淡化海砂除应符合表 2-8 和表 2-9 中的要求外，尚应符合以下 3 个规定：①淡化海砂带入每立方米混凝土的含盐量不应大于 1.0kg；②淡化海砂中碎贝壳等甲壳类动物残留物含量不应大于 1.0%；③与河砂对比试验，淡化海砂应对砂浆磨光值、混凝土凝结时间、耐磨性、弯拉强度等无不利影响。

四、混凝土拌和用水

混凝土用水的基本质量要求是：不能含影响水泥正常凝结硬化的有害杂质；无损于混凝土强度发展及耐久性；不能加快钢筋的锈蚀；不引起预应力钢筋脆断；保证混凝土表面不受污染。

因此，用于道路水泥混凝土的拌和用水，其技术指标应当符合《混凝土用水标准》（JGJ 63—2006）中的要求。

五、混凝土外加剂

（一）常用外加剂的种类和性能

1. 路用外加剂的质量等级

鉴于水泥混凝土公路路面工程的重要性，用于公路工程的外加剂的产品质量应达到一等品的要求，就是一般公路路面也不允许使用合格品。一般公路路面混凝土，当设计弯拉强度为 4.50MPa，达到配制弯拉强度 5.00MPa 以上时，对应的混凝土抗压强度等级为 C30～C35 级；而高速公路和一级公路，当设计弯拉强度为 5.00MPa，达到配制弯拉强度 5.75MPa 以上时，对应的混凝土抗压强度等级为 C35～C50 级，均已达到较高强度等级混凝土的要求。

2. 路用外加剂的技术性能

混凝土外加剂。外加剂按其主要功能不同可分为：改善混凝土拌和物流变性能的外加剂、调节混凝土凝结时间和硬化性能的外加剂、改善混凝土耐久性的外加剂和改善混凝土其他性能的外加剂。

在公路水泥混凝土路面和桥面中用的外加剂很多，主要有减水剂、早强剂、缓凝剂和引气剂等。公路水泥混凝土所用外加剂应符合表 2-10 中的各项技术指标。

表 2-10　公路水泥混凝土外加剂产品的技术性能指标

试 验 项 目	普通减水剂	高效减水剂	早强减水剂	缓凝高效减水剂	缓凝减水剂	引气减水剂	早强剂	缓凝剂	引气剂
减水率/%	≥8	≥15	≥8	≥15	≥8	≥12	—	—	≥6
泌水率比/%	≥95	≥90	≥95	≥100	≥100	≥70	≥100	≥100	≥70
含气量/%	≤3.0	≤4.0	≤3.0	<4.5	<5.5	≥3.0			>3.0

续表

试 验 项 目		普通减水剂	高效减水剂	早强减水剂	缓凝高效减水剂	缓凝减水剂	引气减水剂	早强剂	缓凝剂	引气剂
凝结时间/min	初凝	−90～	−90～	−90～	≥90	≥90	−90～	−90～	＞90	−90～
	终凝	120	120	90	—	—	120	90	—	120
抗压强度比/%	1 天		≥140	≥140				≥135		
	3 天	≥115	≥130	≥130	≥125	≥100	≥115	≥130	≥100	≥95
	7 天	≥110	≥125	≥115	≥125	≥110	≥110	≥110	≥100	≥95
	28 天	≥110	≥120	≥105	≥120	≥110	≥100	≥100	≥100	≥90
28 天收缩率比/%		≤130	≤120	≤120	≤120	≤120	≤120	≤120	≤120	≤120
抗冻等级		50	59	50	50	50	200	50	50	200
对钢筋锈蚀作用		应说明对钢筋无锈蚀危害								

注：1. 除含气量外，表中数据为掺外加剂混凝土与基准混凝土差值或比值。

2. 凝结时间指标"—"表示提前。

为确保所用外加剂达到要求，在《公路水泥混凝土路面施工技术规范》（JTG F30—2003）中规定，供应商应提供有相应资质的外加剂检测机构的品质检测报告，检测报告应说明外加剂的主要化学成分，认定对人员无毒、副作用。

3. 现行规范与国标的区别

对路用混凝土外加剂性能的要求，是在国家标准《混凝土外加剂》（GB 8076—1997）的基础上制定的，但根据公路路面水泥混凝土的实际应用，《公路水泥混凝土路面施工技术规范》（JTG F30—2003）中对外加剂的规定，与国家标准有以下 3 点不同。

（1）高效减水剂的减水率提高　路面水泥混凝土所用的高效减水剂、缓凝高效减水剂和引气减水剂的减水率，是参照国外及我国电力行业规范《水工混凝土外加剂技术规程》（DL/T 5100—1999）而确定的，比国家标准《混凝土外加剂》（GB 8076—1997）有所提高。高效减水剂、缓凝高效减水剂的减水率由 12% 提高到 15%，引气减水剂的减水率由 10% 提高到 12%。

（2）混凝土收缩率比有所减小　我国国家标准《混凝土外加剂》（GB 8076—1997）中规定，外加剂的 28 天收缩率比为 135%；《水工混凝土外加剂技术规程》（DL/T 5100—1999）中规定，外加剂的 28 天收缩率比为 125%。据国外有关资料介绍，有的国家将外加剂的 28 天收缩率比规定为 115%，有的国家规定为 120%。

公路混凝土结构和构件最显著的特点，是薄壁结构占主导地位，其抗裂问题始终是困扰公路行业的一大难题。如果外加剂的 28 天收缩率比为 135%，掺加外加剂的混凝土 28 天的收缩率比不掺者还大 35%。在实际工程中使用过的最好外加剂 28 天收缩率仅 108%，一般为 115% 左右，最大不得大于 120%。因此，《公路水泥混凝土路面施工技术规范》（JTG F30—2003）中规定，掺加的所有外加剂的 28 天收缩率比为 120%。

（3）相对耐久性指标改为抗冻标号　鉴于公路混凝土结构抗冻的重要性，《公路水泥混凝土路面施工技术规范》（JTG F30—2003）中对耐久性有明确规定，但与国家标准有所不同。将《混凝土外加剂》（GB 8076—2008）中规定的相对耐久性指标修改为抗冻标号，凡引气剂和复合有引气剂的外加剂均规定抗冻标号不小于 200 次，其他外加剂一般不小于 50 次。

在国家标准《混凝土外加剂》（GB 8076—2008）中规定，凡引气剂和复合有引气剂的外加剂的相对耐久性指标均为 200 次不小于 80%，其他外加剂对抗冻性无规定，这不适用于公路桥梁、隧道、涵洞、路面和桥面工程薄壁混凝土结构，不利于提高其抗渗性、抗冻性等耐久性能。

（二）各种常用外加剂的基本性能

1．减水剂

减水剂是指在混凝土拌和物坍落度基本相同的条件下，用来减少拌和用水量和增强作用的外加剂。

（1）减水剂的分类 按照减水剂减水效率大于或小于15％，可以分为高效减水剂和普通减水剂。

按减水剂化学成分不同，可分为木质素磺酸盐类普通减水剂、聚烷基芳基磺酸盐类减水剂、磺化三聚氰胺甲醛树脂磺酸盐类减水剂、糖蜜类普通减水剂、水溶性树脂磺酸盐类减水剂和腐殖酸类减水剂等。

按功能和作用不同分类 减水剂可分为普通减水剂、高效减水剂、早强减水剂、缓凝减水剂、引气减水剂等。

各级公路路面混凝土宜选用减水率高、坍落度损失小、凝结时间可调控的复合型减水剂。高温施工宜使用引气缓凝减水剂或引气高效缓凝（保塑）减水剂，低温情况下施工宜使用引气早强高效减水剂。

工程经验证明，高速公路水泥混凝土使用的减水剂，应根据施工气候、性能要求和施工条件等进行选择。无论采用何种减水剂，供应商必须有国家、省级或地区级外加剂检测机构认定的一等品质检报告，检测报告应说明外加剂的主要化学成分，对混凝土有无腐蚀和对人员有无毒副危害。

（2）减水剂的作用机理 减水剂对新拌混凝土的作用机理，根据目前研究结果主要有吸附-分散作用、润滑作用和湿润作用。

① 吸附-分散作用 水泥在加水搅拌后，会产生一种絮凝状的结构，如图2-1（a）所示。产生这种絮凝结构的原因很多，或因为水泥矿物成分在水化过程中所带电荷不同，产生异性电荷相互吸引而絮凝；或因水泥颗粒在溶液中的热运动，在某些边角处互相碰撞，相互吸引而形成的；或因水泥矿物水化后溶液化水膜产生某些缔合作用等。由于上述原因，在这些絮凝状结构中，包裹着很多拌和水，从而降低了新拌混凝土的工作性。

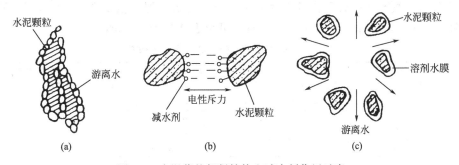

图 2-1　水泥浆的絮凝结构和减水剂作用示意

施工中为了保持新拌混凝土所需的工作性，必须在拌和时相应地增加用水量，这样就会促使水泥石结构中形成过多的孔隙，从而严重影响硬化混凝土的物理力学性质。当加入减水剂后，减水剂的憎水基因定向吸附于水泥质点表面，使水泥颗粒表面带有相同的电荷，在电性斥力作用下，使水泥颗粒分散［见图2-1（b）］，从而使游离水从絮凝体内释放出来，在不增加用水量的条件下，增加了混凝土拌和物的流动性。另外，减水剂还能在水泥颗粒表面形成一层溶剂水膜［见图 2-1(c)］。

② 润滑作用　减水剂在水泥颗粒表面吸附定向排列，其亲水端极性很强，带有负电，很容易与水分子中氢键产生缔合作用，再加上水分子间的氢键缔合，使水泥颗粒表面形成一层稳定的溶剂化水膜，它不仅能阻止水泥颗粒间的直接接触，而且在颗粒间起着润滑作用。同时，伴随减水剂的加入，也引进一定量的微细气泡（见图 2-2），这些微细气泡是由减水剂的定向排列形成的分子膜，它们与水泥颗粒吸附膜带有相同电荷，因此气泡与水泥颗粒间也由于电性斥力而使水泥颗粒分散，从而增加水泥颗粒间的滑动能力。

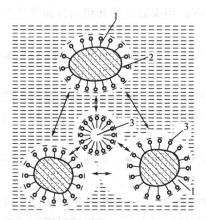

图 2-2　减水剂形成微细气泡的润滑作用
1—水泥颗粒；2—减水剂；3—极性气泡

③ 湿润作用　水泥加水拌和后，颗粒表面被水所湿润，其湿润状况对新拌混凝土的性能有很大影响。掺加减水剂后，由于减水剂在水泥颗粒表面定向排列，不仅能使水泥颗粒分散，而且能增大水泥的水化面积，影响水泥的水化速度。

综上可知，由于减水剂具有吸附分散作用、润滑作用和湿润作用，只要掺加少量的减水剂，就能使混凝土拌和物的工作性显著地改善，同时对硬化后的混凝土也带来一系列的优点。

（3）减水剂的技术经济效益　众多道路与桥梁工程实践证明，使用减水剂不仅可以改善混凝土的工作性、降低水灰比、调节凝结时间，而且还具有下列技术经济效益。

① 在保证混凝土工作性和水泥用量不变的条件下，可以减少单位用水量，提高混凝土的弯拉强度；特别是高效减水剂可大幅度减小用水量，制备早强、高强混凝土。因此，要制备高弯拉强度、高耐疲劳极限、小变形性能和高耐久性的高性能道路混凝土，离不开高效缓凝引气减水剂。

② 在保持混凝土用水量和水泥用量不变的条件下，可以增大混凝土拌和物的流变性；如果采用高效减水剂可制备大流动性混凝土。

③ 在保证混凝土工作性和强度不变的条件下，可节水泥用量 10%～20%，从而可降低工程造价。以上 3 项减水剂的技术经济效益，可由表 2-11 所列说明。

表 2-11　减水剂对混凝土的技术经济效益

编号	混凝土名称	试验目的	材料组成				技术性质	
			水泥用量 m_c /(kg/m³)	用水量 m_w /(kg/m³)	水灰比 (W/C)	外加剂 (UNF)/%	坍落度 (H)/mm	抗压强度 $f_{cu,28}$/MPa
1	基准混凝土	对照组	345	185	0.54	—	30	38.2
2	掺外加剂混凝土	增大流动性	345	185	0.54	0.5	90	38.5
3		提高强度	345	166	0.48	0.5	30	44.5
4		节约水泥	308	166	0.54	0.5	30	38.0

2. 引气剂

引气剂的主要作用是改善和易性、减少泌水、提供富浆平稳的表面，提高混凝土弯拉强度、降低抗折弹性模量、改善荷载和温湿度变形性能，提高抗渗性、抗冻性和耐候性。引气剂是一种憎水性表面活性剂，对混凝土性能有以下影响。

（1）改善混凝土拌和物的和易性　引气剂引入的大量均匀分布、稳定而封闭的微小气泡犹如滚珠，减少了水泥颗粒间的摩擦，从而提高其流动性；同时气泡薄膜的形成也会起到一定的保水作用。

（2）提高混凝土的抗渗性和抗冻性　引气剂引入的封闭气泡能有效隔断毛细孔通道，并能减少泌水造成的孔隙，从而增强其抗渗性；同时封闭气泡的引入对水结冰时膨胀能起到有效的缓冲作用，从而提高其抗冻性。

（3）明显降低混凝土的强度　大量试验证明，混凝土中含气量增加 1%，其抗压强度可降低 4%～6%，所以引气剂的掺量应当适量。

（4）可提高混凝土弯拉强度　一般来讲，引气剂对混凝土的抗压强度虽有降低作用，但如果剂量合适、含气量适宜时，反而可提高混凝土弯拉强度，这是制作高性能道路混凝土的不可缺少的重要外加剂。

工程中常用的引气剂有松香树脂类、烷基磺酸盐类和脂肪醇类等，其中松香树脂类应用最广泛，适宜的掺量为水泥质量的 0.005%～0.01%，混凝土中的含气量为 3%～6%。

在《公路水泥混凝土路面施工技术规范》（JTG F30—2003）中规定：二级及其以上公路路面应使用引气剂，有抗冰冻、抗盐冻要求的地区的各级公路路面、桥面、护栏、路缘石、路肩石及贫混凝土基层必须使用引气剂。

工程实践证明，引气剂不仅引气而且具有普通减水剂的减水率，它可以增大新拌混凝土的黏聚性，防止泌水离析，提高混凝土的匀质性；引气剂所引含气量增大了混凝土中水泥浆的体积，使滑模摊铺出的路面光滑密实、平整度高、外观规矩；适宜含气量的引气混凝土，抗弯拉强度提高 10%～15%，降低了抗弯弹性模量，减小了干缩和温缩变形，提高了抗冻性和抗渗性，缓解了碱骨料反应和化学侵蚀膨胀。所以在滑模摊铺混凝土路面中必须使用引气剂，其他外加剂应根据工程需要而选用。

路面混凝土适宜含气量推荐值如表 2-12 所列，从表中的数据可以看出，这个规定基本上是与各发达国家的先进标准接轨的。在所有混凝土路面中使用引气剂，对于混凝土路面这种暴露于大气中的薄壁结构，改善其耐候性，减小温、湿翘曲变形，抵抗冻坏是非常重要的。

表 2-12　各国的路面混凝土适宜含气量推荐值　　　　　　　　　单位：%

公称最大粒径/mm	美国 ACI	英国 CP	德国 DIN[①]	日本土木学会[②]	中国外加剂规范	路面无抗冻性要求	路面有抗冻性要求
15.0	7.0	6.0	≥4.0	6.0	6.0	5.0±1	6.0±1
19.0	6.0	5.0	—	5.0	5.5	4.0±1	5.5±1
26.5	5.0	—	—	4.5	5.0	4.5±1	5.01
31.5	—	—	≥3.5	—	—	3.0±1	4.5±1
37.5	4.5	4.0	≥3.0	3.5	4.5	2.0±1	4.0±1

① 德国 DIN 骨料公称最大粒径分别为 16mm、32mm、64mm。
② 日本土木学会含气量 3.5% 对应的公称最大粒径为 50mm。

桥面铺装层所用的水泥混凝土，是以抗压强度作为设计指标的，由于掺加引气剂对混凝土抗压强度有降低作用，如果桥面混凝土无抗（盐）冻耐久性要求，可以不掺加引气剂或复合引气剂。但在有抗（盐）冻耐久性要求时，应按照路面混凝土所规定的外加剂品种使用。此时，应同时掺加或复配高效减水剂，以补偿混凝土因掺加引气剂导致的损失。实践证明，引气剂本身减水率加上高效减水剂的减水率，不仅可以补偿因含气而造成的抗压强度损失，而且还可能提高抗压强度。

3. 早强剂

早强剂是指加速混凝土早期强度发展的外加剂。早强剂对水泥中的硅酸三钙和硅酸二钙等矿物的水化有催化作用，能加速水泥的水化和硬化，具有明显的早强作用。早强剂一般可分为无机早强剂（氯化物、硫酸盐系等），有机早强剂（如三乙醇胺、三异丙醇胺、乙酸钠等）和复合早强剂三大类。

早强剂的特性是能促进水泥的水化和硬化，提高混凝土早期强度，缩短养护周期，从而提高模板和场地的周转率，加快施工进度，特别适宜冬季施工（最低气温不低于 $-5\,℃$）和紧急抢修工程。

4. 缓凝剂

缓凝剂是指能延缓混凝土拌和物的凝结时间，对混凝土后期物理力学性能无不利影响的外加剂。缓凝剂所以能延缓水泥凝结时间，是因其在水泥及其水化物表面上的吸附作用，或与水泥反应生成不溶层而达到缓凝的效果。

通常用的缓凝剂有羟基羧酸盐（如柠檬酸、酒石酸、水杨酸等）、多羟基碳水化合物（如糖蜜、含氧有机酸、多元醇等）和无机化合物（如 Na_2SO_4、Na_3PO_4 等）。在道路与桥梁工程中最常用的缓凝剂是糖蜜，其价格较低、效果较好，如在气温高、运距长的情况下，可防止混凝土拌和物发生过早坍落度损失；又如分层浇筑的混凝土，为防止出现冷缝，也常加入缓凝剂。另外，在大体积混凝土施工中，为了延长混凝土的放热速度，也可掺加缓凝剂。

在《公路水泥混凝土路面施工技术规范》（JTG F30—2003）中规定，在高温环境中施工时应使用引气缓凝减水剂或缓凝剂。

5. 速凝剂

速凝剂是指能促使混凝土迅速凝结硬化的外加剂。掺加速凝剂的混凝土，能使掺入水泥中的石膏丧失缓凝作用，促使混凝土在较短时间内迅速凝结硬化。如我国生产的 711 型、红星一型等速凝剂，它们都是由几种具有促凝作用的材料复合而制成的，效果比较好。

工程实践证明，如果掺加 2.5%～4% 的速凝剂，可使混凝土在 3min 之内达到初凝，7～10min 达到终凝，1 天后强度可提高 2～3 倍，28 天强度下降 20%～35%。速凝剂主要用于喷射混凝土。

在《公路水泥混凝土路面施工技术规范》（JTG F30—2003）中规定，在低温环境中施工时应使用引气速凝剂或速凝剂。

6. 膨胀剂

膨胀剂是指能使混凝土（砂浆）产生补偿收缩或微膨胀的外加剂。一般常用的明矾石膨胀剂，掺量为水泥质量的 10%～15%，掺量较大时可在钢筋混凝土中产生自应力。掺入膨胀剂后对混凝土的力学性质不会带来大的影响，可使混凝土的抗渗性提高到 P30 以上，从而大幅度提高其抗裂性能。

7. 防冻剂

防冻剂是指能降低水和混凝土拌和物液相的冰点，使混凝土在相应负温下免受冻害，并在规定的养护条件下达到预期性能的外加剂。防冻剂通常有以下几种。

（1）亚硝酸钠和亚硝酸钙　这类防冻剂具有降低冰点、早强、阻锈等作用，一般掺量为1%～8%。

（2）氯化钠和氯化钙　这类防冻剂具有降低冰点的作用，但对混凝土中的钢筋有锈蚀作用，一般掺量为 0.5%～1.0%。

（3）碳酸钾、尿素等　在实际工程中，使用的防冻剂一般都是复合型的，同时具有防冻、早强、减水、阻锈等作用，有的还加入引气剂，从而可大大增强其防冻效果。

8. 阻锈剂

阻锈剂是指能减缓混凝土中钢筋或其他预埋金属锈蚀的外加剂。工程中常用的阻锈剂是亚硝酸钠。有些外加剂中含有氯盐，对钢筋有较强的锈蚀作用，所以掺入阻锈剂后，可以减缓对钢筋的锈蚀，从而达到保护钢筋的目的。

《公路水泥混凝土路面施工技术规范》（JTG F30—2003）中规定，处在海水、海风、硫酸根离子环境或冬季撒除冰盐的路面或桥面钢筋混凝土、钢筋混凝土中宜掺阻锈剂。

除上述几类最常用的外加剂外，还有泵送剂、防水剂、消泡剂等多种外加剂，在工程中可根据工程需要进行选用。

（三）水泥混凝土路面掺加外加剂注意事项

根据工程需要、外加剂性能、施工条件、施工经验等，在混凝土中掺加适宜、适量的外加剂，对改善混凝土的性能、提高混凝土的质量具有重要作用。如果掺加外加剂不当，不仅不能达到设计的目的，反而会引到相反的作用。因此，在掺加混凝土外加剂时，应当注意以下事项。

1. 外加剂与所用水泥的适应性

施工规范规定：在任何水泥混凝土路面工程中使用的外加剂，一定要注意外加剂与所用水泥的适应性问题，即必须与所用水泥要进行适应性检验，其检验方法要符合《公路工程水泥混凝土外加剂与掺合料应用技术指南》中附录 D 的规定，化学成分不适应，不得用于实际工程中。

在表 2-10 中的各种外加剂的性能，均是在基准水泥、标准温度和标准砂石料的基础上测定的。当采用当地所生产的水泥和砂石料时，其性能和质量与标准材料有很大的差异，有的减水剂的减水率可能大大高于规范中的数据，有的也可能远远低于规定的数值。因此，外加剂掺入水泥混凝土中，其适应程度如何是混凝土外加剂在使用中的最大难点和关键技术所在。

影响外加剂适应性的主要因素是水泥中的矿物成分，最主要的是所用石膏种类、混合材料和铝酸三钙含量。一般适应性好的是二水石膏，适应性不好的是半水石膏、硬石膏、氟石膏及工业石膏渣等，特别是木钙、木镁、木钠和糖蜜两大类型的外加剂，只对普通二水石膏适应，对各种石膏变种均不适应。混合材料，如火山灰、煤矸石、粉煤灰、窑灰等，对外加剂的吸附量很大，因此在选用粉煤灰水泥或掺粉煤灰的混凝土时，引气剂的剂量必须加倍，才能达到规定含气量的引气效果。铝酸三钙含量越高，对减水剂的吸附量越大，减水效率越小；铝酸三钙含量较低的水泥，减水剂的减水率较高。

外加剂与水泥的适应性，可分为化学不适应和剂量不适应两类问题。如木钙和糖蜜外加剂对各种石膏变种的不适应，就是属于化学不适应，必须更换与水泥在化学上适应的外加剂。铝酸三钙含量及水泥中的混合材料，如粉煤灰、火山灰、煤矸石等的不适应问题，属于过量吸附造成的剂量不适应问题，可以采取加大剂量的方法解决。

无论是化学不适应或剂量不适应只有通过试验才能得到鉴别。因此，公路工程上使用的外加剂都必须通过混凝土试配试验，证明其对所用水泥是否适应。

2. 外加剂使用过程中的质量控制

（1）同时使用几种外加剂时的可共溶性　滑模摊铺水泥混凝土路面在高温季节施工时，要求同时掺加高效减水剂、缓凝剂和引气剂，或者同时掺加缓凝减水剂和引气剂。但是，在大型混凝土搅拌楼上，一般只有一个计量筒。要求将各种外加剂同时溶解于一个稀释池中，用自动计量筒分盘计量并喷入搅拌锅内。在这种情况下可能会遇到几种外加剂不能混溶的问题，如糖钙与松香皂混合，钙化糖蜜的过量钙离子，会将松香皂的钠离子置换或离解出来，使松香皂还原为松香或松香钙，造成大量絮状漂浮物或沉淀，一方面会使引气剂几乎完全失效，另一方面这些絮状物或沉淀物会堵塞滤网，使外加剂溶液无法使用。

（2）外加剂出现沉淀及其危害　大型混凝土路面施工适合使用化学反应合成后，喷雾干燥前的高浓度液体外加剂原液，不适合使用喷雾干燥后的粉末外加剂，然后在工厂或现场加水配制成一定浓度的液体。由于喷雾干燥，部分外加剂已经焦化或碳化，不可能在常温下再溶解。因此，使用粉末外加剂时，应以每 20t 为一批在水中稀释，检测其不溶物和沉淀的含量。

外加剂稀释溶解池中形成的大量沉淀物，如果不进行及时清除，在池中会累积很厚一层沉淀物，这个沉淀物搅拌起来，池中的外加剂浓度会大大超过施工规定的剂量浓度，若直接抽取外加剂沉淀物拌和混凝土，会产生一些不利于混凝土性能的现象。

试验证明：如果使用木钙或糖蜜粉末出现沉淀，超缓凝的混凝土即使很长时间以后凝固，其强度也很低，远远达不到设计要求，最终不得不铲除重铺。如果使用的减水剂出现沉淀，则达不到预期的减水效果，对提高混凝土强度不利。

（3）外加剂的原液浓度和剂量控制　如果使用液体外加剂，以每 20t 为一批，应在筒中外加剂稀释以前，用比重计或烘干法测量其浓度或含固量是否达到或变化，过稀、达不到规定浓度和含固量的外加剂决不能用于工程。在掺加减水剂时，如果浓度过小，则减水率不能满足设计要求，影响混凝土的抗弯拉强度；如果浓度过大，则会带来严重的质量事故。比规定浓度大的外加剂，使用稀释时应在稀释池中加水，使其达到规定的浓度。如果原液浓度有较大变化而没有及时调整，势必造成外加剂掺量的很大变化，按规定外加剂用量波动不得超过 2%。

（4）掺加外加剂过程中应注意的事项　当混凝土中需要同时复合使用几种密度不同的液体外加剂时，必须在使用过程中不停地搅拌，防止形成分层现象，分层的外加剂在外加剂水泵抽吸的过程中，很可能因只抽到某种外加剂，造成对工程的危害。

为确保混凝土的设计性能，保证水灰比的准确性，各种外加剂的稀释用水和原液中的水量，在混凝土的配制中，必须从加水量中扣除。

六、水泥混凝土路面对掺合料的要求

（一）对粉煤灰的要求

粉煤灰是一种活性掺合料，掺在路面混凝土中，必须满足活性高的要求。首先，必须保证水泥混凝土路面的 28 天强度要求；而后利用其长期强度高的特点增加抵抗超载的强度储备，以利于延长路面使用寿命，保障水泥混凝土路面弯拉强度、耐疲劳性和耐久性。其具体使用要求主要有以下几项。

（1）在混凝土路面或贫混凝土基层中使用粉煤灰时，应确切了解所用水泥中已经加入的掺合料种类和数量。

（2）混凝土路面在掺用粉煤灰时，应掺用质量指标符合行业标准《公路水泥混凝土路面施工技术规范》（JTG F30—2003）中的规定，必须使用电收尘I、Ⅱ级干排或磨细粉煤灰，不得使用Ⅲ级粉煤灰。贫混凝土、碾压混凝土基层或复合式路面下面层应掺用符合国家标准《用于水泥和混凝土中的粉煤灰》（GB/T 1596—2005）中规定的Ⅲ级以上或Ⅲ级粉煤灰，不得使用等外粉煤灰。

（3）路面混凝土中使用粉煤灰必须有适宜掺量控制。在高速公路水泥混凝土路面中，应根据所使用的水泥种类而确定。当使用硅酸盐水泥时，粉煤灰的极限掺量不得大于30%；当使用普通硅酸盐水泥时，允许有不大于15%的混合材料，则粉煤灰掺量不应大于15%。粉煤灰的极限掺量是水泥及外掺粉煤灰能够全部水化的最高掺量的要求，同时也是路面抗冲、耐磨和耐疲劳性能的要求。

（4）粉煤灰进货应有等级检验报告，并宜采用散装干（磨细）粉煤灰。粉煤灰的储藏、运输等要求与水泥相同。

（二）对其他掺合料的要求

路面混凝土中可使用硅灰和磨细（水淬高炉）矿渣，其性能及使用要求等应符合《公路工程水泥混凝土外加剂与掺合料应用技术指南》（SHC F90-01—2003）中的规定，使用前应经过试验检验，确保路面混凝土的抗压强度、弯拉强度、工作性、抗磨性、抗冻性等技术指标全部合格，方可使用。

磨细矿渣本身具有自硬化能力，硅灰的水化反应速度极快。这两种掺合料均是配制高性能道路混凝土的必备原材料。尤其是硅灰对混凝土有很强的促凝作用，虽然在路面混凝土中应用较少，但多用于桥面或桥梁主要构件和腐蚀性很强的混凝土结构，用来制作高强混凝土。

七、接缝材料

工程上将接缝材料中的流态接缝材料称作灌缝材料，而将所有固体接缝材料、胀缝板预制橡胶条、背衬条称为填缝材料。水泥混凝土路面上使用的接缝材料按接缝类型划分为3类：胀缝填缝材料、横向缩缝灌缝材料和纵向缩缝灌缝材料。

（一）胀缝填缝材料

在公路工程中用于水泥混凝土路面的胀缝填缝材料，主要有胀缝板、预制橡胶填缝条和胶条黏结剂等。

1. 胀缝板

应选用能适应混凝土面板膨胀收缩、施工时不变形、复原率比较高、耐久性良好的胀缝接缝板。高速公路、一级公路宜采用泡沫橡胶板、沥青纤维板，其他公路可采用泡沫橡胶板、沥青纤维板、杉木板、杨木板、纤维板、泡沫树脂板等，其技术要求应符合表2-13中的规定。在目前使用的各类胀缝板材中，泡沫橡胶胀缝板是技术性能和使用效果较理想的高速公路胀缝板材料。

表 2-13　胀缝板的技术要求

试验项目	胀缝板种类		
	木 材 类	塑胶、橡胶泡沫类	纤 维 类
压缩应力/MPa	5.0～20.0	0.20～0.60	2.0～10.0
弹性复原率/%	≥55	≥90	≥65
挤出量/mm	<5.5	<5.0	<3.0
弯曲荷载/N	100～400	0～50	5～40

注：各类胀缝板吸水后的压缩应力不应小于不吸水的90%，木板应除去结疤，沥青浸泡后木板厚度应为［(20～25)±1］mm。

2. 预制橡胶填缝条

用于制造预制橡胶填缝条的胶料质量如何，将直接影响预制橡胶填缝条的质量，胶料性能应满足行业标准《建筑用橡胶密封制品规范》（HG/T 3098—2004）中的要求，如表2-14

所列。

胀缝上部的密封材料，由于其伸缩量很大，任何填实的材料，在夏季高温下会被挤出来，影响平整度而被车轮碾坏，因此不仅应采用多空隙材料进行填缝，而且还应考虑不被嵌入的硬物较快切割破坏。试验研究证明，采用复合翅翼的大深度四孔橡胶嵌缝条，其具有良好的密封性。

3. 胶条润滑黏结剂

胶条润滑黏结剂是胀缝和缩缝安装预制橡胶填缝条和多孔聚氨酯的专用材料。要求这种黏结剂黏度适中，固化前不发黏，有较强的润滑作用，固化速度可调，固化后与橡胶填缝条和混凝土缝壁黏结牢固、低温不脆、不溶于水等。可选用的黏结剂有聚氨酯胶黏剂、改性环氧树脂胶黏剂等。

表 2-14　橡胶填缝条胶料的技术要求

性　　能	要　　求	
	Ⅰ类	Ⅱ类
公称硬度(IRHD)	60	70
公称硬度公差	±5	
最小拉伸强度/MPa	12	
最小扯断伸长率/%	250	200
最大压缩永久变形(100℃×22h)/%	40	—
耐老化性能(100℃×72h 热老化后)：		
硬度变化(IRHD)	0～+12	
最大拉伸强度变化/%	—20	
最大扯断伸长率变化/%	—25	
耐臭氧性能(伸长 20%,40℃×96h)：		
一般条件:臭氧深度($50×10^{-8}$)	不龟裂	
苛刻条件:臭氧深度($100×10^{-8}$)		
在—10℃×7h 后硬度(IRHD)增加(最大+A35)	15	10
耐水性:标准室温×7h 后的体积变化/%	0～5	
成品填缝件的压缩恢复率(压缩 50%)：		
—10℃×72h(最小)/%	88	
—25℃×22h(最小)/%	83	
100℃×72h(最小)/%	85	

（二）横向缩缝灌缝材料

我国在水泥混凝土路面缩缝中所用的灌缝材料，按化学成分划分主要有树脂类、橡胶类、胶泥类和沥青类 4 种。

1. 树脂类灌缝材料

树脂类灌缝材料主要有硅树脂、氯偏树脂、环氧树脂等为基材的灌缝材料，这是属于技术性能最高档的灌缝材料，在我国高等级公路上，大多数采用聚氨酯灌缝材料。正常使用温度可在—30～70℃范围内，使用耐久性比较好。

2. 橡胶类灌缝材料

橡胶类灌缝材料是以氯丁橡胶、沥青橡胶或改性橡胶为基材的灌缝材料，其弹性很好，但黏结力较差，在施工时可加入一定树脂，制成橡胶基树脂灌缝材料。实践证明：这种灌缝材料既改进了树脂材料的低温脆性，又改善了橡胶材料黏结力不足，是一种优质的复合型高等级公路用填缝料。

3. 胶泥类灌缝材料

胶泥类灌缝材料是以聚氯乙烯、聚乙烯等为基材的灌缝材料，再掺入大量辅助材料和填料制成。在工程上使用的是聚氯乙烯胶泥和聚乙烯胶泥等。但其硬度不足，抵抗砂石的嵌入能力较差，耐久性也有待改进。

4. 沥青类灌缝材料

沥青类灌缝材料主要有热沥青、沥青玛蹄脂、乳化沥青和各种改性沥青。这类灌缝材料属于最低技术档次的填缝料，其黏结力、抗硬物的嵌入能力、弹性和耐久性均不理想。由于其价格低廉，所以在不少水泥混凝土路面工程中仍在采用。

以上四类灌缝材料，前两种适用于高速公路和一级公路水泥混凝土路面填缝，橡胶类可以用于二级公路上，沥青类只能作为普通水泥混凝土路面的填缝料。

（三）纵缝灌缝材料

由于纵缝中有拉杆的约束，所以对纵缝灌缝材料的要求不高，以上所述的所有缩缝灌缝材料均适用于纵缝填料。

（四）填缝料的技术要求

行业标准《公路水泥混凝土路面施工技术规范》（JTG F30—2003）中的规定，填缝材料应具有与混凝土板壁黏结牢固、回弹性好、不溶于水、不渗水，高温时不挤出、不流淌、抗嵌入能力强、耐老化鞍裂，负温拉伸量大，低温时不脆裂、耐久性好等性能。

填缝料有常温施工式和加热施工式两种，其技术指标应分别符合表 2-15 和表 2-16 中的规定。

表 2-15　常温施工式填缝料技术要求

试 验 项 目	低 弹 性 型	高 弹 性 型
失黏(固化)时间/h	6～24	3～16
弹性复原率/%	≥75	≥90
流动度/mm	0	0
(−10℃)拉伸量/mm	≥15	≥25
与混凝土黏结强度/MPa	≥0.2	≥0.4
黏结延伸率/%	≥200	≥400

注：低弹性型适宜在气候严寒、寒冷地区使用，高弹性型适宜在炎热、温暖地区使用。

表 2-16　加热施工式填缝料技术要求

试 验 项 目	低 弹 性 型	高 弹 性 型
针入度(0.01mm)	<50	<90
弹性复原率/%	≥30	≥60
流动度/mm	<5	<2
(−10℃)拉伸量/mm	≥10	≥15

八、钢筋材料

水泥混凝土路面结构中用的钢筋数量不大，根据行业标准《公路水泥混凝土路面施工技术规范》（JTG F30—2003）中的规定，对其有以下 2 个方面的要求。

（1）各交通等级的混凝土路面、桥面和搭板所用的钢筋网、传力杆、拉杆等钢筋，应符合国家有关标准的技术要求。

（2）各交通等级的混凝土路面、桥面和搭板所用的钢筋应当顺直，不得有裂纹、断伤、刻痕、表面油污和锈蚀。传力杆钢筋加工应锯断，不得采用挤压切断；断口应垂直、光圆，用砂轮将其毛刺打磨掉，并加工成 2～3mm 圆倒角。

九、其他材料

用于水泥混凝土路面中的其他材料，主要有防裂层及基层裂缝修补材料，传力杆套（管）帽、沥青及塑料薄膜，路面养护的养生剂等。

（一）防裂层及基层裂缝修补材料

防裂层及基层裂缝修补材料，主要品种有油毡、玻璃纤维网及土工织物。油毡的主要品种有：石油沥青纸胎油毡、玻璃纤维胎和玻璃纤维布胎油毡。纸胎油毡的抗拉强度、耐热性等指标不如玻璃纤维胎和玻璃纤维布胎油毡，一般不能用于公路工程上。

当使用油毡玻璃纤维网和土工织物做防裂层及修补基层裂缝时，油毡的物理力学性能应符合《石油沥青玻璃纤维胎油毡》（GB/T 14686—2008）或《耐碱玻璃纤维网布》（JC/T 841—2007）中的规定；玻纤网和土工织物的技术性能应满足《公路土工合成材料应用技术规范》（JTG/T D32—2012）中的规定。

（二）传力杆套（管）帽、沥青及塑料薄膜

传力杆套（管）帽、沥青及塑料薄膜应符合下列要求。

（1）用于滑模摊铺传力杆自动插入装置（DBI）缩缝传力杆塑料套管，其管壁厚度不应小于 0.5mm；套管与传力杆应密切贴合，套管长度应比传力杆一半长度长 30mm。

（2）用于胀缝传力杆端部的套帽宜采用镀锌管或塑料管，其厚度不应小于 2.0mm；要求端部密封不透水，内径宜比传力杆直径大 1.0～1.5mm，塑料套帽长度宜为 100mm 左右，镀锌套帽长度宜为 50mm 左右，顶部空隙长度均不应小于 25mm。

（3）用于滑动封层的石油沥青、改性沥青和乳化沥青，应符合国家或行业有关沥青材料的规定。

（4）用于滑动封层的软聚氯乙烯吹塑或压延塑料薄膜，其厚度不应小于 0.12mm，拉伸强度不应小于 12.0MPa，直角撕裂强度不应小于 400N/mm。用于混凝土路面养生塑料薄膜，可以为聚氯乙烯、聚乙烯、聚丙烯等品种，其厚度不应小于 0.05mm。

（三）路面养护的养生剂

目前，我国水泥混凝土路面所用的养生剂是一种新型天然高分子材料，这种养生剂对混凝土有较好的保水作用，不仅可用于水泥混凝土道路的面层，也可用于混凝土工程的水平和立面、升板滑模混凝土制品以及复杂构件。混凝土路面养生剂喷洒在路面后，可形成吸水保水膜，有效防止水分蒸发，大幅度节约用水量，缩短凝固时间，增强混凝土强度，是提高工效和降低工程成本的新型建筑材料。养护结束后不需进行破模处理，可直接进行装饰，并可消除大体积混凝土在早期产生的细裂缝。

用于水泥混凝土路面养生的养生剂性能应符合表 2-17 中的规定。

表 2-17 水泥混凝土路面施工用养生剂的技术性能

检 验 项 目		一 级 品	合 格 品
存效保水率[①]/%		≥90	≥75
抗压强度比[②]/% ≥	7 天	95	90
	28 天	95	90
磨损量[③]/(kg/m²)		≤3.0	≤3.5
含固量/%			≥20
干燥时间/h			≥4

检验项目	一级品	合格品
成膜后浸水溶解性④	应注明不溶或可溶	
成膜耐热性	合格	

① 有效保水率试验条件，温度38℃±2℃，相对湿度32%±3%，风速（0.5±0.2）m/s，失水时间72h。

② 抗压强度比也可为弯拉强度比，指标要求相同，可根据工程需要和用户要求选测。

③ 在对有耐磨性要求的表面上使用养生剂时为必检项目。

④ 露天养生的永久性表面，必须为不溶；在要求继续浇筑的混凝土结构上使用，应使用可溶。该指标由供需双方协商。

第二节　道路水泥混凝土配合比设计

公路水泥路面混凝土的配合比设计是水泥混凝土路面工程质量中极其重要的环节之一。公路工程实践充分证明：即使所用原材料相同，由于混凝土配合比设计不当，或配制过程中计量失控，常常会造成路面磨损严重、断板等早期破损现象。

公路水泥路面混凝土与常规混凝土相比，将会更加显示出路面混凝土配合比设计的重要性和独特性。公路水泥路面混凝土不仅承受与常规混凝土相同的因素作用，而且主要是承受车辆冲击、振动、反复、疲劳、磨损等作用的动载作用。因此，其主要的控制技术指标是弯拉强度、耐疲劳性、耐久性和工作性等。由于要求的控制技术指标不同，所以其要求比常规静载结构混凝土严格得多，在配合比设计上具有路面自身的特点，并不是任何原料都可以建造混凝土路面，也并不是能满足静载结构的配合比就可以满足路面的要求。

公路水泥混凝土配合比设计，主要包括路面水泥混凝土配合比的确定与施工控制。

一、道路混凝土配合比设计的基本要点

（一）混凝土配合比设计的基本要求

工程实践证明：对于道路路面水泥混凝土与桥梁工程混凝土的配合比设计，应满足下列四项基本要求。

1. 必须满足结构物强度的要求

不论是混凝土路面或桥梁，在设计时都会对不同的结构部位提出不同的"设计强度"要求。为了保证结构物的可靠性，在配制混凝土配合比时，必须要考虑到结构物的重要性、施工单位施工水平、施工环境因素等，采用一个比"设计强度"高的"配制强度"，才能满足设计强度的要求。但是，"配制强度"的高低一定要适宜，定得太低，结构物不安全，定得太高，会造成浪费。

对于普通水泥混凝土路面的弯拉强度，各交通等级路面面板的28天设计弯拉强度标准值应符合《公路水泥混凝土路面设计规范》（JTG D40—2002）的规定，如表2-18所列。并应按《公路水泥混凝土路面施工技术规范》（JTG F30—2003）中弯拉强度公式计算28天的配制强度。

表 2-18　水泥混凝土路面设计强度标准值和弹性模量

交 通 等 级	特重	重	中等	轻
水泥混凝土设计弯拉强度标准值/MPa	5.0①	5.0	4.5	4.0
钢纤维混凝土设计弯拉强度标准值/MPa	6.0	6.0	5.5	5.0
水泥混凝土和钢纤维混凝土弯拉弹性模量/10^3MPa	31	30	29	27

① 在特重交通的特殊路段，通过论证，可使用设计弯拉强度标准值5.5MPa，弯拉弹性模量33×10^3MPa。

2. 必须满足施工工作性的要求

按照结构物断面尺寸和形状、钢筋的配置情况、施工方法及设备等，合理确定混凝土拌和物的工作性（坍落度或维勃稠度）。

对于普通混凝土路面的工作性，应按《公路水泥混凝土路面施工技术规范》（JTG F30—2003）中的有关规定确定其最佳工作性。

3. 必须满足环境耐久性的要求

对于公路水泥混凝土路面来讲，由于其使用条件和所处环境的特殊性，所以其耐久性包括的内容与其他工程所用水泥混凝土有所不同。满足水泥混凝土路面环境耐久性要求，应当包括满足抗（盐）冻性、抗滑性、抗磨性、耐疲劳性、抗冲击性、抗腐蚀介质化学侵蚀性等方面。

根据结构物所处的环境条件，如严寒地区的路面或桥梁、桥梁墩台在水位升降范围、处于有侵蚀介质的水中等，为保证结构的耐久性，在设计混凝土配合比时，应考虑允许的"最大水灰比"和"最小水泥用量"。

对于普通混凝土路面的工作性，应按《公路水泥混凝土路面施工技术规范》（JTG F30—2003）中的有关规定，根据公路级别、有无抗冰（盐）冻要求、是否掺加粉煤灰等，确定混凝土允许的"最大水灰比"和"最小水泥用量"。

4. 必须满足经济性的要求

在满足混凝土设计强度、工作性和耐久性的前提下，在配合比设计中要尽量降低高价材料（如水泥）的用量，并考虑到应用就地材料和工业废料（如粉煤灰），以配制成性能优良、价格便宜的混凝土。

在《公路水泥混凝土路面施工技术规范》（JTG F30—2003）中规定，普通混凝土路面的配合比设计，必须在兼顾经济性的同时满足弯拉强度、工作性和耐久性的要求。经济性在耗资高昂的公路建设中显得尤为重要。

（二）混凝土配合比设计三参数

由水泥、水、细集料和粗集料组成的普通混凝土配合比设计，实质上就是确定水泥、水、砂与石子这4种基本组成材料的用量。其中有3个重要的技术参数，即水灰比、砂率和单位用水量。

1. 水灰比

水与水泥组成水泥浆体，均匀分布在混凝土中，并将集料胶结在一起，在混凝土配合比设计中起着决定性作用。水泥浆体的性能，在水与水泥性质固定的条件下，就决定于水与水泥的比例，这一比例就称为"水灰比"。

2. 砂率

砂率为砂的用量占砂石总质量的百分率值，在砂石性质固定的条件下，就取决于砂与石之间的用量比例，它影响着混凝土的黏聚性和保水性。

3. 单位用水量

水泥浆与集料组成普通混凝土拌和物。混凝土拌和物的性能，在水泥浆与集料性质固定的条件下，主要取决于水泥浆与集料的比例，这一比例称为"浆骨比"。但现行混凝土配合比设计方法对水泥浆与集料的比例关系，是用"单位用水量"来表示。

所谓单位用水量，是指1m³混凝土拌和物中水的用量（kg/m³）。在水灰比固定的条件下，用水量如果确定，则水泥用量亦随之确定，当然集料的总用量也能确定。因此，单位用水量反映了水泥浆与集料之间的比例关系。

（三）混凝土配合比设计的表示方法

道路水泥混凝土配合比设计的表示方法，与普通水泥混凝土相同，一般有单位体积质量表示法和质量比表示法。

1. 单位体积质量表示法

单位体积质量表示法，即以 $1m^3$ 混凝土中各项材料的质量表示，如某种混凝土中各种材料的用量分别为：水泥 300kg、水 180kg、砂 720kg、石子 1200kg，合计 $1m^3$ 混凝土的总质量为 2400kg。

2. 质量比表示法

质量比表示法，即以各项材料相互之间的质量比例来表示，其中以水泥质量为 1 计，将上例换算成质量比为水泥：砂：石子＝1：2.4：4.0，水灰比＝0.60。

（四）配合比设计前的准备工作

在进行混凝土配合比设计之前，必须详细掌握下列基本资料。

（1）设计要求的混凝土强度等级和反映混凝土生产中强度质量稳定性的强度标准差，以便确定混凝土的试配强度。

（2）掌握混凝土的使用环境条件及耐久性要求，以便确定所配制混凝土的最大允许水灰比和最小水泥用量。

（3）了解结构构件的断面形状、尺寸及钢筋配置情况，以便确定混凝土集料的最大粒径。

（4）施工工艺对混凝土拌和物流动性的要求及各种原材料品种、类型和物理力学性能指标。

二、水泥混凝土配合比设计

公路水泥混凝土配合比设计的要求，主要包括混凝土弯拉强度、工作性、耐久性和经济性 4 个方面。

公路水泥混凝土配合比设计，适用于滑模摊铺机、轨道摊铺机、三辊轴机组及小型机具 4 种施工工艺方式。满足这四种施工方式的塑性插入式振捣的各种水泥混凝土路面，包括插传力杆混凝土、钢筋混凝土和钢纤混凝土路面，配合比设计均适用。

（一）弯拉强度

各交通等级路面板的 28 天设计弯拉强度标准值应符合《公路水泥混凝土路面设计规范》（JTG D40—2002）中的规定。即各交通等级公路水泥混凝土路面板的 28 天设计弯拉强度标准值和弯拉弹性模量应符合表 2-19 中的规定。

表 2-19　水泥混凝土路面板设计弯拉强度标准值和弯拉弹性模量

交　通　等　级	特重	重	中等	轻
水泥混凝土设计弯拉强度标准值 f_{cm}/MPa	5.0①	5.0	4.5	4.0
钢纤维混凝土设计弯拉强度标准值 F_{mf}/MPa	6.0	6.0	5.5	5.0
混凝土和钢纤维混凝土设计弯拉弹性模量 E_c/10^3MPa	31	30	29	27

① 在特重交通的特殊路段，通过论证，可使用设计弯拉强度标准值 5.5MPa，弯拉弹性模量 $33×10^3$MPa。

试配 28 天弯拉强度的均值 f_c（MPa），应按式（2-1）确定。

$$f_c = \frac{f_r}{1-C_v} + ts \tag{2-1}$$

式中，f_c 为混凝土试配 28 天弯拉强度的均值，MPa；f_r 为混凝土设计弯拉强度标准值，MPa；s 为混凝土弯拉强度试验样本的标准差，MPa；t 为混凝土强度保证率系数，应按表 2-20 确定；C_v 为弯拉强度变异系数，应按统计数据在表 2-21 的规定范围内取值；在无统计数据时，弯拉强度变异系数应按设计取值；如果施工配制弯拉强度超出设计给定的弯拉强度变异系数上限，则必须改进机械装备和提高施工控制水平。

表 2-20　混凝土强度保证率系数 t（摘自 JTG F30—2003）

公路技术等级	判别概率 p	样本数 n/组				
		3	6	9	15	20
高速公路	0.05	1.36	0.79	0.61	0.45	0.39
一级公路	0.10	0.95	0.59	0.46	0.35	0.30
二级公路	0.15	0.72	0.46	0.37	0.28	0.24
三、四级公路	0.20	0.56	0.37	0.29	0.22	0.19

表 2-21　各级公路混凝土路面弯拉强度变异系数（摘自 JTG F30—2003）

公路技术等级	高速公路	一级公路		二级公路	三、四级公路	
混凝土弯拉强度变异水平等级	低	低	中	中	中	高
弯拉强度变异系数 C_v 允许变化范围	0.05～0.10	0.05～0.10	0.10～0.15	0.10～0.15	0.10～0.15	0.15～0.20

从式（2-1）和表 2-21 中可以看出，水泥路面混凝土的配制贯彻了按各级公路规定的可靠度来计算配制弯拉强度。就按公路等级逐级确定路面安全等级、目标可靠指标、目标可靠度、施工要求达到的管理水平、弯拉强度变异水平等级、弯拉强度变异系数允许变化范围，见表 2-22 所列。

表 2-22　各级公路混凝土路面满足可靠度要求的配制弯拉强度

公路技术等级	高速公路	一级公路		二级公路	三、四级公路	
路面安全等级	一级	二级		三级	四级	
目标可靠指标	1.64	1.28		1.04	0.84	
目标可靠度/%	95	90		85	80	
施工要求达到管理水平	优	优	良	良	良	中
混凝土弯拉强度变异水平等级	低	低	中	中	中	高
弯拉强度变异系数 C_v 允许变化范围	0.05～0.10	0.05～0.10	0.10～0.15	0.10～0.15	0.10～0.15	0.15～0.20

从表 2-22 中可知，在按公路等级所要求达到的不同管理水平范围内，对弯拉强度变异系数有一点可机动选择的余地。由此可见，高速公路变异系数可取范围为 5%～10%，一级公路变异系数可取范围为 5%～15%，三、四级公路变异系数可取范围为 10%～20%。在这些变异系数中，前者为最小可取值，后者为最大允许值。

（二）工作性

路面水泥混凝土工作性要求是非常重要的：首先它必须满足振捣棒（组）对路面板的振捣密实的要求；其次必须满足路表面施工较高平整度、抗滑构造和规则外观的要求。因此，在配制路面普通混凝土时，其工作性应满足以下几项规定。

（1）当采用滑模摊铺机施工时，机前混凝土拌和物最佳工作性及允许范围，应符合表 2-23 中的规定。

表 2-23　混凝土路面滑模摊铺最佳工作性及允许范围（摘自 JTG F30—2003）

指标 界限	坍落度 S_L/mm		振动黏度系数 $\eta/(N \cdot s/m^2)$
	卵石混凝土	碎石混凝土	
最佳工作性	20～40	25～50	200～500
允许波动范围	5～55	10～65	100～600

注：1. 滑模摊铺机适宜的摊铺速度宜控制在 0.5～2.0m/min 之间。

2. 本表适用于设超铺角的滑模摊铺机；对不设超铺角的滑模摊铺机，最佳振动黏度系数为 250～600N·s/m²；最佳坍落度卵石混凝土为 10～40mm；碎石混凝土为 10～30mm。

3. 滑模摊铺时的最大单位用水量：卵石混凝土不宜大于 155kg/m³，碎石混凝土不宜大于 160kg/m³。

（2）当采用轨道摊铺机、三辊轴机组和小型机具摊铺路面混凝土时，普通混凝土拌和物的坍落度及最大单位用水量，应满足表 2-24 中的规定。

表 2-24　不同路面施工方式混凝土坍落度及最大单位用水量（摘自 JTG F30—2003）

摊铺方式	轨道摊铺机摊铺		三辊轴机组摊铺		小型机具摊铺	
出机坍落度/mm	40～60		30～50		10～40	
摊铺坍落度/mm	20～40		10～30		0～20	
最大单位用水量/(kg/m³)	碎石 156	卵石 153	碎石 153	卵石 148	碎石 150	卵石 145

注：1. 表中的最大单位用水量系采用中砂、粗细集料为风干状态的取值；采用细砂时，应使用减水率较大的（高效）减水剂。

2. 使用碎卵石时，最大单位用水量可取碎石与卵石的中值。

（三）耐久性

水泥混凝土路面的耐久性，始终是进行配合比设计和配制混凝土的一个核心问题，不仅关系到混凝土路面的使用寿命和使用功能，而且还关系到高速行驶车辆的安全性。因此，对混凝土路面的耐久性应引起足够重视，必须注意以下几个方面。

（1）混凝土路面掺用引气剂，除了提高弯拉强度、工作性和路面平整度这三个主要技术性能外，从耐久性的角度，不仅是抗（盐）冻性、减小面板伸缩变形、提高抗风化能力、满足耐候性的需要，而且是减少表面泌水、提高表层耐磨性和抗海水、海风、酸雨、硫酸盐等腐蚀环境介质的重要措施。

在掺加引气剂时，应根据当地路面无抗冻性、有抗冻性或有抗盐冻性要求及混凝土最大公称粒径等，使混凝土中达到表 2-25 中所规定的含气量。

表 2-25　混凝土路面含气量及允许偏差（摘自 JTG F30—2003）　　　单位：%

最大公称粒径/mm	无抗冰冻要求	有抗冰冻要求	有抗盐冻要求
19.0	4.0±1.0	5.0±0.5	6.0±0.5
26.5	3.5±1.0	4.5±0.5	5.5±0.5
31.5	3.5±1.0	4.0±0.5	5.0±0.5

（2）由于水泥路面混凝土耐久性要满足抗（盐）冻性、抗滑性、抗磨性、抗冲击性、耐疲劳性和抗海水、海风、酸雨、硫酸盐的侵蚀等多方面的要求，因此，各交通等级路面混凝土必须满足耐久性要求的最大水灰（胶）比和最小单位水泥用量的规定，如表 2-26 所列。

但是，从其他方面进行综合考虑（如经济性和水化热等），其最大单位水泥用量不宜大于 400kg/m³；掺加粉煤灰时，最大单位胶材总量不宜大于 420kg/m³。

（3）严寒地区和寒冷地区，要求在混凝土配合比确定之前，必须检验其抗冻性是否满足要求。要求严寒地区路面混凝土的抗冻标号不宜小于 F250，寒冷地区路面混凝土的抗冻标号不宜小于 F200。

表 2-26　混凝土满足耐久性要求的最大水灰（胶）比和最小单位水泥用量（摘自 JTG F30—2003）

公路技术等级		高速公路、一级公路	二级公路	三、四级公路
最大水灰（胶）比		0.44	0.46	0.48
抗冰冻要求最大水灰（胶）比		0.42	0.44	0.46
抗盐冻要求最大水灰（胶）比		0.40	0.42	0.44
最小单位水泥用量/(kg/m³)	42.5 级水泥	300	300	290
	32.5 级水泥	310	310	305
抗冰（盐）冻时最小单位水泥用量/(kg/m³)	42.5 级水泥	320	320	315
	32.5 级水泥	330	330	325
掺粉煤灰时最小单位水泥用量/(kg/m³)	42.5 级水泥	260	260	255
	32.5 级水泥	280	270	265
抗冰（盐）冻掺粉煤灰最小单位水泥用量（42.5 级水泥）/(kg/m³)		280	270	265

注：1. 掺加粉煤灰，并有抗冰（盐）冻要求时，不得使用 32.5 级水泥。

2. 水灰（胶）比计算时以砂石料的自然风干状态计（砂含水量≤1.0%；石子含水量≤0.5%）。

3. 处在除冰盐、海风、酸雨或硫酸盐腐蚀性环境中，或在大纵坡等加减速车道上的混凝土，最大水灰（胶）比可比表中数值降低 0.01～0.02。

（4）在海风、酸雨、除冰盐或硫酸盐等腐蚀环境影响范围内的混凝土路面和桥面，在使用硅酸盐水泥时，应掺加适量的粉煤灰、磨细矿渣或硅灰掺合料，不宜单独使用硅酸盐水泥，可使用矿渣硅酸盐水泥或普通硅酸盐水泥。

（四）经济性

在满足道路水泥混凝土弯拉强度、工作性和耐久性技术要求前提下，混凝土的配合比应尽可能经济，以降低工程造价。

（五）对外加剂的要求

在水泥混凝土中掺加适量的外加剂，对于改善混凝土的某些性能会起到很大作用。工程实践证明，用于配制公路水泥混凝土的外加剂，主要应当符合凝结时间、适应性、共溶性和其他方面的要求。

1. 凝结时间的要求

在工程施工过程中，混凝土拌和物凝结时间的施工控制要求为：在任何气温下，均要求混凝土拌和物的初凝时间控制在施工铺筑所需的 3h，终凝不迟于 10h。

2. 适应性的要求

用于水泥路面的混凝土外加剂应当进行适应性检验，掺量应经过混凝土试配试验而确定。掺用方法应当为稀释的溶液，溶液中所用的水应从拌和水中加以扣除。引气剂的适宜掺量，可由搅拌机口的拌和物含气量测定进行控制。

实际路面和桥面引气混凝土抗冻性、抗盐冻耐久性的评价，宜采用《公路水泥混凝土路面施工技术规范》（JTG F30—2003）附录 J.1 规定的钻芯法，测得的最大平均气泡间距系数不宜超过表 2-27 中的规定。

3. 共溶性的要求

引气剂与减水剂或其他外加剂复配在同一水溶液中时，应当特别注意它们之间的共溶性，

表 2-27　混凝土路面和桥面最大平均气泡间距系数（摘自 JTG F30—2003）单位：μm

环　　　境	公路技术等级	高速公路、一级公路	其　他　公　路
严寒地区	冰冻	275	300
	盐冻	225	250
寒冷地区	冰冻	325	350
	盐冻	275	300

防止加外剂溶液发生絮凝现象。一旦产生絮凝现象，应分别进行稀释、分别加入搅拌机中。

4. 掺加阻锈剂要求

处在海风、海水、酸雨、硫酸盐或撒除冰盐锈蚀环境中钢筋混凝土、钢纤维混凝土路面和桥面铺装层，宜掺加适量的阻锈剂。

（六）配合比设计参数的计算要求

1. 计算混凝土的水灰（胶）比

（1）根据所用粗集料类型，分别计算水灰比。

碎石或碎卵石混凝土的水灰比，可按式（2-2）进行计算：

$$\frac{W}{C} = \frac{1.5684}{f_c + 1.0097 - 0.3595 f_s} \tag{2-2}$$

式中，W/C 为混凝土的水灰比；f_s 为水泥实测 28 天的抗折强度，MPa。

卵石混凝土的水灰比，可按式（2-3）进行计算：

$$\frac{W}{C} = \frac{1.2618}{f_c + 1.5492 - 0.4709 f_s} \tag{2-3}$$

（2）当掺用粉煤灰时，应计入超量取代法中代替水泥的那一部分粉煤灰用量（代替砂的超量部分不计入），用水胶比 $[W/(C+F)]$ 代替水灰比 (W/C)。

（3）应在满足弯拉强度计算值和耐久性（见表 2-26）两者要求的水灰（胶）比中选取小值。

2. 确定混凝土砂率

砂率应根据砂的细度模数和粗集料的种类，查表 2-28 确定混凝土的砂率。在做软抗滑槽时，砂率可在表 2-28 的基础上增大 1%～2%。

表 2-28　砂的细度模数与最优砂率的关系（摘自 JTG F30—2003）

砂细度模数		2.2～2.5	2.5～2.8	2.8～3.1	3.1～3.4	3.4～3.7
砂率 S_P/%	碎石	30～34	32～36	34～38	36～40	38～42
	卵石	28～32	30～34	32～36	34～38	36～40

3. 确定单位用水量

根据粗集料种类和表 2-23 和表 2-24 中的适宜坍落度，分别按下列经验公式计算单位用水量（砂石料以自然风干状态计）。

碎石：
$$W_0 = 104.97 + 0.309 S_L + 11.27 \frac{W}{C} + 0.61 S_P \tag{2-4}$$

卵石：
$$W_0 = 86.89 + 0.370 S_L + 11.24 \frac{W}{C} + 1.00 S_P \tag{2-5}$$

式中，W_0 为不掺外加剂与掺合料混凝土的单位用水量，kg/m^3；S_L 为混凝土拌和物的坍落度，mm；S_P 为混凝土的砂率，%；W/C 为水灰比。

掺加外加剂的混凝土单位用水量，可按式（2-6）进行计算：

$$W_{0w} = W_0(1-\beta) \tag{2-6}$$

式中，W_{0w} 为掺加外加剂混凝土的单位用水量，kg/m^3；β 为所用外加剂剂量的实测减水率，%。

最后单位用水量应取计算值和表 2-23、表 2-24 中的规定值两者中的小值。如果实际单位用水量仅掺引气剂不满足所取数值，则应掺用引气（高效）减水剂。对于三、四级公路也可以采用真空脱水施工工艺。

4. 单位水泥用量

单位水泥用量可用式（2-7）进行计算，计算后取计算值与表 2-26 规定值两者中的大值。

$$C_0 = \frac{C}{W} \times W_0 \tag{2-7}$$

式中，C_0 为混凝土的单位水泥用量，kg/m^3。

5. 计算砂石用量

混凝土中砂石的用量可用密度法或体积法计算。按密度法计算时，混凝土单位体积的质量可取 $2400\sim2450kg/m^3$；按体积法计算时，应计入设计的含气量。采用超量取代法掺加粉煤灰时，超量部分应代替砂，并折减用砂量。经计算得到的配合比，应验算单位粗集料填充体积率，且不宜小于 70%。

（1）按密度法计算　按密度法计算可按式（2-8）和式（2-9）两公式联立方程进行计算：

$$C_0 + W_0 + S_0 + G_0 = \gamma_0 \tag{2-8}$$

$$S_P = \frac{S_0}{S_0+G_0} \times 100\% \tag{2-9}$$

式中，C_0、W_0、S_0、G_0 分别为水泥、水、砂和石子的单位用量，kg；γ_0 为假定混凝土的单位体积质量，kg；S_P 为混凝土的砂率，%。

（2）按体积法计算　按体积法计算体积法计算砂石用量，可按式（2-10）和式（2-9）联立方程进行计算：

$$\frac{C_0}{\rho_c} + \frac{S_0}{\rho_{0s}} + \frac{G_0}{\rho_{0g}} + \frac{W_0}{\rho_{0w}} + 10\alpha = 1000 \text{ (L)} \tag{2-10}$$

式中，ρ_c、ρ_{0w}、ρ_{0s}、ρ_{0g} 分别为水泥、水、砂和石子的密度，g/cm^3；α 为混凝土中含气百分数，%，在不使用引气型外加剂时 α 取 1.0。

6. 真空脱水施工

当公路水泥混凝土采用真空脱水工艺施工时，可采用比经验公式（2-4）、式（2-5）计算值略大的单位用水量，但在真空脱水后，扣除每立方米混凝土实际吸除的水量，剩余单位用水量和剩余水灰（胶）比，分别不宜超过表 2-24 中最大单位用水量和表 2-26 中最大水灰（胶）比中的规定。真空脱水混凝土抗压强度试件成型方法，可参考《公路水泥混凝土路面施工技术规范》（JTG F30—2003）附录 E.1。

7. 掺加粉煤灰

当路面水泥混凝土掺用粉煤灰时，粉煤灰的质量应符合国家标准《用于水泥和混凝土中的粉煤灰》（GB/T 1596—2005）的要求，其配合比计算应按超量取代法进行。

在实际工程中粉煤灰掺量应根据水泥中原有的掺合料数量和混凝土弯拉强度、耐磨性等要求由试验确定。Ⅰ、Ⅱ级粉煤灰的超量取代系数可按表 2-29 中数值初选。

表 2-29　各级粉煤灰的超量取代系数（摘自 JTG F30—2003）

粉煤灰等级	Ⅰ	Ⅱ	Ⅲ
超量取代系数 k	1.1～1.4	1.3～1.7	1.5～2.0

代替水泥的粉煤灰掺量应遵循以下规定：Ⅰ型硅酸盐水泥宜小于等于 30％；Ⅱ型硅酸盐水泥宜小于等于 25％；道路硅酸盐水泥宜小于等于 20％；普通硅酸盐水泥宜小于等于 15％；矿渣硅酸盐水泥不得掺加粉煤灰。

对于重要的水泥混凝土路面、桥面工程，应当采用正交试验法进行混凝土的配合比设计。

第三节　道路水泥混凝土参考配合比

为方便道路水泥混凝土的试拌，表 2-30 中列出了道路水泥混凝土标准配合比参考值；表 2-31～表 2-33 中列出了配制参考配合比（一）、（二）、（三），在施工中可以根据工程实际查表采用。

表 2-30　道路水泥混凝土标准配合比参考值

粗骨料最大粒径/mm	坍落度标准值/cm		含气率标准值/％		水灰比	单位粗骨料体积/m³	道路水泥混凝土材料用量/(kg/m³)				
	搅拌站	现场	搅拌站	现场			水	水泥	砂子	石子	外加剂
40	4.2	2.5	5.0	4.0	0.40	0.73	136	340	720	1172	0.8425

注：道路水泥混凝土设计标准抗折强度为 4.5MPa；混凝土抗折配制强度为 5.2MPa；采用 42.5 级普通硅酸盐水泥；砂子的细度模数为 2.87；外加剂为减水剂；粗骨料为碎石；粗骨料的空隙率为 39.4％；混凝土运输时间为 30min。

表 2-31　道路水泥混凝土配制参考配合比（一）

水泥强度等级/MPa	混凝土强度等级/MPa	水泥用量/(kg/m³)	水灰比(W/C)	质量配合比			
				水泥	中砂	碎石(1～2cm)	碎石(3～5cm)
32.5	C30	330	0.450	1	2.08	—	3.880
	C30	340	0.430	1	1.68	0.485	3.740
	C30	365	0.425	1	1.73	—	3.640
42.5	C30	300	0.427	1	2.25	—	4.580
52.5	C40	400	0.400	1	1.61	2.990	—

表 2-32　道路水泥混凝土配制参考配合比（二）

序号	水灰比(W/C)	坍落度/cm	含气率/％	粗骨料体积/m³	道路混凝土单位材料用量/(kg/m³)					28 天抗折强度/MPa
					水泥	水	砂子	石子	引气剂	
1	0.476	2.5	4.1	0.73	131	275	787	1172	0.6875	4.44
2	0.426	2.5	4.1	0.73	131	308	760	1172	0.7700	4.93
3	0.385	2.0	3.0	0.73	131	341	732	1172	0.8525	5.49
4	0.351	2.0	4.0	0.73	131	373	706	1172	0.9325	5.90
5	0.410	1.0～2.5	—	0.73	149	363	599	1333	—	7.20

表 2-33　道路水泥混凝土配制参考配合比（三）

序号	混凝土强度等级/MPa	水泥强度等级/MPa	水泥用量/(kg/m³)	水灰比(W/C)	混凝土质量配合比			
					水泥	中砂	碎石(1～2cm)	碎石(3～5cm)
1	32.5	C30	330	0.450	1	2.08	—	3.88
2	32.5	C30	340	0.430	1	1.68	0.485	3.74
3	32.5	C30	365	0.425	1	1.73	—	3.64
4	42.5	C30	300	0.427	1	2.25	—	4.58
5	52.5	C40	400	0.400	1	1.61	2.99	—

第三章 高性能混凝土

高性能混凝土是 20 世纪 90 年代初由美国国家标准技术所（NIST）和美国混凝土协会（ACI）主办的讨论会上首次提出的，它是根据混凝土的耐久性要求而设计的一种新型高技术混凝土。经过十几年的工程实践证明，高性能混凝土具有优良的工作性、较好的体积稳定性和很高的耐久性，而且具有显著的技术经济效益、社会效益和环境效益。

近几年来，高性能混凝土在建筑工程中的应用越来越广泛，对高性能混凝土的研究也越来越被人们重视，特别是高性能混凝土技术使混凝土的生产过程和应用过程实现了绿色化，混凝土从传统概念上得到飞跃，符合人类寻求与自然和谐、可持续发展的趋势，这是一种具有广阔发展前景的环保型绿色建筑材料。

第一节 高性能混凝土的材料组成

材料试验和工程实践证明，普通水泥混凝土的受力破坏主要出现在水泥石与骨料界面或水泥石中，因为这些部位往往存在有孔隙、水隙和潜在微裂缝等结构缺陷，这是混凝土中的薄弱环节。而在高性能混凝土中，其性能除受制作工艺影响外，主要受原材料的影响。只有选择符合高性能要求的原材料，才能配制出符合高性能设计要求的混凝土。选择原材料时，要根据工程的实际要求及所处环境而定。

一、胶凝材料

胶凝材料（水泥）是高性能混凝土中最关键的组分，不是所有的水泥都可以用来配制高性能混凝土的，高性能混凝土选用的水泥必须满足以下条件：①标准稠度用水量要低，从而使混凝土在低水灰比时也能获得较大的流动性；②水化放热量和放热速率要低，以避免因混凝土的内外温差过大而使混凝土产生裂缝；③水泥硬化后的强度要高，以保证以较少的水泥用量获得高强混凝土。

国外用于配制高性能混凝土的水泥，主要为特种水泥，如球形水泥、调粒径水泥、活化水泥和高贝利特水泥等。但是，这些水泥有的尚处于试验研究阶段，有些技术尚不成熟，在国内一般不推荐使用特种水泥，主要采用硅酸盐水泥和普通硅酸盐水泥。

（一）硅酸盐水泥和普通硅酸盐水泥

根据高性能混凝土的特点，从我国的实际情况出发，选用的水泥应具有足够的强度、良好的流变性、与高效减水剂的相容性和容易控制坍落度的损失。经过工程实践和材料配比试验证明，我国生产的强度等级 42.5MPa 以上的普通硅酸盐水泥和硅酸盐水泥，完全可配制高强高性能混凝土的要求。

我国有关专家在"新型高性能混凝土及其耐久性的研究"中，对不同强度等级、不同水泥品种的水泥，进行了品种与混凝土强度关系的试验，试验结果如表 3-1 所列。

（二）中热硅酸盐水泥

国家标准《中热硅酸盐水泥、低热硅酸盐水泥和低热矿渣硅酸盐水泥》（GB 200—2003）中规定：中热硅酸盐水泥是指以适当成分的硅酸盐水泥熟料，加入适量石膏，磨细制成的具有中等水化热的水硬性胶凝材料。

表 3-1　水泥品种与混凝土强度

序号	水泥品种	强度/MPa	混凝土配合比(水泥∶砂子∶石子)	水泥用量/(kg/m³)	外加剂/%	水灰比	抗压强度/MPa			
							3天	7天	28天	60天
1	硅酸盐水泥	62.5	1∶1.128∶2.098	560	1.50	0.289	68.0	72.4	81.5	88.7
2	硅酸盐水泥	52.5	1∶1.128∶2.098	560	1.50	0.284	72.0	74.0	84.5	92.9
3	LN 硅酸盐水泥	42.5	1∶1.128∶2.098	560	1.50	0.321	52.1	60.2	75.0	81.0
4	LLH 普通硅酸盐水泥	42.5	1∶1.128∶2.098	560	1.50	0.286	61.5	74.6	87.5	89.1
5	HS 中热水泥	42.5	1∶1.128∶2.098	560	1.50	0.290	72.0	78.0	92.0	94.8
6	JD 硅酸盐水泥(R)	42.5	1∶1.128∶2.098	5460	1.50	0.286	60.0	67.5	72.5	79.9
7	LN 普通硅酸盐水泥	32.5	1∶1.128∶2.098	560	1.50	0.299	56.5	63.0	74.8	79.2

注：表中所用外加剂，系指 JB-1 型外加剂。

中热硅酸盐水泥实际上是一种铝酸三钙（C_3A）的含量不超过 6%、硅酸三钙（C_3S）和铝酸三钙（C_3A）的总含量不超过 58% 的硅酸盐水泥。中热硅酸盐水泥具有较高的抵抗硫酸盐侵蚀的能力，水化热呈中等水平，有利于混凝土体积的稳定，可以避免混凝土表面因温差过大而出现裂缝。

（三）球形水泥

球形水泥是由日本小野田水泥公司与清水建设共同研究开发的，是水泥熟料通过高速气流粉碎及特殊处理而制成的。球形水泥的表面，由于摩擦粉碎，熟料矿物表面没有裂纹，凹凸部分和棱角部分消失，成为 $1\sim30\mu m$ 大小的粒子，平均粒径较小，微粉含量较低。因此，水泥粒子具有较高的流动性与填充性，在保持坍落度相同的条件下，球形水泥的用水量比普通水泥的用水量降低 10% 左右。球形水泥的主要特性如表 3-2 所列。

表 3-2　球形水泥的主要特性

粉 体 特 性	球状水泥(A)	普通水泥(B)	两者对比
形状(球状度)	0.85	0.67	A>B
平均粒径/μm	10.1	13.5	A<B
比表面积值/(cm²/g)	2698	3231	A<B
充填性/(g/cm³)	1.2	1.0	A>B
微粉量/μm	15.3	18.0	A<B

（四）调粒水泥

超细矿粉是指平均粒径小于 $10\mu m$ 的矿物质粉体。在水泥混凝土中使用超细粉是从利用硅灰（平均粒径为 $0.1\mu m$ 或更小）发展起来的，北欧一些国家在利用硅灰的实践中，开发出了一种以硅酸盐水泥和硅灰为主要材料的高强混凝土，称为 DSP 材料。利用硅灰的物理填充和高火山灰活性，改善了水泥混凝土的微观结构，大大地提高了水泥混凝土的早期及远期强度，改善了混凝土的耐久性。受 DSP 材料的启发，后来发展了超细矿粉掺合料，用于制备高性能混凝土。调粒径水泥也是在其基础之上而发展起来的。

所谓调粒水泥是将水泥组成中的粒度分布进行调整，提高胶凝材料的填充率；使水泥粒子的最大粒径增大，粒度分布向粗的方向移动；同时还掺入适量的超细粉，以获得最密实的填充。这样就能获得流动性良好的水泥浆，具有适当的早期强度，水化热低，水化放热速度慢等方面的优良性能。

（五）活化水泥

将粉状超塑化剂和水泥熟料按适当比例混合磨细，即制得活性较高的活化水泥。活化水泥的活性大幅度提高，低强度等级的活化水泥可以代替高强度等级的普通硅酸盐水泥。采用活化水泥配制的高性能混凝土如表3-3所列。

表3-3 活化水泥混凝土的性能

混凝土所用水泥种类	水灰比（W/C）	坍落度/cm	抗压强度/MPa	弹性模量/10^4MPa	冻融循环次数	抗冻性系数
普通 32.5MPa 水泥	0.42	3.5	36.2	2.85	300	0.88
活化 32.5MPa 水泥	0.29	20	75.2	3.70	500	1.23

二、矿物质掺合料

矿物质掺合料是高性能混凝土中不可缺少的组分，其掺入的目的是：减少水泥用量，改善混凝土拌和物的工作性；降低混凝土水化中的水化热；增进混凝土的后期强度；改善混凝土的内部结构；提高混凝土的抗渗性和抗腐蚀能力；防止碱骨料反应等。

在高性能混凝土中所用的各种超磨细的矿物原料，与用于普通混凝土中的矿物原料在作用和性能上有显著不同。配制高性能混凝土常用的矿物质掺合料主要有硅粉、磨细矿渣、优质粉煤灰、超细沸石粉、无水石膏及其他微粉等。

矿物质掺合料的主要活性成分，在混凝土中的主要反应过程如下：

$$x\,Ca(OH)_2 + SiO_2 + m_1 H_2O \longrightarrow x\,CaO \cdot SiO_2 \cdot n_1 H_2O$$

$$y\,Ca(OH)_2 + Al_2O_3 + m_2 H_2O \longrightarrow y\,CaO \cdot Al_2O_3 \cdot n_2 H_2O$$

（一）硅粉

硅粉是硅铁或金属硅生产过程中的副产品，它由高纯石英、焦炭和木屑在电弧炉中，在高温（1750～2160℃）下发生石英与碳的还原反应，形成一种不稳定的一氧化硅（SiO），并在气化后随着烟气逸出。当温度下降到1100℃时，气态的一氧化碳（SiO）与空气中的氧气（O_2）迅速发生氧化反应而转化为颗粒极细的非晶态二氧化硅（SiO_2），其表面积一般为12000～25000m^2/kg。从烟气净化装置中回收即成为硅粉材料。在北欧各国将硅粉又称为凝聚硅灰。

硅粉的颗粒主要呈球状，其粒径很小，一般小于$1\mu m$，平均粒径约$0.1\mu m$。硅粉中的主要活性成分为无定形（非晶态）的SiO_2，具有很高的火山灰活性，掺入混凝土后能迅速与水泥水化物氢氧化钙反应，生成低碱度的C-S-H凝胶。硅粉的小球状颗粒填充于水泥颗粒之间，使胶凝材料具有良好的级配，降低了其标准稠度下的用水量，从而提高了混凝土的强度和耐久性。因此，硅灰配制的混凝土多用于有特殊要求的工程，如高强度、高抗渗性、高耐磨性、高耐久性及对钢筋无侵蚀作用的混凝土中。

硅灰用于混凝土是研究最早、应用最广的一个领域，它在混凝土中可以起到加速胶凝材料水化，提高混凝土致密度，改善混凝土离析和泌水性能，提高混凝土的抗渗性、抗冻性、抗化学腐蚀性，提高混凝土的强度和耐磨性等作用。

由于硅灰是生产硅铁和工业硅的副产品，其生产条件基本相似，所以各国硅灰的物理性质和化学成分也差不多，表3-4为我国某生产单位生产的硅灰各种性能指标。

表 3-4　我国某生产单位生产的硅灰各种性能指标

序 号	性能指标名称	检 测 值	序 号	性能指标名称	检 测 值
1	SiO_2/%	95.48	10	含碳量/%	0.250
2	Al_2O_3/%	0.400	11	烧失量(900℃)/%	0.900
3	Fe_2O_3/%	0.032	12	密度/(g/cm³)	2.230
4	CaO/%	0.440	13	比表面积/(m²/g)	30.10
5	MgO/%	0.400	14	$45\mu m$ 筛余量/%	0
6	K_2O/%	0.720	15	含水率/%	1.400
7	Na_2O/%	0.250	16	表观密度/(kg/m³)	173.0
8	SO_3/%	0.420	17	耐火度/℃	1710~1730
9	P_2O_5/%	0.690			

目前，硅灰由于其具有特殊而优良的性能，已成为配制高性能混凝土（特别是高强度 C90 以上混凝土）的首选材料。但由于硅灰的主要来源是硅铁和金属硅生产的副产品，资源非常有限，使其推广应用受到一定限制。

（二）磨细矿渣

矿渣是在炼铁炉中浮于铁水表面的熔渣，在排出时用水急冷处理，则得到水淬矿渣，生产矿渣水泥和磨细矿渣用的都是这种粒状渣。磨细矿渣是将粒化高炉矿渣干燥，再采用专门的磨细工艺磨细到比表面积 7500cm²/g 左右，颗粒粒径小于 10μm，在混凝土配制时掺入的一种矿物外加剂。

自 20 世纪 80 年代以来，磨细矿渣作为混凝土用矿物外加剂的研究和应用已成为各国热点，美国、日本、英国等国家相继制定了产品标准。我国于 2000 年颁布了《用于水泥和混凝土中的粒化高炉矿渣粉》（GB/T 18046—2000），2008 年又颁发了《用于水泥中的粒化高炉矿渣》（GB/T 203—2008），为掺加磨细矿渣配制高性能混凝土明确了质量标准。

在混凝土拌和物中掺入适量的磨细矿渣，在水泥水化初期，胶凝材料系统中的矿渣微粉分布并包裹在水泥颗粒的表面，能起到延缓和减少水泥初期水化产物相互搭接的隔离作用，从而改善了混凝土拌和物的工作性。

磨细矿渣绝大部分是不稳定的玻璃体，不仅储有较高的化学能，而且有较高的活性。这些活性成分一般为活性 Al_2O_3 和活性 SiO_2，即使在常温条件下，以上活性成分也可与水泥中的 $Ca(OH)_2$ 发生反应而产生强度。用磨细矿渣取代混凝土中的部分水泥后，流动性提高，泌水量降低，具有缓凝作用，其早期强度与硅酸盐水泥混凝土相当，但表现出后期强度高、耐久性好的优良性能。

表 3-5 列出了在相同用水量的条件下，单掺硅灰胶砂的流动性下降，单掺不同比表面积及不同比例的磨细矿渣，均可不同程度地改善胶砂的流动性；同时掺加硅灰和磨细矿渣时，磨细矿渣可以改善因掺加硅灰流动性下降的性能。表 3-6 列出了掺加不同磨细矿渣后胶砂试体的抗压强度与抗折强度。

表 3-5　掺加磨细矿渣和硅灰的水泥胶砂配合比和流动度

序 号	水泥胶砂配合比							流动度/mm
	水 泥	硅 灰	磨细矿渣细度/(m²/kg)			砂 子	用水量	
			400	600	800			
1	500	—	—	—	—	1350	250	148
2	450	50	—	—	—	1350	250	141
3	350	—	—	—	150	1350	250	160
4	300	50	—	—	150	1350	250	147
5	350	—	150	—	—	1350	250	160
6	350	—	—	150	—	1350	250	165

续表

序 号	水泥胶砂配合比							流动度/mm
	水 泥	硅 灰	磨细矿渣细度/(m²/kg)			砂 子	用水量	
			400	600	800			
7	400	—	—	—	100	1350	250	170
8	300	—	—	—	200	1350	250	160
9	250	—	—	—	250	1350	250	165
10	400	—	100	—	—	1350	250	175
11	300	—	200	—	—	1350	250	160
12	250	—	250	—	—	1350	250	170

表 3-6 胶砂试体的抗压强度与抗折强度

序 号	抗压强度/MPa				抗折强度/MPa			
	3 天	7 天	28 天	60 天	3 天	7 天	28 天	60 天
1	34.0	37.9	59.6	65.3	5.30	6.47	8.36	9.12
2	35.7	41.0	63.4	69.8	5.46	6.55	9.80	10.96
3	38.9	46.4	72.5	77.6	5.96	8.52	10.58	11.22
4	36.0	46.2	66.8	69.0	5.54	8.68	10.17	11.24
5	28.8	35.6	66.8	69.0	4.96	6.57	8.98	9.99
6	33.0	45.2	71.2	74.3	5.34	7.55	10.03	10.41
7	38.6	48.2	69.6	70.4	5.78	7.80	10.88	—
8	37.5	49.2	73.4	77.1	6.02	10.22	11.36	—
9	34.9	48.2	71.0	76.5	5.82	110.8	11.40	—
10	32.6	39.8	63.4	67.3	4.99	7.05	9.10	9.49
11	22.4	28.1	63.2	67.2	4.55	6.28	9.43	9.83
12	21.3	30.5	59.0	65.2	3.84	5.79	9.28	10.15

(三)优质粉煤灰

粉煤灰是火力发电厂锅炉以煤粉作燃料,从其烟气中收集下来的灰渣。优质粉煤灰一般是指粒径为 $10\mu m$ 的分级灰,其比表面积约为 $7850 cm^2/g$,烧失量为 $1\%\sim2\%$,且含有大量的球状玻璃珠。粉煤灰中的主要活性成分,主要是活性 SiO_2 和活性 Al_2O_3。

粉煤灰过去作为粉煤灰水泥的混材、混凝土中降低成本和水化热功能的掺合料,在我国已被广泛而有效地应用。具有胶凝性质的粉煤灰,作为矿物外加剂代替部分水泥配制高性能混凝土,在我国还有很大的发展潜力和空间。

我国在国家标准《用于水泥和混凝土中的粉煤灰》(GB/T 1596—2005),也把粉煤灰分为 F 类和 C 类,把拌制混凝土和砂浆用的粉煤灰按其品质分为 Ⅰ、Ⅱ、Ⅲ 三个等级,其具体技术要求如表 3-7 所列。配制高性能混凝土最好采用表 3-7 中的 Ⅰ 等 C 级粉煤灰。

(四)磨细天然沸石粉

磨细天然沸石粉是指以天然沸石岩为原料,经破碎、磨细而制成的产品,是一种含有多孔结构的微晶矿物和矿产资源。我国在建筑材料中已将天然沸石作为混凝土的矿物外加剂,用以配制高性能混凝土。

材料试验证明,磨细天然沸石粉的细度对沸石粉的活性和混凝土的物理性能影响很大。只有当沸石磨到平均粒径小于 $15\mu m$(比表面积相当 $500\sim700 m^2/kg$)时,才能表现出 3 天、7 天的早期强度和 28 天强度较快增长。鉴于以上情况,在国家标准《高强高性能混凝土用矿物外加剂》(GB/T 18736—2002)中规定,Ⅰ 级品的比表面积为 $700 m^2/kg$,Ⅱ 级品的比表面积为 $500 m^2/kg$。

磨细天然沸石粉作为混凝土的一种矿物外加剂,它既能改善混凝土拌和物的均匀性与和易性、降低水化热,又能提高混凝土的抗渗性与耐久性,还能抑制水泥混凝土中碱-骨料反

表 3-7　我国对配制混凝土和砂浆用粉煤灰的技术要求（摘自 GB/T 1596—2005）

技术指标项目		技术要求		
		I	II	III
细度(0.045mm 方孔筛的筛余)/%	F 类	≤12.0	≤25.0	≤45.0
	C 类			
需水量比/%	F 类	≤95	≤105	≤115
	C 类			
烧失量/%	F 类	≤5.0	≤8.0	≤15.0
	C 类			
含水量/%	F 类	≤1.0		
	C 类			
三氧化硫含量/%	F 类	≤3.0		
	C 类			
游离氧化钙含量/%	F 类	≤1.0		
	C 类	≤4.0		

应的发生。磨细天然沸石粉适宜配制泵送混凝土、大体积混凝土、抗渗防水混凝土、抗硫酸盐侵蚀混凝土、抗软水侵蚀混凝土、高强混凝土、蒸养混凝土、轻骨料混凝土、地下和水下工程混凝土等。

国家标准《高强高性能混凝土用矿物外加剂》（GB/T 18736—2002）中规定，配制高强高性能混凝土用的矿物外加剂的性能应符合表 3-8 中的要求。

三、粗细骨料

高性能混凝土骨料的选择，对于保证高性能混凝土的物理力学性能和长期耐久性至关重要。清华大学冯乃谦教授认为，要选择适宜的骨料配制高性能混凝土，必须注意骨料的品种、表观密度、吸水率、粗骨料强度、粗骨料最大粒径、粗骨料级配、粗骨料体积用量、砂率和碱活性组分含量等。

表 3-8　配制高强高性能混凝土用的矿物外加剂的性能指标

性能指标名称		矿物外加剂品种[①]							
		磨细矿渣			硅灰	粉煤灰[②]		磨细天然沸石	
		I	II	III		I	II	I	II
化学性能	MgO 含量/%	≤14	≤14	≤14	—	—	—	—	—
	SO₃ 含量/%	≤4	≤4	≤4	—	≤3	≤3	—	—
	烧失量/%	≤3	≤3	≤3	≤6.0	≤5	≤8	—	—
	Cl⁻ 含量/%	≤0.02	≤0.02	≤0.02	≤0.02	≤0.02	≤0.02	≤0.02	≤0.02
	SiO₂ 含量/%	—	—	—	≥85	—	—	—	—
	吸铵值/(mmol/100g)	—	—	—	—	—	—	≥130	≥100
物理性能	细度(45μm 筛筛余)/%	—	—	—	≤10	≤12	≤20	—	—
	比表面积/(m²/kg)	≥750	≥550	≥350	≥15000	≥600	≥400	≥700	≥500
	含水率/%	≤1.0	≤1.0	≤1.0	≤3.0	≤1.0	≤1.0	—	—

性能指标名称		矿物外加剂品种①							
		磨细矿渣			硅灰	粉煤灰②		磨细天然沸石	
		Ⅰ	Ⅱ	Ⅲ		Ⅰ	Ⅱ	Ⅰ	Ⅱ
胶砂性能	需水量比/%	≤100	≤100	≤100	—	≤95	≤105	≤110	≤115
	活性指数 3天/%	≥85	≥70	≥55					
	7天/%	≥100	≥85	≥75		≥80	≥75		
	28天/%	≥115	≥105	≥100	≥85	≥90	≥85	≥90	≥85

① 由两种或两种以上矿物外加剂复合而成的产品，依其主要组分参照该类指标进行检验。

② 粉煤灰包括原状粉煤灰和磨细粉煤灰。

注：1. 硅灰的细度上述两种指标满足其中一项即为合格。

2. 各种矿物外加剂的化学组成均应测定其总碱量，并于使用说明书中予以记明，以便根据工程要求选用，其测试方法按 GB/T 16 进行。

（一）细骨料的选择

配制高性能混凝土所用的细骨料，其质量要求主要包括细度模数、颗粒级配、含泥量、泥块含量、坚固性、有害杂质含量和碱活性等。砂的各项质量指标应达到国家标准《建设用砂》（GB/T 14684—2011）中规定的优质砂标准。

工程实践经验证明，配制高性能混凝土所用的细骨料，宜选用石英含量高、颗粒形状浑圆、洁净、具有平滑筛分曲线的中粗砂，其细度模数一般应控制在 2.6～3.7 之间；对于 C50～C60 强度等级的高性能混凝土，砂的细度模数可控制在 2.2～2.6 之间。混凝土中的砂率一般控制在 36% 左右。

试验研究指出，配制高性能混凝土强度要求越高，砂的细度模数应尽量采取上限。如果采用一些特殊的配比和工艺措施，也可以采用细度模数小于 2.2 的砂配制 C60～C80 的高性能混凝土。

（二）粗骨料的选择

配制高性能混凝土所用的粗骨料，最好选用质量致密坚硬、强度高的花岗石、大理岩、石灰岩、辉绿岩、硬质砂岩等品种的碎石，如果配制泵送或大流动度的高性能混凝土，也可考虑采用卵石。高性能混凝土的质量要求主要包括颗粒级配、针片状颗粒含量、含泥量、泥块含量、强度（岩石抗压强度和压碎指标值）、坚固性、有害杂质含量和碱活性等。粗骨料的各项质量指标，应当达到国家标准《建设用卵石、碎石》（GB/T 14685—2011）中规定。其具体要求详见如下所述。

1. 粗骨料的表面特征

粗骨料的形状和表面特征对混凝土的强度影响很大，尤其在高强混凝土中，骨料的形状和表面特征对混凝土的强度影响更大。表面较粗糙的结构，可使骨料颗粒和水泥石之间形成较大的黏着力。同样，具有较大表面积的角状骨料，也具有较大的黏结强度。但是，针状、片状的骨料会影响混凝土的流动性和强度，因此，针、片状的骨料含量不宜大于 5%。

2. 粗骨料的强度

由于混凝土内各个颗粒接触点的实际应力可能会远远超过所施加的压应力，所以选择的粗骨料的强度应高于混凝土的强度。但是，过硬、过强的粗骨料可能因温度和湿度的因素而使混凝土发生体积变化，使水泥石受到较大的应力而开裂。所以，从耐久性意义上说，选择强度中等的粗骨料，反而对混凝土的耐久性有利。试验证明，高性能混凝土所用的粗骨料，其压碎指标宜控制在 10％～15％之间。

3. 粗骨料的最大粒径

高性能混凝土粗骨料最大粒径的选择，与普通混凝土完全不同。普通混凝土粗骨料最大粒径的控制，主要由构件截面尺寸及钢筋间距决定的，粒径的大小对混凝土的强度影响不大；但对高性能（高强）混凝土来说，粗骨料最大粒径的大小对混凝土的强度影响较大。最大粒径的减小一方面能够减少骨料与硬化水泥浆体界面应力集中对界面强度的不利影响，另一方面可以增加水泥浆体与骨料界面的黏结。

材料配比试验证明，加大粗骨料的粒径，会使高性能混凝土的强度下降，强度等级越高影响越明显。造成强度下降的主要原因是：骨料尺寸越大，黏结面积越小，造成混凝土不连续性的不利影响也越大，尤其对水泥用量较多的高性能混凝土，影响更为显著。有的试验结果还表明，如果粗骨料的最大粒径超过 20mm，混凝土的断裂韧性随着粒径的增大而降低。因此，高性能混凝土的粗骨料最大粒径应控制在 10～20mm 之间。

4. 对骨料进行碱活性检测

碱-骨料反应是指水泥中的碱与骨料中的活性组分，在潮湿条件下发生的化学反应，混凝土产生体积膨胀而发生结构破坏。我国是世界上研究碱-骨料反应比较广泛的国家之一，很多行业都制定了相关的碱活性检测标准，在 2001 年修订实施的国家标准《建筑用砂》（GB/T 14864—2001）和《建筑用卵石、碎石》（GB/T 14865—2001）中，第一次在国家标准中规定了骨料碱活性的测试方法。配制高性能所用的骨料，一定要按照有关规定和方法进行检测。

5. 其他几方面的要求

粗、细骨料的表观密度应在 2.65g/cm³ 以上；粗骨料的吸水率应低于 1.0％，细骨料的饱和吸水率应低于 2.5％；粗骨料的级配良好，空隙率达到最小；粗骨料的体积用量一般为 400L，即 1050～1100kg/m³；粗骨料中无碱活性组分。

四、高效减水剂

由于高性能混凝土的胶凝材料用量大、水灰比低、拌和物黏性大为了使混凝土获得高工作性，所以在配制高性能混凝土时，必须采用高性能减水剂。选好高效减水剂、高效 AE 减水剂、流化剂、超塑化剂、超流化剂等外加剂，是制备高性能混凝土的关键材料。在日本称之为高性能 AE 减水剂，其主要特点是既具有较高的减水率（20％～30％），又有控制混凝土坍落度损失的能力。

配制高性能混凝土所用的高效减水剂，应当满足下列要求：①高减水率，减水剂的减水率一般应大于 20％，当配制泵送高性能混凝土时，减水率应大于 25％；②新拌混凝土的坍落度经时损失要小，使混凝土拌和物能保持良好的流动性；③选用的高效减水剂，与所用的水泥具有良好的相容性。

目前，我国生产高效减水剂的厂家很多，产品遍及萘系、多羧酸系、三聚氰胺系、氨基磺酸系等，且有了与改性木质素磺酸盐系相结合的复合型减水剂，这为制备高性能混凝土打下了一定基础。但是，我国生产的普通高效减水剂还不能同时具备高性能 AE 减水剂的性能，因此，在我国通常将普通高效减水剂与缓凝剂复合使用。在实际工程施工中，将萘磺酸盐甲醛缩合物与多羟羧酸盐复合起来，基本上可具备与高性能 AE 减水剂相似的性能。

为使粗、细骨料具有较强的抗分离性，还需加入适量的纤维素类、丙烯酸类、聚丙烯酰胺、发酵多糖聚合物、改性水下混凝土外加剂等增黏剂，以防止混凝土发生分离、泌水等质量问题。为降低高性能混凝土的收缩，除选好粗细骨料及控制胶结材料、用水量外，也可加入铝粉、硫铝酸盐系、石膏、石灰系膨胀调节剂。

减水剂对新拌混凝土工作性的影响，除与减水率等本身的性能有关外，还与减水剂的掺量、掺入时间、水灰比、水泥种类、骨料种类、骨料数量及砂率等因素有关。因此在确定采用何种减水剂时，最好应通过试配而定。

第二节　高性能混凝土配合比设计

随着高性能混凝土在各建筑领域的广泛应用，国内外对其配合比设计方法也进行了深入研究。工程实践充分证明，高性能混凝土在配制后，要同时满足符合高性能混凝土的 3 个基本要求：①新拌混凝土良好的工作性；②硬化混凝土具有较高的强度；③硬化混凝土具有高耐久性。

虽然采用一些技术途径能够同时满足上述 3 个基本要求，但给高性能混凝土的配合比设计却带来一定困难，尤其是配合比设计中的一些参数的选择和确定很难。在普通混凝土配合比设计中，这些参数都有比较成熟的经验公式和相应的参数进行计算和选择，但在利用这些经验公式和参数进行高性能混凝土配合比设计时，往往会出现较大的偏差。

目前，国际上提出的高性能混凝土配合比设计方法很多，主要有：美国混凝土协会（ACI）方法、法国国家路桥试验室（LCPC）方法、P. K. Mehta 和 P. C. Aitcin 方法等。这些设计方法各有优、缺点，但均不十分成熟。根据中国的实际，清华大学的冯乃谦教授创造的设计方法，与普通混凝土配合比设计方法基本相同，具有计算步骤简单、计算结果比较精确、容易使人掌握等优点。

归纳和总结有关高性能混凝土配合比设计实例，对高性能混凝土配合比设计的基本原则、基本要求、应考虑问题和方法步骤进行如下介绍。

一、配合比设计的基本原则

高性能混凝土配合比设计与普通混凝土配合比设计，既有相同之处也有不同之处。因此，在进行高性能混凝土配合比设计时，主要应掌握以下基本原则。

（1）高性能混凝土配合比设计应根据原材料的品质、混凝土的设计强度等级、混凝土的耐久性及施工工艺对其工作性的要求，通过计算、试配、调整等步骤选定。配制的混凝土必须满足施工要求、设计强度和耐久性等方面的要求。

（2）高性能混凝土配合比设计应首先考虑混凝土的耐久性要求，然后再根据施工工艺对拌和物的工作性和强度要求进行设计，并通过试配、调整，确认满足使用和力学性能后方可用于正式施工。

（3）为提高高性能混凝土的耐久性，改善混凝土的施工性能和抗裂性能，在混凝土中可以适量掺加优质的粉煤灰、矿渣粉或硅灰等矿物外加剂，其掺量应根据混凝土的性能通过试验确定。

（4）化学外加剂的掺量应使混凝土达到规定的水胶比和工作度，且选用的最高掺量不应对混凝土性能（如凝结时间、后期强度等）产生不利的影响。

二、配合比设计的基本要求

高性能混凝土配合比设计的任务，就是要根据原材料的技术性能、工程要求及施工条件，科学合理地选择原材料，通过计算和试验，确定能满足工程要求的技术经济指标的各项组成材料的用量。

根据现代公路工程对混凝土的要求，高性能混凝土配合比设计应满足以下基本要求。

（一）高耐久性

高性能混凝土与普通混凝土有很大区别，最重要特征是其具有优异的耐久性，在进行配合比设计时，首先要保证耐久性要求。因此，必须考虑到抗渗性、抗冻性、抗化学侵蚀性、抗碳化性、抗大气作用性、耐磨性、碱-骨料反应、抗干燥收缩的体积稳定性等。

以上这些性能受水灰比的影响很大。水灰比越低，混凝土的密实度越高，各方面的性能越好，体积稳定性亦越强，所以高性能混凝土的水灰比不宜大于 0.40。为了提高高性能混凝土的抗化学侵蚀性和碱-骨料反应，提高其强度和密实度，一般宜掺加适量的超细活性矿物质混合材料。

（二）高强度

各国试验证明，混凝土要达到高耐久性，必须提高混凝土的强度。因此，高强度是高性能混凝土的基本特征，高强混凝土也属于高性能混凝土的范畴，但高强度并不一定意味着高性能。高性能混凝土与普通混凝土相比，要求抗压强度的不合格率更低，以满足现代建筑的基本要求。

由于高性能混凝土在施工过程中不确定因素很多，所以，结构混凝土的抗压强度离散性更大。为确保混凝土结构的安全，必须按国家有关规定控制不合格率。

我国施工规范规定：普通混凝土的强度等级保证率为 95％，即不合格率应控制在 5％以下；对于高性能混凝土，其强度等级的保证率为 97.5％，即不合格率应控制在 2.5％以下，其概率度 $t \leqslant -1.960$。

（三）高工作性

在一般情况下，对新拌混凝土施工性能可用工作性进行评价，即混凝土拌和物在运输、浇筑以及成型中不分离、易于操作的程度，这是新拌混凝土的一项综合性能。它不仅关系到施工的难易和速度，而且关系到工程的质量和经济性。

坍落度是表示新拌混凝土流动性大小的指标。在施工操作中，坍落度越大，流动性越好，则混凝土拌和物的工作性也越好。但是，混凝土的坍落度过大，一般单位用水量也增大，容易产生离析，匀质性变差。因此，在施工操作允许的条件下，应尽可能降低坍落度。根据目前的施工水平和条件，高性能混凝土的坍落度控制在 18～22cm 为宜。

（四）经济性

重视混凝土配合比的经济性，是进行配合比设计时需要着重考虑的一个问题，它关系到工程的造价高低。在高性能混凝土的组成材料中，水泥和高性能减水剂的价格最贵，高性能减水剂的用量又取决于水泥的用量。因此，在满足工程对混凝土质量要求的前提下，单位体积混凝土中水泥的用量越少越经济。

众多工程实践证明，水泥用量多少不仅是一个经济问题，而且还具有技术上的优点。例如，对于大体积混凝土，水泥用量较少时，可以减少由于水化热过大而引起裂缝；在结构用混凝土中，水泥用量如果过多，会导致干缩增大和开裂。

三、配合比设计中应考虑的几个方面

高性能混凝土配合比设计前，首先对配合比设计中有关重要问题进行总体考虑，这是以后计算中某些必要假设的基础。高性能混凝土配合比设计应考虑以下几个方面。

（一）水泥浆与骨料比

对给定的水泥浆：骨料体积比为 35：65，通过使用合适的粗骨料，可以获得足够尺寸稳定的高性能混凝土（如弹性性能、干燥收缩及徐变等）。

（二）强度等级

高强度并不一定意味着高性能，也不是高性能混凝土的唯一指标，但当抗压强度大于 60MPa 时，不仅具有较高的密实性，而且其抗渗透能力强、耐久性也较高。因此，抗压强度可作为高性能混凝土配合比设计及质量控制的基础。

工程实践证明，采用大多数天然骨料，通过改善水泥浆的强度，即选择用水量及掺合料品种和用量，可以配制出抗压强度 120MPa 以上的混凝土。为方便混凝土配合比的计算，可将 60～120MPa 强度划分为几个等级，以便根据工程需要而选择。

（三）用水量

对于传统的混凝土而言，拌和用水量的多少，取决于骨料的最大粒径和混凝土的坍落度。由于高性能混凝土的最大骨料粒径和坍落度允许波动的范围很小（最大粒径不大于 15mm、坍落度为 18～22cm），以及坍落度可通过调节超塑化剂用量来控制，所以在确定用水量时不必考虑骨料的最大尺寸及坍落度。

根据各国配制高性能混凝土的经验证明，高性能混凝土中的用水量与混凝土的抗压强度通常成反比例关系，通过这一关系不仅可用于配合比设计的重要参考，而且可用于预测和控制混凝土的强度。

（四）水泥用量

在高性能混凝土中，水泥浆体积与骨料的体积比大约为 35：65 比较适宜。在新拌水泥浆中，含有未水化的水泥颗粒、水及空气，混凝土虽然经过强力搅拌，即使在不掺加任何引气剂的情况下，混凝土中也含有大约 2% 的空气。对于一定体积的水泥浆（35%），如果已知水和空气的体积，则可以计算出水泥的体积和水泥的用量。当混凝土有冻融耐久性要求引气时，对于设定的较大引气体积（5%～6%），也可以计算出水泥的用量。

（五）减水剂的种类与用量

普通减水剂达不到高性能混凝土所要求的减水程度及工作性，因此，超塑化剂（即高效减水剂）是配制高性能混凝土不可缺少的材料。常用的超塑化剂，主要有萘系减水剂和三聚氰胺系减水剂。但是，市场上销售的超塑化剂与水泥的适应性差别很大。研究人员报道：三聚氰胺系减水剂减水率大，比萘系减水剂的缓凝作用明显小，非常适合与引气剂共同使用，但混凝土坍落度损失较大。

在配制高性能混凝土时，要根据给定的混凝土组成材料，在试验室内进行一些必要的基

本试验，以决定使用何种减水剂更加适合。超塑化剂的固体用量，一般为水泥用量的 0.8%～2%，对第一次掺合料建议使用 1%。由于超塑化剂价格较高，为获得给定水泥浆满意的流变性，又不产生过大的缓凝，应进行多次试验确定最佳用量。

（六）矿物掺合料的种类与用量

矿物掺合料的种类，简单的方法可分为：不掺加任何矿物掺合料、掺加单一或多种矿物掺合料和掺加凝聚硅灰取代部分矿物掺合料三种情况。

第一种情况，单独使用硅酸盐水泥，不掺加任何矿物掺合料。这种情况较少，只有在建议的高性能混凝土强度范围内，绝对不允许掺加矿物掺合料时才出现。因为不参加任何矿物掺合料，将不会得到混凝土相应的许多重要技术性能，如降低水化热、增加耐腐蚀性、提高工作性。

第二种情况，掺加一种或多种矿物掺合料，以取代混凝土中的部分水泥。经验证明，用高质量的粉煤灰或矿渣代替 25% 的水泥，不仅可改善新拌混凝土的工作性、减小水化热，而且还可提高充分水化水泥浆的微观结构。因此，在进行高性能混凝土配合比设计时，可假设水泥与选用矿物掺合料的体积比为 75：25。

第三种情况，掺加凝聚硅灰取代部分矿物掺合料，即用凝聚硅灰取代部分粉煤灰或矿渣，所产生的效果会更好。例如，不掺加 25% 的优质粉煤灰，而用 10% 的凝聚硅灰和 15% 的粉煤灰同时掺入。

（七）粗细骨料的比例

根据试验证明，高性能混凝土中骨料体积的最佳比例为 65%。粗、细骨料分别所占的比例，通常取决于骨料的级配与形状，水泥浆的流变性及混凝土所要求达到的工作性。由于高性能混凝土中的水泥浆体含量相对较大，通常细骨料的体积用量不宜超过骨料总量的40%。因此，假设第一次拌和粗细骨料的体积比为 3：2。

四、配合比设计的方法步骤

（一）配制强度的确定

高性能混凝土施工配制强度的确定，可以仍按《混凝土结构工程施工及验收规范》（GB 50204—2002）规定的公式进行计算。

$$f_{cu,0} = f_{cu,k} + t\sigma \tag{3-1}$$

式中，$f_{cu,0}$ 为混凝土的配制强度，MPa；$f_{cu,k}$ 为混凝土的设计强度标准值，MPa；t 为强度保证率系数，对于高性能混凝土一般取 $t=1.645$；σ 为混凝土强度标准差，MPa，可根据施工单位以往的生产质量水平进行测算，如施工单位无历史统计资料时，可按表 3-9 中的推荐值选用。

表 3-9　混凝土强度标准差取值表

混凝土强度等级	C50～C60	C60～C70	C70～C80	C80～C90	C90～C100
混凝土强度标准差/MPa	3.5	4.0	4.5	5.0	5.5

（二）初步配合比的确定

1. 水灰比的初步确定

高性能混凝土配比试验研究发现，当要求配制的高性能混凝土强度达到一定数值时，混凝土的水灰比（W/C）与其强度（f_{cu}）的关系就开始偏离鲍罗米直线方程，当掺入较多的活性超细粉后还存在"有效灰水比"和"实际灰水比"的区别。

所谓"实际灰水比"是指水泥掺量与超细粉掺量的总量与拌和水掺量的比值。所谓"有效灰水比"是指活性超细粉的活性指数 $\Phi \geqslant 1$ 时，超细粉在混凝土中对强度的贡献将达到或超过水泥，因此有效灰水比 $(C/W)'$ 应改为式(3-2)：

$$\left(\frac{C}{W}\right)' = \frac{(C + \Phi g S_P)}{W}$$

(3-2)

式中，C 为混凝土中的水泥掺量，kg；W 为混凝土中的水的掺量，kg；S_P 为混凝土中超细粉掺量，kg。

由式(3-2) 可推导出掺活性超细粉的高性能混凝土的强度公式(3-3)：

$$f_{cu,28} = a f_{ce} \left[\frac{(C + \Phi S_P)}{W}\right]^b$$

(3-3)

式中，a、b 分别为掺加某特定超细粉时通过试验并经数学归纳得到的经验常数。

但是，在实际工程中，通过大量试验求得的 Φ、a、b 这 3 个值是一件非常繁杂的工作。根据有关专家通过大量试验及工程实例，将配制高性能混凝土时的水灰比列于表 3-10，可供配制中选取参考。

表 3-10 配制高性能混凝土时的水灰比推荐值

水泥的强度等级 /MPa	混凝土的强度等级					
	C50～C60	C60～C70	C70～C80	C80～C90	C90～C100	≥C100
42.5	0.30～0.33	0.26～0.30	—	—	—	—
52.5	0.33～0.36	0.30～0.35	0.27～0.30	0.24～0.27	0.21～0.25	≤0.21
62.5	0.38～0.41	0.35～0.38	0.30～0.35	0.27～0.30	0.25～0.27	≤0.25

注：1. 本表中的水灰比，其中灰为水泥用量和超细粉用量的总量；当采用硅灰、超细沸石粉时取高限，当采用超细矿渣粉或超细磷渣粉时取下限。

2. 当混凝土的强度等级高时，水灰比值取下限，反之取上限。

3. 如果采用真空脱水法施工，水灰比可比表中数值大些。

另外，也可以根据已测定的水泥实际强度 f_{ce}（或选用的水泥强度等级 $f_{ce,k}$）、粗骨料的种类及所要求的混凝土配制强度（$f_{cu,0}$），按同济大学提出了高性能混凝土的关系式(3-4)、(3-5)进行计算，从而推算出混凝土的水胶比 $[(C+M)/W]$。

对于用卵石配制的高性能混凝土：

$$f_{cu,0} = 0.296 f_{ce} \left[\frac{(C+M)}{W} + 0.71\right]$$

(3-4)

对于用碎石配制的高性能混凝土：

$$f_{cu,0} = 0.304 f_{ce} \left[\frac{(C+M)}{W} + 0.62\right]$$

(3-5)

当无水泥实际强度数据时，公式中的 f_{ce} 值可按式(3-6) 计算：

$$f_{ce} = \gamma_e \cdot f_{ce,k}$$

(3-6)

式中，C 为每立方米混凝土中水泥的用量，kg/m^3；M 为每立方米混凝土中矿物质的掺加量，kg/m^3；W 为每立方米混凝土中的用水量，kg/m^3；γ_e 为水泥强度的富余系数，一般可取值 1.13；$f_{ce,k}$ 为水泥的强度等级，MPa。

2. 初步用水量的确定

在进行普通水泥混凝土配合比设计时，一般可以先由混凝土要求的坍落度、粗骨料的种类和其最大粒径查表确定。但是，配制高性能混凝土时，粗骨料的最大粒径一般控制在 10～20mm 之间。如果参照普通水泥混凝土的配合比，当坍落度要求在 10～90mm 之间时，碎石最

大粒径为 $16\sim20mm$ 时混凝土用水量的 $185\sim215kg/m^3$。若按此用水量配制高性能混凝土,经验证明最多能配制出 C55 的混凝土,且混凝土的抗渗性、抗冻性都达不到高性能混凝土的要求。

高性能混凝土配制试验证明,如果配制符合各性能要求的高性能混凝土,必须掺入适量的高效减水剂和活性超细粉。如果固定粗骨料最大粒径对用水量的影响,混凝土的坍落度由高效减水剂来调节。高性能混凝土的用水量选择范围见表 3-11 所列。

表 3-11　高性能混凝土的用水量选择范围　　　　　　　　　　单位:kg/m^3

混凝土胶料	混凝土强度等级					
	C50～C60	C60～C70	C70～C80	C80～C90	C90～C100	＞C100
水泥＋10％硅灰或超细沸石	195～185	185～175	175～165	160～150	155～145	＜145
水泥＋10％超细粉煤灰	185～175	175～165	165～155	155～145	145～135	＜135
水泥＋100％超细矿渣或超细磷渣	180～170	170～160	160～150	150～140	140～135	＜130

注:超细粉的掺入量为等量取代水泥量。

在高性能混凝土的具体配制中,如果超细粉的用量增加,用水量也应适当增加。但如果超细矿渣粉或超细磷渣与硅灰、超细粉煤灰中的一种复合使用,在用同样高效减水剂的情况下,用水量可以保持不变,而可减少水泥用量。

高性能混凝土配制试验还证明:单位用水量的多少,主要取决于混凝土设计坍落度的大小和高效减水剂的减水效果来确定。在和易性允许的条件下,尽可能采用较小的单位用水量,以提高混凝土的强度和耐久性。一般情况下,高性能混凝土的单位用水量不宜大于 $175kg/m^3$。在进行混凝土配合比设计时,可根据试配强度参考表 3-12 中的经验数据;对于重要工程,应通过试配确定单位用水量。

表 3-12　最大用水量与试配强度的关系

混凝土试配强度/MPa	最大单位用水量/(kg/m^3)	混凝土试配强度/MPa	最大单位用水量/(kg/m^3)
60	175	90	140
65	160	105	130
70	150	120	120

3. 计算混凝土的单位胶凝材料用量 (C_0+M_0)

对于配制高性能混凝土中的胶凝材料,可以按照普通水泥混凝土的配制方法进行计算,但超细粉一般都是按等量取代水泥来掺加的。如果水胶比选择和用水量的选择已经考虑了水泥和超细粉的总量,则只要确定了取代百分比就可以把水泥和超细粉作为一种掺有超细粉的水泥看待,就完全可以按照普通水泥混凝土的配制方法来进行计算。即由确定的水胶比和用水量求得总的用灰量。

在一般情况下,可以按同济大学提出的计算方法,根据已选定的每立方米混凝土用水量 (W_0) 和得出的水胶比 $[W/(C+M)]$ 值,可按式(3-7)计算出胶凝材料总的用量:

$$C_0+M_0=(C+M)\frac{W_0}{W}\tag{3-7}$$

4. 矿物质掺合料的确定

矿物质掺合料(即超细粉)的掺量多少,主要取决于掺合料中活性二氧化硅(SiO_2)的含量,在一般情况下,其掺量为水泥的 $10\%\sim15\%$ 左右。如果活性二氧化硅(SiO_2)含量高(如硅粉),可以取下限;如果活性二氧化硅(SiO_2)含量低(如优质粉煤灰),应当取上限。

如果混凝土中水泥的掺量为 C、超细粉的掺量为 M,取代率为 k,则超细粉的掺量 $M=kC$。取代率 k 大小与混凝土的强度等级和超细粉的种类有关。超细粉的火山灰性越高,

k 也可以取较高的值，即可用较多的超细粉取代水泥；但同时还应考虑超细粉对新拌混凝土和易性的影响及混凝土的成本影响。一般情况下，取代率 k 值可按表 3-13 中推荐的值选用。

表 3-13　高性能混凝土中活性超细粉取代率 k 值选取

超细粉种类及掺加方法	k 值选取范围	超细粉种类及掺加方法	k 值选取范围
单掺硅灰（A）	10%～12%	复掺 A+C	A(10%)+C(5%)
单掺超细粉煤灰（B）	15%～20%	复掺 A+D	A(10%)+D(5%～10%)
单掺超细矿渣粉（C）	15%～25%	复掺 B+C	B(10%)+C(10%～15%)
单掺超细沸石粉（D）	10%～15%	复掺 B+D	B(10%)+D(5%～10%)
复掺 A+B	A(10%)+B(10%～15%)	—	—

5. 选择合理的砂率（S_P）

合理的砂率值，主要应根据混凝土的坍落度、黏聚性及保水性要求等特征来确定。由于高性能混凝土的水胶比较小，胶凝材料用量较大，水泥浆的黏度大，混凝土拌和物的工作性容易保证；所以，砂率可以适当降低。高性能混凝土合理的砂率值，一般应通过材料配比试验确定，在进行混凝土配合比设计时，可在 32%～42% 之间选用。

根据材料试验证明，在一般情况下，高性能混凝土的合理砂率与混凝土中的胶结料用量和砂子的细度模数有关。胶结料用量越多，砂率的数值越小；砂的细度模数越大，砂率的数值也越大。选用时可参考表 3-14。

表 3-14　高性能混凝土的合理砂率

砂的细度模数（M_x）	混凝土中胶结料的用量/(kg/m³)			
	420～470	470～520	520～570	570～620
3.1～3.7	40～42	38～40	36～38	34～36
2.3～3.0	38～40	36～38	34～36	33～34
1.6～2.2	36～38	34～36	33～34	31～32

6. 粗、细骨料用量的确定

高性能混凝土中粗、细骨料用量的确定，与普通水泥混凝土配合比设计相同，可以采用绝对体积法或假定表观密度法计算求得。由于高性能混凝土的密实度比较大，其表观密度一般应比普通水泥混凝土稍高些，一般应取 2450～2500kg/m³，混凝土强度等级高者取大值。

7. 高性能减水剂用量的确定

高性能减水剂是配制高性能混凝土不可缺少的组分，它具有不仅能增大坍落度，而且又能控制坍落度损失的作用。高性能减水剂的用量多少，应根据掺加的品种、施工条件、混凝土拌和物所要求的工作性、凝结性能和经济性等方面，通过多次试验才能确定其最佳掺量。以固体计，高性能减水剂的掺量，通常为胶凝材料总量的 0.8%～2.0%，建议第一次试配时掺加 1.0%。

8. 含水量的修正

由于上述高性能混凝土配合比设计是基于各材料饱和面干的情况下，所以在实际拌和中还应根据骨料中含水量的不同，要进行适当的粗、细骨料含水修正。

（三）高性能混凝土配合比的试配与调整

高性能混凝土的配合比设计，与普通水泥混凝土基本相同，也包括两个过程，即配合比的初步计算和工程中的比例调整。由于在初步计算中有一些假设，与工程实际很可能不相符，所以计算得出的数据仅为混凝土试配的依据。工程实际中往往需要通过多次试配才能得到适当的配合比。

高性能混凝土配合比的试配与调整的方法和步骤，与普通水泥混凝土基本相同。但是，其水胶比的增减值宜为 0.02～0.03。为确保高性能混凝土的质量要求，设计配合比提出后，还须用该配合比进行 6～10 次重复试验确定。

高性能混凝土的强度是其重要的力学指标，对于混凝土配合比所能达到的强度，可用经验公式(3-8) 推算 28 天的抗压强度：

$$f_{cu,28} = f_{cu,7} + n(f_{cu,7})^{1/2} \tag{3-8}$$

式中，$f_{cu,28}$ 为高性能混凝土 28 天的推算抗压强度，MPa；$f_{cu,7}$ 为高性能混凝土 7 天实测的抗压强度，MPa；n 为与水泥强度等级有关的经验系数，如表 3-15 所列。

表 3-15　由 7 天强度推算 28 天强度的经验系数 n 值表

水泥强度等级	32.5	42.5	52.5	62.5
n 值	5.0	5.5	6.5	7.5

（四）高性能混凝土其他性能的复核

如果配制的高性能混凝土在其他性能方面（如抗渗、抗冻、变形等）也有较高的要求，应当对这些性能进行认真地验证和复核，使其达到设计要求。在配制 A、B、C 三组混凝土试件时，应按有关要求多配制若干混凝土，制作相关的混凝土试件，用于有关性能的测定，如与设计要求有一定偏差，可对材料组成进行一定调整，最终使其完全符合设计要求。

第三节　高性能混凝土参考配合比

为方便试配和配制高性能混凝土，以下特列出：高性能混凝土参考配合比（见表 3-16）、高性能混凝土最大用水量（见表 3-17）、高性能混凝土中骨料体积（见表 3-18）、高性能混凝土经验配合比（见表 3-19）、自密实高性能混凝土配合比（见表 3-20），供设计单位和施工单位参考选用。

表 3-16　高性能混凝土参考配合比

强度等级	平均抗压强度/MPa	情况	胶凝材料/kg			用水量/kg	粗骨料/kg	细骨料/kg	总量/(kg/m³)	水灰比(W/C)
			PC	FA(或 BFS)	CSF					
A	65	1	534	0	0	160	1050	690	2434	0.30
		2	400	106	0	160	1050	690	2406	0.32
		3	400	64	36	160	1050	690	2400	0.32
B	75	1	565	0	0	150	1070	670	2455	0.27
		2	423	113	0	150	1070	670	2426	0.28
		3	423	68	38	150	1070	670	2419	0.28
C	90	1	597	0	0	140	1090	650	2477	0.23
		2	447	119	0	140	1090	50	2446	0.25
		3	447	71	40	140	1090	650	2438	0.25

续表

强度等级	平均抗压强度/MPa	情况	胶凝材料/kg			用水量/kg	粗骨料/kg	细骨料/kg	总量/(kg/m³)	水灰比(W/C)
			PC	FA(或BFS)	CSF					
D	105	—	—	—	—	—	—	—	—	—
		2	471	125	0	130	1100	630	2466	0.22
		3	471	75	40	130	1100	630	2458	0.22
E	120	—	—	—	—	—	—	—	—	—
		2	495	131	0	120	1120	620	2486	0.19
		3	495	79	44	120	1120	620	2478	0.19

注：表中 PC 为硅酸盐水泥；FA 为粉煤灰；BFS 为矿渣；CSF 为硅粉。

表 3-17　高性能混凝土最大用水量

混凝土强度等级	A	B	C	D	E	O
平均强度/MPa	75	85	100	115	130	50~65
最大用水量/(kg/m³)	160	150	140	130	120	165~175

表 3-18　高性能混凝土中骨料体积

强度等级	细骨料：粗骨料	细骨料体积/m³	粗骨料体积/m³
A	2.00：3.00	0.2600	0.3900
B	1.95：3.05	0.2535	0.3965
C	1.90：3.10	0.2470	0.4030
D	1.85：3.15	0.2405	0.4095
E	1.80：3.20	0.2340	0.4150

表 3-19　高性能混凝土经验配合比

组成材料 / 拌和物序号	1	2	3	4	5
水/(kg/m³)	195	165	135	145	130
水泥/(kg/m³)	505	451	500	315	513
粉煤灰/(kg/m³)	60	—	—	—	—
矿渣/(kg/m³)	—	—	—	137	—
硅灰/(kg/m³)	—	—	30	36	43
粗骨料/(kg/m³)	1030	1030	1100	1130	1080
细骨料/(kg/m³)	630	745	700	745	685
减水剂/(kg/m³)	9.75	—	—	9.00	—
缓凝剂/(L/m³)	—	4.5	1.8	—	—
超塑化剂/(L/m³)	—	11.25	14	5.9	15.7
水/(水泥+混合材)(水胶比)	0.35	0.37	0.27	0.31	0.25
抗压强度 28天/MPa	65	80	93	83	119
抗压强度 91天/MPa	79	87	107	93	145

表 3-20　自密实高性能混凝土配合比

水胶比[W/(C+F)]	砂率/%	水/kg	水泥/kg	粉煤灰/kg	砂子/kg	石子/kg	其他/kg	外加剂(C×%)	设计	$f_{ce,28}$
0.370	50	200	350	180	800	800	UEA30	DFS-2(F)0.8	C30	57.0
0.360	50	200	350	180	782	797	UEA30	DFS-2(F)0.8	C30	47.0
0.430	50	200	270	162	834	850	UEA30	DFS-2(F)0.6	C30	37.5
0.365	51	201	382	168	796	760	—	SN1.8	C30	53.3
0.310	44	154	144	197	753	963	矿渣154	SP12.21	C50	60.0

第四章 轻骨料混凝土

用轻骨料和胶凝材料配制而成的、表观密度不大于 1900kg/m³ 的混凝土称为轻骨料混凝土。按用途不同分类，轻骨料混凝土主要分为保温轻骨料混凝土、结构保温轻骨料混凝土和结构轻骨料混凝土三种。按粗骨料不同分类，轻骨料混凝土可分为天然轻骨料混凝土、工业废料轻骨料混凝土、人造轻骨料混凝土三种。

由于轻骨料混凝土具有质轻、高强、保温、抗震性能好、耐火性能高、易于施工等优点，所以是一种具有发展前途的新型混凝土。轻骨料混凝土是一种发展史接近 80 年的新型建筑材料，这些材料对高层和超高层建筑的发展，起着非常重要的作用。

目前，我国在轻骨料混凝土应用方面，正向着质轻、高强、多功能方向发展。随着建筑节能、高层、抗震的综合要求，轻骨料的质量和产量还远不能满足建筑业高速发展的需要。提高轻骨料混凝土的质量，大力推广应用轻骨料混凝土，这是摆在建筑业所有技术人员面前的一项重要任务。

第一节 轻骨料混凝土的材料组成

用轻粗骨料、轻细骨料（或普通砂）、水泥胶凝材料和水，按一定比例配制而成的混凝土，其表观密度不大于 1900kg/m³ 者，称为轻骨料混凝土。如果其粗、细骨料均是轻质材料，则称为全轻骨料混凝土；如果粗骨料为轻质材料，细骨料全部或部分采用普通砂，则称为砂轻混凝土。轻骨料混凝土所用的胶凝材料一般是水泥，有时也可用石灰、石膏、硫黄、沥青等作为胶凝材料。

一、普通轻骨料混凝土的材料组成

在建筑工程中所用的轻骨料混凝土，其原材料主要由水泥、轻骨料、掺合料、拌和水和外加剂组成。

（一）水泥

轻骨料混凝土本身对水泥无特殊要求，在选择水泥品种和强度等级时，主要应当根据混凝土强度和耐久性的要求进行。由于轻骨料混凝土的强度可以在一个很大的范围内（5～50MPa）变化，所以在通常情况下不宜用高强度等级的水泥配制低强度等级的轻骨料混凝土，以免影响混凝土拌和物的和易性。在一般情况下，如果轻骨料混凝土的强度为 $f_{cu,L}$，所采用的水泥强度（f_{ce}）可用式(4-1)进行计算：

$$f_{ce}=(1.2\sim1.8)f_{cu,L} \tag{4-1}$$

如果因为各种原因的限制，必须采用高强度等级的水泥配制低强度的轻骨料混凝土时，可以通过掺加适量的粉煤灰进行调节。轻骨料混凝土合理水泥品种和强度等级的选择，可参考表 4-1。

（二）轻骨料

凡堆积密度小于或等于1200kg/m³的天然或人工多孔材料，具有一定力学强度且可以用作混凝土下骨料均称为轻骨料。轻骨料是轻骨料混凝土中的主要组成材料，其性能影响混凝土的性能能否符合设计要求，因此，对轻骨料的技术要求必须符合以下规定。

表 4-1　轻骨料混凝土合理水泥品种和强度等级的选择

混凝土强度等级	水泥强度等级	适宜水泥品种	混凝土强度等级	水泥强度等级	适宜水泥品种
CL5.0 CL7.5 CL10 CL15 CL20	32.5	火山灰质硅酸盐水泥 矿渣硅酸盐水泥 粉煤灰硅酸盐水泥 普通硅酸盐水泥	CL30 CL35 CL40 CL45 CL50	52.5 （或 62.5）	矿渣硅酸盐水泥 普通硅酸盐水泥 硅酸盐水泥
CL20 CL25 CL30	42.5				

用于配制轻骨料混凝土的轻骨料，对其技术要求主要包括结构表面特征及颗粒形状、骨料颗粒级配及最大粒径、轻骨料的堆积密度、轻骨料的强度及强度等级、轻骨料的吸水率与软化系数等。

1. 结构表面特征及颗粒形状

轻骨料的结构应符合两个基本要求：一是要具有多孔性；二是要有一定的强度。因为轻骨料具有多孔性，才能使轻骨料的表观密度比较小（最大不大于 1900kg/m³），符合轻骨料混凝土的要求；轻骨料具有一定的强度，才能作为混凝土骨料抵抗一定的荷载。

轻骨料的表面特征是指其表面粗糙程度和开口孔隙的多少。轻骨料的表面比较粗糙，有利于硬化水泥浆体与轻骨料界面的物理黏结；如果轻骨料的开口孔隙多，会增加轻骨料的吸水率，可能要消耗更多的水泥浆，但开口孔隙从砂浆中吸取水分后，可以提高骨料界面的黏结力，降低骨料下缘聚集的水分量，使混凝土的抗冻性、抗渗性和强度均得到一定的改善。

轻粗骨料的颗粒形状主要有圆球型、普通型和碎石型三种（见表 4-2）。从轻粗骨料受力的角度和对混凝土拌和物和易性的影响，骨料呈圆球型比较有利；但从与水泥浆体黏结力的角度，普通型和碎石型要比球形好。在拌制轻骨料混凝土时，由于骨料密度较轻，特别是圆球型比碎石型更容易产生上浮，其原因是碎石形骨料表面棱角较多，颗粒之间的内摩擦力较大而又易互相牵制。

表 4-2　轻骨料混凝土所用轻粗骨料的几种粒型

粒型名称	具 体 说 明
圆球型	人造轻骨料因造粒工艺而成为圆球状的，如粉煤灰陶粒、黏土陶粒、经磨细成球状的页岩陶粒等
普通型	原材料经破碎加工成为非圆球状的，如页岩陶粒、膨胀珍珠岩等
碎石型	天然轻骨料或多孔烧结块经破碎加工而成碎石状的，如浮石、自燃煤矸石、煤渣等

在选择轻骨料时，可根据工程要求和轻骨料上述特征进行选择。黏土陶粒、粉煤灰陶粒主要形状为圆球型，表面粗糙度较低，开口孔隙较少；页岩陶粒、膨胀珍珠岩为普通型，表面比较粗糙，开口孔隙稍多些；而浮石、自燃煤矸石、煤渣为碎石型，表面粗糙度高，开口孔隙也较多。

2. 骨料颗粒级配及最大粒径

骨料颗粒大小的搭配称为级配，级配的均匀性对混凝土的工作性和强度都有极大的影响，尤其是粗骨料的最大粒径，对轻骨料混凝土的工作性、耐久性、强度等影响最大，即粗骨料的粒径越大，其强度和耐久性也越低，工作性也越差。因此，日本规范规定，粗骨料的最大粒径应小于15mm或20mm；我国《轻滑料及轻滑料混凝土技术规定和试验方法》J 78-2 中规定，结构轻骨料混凝土用的粗骨料，其最大粒径不宜大于20mm，保温及结构保温轻骨料混凝土用的粗骨料，其最大粒径不宜大于30mm。

与普通水泥混凝土一样，轻骨料的颗粒级配和最大粒径，对混凝土的强度等一系列性能有很大影响。我国"轻骨料混凝土技术性能"专题协作小组，对国内生产的几种粗骨料进行了颗粒级配和最大粒径的测定。测定结果表明：粗骨料最大粒径偏大，颗粒级配不够理想，往往是某一粒级占了绝大部分。

轻粗骨料级配是用标准筛的筛余量进行控制的，混凝土的用途不同，级配要求也不同，同时还要控制其最大粒径。轻粗骨料的最大粒径，保温用（含结构保温）轻骨料混凝土的最大粒径为30mm，结构用轻骨料混凝土的最大粒径为20mm。轻粗骨料的级配要求如表4-3所列。

表 4-3　轻粗骨料的级配要求

筛孔尺寸	d_{min}	$1/2d_{max}$	d_{max}	$2d_{max}$
	累计筛余（按质量计）/%			
圆球型及单一粒级	≥90	不规定	≤10	0
普通型的混合级配	≥90	30～70	≤10	0
碎石型的混合级配	≥90	40～60	≤10	0

除表4-3中所要求的颗粒级配外，对于自然级配和粗骨料，其孔隙率应小于或等于50%。

"轻砂"主要是指粒径小于5mm的轻骨料，用于轻骨料混凝土的轻砂，主要有陶粒砂和矿渣粒等，要求其细度模数应小于4.0，轻砂的颗粒级配如表4-4所列。

表 4-4　轻砂的颗粒级配

轻砂名称	等级划分	细度模数	不同筛孔累计筛余百分率/%			
			10.0	5.00	0.63	0.16
粉煤灰陶砂	不划分	≤3.7	0	≤10	25～65	≤75
黏土陶砂	不划分	≤4.0	0	≤10	40～80	≤90
页岩陶砂	不划分	≤4.0	0	≤10	40～80	≤90
天然轻砂	粗砂	4.0～3.1	0	0～10	50～80	＞90
	中砂	3.0～2.3	0	0～10	30～70	＞80
	细砂	2.2～1.5	0	0～5	15～60	＞70

3. 轻骨料的堆积密度

轻骨料的堆积密度也称为松堆密度，是指轻骨料以一定高度自由落下、装满单位体积的质量。堆积密度不仅能反映轻骨料的强度大小，还能反映轻骨料的颗粒密度、粒形、级配、粒径的变化。轻骨料的堆积密度越大，则其抗压强度越高，堆积密度小于300kg/m³者，只能配制非承重的、保温用的轻骨料混凝土。

轻骨料的堆积密度与其表观密度、粒径大小、颗粒形状和颗粒级配有密切关系，同时还与轻骨料的含水率有关。在级配和粒形相同的情况下，轻骨料的堆积密度与其密度成比例，一般为表观密度的50%左右。轻骨料的粒径不同，其堆积密度也不同，粒径截止大，堆积密度越小。颗粒形状对堆积密度也有很大影响，呈圆球形的堆积密度较大，而碎石型的则较小。

为施工中的应用方便，《轻骨料混凝土技术规程》（JGJ 51—2002）中将轻骨料分为 12 个密度等级，在应用中可参考表 4-5 中的数值。

表 4-5　轻骨料的密度等级

轻粗骨料		轻砂	
密度等级	堆积密度范围/(kg/m³)	密度等级	堆积密度范围/(kg/m³)
300	<300	200	150～200
400	310～400	200	150～200
500	410～500	400	210～400
600	510～600	400	210～400
700	610～700	700	410～700
800	710～800	700	410～700
900	810～900	1100	710～1100
1000	910～1000	1100	710～1100

4. 轻骨料的强度及强度等级

如何评价轻骨料的强度，至今尚无公认的令人满意的试验方法，现有的试验方法，其结果相差很大，无法估计轻骨料强度对混凝土强度的影响。特别对于轻细骨料的强度，至今尚无试验方法。轻骨料的强度不是以单位强度来表示的，而是以筒压强度和强度标号来衡量轻骨料的强度。

（1）轻骨料的筒压强度　我国规定用筒压法测定粗骨料的强度，测定轻骨料筒压强度的装置如图 4-1 所示。筒压强度的测试，是将 10～20mm 粒级的粗骨料，装入截面积为 100cm² 的圆筒内做抗压试验，取压入深度为 2cm 时的抗压强度为该轻骨料的筒压强度。由轻骨料在筒内为点接触，因此其抗压强度不是轻骨料的极限抗压强度，只是反映骨料颗粒强度的相对强度。

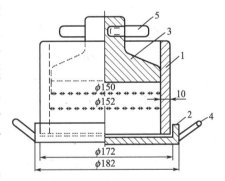

图 4-1　轻骨料筒压强度的测定装置
1—圆筒；2—底盘；3—加压头；
4—手把；5—把手

试验证明，轻骨料的筒压强度与其松散表观密度有密切关系，特别是某些粒形相似的轻骨料，其相关性更显著。表 4-6 中为国产轻骨料的筒压强度与松散表观密度的关系，从表中可以看出，轻骨料的松散表观密度越大，筒压强度也越高，其关系式如下：

$$R_\gamma = 0.0048\gamma \tag{4-2}$$

式中，R_γ 为轻骨料的筒压强度，MPa；γ 为轻骨料的松散表观密度，kg/m³。

表 4-6　国产轻骨料的筒压强度与松散表观密度的关系　　　　　　　　　单位：MPa

序号	堆积密度等级	粉煤灰陶粒和陶砂 GB 2838—1981	黏土陶粒和陶砂 GB 2839—1981	页岩陶粒和陶砂 GB 2840—1981	天然轻骨料 GB 2841—1981
1	300	—	—	—	0.2
2	400	—	0.5	0.8	0.4
3	500	—	1.0	1.0	0.6
4	600	—	2.0	1.5	0.8
5	700	4.0	3.0	2.0	1.0
6	800	5.0	4.0	2.5	1.2

续表

序号	堆积密度等级	粉煤灰陶粒和陶砂 GB 2838—1981	黏土陶粒和陶砂 GB 2839—1981	页岩陶粒和陶砂 GB 2840—1981	天然轻骨料 GB 2841—1981
7	900	6.5	5.0	3.0	1.5
8	1000	—	—	—	1.8

（2）轻骨料的强度标号　轻骨料的筒压强度反映了轻骨料颗粒总体的强度水平。但是，在配制成轻骨料混凝土后，由于轻骨料界面黏结及其他各种因素的影响，轻骨料颗粒与硬化水泥浆一起承受荷载时的强度，却与轻骨料的筒压强度有较大的差别。为此，常用轻骨料的合理强度来反映轻骨料的强度性能。

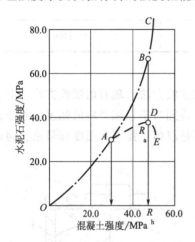

图 4-2　混凝土强度与水泥石强度关系
R_a—骨料的强度；R_h—混凝土的合理强度

可以通过轻骨料混凝土受荷载时的破坏特征来说明轻骨料合理强度的物理意义。在轻骨料受荷载破坏时，其破坏特征与普通水泥混凝土不同，对于普通水泥混凝土，一般是骨料的强度大于硬化浆体（水泥石）的强度。混凝土的破坏首先是水泥石与骨料界面处破坏，而后是水泥石破坏，骨料有缺陷或水泥石强度接近骨料强度会使骨料也随之破坏，因此普通水泥混凝土的强度可近似地认为与水泥石的强度相等，其关系如图 4-2 中的直线 OA 所示。

对于轻骨料混凝土则不同，由于轻骨料本身的强度往往比较低，在受荷载破坏时可能会出现以下几种情况。

① 当轻骨料混凝土的强度较低时，有可能水泥石的强度低于轻骨料的强度。此时，轻骨料混凝土与普通水泥混凝土类似，混凝土的强度取决于水泥石的强度，混凝土的强度与水泥石强度的关系，如图 4-2 中直线 OA 所示。

② 当轻骨料混凝土的强度超过 A 点相应的强度时，水泥石的强度增加，而轻骨料的强度与水泥石的强度接近或稍低。混凝土受到压力荷载时，由于水泥石的弹性模量大于轻骨料的弹性模量，水泥石破坏前对轻骨料起到了保护作用，只有当水泥石破坏裂纹达到轻骨料表面，并对轻骨料产生压应力时，轻骨料才开始破坏，从而导致整个混凝土结构破坏。此时水泥石强度与轻骨料混凝土强度关系，如图 4-2 中曲线 ADE 所示。

③ 当轻骨料混凝土的强度达到或超过 B 点时，早在荷载达到混凝土强度前，一部分轻骨料就先已破裂。在这种情况下，水泥石的强度实际上比轻骨料混凝土强度高得多，骨料没有起到实际作用。

根据混凝土强度和相应的水泥石强度，可以计算求得混凝土破坏瞬间骨料所承担的应力值。如图 4-2 曲线 ADE 所示，D 点值即骨料在混凝土中所承受的应力值。由于此值接近于水泥石的强度，所以被称为骨料的有效强度。与骨料强度（R_a）相对应的混凝土强度（R_h）即为混凝土的合理强度，并以此值作为轻骨料的强度等级。

轻粗骨料的密度、筒压强度及强度等级的关系如表 4-7 所列。

5. 轻骨料的吸水率与软化系数

由于轻骨料的孔隙率很高，因此吸水率比普通骨料要大得多。不同种类的轻骨料，由于其孔隙率及孔隙特征有显著差别，所以吸水率也有很大差异。

表 4-7　轻粗骨料的密度、筒压强度及强度等级的关系

密度等级	筒压强度/MPa		强度等级/MPa	
	碎石型	普通和圆球型	普通型	圆球型
300	0.2/0.3	0.3	3.5	3.5
400	0.4/0.5	0.5	5.0	5.0
500	0.6/1.0	1.0	7.5	7.5
600	0.8/1.5	2.0	10	15
700	1.0/2.0	3.0	15	20
800	1.2/2.5	4.0	20	25
900	1.5/3.0	5.0	25	30
1000	1.8/4.0	6.5	30	40

注：碎石型天然轻骨料取斜线之左值；其他碎石型轻骨料取斜线之右值。

由于轻骨料的吸水率会严重影响混凝土拌和物的水灰比、工作性和硬化后的强度，所以在配制过程中应严格控制。

材料的软化系数 K 反映其在水中浸泡后抵抗溶蚀的能力，软化系数 K 可按式(4-3)进行计算：

$$K = \frac{f_w}{f_g} \tag{4-3}$$

式中，f_w 为材料吸水饱和后的强度，MPa；f_g 为材料完全干燥时的强度，MPa。

不同品种轻骨料的吸水率与软化系数的要求如表 4-8 所列。

表 4-8　不同品种轻骨料的吸水率与软化系数的要求

轻骨料品种	堆积密度等级	吸水率/%	软化系数(K)
粉煤灰陶粒	700～900	≤22	≥0.80
黏土陶粒	400～900	≤10	≥0.80
页岩陶粒	400～900	≤10	≥0.80
天然轻骨料	400～1000	不规定	≥0.70

（三）掺合料

为改善轻骨料混凝土拌和物的工作性，调节水泥的强度等级，在配制轻骨料混凝土时，可加入一些具有一定火山灰活性的掺合料，如粉煤灰、矿渣粉等。工程实践证明，在轻骨料混凝土中掺加适量的粉煤灰，其效果比较理想。

（四）拌和水

轻骨料混凝土所用的拌和水，没有特殊的要求，与普通水泥混凝土相同。其技术指标应符合《混凝土用水标准》（JGJ 63—2006）中的要求。

（五）外加剂

根据工程施工条件和性能要求，在配制轻骨料混凝土时，可掺加适量的减水剂、早强剂及抗冻剂等各种外加剂。无论掺加何种外加剂，其技术性能必须符合《混凝土外加剂》（GB 8076—2008）和《混凝土外加剂应用技术规范》（GB 50119—2013）中的规定。

二、配制轻骨料混凝土所用材料的注意事项

（一）控制轻骨料的最大粒径

材料试验证明：粒径越大，轻骨料越容易上浮。颗粒越大，在相同配合比条件下扩展度越大，骨料的分层离析越严重，相应混凝土的强度越低。轻骨料的粒径越小，颗粒分布越均

匀，但是由于轻骨料的表面积增加，将会导致水泥用量的增加，而水泥用量的增加会进一步增加差值，这对于减轻轻骨料混凝土的离析反而不利。有关资料表明：对于泵送轻骨料混凝土，轻骨料的粒径在 5～20mm 为宜。

（二）掺加适宜的矿物掺合料

混凝土与轻骨料的密度差别越大，轻骨料上浮的运动速度越大，混凝土越易离析。混凝土的黏度越大，轻骨料的上浮速度越小。众所周知，相对水泥的密度 3.15kg/m³ 而言，粉煤灰、矿渣和硅灰的密度比较小。因此，采用粉煤灰、矿渣和硅灰替代部分水泥，一方面可以减小水泥石的密度，进而减小水泥石与轻骨料的密度差别；另一方面，由于矿渣和硅灰的掺入，会使得混凝土拌和物的黏度增加，降低轻骨料上浮的运动速度。

据有关资料表明：掺入 20% 粉煤灰后混凝土的坍落度明显增加，如果掺入 20% 的矿渣，混凝土的坍落度达到 18cm，混凝土基本不产生离析，而硅灰的掺入使混凝土的坍落度在一定条件下减小。单掺粉煤灰或同时掺加粉煤灰和矿渣的混凝土，可以配制出流动性既好又不分层离析的混凝土拌和物。

（三）调整混凝土的砂率

材料试验证明：水泥石密度与轻骨料密度差值越大，混凝土越易离析。然而，当砂率增加时，颗粒的总表面积增加，在水泥用量一定的情况下拌和物的黏度会增加，因此，砂率对混凝土性能的影响必然存在一个最佳值。

据文献试验结果结论可知，在一定范围内，随着砂率的增加，坍落度增加，混凝土的流动性变好。当砂率增加到 39% 之后，轻骨料混凝土的坍落度可以达到最大值 22cm，但继续增大砂率，拌和物的黏聚性增加，坍落度反而降低；而当砂率较低时，混凝土拌和物则容易产生分层离析，这说明拌和物存在一个最佳砂率，即在该值时拌和物不易产生分层离析，此时拌和物的工作性能最好。

（四）掺入适量的纤维

在混凝土中掺入适量的纤维，可以在混凝土中形成网络结构，可以有效地抑制轻骨料的运动。由于有机纤维非常细小，表面积大，需要吸附大量的水泥浆包裹其周围，结果使得混凝土的黏度增加。在相同纤维掺量条件下，纤维越短，纤维的数量越多，需要包裹纤维的水泥浆的量越多，混凝土黏度越大，越不易离析。

由试验结果可知，对不同品种的纤维进行试验，掺加纤维后对混凝土的工作性有较大的影响。加入聚丙烯纤维和碳纤维坍落度下降不大，但扩展度下降较大，并能有效阻止轻骨料混凝土的分层、离析，这是因为均匀分布在混凝土中的大量纤维起到了一种“承托”作用，降低了混凝土的表面析水和轻骨料的上浮，提高了轻骨料混凝土的黏聚性。但加入钢纤维后，由于钢纤维表面需大量砂浆包裹，因此坍落度大幅度降低。

由此可见，纤维种类对混凝土的工作性能有较大的影响。掺加不同纤维轻骨料混凝土试验充分证明这一点。如加入钢纤维后，轻骨料混凝土的表观密度迅速增大，对降低结构物自重不利；而加入有机纤维后，轻骨料混凝土的表观密度变化不大。

三、浮石轻质混凝土的材料组成

在水泥砂浆中加入天然轻骨料浮石，再根据混凝土的性能要求和工程需要，加入适量的磨细料和外加剂而制成的混凝土称为浮石混凝土。浮石混凝土是在轻骨料混凝土和多孔混凝土的基础上发展起来的一种轻混凝土。

目前，我国有关单位生产的浮石混凝土，其表观密度已达 $1000\sim2000kg/m^3$，抗压强度已达 $15.0\sim20.0MPa$，属于一种轻质高强混凝土。

（一）对浮石的技术要求

对浮石的技术要求主要包括以下几个方面。

（1）要尽量选用表观密度适宜和强度较大，表面孔隙较小而清洁的浮石。浮石的堆积密度应小于或等于 $600kg/m^3$，表观密度为 $900\sim1000kg/m^3$。

（2）浮石粗骨料的最大粒径一般不宜超过 20mm。

（3）浮石的粒径一般可分为二级：$5\sim10mm$ 和 $10\sim15mm$。在正式配制混凝土之前，应进行试配，使水泥用量尽可能减小。

（4）细骨料宜选用级配良好、洁净的中砂，若采用浮石砂作为细骨料，虽然能降低混凝土的容重，但对混凝土拌和物的和易性和混凝土的强度不利。

（二）对胶结材料的要求

（1）水泥的品种和强度。配制浮石混凝土的水泥，一般可选用强度等级为 42.5MPa 的硅酸盐水泥或普通硅酸盐水泥即可。当选用其他品种的水泥时，应通过材料试验加以确定。

（2）配制浮石混凝土的水泥用量，与混凝土设计要求的强度密切相关，随着强度的增大而增加，当采用强度等级为 42.5MPa 水泥时，一般不应低于 $250kg/m^3$，试配时可参考表 4-9 中的数值。

表 4-9　浮石混凝土水泥用量参考值

混凝土的强度等级	C10	C20	C30
水泥用量/（kg/m³）	$180\sim220$	$200\sim300$	$300\sim360$

（3）为节约水泥并改善混凝土拌和物的和易性，在配制浮石轻质混凝土时可以掺入适量磨细的粉煤灰、硅藻土、烧黏土 $15\%\sim30\%$（以水泥质量计），或掺入适量的塑化剂、加气剂等外加剂。

第二节　轻骨料混凝土配合比设计

由于轻骨料混凝土的组成材料与普通水泥混凝土基本相同，所以普通水泥混凝土配合比设计的原则和方法同样适用于轻骨料混凝土。由于轻骨料混凝土不仅要满足设计强度与施工和易性的要求，而且还必须满足对混凝土表观密度的限制，并能合理使用材料，所以与普通水泥混凝土又存在一些不同。

由于轻骨料的品种多，性能差异较大，强度往往低于普通水泥混凝土所使用的砂、石等骨料，所以在混凝土配合比设计中的步骤，也与普通水泥混凝土不同，如强度已不完全符合鲍罗米强度公式，水泥用量及用水量的确定也与普通混凝土有所区别。

因此，在进行轻骨料配合比设计时，要符合轻骨料混凝土配合比设计的特点，满足轻骨料混凝土配合比设计的要求，遵循轻骨料混凝土配合比设计的原则，按照轻骨料混凝土配合比设计的方法和步骤。

一、配合比设计的要求和特点

（一）配合比设计的要求

轻骨料混凝土配合比设计的任务，是在满足使用功能的前提下，确定施工时所用的、合理的轻骨料混凝土各种材料用量。

为满足设计强度和施工方便的要求，并使混凝土具有较理想的技术经济指标，在进行轻骨料混凝土配合比设计时，主要应考虑以下 4 项基本要求：①满足轻骨料混凝土的设计强度等级与表观密度等级；②满足轻骨料混凝土拌和物施工要求的和易性；③满足轻骨料混凝土在某些情况下应考虑的特殊性能；④在满足设计强度等级和特殊性能的前提下，尽量节约水泥，降低成本，满足其经济性要求。

轻骨料混凝土的强度等级主要与水泥砂浆和骨料强度有关。当配制全轻混凝土时，轻骨料的强度往往大于砂浆的强度，这时全轻混凝土的强度主要取决于砂浆的强度。在配制轻砂混凝土时，由于普通砂浆的强度往往大于轻骨料的强度，轻砂混凝土的强度主要取决于轻粗骨料的强度。

（二）配合比基本参数的选择

轻骨料混凝土配合比设计的基本参数，主要包括水泥强度等级和用量、用水量和有效水灰比、轻骨料表观密度和强度、粗细骨料的总体积、砂率、外加剂和掺合料等。

1. 水泥强度等级和用量的选择

轻骨料混凝土所用水泥强度等级和水泥用量，与混凝土的配制强度、轻骨料的密度等级有关，可按照表 4-10 所列资料确定与选用。

表 4-10　轻骨料混凝土水泥强度等级和用量的选择

序号	混凝土配制强度/MPa	轻骨料密度等级						
		400	500	600	700	800	900	1000
1	<5.0	260～320	250～300	230～280				
2	5.0～7.5	280～360	260～340	240～320	220～300			
3	7.5～10		280～370	260～350	240～320			
4	10～15			280～360	260～340	240～330		
5	15～20			300～400	280～380	270～370	260～360	250～350
6	20～25				330～400	320～390	310～380	300～370
7	25～30				380～450	370～440	360～430	350～420
8	30～40				420～500	390～490	380～480	370～470
9	40～50					430～500	420～520	410～510
10	50～60					450～530	440～540	430～530

注：1. 表中序号 1～7 为采用 32.5MPa 强度等级水泥时的水泥用量值；序号 8～10 为采用 42.5MPa 强度等级水泥时的水泥用量值；当采用 32.5MPa 强度等级水泥代替 42.5MPa 强度等级水泥，或 42.5MPa 强度等级水泥代替 52.5MPa 强度等级水泥时，其用量应乘以 1.15；或 52.5MPa 强度等级水泥代替 42.5MPa 强度等级水泥，或 42.5MPa 强度等级水泥代替 52.5MPa 强度等级水泥时，其用量应乘以 0.85。

2. 表中的水泥用量下限值适用于圆球型（如粉煤灰陶粒、黏土陶粒等），普通型（如页岩陶粒、膨胀珍珠岩骨料等）的粗骨料，上限值适用于碎石型（如浮石、膨胀矿渣等）的粗骨料，采用轻砂时，水泥用量宜采用表中的上限值。

3. 轻骨料混凝土的最大水泥用量不宜超过 550kg/m³。

工程实践证明，适当增加水泥用量，可以提高混凝土的强度。当轻骨料混凝土的强度未达到给定骨料的强度顶点以前，水泥用量平均增加 20％ 时，轻骨料混凝土的强度可以提高 10％。但随着水泥用量的增加，混凝土的表观密度也随之提高，水泥用量每增加 50kg/m³，表观密度增加约 30kg/m³。

如果水泥用量过高时，不仅其表观密度大、水化热高、收缩率大，而且在经济上也不适宜。我国对高强度等级轻骨料混凝土的最大水泥用量不得超过 550kg/m³。另一方面，为了保证轻骨料混凝土具有一定的耐久性，其最小水泥用量不得低于 200kg/m³。

2. 用水量和有效水灰比的确定

轻骨料的吸水率较大，不同于普通水泥混凝土中的骨料。每立方米混凝土的总用水量减去干骨料 1h 后吸水量的净用水量称为有效用水量。有效用水量根据混合料和易性的要求，可按表 4-11 选用。

表 4-11 轻骨料混凝土的有效用水量

轻骨料混凝土的施工条件	和 易 性		有效用水量/(kg/m³)
	工作度/s	坍落度/mm	
预制混凝土构件：			
(1)振动台成型捣的；	5～10	0～10	155～200
(2)振捣棒或平板振捣器振实	—	30～50	165～210
现浇混凝土构件：			
(1)机械振捣的；	—	50～70	180～210
(2)人工捣实或钢筋较密的	—	60～80	200～220

注：1. 表中数值适用于圆珠型和普通型粗骨料，对于碎石型粗骨料需按表中数值增加 10% 左右的水。

2. 表中数值系指采用普通砂。如采用轻砂时，需另加 1h 吸水率的附加水或 10L 左右的水。

每立方米混凝土中有效用水量与水泥用量之比，称为轻骨料混凝土的有效水灰比。有效水灰比应根据轻骨料混凝土的设计强度等级要求进行选择，不能超过构件和工程所处环境规定的最大允许水灰比，如超过则应按规定的最大允许水灰比进行选用。轻骨料混凝土的最大水灰比和最小水泥用量可按表 4-12 中的规定选用。

表 4-12 轻骨料混凝土的最大水灰比和最小水泥用量

序号	混凝土所处的环境条件	最大净水灰比	最小水泥用量/(kg/m³)	
			无筋	配筋
1	不受风雪影响的混凝土结构	—	225	250
2	受风雪影响的露天轻骨料混凝土结构、位于水中及水位升降范围内的结构和在潮湿环境中的结构	0.70	250	275
3	寒冷地区水位升降范围内的结构、受水压作用的结构	0.65	275	300
4	严寒地区水位升降范围内的结构	0.60	300	325

注：1. 严寒地区指最寒冷月份的月平均气温低于 −15℃ 者。

2. 寒冷地区指最寒冷月份的月平均气温在 −15～−5℃ 之间者。

3. 轻骨料的表观密度和强度的确定

根据轻骨料的原材料和制造方法不同，一般轻骨料的颗粒表观密度、强度和松散表观密度均随颗粒尺寸的增大而减小。因此，用大粒级的轻骨料配制的轻混凝土，其强度一般较低。为了克服这个缺点，可在混凝土拌和物中减小骨料的最大粒径或掺入适量的砂。这种方法虽然增加了轻骨料的表观密度，但只要混凝土表观密度不超过规定值，配制高等级轻骨料混凝土还是可行的。

为了便于掌握各种轻骨料配制成的轻骨料混凝土可能达到的技术性能指标，特将各种表观密度和强度的轻骨料混凝土所需与之相适应的轻骨料的松散表观密度和筒压强度列于表 4-13，以供配合比设计时参考。

4. 粗细骨料总体积的确定

轻骨料混凝土的粗细骨料总体积，指配制每立方米轻骨料混凝土所需粗细骨料松散体积的总和。它是用松软表观密度法进行配合比设计的一个重要参数。粗细骨料总体积主要与粗骨料的粒型、细骨料的品种以及混凝土的内部结构等因素有关。

表 4-13　各种轻骨料可能达到的混凝土性能指标

粗　骨　料			细　骨　料		混凝土可能达到的性能指标	
品　种	松散表观密度/(kg/m³)	筒压强度/MPa	品　种	松散表观密度/(kg/m³)	表观密度/(kg/m³)	抗压强度/MPa
浮石	400	1.0	轻砂	<250	800～1000	7.5
	400	1.0	普砂	1450	1200～1400	10.0～20.0
煤渣	800	2.0	轻砂	<250	1000～1200	7.5～10.0
	800	2.0	普砂	1450	1600～1800	10.0～20.0
页岩陶粒	450	1.5	轻砂	<250	<1000	7.5
	450	1.5	陶砂	<900	1000～1200	10.0
	450	1.5	普砂	1450	1400～1600	10.0～15.0
	750	2.5	轻砂	<250	1000～1200	7.5～10.0
	750	2.5	陶砂	900	1400～1600	10.0～20.0
	750	2.5	普砂	1450	1600～1800	20.0～30.0
黏土陶粒	550	2.0	轻砂	<250	1200～1400	7.5～10.0
	550	2.0	陶砂	<900	1400～1600	10.0～25.0
	550	2.0	普砂	1450	1600～1800	20.0～30.0
	850	4.0	轻砂	<250	1200～1400	10.0
	850	4.0	陶砂	<900	1400～1600	10.0～25.0
	850	4.0	普砂	1450	1600～1800	20.0～50.0
粉煤灰陶粒	650	3.0	轻砂	<250	1000～1200	7.5
	650	3.0	陶砂	<900	1400～1600	10.0～25.0
	650	3.0	普砂	1450	1600～1800	20.0～30.0
	800	4.0	轻砂	<250	1200～1400	10.0
	800	4.0	陶砂	<900	1400～1600	15.0～30.0
	800	4.0	普砂	1450	1600～1800	25.0～50.0

采用圆球型的轻粗骨料时，每立方米所需的粗细骨料的总体积，应当比采用碎石型骨料时略小；而采用普通砂作细骨料时，则比采用轻砂时所需粗细骨料总体积小。

粗细骨料的总体积若选择不当时，配制成的轻骨料混凝土的成品量系数往往小于1或大于1。若小于1，则说明其粗细骨料总体积偏小；若大于1，则说明其粗细骨料总体积偏大，均应进行调整。

配制比较密实的轻骨料混凝土时，其粗、细骨料的总体积可参照表 4-14 选用。

表 4-14　普通轻骨料混凝土所需的粗细骨料总体积

序　号	轻粗骨料粒型	细骨料品种	粗细骨料总体积/m³
1	圆球型(如粉煤灰陶粒及粉磨成球状的黏土陶粒等)	轻砂	1.30～1.50
		普砂	1.30～1.35
2	普通型(如页岩陶粒及挤压成型的黏土陶粒等)	轻砂	1.35～1.60
		普砂	1.30～1.40
3	碎石型(如浮石、火山灰、炉渣等)	轻砂	1.40～1.55
		普砂	1.40～1.50

注：在"轻砂"一栏中，当采用膨胀珍珠砂时，取表中值的上限；当采用陶砂或其他天然砂时，取表中值的下限。

5. 轻骨料混凝土砂率的确定

轻骨料混凝土中的砂率大小，对混凝土拌和物的和易性影响很大，直接关系到混凝土的施工质量和施工速度，也在一定程度上影响轻骨料混凝土的弹性模量、表观密度和强度。砂率主要根据粗骨料的粒形和孔隙率来决定。

配制轻骨料混凝土的适宜砂率，可参考表 4-15 所列出的数值。

表 4-15　轻骨料混凝土的适宜砂率

序　号	混凝土用途	细骨料类型	砂率/%
1	预制构件用	轻砂	35～40
		普通砂	30～40
2	现浇混凝土用	轻砂	—
		普通砂	35～45

注：1. 当细骨料采用轻砂和普通砂一起混合使用时宜取中间值，并按轻砂与普通砂的混合比进行插入计算。

2. 采用圆球型轻粗骨料时，宜取表中的下限值；采用碎石型时，宜取表中上限值。

6. 外加剂和掺合料的确定

配制轻骨料混凝土与普通混凝土一样，可以根据混凝土设计性能的需要，允许采用各种外加剂（如减水剂、塑化剂、加气剂等）。为保证混凝土的质量，其用量必须通过试验确定，或按有关技术规程执行。

配制低强度等级（CL10 以下）的轻骨料混凝土时，允许加入占水泥用量 20%～25% 的粉煤灰或其他磨细的水硬性矿物掺合料，以改善混凝土拌和物的和易性。

（三）轻骨料混凝土配合比设计的特点

轻骨料混凝土配合比设计，与普通混凝土相比，具有以下几个方面的特点。

（1）轻骨料混凝土配合比设计，除了满足强度、和易性、耐久性和经济性的要求外，还必须满足堆积密度的要求，以达到轻骨料混凝土表观密度的限制。

（2）轻骨料混凝土的强度，不但取决于水灰比，而且骨料强度和含量对其也有很大的影响。因此，轻骨料混凝土配合比设计，必须充分考虑到骨料性质这个重要影响因素。

（3）由于轻骨料呈多孔结构，因此必须充分考虑其吸水对混凝土性能的影响。如果采用预先浸水饱和的轻骨料，则计算配合比时与普通水泥混凝土一样，只考虑水泥形成水泥浆的用水（有效用水量）即可；如果采用干燥的轻骨料，必须考虑其附加用水量（1h 内被骨料吸入的水量）。

二、配合比设计的原则

轻骨料混凝土的强度等级，与水泥砂浆、骨料的强度等因素有关。当配制全轻混凝土时，轻粗骨料的强度往往大于水泥砂浆的强度，这时，全轻混凝土的强度主要取决于轻砂浆的强度。当配制砂轻混凝土时，由于普通砂浆的强度往往大于轻骨料的强度，砂轻混凝土的强度主要取决于轻粗骨料的强度和刚度。

由于轻骨料混凝土配合比设计既要满足设计强度等级的要求，又要满足表观密度等级的标准，所以提高轻骨料混凝土的强度和降低其表观密度等级，是轻骨料混凝土配合比设计的主要原则。

（一）提高轻骨料混凝土强度的措施

提高轻骨料混凝土强度的措施很多，归纳起来，主要有以下几个方面。

（1）采用较高强度等级的水泥，工程实践证明，一般应当先选用强度为 32.5MPa 以上的水泥，但也不宜选用强度等级过高的水泥。

（2）选用圆球形的、颗粒级配良好的、筒压强度较高的陶粒，作为配制轻骨料混凝土的粗骨料。

（3）采用普通中砂作为细骨料，或者在轻砂中掺入一定比例的普通砂（约占细骨料总量的

20％～30％为宜)。

(4) 选用最大粒径不大于 20mm 的轻粗骨料。试验表明,如果最大粒径从 25mm 降至 16mm,混凝土强度可提高 10％。

(5) 正确选择混凝土的水灰比,在保证满足其他性能的前提下,使之具有符合施工所要求的和易性指标的最小水灰比。

(6) 对于轻骨料混凝土拌和物和易性,应选择与轻骨料混凝土相适应的浇筑成型与养护制度。

(7) 掺入适量的提高混凝土密实性的化学外加剂,或掺入适量的火山灰质的磨细矿物掺合料。

(二) 降低轻骨料混凝土表观密度等级的措施

(1) 选用圆球形的、表面孔隙少的、空隙率低的轻粗骨料。

(2) 在满足强度和耐久性等性能指标的前提下,尽可能减少混凝土中普通砂和水泥的用量。

(3) 在满足设计强度等级的前提下,选用较大粒径的轻粗骨料,但最大粒径不得大于 40mm。

(4) 尽量采用堆积密度较小的轻砂和轻粗骨料,用于保温轻骨料混凝土的轻砂,其堆积密度以 $200～300kg/m^3$ 为宜,轻粗骨料以不大于 $500kg/m^3$ 为宜。

(5) 在轻骨料混凝土中掺入适量的引气剂或泡沫剂,增加混凝土中的含气量,以便减小混凝土的表观密度。

(6) 在结构和使用允许的前提下,最好采用无砂大孔混凝土。

(7) 限制混凝土拌和物的搅拌时间和成型振捣的时间。

三、配合比设计的方法

轻骨料混凝土的配合比设计是通过初步试算,然后经过试配调整确定的。配合比设计的方法分为两种:绝对体积法和松散体积法。砂轻混凝土宜采用绝对体积法;全轻混凝土宜采用松散体积法。配合比计算中,粗细骨料的用量均以干燥状态为准。

(一) 绝对体积法

1. 配合比设计原则

绝对体积法计算配合比的原则为:假定每立方米砂轻混凝土的绝对体积为各组成材料的绝对体积之和;其中,砂率是根据砂子填充骨料空隙的原理来计算的。

绝对体积法配合比设计,一般适用于普通砂配制的砂轻混凝土。对于用轻砂配制的全轻混凝土,在测得轻砂的颗粒表观密度和吸水率数值后,也可以按绝对体积法进行配合比设计。

2. 配合比设计步骤

(1) 确定粗细骨料的种类和最大粒径　根据混凝土设计要求的强度等级、密度等级、混凝土用途、构件形状及配筋情况等,确定粗细骨料的种类和粗骨料的最大粒径。

(2) 确定粗细骨料的有关技术指标　主要技术指标包括:测定粗骨料的堆积密度、颗粒表观密度、筒压强度及 1h 吸水率,测定细骨料的堆积密度及颗粒表观密度。

(3) 计算轻骨料混凝土的试配强度　根据混凝土强度等级,以式(4-1)计算混凝土试配强度:

$$f_{ch} = f_{cc} + 1.645\sigma_0 \qquad (4\text{-}4)$$

式中，f_{ch} 为混凝土的试配强度，MPa；f_{cc} 为混凝土设计强度等级；σ_0 为施工单位混凝土强度标准差历史统计水平，无统计资料时可采用表 4-16 数值。

表 4-16　轻骨料混凝土总体标准差取值表

混凝土强度等级	CL5～CL7.5	CL10～CL20	CL25～CL40	CL45～CL50
σ_0	2.0	4.0	5.0	6.0

（4）根据混凝土强度等级，确定水泥强度等级、品种及用量　按混凝土的强度等级，查表 4-17 确定水泥标号和品种；然后再根据混凝土试配强度，查表 4-18 确定水泥用量。

表 4-17　轻骨料混凝土合理水泥标号和品种选择

混凝土强度等级/MPa	水泥强度等级/MPa	水泥品种
CL5.0～CL7.5	27.5	火山灰硅酸盐水泥
CL10～CL20	32.5	粉煤灰硅酸盐水泥
CL20～CL30	42.5	矿渣硅酸盐水泥、普通硅酸盐水泥
CL30～CL60	52.5 或 62.5	硅酸盐水泥、普通水泥、矿渣水泥

表 4-18　轻骨料混凝土水泥用量　　　　　　　　　　单位：kg/m³

混凝土试配强度/MPa	轻骨料密度等级						
	400	500	600	700	800	900	1000
<5.0	260～320	250～300	230～260				
5.0～7.5	280～360	260～340	240～320	220～300			
7.5～10		280～370	260～350	240～320			
10～15			280～350	260～340	240～330		
15～20			300～400	280～380	270～370	260～360	250～350
20～25				330～400	320～390	310～380	300～370
25～30				380～450	370～440	360～430	350～420
30～40				420～500	390～490	380～480	370～470
40～50					430～530	420～520	410～510
50～60					450～550	440～540	430～530

但是，在确定轻骨料混凝土水泥用量时应注意，当表 4-16 中轻骨料混凝土等级小于 CL30 时，所用的水泥强度等级为 32.5MPa；当轻骨料混凝土等级大于或等于 CL30 时，所用的水泥强度等级为 42.5MPa。当采用其他强度等级的水泥时，应当乘以表 4-19 中规定的调整系数。

表 4-19　水泥用量调整系数

水泥强度等级	混凝土试配强度/MPa			
	5.0～15	15～30	30～50	50～60
32.5	1.10	1.15	—	—
42.5	1.00	1.00	1.10	1.15
52.5	—	1.00	1.00	1.00
62.5	—	0.85	0.85	0.90

（5）确定净用水量　根据轻骨料混凝土的施工工艺要求的和易性（坍落度或工作度）要求，参照表 4-20 确定净用水量。

表 4-20　轻骨料混凝土净用水量

序号	轻骨料混凝土用途	和易性		净用水量/(kg/m³)
		工作度/s	坍落度/cm	
1	预制混凝土构件： (1)振动台成型； (2)振捣棒或平板振捣器	5～10	0～1 3～5	155～180 165～200
2	现浇混凝土构件： (1)机械振捣； (2)人工振捣或钢筋较密的	— —	5～7 6～8	180～210 200～220

对于表 4-20 中选用的净水用量未考虑轻骨料在混合中吸水的用量。对于球型和普通型轻骨料（如粉煤灰陶粒、黏土陶粒等），由于它们的吸水率相对比较低，其净水用量可以作为拌和水用量；对于碎石型轻骨料，由于它们的吸水率相对比较高，一般应在净水用量的基础上增加 $10kg/m^3$。

表 4-20 中的净水用量仅适用于粗骨料为轻骨料、细骨料为普通砂的"砂轻混凝土"，如果混凝土中的细骨料也是轻骨料，应在净水用量的基础上附加轻砂 1h 所吸入的水量。当遇到这种情况时，在进行用水量计算对轻砂所增加的附加吸水量，可参考表 4-21 中的公式计算。

表 4-21 附加吸水量计算方法

粗骨料预湿及细集料种类	附加吸水量计算公式
粗骨料预湿,细骨料为普通砂	$W_附 = 0$
粗骨料不预湿,细骨料为普通砂	$W_附 = G \cdot q$
粗骨料预湿,细骨料为轻砂	$W_附 = G \cdot q$
粗骨料不预湿,细骨料为轻砂	$W_附 = G \cdot q + S \cdot q_S$

注: 1. q_S 为细骨料 1h 吸水率；q 为粗骨料 1h 吸水率。

2. 当轻骨料中含水时，必须在附加水量中扣除自然含水量。

3. G、S 分别为粗、细骨料的掺加量。

（6）轻骨料品种的选择　轻骨料品种的选择应根据轻骨料混凝土要求的强度等级、密度等级来确定。表 4-22 中列出了我国生产的轻骨料可能达到的轻混凝土各种性能指标，在进行轻骨料混凝土配合比设计时作为参考。

表 4-22 各种轻骨料可能达到的轻混凝土各种性能指标

轻粗骨料			轻细骨料		混凝土可能达到的指标	
品种	堆积密度 /(kg/m³)	筒压强度 /MPa	品种	堆积密度 /(kg/m³)	密度 /(kg/m³)	强度等级
浮石	500	0.6	轻砂	<300	900~1000	CL5.0~CL7.5
			普砂	1450	1200~1400	CL10~CL15
火山渣	800	1.2	轻砂	<300	900~1000	CL5.0~CL10
			轻砂	<900	1100~1300	CL10~CL15
			普砂	1450	1600~1800	CL15~CL20
页岩陶粒	500	1.5	轻砂	<300	900~1000	CL5.0~CL10
			轻砂	<900	1100~1300	CL10~CL15
			普砂	1450	1600~1800	CL15~CL20
	800	2.5	轻砂	<300	1200~1400	CL7.5~CL10
			轻砂	<900	1400~1600	CL10~CL20
			普砂	1450	1600~1800	CL20~CL30
黏土陶粒	600	2.0	轻砂	<300	1000~1200	CL7.5~CL10
			轻砂	<900	1200~1400	CL10~CL15
			普砂	1450	1400~1600	CL15~CL20
	800	4.0	轻砂	<300	1200~1400	CL7.5~CL10
			轻砂	<900	1400~1600	CL10~CL25
			普砂	1450	1600~1800	CL20~CL35
粉煤灰陶粒	700	4.0	轻砂	<300	1000~1300	CL7.5~CL10
			轻砂	<900	1400~1500	CL10~CL25
			普砂	1450	1600~1800	CL20~CL30
	800	5.0	轻砂	<300	1200~1400	CL10~CL15
			轻砂	<900	1400~1600	CL10~CL30
			普砂	1450	1600~1800	CL25~CL40

（7）确定砂率值　由于轻骨料的堆积密度相差非常大，具有"全轻"和"砂轻"混凝土之分，所以砂率宜用密实状态的"体积砂率"。轻骨料混凝土的砂率，主要根据粗骨料粒形和孔隙率来确定，配合比设计时可参照表 4-23 选用。

表 4-23　轻骨料混凝土的适宜砂率

序　号	混凝土用途	细骨料类型	砂率/%
1	预制构件用	轻砂	35～40
		普通砂	30～40
2	现浇混凝土用	轻砂	40～45
		普通砂	30～45

注：1. 当细骨料采用轻砂和普通砂一起混合使用时宜取中间值，并按轻砂与普通砂的混合比进行插入计算。
2. 采用圆球型轻粗骨料时，宜取表中的下限值；采用碎石型时，宜取表中上限值。

（8）计算细骨料用量　轻骨料混凝土细骨料的用量，可按式(4-5) 计算：

$$S=\left(1-\frac{C}{\rho_c}+\frac{W}{\rho_w}\right)\cdot S_P\cdot\rho_s \qquad (4-5)$$

式中，S 为每立方米轻骨料混凝土中的细骨料（或砂）的用量，kg；C 为每立方米混凝土中的水泥用量，kg；W 为每立方米混凝土中的净用水量，kg；S_P 为密实体积砂率，%；ρ_c 为水泥的密度，kg/m³；ρ_w 为水的密度，kg/m³；ρ_s 为细骨料或砂的密度，采用普通砂时 $\rho_s=2600$kg/m³，采用轻砂时为轻砂的颗粒表观密度。

（9）计算粗骨料用量　轻骨料混凝土的粗骨料用量，可按式(4-6) 计算：

$$G=\left(1-\frac{C}{\rho_c}+\frac{W}{\rho_w}+\frac{S}{\rho_s}\right)\cdot\rho_g \qquad (4-6)$$

式中，G 为每立方米混凝土中粗骨料的用量，kg；ρ_g 为轻粗骨料的颗粒表观密度，kg/m³。

（10）计算总用水量。轻骨料混凝土的总用水量，可按式(4-7) 计算：

$$W_总=W+W_附 \qquad (4-7)$$

式中，$W_总$ 为每立方米混凝土中总的用水量，kg；$W_附$ 为每立方米混凝土中附加吸水量，kg，通常可按表 4-21 中情况计算。

（11）计算混凝土干表观密度　通过计算混凝土干表观密度，与设计要求的干表观密度相对比，若误差大于 3%，证明混凝土配合比设计失败，必须重新调整和计算配合比，混凝土干表观密度，可按式(4-8) 计算：

$$\rho_{ch}=1.15C+G+S \qquad (4-8)$$

（12）拌和物的试配和调整　轻骨料混凝土拌和物的试配和调整，一般可按下列方法进行。

① 以计算的混凝土配合比为基础，保持用水量不变，再选两个相邻的水泥用量，分别按三个配合比拌制混凝土拌和物，测定拌和物的和易性，然后调整用水量，直到达到要求的和易性为止，并分别校正混凝土配合比。

② 按校正的三个混凝土配合比进行试配，测定混凝土强度及干表观密度，以达到既能满足设计要求的混凝土配制强度，又具有最小水泥用量和符合设计要求的干表观密度的配合比，作为选定的配合比。

③ 对选定的配合比进行质量校正，其校正系数可按式(4-9) 计算：

$$\eta=\frac{\rho_{co}}{\rho_{cc}}=\frac{\rho_{co}}{G}+S+C+W \qquad (4-9)$$

式中，ρ_{co} 为混凝土拌和物的实测振实湿表观密度；ρ_{cc} 为轻骨料混凝土的计算湿表观密度。

④ 将选定配合比中的各项材料用量均乘以校正系数 η，即得最终的混凝土配合比设计值。

（二）松散体积法

1. 配合比设计原则

松散体积法是以给定每立方米混凝土的粗细骨料松散总体积为基础，即假定每立方米混凝土的干重量为其各组成材料干重量的总和，最后通过试验调整得出配合比。此法适用于全轻混凝土的配合比设计。

2. 配合比设计步骤

（1）根据原材料的性能和轻骨料混凝土设计强度、密度等级及和易性的要求，确定粗细骨料的种类和粗骨料的最大粒径。

（2）测定粗骨料的堆积密度、筒压强度和 1h 吸水率，并测定细骨料的堆积密度。

（3）利用公式 $f_{ch} = f_{cc} + 1.645\sigma_0$，计算混凝土的试配强度。

（4）按表 4-18 和表 4-19 确定水泥的强度等级、品种及用量。

（5）根据施工对混凝土和易性的要求，按表 4-21 选择净用水量。

（6）根据轻骨料混凝土的用途，按表 4-16 选取松散体积砂率。

（7）根据粗细骨料的类型，按表 4-15 选取粗细骨料的总体积。

（8）根据选用的粗、细骨料总体积和砂率，求出每立方米轻骨料混凝土中的粗细骨料用量：

$$S = V_s \rho_{1s} = V_1 S_P \rho_{1s} \tag{4-10}$$

$$G = V_g \rho_{1g} = (V_1 - V_s)\rho_{1g} \tag{4-11}$$

式中，V_s 为细骨料的松散体积，m^3；V_g 为粗骨料的松散体积，m^3；V_1 为粗细骨料总的松散体积，m^3；ρ_{1s} 为细骨料的堆积密度，kg/m^3；ρ_{1g} 为粗骨料的堆积密度，kg/m^3。

（9）根据施工要求的和易性所选用的净用水量，以及粗骨料 1h 的吸水率计算附加水，计算总用水量。

（10）计算混凝土干表观密度，并与设计要求的干表观密度进行对比，若误差大于 3% 时，则应重新调整和计算配合比。

四、浮石轻质混凝土的配合比设计

进行浮石混凝土的配合比设计，一般要经过确定混凝土中的浮石用量、砂子用量、水泥用量、用水量、测定表观密度和选定配合比等步骤。

（一）确定混凝土浮石用量

在确定混凝土浮石用量之前，首先要测定浮石的紧密状态下的表观密度，并测定其颗粒间的孔隙率 P_y，在紧密状态下表观密度大和孔隙率 P_y 值小的情况下，浮石的级配最好，其质量即为每立方米浮石混凝土的用量。

材料试验证明，配制浮石混凝土的浮石，一般选用 60% 粒径为 5~10mm 颗粒和 40% 粒径为 10~15mm 颗粒级配较好。浮石颗粒的级配、密度和孔隙率可参见表 4-24。

表 4-24　浮石颗粒级配、密度和孔隙率参考表

配合比例/%	配合比例/%	密度/(kg/m³)	孔隙率 P_y/%
(5～10mm)	(10～15mm)		
0	100	746	43.6
30	70	781	40.8
40	60	811	39.0
60	40	833	37.4

（二）确定混凝土砂子用量

在确定浮石混凝土砂子用量时，应先确定砂子的密度及浮石粗骨料的空隙率，然后计算砂子的用量，最后再乘以剩余系数 1.1～1.2。砂子的用量多少，与石子的空隙率有密切关系，空隙率大则砂子用量多。在一般情况下，浮石混凝土砂子的用量为 680～800kg/m³。石子空隙率与砂子用量关系，如表 4-25 所列。

表 4-25　石子空隙率与砂子用量关系

浮石石子的空隙率/%	砂子的相应用量/(kg/m³)	浮石石子的空隙率/%	砂子的相应用量/(kg/m³)
43.8	790	390	700
40.8	735	37.4	674

（三）确定混凝土水泥用量

配制浮石混凝土水泥的用量，可根据浮石混凝土的强度，参阅有关经验数据或经试配确定。采用的水泥一般可以为 32.5MPa 级或 42.5MPa 级的普通硅酸盐水泥，其用量在 180～360kg/m³ 范围内。若配制中等或低等强度的混凝土，可以加入 15%～30% 的掺合料或 0.2%～0.3% 的塑化剂。

（四）确定混凝土用水量

在配制浮石混凝土时，其拌和水一般应分两次加入。最初用水量以所配制的拌和物在手中挤压成团而不粘手为准。浮石混凝土一般用水量约控制在 150～200kg/m³ 之间。

在不同水泥用量的条件下，应当选择最优用水量，浮石混凝土的用水量以所配制混凝土的强度为最大（或混凝土拌和物最适宜施工）的用水量即为最优用水量。

（五）测定混凝土表观密度

先在混凝土试块破型前称取其质量，然后在破型后将试块烘干，根据测定的含水率，可得浮石混凝土的标准表观密度（干密度）。

（六）选定混凝土配合比

按不同颗粒组成、不同水泥用量、不同用水量分别进行试配，可利用正交试验法求得符合设计强度和表观密度要求的最优配合比。

第三节　轻骨料混凝土参考配合比

目前，轻骨料混凝土正向着轻质高强的方向发展，以便用于混凝土结构工程中。对于轻质低强的轻骨料混凝土，一般多用于保温轻质混凝土的配制。为配制常用的高强轻骨料混凝土，表 4-26 中列出了基本配合比，表 4-27 中列出了浮石混凝土水泥用量参考数值，表 4-28 中列出了浮石颗粒级配和浮石混凝土的骨料用量，均可供轻骨料混凝土配合比设计和施工中参考。

表 4-26　高强轻骨料混凝土的基本配合比

粗骨料粒径 （最大/最小） /mm	细骨料 $600\mu m$ 筛孔通过量 /%	骨料用量/(kg/m³)						用水量 /(L/m³)
		圆 滑 型		不 规 则 型		棱 角 型		
		细	粗	细	粗	细	粗	
20/15	45～64	450	1220	520	1150	590	1080	180
	65～84	380	1290	450	1220	520	1150	
	85～100	310	1360	380	1290	450	1220	
15/10	45～64	420	1190	480	1130	540	1070	200
	65～84	360	1250	420	1190	480	1130	
	85～100	300	1310	360	1250	420	1190	
10/5	45～64	400	1150	450	1100	500	1050	225
	65～84	350	1200	400	1150	450	1100	
	85～100	300	1250	350	1200	400	1150	

表 4-27　浮石混凝土水泥用量参考表

混凝土强度等级	C10	C20	C30
水泥用量/(kg/m³)	180～220	200～300	300～360

注：采用32.5级或42.5级普通硅酸盐水泥，级别高的水泥取下限，反之取上限。

表 4-28　浮石颗粒级配和浮石混凝土的骨料用量

浮石颗粒级配比例/%		粗骨料孔 隙率/%	细骨料用量 /(kg/m³)	混凝土堆积密度 /(kg/m³)
(5～10mm)	(10～15mm)			
0	100	43.6	790	746
30	79	40.8	735	781
40	60	39.0	700	811
60	40	37.4	674	833

第五章　防射线混凝土

防射线混凝土，又称防辐射混凝土、原子能防护混凝土、屏蔽混凝土、核反应堆混凝土、特重混凝土等。防射线混凝土，即指用于防护来自实验室内各种同位素、加速器或反应堆等原子能装置的原子核辐射的特种混凝土。此种混凝土能屏蔽原子核辐射和中子辐射，是原子能反应堆、粒子加速器及其他含放射源装置常用的一种防护材料。

防射线混凝土的研制和应用是随着原子能工业和核技术的发展应用而发展起来的，而今已大量应用于工业、农业、医疗等各个领域。在生产应用的过程中，如何防止核辐射产生的各种射线对人体的危害，已经是核技术利用中一个不可忽视的问题。

防射线混凝土也称为水化混凝土（hydrated concrete），即含有较多的结晶水，能屏蔽中子辐射的混凝土。防射线混凝土常采用能结合大量水的特种水泥作为胶凝材料，如膨胀水泥、不收缩水泥、钡水泥、锶水泥、石膏矾土水泥等；采用含有较高结晶水的骨料作为骨架，如铁矿石、重晶石、蛇纹石等。

第一节　防射线混凝土的材料组成

防射线混凝土，与普通水泥混凝土一样，也是由胶凝材料、骨料和水组成的。但是，为了防止射线辐射，这种混凝土除了能吸收 X 射线、γ 射线外，还必须具有削弱中子射线的能力，因此，防射线混凝土的原材料，尤其在骨料上与普通混凝土有着极大的区别，合理选择原材料是保证防射线混凝土功能的首要条件。

一、水泥

配制防射线所用的水泥，原则上一般应选用密度较大的水泥，以增加水泥硬化后的防射线的能力。因为这些水泥在水化后均能生成较多含结晶水的水化产物，能起到一定吸收快速中子的作用。

根据工程实践证明：作为防射线混凝土的胶凝材料，可以采用硅酸盐水泥、普通硅酸盐水泥、矿渣水泥、矾土水泥、镁质水泥等。大体积混凝土应选择水化热较小的水泥；对于有耐热要求的混凝土构筑物，如核反应堆的防护构筑物，则应选择耐热性较好的水泥。以上各种水泥以硅酸盐水泥应用最广，因为这种水泥产量大、易获得，而且拌和需水量较小。使用硅酸盐水泥，其强度等级不得低于 42.5MPa。

矾土水泥、石膏矾土水泥以及高镁水泥，可以增加混凝土中的结合水含量、对防中子射线有利。但矾土水泥、石膏矾土水泥的水化热较大，施工时必须采用相应的冷却措施，会给工程施工带来一定困难。用氯化镁溶液拌和镁质水泥有良好的技术性能，但镁质水泥对钢筋的腐蚀较大，在钢筋混凝土结构中应当慎重。各种水泥硬化后的结合水含量如表 5-1 所列。

表 5-1　各种水泥硬化后的结合水含量

水 泥 品 种	结合水的含量(占水泥质量的)/%		水 泥 品 种	结合水的含量(占水泥质量的)/%	
	1 个月	12 个月		1 个月	12 个月
硅酸盐水泥	15	20	矾土水泥	25	30
石膏矾土水泥	28	32	镁质水泥(MgO+MgCl$_2$)	35	40

如果要配制对射线防护要求很高的水泥，以上水泥品种不能满足时，可以考虑采用特种水泥，如含重金属硅酸盐（硅酸钡水泥或硅酸锶水泥）水泥及含铁较高的高铁硅酸盐水泥（即铁铝酸四钙 $C_4AF \geq 18\%$）。这类水泥的密度较大（一般 $\gamma > 4g/cm^3$），完全可满足防辐射的高要求。但是，这类水泥产量甚少，价格昂贵，一般防射线工程不宜采用。

防射线混凝土常用水泥的性能、规定和要求如表 5-2 所列。

表 5-2　防射线混凝土常用水泥的性能、规定和要求

水 泥 品 种	密度/(g/cm^3)	结合水含量/%		水泥的性能、规定和要求
		28 天	365 天	
硅酸盐水泥、普通水泥、矿渣水泥、火山灰水泥	3.0~3.1	15	20	(1)常温下含结晶水约15%,在高温下(100℃以上)脱水较小; (2)能满足一般防护结构的要求
高铝水泥	3.0~3.1	25	30	(1)常温下含结晶水约20%,在高温下(100℃以上)严重脱水; (2)早期强度增长较快,但水化热在浇筑1~3天后集中散发,易出现早期裂纹; (3)用于对结晶水含量有较高要求的防护
石膏高铝水泥	3.0~3.1	28	32	(1)常温下含结晶水约15%,在高温下(100℃以上)脱水较小; (2)早期强度增长较快,水化热集中散发,易出现早期裂纹; (3)凝结时有微膨胀; (4)除适用于对结晶水含量有较高要求的防护外,宜用于配制填充孔洞的混凝土和砂浆
镁质水泥(MgO+MgCl$_2$)	2.9~3.0	35	40	(1)常温下含结晶水约30%~35%,在高温下(100℃以上)严重脱水; (2)水化热大,凝结快,易受大气侵蚀,对钢筋有腐蚀作用,应用较少

二、粗细骨料

防射线混凝土除了需要含有重元素外，还应尽可能含有较多的轻元素（氢）。为了满足这一基本要求，除适当增加水泥用量以提高混凝土的结晶水含量外，更重要的是选择适当的粗骨料和细骨料。所以，选择合适的粗细骨料是配制防射线混凝土的关键，原则上防射线混凝土的粗细骨料应是高密度的材料。

防射线混凝土的主要功能是防止射线辐射，其用的粗骨料和普通水泥混凝土不同，一般应以密度较大的材料，如褐铁矿、赤铁矿、磁铁矿、重晶石、蛇纹石、废钢铁、铁砂或钢砂等，根据要求也可用部分碎石和砾石。防射线混凝土所用的细骨料，一般常用以上材料中的粗骨料和石英砂。

为了增加防射线混凝土的表观密度和结合水的含量，克服单一骨料的缺点，常采用混合骨料来拌制防射线混凝土。混合骨料应根据工程要求采取不同的组合，例如用铁质骨料作粗骨料，用褐铁矿砂作细骨料；粗骨料也可以是两种或两种以上的铁质骨料、铁矿石或普通岩石骨料组成。采用混合骨料配制防射线混凝土，既可以发挥骨料的各自所

长，又可以达到经济实用的目的。

工程实践证明：防射线混凝土常用粗骨料的最大粒径不超过40mm，同时要满足钢筋间距、构件截面尺寸的要求，其级配应当符合表5-3中的要求；细骨料平均粒径应为1.0~2.0mm，细度模数以2.9~3.7比较适宜。粗细骨料的技术性能和要求如表5-4、表5-5所列。

表 5-3　防射线混凝土粗骨料级配要求

项　目	筛孔尺寸/mm				
	5	10	20	30	40
筛余/%	100	60~80	30~70	10~30	0~5

表 5-4　防射线混凝土所用骨料的技术性能

骨料种类	密度/(kg/m³)		相对密度	技术要求
	细骨料	粗骨料		
赤铁矿	1600~1700	1400~1500	3.2~4.0	表观密度应大，坚硬石块含量应多；细骨料中Fe_2O_3含量不低于60%，粗骨料中Fe_2O_3含量不低于75%；只允许含少量杂质
磁铁矿	2300~2400	2600~2700	4.3~5.1	
褐铁矿	1600~1700	1400~1500	3.2~4.0	Fe_2O_3含量不应低于75%，仅含有少量杂质
重晶石	3000~3100	2600~2700	4.3~4.7	$BaSO_4$含量不应低于80%；含石膏或黄铁矿的硫化物及硫酸化合物不超过7%

注：1. 骨料表观密度应在实验振动台振动30s后的干燥状态下确定；振动台的振幅为0.35mm，频率为50Hz。

2. 细骨料粒径为0.15~5mm，粗骨料粒径为5~80mm。

3. 重晶石按粒径分为：重晶石粉——经400孔/cm²的筛子筛过的微粒，表观密度为3000kg/m³；重晶石砂——粒径小于5mm，表观密度为2400kg/m³；重晶石碎石——粒径5~10mm，表观密度为2600~2700kg/m³。

4. 按质量含0.25%蛋白石和5%玉髓以上的重晶石，只能与低碱性水泥配合使用，因这些杂质与高碱性水泥发生反应混凝土产生裂缝。

5. 重晶石呈白色、灰色、褐色、黄色、红色，是一种脆性材料，加工时易粉碎成粉末，因此具有严重多孔结构的重晶石，不能用以制备混凝土。

表 5-5　抗中子射线混凝土所用骨料的要求

骨料名称	堆积密度/(g/cm³)	相对密度	性能、规定和要求
褐铁矿(粗骨料)	1.4~1.5	3.0~4.0	①Fe_2O_3含量不少于70%；②、③、④项褐铁矿(粗骨料)
褐铁矿(细骨料)	1.6~1.7	—	①Fe_2O_3含量不少于60%；②结晶水含量不少于10%；③吸水率为9%~10%；④杂质少(特别是黏土杂质)
白硼钙石	—	—	①B_2O_3含量应尽可能多；②不溶于水；③其分子式为$CaO_5 \cdot B_3O_3 \cdot 16H_2O$
钠硼解石	—	1.96	①不溶于水；②其分子式为$Na_2O \cdot 2CaO \cdot 5B_2O_3 \cdot 16H_2O$

常用于配制防射线混凝土的粗骨料，其最大粒径不宜大于 40mm。粗骨料筛分曲线应落在图 5-1 中的阴影内；细骨料的筛分曲线应落在图 5-2 中的阴影内。

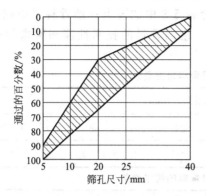 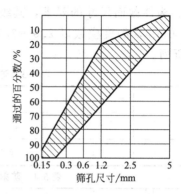

图 5-1　防射线混凝土的粗骨料筛分曲线　　　　图 5-2　防射线混凝土的细骨料筛分曲线

三、拌和水

防射线混凝土拌和用水，与普通混凝土的相同。为改善混凝土的和易性，减少拌和用水，降低水灰比，提高混凝土密实度，可以加入适量的亚硫酸盐纸浆或苇浆废液塑化剂。总之，防射线混凝土所用的拌和水，其质量要求应符合《混凝土用水标准》（JGJ 63—2006）中的要求。

四、掺合料

为了改善和加强防射线混凝土的防护性能，在配制时还常常特意加入一定数量的掺和材料（硼盐或锂盐等）。硼和硼的化合物是防射线混凝土中良好的掺合料，它能有效地挡住中子，且不形成第二次 γ 射线。例如，含硼的同位素的钢材，吸收中子的能力比铅高 20 倍，比普通水泥混凝土高 500 倍。不仅如此，若采用掺硼的防射线混凝土，结构的厚度可大幅度降低。

将硼或硼的化合物掺入混凝土中十分方便，既可以把硼加入水或水泥中，也可以把硬硼钙石矿物、派拉克斯玻璃（含硼的玻璃）、硼砂、硼酸、硼的碳化物、电气石等加入混凝土中。但是，试验研究表明，将硼或硼的化合物直接加入混凝土中，会引起混凝土凝结速度极大延缓和物理力学性能的降低。因此，可以用硼和硼的化合物作为防护结构的内表面涂层，或制作这种材料的薄片贴在防护结构的内表面上。

锂盐，如碘化锂（$LiI \cdot 3H_2O$）、硝酸锂 [$Li(NO)_3 \cdot 3H_2O$] 和硫酸锂（$LiSO_4 \cdot H_2O$）等，掺入混凝土中亦可改善和增强混凝土的防护性能。但这类掺合料的价格较贵，在工程上应用比较少。

第二节　防射线混凝土配合比设计

防射线混凝土的配合比设计，与普通混凝土的配合比设计基本上相同。但由于粗细骨料的相对密度均比较大，混凝土拌和物易产生离析，故在选择配合比时，应尽可能选用较小的坍落度，一般以选 3～5cm 的坍落度为宜。

根据工程实践证明，防射线混凝土的配合比设计必须满足下列要求：①满足防护某种射线（如 γ 射线）所需要的表观密度；②满足为防护中子流所必须的结合水；③满足混凝土设计要求的强度；④满足混凝土在施工中所设计的拌和物和易性；⑤在满足以上各项要求的前提下，尽量降低工程成本。

为了达到第①、②两项的要求，应尽可能采用较多的粗骨料和较重的粗骨料（取决于结构断面和配筋条件）。防射线各种混凝土的表观密度如表5-6所列。

表5-6 防射线各种混凝土的表观密度

混凝土种类	表观密度/(kg/m³)		混凝土种类	表观密度/(kg/m³)	
	最 小	最 大		最 小	最 大
普通混凝土	2300	2400	混合骨料混凝土		
褐铁矿混凝土	2300	3000	褐铁矿砂＋普通碎石	2400	2600
磁铁矿混凝土	2800	4000	褐铁行砂＋重晶石碎石	3000	3200
重晶石混凝土	3300	3600	褐铁矿砂＋磁铁矿碎石	2900	3800
铸铁碎块混凝土	3700	5000	褐铁矿砂＋钢铁块段	3600	5000

混凝土配合比设计的步骤如下所述。

防射线混凝土配合比设计，主要包括确定灰水比、确定用水量、计算水泥用量、初步计算骨料用量、计算砂率、确定砂石用量和试拌校正，其中确定灰水比和用水量是极其重要的两个技术参数。

防射线混凝土配合比的设计步骤，与普通水泥混凝土的配合比设计步骤基本相同。但由于防射线混凝土在性能要求方面具有特殊性，所以对一些技术参数的选择有一些特殊要求。

（一）计算试配强度

$$f_{cu,0} = f_{cu,k} + t\sigma \tag{5-1}$$

式中，$f_{cu,0}$ 为混凝土的配制强度，MPa；$f_{cu,k}$ 为混凝土的设计强度等级，MPa；t 为强度保证率系数，一般取 $t=1.645$；σ 为混凝土强度标准差，MPa，可根据施工单位以往的生产质量水平进行测算，如施工单位无历史统计资料时，可按 $\sigma=3.0\sim6.0$ 进行选用。

（二）确定水灰比

防射线混凝土的水灰比，同样也是其配合比设计中的一个重要参数。应根据所采用的粗骨料种类，按下列公式进行计算。

（1）对于粗骨料为普通碎石、贫重晶石、贫磁铁矿混凝土以及褐铁矿砂加钢铁块混凝土，其水灰比可按式(5-2)计算：

$$\frac{W}{C} = \frac{0.55 f_{ce}}{f_{cu,0} + 0.275 f_{ce}} \tag{5-2}$$

（2）对于粗骨料为富铁矿、褐铁矿混凝土、褐铁矿砂、重晶石粗骨料混凝土以及普通砂和铁质骨料混凝土，其水灰比可按式(5-3)计算：

$$\frac{W}{C} = \frac{0.45 f_{ce}}{f_{cu,0} + 0.300 f_{ce}} \tag{5-3}$$

式中，$f_{cu,0}$ 为混凝土的配制强度，MPa；f_{ce} 为水泥的强度等级，MPa。

（三）确定用水量

为了便于施工和确保混凝土的质量，必须保证防射线混凝土拌和物在施工中具有足够的流动性。

对于采用强度等级为 32.5MPa 硅酸盐水泥，可以按照图 5-3 选择用水量。普通碎石、重晶石、钢铁块段混凝土，选用下面的一条曲线；凡用褐铁矿砂或与之类似的吸水性很大的矿物为细骨料的混凝土，选用中间的一条曲线；粗细骨料均用褐铁矿的混凝土，选用上面的一条曲线。

干硬性混凝土拌和物的用水量，可以按照图 5-4 中的曲线选用。图中的资料是以强度等级为 32.5MPa、水泥用量 350kg/m³，根据试验结果而绘制的，变动水泥用量时，用水量亦需酌情增减。

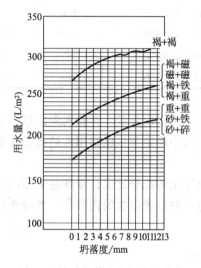

图 5-3　流动性拌和物用水量曲线

褐—褐铁矿；磁—磁铁矿；铁—铸铁或钢段；

重—重晶石；砂—普通砂；碎—普通碎石

前一字表示细骨料的类别；后一字表示粗骨料的类别

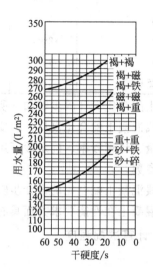

图 5-4　干硬性拌和物用水量曲线

褐—褐铁矿；磁—磁铁矿；铁—铸铁或钢段；

重—重晶石；砂—普通砂；碎—普通碎石

前一字表示细骨料的类别；后一字表示粗骨料的类别

重混凝土和特重混凝土的骨料密度较大，为了避免混凝土拌和物产生分层离析现象，一般应采用坍落度为 10～30mm 的低流动性混凝土拌和物，或者采用工作度为 30～60s 的干硬性混凝土拌和物。

根据工程实践经验，对于不同流动性要求的防射线混凝土，其单位用水量也可根据所用骨料的种类不同，参考表 5-7 中的数值进行选用。

表 5-7　防射线混凝土单位用水量　　　　　　　　　单位：kg/m³

骨料种类		低流动性混凝土的用水量	干硬性混凝土的用水量
细骨料	粗骨料		
褐铁矿	褐铁矿	280～290	—
褐铁矿	磁铁矿		
褐铁矿	磁铁矿	225～235	220～230
褐铁矿	铸　铁		
褐铁矿	重晶石		
重晶石	重晶石		
普通砂	铸　铁	180～195	145～170
普通砂	普通碎石		

（四）计算水泥用量（C）

在确定灰水比（C/W）和用水量（W）后，可以用式(5-4)计算水泥用量（C）：

$$C=(C/W)W \tag{5-4}$$

（五）按规定表观密度（G）计算骨料用量

混凝土粗细骨料的总用量（X+Y），等于混凝土的规定容重（G）与所用水泥、水（C+W）的之差，可用式(5-5)计算：

$$X+Y=G-(C+W) \tag{5-5}$$

式中，X 为混凝土中砂的用量，kg/m^3；Y 为混凝土中石的用量，kg/m^3。

（六）计算砂率（S_P）

在测定粗骨料空隙率、砂的表观密度、粗骨料表观密度的基础上，可按式(5-6)计算混凝土中砂率：

$$S_P=\frac{P\gamma_x}{P\gamma_x+\gamma_y}+(0.08-0.10) \tag{5-6}$$

式中，S_P 为混凝土的砂率，%；P 为粗骨料的空隙率，%；γ_x 为砂的表观密度，kg/m^3；γ_y 为粗骨料的表观密度，kg/m^3。

（七）计算骨料用量

根据计算出的砂率（S_P），即可用式(5-7)和式(5-8)计算砂和石子的用量：

$$X=S_P(X+Y) \tag{5-7}$$

$$Y=(X+Y)-X \tag{5-8}$$

（八）试拌校正

按照以上计算的混凝土配合比进行试拌，如果所拌制的混凝土拌和物的表观密度不大于规定值的 10%，则采用此配合比作为试拌拌和物的配合比；若大于规定值的 10%，则需调整粗骨料的用量，再进行试拌。对于防射线混凝土，其试拌拌和物的表观密度不允许小于混凝土规定的表观密度值。

试拌数组混凝土拌和物，制成相应的试件和采用相应的试验方法，测定它们的干硬度（或坍落度）、强度和表观密度，按表观密度修正每立方米混凝土材料用量。在测定干硬度或坍落度时，应观察是否存在砂子过多或过少现象，在不使混合料性能变坏的条件下，砂率尽可能小一些，以保证混凝土的流动性。

第三节　防射线混凝土参考配合比

各种防射线混凝土的配合比，应根据设计要求通过试验确定。在初步配合比试验时，可参照表 5-8 中所提供的数据。

表 5-8　防射线混凝土的配合比参考数值

混凝土名称	表观密度/(kg/m³)	质量配合比	用　途
普通混凝土	2100～2400	硅酸盐水泥∶砂∶石子∶水＝1∶3∶6∶0.6	
褐铁矿混凝土（水化混凝土）	2600～2800	(1)水泥∶褐铁矿碎石∶褐铁矿砂子∶水＝1∶3.7∶2.8∶0.8； (2)水泥∶褐铁矿碎石∶褐铁矿砂子∶水＝1∶2.4∶2.0∶0.5（另加增塑剂适量）； (3)水泥∶褐铁矿粗细骨料∶水＝1∶3.3∶0.5	
褐铁矿石＋废钢混凝土	2900～3000	水泥∶废钢粗骨料∶褐铁矿石∶细骨料∶水＝1∶4∶3∶2∶0.4	
赤铁矿混凝土	3200～3500	(1)水泥∶普通砂∶赤铁矿砂∶赤铁矿碎石∶水： (a)1∶1.43∶2.14∶6.67∶0.67； (b)1∶1.22∶2∶7.32∶0.68 (2)水泥∶普通砂∶赤铁矿碎石∶水＝1∶2∶8∶0.66	防 X 射线、γ 射线及中子射线
磁铁矿混凝土	3300～3800	(1)水泥∶磁铁矿碎石∶磁铁矿砂子∶水： (a)1∶44∶4∶0.17； (b)1∶2.64∶1.36∶0.56； (c)1∶3.3∶1.7∶0.55 (2)水泥∶磁铁矿粗细骨料∶水： (a)1∶7.6∶0.50； (b)1∶5.0∶0.73	
重晶石混凝土	3200～3800	(1)水泥∶重晶碎石∶重晶石砂∶水： (a)1∶4.54∶3.40∶0.50； (b)1∶5.44∶4.46∶0.60； (c)1∶5.00∶3.80∶0.20 (2)水泥∶重晶石粉∶重晶石砂∶重晶碎石∶水＝1∶0.26∶2.6∶3.4∶0.48	
重晶石砂浆（钡砂砂浆）	2500～3200	(1)水泥∶重晶石砂＝1∶5.96； (2)石灰∶水泥∶重晶石粉＝1∶9∶35； (3)水泥∶重晶石粉∶重晶石砂∶普通砂＝1∶0.25∶2.5∶1	
铅渣混凝土及高铝水泥混凝土	2400～3500	(1)矾土水泥∶废铅渣∶水＝1∶3.7∶0.6； (2)高铝水泥 545kg、废铅渣 2027kg 和水 321.8kg	
加硼混凝土	2600～4000	(1)水泥∶石∶碎石∶碳化硼∶水＝1∶2.54∶4∶0.35∶0.78； (2)水泥∶硬硼酸钙石细骨料∶重晶石∶水＝1∶0.5∶4.9∶0.38	防中子射线
加硼水泥砂浆	1800～2000	石灰∶水泥∶重晶石粉∶硬硼酸钙粉＝1∶9∶31∶4	

表 5-9 中列出了防射线混凝土（砂浆）的参考配合比，表 5-10 中列出了重晶石防射线混凝土（砂浆）的配合比，表 5-11 中列出了褐铁和磁铁矿细骨料及钢质粗骨料配制的混凝土三种不同的配合比，表 5-12 中列出了钢质骨料防射线混凝土的配合比，均可供设计和施工中参考。

表 5-9　防射线混凝土（砂浆）参考配合比

| 种类 | 水泥 | | 骨料 | | 配合比(质量比) | 水灰比 | 堆积密度 |
	品种	等级	细骨料	粗骨料	水泥:细骨料:粗骨料	(W/C)	/(kg/m³)
防射线混凝土	普通水泥	42.5级	<5mm普通河砂	5~30mm 花岗岩碎石	1:3.30:5.70	0.76	2300
	普通水泥	42.5级	<5mm	7~20mm 重晶石块	1:2.70:4.20	0.45	3310
	普通水泥	42.5级	<5mm	7~25mm 磁铁矿块	1:2.36:4.22	0.41	3410
	普通水泥	42.5级	<5mm	7~25mm 磁铁矿块	1:2.00:5.82	0.52	3139
	普通水泥	42.5级	<5mm	7~20mm 重晶石块	1:2.83:3.56	0.50	2930
	普通水泥	42.5级	<5mm	7~20mm 硼镁铁矿块	1:1.89:4.28	0.45	3020
	钡水泥	42.5级	<5mm	7~20mm 重晶石块	1:1.80:2.80	0.30	3471
	钡水泥	42.5级	<5mm	7~25mm 磁铁矿块	1:1.70:2.70	0.26	3626
	钡水泥	42.5级	<5mm	7~25mm 磁铁矿块	1:1.16:3.38	0.32	3235
	含硼水泥	42.5级	<5mm	7~20mm 重晶石块	1:3.10:4.90	0.45	3364
	含硼水泥	42.5级	<5mm	7~20mm 重晶石块	1:1.90:4.20	0.43	2983
	石膏高铝水泥	32.5级	<5mm	7~40mm 重晶石块	1:3.00:9.00	0.70	3400
	石膏高铝水泥	32.5级	<5mm	5~40mm 磁铁矿块	1:3.43:8.43	0.70	3600
	特快硬高铝水泥	72.5级	<5mm	5~10mm 钛矿渣块	1:2.30:2.30	0.40	3140
	特快硬高铝水泥	72.5级	<5mm	8~10mm 硼镁铁石块	1:2.30:2.30	0.40	2880
防射线砂浆	普通水泥	42.5级	<2.5mm	—	1:3.50	0.50	2962
	普通水泥	42.5级	<2.5mm	—	1:3.00	0.48	2671
	钡水泥	42.5级	<2.5mm	—	1:3.00	0.35	3174

表 5-10　重晶石防射线混凝土（砂浆）的配合比

| 类别 | 水泥用量 /(kg/m³) | 重晶砂 | | 重晶石块 | | 堆积密度 /(kg/m³) |
		粒径/mm	用量/(kg/m³)	粒径/mm	用量/(kg/m³)	
防射线混凝土	342	<5	1144	8~20	1867	3350
	320	<5	1440	10~25	1440	3200
防射线砂浆	460	<5	2740	—	—	3200

表 5-11　褐铁和磁铁矿细骨料及钢质粗骨料配制的混凝土配合比

| 材料名称 | 单位 | 几种不同的配合比 | | |
		Ⅰ	Ⅱ	Ⅲ
42.5级硅酸盐水泥	kg/m³	396	410	362
褐铁矿细骨料	kg/m³	905	1064	—
磁铁矿细骨料	kg/m³	—	—	1139
钢质粗骨料	kg/m³	3510	2949	3548
拌和水	kg/m³	194	218	200

表 5-12　钢质骨料防射线混凝土的配合比

| 材料名称 | 密度 /(g/cm³) | 干料表观密度/(kg/m³) | 1m³ 混凝土材料用量 | | 材料名称 | 密度 /(g/cm³) | 干料表观密度/(kg/m³) | 1m³ 混凝土材料用量 | |
			/kg	/m³				/kg	/m³
水泥	3.10	—	393	0.1267	碎铁屑	7.50	3.973	2819	0.3781
铁砂	7.46	4.758	2819	0.3781	拌和水	1.00		122	0.1221

第六章　聚合物混凝土

聚合物混凝土是由有机聚合物、无机胶凝材料、骨料有效结合而形成的一种新型混凝土材料的总称。确切地说，它是普通水泥混凝土与聚合物按一定比例混合起来的材料，聚合物混凝土克服了普通水泥混凝土抗拉强度低、脆性大、易开裂、耐化学腐蚀性差等缺点，具有强度高、耐腐蚀、耐磨、耐火、耐水、抗冻、绝缘等明显的优点，从而扩大了混凝土的使用范围，是国内外大力研究和发展的新型混凝土。

由于聚合物混凝土是在普通水泥混凝土的基础上再加入一种聚合物，以聚合物与水泥共同作为胶结料黏结骨料配制而成的，因而这种混凝土配制工艺比较简单、可利用现有设备、成本比较低、实际应用广泛。

第一节　聚合物混凝土的材料组成

国际上通常将含有聚合物的混凝土材料分为聚合物浸渍混凝土、聚合物水泥混凝土和聚合物胶结混凝土三类，它们各自的组成材料是不同的。本节介绍前两种聚合物混凝土。

一、聚合物浸渍混凝土的材料组成

聚合物浸渍混凝土（polymer impregnated concrete，PIC）。它是将已硬化的普通混凝土经干燥和真空处理后，浸渍在以树脂为原料的液态单体中，然后用辐射或加热（或加催化剂）的方法，使渗入到混凝土孔隙内的单体产生聚合作用，使混凝土和聚合物结合成一体的一种新型混凝土。按浸渍方法的不同分为完全浸渍和部分浸渍两种。

由于水泥混凝土硬化干燥后其内部存在一些微孔隙，将聚合物浸渍于水泥混凝土的孔隙中，其在混凝土内与水泥水化产物共同形成膜状体，使聚合物填充了混凝土内部的孔隙和微裂缝，特别是提高了水泥石与骨料间的黏结强度，减少了应力集中，使聚合物浸渍混凝土具有高强、密实、防腐、抗渗、耐磨、抗冲击等优良的物理力学性能。

聚合物浸渍混凝土是一种高强、高抗渗、耐腐蚀、耐磨损和耐冻融的复合材料，其抗压强度比普通水泥混凝土约提高 2～4 倍，抗拉强度约提高 3 倍，弹性模量约提高 1 倍，冲击强度约提高 0.7 倍。常用于水工建筑、耐腐蚀材料及制作高强构件。

聚合物浸渍混凝土的原材料，主要是指基材（被浸渍材料）和浸渍液（浸渍材料）两种。混凝土基材、浸渍液的成分和性能，对聚合物浸渍混凝土的性能有着直接的影响。另外，根据工艺和性能的需要，在基材和浸渍液中还可以加入适量的添加剂。

（一）聚合物浸渍混凝土的基材

聚合物浸渍混凝土的基材很多，凡用无机胶凝材料与骨料经过凝结硬化组成的混合材料（水泥砂浆、普通混凝土、轻骨料混凝土、石棉水泥、钢丝网水泥、石膏制品等），经成型制成为构件，都可以作为聚合物浸渍混凝土的基材。目前，国内外主要采用水泥混凝土和钢筋混凝土作为被浸渍基材，其制作成型方法与一般混凝土制品相同，但应满足下列要求。

（1）混凝土构件表面或内部应有适当的微孔隙，并能使浸渍液渗入其内部。聚合物浸渍量应当随着孔隙率的增大而增加，从而聚合物浸渍混凝土的强度又随浸渍量的增加而提高。

（2）浸渍混凝土的基体应有一定的基本强度，能承受干燥、浸渍和聚合过程中的作用应力，不会因为构件的搬动而使混凝土产生裂缝、掉角等缺陷。

（3）为确保浸渍液在孔隙中产生聚合，在基体混凝土中的所有化学成分（包括掺加的外加剂等），不得含有溶解浸渍或阻碍浸渍液的聚合的物质。

（4）组成混凝土的材料结构尽可能是匀质的，构件的尺寸和形状要与浸渍、聚合的设备相适应。为提高浸渍容器的使用效率，基体的尺寸不宜变化过大。

（5）被浸渍的混凝土内外如果含有水分，不仅影响聚合物的浸渍量，而且影响聚合物浸渍混凝土的质量，因此，混凝土基体表面与内部要充分干燥，应当达到几乎不含水分的要求。

工程实践证明，在一般情况下，基体混凝土的水灰比、空气含量、坍落度、外加剂掺量、砂率等变化不大时，对聚合物浸渍混凝土的强度无显著影响。

混凝土养护方法的不同会引起混凝土孔结构的变化。孔隙率高而强度低的混凝土经浸渍处理后，能达到原来孔隙率低而强度高的混凝土同样的浸渍效果，但将导致聚合物浸渍混凝土成本的迅速增加。因此，在选择浸渍基材时，必须对浸渍量（或基体的孔隙率）适当加以控制。

（二）聚合物浸渍混凝土的浸渍液

浸渍液是聚合物浸渍混凝土的主要材料，由一种或几种单体组成，当采用加热聚合时，还应加入适量的引发剂等添加剂。

浸渍液的选择，主要取决于浸渍混凝土的最终用途、浸渍工艺、混凝土的密度和制造成本等。如果基材需完全浸渍时，应采用黏度较小的单体，如甲基丙烯酸甲酯、苯乙烯等，它们的黏度均小于 $1 \times 10^{-4} Pa \cdot s$，这种单体浸渍液具有很高的渗透能力；如果基材需局部浸渍或表面浸渍时，可选用黏度较大的单体，如聚酯-苯乙烯、环氧-苯乙烯等，以便控制浸渍的深度，减少聚合时的流失。

为了取得改善混凝土（基材）性能的良好效果，必须选用性能优良、与水泥相容好、价格较低的浸渍液。作为浸渍用的单体，一般应当满足下列要求。

（1）有较低、适当的黏度，浸渍时容易渗入到被浸渍混凝土（基材）的内部，并能达到要求的浸渍深度。

（2）有较高的沸点和较低的蒸气压力，以减少浸渍后和聚合时的损失，使有更多的聚合物存在于混凝土中。

（3）浸渍液所生成的玻璃状聚合物耐热温度，必须超过混凝土（基材）的使用温度，以适应混凝土的应用范围。

（4）经过加热等处理后，浸渍液能在基材内聚合，并与基材的黏结性好，能与基材形成一个整体。

（5）聚合物应有较高的强度，并具有较好的耐水、耐碱等性能。

（6）聚合物浸入混凝土孔隙后，其收缩率小，聚合后不会因水分等作用而产生软化或膨润。

在工程中常用的浸渍液主要有甲基丙烯酸甲酯（MMA）、苯乙烯（S）、丙烯腈（AN）、聚酯树脂（P）、环氧树脂（E）、丙烯酸甲酯（MA）、三羟甲基丙烷三甲基丙烯酸甲酯（TMPTMA）、不饱和聚酯等，应用最广泛的是甲基丙烯酸甲酯（MMA）和苯乙烯（S）。

几种常用的单体和聚合物的性能如表 6-1 所列。

表 6-1 常用的单体和聚合物的性能

单体或聚合物名称	简 称	单体性能				聚合物性能					
		蒸气压 20℃/kPa	相对密度 (20℃)	沸点 /℃	软化温度 /℃	相对密度 (20℃)	收缩 /mm	伸长率 /%	抗压强度 /MPa	拉伸强度 /MPa	拉伸弹性模量 /10⁴ MPa
甲基丙烯酸甲酯	MMA	4.665	0.936	100	80~120	1.18~1.19	—	2.0~7.0	77~130	75~90	3.16
苯乙烯	S	0.38	0.909	145	90~120	1.03~1.10	0.002~0.007	1.5~3.7	80~110	35~80	2.8~4.0
丙烯酸甲酯	MA		0.953	79.9		1.17~1.20	0.001~0.004	2.0~10	77~130	50~77	2.4~3.1
聚酯树脂	P	24℃0.93	1.13~1.15		60~100	1.10~1.45		1.3	92~190	42~71	2.1~4.5
环氧树脂	E	—	1.12~1.43		300	1.15	0.004~0.010	1.7	110~130	65~85	3.2
丙烯酸	AN	11.33	0.808	77~79		270	1.17				

（三）其他添加剂

聚合物浸渍混凝土中所用的添加剂种类很多，常用的有阻聚剂、引发剂、促进剂、交联剂、稀释剂等。

1. 阻聚剂

阻聚剂指能迅速与自由基作用，减慢或抑制不希望有的化学反应物质，用于延长某些单体和树脂的储存期，也称聚合终止剂。阻聚剂可以防止聚合作用的进行，在聚合过程中产生诱导期（即聚合速率为零的一段时间），诱导期的长短与阻聚剂含量成正比，阻聚剂消耗完后，诱导期结束，即按无阻聚剂存在时的正常速度进行。

材料试验和工程实践证明，凡适用于浸渍混凝土的单体浸渍液，大多数是不稳定的物质，即使在常温下都会不同程度地自行发生聚合，从而会造成浸渍液的失效。因此，在工厂生产的单体浸渍液中，一般都会掺加适量的阻聚剂，以防止单体浸渍液过早聚合。常用的阻聚剂有对苯二酚、苯醌等。

2. 引发剂

引发剂是乳液聚合的重要组分之一，其种类和用量等影响产品的性能质量。常用的引发剂有：自由基聚合引发剂、阳离子聚合引发剂、阴离子聚合引发剂和配位聚合引发剂。乳液聚合中常用的为自由基聚合引发剂，它可分为不同种类，主要有偶氮类引发剂、有机过氧类引发剂和氧化-还原引发剂等。

采用加热聚合法时，必须同时使用引发剂，以引发单体产生聚合。当加热到一定温度时，引发剂以一定的速率分解成自由基，诱导单体产生连锁反应。常用的引发剂有：过氧化物（如过氧化二苯甲酰、过氧化甲乙酮、过氧化环己酮等），偶氮化合物（如偶氮二异丁腈、α-特丁基偶氮二异丁腈等）和过硫酸盐等。

由于引发剂的用量多少对聚合速率和高聚物的分子量均有很大的影响，所以其掺加量必须适宜。工程试验证明：如果掺量过少，不能克服阻聚剂和为完全聚合产生足够的自由基；如果掺量过多，会引发单体过早、过快聚合，甚至可能产生爆炸事故，且生成物的分子量过小，影响浸渍混凝土的质量。引发剂的适宜掺量，一般为单体质量的 0.1%～2.0%。

3. 促进剂

促进剂是能促使固化剂在其临界温度以下形成自由基（即实现室温固化）的物质。促进剂主要用来降低引发剂的正常分解温度，加快引发剂分解生成自由基的速度，以促进单体在常温下发生聚合。常用的促进剂主要有环烷酸钴、异辛酸钴、二甲基苯胺等。

4. 交联剂

交联剂是一类受热能放出游离基来活化高分子链，使它们发生化学反应而相互交联起来的一种助剂。在聚合物浸渍混凝土中掺加适量的交联剂，能使线型结构的聚合物转化成为体型结构的聚合物，从而提高混凝土的强度。常用的交联剂主要有甲基丙烯酸甲酯、苯乙烯、邻苯二甲酸二丙烯酯等。

5. 稀释剂

稀释剂主要用于降低浸渍液的黏度，提高浸渍液的渗透能力，保证聚合物浸渍混凝土的质量。例如，聚酯树脂类的高黏度浸渍液，如果不掺加适量的稀释剂，要渗进混凝土的内部是比较困难的，无法制成聚合物浸渍混凝土。常用的稀释剂主要有甲基丙烯酸甲酯、苯乙烯等。由此可见，它与交联剂是相同的。

聚合物浸渍混凝土所用添加剂的主要作用及品种如表 6-2 所列。

表 6-2　聚合物浸渍混凝土所用添加剂的主要作用及品种

添加剂名称	主　要　作　用	主 要 品 种
阻聚剂	单体几乎都不稳定，在常温下都有一定程度的自发聚合，所以单体中都含有一定量的阻聚剂	对苯二酚、苯醌等
引发剂	加热至一定温度时，引发剂以一定的速度分解成游离氢，诱导单体产生连锁反应。所以在加热聚合时必须使用引发剂，引发单体产生聚合，引发剂用量一般为单体质量的 0.1%～0.2%	过氧化物（二苯甲酰、甲乙酮、环己酮）、偶氮化合物（偶氮 2-异丁腈）、过硫酸盐等
促凝剂	用来降低引发剂的分解温度，加快引发剂生成游离氢，促进单体在常温下产生聚合	环烷酸钴、辛酸钴、二甲基苯胺等
交联剂	使线型结构的聚合物转化为体型结构的聚合物	甲基丙烯酸甲酯、苯乙烯、二甲酸、二丙烯酯
稀释剂	降低浸渍液的黏度，提高其渗透能力	甲基丙烯酸甲酯、苯乙烯等

二、聚合物水泥混凝土的材料组成

所谓聚合物水泥混凝土（polymer cement concrete，PCC），也称为聚合物改性水泥混凝土（polymer modified cement concrete，PMCC），是在普通水泥混凝土的拌和物中加入高分子聚合物，从而制成性能得到明显改善的复合材料。这种混凝土是以聚合物和水泥共同作为胶结材料，因此是由水泥混凝土和高分子材料有效结合的有机复合材料，其性能比普通水泥混凝土要好得多。由于利用普通水泥混凝土的设备就能生产聚合物水泥混凝土，因而其成本较低、实际应用较多。如果将高分子材料加入水泥砂浆中，称为聚合物改性砂浆（简称 PMM）。

在水泥混凝土中加入高分子材料后，水泥混凝土的强度、变形能力、黏结性能、防水性能、耐久性能等都会发生改变，改变的程度与聚合物种类、聚合物本身性质、聚灰比（固体聚合物的质量与水泥质量之比）有很大关系。

聚合物水泥混凝土所用的原材料，除一般混凝土所用的水泥、骨料和水外，还有聚合物和助剂。国内外用于水泥混凝土改性的聚合物添加剂品种繁多，但总体上可以分三种类型，即乳胶（如橡胶乳胶、树脂乳胶和混合分散体等）、液体聚合物（如不饱和聚酯、环氧树脂等）和水溶性聚合物（如纤维素衍生物、聚丙烯酸盐、糠醇等），其中乳胶是聚合物水泥混凝土中应用最广泛的一种。

由于乳胶类树脂在生产过程中，大多用阴离子型的乳化剂进行乳液聚合，因此当这些乳胶与水泥浆混合后，由于与水泥浆中大量的 Ca^{2+} 作用会引起乳液变质，产生凝聚现象，使其不能在水泥中均匀分散，因此必须还加入阻止这种变质现象的稳定剂。此外，有些乳胶树脂或其乳化剂、稳定剂的耐水性较差，有时还需加入抗水剂；当乳胶树脂等掺量较多时，会延缓聚合物水泥混凝土的凝结，还要加入水泥促凝剂。

聚合物水泥混凝土对原材料的技术要求如下所述。

(一) 对胶结材料的要求

聚合物水泥混凝土中的胶结材料，与普通水泥混凝土不同，主要包括水泥和聚合物两种。

1. 对水泥的要求

聚合物水泥混凝土所用的水泥，除优先选用普通硅酸盐水泥外，还可使用各种硅酸盐水泥、矾土水泥、快硬水泥等，其技术性能应符合现行的国家标准的要求，其强度等级大于或等于 32.5MPa 即可。

2. 对聚合物的分类和要求

(1) 聚合物的分类　聚合物水泥混凝土所用的聚合物可以分为以下 4 类：聚合物乳液（或水分散体）；水溶性聚合物；可再分散的聚合物粉料；液体聚合物。聚合物的种类如图 6-1 所示。

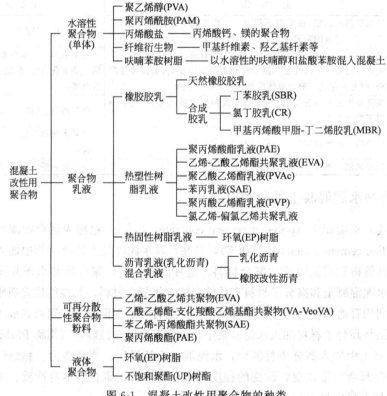

图 6-1　混凝土改性用聚合物的种类

① 水溶性聚合物　水溶性聚合物主要用来改善水泥混凝土的工作特性，可以以粉末或水溶液的形式使用。当以粉末形式使用时，一般先将其与水泥和骨料进行干混均匀，然后再加水进行湿拌。当使用粉末状水溶性聚合物时，应选择易于在冷水中溶解的品种。

水溶性聚合物可以提高水相的黏度，对于大流动性的混凝土，能提高其稠度而避免或减轻骨料的离析和泌水，但又不影响其流动性。另外，水溶性聚合物还会形成一层极薄的薄膜，从而提高砂浆和混凝土的保水性。一般情况下，水溶性聚合物对硬化砂浆和混凝土的强度没有大的影响。

② 聚合物乳液（或水分散体）　聚合物乳液通常是将可聚合单体在水中进行乳液聚合

而获得的。乳液中聚合物的粒子很小，直径一般为 $0.05\sim5\mu m$。根据乳液中粒子所带电荷的类型将其分为 3 类：阳离子型乳液（粒子带正电）、阴离子型乳液（粒子带负电）和非离子型乳液（粒子不带电）。通常，聚合物乳液的固体含量为 $40\%\sim50\%$，其中包括了聚合物和其他助剂。

水泥混凝土中最常用的聚合物乳液有丁苯胶乳（SBR）、丙烯酸酯乳液（PAE）、乙烯-醋酸乙烯共聚物（EVA）、氯丁胶乳、聚乙酸乙烯酯乳液（PVAC）、聚偏二氯乙烯（PVDC）等。聚偏二氯乙烯（PVDC）中的游离氯化物随时间推移有可能释放出来，对钢筋有腐蚀作用，因此聚偏二氯乙烯（PVDC）胶乳改性水泥砂浆不适合用于钢筋混凝土的修补材料，也不可用于潮湿的环境中。

日本 JIS A6203—2000 标准对水泥改性用聚合物乳液和可再分散性粉料的质量要求做出了明确规定，如表 6-3 所列。

③ 可再分散的聚合物粉料　可分散的聚合物粉料一般是由聚合物乳液经喷雾干燥而成的，具有很好的干流动性，在水中很容易重新乳化而得到聚合物乳液，其中聚合物粒子约为 $1\sim10\mu m$。也可将可分散聚合物粉料与水泥、骨料一起进行干混，然后再加水湿拌，在湿拌时聚合物粉末便重新分散。

④ 液体聚合物　将液体聚合物用于水泥砂浆和混凝土改性时，必须使用能在水状态下固化的系统，且聚合物的固化反应和水泥的水化反应同时进行，从而形成聚合物与水泥凝胶互穿的网络结构。这种结构能使骨料黏结得更为牢固，同时还提高了砂浆和混凝土的性能。

表 6-3　水泥改性用聚合物乳液和可再分散性粉料的质量要求（JIS A6203—2000）

测试类别	项　目	指　标
聚合物乳液	外观 不挥发物含量/%	无粗粒、杂质和胶凝现象 ≥35
乳液改性砂浆	弯曲强度/MPa 抗压强度/MPa 与水泥砂浆黏结强度/MPa 水渗透量(98kPa,1h,水渗入试样的质量) 长度变化/%	≥5.0 ≥15.0 ≥1.0 ≤20g 0～0.15
可分散聚合物粉料	外观 挥发份含量	无粗粒、杂质和结团 ≤5.0
粉料改性砂浆	弯曲强度/MPa 抗压强度/MPa 与水泥砂浆黏结强度/MPa 水渗透量(98kPa,1h,水渗入试样的质量) 长度变化/%	≥5.0 ≥15.0 ≥1.0 ≤20g 0～0.15

与聚合物乳液改性相比，使用液体聚合物的用量要更多，因为聚合物不亲水，分散不是很容易。因此，目前用液体聚合物改性比其他类型聚合物要少得多。

（2）对聚合物的质量要求　对配制聚合物水泥混凝土中所用的聚合物，其质量要求除应符合表 6-4 中的要求外，还应当满足以下几个方面：①对水泥的凝结硬化和胶结性能无不良影响；②在水泥的碱性介质中不被水解或破坏；③对钢筋无锈蚀作用。

表 6-4　水泥掺和用聚合物的质量要求

试 验 种 类	试 验 项 目	规 定 值
分散体试验	外观总固体成分	应无粗颗粒,异物和凝固物 35% 以上,误差在 ±1.0% 以内
聚合物水泥砂浆试验	抗弯强度/MPa	4 以上
	抗压强度/MPa	10 以上
	黏结强度/MPa	1 以上
	吸水率/%	15 以下
	透水量/g	30 以下
	长度变化率/%	0~0.15

材料试验和工程实践证明,无论采用何种类型的聚合物,用于水泥混凝土中一般应满足以下要求:①对于水泥的硬化无负的影响;②水泥水化过程中释放的高活性离子有很高的稳定性;③自身有很好的储存稳定性;④有很高的机械稳定性,不会因为计量、运输和搅拌时的高剪切作用而破乳;⑤具有很低的引气性;⑥在混凝土或砂浆中能形成与水泥水化产物和骨料有良好黏结力的膜层,且最低成膜温度较低;⑦形成的聚合物膜应有极好的耐水性、耐碱性和耐候性;⑧水泥的碱性介质不被水解或破坏;⑨对钢筋无锈蚀作用。

（二）对骨料的要求

聚合物水泥混凝土所用的粗细骨料,与普通水泥混凝土相同,即卵石、碎石、河砂、碎砂、硅砂等。有时根据工程的需要,也可选用人造轻骨料;当用于有防腐蚀要求的工程时,应使用硅质碎石和碎砂。

为确保聚合物水泥混凝土的质量,在配制聚合物水泥混凝土时,选用的细骨料和粗骨料,应分别符合国家标准《建设用砂》（GB/T 14684—2011）和《建设用卵石、碎石》（GB/T 14685—2011）中的规定。

（三）对主要助剂的要求

聚合物水泥混凝土所用的主要助剂有稳定剂和消泡剂。

1. 稳定剂

聚合乳液与水泥拌和时,由于水泥溶出的多价离子（指 Ca^{2+}、Al^{3+}）等因素的影响,往往使聚合物乳液产生破乳,出现凝聚现象。为了防止乳液与水泥拌和时及凝结过程中聚合物过早凝聚,保证聚合物与水泥均匀混合,并有效地结合在一起,通常需要加入适量的稳定剂。常用的稳定剂有 OP 型乳化剂、均染剂 102、农乳 600 等。

2. 消泡剂

聚合乳液与水泥拌和时,由于乳液中的乳化剂和稳定剂等表面活性剂的影响,通常在混凝土内产生许多小泡,如果不将这些小泡消除,就会增加砂浆的孔隙率,使其强度明显下降。因此,必须添加适量的消泡剂。

常用的消泡剂有:①醇类消泡剂,如异丁烯醇、三辛醇等;②脂肪酸脂类消泡剂,如甘油硬脂酸异戊酯等;③磷酸酯类消泡剂,如磷酸三丁酯等;④有机硅类消泡剂,如二烷基聚硅氧烷等。

良好的消泡剂必须具备以下几个方面:①有较好的化学稳定性;②其表面张力要比被消泡介质低;③不溶于被消泡介质中。另外,消泡剂还要具有较好的分散性、破泡性、抑泡性及碱性。

必须特别指出:消泡剂的针对性非常强,千万不能通用。它们往往在这一种体系中能起消泡作用,而在另一种体系中却有助泡的作用。因此,在使用消泡剂时应当认真地进行选择,并通过试验加以验证。工程实践证明,几种消泡剂复合使用有较好的效果。

3. 抗水剂

有的聚合物（如乳胶树脂及乳化剂、稳定剂），其耐水性比较差，会严重影响聚合物水泥混凝土的耐久性，因此在配制中尚需掺加适量的抗水剂。

4. 促凝剂

当聚合物水泥混凝土中的乳胶树脂等掺量较多时，会延缓聚合物水泥混凝土的凝结速度，应根据施工温度、乳胶树脂的掺量等条件加入适量的促凝剂，以促进聚合物水中的凝结。

第二节　聚合物混凝土配合比设计

一、聚合物浸渍混凝土配合比设计

聚合物浸渍混凝土的配合比设计，与普通水泥混凝土基本相同，一般常采用普通水泥混凝土配合比设计的理论和方法。

聚合物浸渍混凝土的配合比设计，其基体混凝土的配合比完全可以采用普通水泥混凝土的经验配合比。主要的是如何选择聚合物浸渍液，使基体混凝土内外能浸入混凝土 6%～9%（质量分数）的聚合物，使混凝土中的孔隙和毛细管充满聚合物。

二、聚合物水泥混凝土配合比设计

聚合物水泥混凝土的配合比设计，与普通水泥混凝土相比，除应着重考虑混凝土的和易性和抗压强度外，还必须考虑聚合物水泥混凝土的抗拉强度、抗弯强度、黏结性、水密性（防水性）、耐腐蚀性等其他一些性能。这些性能虽然和混凝土的水灰比有关，但与聚灰比（即聚合物与水泥在整个固体中的质量比）的关系更密切，所以确定的混凝土的水灰比和聚灰比必须符合使用的要求。

聚合物水泥混凝土配制实践证明，在进行聚合物水泥混凝土配合比设计时，除考虑聚灰比外，其他可以按照普通水泥混凝土的方法进行。由于水灰比的影响没有像对普通水泥混凝土那样明显，所以聚合物水泥混凝土的水灰比，主要以被要求的施工和易性（即坍落度或流度）来确定。

通常聚合物水泥混凝土中的水泥砂浆的配合比是：水泥：砂子=（1：2）～（1：3）（质量比）；聚灰比一般控制在 5%～20% 范围内；水灰比可根据混凝土施工要求的和易性适当选择，大致控制在 0.30～0.60 范围内。

在进行聚合物水泥混凝土配合比设计时，还应特别注意：即使采用的聚合物种类相同，但含于聚合物分散体中的稳定剂、乳化剂、消泡剂等不同，配制而成的聚合物水泥混凝土的性能有较大差别。因此，对于所采用的聚合物应事先通过试验，确定聚合物分散体系的性质之后再使用。

第三节　聚合物混凝土参考配合比

一、聚合物浸渍混凝土的配合比

浸渍砂浆各成分的构成体积比可参考表 6-5，几种常用浸渍混凝土的配合比及性能如表6-6 所列，几种聚合物浸渍混凝土的物理力学性能如表 6-7 所列。

表 6-5　浸渍砂浆各成分的构成体积比

砂浓度/%	理论密度/(g/cm³)	脱模肘实测密度/(g/cm³)	绝干密度/(g/cm³)	计算含气量/%	成分体积比/% 聚合物	反应水泥	未反应水泥	砂	最后空隙	水未反应率/%	浸渍率/%
0	2.110	2.11	1.797	0	0.221	0.325	0.310	0	0.144	39.7	14.98
20	2.162	2.17	1.893	0	0.213	0.240	0.241	0.207	0.099	38.5	13.12
40	2.198	2.18	1.902	1.5	0.224	0.137	0.170	0.410	0.059	34.9	13.94
60	2.146	2.08	1.772	4.5	0.245	0.086	0.100	0.470	0.090	34.9	16.97

表 6-6　几种常用浸渍混凝土的配合比及性能

基材种体	使用骨料 砂子	石子	配合比 水	水泥	砂	石子	浸渍率/%	抗压强度/MPa	抗弯强度/MPa	对基材强度的增长倍数
混凝土1	标准砂	碎石(1)	171.5	380	764	1141	5.85～7.92	162～167	10.6～24.2	2.5～3.8
混凝土2	标准砂	碎石	171.5	380	764	1141	3.91～7.30	102～137		2.7～4.5
混凝土3	标准砂	碎石	171.5	380	764	1141	6.00～6.10	91.0～129		4.1～4.2
混凝土4	河砂	碎石(2)	165.0	450	756	1019	4.83～5.23	91.0～93.8		2.3～2.5
轻混凝土	人造骨料	人造骨料	201.0	358	433	394	24.8～25.2	101～105	11.8～14.2	5.4～5.5
轻混凝土	珍珠岩	天然骨料	222.0	347	143	361	51.0～52.3	51.7～53.5		8.1～8.4
轻混凝土	珍珠岩	珍珠岩	208.0	398	614	737	39.7～40.2	25.2～26.8		2.8～2.9

表 6-7　几种聚合物浸渍混凝土的物理力学性能

物理力学性能	甲基丙烯酸甲酯(MMA)(浸渍率4.6%～6.7%) 未浸渍	辐射聚合	热聚合	苯乙烯(浸渍率4.2%～6.0%) 未浸渍	辐射聚合	热聚合	MMA+10%TMPTMA(浸渍率5.5%～7.6%) 未浸渍	辐射聚合	热聚合	聚丙烯腈(浸渍率3.2%～6.0%) 未浸渍	辐射聚合	热聚合
抗压强度/MPa	37.0	142.4	127.7	37.0	103.4	72.0	37.0	158.1	140.7	37.0	104.7	87.8
弹性模量/×10⁴MPa	2.50	4.40	4.30	2.50	5.40	5.20	2.50	5.90	3.58	2.50	4.41	3.61
抗拉强度/MPa	2.92	11.43	10.60	2.92	8.47	5.91	2.92	12.00	9.77	2.92	9.00	6.39
抗弯强度/MPa	5.20	18.54	16.08	5.20	16.79	8.15	5.90	—	—	5.20	12.90	4.62
吸水率/%	6.40	1.08	0.34	6.40	0.51	0.70	6.40	1.09	1.21	6.40	2.95	5.68
耐磨量/g	14.0	4.0	4.0	14.0	9.0	6.0	14.0	9.0	5.0	14.0	7.0	6.0
空气腐蚀/mg	8.13	1.63	0.51	8.13	0.89	0.23	8.13	1.83	—	8.13	2.51	2.34
透水性/(mg/年)	0.16	0.02	0.04	0.16	—	0.04	0.16	0.0003	0.0037	0.16	—	—
热导率/[W/(m·K)]	2.30	2.26	2.19	2.30	2.22	2.26	2.30	2.29	—	2.30	2.15	2.16
热膨胀系数/(×10⁻⁶/℃)	7.25	9.66	9.48	7.25	9.15	9.00	6.70	8.43	3.43	6.70	8.18	7.63
抗冻性(循环、质量减少)/%	490 25.0	750 4.0	750 0.5	490 25.0	620 6.5	620 0.5	740 25.0	2560 8.0	2560 —	740 25.0	1840 25.0	2020 2.0
冲击强度(用L锤的冲击强度)	32.0	55.3	52.0	32.0	48.2	50.1	32.0	54.2	—	32.0	47.5	33.7
耐硫酸盐(浸渍300天膨胀率)/%	0.144	0	—	0.144	0	0	0.144	0.004	0.002	0.144	0.088	0.006
耐盐酸性(15% HCl浸渍84天质量减少)/%	10.40	3.64	3.49	10.40	5.50	4.20	10.40	10.58	—	10.40	13.31	—

二、聚合物水泥混凝土的配合比

聚合物水泥混凝土的参考配合比如表 6-8 所列，聚合物水泥砂浆的参考配合比如表 6-9 所列，聚合物水泥混凝土聚灰比和水灰比对强度的影响如表 6-10 所列。

表 6-8　聚合物水泥混凝土的参考配合比

聚合物与水泥之比/%	水灰比	砂率/%	聚合物分散体用量/(kg/m³)	用水量/(kg/m³)	水泥用量/(kg/m³)	砂用量/(kg/m³)	粗骨料用量/(kg/m³)	坍落度/mm	含气量/%
0	0.50	45	0	160	320	510	812	50	5
5	0.50	45	16	140	320	485	768	170	7
10	0.50	45	32	121	320	472	749	210	7

注：表中的粗骨料系采用人造轻骨料。

表 6-9 聚合物水泥砂浆的参考配合比

砂浆用途	参考配合比（质量比）			涂层厚度/mm
	水 泥	砂	聚 合 物	
路面材料	1	3.0	0.2～0.3	5～10
地板材料	1	3.0	0.3～0.5	10～15
防水材料	1	2～3	0.3～0.5	5～20
防腐材料	1	2～3	0.4～0.6	10～13
黏结材料	1	0～3	0.2～0.5	—
	1	0～1	＞0.2	—
	1	0～3	＞0.2	—

表 6-10 聚合物水泥混凝土聚灰比和水灰比对强度的影响

混凝土种类	聚灰比/%	水灰比/%	相对强度/%				强 度 比			
			抗压	抗剪	抗拉	剪切	抗压/抗剪	抗压/抗拉	抗剪/抗拉	剪切/抗压
普通水泥混凝土	0	60.0	100	100	100	100	6.88	12.80	1.86	0.174
丁苯橡胶水泥混凝土（SBR）	5	53.3	123	118	126	131	7.13	13.84	1.94	0.185
	10	48.3	134	129	154	144	7.13	12.40	1.74	0.184
	15	44.3	150	153	212	146	6.75	10.05	1.49	0.168
	20	40.3	146	178	236	149	5.64	8.78	1.56	0.178
聚丙烯酸酯水泥混凝土（PAE-1）	5	40.3	159	127	150	111	8.64	15.17	1.77	0.120
	10	33.6	179	146	158	116	8.44	16.23	1.96	0.111
	15	31.3	157	143	192	126	7.58	11.65	1.55	0.139
	20	30.0	140	192	184	139	5.03	10.88	2.19	0.170
聚丙烯酸酯水泥混凝土（PAE-2）	5	59.0	111	106	128	103	7.23	12.92	1.81	0.161
	10	52.4	112	116	139	116	6.65	11.40	1.71	0.178
	15	43.0	137	167	219	118	5.64	9.06	1.62	0.148
	20	37.4	138	214	238	169	4.45	8.32	1.88	0.210
聚乙酸乙烯酯泥混凝土（PAE-1）	5	51.8	98.0	95.0	112	102	7.13	12.53	1.78	0.178
	10	44.9	82.0	105	120	106	5.37	9.76	1.81	0.221
	15	42.0	55.0	80.0	90.0	88.0	4.69	8.39	1.81	0.274
	20	36.8	37.0	62.0	91.0	60.0	4.10	5.76	1.38	0.275

第七章　高强混凝土

随着建筑业的飞速发展，提高工程结构混凝土的强度已成为当今世界各国土木建筑工程界普遍重视的课题，它既是混凝土技术发展的主攻方向之一，也是节省能源、资源的重要技术措施之一。

高强混凝土的概念，并没有一个确切的定义，在不同的历史发展阶段，高强混凝土的含义是不同的。从我国目前平均的设计和施工技术实际出发，将强度在 50MPa 以上的混凝土称为高强混凝土，强度在 30～45MPa 的混凝土称为中强混凝土，强度在 30MPa 以下的混凝土称为低强混凝土。因此，在实际工程中，一般采用 50～60MPa 的高强混凝土，是符合中国国情的。

第一节　高强混凝土的材料组成

高强混凝土的组成材料主要包括胶凝材料、骨料、外加剂、掺合料和拌和水等。原料的选择是否正确，是配制高强混凝土的基础和关键，必须引起足够的重视。

（一）胶凝材料

胶凝材料是混凝土的主要组成材料，也是影响混凝土强度的主要因素。从观察和研究混凝土的破坏过程可知，对于采用优质骨料配制的混凝土，其破坏常常发生在水泥石与骨料的界面处，实质上混凝土的强度主要取决于水泥石与骨料之间的黏结力。因此，在配制混凝土时，选择适宜的胶凝材料是非常重要的，它不仅要把松散的骨料黏结成一个整体，而且本身硬化后具有较高的强度和耐久性，并能承受设计荷载。骨料能否发挥作用，也与胶凝材料的本身强度和黏结力有很大关系。

水泥是高强混凝土中的主要胶凝材料，也是决定混凝土强度高低的首要因素。因此，在选择水泥时，必须根据高强混凝土的使用要求，主要考虑如下技术条件：水泥品种和水泥强度等级；在正常养护条件下，水泥早期和后期强度的发展规律；在混凝土的使用环境中，水泥的稳定性；水泥其他方面的特殊要求，如水化热的限制、凝结时间、耐久性等。

1. 水泥的品种与强度等级

配制高强混凝土，不一定采用快硬水泥，因为早期强度高不是目的。过去，配制高强混凝土是比较困难的，所选水泥的强度等级往往是混凝土的 0.9～1.5 倍。在我国，现阶段随着材料性质及工艺方法的改善，尤其是外加剂的广泛应用，配制高强混凝土也就更加容易。

根据《高强混凝土工程应用》的工程实践证明，配制高强混凝土的水泥，宜选用强度等级为 52.5MPa 或更高强度等级的硅酸盐水泥或普通硅酸盐水泥；当混凝土强度等级不超过 C60 时，也可以选用强度等级为 42.5MPa 硅酸盐水泥或普通硅酸盐水泥。无论何地产的水泥，必须达到强度满足、质量稳定、需水量低、流动性好、活性较高的要求，其技术指标应符合国家或行业的现行规定。

2. 水泥的矿物成分

水泥熟料中的矿物成分和细度，是影响高强混凝土早期强度和后期强度的主要因素。对硅酸盐系列的水泥来讲，其熟料中的主要矿物成分为硅酸三钙（C_3S）、硅酸二钙（C_2S）、铝酸三钙（C_3A）和铁铝酸四钙（C_4AF）。C_3S 对早期和后期强度发展都有利；C_2S 的水化速度较慢，但对后期强度起相当大的作用；C_3A 的水化速度最快，主要影响混凝土的早期强度；C_4AF 的水化速度虽较快，但早期和后期的强度都较低。

由以上叙述可以看出，如果早期强度要求较高，应使用硅酸三钙（C_3S）含量高的水泥；如果对早期强度无特殊要求，应使用硅酸二钙（C_2S）含量高的水泥。由于铝酸三钙（C_3A）、铁铝酸四钙（C_4AF）的早期和后期强度均比较低，所以用于高强混凝土的水泥中，铝酸三钙（C_3A）、铁铝酸四钙（C_4AF）的含量应严格控制。高细度的水泥能获得早强，但其后期强度增加很少，加上水化热严重，利用单纯增加水泥细度提高早期强度的方法也是不可取的。水泥的细度一般为 $3500 \sim 4000cm^2/g$ 比较适宜。

3. 水泥的用量

生产高强混凝土，胶凝物质的数量是至关重要的，它直接影响到水泥石与界面的黏结力。从便于施工角度加要求，也应具有一定的工作度。从理论上讲，为了增加砂浆中胶凝材料的比例，提高混凝土的强度和工作度，国外水泥用量一般控制在 $500 \sim 700kg/m^3$ 范围内。

根据我国上海金茂大厦、广州国际大厦、深圳鸿昌广场大厦、青岛中银大厦等著名的超高层建筑工程实践，高强混凝土的水泥用量一般在 $500kg/m^3$ 左右，最多不超过 $550kg/m^3$，水泥和矿物外加剂的总量不应大于 $600kg/m^3$。其具体掺加数量主要与水泥的品种、细度、强度、质量、坍落度大小、混凝土强度等级、外加剂种类、骨料的级配与形状、矿物掺合料等密切相关。

日本的一项混凝土技术资料表明：当采用高效减水剂配制高强混凝土时，如果水泥用量超过 $450kg/m^3$，对混凝土强度增长的作用并不显著。由此可见，配制高强混凝土的水泥用量应当适宜，不能将增加水泥用量作为提高混凝土强度的唯一途径。

根据国内外大量的试验表明：如果混凝土中掺加水泥过多，不仅使其产生大量的水化热和较大的温度应力，而且还会使混凝土产生较大的收缩等质量问题。工程成功经验证明：在配制高强混凝土时，如果高强混凝土的强度等级较低（C50～C80），水泥用量宜控制在 $400 \sim 500kg/m^3$；如果混凝土的强度等级大于 C80，水泥用量宜控制在 $500 \sim 550kg/m^3$，另外可通过掺加硅粉、粉煤灰等矿物料来提高混凝土强度。

经验表明，应通过对各种水泥进行试配，以科学的数据确定制备高强混凝土所用水泥的种类和数量。在满足既定抗压强度的前提下，经济适用是选择水泥的依据。为了使水泥用量最小，要求骨料有最佳级配，并在拌制过程中保持均匀。

(二) 骨料

骨料是混凝土的骨架和重要组成材料，一般可占混凝土总体积的 $75\% \sim 80\%$，它在混凝土中既有技术上的作用又有经济上的意义。英国著名学者悉尼·明德斯在《混凝土》中曾明确指出："高强混凝土的生产，要求供应者对影响混凝土强度的三个方面提供最佳状态：①水泥；②骨料；③水泥-骨料黏结。"由此可以看出骨料在高强混凝土中的重要作用。从总的方面，要求配制高强混凝土的骨料应选用坚硬、高强、密实而无孔隙和无软质杂质的优良骨料。

1. 粗骨料

粗骨料是混凝土中骨料的主要组成，在混凝土的组织结构中起着骨架作用，一般占骨料的 60%～70%，其性能对高强混凝土的抗压强度及弹性模量起决定性的作用。因此，如果粗骨料的强度不足，其他采取的提高混凝土强度的措施将成为空谈。对高强混凝土来说，粗骨料的重要优选特性是抗压强度、表面特征及最大粒径等。

（1）粗骨料的抗压强度　在其他条件相同的情况下，粗骨料的强度越高，配制的混凝土强度越高。为了配制高强混凝土，要优先采用抗压强度高的粗骨料，以免粗骨料首先破坏。当骨料的强度大于混凝土强度时，骨料的质量对混凝土的强度影响不大，但含有多量的软质颗粒和针、片状骨料时，混凝土的强度会大幅度下降。

在许多情况下，骨料质量是获取高强混凝土的主要影响因素。所以，在试配混凝土之前，应合理地确定各种粗骨料的抗压强度，并应尽量采用优质骨料。优质骨料系指高强度骨料和活性骨料。按规定，配制高强混凝土时，最好采用致密的花岗岩、辉绿岩、大理石等作骨料，粒型应坚实并带有棱角，骨料级配应在要求范围以内。粗骨料的强度可用母岩立方体抗压强度和压碎指标值表示。

① 立方体抗压强度　即用粗骨料的母岩制成 50mm×50mm×50mm 的立方体试块，在水中浸泡 48h（达饱和状态），测其极限抗压强度，即为粗骨料的抗压强度。配制高强混凝土所用的粗骨料，一般要求标准立方体的骨料抗压强度与混凝土的设计强度之比值（岩石抗压强度/混凝土强度等级）应大于 1.5～2.0。

② 压碎指标值　即在国家规定的试验方法条件下，测定粗骨料抵抗压碎的能力，从而间接推测其相应的强度。在实际操作上，对经常性的工程及生产质量控制，采用压碎指标值比立方体抗压强度更为方便。粗骨料的压碎指标值可参考表 7-1 采用。

表 7-1　粗骨料的压碎指标值

岩石品种	混凝土强度等级	压碎指标值/%	
		碎　石	卵　石
水成岩	C40～C60	10～12	≤9
变质岩或深成的火成岩	C40～C60	12～19	12～18
喷出的火成岩	C40～C60	≤13	不限

从表 7-1 中可以看出，碎石的压碎指标值比卵石的高，卵石配制的高强混凝土强度明显小于碎石，因此，一般应采用碎石配制高强混凝土。若配制强度大于 C60 的混凝土，粗骨料的压碎指标值还应再小些。

（2）粗骨料的最大粒径　试验研究表明，用以制备高强混凝土的粗骨料，其最大粒径与所配制的混凝土最大抗压强度有一定的关系。

在普通混凝土施工中，在施工条件允许和强度满足的前提下，粗骨料的粒径可以尽量选得大些，不仅可降低水化热和水泥用量，而且可以对提高混凝土强度有利。但是，对高强混凝土来讲，加大骨料尺寸反而降低混凝土强度，这是由于粗骨料是脆性材料、大颗粒骨料存在薄弱弊端所致；较小的骨料能够增加与水泥浆的强度，混凝土的强度能有所提高。

《普通混凝土配合比设计规程》（JGJ 55—2011）中规定：对 C60 及 C60 以上强度等级的混凝土，粗骨料的最大粒径不宜超过 31.5mm。工程试验表明，粒径大于 25mm 的粗骨料不能用于配制抗压强度 70MPa 以上的高强混凝土，骨料的最大粒径为 12～20mm 时能获得最高的混凝土强度。因此，配制高强混凝土的粗骨料最大粒径一般应控制在 20mm 以内，如果岩石强度较高、质地均匀坚硬，或混凝土的强度等级在 C40～C55 以下时，20～30mm 粒径的骨料也可以被采用。

（3）异形颗粒的含量　异形颗粒的骨料主要指针、片状骨料，它们严重影响混凝土的强度。对于中、低强度的混凝土，异形颗粒的含量要求较低，一般不超过 15％～25％，但对高强混凝土要求很高，一般不宜超过 5％。

（4）粗骨料的表面特征　混凝土初凝时，胶凝材料与粗骨料的黏结是以机械式啮合为主，所以要配制高强混凝土，应采用立方体的碎石，而不能采用天然砾石。同时，碎石的表面必须干净而无粉尘，否则会影响混凝土内部的黏结力。

（5）各种杂质的含量　各种杂质主要包括黏土、云母、轻物质、硫化物及硫酸盐、活性氧化硅等。黏土附着于粗骨料的表面，不仅会降低混凝土拌和物的流动性或增加用水量，而且大大降低骨料与水泥石间的界面黏结强度，从而使混凝土的强度和耐久性降低。所以，在配制高强混凝土时，要认真对粗骨料进行冲洗，严格控制粗骨料中的含泥量在 0.5％ 以内，泥块含量不宜大于 0.2％。

硫化物及硫酸盐的含量，应当采用比色法试验鉴别，其颜色不得深于国家规定的标准色。

骨料中含有的活性氧化硅易与水泥中的碱（Na_2O 或 K_2O）发生反应，生成一层复杂的碱-硅酸凝胶（$Na_2O \cdot SiO \cdot nH_2O$），体积膨胀大约 3 倍以上，易使混凝土开裂破坏。这种碱骨料反应（简称 AAB），还会大幅加剧冻融、钢筋锈蚀、化学腐蚀等因素对混凝土的破坏作用，更会导致混凝土迅速恶化。因此，在配制高强混凝土时一定要尽量选择无碱骨料反应的粗骨料。

（6）粗骨料的坚固性　粗骨料的坚固性是反映骨料在气候、环境变化或其他物理因素作用下抵抗破坏的能力。骨料的坚固性是用硫酸钠饱和溶液法进行检验，即以试棒经过 5 次循环浸渍后，骨料的损失质量占原试棒质量的百分率。粗骨料的坚固性要求与混凝土所处的环境有关，具体标准如表 7-2 所列。

表 7-2　粗骨料的坚固性指标

混凝土所处的环境	在硫酸钠饱和溶液中的循环次数	循环后的质量损失不宜大于/％
在干燥条件下使用的混凝土	5	12
在寒冷地区室外使用，并经常处于潮湿或干湿交替状态下的混凝土	5	5
在严寒地区室外使用，并经常处于潮湿或干湿交替状态下的混凝土	5	3

（7）颗粒级配　骨料的颗粒级配是否良好，对混凝土拌和物的工作性能和混凝土强度有着重要的影响。良好的颗粒级配可用较少的加水量制得流动性好、离析泌水少的混凝土混合料，并能在相应的施工条件下，得到均匀致密、强度较高的混凝土，达到提高混凝土强度和节约水泥用量的效果。

在配制高强混凝土时，最好采用连续级配的粗骨料，即不大于最大粒径的石子都要占一定比例，然后通过试验从中选出几组容重较大的级配进行混凝土试拌，选择和易性符合要求、水泥用量较少的一组作为采用的级配。配制高强混凝土的粗骨料颗粒级配范围应符合表1-6 中的要求。

2. 细骨料

高强混凝土对细骨料（砂）的要求与普通混凝土基本相同，在某些方面稍高于普通混凝土对细骨料的要求。砂中的有害物质主要有：黏土、淤泥、云母、硫化物、硫酸盐、有机质以及贝壳、煤屑等轻物质。黏土、淤泥及云母影响水泥与骨料的胶结，含量多时使混凝土的强度降低；硫化物、硫酸盐、有机物对水泥均有侵蚀作用；轻物质本身的强度较低，会影响混凝土的强度及耐久性。因此，配制高强混凝土最好用纯净的砂，起码有害杂质含量不能超过国家规定的限量。

细骨料的级配要符合要求。在高强混凝土组成中，细骨料所占比例同样要比普通强度混凝土所用的量要少些。

根据工程实践经验证明，配制高强混凝土时，对有害杂质应按以下标准严格控制：含泥量（淤泥和黏土总量）不宜超过 1.0％；泥块含量不应大于 0.2％；云母含量按质量计不宜大于 2％；轻物质含量按质量计不宜大于 1％；硫化物及硫酸盐（折算成 SO_3）含量按质量计不宜大于 1％；有机质含量按比色法评价，颜色不应深于标准色。

配制高强混凝土所用的砂子的细度模数一般应大于 2.6，最好控制在 2.7～3.1 范围内。如果细度模数低于 2.6 时，其比表面积增大，拌制时所需水量增加，但混凝土的强度反而降低。

（三）外加剂

减水剂是一种重要的混凝土外加剂，能够最大限度地降低混凝土水灰比，提高混凝土的强度和耐久性。减水剂分为普通减水剂和高效减水剂，减水率大于 5％且小于 12％的减水剂称为普通减水剂；减水率大于 12％的减水剂称为高效减水剂。

配制高强混凝土掺加一定量的高效减水剂，这是改善混凝土性能、提高混凝土强度不可缺少的重要措施之一。大量的工程实践证明，高效减水剂掺量虽较少，在混凝土强度增长方面显示出十分显著的效果，已成为高强混凝土中重要的材料。

1964 年，日本首先进行了掺加高效减水剂配制普通工艺高强混凝土技术的研究工作，并在工程中获得成功。我国于 20 世纪 70 年代初期开始研制和生产高效减水剂，1977 年清华大学研究成功的萘系 NF 高效减水剂，大大促进了我国高效减水剂的迅速发展，为高强混凝土的发展打下了良好的基础。

1. 高效减水剂的类型

根据我国混凝土外加剂的质量标准，高效减水剂的减水率必须大于 12％。按化学成分不同高效减水剂可分为萘系、多羧酸系、三聚氰胺系和氨基磺酸盐系四大类，目前最常用的是萘系和三聚氰胺系高效减水剂。

萘系减水剂是以煤焦油中分馏出的萘及萘的同系物为原料，经磺化、缩合而成，对水泥具有强烈的分散作用，减水、增强效果均优于普通减水剂。目前国内生产的品种主要有NF、UNF、FDN、HN 等，减水率一般为 20％～30％。三聚氰胺系高效减水剂也称为树脂系减水剂，其主要成分为三聚氰胺甲醛缩合物，属阴离子表面活性剂。目前国内生产的品种主要有 SM，减水率最高可达 30％～60％，是一种极好的早强、非引气型高效减水剂，是配制高强混凝土的首选外加剂。

2. 高效减水剂的选择

在普通工艺的施工条件下，高强混凝土离不开高效减水剂，究竟选用哪一种高效减水剂，并不是一个简单的问题，必须科学、合理、慎重地选择才能达到预期的目的。

配制强度等级较高的高强混凝土时，应首先选用非引气型高效减水剂，常用的商品牌号有 SM、NF、UNF、FDN 等。它们的用量一般为水泥用量的 0.5％～1.5％，减水率可达20％～30％。

配制强度等级不太高的高强混凝土时，同时混凝土有较高的抗冻性或较好的可泵性要求，可选用引气型高效减水剂，常用的牌号有 MF、建 1、JN、AF 等，另外还有低引气型的 FA、CRS 等，也可以采用高效减水剂和引气剂复合的方式。

高效减水剂可以配制高强混凝土，但也易产生混凝土拌和物坍落度损失的问题，这对运输距离较长的商品混凝土、大体积混凝土、泵送混凝土的现场施工都是不利的。为了解决这个难题，可以采用缓凝剂与高效减水剂复合使用的方法；也可以将高效减水剂混入具有一定活性的某种载体中，使其缓慢溶解释放，从而延缓坍落度的损失；还可以采用掺加保塑剂，减少坍落度的损失。

配制高强混凝土时，在一定的初始坍落度下，高效减水剂的掺量越大，坍落度提高得越多，但超过一定限度后，多掺加反而效果不显著，这就需要在实际施工前一定要通过试验确定高效减水剂的最佳用量。

目前，我国生产的高效减水剂品种很多，它们都存在着一个与水泥品种相容的问题。在水泥品种确定的条件下，必须通过试验选择适宜的高效减水剂品种。工程实践证明：如果水泥熟料中含 C_3A 较多，由于 C_3A 对减水剂的吸附作用大，减水剂的作用无法充分发挥；特别当高效减水剂中含有较多的游离硫酸盐时，遇到 C_3A 含量高的水泥，就会加快水泥的凝结硬化，使混凝土拌和物坍落度的损失增大。

从以上所述可以看出，高效减水剂不仅能增加混凝土拌和物的流动性，而且能大幅度地提高混凝土的强度和弹性模量，对减少徐变、提高混凝土的耐久性也非常有利。但是，在选择高效减水剂时，既要考虑到工程特点、施工条件、耐久性要求，也要考虑到高效减水剂的种类、用量、水泥品种、高强混凝土的强度等。

（四）混凝土掺合料

水泥水化反应是一个漫长的过程，有的可能持续几十年。试验证明：28 天龄期时，水泥的实际利用率仅为 $60％～70％$。因此，高强混凝土中有相当一部分水泥仅起填充料作用，混凝土中掺加过量的水泥，不仅不能提高混凝土强度，而且带来巨大的浪费。在高强混凝土的配制中，若加入适量的活性掺合料，既可促进水泥水化产物的进一步转化，也可收到提高混凝土配制强度、降低工程造价、改善高强混凝土性能的效果。《高强混凝土结构设计与施工指南》建议采用的活性掺合料有磨细粉煤灰、磨细矿渣、磨细天然沸石粉、硅粉等。

1. 磨细粉煤灰

粉煤灰是一种人工火山灰材料，是燃煤电厂煤粉炉烟道中收集的细颗粒粉末。粉煤灰作为一种优良的活性掺合料用于混凝土中已有多年历史，但在工程结构混凝土中的应用，在 20 世纪 70 年代以后才有较大的发展。现在，粉煤灰常常被作为混凝土的第六组成部分，被用于配制高强混凝土、高流态混凝土和泵送混凝土。

应用粉煤灰配制高强混凝土，不仅可以有利于环境保护、降低建筑能耗、降低工程成本，而且可以达到改善混凝土性能、提高工程质量和混凝土强度的目的。因此，合理利用粉煤灰配制高强混凝土是我国一项节能环保的技术措施。

（1）粉煤灰的等级划分及化学成分　按照国家标准《用于水泥和混凝土中的粉煤灰》（GB/T 1596—2005）规定，国产的粉煤灰分为Ⅰ、Ⅱ、Ⅲ三个等级，如表 7-3 所列。

表 7-3　我国粉煤灰品质标准 （GB 1596—2005）

项　　目	品质标准		
	Ⅰ	Ⅱ	Ⅲ
细度(0.08mm 筛余)/%	≤5	≤8	≤25
烧失量/%	≤5	≤8	≤15
需水量比/%	≤95	≤105	≤115
三氧化硫/%	≤3	≤3	≤3
含水率/%	≤1	≤1	不做规定

　　配制高强混凝土所用的粉煤灰，对化学成分的要求是比较严格的。国内的粉煤灰其主要化学成分包括 SiO_2、Al_2O_3、Fe_2O_3、CaO、MgO、SO_3、Na_2O 及 K_2O 等，其中 SiO_2 为 40%～60%、Al_2O_3 为 17%～35%，它们是粉煤灰活性的主要来源，两者的含量越高，粉煤灰对混凝土的增强效果就越好。配制高强混凝土的粉煤灰，SiO_2 和 Al_2O_3 的总含量要求超过 70%。我国规定的Ⅰ级粉煤灰品质标准，与国际上优质粉煤灰的质量基本相同，完全可以作为配制高强混凝土用粉煤灰。

　　(2) 粉煤灰在高强混凝土中的作用　　优质粉煤灰中含有大量的 SiO_2 和 Al_2O_3，它们是活性较强的氧化物，掺入水泥中能与水化产物 $Ca(OH)_2$ 进行二次反应，生成稳定的水化硅酸钙凝胶，具有明显的增强作用。根据试验研究证明，优质粉煤灰在混凝土中能够均匀分布，使水泥石中的总孔隙降低，硬化混凝土更加致密，混凝土的强度也有所提高。由此可见，粉煤灰能提高混凝土的强度是其具有的主要作用。

　　在优质粉煤灰中含有 70% 以上的球状玻璃体。这些球状玻璃体表面光滑、无棱角、性能稳定，在混凝土中类似于轴承的润滑作用，减小了混凝土拌和料之间的摩擦阻力，能显著改善混凝土拌和料的和易性，泵送高强混凝土掺入粉煤灰后可以提高拌和料的可泵性。

　　在配制高强混凝土时掺加适量的粉煤灰，由于强度大幅度提高，孔结构进一步细化，孔分布更加合理；因此，也能有效地提高混凝土的抗渗性、抗冻性，混凝土的弹性模量也可提高 5%～10%。

　　2. 磨细矿渣

　　美国高炉矿渣被称为"全能工程骨料"，自 20 世纪 50 年代以来已 100% 被利用，广泛用于筑路、机场、混凝土工程等，矿渣是工业废渣中利用最好的一种，现在我国的矿渣利用率已达到 80%。

　　高炉矿渣是高炉炼铁过程中，由矿石中的脉石、燃料中的灰分和助熔剂（石灰石）等炉料中的非挥发组分形成的废物，主要有高炉水渣和重矿渣。高炉水渣是炼铁高炉排渣时，用水急速冷却而形成的散颗粒状物料，其活性较高，目前这类矿渣约占矿渣总量的 85%。

　　配制高强混凝土的矿渣粉是用符合《用于水泥中的粒化高炉矿渣》（GB/T 203—2008）标准规定的粒化高炉矿渣，经干燥、粉磨达到相当细度且符合相应活性指数的粉体。

　　(1) 矿渣粉的主要作用　　矿渣粉用作混凝土的掺合料能改善或提高混凝土的综合性能，其作用机理在于矿渣微粉在混凝土中具有微集料效应、微晶核效应和火山灰效应，而且还可以提高混凝土的抗渗性、降低水化热、防止温升裂缝。

　　① 微集料效应　　混凝土可视为连续级配的颗粒堆积体系，粗集料的间隙由细集料填充，细集料的间隙由水泥颗粒填充，而水泥颗粒之间的间隙则需要更细的颗粒来填充。由于矿渣微粉的细度比水泥颗粒细，在取代了部分水泥以后，这些小颗粒填充在水泥颗粒间的空隙中，使胶凝材料具有更好的级配，形成了密实充填结构和细观层次的自紧密堆积体系。

由于矿渣颗粒极细不仅能降低标准稠度下的用水量，在保持相同用水量的情况下可增加流动度，从而改善了混凝土拌和物的和易性；而且还可以增加混凝土拌和物的黏聚性，防止了泌水离析，从而可以改善混凝土的可泵性。

② 微晶核效应 矿渣微粉的胶凝性虽然与硅酸盐水泥相比较弱，但它为水泥水化体系起到微晶核效应的作用，加速水泥水化反应的进程并为水化产物提供了充裕的空间，改善了水泥水化产物分布的均匀性，使水泥石结构比较致密，从而使混凝土具有较好的力学性能。

③ 火山灰效应 在混凝土中掺入矿粉后，混凝土内部处于碱环境的情况下，矿粉吸收水泥水化时形成 $Ca(OH)_2$，且能促进水泥进一步水化生成更多有利的 CSH 凝胶，使集料接口区的 $Ca(OH)_2$ 晶粒变小，改善了混凝土微观结构，使水泥浆体的空隙率明显下降，强化了集料接口黏结力，使混凝土的物理力学性能大大提高。

④ 提高抗渗性 在混凝土中掺入矿渣微粉后，由于替代了部分水泥而减少了受侵蚀的内因，同时当矿渣微粉均匀分散到水泥浆体中，形成了水化产物的核心。矿渣微粉掺入混凝土中能吸收部分 $Ca(OH)_2$ 产生二次水化反应，水化产物进一步填充了结构孔隙，使结构更密实抗渗透性更好。

⑤ 降低水化热 在水泥水化初期，放热集中，会造成坍落度损失。矿渣微粉加入后，由于它本身不能直接水化，只有在水泥水化的碱性条件下二次水化。因而它能延缓水化放热，初始坍落度保持时间可以长一些，减少了由于温升带来的温度裂缝。

（2）矿渣粉的要求 对于配制混凝土用的矿渣粉质量要求，我国在《用于水泥和混凝土中的粒化高炉矿渣粉》（GB/T 18046—2008）和《高强高性能混凝土用矿物外加剂》（GB/T 18736—2002）中有明确的规定。矿渣粉的技术指标应符合表 7-4 的规定。

表 7-4 配制混凝土用的矿渣粉技术指标

技术指标名称		矿渣粉级别		
		S105	S95	S75
密度/(g/cm³)		≥2.8		
比表面积/(m²/kg)		≥350		
活性指数/%	7 天	≥95	≥75	≥55①
	28 天	≥105	≥95	≥75
流动度比/%		≥85	≥90	≥95
含水量/%		≤1.0		
三氧化硫/%		≤4.0		
氯离子②/%		≤0.02		
烧失量②/%		≤3.0		

① 可根据用户要求协商提高。
② 选择性指标，当用户有要求时，供货方应提供矿渣粉的氯离子和烧失量数据。

3. 磨细天然沸石粉

磨细天然沸石粉是一种特殊的火山灰质材料，也是一种含有很多微孔的骨架状硅酸盐结晶矿物。磨细天然沸石粉不仅具有一定的水硬性，而且还具有很大的内表面积，这是区别于一般火山灰质材料的特点所在。在混凝土中大量应用的是斜发沸石和丝光沸石，其化学成分与粉煤灰基本相同。

我国自 1978 年以来，曾对"沸石在水泥水化中作用机理"、"混凝土掺加沸石粉的各项性能"做了系统研究，实践证明：用磨细天然沸石粉作为混凝土的掺合料，不仅能配制出抗渗性、和易性良好的混凝土而且能配制高强混凝土和泵送混凝土。

（1）磨细天然沸石粉的作用机理

① 提高水泥水化程度　日本山崎先生指出，矿物粒子与水泥粒子聚集在一起，为水泥产物的填充提供了外部空间。因此，利用矿物粉料与水泥颗粒尺寸相同的特点，置换混凝土中部分水泥，能提高水泥水化程度。尤其是磨细天然沸石粉，因其内表面积巨大，为水泥水化可提供大的空间；加上沸石粉本身具有一定的水硬性，在水泥熟料激发下能产生一定的强度。

② 与 $Ca(OH)_2$ 反应生成 CSH 相　在水泥水化反应的过程中，将生成大量的 $Ca(OH)_2$，而 $Ca(OH)_2$ 是以片状结晶存在，对水泥石的强度作用非常微弱。掺加一定量的磨细天然沸石粉后，大量的 $Ca(OH)_2$ 被吸收，由原来的片状结晶变为 CSH 相，从而也提高了混凝土的强度。

③ 改善水泥石孔结构　美国加州大学 Mehta 教授曾对希腊火山灰水泥进行研究，证明孔径分布对强度、干缩、抗硫酸盐性及碱-集料反应均有显著影响。他认为改变孔级配，加上火山灰本身的活性，对提高混凝土的强度和耐久性将起重大作用。掺加沸石粉的水泥与纯水泥相比，水泥水化产物增加，内部微孔增多，水泥石的强度和抗渗性得到改善。

④ 改善混凝土界面结构　经 EDXA 分析和 X 射线层分析表明，用磨细天然沸石粉取代 10％水泥的混凝土，其结晶过渡层中取向明显比纯水泥-集料界面过渡层取向减弱，取向范围的减少，使整个过渡结构不均性减弱，界面性能得到改善。

（2）掺加磨细天然沸石粉的强度效应分析

① 以配合比 1∶0.35∶1.12∶2.414（水泥∶水∶砂∶碎石）配制的高强水泥混凝土，其 3 天、7 天、28 天的强度分别为 47.5MPa、59.5MPa、70.8MPa；以磨细天然沸石粉取代 10％水泥配制的混凝土，其 3 天、7 天、28 天的强度分别为 52.4MPa、67.0MPa、80.0MPa；以粉煤灰取代 10％水泥配制的高强混凝土，其 3 天、7 天、28 天的强度分别为 43.1MPa、54.7MPa、66.9MPa；以矿渣粉取代 10％水泥配制的高强混凝土，其 3 天、7 天、28 天的强度分别为 41.0MPa、51.6MPa、66.1MPa。

从以上掺加不同矿物粉料的强度比较可以看出，掺加磨细天然沸石粉的混凝土，3 天、7 天、28 天强度均比纯水泥混凝土提高 10％以上；而掺加粉煤灰、矿渣粉的混凝土，3 天、7 天、28 天强度均比纯水泥混凝土降低 6％～14％。

② 天然沸石粉不同细度与混凝土强度的关系　天然沸石粉经振动磨细，平均粒径分为 $6.8\mu m$、$6.4\mu m$ 及 $5.6\mu m$ 三个等级，其细度不同对混凝土强度的影响也不同。

在其他材料配合比不变的条件下，日本曾对掺加不同粒径的磨细天然沸石粉对强度的影响进行过对比试验，试验结果表明：混凝土拌和料的坍落度变化非常小，混凝土的含气量稍有变化；而对混凝土强度的影响很大。磨细天然沸石粉平均粒径为 $6.8\mu m$ 的混凝土，3 天、7 天、28 天强度分别为 49.0MPa、65.5MPa、77.9MPa；平均粒径为 $6.4\mu m$ 的混凝土，3 天、7 天、28 天强度分别为 51.3MPa、66.6MPa、77.9MPa；磨细天然沸石粉平均粒径为 $5.8\mu m$ 的混凝土，3 天、7 天、28 天强度分别为 51.3MPa、68.4MPa、80MPa。由此可以看出，沸石粉平均粒径小者强度增长较大。

③ 磨细天然沸石粉的不同掺量与混凝土强度的关系　以磨细天然沸石粉取代水泥量分别为 10%、15%、20%配制混凝土，混凝土 28 天强度分别为 77.9MPa、74.3MPa、70.8MPa。其中沸石取代水泥量 15%的混凝土，比纯水泥混凝土强度提高 4.9%；磨细天然沸石粉取代水泥量 20%的混凝土，与纯水泥混凝土强度基本相同。实践证明：采用硅酸盐水泥配制混凝土时，磨细天然沸石粉取代水泥以 15%为宜；采用普通水泥配制混凝土时，磨细天然沸石粉取代水泥以 10%为宜。

(3) F 矿粉的应用　F 矿粉是清华大学土木系开发的一种新型火山灰质细粉料，它以磨细天然沸石粉为主要成分，配以少量的其他无机物经磨细而成。据成功工程经验介绍，用 F 矿粉置换 10%等量的水泥，同时掺入适量的高效减水剂，使水灰比控制在 0.30～0.35 范围内，混凝土拌和物坍落度可达 10cm 左右，用于现场高强混凝土可达到 60～79MPa，并表现出良好的施工和易性。

4. 硅粉

硅粉是电炉生产工业硅或硅铁合金的副产品，从炉子排出的废气中过滤收集而得，是一种人工的火山灰质材料。我国年产工业硅和硅铁合金约 40 万吨，可回收硅粉近 5 万吨。但由于目前大多数厂家不进行回收，因此硅粉产量有限，价格比较昂贵，在混凝土中应用很少。

(1) 硅粉的化学成分　硅粉中含有大量的 SiO_2 非晶体球形颗粒，其主要化学成分与粉煤灰基本相同。我国典型厂家生产的硅粉主要由多种氧化物（SiO_2、Al_2O_3、Fe_2O_3、MgO、CaO）组成，其中 SiO_2 的含量为 93%左右，Al_2O_3 为 0.50%～0.60%，Fe_2O_3 为 0.27%～1.01%，MgO 为 0.50%左右，CaO 为 0.40%～0.97%。另外，还含有少量的 C、K_2O、Na_2O 等，其烧失量一般为 3.4%～3.6%。

硅粉的相对密度一般为 2.0～2.2，堆积密度为 250～300kg/m^3，比表面积为 $20 \times 10^3 m^2/kg$ 左右，微粒的平均粒径为 0.1μm。

(2) 硅粉的增强作用　从硅粉的化学成分可以看出，活性 SiO_2 是硅粉的主要组成，其颗粒极细，活性较强，掺入到水泥混凝土中，可以得到三方面的增强作用：①SiO_2 与水泥水化物 $Ca(OH)_2$ 迅速进行二次水化反应，生成水化硅酸钙凝胶，这些凝胶不仅可沉积在硅粉巨大的表面上，也可伸入到细小的孔隙中，使水泥石密实化；②二次水化反应使混凝土中的游离 $Ca(OH)_2$ 减少，原片状晶体尺寸缩小，在混凝土中的分散度提高；③由于 $Ca(OH)_2$ 被大量消耗，界面结构得到明显改善。

有关试验资料表明，采用 425R 型水泥，掺入 12%的硅粉，混凝土的 3 天强度可以提高 11%，28 天强度可以提高 35%。但是，由于硅粉产量较少、价格较贵，为降低工程造价，硅粉的掺量一般不宜超过 10%左右，必要时可以和粉煤灰等掺合料一起使用。

（五）拌和水

1. 普通拌和水

配制高强混凝土的用水，一般使用饮用水即可。水中不得含有影响水泥正常凝结与硬化的有害杂质，pH 值应大于 4。总之，混凝土拌和及养护用水的质量，应符合行业标准《混凝土用水标准》(JGJ 63—2006) 中的具体规定。

2. 磁化拌和水

普通水经磁场得以磁化，可以提高水的"活性"。在用磁化水拌制混凝土时，水与水泥进行水解水化作用，就会使水分子比较容易地由水泥颗粒的表面进入颗粒内部，加快水泥的水化作用，从而提高混凝土的强度。

据俄罗斯有关资料介绍，利用磁化水拌和混凝土，可增加强度50％。我国现有资料表明，在不减少水泥用量的情况下，用磁化水可使混凝土强度提高30％～40％。有关磁化水的作用机理尚处在深入研究阶段。

第二节　高强混凝土配合比设计

高强混凝土配合比设计是根据工程对混凝土提出的强度要求、各种材料的技术性能及施工现场的施工条件，合理选择原材料和确定高强混凝土各组成材料用量之间的比例关系。由此看来，它与普通混凝土的配合比设计基本相同，只不过是对水泥及骨料提出了更高的要求。

（一）决定混凝土强度的主要因素

根据鲍罗米混凝土强度公式 $f_{28}=Af_{ce}(C/W-B)$ 可以看出，影响高强混凝土强度的主要因素有：水泥浆体、骨粒和水泥浆-骨料黏结。

1. 水泥浆体

材料试验证明：影响浆体组分强度的主要因素是水灰比，在保持合适的工作性始终不变的条件下，混凝土的水灰比应当尽可能低。因此，生产特干硬性混凝土（即无坍落度的混凝土）是一种发展趋势，由于这种混凝土可以降低拌和用水量，降低混凝土的水灰比，减少混凝土中的孔隙率，从而可以提高混凝土的强度。

工程实践证明：采用高强度等级的水泥和适当提高水泥用量，并掺加高效减水剂，可以配制出水灰比为0.25～0.40、坍落度为50～200mm的高强混凝土。高活性水泥硬化后，形成的水泥石密实坚固，胶孔比大。加之高效减水剂（超塑化剂）可以把水灰比降低到小于0.35，同时又可保持合适的工作性，因而减水剂具有很大的潜力。

总之，配制高强混凝土应采用的工艺是：用高强度等级水泥，适当提高水泥用量，并采用新型高效减水剂，同时选用强烈振捣机械，使混凝土振捣密实。

2. 骨料

由于骨料颗粒断裂时，混凝土要破坏，故骨料强度对高强混凝土非常重要。另一方面，混凝土破坏时，其裂缝显现在水泥石与骨料的界面处，骨料的粒型也十分重要。因此，配制高强混凝土时，应选择高强、致密、表面粗糙、级配良好、质量符合要求的骨料，并且骨料要有坚固的抗压能力，细骨料用量相对较少。

3. 水泥浆-骨料黏结

因为水泥浆体与骨料间的黏结界面是混凝土的薄弱环节，故应注意改善其对混凝土总体强度的作用。碎石比砾石的表面粗糙，因此，碎石能使黏结较好，从而使混凝土有较高的强度。同样，碎石的表面积与体积之比，要比圆形砾石要大，因此，应特别注意保证碎石骨料表面的清洁。

（二）配制高强混凝土的主要技术途径

在《高强混凝土结构施工指南》（HSCC93-2）（以下简称"指南"）中，对配制高强混凝土原材料的质量要求做出了明确规定，必须严格遵守。在我国目前施工技术和施工条件下，配制高强混凝土的主要技术途径有以下几个方面。

1. 用高强度等级水泥配制高强混凝土

在"指南"中指出："配制高强混凝土宜选用标号不低于 525$^\#$ 的硅酸盐水泥。对 C50 和 C60 混凝土，必要时也可用 425$^\#$ 硅酸盐水泥和 525$^\#$ 混合水泥配制。"目前，我国生产的高强度等级的水泥一般是指 52.5MPa 和 62.5MPa 硅酸盐水泥，适用于配制 C60 强度等级的混凝土，如果配制更高等级的混凝土，必须采取其他相应的技术措施。

2. 在拌制混凝土中掺加高效减水剂

如果单纯采用高强度等级水泥配制高强混凝土，由于水泥用量较多、水灰比要求较小，混凝土拌和物的流动性很不好，必然给施工带来很大困难，也难以保证混凝土的施工质量。如果在拌制混凝土中掺加 0.5%～1.8% 的高效减水剂，不仅可以大幅度提高混凝土强度，而且将大大增加混凝土拌和料的流动性。国内、外工程实践表明，配制 C60 以上的高强混凝土，掺加适量的高效减水剂是一项重要的技术措施。

3. 掺加优质、适宜的活性矿物掺合料

由于优质粉煤灰、F 矿粉和硅粉中含有大量的活性 SiO_2 和活性 Al_2O_3，它们能与 $Ca(OH)_2$ 进行二次水化反应，起到提高强度、改善结构的作用，所以掺加优质、适量的活性矿物掺合料，也是配制高强混凝土的重要技术途径。工程实践证明，掺加Ⅰ级粉煤灰或 F 矿粉，再配上高效减水剂，可以配制成 C80 的高强混凝土；掺加一定量的硅粉，再配上高效减水剂，可以配制成 C100 以上的超高强混凝土。

(三) 高强混凝土配合比设计的步骤

1. 配合比设计的步骤

(1) 确定水灰比　高强混凝土水灰比的确定，可以根据普通混凝土的方法，计算混凝土的试配强度，然后再以试配强度计算水灰比。在乔英杰等编著的《特种水泥与新型混凝土》中，提供了计算法和查表法，比较简单易行。

① 计算法　由于混凝土组成材料的性质不同，其关系式也不相同。同济大学提出的关系式见以下的描述。

对于用卵石配制的高强混凝土：

$$f_{28} = 0.296 f_k \left(\frac{C}{W} + 0.71 \right) \tag{7-1}$$

对于用碎石配制的高强混凝土：

$$f_{28} = 0.304 f_k \left(\frac{C}{W} + 0.62 \right) \tag{7-2}$$

式中，f_{28} 为高强混凝土的设计强度，MPa；f_k 为水泥的强度等级，MPa；C/W 为混凝土的灰水比。

② 查表法　查表法是简捷、快速确定混凝土水灰比的方法，对于一般的高强混凝土工程是完全可以的，在混凝土配合比设计和施工中可参考表 7-5 中进行选用。但对于重要或大型高强混凝土工程仅供参考。

(2) 选择单位用水量　根据选用的骨料种类、最大粒径和混凝土拌和料设计的工作度，可查表 7-6 选择单位用水量。

表 7-5　混凝土强度等级与水灰比参考值

水 泥 品 种	水泥强度等级	混凝土强度等级	水灰比参考值	备　注
高级水泥	82.5	C70	0.36	—
高级水泥	62.5	C60	0.33	—
普通水泥	52.5	C50	0.40	—
普通水泥		C70	0.30	干硬性
普通水泥	42.5	C60	0.35	干硬性
普通水泥		C50	0.40	

注：表中水灰比为不掺减水剂的参考值。

表 7-6　高强混凝土用水量参考值

粗 骨 料		混凝土拌和料在下列工作度时的用水量/(kg/m³)					
种 类	最大粒径	30～50s	60～80s	90～120s	150～200s	250～300s	400～600s
卵 石	$D=31.5\text{mm}$	164	154	148	138	130	128
	$D=20.0\text{mm}$	170	160	155	145	140	135
碎 石	$D=31.5\text{mm}$	174	164	154	144	138	134
	$D=20.0\text{mm}$	180	170	160	150	145	140

（3）计算水泥用量　水泥用量可按式(7-3)计算（W 为单位用水量，C/W 为灰水比）：

$$C=W \cdot \frac{C}{W} \tag{7-3}$$

（4）选择砂率　根据工程实践经验和统计资料分析，高强混凝土的砂率 S_P 应一般控制在 $24\% \sim 33\%$ 之间。

（5）计算砂石用量

$$V_{s+g}=1000-\left[\left(\frac{W}{\rho_w}+\frac{C}{\rho_c}\right)+10\alpha\right] \tag{7-4}$$

式中，V_{s+g} 为砂石骨料的总体积，m³；W、C 分别为混凝土中水和水泥的质量，kg；ρ_w、ρ_c 分别为水和水泥的密度，kg/m³；α 为混凝土中含气量百分数，在不使用引气型外加剂时 α 取 1。

砂子用量可按式(7-5)计算：

$$S=V_{s+g} \cdot S_P \cdot \rho_s \tag{7-5}$$

式中，S 为 1m³ 混凝土砂子用量，kg；S_P 为砂率，可以用式 $S_P=S/(S+G)\times100\%$ 进行计算；ρ_s 为砂子的表观密度，kg/m³。

石子用量可按式(7-6)计算：

$$G=V_{s+g} \cdot (1-S_P) \cdot \rho_g \text{ 或 } G=(S-S \cdot S_P)/S_P \tag{7-6}$$

式中，ρ_g 为石子的表观密度，kg/m³。

（6）确定初步配合比　根据以上计算结果，确定高强混凝土的初步配合比，作为混凝土试配的依据。

（7）试配和调整　混凝土配合比设计完成后应进行试配。试配的作用是对设计的混凝土配合比进行检验，看是否与设计要求的工作性、强度、耐久性相符。如果不符合设计要求，应对设计的结果进行调整。在一般情况下，对高强混凝土应进行 6 次验证，使调整后的高强混凝土配合比满足设计要求。

对于高强混凝土应先进行工作性的检测，不符合设计要求时，可按照表 7-7 中的方法进行调整。

表 7-7　高强混凝土工作性的调整方法

试配混凝土的情况	调整方法	试配混凝土的情况	调整方法
混凝土坍落度过大	保持水灰比不变，减少水和水泥，按比例补充粗、细骨料	砂浆过多，坍落度过大	降低砂率，增加粗骨料用量
混凝土坍落度过小	保持水灰比不变，增加水和水泥，按比例减少粗、细骨料	砂浆过少，引起离析	加大砂率，减少粗骨料用量

注：增加或减少材料用量或砂率时，每次调整的幅度为 1%。

将按工作性检验、调整后所取得的配合比，制成相应的强度和耐久性试件，进行设计所要求的强度和耐久性检验。最后将符合工作性、强度和耐久性要求的配合比，作为确定的混凝土配合比，并以此计算出每立方米混凝土中各种材料的用量。

2. 配合比设计参考的原则

（1）混凝土的配合比设计必须满足混凝土的强度要求及施工要求，混凝土强度的保证率不得小于 95%。如无统计数据，可按实际强度的平均值达到设计要求的 1.15 倍进行配合比设计。

（2）高强混凝土的水灰比不宜过大。$50\sim70$MPa 的混凝土水灰比宜小于 0.35，80MPa 的混凝土水灰比宜小于 0.30，100MPa 的混凝土水灰比宜小于 0.26，大于 100MPa 的混凝土水灰比宜取 0.22 左右。

（3）高强混凝土必须选用高强度等级的优质水泥，每立方米混凝土中的水泥用量应在 $400\sim500$kg 范围内。强度 80MPa 的混凝土可控制在 500kg/m³ 左右，强度大于 80MPa 的混凝土也不宜超过 550kg/m³。

（4）配制高强混凝土时，应选择高强度、低吸水率的碎石，同时粗骨料的粒径不宜过大。材料试验证明，C60 及 C60 以上的混凝土最大粒径不宜超过 15mm，C60 以下的混凝土最大粒径可放宽到 25mm。

（5）为提高混凝土的强度，改善混凝土拌和料的工作性，必须掺加适宜品种和适量的高效减水剂。

（6）除配制泵送高强混凝土外，配制其他高强混凝土的砂率尽量要低，一般以控制 S_P 在 $24\%\sim28\%$ 范围内为宜。

（7）若掺加粉煤灰等活性矿物材料时，不能用等量取代水泥，而要采用超量取代法计算高强混凝土的配合比。

第三节　高强混凝土参考配合比

为方便配制高强度混凝土，表 7-8 中列出了 60MPa 高强混凝土常用配合比，表 7-9 中列出了高强混凝土试配参考用量配合比，表 7-10 中列出了几个工程中所用的经验配合比，表

7-11 中列出了高强混凝土配合比设计工程实例，供施工中参考。

表 7-8　60MPa 高强混凝土常用配合比

编号	水灰比 (W/C)	砂率 /%	泵送剂 NF /%	每立方米混凝土材料用量/(kg/m³)				7 天强度 /MPa	28 天强度 /MPa
				水泥	水	砂	石子		
1	0.330	33.0	1.0	500	165	606	1229	—	70.2
2	0.350	35.7	1.2	550	195	566	1020	51.7	62.3
3	0.327	33.8	1.4	550	180	572	1118	52.4	65.1
4	0.360	36.0	1.4	500	180	634	1125	58.1	65.1
5	0.360	35.3	1.4	450 粉煤灰 50	180	613	1125	59.7	69.8
6	0.330	34.8	0.8	550	180	597	1120	63.4	74.2
7	0.330	34.8	1.4(NF-2)	550	180	597	1120	58.4	63.4
8	0.330	34.8	1.2	550	180	597	1120	55.6	60.4
9	0.330	34.8	1.0	550	180	597	1120	61.9	70.1
10	0.390	40.0	1.0	500	195	689	1034	51.1	69.4
11	0.390	40.0	1.3	500	195	689	1034	49.5	67.8
12	0.336	34.0	1.4(NF-0)	550	185	579	1125	59.9	69.7
13	0.360	36.5	1.4	500	180	634	1105	59.9	72.0
14	0.360	35.3	1.4	450 粉煤灰 50	180	613	1125	58.8	70.4
15	0.380	40.0	0.7(NF-1)	513	195	685	1028	57.4	73.1
16	0.400	40.0	0.55(NF-1)	488	195	694	1040	55.4	67.6

表 7-9　高强混凝土试配参考用量配合比

混凝土 强度分级	平均圆柱体抗压 强度(立方强度) /MPa	选择 方案	胶凝材料/(kg/m³)			总用水 /(kg/m³)	粗骨料 /(kg/m³)	细骨料 /(kg/m³)	堆密度 /(kg/m³)	砂率 /%	水灰比 (W/C)
			硅酸盐 水泥	粉煤灰 或矿渣	硅灰粉						
A	65 (75)	1	534	—	—	160	1050	690	2434	40	0.30
		2	400	106	—	160	1050	690	2406	40	0.32
		3	400	64	36	160	1050	690	2400	40	0.32
B	75 (85)	1	565	—	—	150	1070	670	2455	39	0.27
		2	423	—	—	150	1070	670	2426	39	0.28
		3	423		38	150	1070	670	2419	39	0.28
C	90 (100)	1	597	—	—	140	1090	650	2477	37	0.23
		2	447	119	—	140	1090	650	2446	37	0.25
		3	447	71	40	140	1090	650	2438	37	0.25
D	105 (115)	1								—	—
		2	471	125	—	130	1110	630	2466	36	0.22
		3	471	75	42	130	1110	630	2458	36	0.22

续表

混凝土强度分级	平均圆柱体抗压强度(立方强度)/MPa	选择方案	胶凝材料/(kg/m³)			总用水/(kg/m³)	粗骨料/(kg/m³)	细骨料/(kg/m³)	堆密度/(kg/m³)	砂率/%	水灰比(W/C)
			硅酸盐水泥	粉煤灰或矿渣	硅灰粉						
E	120 (130)	1	—	—	—	—	—	—	—	—	—
		2	495	131①	—	120	1120	620	2486	36	0.19
		3	495	79	42	120	1120	620	2478	36	0.19

① 包括高效减水剂中的水量，根据坍落度和强度的需要，可为 $10\sim20L/m^3$。

表 7-10　几个工程所用高强混凝土经验配合比

构件名称	水灰比(W/C)	砂率/%	坍落度/cm	泵送剂 NF /%	每立方米混凝土材料用量/(kg/m³)				28天强度/MPa
					水泥	水	砂	石子	
连续梁	0.340	37.0	—	FDN 0.8	500	170	685	1165	66.9
柱子	0.390	35.0	18.0	FDN 1.0 木钙 0.25	467 硅粉 33	195	612	1139	74.5
柱子	0.310	30.5	14.0	UNF-2 1.0	500	155	544	1241	63.5
T 形梁	0.336	34.0	16.0	NF-2 1.2	550	185	579	1125	67.5
柱子	0.300	30.0	6.0	UNF-2 1.0	500	150	534	1246	64.9
柱子	0.352	35.7	18.0	FTH-ZA 1.0	480 粉煤灰 60	190	575	1034	66.2

表 7-11　高强混凝土配合比设计工程实例

工程项目名称	混凝土强度等级	减水剂品种及掺量	水灰比	水泥用量/(kg/m³)	砂率/%	掺合料/%	配合比(质量比) 水泥:砂:石	抗压强度/MPa	
								3 天	28 天
广东洛溪大桥(泵送混凝土)	C50	FDN 0.60	0.38	460	33	—	1:1.66:2.99	38	60
深圳铁路高架桥	C50	FDN2000 0.20	0.36	472	37	—	1:1.43:2.36	49	63
红水河铁路斜拉桥	C60	FDN(R) 0.60	0.34	495	40	—	1:1.45:2.18	38	64
北京新世纪饭店	C60	FDN0.1 木钙 0.25	0.40	444	37	硅粉 10	1:1.51:2.51	40	64
铁路轨枕(工厂预制)	C60	AF 0.50	0.30	484	33	—	1:1.27:2.51	46 蒸养	65
40m 预制梁(铁路桥)	C80	FDN 0.60	0.30	450	29	硅粉 10	1:1.06:2.63	86 蒸养	95

注：采用强度等级为 52.5 的普通硅酸盐水泥。

第八章　耐酸混凝土

在一些化学工业中，有硫酸、盐酸等酸性较强的酸性介质，如果采用普通的水泥配制的混凝土，会很快遭到酸蚀性破坏，这就必须采用一种耐酸性更好的混凝土，在酸性介质作用下具有抗腐蚀能力的混凝土称为耐酸混凝土。

耐酸混凝土具有优良的耐酸及耐热性能。除了氢氟酸、热磷酸和高级脂肪酸外，它能耐几乎所有的无机酸、有机酸及酸性气体的侵蚀，并且在强氧化性酸和高浓度酸如硫酸、硝酸、铬酸、盐酸等的腐蚀下不受损害。

耐酸混凝土也是一种耐热混凝土，能够经受高温的考验，在采用耐热性能好的骨料时，耐酸混凝土的使用温度可达到 1000℃以上。由于具有以上特点，耐酸混凝土不仅可以解决一般建筑物的抗酸性腐蚀问题，而且还可解决某些具有苛刻腐蚀条件的工程问题，而这方面往往是现有的一般有机高分子材料所不能达到的。

第一节　耐酸混凝土的材料组成

目前，在建筑工程中常用的耐酸混凝土有水玻璃耐酸混凝土、沥青耐酸混凝土和硫磺耐酸混凝土等。

一、水玻璃耐酸混凝土的材料组成

水玻璃耐酸混凝土是以水玻璃为胶结料、氟硅酸钠作为固化剂、适宜的外加剂、一定比例的耐酸骨料及填料配制而成的耐酸材料。因此，水玻璃耐酸混凝土的原材料包括胶结料（水玻璃）、固化剂（氟硅酸钠）、耐酸填料、耐酸骨料和外加剂。

（一）胶结料

水玻璃是水玻璃耐酸混凝土中的胶结料，是一种碱金属硅酸盐的玻璃状熔合物，俗称"泡花碱"。其化学组成可用通式 $R_2O \cdot nSiO_2$ 表示（碱金属氧化物）。根据碱金属氧化物的种类不同，可分为钠水玻璃（$Na_2O \cdot nSiO_2$）和钾水玻璃（$K_2O \cdot nSiO_2$）两种。目前国内大量使用的是钠水玻璃（$Na_2O \cdot nSiO_2$）。钠水玻璃（$Na_2O \cdot nSiO_2$）是由石英砂（或粉）与碳酸钠（或硫酸钠）按一定比例混合后，经 1400℃熔融反应而制得的。

水玻璃是一种复杂的碱性胶体溶液，外观呈白色、微黄或青灰色黏稠液体，不得混入杂质。水玻璃模数〔SiO_2 和 Na_2O 的物质的量的比值，即模数为 SiO_2 含量（90）/Na_2O 含量（90×1.032）〕和密度对耐酸混凝土的性能影响较大。

1. 水玻璃模数和密度对耐酸混凝土性能的影响

（1）水玻璃的模数、密度对凝结时间的影响　试验证明：水玻璃模数提高，耐酸混凝土的凝结速率加快；反之，凝结时间延长。水玻璃密度增大，耐酸混凝土的凝结速率减慢；反之，凝结时间加快。产生这些现象的主要原因，是耐酸混凝土中氧化钠的含量不同的缘故。

耐酸混凝土的凝结速率与其中硅酸凝胶的析出量有关，而硅酸凝胶的析出又与碱度有关。水玻璃中的氧化钠含量较高时（呈现出碱性强），硅酸在水玻璃中的稳定性较大，不易析出；相反，当水玻璃中的氧化钠含量降低时，硅酸在水玻璃中的稳定性下降，析出比较容易。水玻璃与氟硅酸钠反应的实质，是氟硅酸钠水解生成的 HF 与水玻璃中的氧化钠中和，使硅酸凝胶析出。

相对而言，水玻璃模数高的水玻璃比模数低的氧化钠含量低；密度小的水玻璃比密度大的氧化钠含量少。因而，当水玻璃与氟硅酸钠发生化学反应时，模数高的和密度小的水玻璃，凝结速率快。此外，当水玻璃密度较大时，溶液的黏度增大，液相中离子的扩散速率降低，因而也导致凝结速率减慢。

由于耐酸混凝土的凝结是水玻璃与氟硅酸钠发生化学反应所引起的，因此，反应温度对于凝结速率也有很大影响。温度高时，反应速率快；温度低时，反应速率慢。

（2）水玻璃模数、密度和用量对耐酸混凝土工作性的影响　当水玻璃密度相同而水玻璃模数不同时，配制相同工作度的耐酸混凝土所需的水玻璃的数量不同，水玻璃模数高者用量较多。当水玻璃模数相同而密度不同时，配制相同工作度的耐酸混凝土，水玻璃的用量也是不同的，密度大的用量多。

水玻璃的黏度随着其密度的增大而增大。使用密度过大的水玻璃拌制耐酸混凝土时，由于其黏度较大，为了使混合料达到所需要的和易性，必须增加水玻璃的用量；否则，施工比较困难。增加水玻璃的用量，不但成本提高，而且耐酸性能下降。因此，水玻璃的密度过大是不适宜的。

（3）水玻璃模数和密度对耐酸混凝土强度的影响　试验证明：水玻璃耐酸混凝土的强度随着水玻璃的提高而增大。这种强度变化的关系主要与水玻璃中的固体物质含量有关。密度大的水玻璃中，固体物质的含量多，即能产生胶凝物质增多。因而，耐酸混凝土的强度提高。水玻璃的密度相同时，混凝土的强度随着水玻璃模数的增大而增高。这是因为水玻璃模数大的水玻璃中，氧化硅的含量比较高，因而胶结能力增强。

水玻璃的黏结性能随着密度的减小而下降，当水玻璃相对密度小于 1.35 时，其黏结性能显著下降。

（4）水玻璃模数和密度对耐酸混凝土抗渗性、收缩和化学稳定性的影响　在一般情况下，水玻璃的密度大，配制的耐酸混凝土的密实度较高，其抗渗性能较好。但这种耐酸混凝土的收缩较大，且收缩变形的延续时间较长，经养护 90 天后仍有收缩现象。由于收缩变形大，所以常引起耐酸混凝土开裂、起壳和脱皮等现象。

此外，其化学稳定性也较差，浸水后，试件表面的溶蚀情况随水玻璃密度增大而逐渐严重。相对密度在 1.50 以上时，不论水玻璃模数高低，耐酸混凝土都有严重的溶蚀现象。因此，配制水玻璃耐酸混凝土时，水玻璃的密度太大是不适宜的。

综上所述，在配制水玻璃耐酸混凝土时，水玻璃的模数和密度必须适宜，这样才能使混凝土具有良好的技术性能。因此，在配制水玻璃耐酸混凝土时，水玻璃模数和密度应满足技术规范的要求。

2. 水玻璃模数和密度的调整方法

工程实践证明：配制水玻璃耐酸混凝土（包括耐酸胶泥和耐酸砂浆）的水玻璃模数一般应控制在 2.40～3.00 之间，当在 2.60～2.80 范围内时为最佳，其相对密度为 1.38～1.42。但是，市场上出售的水玻璃模数为 1.80～3.00，相对密度在 1.28～1.45 之间。如模数和密度不符合要求时，则应进行适当的调整。调整方法详见如下所述。

(1) 调整水玻璃模数　如果需要提高水玻璃模数，可掺入可溶性的非晶质 SiO_2（硅藻土），其数量根据水玻璃模数及硅藻土中的可溶性 SiO_2 含量而确定；如果需要降低水玻璃模数，可掺入 NaOH。100g 水玻璃所需氧化钠的质量（g）（G_{NaOH}）可由式(8-1)进行计算：

$$G_{NaOH} = (S/n' - N) \times 80.02 \tag{8-1}$$

式中，G_{NaOH} 为 100g 水玻璃所需氧化钠的质量，g；S 为每 100g 水玻璃中 SiO_2 的物质的量，mol；n' 为要求调整后的水玻璃模数；N 为每 100g 水玻璃中 Na_2O 的物质的量，mol；80.02 为由 Na_2O 换算成 NaOH 的系数。

(2) 调整水玻璃比密度　水玻璃的比密度（也称相对密度）是表征水玻璃溶液浓度的一个技术参数，其大小取决于水溶液中溶解的固体水玻璃含量及水玻璃模数。

所调整水玻璃密度是否达到要求，可通过波美度计测定，用波美度计测定出的结果可用波美度（$°Be'$）来表示。水玻璃的比密度与波美度之间的关系可用式(8-2)确定：

$$\rho_s = \frac{145}{145 - °Be'} \tag{8-2}$$

配制水玻璃耐酸混凝土（胶泥）的水玻璃相对密度一般应控制在 1.38～1.42 之间，最高不得超过 1.50。如果需要提高水玻璃密度，可加热溶液使水分蒸发；如果需要降低水玻璃密度，可在溶液中加入 40～50℃热水进行调节，在调节的过程中应不断用波美计进行检测。

(二) 固化剂

水玻璃耐酸混凝土中常用的固化剂是氟硅酸钠，其分子式为 Na_2SiF_6。氟硅酸钠为白色、浅灰色或黄色粉末，它是水玻璃耐酸混凝土在硬化中不可缺少的外加剂。其质量好坏，主要是看其纯度和细度，纯度高者，含杂质较少，相应地可以减少氟硅酸钠的用量；细度的大小与水玻璃的化学反应速度快慢及是否完全有密切关系。因此，氟硅酸钠的主要技术指标应符合表 8-1 中的要求。

表 8-1　氟硅酸钠的主要技术指标

项　目	技　术　指　标	
	一　级	二　级
外观及颜色	白色结晶颗粒	允许浅灰或浅黄色
纯度/%	不小于 95	不小于 90
游离酸(折合 HCl)/%	不大于 0.2	不大于 0.3
氟化钠/%	不大于 0.2	不大于 0.3
氯化钠/%	不大于 0.2	不大于 0.3
硫酸钠/%	不大于 0.2	不大于 0.3
氧化钠/%	不大于 3.0	不大于 5.0
水分/%	不大于 1.0	不大于 1.2
水不溶物/%	<0.5	—
细度	全部通过 0.16mm(1600 孔/cm²)的筛孔筛	

(三) 耐酸填料

配制水玻璃耐酸混凝土的耐酸填料，主要由耐酸矿物（辉绿岩）、陶瓷、铸石或含石英质高的石料粉磨而成。要求其细度大，耐酸度高。其主要技术指标，应符合表 8-2 中的要求。常用耐酸填料胶泥的性能比较如表 8-3 所列。

表 8-2　耐酸填料的主要技术指标

技术指标名称		指　标
填料的耐酸度		不小于 95%
填料的含水率		大于等于 0.5%
细度	0.15mm 筛孔的筛余	不大于 5%
	0.09mm 筛孔的筛余	不大于 10%～30%

注：1. 石英粉一般杂质较多，吸水性高，收缩性大，不宜单独使用。可与某质量的辉绿岩混合使用。

2. 现有商品供应的 69 号耐酸粉，其耐酸性能较好，但收缩性较大，成本较高。

表 8-3　常用耐酸填料胶泥的性能比较

性　能	辉绿岩粉	石英粉	瓷　粉	69 号耐酸粉	石墨粉	硫酸钡粉	硅胶粉
外观	黑褐色	白色	白色	白色	黑色	白色结晶	白色结晶
吸水性	小	较大	较大	小	小	小	大
耐酸性	好	一般	较好	好	好	好	—
耐碱性	耐	不耐	不耐	—	耐	耐	不耐
耐氢氟酸	不耐	不耐	不耐	不耐	耐	耐	—
耐磨性	高	一般	一般	一般	较差	—	—
耐热性	高	一般	一般	一般	高	一般	—
导热性	一般	一般	一般	一般	好	—	—
收缩性	小	较大	一般	大	小	小	小
黏结性	高	一般	一般	高	高	低	—

（四）耐酸骨料

配制水玻璃耐酸混凝土的粗细骨料，主要是要求其耐酸度高、级配良好和含泥量符合要求。用作耐酸粗细骨料的岩石，主要有石英质岩石、辉绿岩、安山岩、玄武岩、花岗岩及铸石等碎石和砂，废耐火砖和碎瓷片及一些含 SiO_2 较高的卵石也可作为耐酸骨料。

配制水玻璃耐酸混凝土的主要技术指标应符合表 8-4～表 8-6 中的要求。

表 8-4　耐酸骨料的主要技术指标

技术指标名称	细骨料指标	粗骨料指标
耐酸度/%	≥95	≥95
空隙率(自然装料)/%	≤40	≤45
含泥量/%	≤1	不允许有
含水率/%	<0.5	<0.5
吸水率/%	—	<1.5
浸酸后安定性	—	无裂缝、掉角
外观检查	—	无风化和非耐酸夹层

表 8-5　耐酸细骨料的颗粒级配

筛孔尺寸/mm	0.160	0.315	0.630	1.250	2.500	5.000
累计筛余/%	95～100	70～95	35～75	20～55	10～35	0～10

注：细骨料用于铺砌时其粒径不应大于 1.25mm；用于涂抹时其粒径不应大于 2.5mm。

表 8-6　耐酸粗骨料的颗粒级配

筛孔尺寸/mm	5	1/2 最大粒径	最大粒径
累计筛余/%	90～100	30～60	0～5

注：最大粒径（指累计筛余率不大于 5% 的筛孔直径）应不超过结构最小尺寸的 1/4 和钢筋净距的 3/4，用于楼地面面层时不超过 25mm，且小于面层厚度的 2/3。

（五）外加剂

为了进一步提高水玻璃耐酸混凝土的密实度，从而改善其强度和抗渗性，可以在水玻璃耐酸混凝土中应当掺入适宜的外加剂（也称改性剂）。

目前，国内外使用的外加剂，大体上可分为呋喃类有机单体（如糠醇、糠醛丙酮等）、水溶性低聚物（如多羟醚化三聚胺、水溶性氨聚醛低聚物、水溶性聚酰胺等）、高分子化合物（如水溶性环氧树脂、呋喃树脂等）和烷芳基磺酸盐（如木质素磺酸钙、亚甲基二萘磺酸等）。其主要特性如表 8-7 所列。

表 8-7　外加剂的分类及特性

外加剂分类	代表化合物	主 要 特 性
呋喃类有机单体	糠醇、糠醛丙酮、糠醇与糠醛混合物等	以呋喃环为基体，沸点在150℃以上，溶于水，在酸性催化剂（如盐酸苯胺）的作用下，糠醇能缩聚成树脂
水溶性低聚物	多羟醚化三聚氰胺、水溶性氨基聚醛低聚物、水溶性聚酰胺	水溶性低聚物均为有机低聚物，水溶性好。如多羟醚化三氰胺能与水以任何比例混合，在酸性介质中可以发生聚合反应
高分子化合物	水溶性环氧树脂呋喃树脂等	为黏稠状液体，由于树脂聚合度较高，于水玻璃中的分散状态比以上两种外加剂差
烷芳基磺酸盐	木质素磺酸钙、亚甲基二萘磺酸钠等	属于阴离子表面活性剂，粉状，易溶于水，其水溶液可均匀分散于水玻璃溶液中

二、沥青耐酸混凝土的材料组成

沥青耐酸混凝土以建筑石油沥青或煤沥青为胶结料，与耐酸粉料（石英粉、辉绿岩粉、安山岩粉或其他耐酸粉料）、耐酸油骨料（如石英砂）和耐酸粗骨料（石英石、花岗岩、玄武岩、长石等制成的碎石），加热搅拌均匀而制成的一种具有耐酸性的混凝土。

沥青耐酸混凝土的特点是整体无缝，有一定弹性，材料来源广，价格较低，能耐中等浓度的无机酸。其不足之处是耐热性差、易老化、强度较低、不美观。

（一）沥青材料

配制沥青耐酸混凝土所用的沥青材料，主要是石油沥青和煤沥青。它们的化学组成不同，其技术性能也不相同。

1. 石油沥青的化学组成

石油沥青是由多种化合物组成的混合物，由于它的结构复杂性，将其分离为纯粹的化合物单体，目前分析技术还有很大的难度。许多研究者曾提出不同的分析方法，以美国的 L. R. 哈巴尔德和 K. E. 斯坦费尔德三组分分析法较为成熟。石油沥青的三组分分析法是将石油沥青分离为油分、树脂和地沥青质三个组分。

（1）油分　油分为淡黄色至红褐色黏性液体，其相对分子质量为 100～500，密度为 0.7～1.0g/cm³，含量大约为 40%～60%，能溶于大多数有机溶剂，但不溶于酒精。油分是决定沥青流动性大小的组分。

（2）树脂　树脂又称沥青脂胶，树脂是决定沥青塑性和黏结性的组分。为黄色至黑褐色的黏稠状半固体，相对分子质量为 600～1000，密度为 1.0～1.1g/cm³，其含量大约为 15%～30%。树脂中绝大多数属于中性树脂，中性树脂能溶于三氯甲烷、汽油和苯等有机溶剂。

另外，树脂中还有少量的酸性树脂，其含量大约为 10% 以下，是油分氧化后的产物，具有一定的酸性，它易溶于酒精、氯仿，是沥青中的表面活性物质，它可以提高沥青与矿物材料的黏结力。

（3）地沥青质　地沥青质是深褐色至黑褐色无定形固体粉末，含量大约为 10%～30%，其相对分子质量为 1000～6000，密度为 1.1～1.5g/cm³，能溶于二硫化碳、氯仿和苯，但不溶于汽油和石油醚。地沥青质是决定沥青黏性和温度稳定性的组分。

除上述三种主要组分外，石油沥青中还有少量的沥青碳或似碳物，均为无定形的黑色固体粉末，分子量最大，但其含量很少，一般仅为 2%～3%。它们是在沥青加工过程中，由于过热或深度氧化脱氢而生成的。沥青碳或似碳物是石油沥青中的有害物质，会降低沥青的黏结力和塑性。

此外，石油沥青中还含有石蜡。石蜡在沥青中会降低沥青的黏性和塑性，同时增加沥青的温度敏感性，所以石蜡是石油沥青中的有害成分。

2. 煤沥青的化学组成

煤沥青化学组成的分析方法，与石油沥青的方法相似，是采用选择性溶解将煤沥青分离为几个化学性质相近、且与路用性能有一定联系的组分。目前煤沥青化学组分分析的方法很多，最常用的有 E. J. 狄金松法与 B. O. 葛列米尔德法两种。E. J. 狄金松法可将煤沥青分离为油分、树脂和游离碳等。

除游离碳、树脂、油分三种基本组分外，煤沥青的油分中还含有萘、蒽和酚等。萘和蒽均能溶解于油分中，在含量较高或低温时，能呈固体晶状析出，影响煤沥青的低温变形能力。酚为苯环中含羟物质，不仅能溶于水中，而且易被氧化。煤沥青中的酚、萘和水均为有害物质，对其含量必须严格控制。

在实际工程施工中，配制沥青耐酸混凝土的沥青材料，一般选用 10 号或 30 号建筑石油沥青，不与空气直接接触的部位，例如在地下和隐蔽工程中，也可以使用煤沥青。

（二）粉料

配制沥青耐酸混凝土的粉料，可采用石英粉、辉绿岩粉、瓷粉等耐酸粉料，其耐酸率不得小于 94%；用于耐碱工程时，可用滑石粉或磨细的石灰岩粉、白云岩粉等；用于耐氢氟酸工程时，可用硫酸钡、石墨粉等。粉料的湿度应不大于 1%，细度要求通过 1600 孔/cm² 筛，筛余量不大于 5%，4900 孔/cm² 筛余为 10%～30%。

（三）粗细骨料

配制沥青耐酸混凝土的粗细骨料，采用石英岩、花岗岩、玄武岩、辉绿岩、安山岩等耐酸石料制成的碎石或砂子，其耐酸率不应小于 94%，吸水率不应大于 2%，含泥量不应大于 1%。细骨料应用级配良好的砂，最大粒径不超过 1.25mm，空隙率不应大于 40%；粗骨料的最大粒径不超过面层分层铺设厚度的 2/3，一般不大于 25mm，空隙率不应大于 45%。

（四）纤维状填料

配制沥青耐酸混凝土的纤维状填料，一般可采用 6 级石棉绒。耐酸工程应用角闪石类石棉，耐碱工程应用温石棉，含水率均小于 7%，在施工条件允许时，也可采用长度 4～6mm 的玻璃纤维。

三、硫磺耐酸混凝土的材料组成

硫磺耐酸混凝土是以硫磺为胶结料，聚硫橡胶为增韧剂，掺入耐酸粉料和细骨料，经加热熬制成砂浆灌入松铺粗骨料层后形成的一种混凝土。它具有结构密实，硬化快，抗渗、耐水、耐稀酸，耐大多数无机酸、中性盐和酸性盐，强度高，施工方便，不需养护，特别适用于抢修工程。

但耐磨性、耐火性差，性质较脆，收缩性大，易出现裂纹和起鼓，不宜用于温度高于

90℃以及明火接触、冷热交替、温度急剧变化和直接承受撞击的部位。

硫磺耐酸混凝土的组成材料,主要包括硫磺、耐酸粉料、耐酸细骨料、耐酸粗骨料和增韧剂等。

(一) 硫磺

硫磺是单质硫 (S) 的俗称,平常也称硫磺,可以由天然硫矿获取,也可由加热黄铁矿 (FeS) 而得。纯硫磺在常温下呈淡黄色固体,密度为 $2.07g/cm^3$,熔点为 112.8℃,沸点为 444.6℃。

配制硫磺耐酸混凝土的硫磺,一般可采用工业用块状或粉状的硫磺皆可,硫磺为金黄色,熔点为120℃,纯度不低于98.5%,含水率不大于1%。用于硫磺耐酸混凝土的硫磺有关技术指标,应符合现行国家标准《工业硫磺及其试验方法》(GB 2449—1992) 中的要求,如表 8-8 所列。

表 8-8　用于硫磺耐酸混凝土的硫磺有关技术要求

技 术 指 标	一级	二级	三级	测定方法
硫含量/%	≥99.90	≥99.50	≥98.50	GB 2451—1981
灰分/%	≤0.04	≤0.20	≤0.40	GB 2453—1981
酸度(以 H_2SO_4 计)/%	≤0.005	≤0.01	≤0.03	GB 2454—1981
砷(As)/%	≤0.001	≤0.02	≤0.05	GB 2454—1981
铁(Fe)/%	≤0.003	≤0.005	不规定	GB 2454—1981

(二) 耐酸粉料

为减少混凝土的体积收缩、提高其强度,可掺加适量耐酸粉料。耐酸粉料多采用石英粉、辉绿岩粉和安山岩粉等,但辉绿岩粉不宜单独使用,可与石英岩粉按 1:1 混合使用。如果混凝土有耐氢氟酸的要求时,可用石墨粉或硫酸钡。

配制硫磺耐酸混凝土所用的耐酸粉料,其耐酸率不得小于95%,颗粒细度要求筛孔为0.15mm 的筛余不大于5%,筛孔为 0.09mm 的筛余为10%～30%。为减少硫磺胶泥的收缩,改善其脆性,可掺入少量的石棉绒。石棉绒要求质地干燥,不含杂质。

(三) 耐酸细骨料

配制硫磺耐酸混凝土所用的耐酸细骨料,最常用的是石英砂,要求其耐酸率不应低于95%,含水率不应大于0.5%,含泥量不应大于1%,粒径 1mm 筛孔筛余量不大于5%,在使用前要进行烘干。硫磺耐酸混凝土所用耐酸骨料的颗粒级配如表 8-9 所列。

表 8-9　硫磺耐酸混凝土所用耐酸骨料的颗粒级配要求

项　目	细　骨　料					粗　骨　料				
筛孔尺寸/mm	0.15	0.30	1.25	2.50	5.00	5.00	10.0	20.0	30.0	40.0
筛余/%	85～100	50～85	0～5	0～3	0～1	99～100	95～100	85～95	40～50	10～30

(四) 耐酸粗骨料

配制硫磺耐酸混凝土所用的耐酸粗骨料,一般常用石英岩、花岗岩和耐酸砖块等。不得含有泥土,其耐酸率不应小于95%,不允许含有水分,浸酸安定性合格,粒径要求20～40mm 的含量不小于85%,10～20mm 的含量不大于15%,在使用前也要进行烘干。

如果配制用于耐氢氟酸的硫磺混凝土,还可以用耐酸率大于95%的石墨粉或重晶石粉(即硫酸钡) 做的耐酸粉料。

（五）增韧剂

增韧剂又称改性剂。硫磺在熔融、冷却、凝固的过程中会发生晶格的变化，从而导致体积发生变化，同时还会降低其强度（特别是抗冲击强度）和热稳定性。为减小这些不良影响，用于硫磺耐酸混凝土的硫磺往往需要加以改性，即加入一定量的改性剂。

配制硫磺耐酸混凝土所用的改性剂，也称为增韧剂，常用的一般是聚硫橡胶。聚硫橡胶是甲醛与多硫化钙的缩聚物，其掺量一般为硫磺用量的 2%～3%。掺加增韧剂的作用是改善硫磺耐酸混凝土的脆性、和易性，同时也可以提高其抗压强度。

固态的聚硫橡胶应质地柔软、富有弹性、细致无杂质，使用前应烘干。在缺乏聚硫橡胶时，也可使用聚氯乙烯树脂粉，但制成的砂浆或胶泥收缩性大，使用温度较低，一般不得大于 60℃。

配制硫磺耐酸混凝土所用聚硫橡胶的质量应当符合表 8-10 中的规定。改性后硫磺的有关性能改变如表 8-11 所列。

表 8-10　改性剂聚硫橡胶的质量要求

项　　　目	聚硫甲胶	聚硫乙胶	液态聚硫橡胶
柔软度(20℃)/s	10～70	5～50	—
水分/%	<2.0	<1.0	<0.1
黏度(25℃)/(Pa·s)	—	—	50～120
pH 值	6～8	6～8	6～8
外观情况	半固态黄绿色	半固态灰黄色	黏稠状棕褐色

表 8-11　聚硫橡胶对硫磺的改性作用

配　合　比	急冷急热残余抗拉强度/MPa	与瓷板的黏结强度/MPa	抗冲击强度/MPa	30 天的收缩率/%
硫磺：石英粉(60：40)	0.35	0.32	0.068	0.165
硫磺：石英粉：聚硫橡胶(58.5：40：1.5)	2.85	1.43	0.547	0.105

近年来，聚硫橡胶逐渐被一些性能更好的改性剂所代替克服了经聚硫橡胶改性的硫磺后期性能不太理想的状况，其中双环戊二戊烯是一种价格比较低、改性作用较好的材料。配制时掺入少量的短纤维，不仅可提高硫磺耐酸混凝土的韧性，同时还可以降低其收缩性。

第二节　耐酸混凝土配合比设计

水玻璃耐酸混凝土的配合比设计如下所述。

水玻璃耐酸混凝土的配合比设计，至今尚未有成熟固定的计算公式，大多数是根据试验由现场试配确定。根据对耐酸混凝土的基本要求，在进行耐酸混凝土配合比设计时，必须考虑以下 4 点。

（1）应使耐酸混凝土具有良好的抗稀酸性、抗水稳定性，其软化系数应大于 0.80，这是对耐酸混凝土的最基本的要求。

（2）应使耐酸混凝土具有适宜的强度，以满足混凝土结构在强度方面的基本要求。抗压强度一般应控制在 20～40MPa。

（3）为确保水玻璃耐酸混凝土的施工质量，还应当满足施工过程中对混凝土拌和物在和易性方面的要求。《建筑防腐蚀工程施工质量验收规范》（GB 50224—2010）中规定：当配制水玻璃耐酸混凝土时，采用机械捣实的混凝土坍落度应不大于20mm，采用人工捣实的混凝土坍落度应不大于30mm。

（4）在保证工程设计要求的各种性能前提下，最大限度地降低耐酸混凝土的成本，从而降低工程造价。

以上几个方面同等重要，必须同时兼顾。特别是不要单纯追求混凝土的强度，强度高并不一定就意味着其他性能好。因此，水玻璃耐酸混凝土的强度一般以控制在20～40MPa范围内为佳，坍落度控制在20～30mm。为便于在施工中进行水玻璃混凝土的配合比设计，混凝土组成材料的用量，可按下述原则和数据选用。

（一）水玻璃用量

水玻璃的用量对混凝土的和易性及抗酸、抗水性能有很大的影响。如果用量过少，不仅混凝土拌和物和易性差，施工操作困难，特别是不易捣固密实，而且也达不到抗酸、抗水的目的；如果用量过多，混凝土拌和物的和易性虽然好，但混凝土的抗酸、抗水稳定性变差。

因此，在满足施工和易性要求的条件下，应尽量少用水玻璃为好。水玻璃用量较少时，可减少混凝土中钠盐的含量，使其抗酸和抗水稳定性及抗渗透性相应提高。反之，抗酸和抗水稳定性及抗渗透性相应降低，收缩性也相应增大。

根据工程施工实践经验，在通常情况下，每立方米耐酸混凝土中水玻璃的用量宜控制在250～300kg之间。

（二）氟硅酸钠

氟硅酸钠的掺量多少，除对混凝土的硬化速率有影响外，对混凝土的抗酸、抗水稳定性也有很大影响。根据试验研究，混凝土的强度增长随着氟硅酸钠的掺量增加而提高，但掺量超过某一范围时，其强度却不再有大的增长，有时还出现略有降低。当掺量少时，混凝土在水的作用下的时间越长，抗水稳定性越差，即强度降低越大，产生麻面和溶蚀情况也越严重。

混凝土在酸的作用下，其强度均有所增长，当氟硅酸钠掺量在一定范围内，强度增长较大。掺量超过一定数量时，强度增长比较缓慢。此外，氟硅酸钠掺量过多，混凝土硬化速度过快，对施工操作不利，同时也增加了混凝土的造价。

当水玻璃模数、密度确定后，氟硅酸钠的理论用量就是一个定值。氟硅酸钠的理论掺量可按式（8-3）计算：

$$G = 1.5 \times \frac{N_1}{N_2} \times 100 \tag{8-3}$$

式中，G 为氟硅酸钠用量占水玻璃用量的百分率，%；N_1 为水玻璃中含氧化钠的百分率，%，氧化钠含量可由图8-1中查出，图中曲线上所标的数字表示氧化钠的百分含量；N_2 为氟硅酸钠的纯度，%。

由此可见，在配制水玻璃耐酸混凝土时，氟硅酸钠掺量过多是不适宜的，一般掺量为水玻璃用量的12%～15%。这主要视拌制时的温度来确定。当水玻璃模数 $M=2.4～2.9$，相对密度为1.38～1.40时，氟硅酸钠的

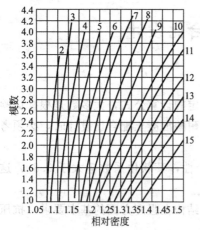

图8-1　水玻璃模数、密度与 Na_2O
　　　　含量的关系

掺量可从表 8-12 和表 8-13 中进行选择。

表 8-12　氟硅酸钠掺量与拌制温度的关系

拌制及养护时的温度/℃	8～15	15～25	>25	备　　注
氟硅酸钠占水玻璃比例/%	7	15	13	氟硅酸钠的纯度大于 95%

表 8-13　氟硅酸钠固化剂理论用量参考值（占水玻璃用量的百分数）

密度 /(g/cm³)	水玻璃模数(M)				
	3.2	3.0	2.8	2.6	2.4
1.46	—	—	—	—	18.9
1.44	—	15.9	16.3	17.5	17.9
1.42	14.5	15.5	15.9	16.5	17.4
1.40	13.9	15.0	15.5	16.0	16.7
1.38	13.5	14.1	14.5	15.4	15.9
1.36	12.9	13.7	14.0	14.5	14.8
1.34	12.3	—	—	—	—

（三）耐酸填料的用量

耐酸填料的作用是填充骨料的空隙，使混凝土达到最大密实度。如果耐酸填料用量过少时，混凝土拌和物的塑性差，密实度降低；如果耐酸填料用量过多时，会使混凝土拌和物的黏性增大，不易振捣密实，混凝土硬化后，内部存在较多的气泡，从而抗渗能力较差，吸水率较大。

耐酸填料用量过多或过少，都不能提高混凝土的抗渗能力，试验和工程实践证明：每立方米混凝土中耐酸填料的用量，一般以 400～550kg 为宜。

（四）粗细骨料的用量

粗细骨料的用量对水玻璃耐酸混凝土性能的影响，一般不如水玻璃、氟硅酸钠和耐酸填料三者用量的影响大。但粗骨料的粒径不宜过大，并要求有良好的级配。砂率要求在 40%以上才能保证水玻璃耐酸混凝土具有良好的密实性。

水玻璃耐酸混凝土中粗细骨料的总用量可由每立方米水玻璃耐酸混凝土总质量（即表观密度 2350～2450kg/m³）中减去水玻璃、氟硅酸钠和耐酸填料三者的用量求得。

（五）外加剂的掺量

水玻璃耐酸混凝土中各种外加剂的掺量不能随意改变，应根据混凝土或胶泥的性能测试数据由表 8-14 中选择。

表 8-14　外加剂的掺量（质量比）

水玻璃	外加剂的种类				
	糠醇单体	糠酮单体	多羟醚化三聚氰胺	木质素磺酸钙＋水溶性环氧树脂	NNO
100	3～5	5	5～8	2+3	4～5

注：用糠醇时也可加入盐酸苯胺，其用量为糠醇的 4%。

第三节　耐酸混凝土参考配合比

由于以上几种耐酸混凝土的材料组成不同，所以它们的配合比也不相同。下面分别列出了水玻璃耐酸混凝土、沥青耐酸混凝土和硫磺耐酸混凝土的参考配合比，以供施工配制中参考。

一、水玻璃耐酸混凝土的参考配合比

相关参考配合比见表 8-15～表 8-18 所列。

表 8-15 普通型水玻璃耐酸混凝土的参考配合比

混凝土组成材料/(kg/m³)								抗压强度/MPa		
水 玻 璃			氟硅酸钠	粉料	砂子	粗骨料		7 天	14 天	28 天
模数	密度/(g/cm³)	用量				粒径/mm	用量			
2.3	1.35	300	49.0	450	520	20～40	1200	18.0	—	—
2.8	1.39	309	45.3	543	604	5～15	906	—	20.5	—
2.8	1.39	320	48.0	515	575	5～15	894	—	21.3	—
2.8	1.39	295	44.3	531	590	5～25	1033	—	21.7	—
2.8	1.39	318	47.7	509	572	5～25	954	—	19.0	—
2.3	1.39～1.41	330	49.5	450	450	5～25	1100	—	—	22.0

表 8-16 密实型水玻璃耐酸混凝土的参考配合比（质量比）

外 加 剂		水 玻 璃			铸石粉/kg	氟硅酸钠/%
品 种	掺量/%	模数(M)	比密度/(g/cm³)	用量/kg		
—	—	2.8～3.0	1.38～1.42	36～38	100	13～16
多羟醚化三聚氰胺	5.0	2.8～3.0	1.38～1.42	35～37	100	13～16
NNO	10.0	2.8～3.0	1.38～1.42	33～35	100	13～16
糠醇＋盐酸苯胺	3＋0.12	2.8～3.0	1.38～1.42	37～39	100	13～16
糠醇单体或糠酮树脂	5.0	2.8～3.0	1.38～1.42	36～39	100	13～16

表 8-17 水玻璃耐酸混凝土常用配合比（质量比）

序号	水玻璃	氟硅酸钠	粉 料			骨 料	
			辉绿岩粉	辉绿岩粉、石英岩粉 1:1	69 号耐酸粉	细骨料	粗骨料
1	1	0.15～0.16	2.0～2.2			2.3	3.2
2	1.0	0.15～0.16	—	1.8～2.0		2.4～2.5	3.2～3.3
3	1.0	0.15～0.16				2.5～2.7	3.2～3.3

注：1. 氟硅酸钠纯度按 100％计，不足时应按掺量比例增加。

2. 粉料、粗骨料、细骨料混合物的空隙率不应大于 22％。

表 8-18 改性水玻璃耐酸混凝土配合比（质量比）

序号	混凝土配合比					
	水玻璃	氟硅酸钠	铸石粉	石英砂	石英石	外加剂
1	100	15	180	250	320	糠醇单体 3～5
2	100	15	180	260	330	多羟醚化三聚氰胺 8
3	100	15	210	230	320	木质素磺酸钙 2；水溶性环氧树脂 3

注：1. 氟硅酸钠纯度按 100％计，不足时应按掺量比例增加。

2. 糠醇单体应为淡黄色或微棕色液体，相对密度为 1.13～1.14，纯度应大于 98％。

3. 多羟醚化三聚胺应为微黄色透明液体，含固量约 10％，游离醛不得大于 2％，pH 值为 7～8。

4. 木质素磺酸钙应为黄棕色粉末，相对密度为 1.06，碱木素含量应大于 55％，pH 值为 4～6，水溶物含量应小于 12％，还原物含量小于 12％。

5. 水溶性环氧树脂应为黄色透明黏稠液体，含固量不得小于 55％，水溶性（1:1）呈透明。

二、沥青耐酸混凝土的参考配合比

沥青耐酸混凝土的配合比，应当根据试验确定。在进行初步配合比设计时，可参考

表 8-19 中所列的数值。

表 8-19 沥青耐酸混凝土（砂浆）的参考配合比

混凝土的种类	粉料和骨料混合物	沥青含量(质量计)/%
细粒式沥青混凝土	100	8～10
中粒式沥青混凝土	100	7～9
沥青砂浆	100	11～14

注：表内数值是采用平板振动器振实的沥青用量，当采用碾压机或热滚筒压实时沥青用量可适当减少。

三、硫磺耐酸混凝土的参考配合比

建筑工程中常用的硫磺砂浆、硫磺胶泥及硫磺混凝土的参考配合比，如表 8-20 所列。

表 8-20 硫磺砂浆、硫磺胶泥及硫磺混凝土的参考配合比

材 料 名 称	配合比(质量比)								
	硫磺	硅质粉料	碳质粉料	辉绿岩粉	细骨料	石棉绒	聚硫橡胶	聚氯乙烯	粗骨料
硫磺胶泥	58～60	17～20	—	19～20	—	—	1～2	—	—
	54～60	18～20	—	18～20	—	—	—	5	—
	70～72	—	26～28	—	—	—	1～2	—	—
硫磺砂浆	50	8.5	—	8.5	30	0～1	2～3	—	—
硫磺混凝土	40～50(硫磺胶泥或硫磺砂浆)								50～60

注：1. 碳质粉料为石墨粉，主要用于耐氢氟酸工程。

2. 硅质粉料、辉绿岩粉的用量亦可合为一种，采用石英粉或铸石粉。

3. 在硫磺砂浆中可以加入不大于 1% 的 6 级石棉。

第九章 耐碱混凝土

在一些工业建筑中，常常有与碱性介质密切接触的建筑工程和建筑结构。虽然普通水泥混凝土也具备一定的抗碱能力，但当碱介质超过一定浓度时普通水泥混凝土就不可避免地会受到破坏，这就需要用耐碱性较强的混凝土浇筑。

耐碱混凝土是一种对强碱类侵蚀性介质具有耐侵蚀能力的混凝土。这种混凝土不仅应具有较高的抗压强度和耐久性，在 50℃ 以下能抵抗浓度 25％ 的氢氧化钠和在 50～100℃ 以下能抵抗 10％～15％ 浓度氢氧化钠，并可抵抗铝酸钠、碳酸钠、氨水和石灰水等碱溶液腐蚀。

第一节 耐碱混凝土的材料组成

耐碱混凝土一般是采用耐碱性能好的硅酸盐类水泥作为胶凝材料，石灰岩和火成岩作为耐碱骨料，掺入适量的细粉料和外加剂，以较低的水灰比配制而成的密实性、抗渗性和耐碱腐蚀能力较好的混凝土。由此可见，组成耐碱混凝土的原材料，主要有水泥、水、粗骨料、细骨料、掺合料和外加剂，其组成与普通水泥混凝土既有相同之处，也有不同之处。

一、水泥

用于配制耐碱混凝土的水泥，应选择硅酸盐矿物（C_3S、C_2S）含量较高、铝酸盐矿物（C_3A）和铁铝酸盐矿物（C_4AF）含量较少的硅酸盐水泥或普通硅酸盐水泥，特别应注意铝酸三钙（C_3A）是一种十分容易与碱发生反应、降低耐碱性能的物质，因此铝酸三钙（C_3A）在水泥中的含量应予以严格的控制，一般不应大于 9％。

在我国的耐碱工程中，一般多采用硅酸盐水泥和碳酸盐水泥，有时根据工程实际情况，也采用一些其他品种的水泥。

（一）硅酸盐水泥

水泥的耐碱性能的高低主要取决于化学成分和矿物组成。在硅酸盐类水泥熟料的矿物组成中，硅酸三钙（C_3S）和硅酸二钙（C_2S）是耐碱性较高的矿物，铁铝酸四钙（C_4AF）次之，而铝酸三钙（C_3A）易被碱液所分解，所以它的耐碱性较差。

在硅酸盐系列水泥的化学成分中，氧化钙（CaO）是一种耐碱性较强的物质，而水泥熟料中的氧化铝（Al_2O_3），只有和氧化铁（Fe_2O_3）等构成络合物时，那一部分才具有耐碱性能，其余大部分是以铝酸盐的形式存在，所以其耐碱性最差。因此，在配制耐碱混凝土时，一般应采用强度等级不低于 42.5MPa、铝酸三钙（C_3A）在水泥中的含量不应高于 9％ 的硅酸盐水泥；当采用普通硅酸盐水泥时，铝酸三钙（C_3A）在水泥中的含量不应高于 5％。

（二）碳酸盐水泥

配制耐碱混凝土所用碳酸盐水泥，其成分中水泥熟料与石灰石的含量各占 50％，其化学成分如表 9-1 所列。碳酸盐水泥和普通硅酸盐水泥的物理性能比较如表 9-2 所列。

表 9-1 碳酸盐水泥的化学成分

化学成分/%（质量）						相对密度	标准稠度
SiO_2	Al_2O_3	CaO	Fe_2O_3	MgO	SO_2		
12.38	4.25	5.25	2.26	1.04	0.82	2.08	22.5

表 9-2 碳酸盐水泥和硅酸盐水泥的物理性能比较

水泥品种	配合成分/%（质量）				相对密度	标准稠度	安定性
	水泥熟料	石灰石	石膏	活性混合材			
42.5 硅酸盐水泥	85	—	—	<15	3.15	26.25	合格
B 号碳酸盐水泥	48	48	4	—	3.10	27.25	合格
C 号碳酸盐水泥	50	50	—	—	2.88	28.00	合格

（三）其他水泥

矿渣硅酸盐水泥其成分基本与普通硅酸盐水泥相似，其耐碱性也比较好。但由于泌水性大，配制的混凝土密实度难以保证，一般不宜选用。如果采取一定的技术措施，也能克服上述缺点，如掺加适量的氢氧化铝密实剂，即能显著提高矿渣硅酸盐水泥混凝土的耐碱性能，也能采用矿渣硅酸盐水泥。

在矾土水泥、粉煤灰水泥和火山灰质水泥中，均含有大量的氧化铝（Al_2O_3）和氧化钙（CaO），这都是一些极不耐碱的物质，所以不能用于耐碱混凝土。

二、骨料

骨料耐碱性能主要取决于其化学成分中的碱性氧化物含量高低和骨料本身致密性。配制耐碱混凝土所用的骨料，一般为石灰岩、白云岩和大理岩。对于碱性不强的腐蚀介质，也可采用密实的花岗岩、辉绿岩和石英岩，这类火成岩虽然二氧化硅的含量比较高，但由于分子的聚合度高、密实度大，所以其碎石或中等粒径的砂都具有一定的耐碱性。工程实践证明，只有细粉状的火成岩在较高的温度下，才易被碱性溶液溶解，从而造成混凝土的破坏。

由于耐碱混凝土的密实性要求较高，所以对其骨料级配的要求也比较严格。用于配制耐碱混凝土的骨料级配应当符合图 9-1 所示曲线的要求。对所用的骨料在使用前应进行碱溶率测定，粗细骨料的碱溶率应小于 1.0g/L。

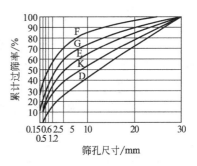

图 9-1 耐碱混凝土骨料级配曲线
F、E、D—卵石混合骨料级配曲线；
G、K—碎石混合骨料级配曲线

三、掺合料

为提高耐碱混凝土的耐碱性和致密性，可以在配制耐碱混凝土时掺加一些具有耐碱性的掺合料，常用的掺合料是磨细的石灰石粉，其细度通过 4900 孔/cm^2 方孔筛的筛余不应大于 25%，碱溶率不大于 1.0g/L，最大粒径应小于 0.15mm，其掺量一般为水泥用量的 15%～20%。

四、外加剂

为进一步降低耐碱混凝土的孔隙率及提高混凝土的强度，相应提高耐碱混凝土的耐碱性能，在配制耐碱混凝土时可以掺加适量的减水剂和早强剂。为保证耐碱混凝土的密实度，减水剂应尽量选用非引气型的，如树脂类高效减水剂等；早强剂可选用三乙醇胺和硫酸钠（Na_2SO_4）的复合物。

第二节　耐碱混凝土配合比设计

在配制耐碱混凝土时，由于同时要考虑混凝土的强度、抗渗性和耐碱性等多项要求，目前还没有系统的配合比设计方法，一般可根据工程的技术要求和施工经验进行。在进行耐碱混凝土配合比设计中，除严格按照耐碱混凝土原材料组成和技术要求外，还应主要考虑到混凝土水灰比、水泥用量、砂率等。

在耐碱混凝土配合比设计过程中，其主要的设计指标包括混凝土的抗压强度、抗渗性和耐碱性能。因此，耐碱混凝土的配合比设计主要包括混凝土水灰比、水泥用量和骨料的选择。

表9-3中列出了耐碱混凝土主要技术性能，可供混凝土配合比设计中参考。

表9-3　耐碱混凝土主要技术性能

技术性能	耐碱等级	
	一级	二级
抗压强度/MPa	≥30	≥25
抗渗等级/MPa	≥1.6	≥1.2
适用条件（浓度以 gNaOH/L 计）	常温下，浓度小于330；40～70℃时，浓度小于180；暂时作用100℃时，浓度为330	常温下，浓度小于230；40～70℃时，浓度小于120；暂时作用100℃时，浓度为330

一、水灰比的选择

材料试验充分证明，耐碱混凝土的水灰比越高，混凝土的抗渗性越差，耐碱性也越差；耐碱混凝土的水灰比越小，其抗渗性和耐碱腐蚀的能力则越强。根据试验资料和施工经验，在常温施工情况下，当其他条件相同时，与各种浓度氢氧化钠（NaOH）溶液相应的耐碱混凝土水灰比，配制耐碱混凝土的水灰比大致可控制在表9-4范围内。

表9-4　碱浓度与混凝土水灰比相关表

氢氧化钠浓度/%	混凝土的水灰比	备　注
<10	0.60～0.65	(1)每立方米混凝土中水泥用量不少于300kg；
10～25	0.50～0.60	(2)水泥的强度等级不低于32.5MPa
>25	0.50以下	

在耐碱混凝土配料设计中，如果不考虑掺加减水剂的减水作用，耐碱混凝土的水灰比一般可在0.45～0.55之间进行选择。

二、水泥用量的确定

水泥用量多少是确保耐碱混凝土质量和关系工程造价的主要设计指标。根据众多工程的施工经验，每单位体积（m^3）耐碱混凝土中，硅酸盐水泥用量一般不得少于300kg，水泥和粒径小于0.15mm的磨细掺加料的总细粉料用量不少于400kg。

当混凝土的耐碱度和抗压强度要求不高时，可以在保持细粉总量不变的前提下，适当减少单位体积水泥用量，而相应增加一部分磨细掺合料，以达到节约水泥用量、降低工程造价的目的。

在相同品种的水泥中，强度等级高的水泥，由于水泥熟料中硅酸三钙（C_3S）的含量较高，其抗碱腐蚀的能力自然也比较强。因此，配制耐碱混凝土应采用强度等级较高的硅酸盐水泥，一般可采用强度等级为 42.5MPa 及以上的水泥。

三、骨料的选择

配制耐碱混凝土的粗骨料，最好选用破碎的石灰石，其最大粒径不得大于 35mm，最小粒径为 5mm，碱溶率最好小于或等于 0.48g/L；配制耐碱混凝土的细骨料，最好选用质量较好的河砂，其细度模数 $M_x = 3.1$，砂率可在 38%～42% 之间选择。

四、掺合料的选择

配制耐碱混凝土的掺合料，一般宜选用石灰石粉，粒径应小于 0.080mm，方孔筛筛余最好 12.5%，碱溶率最好小于或等于 0.90g/L。

五、外加剂的选择

在配制耐碱混凝土时，可根据工程强度和施工条件的要求，适量掺加适宜品种的减水剂，以改善混凝土的某些性能。在一般情况下，可以选用木钙系列减水剂，但减水率应在 10% 以上。

第三节　耐碱混凝土参考配合比

耐碱混凝土配合比一般应根据工程技术要求，参考经验配合比进行设计，然后通过试验确定。表 9-5 中列出了耐碱混凝土设计配合比及主要规定，表 9-6 中列出了耐碱混凝土的经验配合比，可供配合比设计时参考。

表 9-5　耐碱混凝土设计配合比及主要规定

项　　目	混凝土的种类	
	耐碱混凝土	耐碱砂浆
用料配合比	水泥：砂：耐碱骨料＝1：1.56：2.50 （骨料粒径：5～40mm，级配符合要求）	水泥：（砂＋粉料）＝1：2 水泥：粉料（重晶石）：石棉绒＝50：45：5
水泥用量/(kg/m³)	用河砂时：水泥用量不小于 300 用山砂时：水泥用量不小于 330	用河砂时：水泥用量不小于 315 用山砂时：水泥用量不小于 345
水灰比(W/C)	一级不大于 0.50；二级不大于 0.60	≤0.50
稠度/mm	坍落度不大于 40	用于混凝土基层：沉入度不大于 60 用于砖的墙面：沉入度不大于 80
粉料用量	占粗细骨料和粉料总量的 6%～8%	占砂和粉料总量的 15%～25%

表 9-6　耐碱混凝土的经验配合比

项次	耐碱混凝土的配合比/(kg/m³)						坍落度/cm	自然养护/天	浸碱养护/天	抗压强度/MPa
	水　泥		石灰石粉	中砂	碎　石		水			
	品种与强度	用量			粒径	用量				
1	42.5普通	360	—	780	5～40	1179	178	5	28	14	21
2	42.5普通	340	110	740	5～40	1120	184	5	24	28	23
3	42.5普通	330	—	637	5～15 5～40	366 855	188	—	—	—	30

注：1. 浸碱养护的碱溶液浓度 25% 的氢氧化钠溶液。
　　2. 在混凝土中掺入三氯化铁或氢氧化铁，对提高混凝土耐碱性能也有良好的效果。

因、水流速度因子以及泥沙条件。同时，受混凝土材料组成、强度及施工质量的影响，

水中气泡冲击引起的磨损是气蚀型磨损的主要形式之上的作用。

二、材料的选用

耐磨损混凝土的组成材料

第十章 耐磨混凝土

混凝土在使用的过程中，会遇到各种各样的情况和环境，造成不同的作用和磨损。特别是在高速水流（如水工混凝土）、急驶车辆（如道路混凝土）和机械磨损（如车间地面）等的作用下，会使混凝土结构的表面有一定的磨损。

根据混凝土在使用中的磨损原因不同，其磨损可分为研磨型磨损、剥蚀型磨损和气蚀型磨损三类。如何提高混凝土的耐磨损能力，延长混凝土结构的使用寿命，这是耐磨损混凝土重点应解决的技术问题。

第一节 耐磨混凝土的材料组成

混凝土科学研究表明，耐磨损混凝土是指对机械磨损、流体冲刷等磨损破坏有较强抵抗作用的混凝土。

耐磨损混凝土的组成材料，主要有胶凝材料、粗细骨料、掺合料、外加剂和拌和水等。由于耐磨损混凝土具有耐磨损性要求，因此对材料的要求不同于普通水泥混凝土。

一、胶凝材料

配制耐磨损混凝土的胶凝材料，主要是水硬性胶凝材料水泥，在特殊情况下也可掺加适量的环氧树脂，也可根据工程实际情况采用一些新型胶凝材料。

（一）水泥

材料试验证明：水泥的物理力学性能（包括耐磨损性能），主要取决于水泥的矿物成分及水泥矿物成分的耐磨损性能。国内、外有关专家在试验室内对水泥熟料的单矿物进行了磨损试验，通过单矿物水泥及单矿物水泥砂浆的磨损试验结果表明，硅酸三钙（C_3S）的耐磨损强度最高，硅酸二钙（C_2S）的耐磨损强度最低，铝酸三钙（C_3A）和铁铝酸四钙（C_4AF）耐磨损强度比较接近。表 10-1 中列出了硅酸盐水泥熟料各矿物成分的耐磨性。

表 10-1　硅酸盐水泥熟料各矿物成分的耐磨性

矿物成分	水泥石水灰比	水泥石的抗磨强度/[h/(10N·m)]	砂浆的水灰比	砂浆的灰砂比	砂浆的抗磨强度/[h/(10N·m)]	砂浆 3 个月龄期抗压强度/MPa
硅酸三钙(C_3S)	0.31	3.45	0.48	1:2.5	4.35	45.0
硅酸二钙(C_2S)	0.23	0.80	0.43	1:2.5	不抗磨	15.0
铝酸三钙(C_3A)	0.47	2.94	0.70	1:2.5	0.87	10.3
铁铝酸四钙(C_4AF)	0.28	3.13	0.45	1:2.5	0.94	6.6

从表 10-1 的结果可知，硅酸盐水泥熟料矿物水化硬化后的抗磨损强度，从大到小的排列顺序为：$C_3S > C_4AF > C_3A > C_2S$，硅酸三钙的抗磨损强度最高，硅酸二钙的抗磨损强度最低。因此，配制耐磨损混凝土应选择硅酸三钙（C_3S）含量高的水泥。在一般情况下，回转窑生产的水泥熟料中，硅酸三钙（C_3S）的含量远高于立窑生产的水泥熟料。因此，用于配制耐磨损混凝土应尽量选用回转窑水泥厂生产的水泥。

水泥的活性对混凝土的抗压强度和抗冲磨强度影响较大，水泥的活性越高，用其拌制的

混凝土抗冲磨强度也越高。由此可见，配制耐磨损混凝土所用的水泥，应选择活性比较高、水化硬化后浆体耐磨性强的水泥品种，对常用的硅酸盐系列水泥而言，耐磨性高低与硅酸盐水泥熟料矿物的组成有关，也与混合材的品种和掺量有关。

材料试验研究证明，混凝土的耐磨损性能与水泥掺加混合材料的种类和数量有关，从国外有关试验资料看，一般采用掺混合材料的水泥制备的混凝土，在所有龄期内，其抗冲磨强度均比不掺混合材料的纯硅酸盐水泥制备的混凝土低。如水泥中掺加活性混合材30％～35％时，可使混凝土的磨损率增加30％～35％。

我国工程实践也证明，在水泥中掺加目前常用的任何混合材（如粉煤灰、水淬矿渣、火山灰质混合材等），对混凝土的抗磨性都有程度不同的负面影响。因此，水泥品种最好选用不掺或少掺混合材的水泥，如硅酸盐水泥或普通硅酸盐水泥。如果选用普通硅酸盐水泥，其中掺加的混合材最好用水淬矿渣，尽量不选用粉煤灰和火山灰质混合材。

材料试验研究证明，配制耐磨损混凝土时，如果选用的强度等级、使用的骨料和配合比相同，两种水泥的水灰比不同时，两种混凝土的抗压强度基本相同（见图10-1），而两种混凝土的耐磨损强度却有较大的差别（见图10-2）。

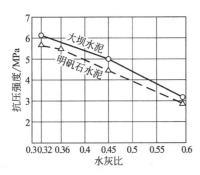

图 10-1　不同水灰比的两种水泥混凝土
与其抗压强度的关系

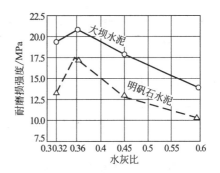

图 10-2　不同水灰比的两种水泥混凝土
与其耐磨损强度的关系

配制耐磨损混凝土所用水泥的强度等级，一般应大于或等于 42.5MPa。如果选用低于 42.5MPa 的水泥，必须经试验后确定。

（二）环氧树脂

在某些特殊场合下，当使用水泥混凝土不能满足抗磨损要求时，可以采用一些抗磨损性能更好的胶凝材料，如环氧树脂、呋喃树脂、饱和聚酯树脂等。工程实践证明，其中环氧树脂是比较理想的一种材料。有关环氧树脂的性质、用环氧树脂配制混凝土的方法等有关内容，可参考"树脂混凝土"。

（三）新型胶凝材料

最近几年，有关材料生产单位根据耐磨损混凝土的不同要求，研制成功了一些耐磨损混凝土新型胶凝材料，其中绿宇牌 LY-01 防滑耐磨损混凝土胶粉（干拌防滑耐磨砂浆），就是比较典型的一种。

本产品是运用无机胶凝材料 C_3S 的抗磨性，配合活性超细集料及高分子助剂的掺和，构成减水、密实、黏结强度高、抗磨性能强，具有高耐久性和新拌混凝土良好的工作性的防滑耐磨混凝土材料。

其机理主要是在活性超细集料的掺入下，使混凝土中水泥石的孔隙率大大降低，有效改善孔分布（即尽可能降低有害大孔），减少开口孔，提高抗压强度，通过高分子助剂，改善混凝土中硬化水泥浆体与集料界面的结合功能，增强界面物理连接或化学连接的强度，提高耐磨损性能。

本产品只需按比例添加花岗岩细石子，与水拌和就可以成为防滑耐磨损混凝土材料。主要应用于经常反复地受到车辆、行人及各种货物、工件对其施加滑动或滚动摩擦的路面、人流较多的通道、汽车停车场、车站、车库、货物堆场、仓库、工厂车间等地面，应用于要求具有防滑耐磨损地面混凝土工程。

二、粗、细骨料

与普通水泥混凝土一样，骨料是耐磨损混凝土中用量最大的材料，一般占混凝土体积的80%左右，其品种、质量、级配、粒径等，直接影响耐磨损混凝土的强度和抗磨损能力。在选择耐磨损混凝土骨料时，主要应考虑粗细骨料品种选择、最大骨料粒径选择和砂的细度模数选择等三个方面。

（一）粗细骨料品种选择

骨料本身的耐磨性高低，对耐磨损混凝土的耐磨损性有着至关重要的作用，有时甚至起决定性作用。因此，配制耐磨损混凝土所用骨料，应当选用质地致密、材质坚硬、耐磨损性强的材料。

1. 粗骨料的选择

配制耐磨损混凝土所用的粗骨料，一般宜选用花岗岩、闪长岩、辉绿岩和属变质岩的片麻岩、石英岩等。属沉积岩的石灰岩、铁质页岩、黏土质页岩的各项力学性能比较差，均不宜作为耐磨损混凝土的粗骨料。另外，不能选用已经风化的岩石。

材料试验证明：混凝土的配合比相同，使用的水泥、细骨料和粗骨料的最大粒径均相同时，使用不同岩石品种作为粗骨料拌制的混凝土，其抗压强度虽然基本相同，但其抗冲磨强度却有显著差别。表 10-2 中列出了不同岩石品种骨料的混凝土相对抗冲磨强度。

表 10-2　不同岩石品种骨料的混凝土相对抗冲磨强度

粗骨料岩石名称	石灰岩	黑云母石英闪长岩	花岗岩	辉绿岩铸石
相对抗冲磨强度	1.00	2.33	1.73	3.04

试验还证明，卵石的表面比较光滑不易磨损，而碎石的表面比较粗糙容易受到磨损。虽然碎石混凝土的磨损系数偏高，但卵石混凝土中的卵石与硬化水泥浆体的界面黏结强度却低于碎石混凝土。在有高速水流的磨损过程中，卵石更容易被冲击脱离开硬化浆体而形成孔穴和凹槽，使混凝土的磨损破坏速度加快。

由以上分析可知，由于碎石与水泥浆体的黏结强度高，所以碎石更适宜于耐磨损混凝土的配制，磨损导致碎石混凝土结构最终破坏的时间要比卵石混凝土长一些。因此，配制耐磨损混凝土宜选用新鲜的碎石。粗骨料的各种技术指标，除应符合配制耐磨损混凝土的特殊要求外，还应符合国家标准《建设用碎石、卵石》（GB/T 14685—2011）中的规定。

2. 细骨料的选择

材料试验证明：混凝土的抗冲磨强度也与砂子的品种有关，砂子质地坚硬，所含石英较多，清洁及级配较好的粗、中砂所配制的混凝土，其抗冲耐磨性能较好。因此，配制耐磨损混凝土所用的细骨料一般宜选用比较纯净、无风化的石英砂。

（二）最大骨料粒径选择

混凝土试验证明，粗骨料最大粒径（D_{max}）的选择，对混凝土的抗磨损性也有较大的影响。当使用水泥、细骨料及粗骨料岩石品种相同、混凝土水灰比也相同，只是粗骨料粒径不同的混凝土，其抗压强度基本相同，但其抗冲磨强度却随着粒径的增大而增大（见图10-3）。这是因为由于粗骨料粒径增大，使混凝土中抗磨强度较低的水泥石含量减少所致。因此，采用较大粒径的粗骨料，是减少混凝土中水泥石含量而有利于提高混凝土抗冲磨强度简单而有效的措施。

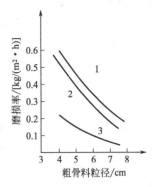

图 10-3　粗骨料粒径与混凝土磨损率的关系

1—吩岩；2—砂岩；3—花岗岩

抗冲磨试验证明，混凝土表层的粗骨料在机械磨损、水流冲击的作用下，如果粗骨料的粒径不适宜，会出现骨料被"拔出"现象，在混凝土表面形成孔穴后，磨耗将继续快速进行下去，从而对混凝土结构造成更大的破坏。

特别是当砂砾进入孔穴中，由于高速水流的旋转，使混凝土受到损坏性的"洗挖"，而使混凝土磨损更加严重。混凝土配合比试验证明，当单位体积混凝土中的水泥用量（C）和水灰比（W/C）确定后，改变粗骨料的最大粒径（D_{max}）时，混凝土的磨损系数随着骨料粒径的增大而降低。

试验结果表明：当采用不同粗骨料最大粒径（10mm、15mm、20mm 和 25mm）配制混凝土时，粗骨料 $D_{max}=25$mm 时混凝土的磨损系数最低，而粗骨料 $D_{max}=10$mm 时骨料被拔出的比例较大。综合考虑磨损系数和骨料被拔出的孔穴数量，配制耐磨损混凝土粗骨料的最大粒径，在一般情况下宜选择 $D_{max}=25$mm。

但是，根据工程经验得知，粗骨料的粒径较大，受挟砂水流冲磨后的混凝土表面不平整度较大，因而产生气蚀性破坏的可能性也较大。所以在有可能产生气蚀的抗冲磨混凝土，粗骨料的最大粒径应当受到一定限制。据有关资料表明，配制耐磨损混凝土粗骨料的最大粒径 $D_{max}=15$mm 左右比较适宜。究竟采用什么样的粗骨料最大粒径，最好通过材料配比试验确定。

（三）砂的细度模数选择

配制耐磨损混凝土的细骨料，一般宜选用耐磨性较高的石英砂，其除必须符合国家标准《建设用砂》（GB/T 14684—2011）中的规定外，其质量还应符合表10-3中的要求。

细骨料的细度模数是砂子平均粗细程度的重要指标，对于混凝土的密实度和强度有很大影响。水利水电科学研究院试验研究得出，砂子的细度模数从 2.31 减小到 1.26，混凝土的抗冲度强度约降低为 1/2。因此，选择细骨料的适宜细度模数，也是非常重要的一个技术指标。

表 10-3　用于耐磨损混凝土石英砂的质量要求

项目名称	SiO_2 /%	云母 /%	硫化物 /%	尘土 /%	硬度 /HB	吸水率 /%	密度 /(g/cm³)	空隙率 /%	粒径 /mm	堆密度 /(kg/m³)
质量技术指标要求	≥95	≤0.5	≤0.5	≤0.5	5～7	≤1.0	2.65	≤40	≥0.15	≥1600

配制耐磨损混凝土试验结果表明，采用的细骨料以洁净、级配良好的石英中、粗砂为宜，其细度模数应控制在 2.4～3.5 范围内。

三、掺合料

配制耐磨损混凝土试验结果表明，用于这种混凝土的掺合料主要有两类：一类是用于直接增强耐磨性的掺合料，常用的有钢屑、钢纤维、钢渣砂、金刚砂、烧矾土等，其中以钢屑、钢纤维、金刚砂的效果最好，这类掺合料可以替代混凝土中的部分细骨料；另一类是用于增加混凝土致密性和强度的掺合料，间接地增加混凝土的耐磨性，常用的有硅灰及超细矿渣粉等。

近些年来，国内外对混凝土都进行了掺入硅灰的试验研究，以提高普通混凝土的抗冲磨强度及抗气蚀强度。据有关资料介绍，在普通水泥混凝土中掺入硅灰后，抗冲磨强度约提高3倍，抗气蚀强度约提高14倍。

四、外加剂

为了降低混凝土内部的孔隙率，提高混凝土的强度，在配制耐磨损混凝土时，可以掺入适量的减水剂及早强剂。在掺加这两种外加剂时，应特别注意以下两点：为确保混凝土的强度不降低，所掺加的减水剂，不宜采用引气型减水剂；如果在钢筋混凝土中掺加早强剂时，应避免掺用对钢筋有锈蚀作用的早强剂。

材料试验证明：在混凝土中掺入非引气型减水剂，不但可以改善混凝土拌和物的和易性、节约水泥用量，而且还能提高混凝土的抗压强度和抗冲磨强度。对于无抗冻性要求的抗冲耐磨混凝土，最好选用非引气型的 NF、UNF 和 FDN 等高效减水剂，掺入量一般为水泥用量的 0.5%～1.0%。当采用引气型高效减水剂（如 MF、NNO 等）时，可与有机硅消泡剂复合使用。

在配制耐磨损混凝土时，无论掺加何种外加剂，对外加剂的掺量、性能和相容性等，均应通过试验确定，不可盲目掺加。

五、拌和水

配制耐磨损混凝土所用的拌和水，其技术要求与普通水泥混凝土相同，即应当符合《混凝土用水标准》(JGJ 63—2006) 中的要求。

第二节　耐磨混凝土配合比设计

通过对耐磨损混凝土原材料不同的分析，实质上耐磨损混凝土是对多种具有增强耐磨损性能混凝土的总称。由于耐磨损混凝土的组成材料与普通混凝土有所不同，所以在进行混凝土配合比设计时应遵循的原则也不一样。

一、耐磨损混凝土配合比设计的原则

材料试验证明：在选用耐冲磨性能较好的岩石作为混凝土的骨料时，即使是高强度混凝土中的水泥石，其抗冲磨强度也比骨料要低得多。因此，抗冲耐磨混凝土配合比设计的原则是：尽可能提高水泥石的抗冲耐磨强度及黏结强度，同时也要注意尽可能减少水泥石的含量，即应使水灰比要小且尽可能减少水泥浆用量，以求获得抗冲耐磨性能较好的混凝土，这是提高混凝土抗冲耐磨强度的根本措施。

（一）抗压强度的确定原则

混凝土在原材料选定后，其抗压强度随着水灰比的减小而增大。在水泥浆用量变化不大

的条件下，混凝土的抗冲耐磨强度也随着水灰比的减小而提高。抗冲耐磨混凝土的强度，必须满足在挟砂石水流冲磨条件下足以把骨料黏结在一起；如果水泥石的黏结强度及抗冲耐磨强度过低，挟带砂石的水流首先将水泥石冲磨后，紧接着就会把骨料冲掉，从而会造成严重的冲蚀磨损现象。因此，要提高混凝土的抗冲耐磨强度，就必须提高混凝土的抗压强度。

混凝土强度试验表明，混凝土的水灰比越小，所形成的水泥浆就越干稠，达到施工所要求的和易性（流动性）时，所需要占水泥浆用量则越多。于是就会出现虽然混凝土中的水泥石强度有所提高，但由于水泥石的增加而降低混凝土的抗冲耐磨强度，图 10-2 中的水灰比为 0.32 时的混凝土，其抗冲磨强度却下降。

由此可见，在配制抗冲耐磨混凝土时，其抗压强度只要能满足在挟砂石水流冲磨条件下，足以将骨料黏结在一起即可；如果再提高混凝土的抗压强度，不仅达不到提高混凝土抗冲磨强度的目的，而且还可能随着抗压强度的提高而抗冲磨强度下降。

究竟抗冲耐磨损混凝土的抗压强度如何选择，目前在各国尚未有统一的意见。俄罗斯和美国 ACI210 委员会经过多年研究和探索，提出了一些推荐性意见，可供抗冲耐磨混凝土在设计和施工中参考。

美国 ACI210 委员会推荐抗冲耐磨损混凝土的抗压强度可采用 40MPa。俄罗斯把抗冲耐磨材料分成 3 个等级：①使用期不到 100 年的重要建筑物，建议抗冲耐磨损混凝土采用抗压强度为 C50～C60；②使用期在 50 年以上的较重要建筑物，建议抗冲耐磨损混凝土采用抗压强度为 C40；③使用期不到 25 年的不重要的建筑物或运行期 5～10 年的重要建筑物，建议抗冲耐磨损混凝土采用抗压强度为 C30。

（二）用水量的确定原则

材料试验证明，对于有抗冲耐磨损要求的混凝土，最好是采用干硬性混凝土，并以施工所用振捣器能将混凝土拌和物振密实为准，一般混凝土的维勃稠度 30～40s 为宜。如果采用塑性混凝土，拌和物的坍落度最好不超过 5cm，以便尽可能减少混凝土中抗冲耐磨损性能差的水泥石含量，提高混凝土的抗冲耐磨损强度。

水泥石的抗冲耐磨损强度，一般都比骨料低得多。因此，混凝土中水泥石的含量越多，混凝土的抗冲耐磨损强度则越低。当混凝土的原材料相同、水灰比相同，而水泥石含量不同时，混凝土抗压强度基本相同；但其抗冲耐磨损强度却随着水泥石含量的增加而明显下降。不同水泥石含量混凝土的抗冲磨强度及抗压强度的关系，如图 10-4 所示。

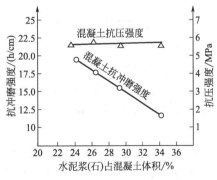

图 10-4　水泥石含量与混凝土抗压、抗冲磨强度的关系

由此可见，在设计和拌制抗冲耐磨损混凝土时，不仅要注意选用耐冲磨性能较好的高强度水泥，而且还要注意在保持水灰比不变的前提下，尽可能减少水泥用量。这样，不仅可以节省水泥、降低工程成本、简化温控措施，而且还能提高混凝土的抗压强度和抗冲耐磨损强度。

当混凝土的原材料和水灰比确定后，混凝土的用水量（即水泥浆用量）决定于混凝土拌和物设计坍落度。混凝土拌和物的坍落度大。则用水量就多，混凝土中的水泥浆含量必然也多，从而就会降低混凝土的抗冲耐磨损强度。因此，对于抗冲耐磨损混凝土流动性的要求，应当在满足混凝土浇筑密实的前提下，流动度（用水量）越小越好。

（三）砂率的确定原则

抗冲耐磨损混凝土砂率的确定，与普通水工混凝土相同，在一般情况下应通过试验确定其最佳砂率，以便减少水泥浆的用量，有利于提高混凝土的抗冲耐磨损强度。根据工程实践，抗冲耐磨损混凝土的砂率宜控制在 30％～40％范围内。

二、工程中常用耐磨损混凝土配合比设计

根据工程对混凝土耐磨损性的要求不同，所采用的耐磨损骨料是不同的。也可以说，耐磨损混凝土是由各种特殊耐磨损材料配制而成的混凝土。

在各种工程中，目前常用的耐磨损混凝土主要有石英砂耐磨损混凝土、钢屑耐磨损混凝土、钢纤维耐磨损混凝土、高性能耐磨损混凝土、环氧树脂耐磨损混凝土和防滑耐磨损胶粉混凝土等。

（一）石英砂耐磨损混凝土

石英砂耐磨损混凝土是以硅酸盐水泥或普通硅酸盐为胶凝材料，以石英砂为主要原料配制而成的一种耐磨损混凝土。

根据耐磨损混凝土工程的要求不同，石英砂耐磨损混凝土的配合比也不同，一般可分为以下两种情况的混凝土配合比设计。

1. 承受磨损为主的耐磨损混凝土

对于主要承受磨损、对抗压强度和抗冲击要求不高的混凝土，其水泥可以采用强度等级大于或等于 42.5MPa 的普通硅酸盐水泥，混凝土的配合比为：水泥∶砂∶水＝1∶（1.8～2.5）∶（0.45～0.50）。

2. 承受多种强度的耐磨损混凝土

对于不仅要承受磨损，而且对抗压强度和抗冲击强度有一定要求的混凝土，其水泥可以采用强度等级大于或等于 42.5MPa 的硅酸盐水泥，混凝土的配合比为：水泥∶砂∶水＝1∶（1.2～1.5）∶（0.40～0.48）。

（二）钢屑耐磨损混凝土

钢屑耐磨损混凝土，也称为铁屑耐磨损混凝土。这种混凝土是用钢（铁）屑作为骨料的一部分，然后再与水泥、石、砂和水配制而成的混凝土。钢屑耐磨损混凝土的耐磨性非常高，一般高于石英砂耐磨损混凝土，同时其抗压强度也很高。工程实践证明，配比合理、精心施工的钢屑耐磨损混凝土，其 28 天的抗压强度可以达到 800MPa，耐磨性可与花岗石媲美。

钢屑耐磨损混凝土的配合比设计方法，与普通水泥混凝土基本相同。水泥应选用强度等级大于或等于 42.5MPa 的硅酸盐水泥或普通硅酸盐水泥，水泥的各项技术指标应符合国家标准《通用硅酸盐水泥》（GB 175—2007/XG1—2009）中的要求。

粗骨料优先选用坚硬耐磨的花岗石、辉绿岩，细骨料应选用洁净、坚硬、级配良好的河砂，骨料的各项技术指标应符合国家标准《建设用碎石、卵石》（GB/T 14685—2011）和《建设用砂》（GB/T 14684—2011）中的规定。

钢屑应选用金属切削时的废屑，既可废物利用、降低费用，又能符合钢屑耐磨损混凝土的要求。但是，在配制混凝土前需经过以下筛分和清洗处理。

钢屑的筛分，就是筛去过大或过小的钢屑，即筛除小于 0.3mm 的碎屑及大于 75mm 的钢屑，以便于配制和施工。

钢屑的清洗，是将筛分后的钢屑先经 10％的氢氧化钠（NaOH）溶液浸泡去除油污，再用 50～70℃的热水进行清洗，然后捞出晾干待用。在浸泡和清洗过程中，应当边浸泡边搅动，以便浸泡均匀、去掉油污。

（三）钢纤维耐磨损混凝土

钢纤维耐磨损混凝土是在钢纤维混凝土的基础上，在配合比方面加以改进配制而成的一种耐磨性很强的混凝土。钢纤维实质上也是一种钢屑，因此钢纤维耐磨损混凝土也可以看作是钢屑耐磨损混凝土的一种。

钢纤维耐磨损混凝土对原材料的要求，主要包括对水泥、细骨料、粗骨料、砂率、钢纤维、外加剂和水等材料的要求。

钢纤维耐磨损混凝土所用的水泥，优先选用普通硅酸盐水泥、硅酸盐水泥和明矾石膨胀水泥，水泥的强度等级一般不低于 42.5MPa，其他技术指标应符合国家标准《通用硅酸盐水泥》（GB 175—2007/XG1—2009）和行业标准《明矾石膨胀水泥》（JC/T 311—2004）中的要求。

钢纤维耐磨损混凝土所用的细骨料，与普通水泥混凝土相同，其他没有具体规定；钢纤维耐磨损混凝土所用的粗骨料，一般宜采用 $D_{max}=15mm$ 质地坚硬的碎石。粗、细骨料的其他技术指标，应符合国家标准《建设用碎石、卵石》（GB/T 14685—2011）和《建设用砂》（GB/T 14684—2011）中的规定。钢纤维耐磨损混凝土所用的砂率，一般为 40％左右比较适宜。

钢纤维耐磨损混凝土所用的钢纤维，与普通钢纤维混凝土有所不同，一般宜采用长度为 2～5mm 的钢纤维。为使钢纤维耐磨损混凝土易于拌和均匀，使耐磨损面性能最佳，最好采用异型钢纤维，而不采用直线型钢纤维。

钢纤维耐磨损混凝土所用的外加剂，一般多采用普通减水剂或超塑化剂，外加剂的技术指标应符合现行的有关规定。

（四）高性能耐磨损混凝土

在"高性能混凝土"中已经了解到，高性能混凝土在各种性能上都优于普通水泥混凝土，其中包括耐磨损性也比较好，因此可以满足一些对耐磨性要求较高的混凝土工程。但是，对于一些有更高耐磨性要求的混凝土，高性能混凝土不能满足耐磨性要求时，则可以通过改变原料的选择来解决，则配制成高性能耐磨损混凝土。

高性能耐磨损混凝土，是在高性能混凝土的基础上，在耐磨损方面提出更高的要求，而成为一种具有高强度、高流动性、优异的耐久性和较高的耐磨损性的混凝土。这种混凝土所用的原材料和高性能混凝土有所不同。

1. 对于水泥的要求

高性能耐磨损混凝土所用的水泥，优先选用硅酸三钙（C_3S）和铁铝酸四钙（C_4AF）含量高的硅酸盐水泥，水泥的强度等级一般不应低于 42.5MPa，其用量一般应当控制在 $500kg/m^3$ 左右。其他技术指标应符合国家标准《通用硅酸盐水泥》（GB 175—2007/XG1—2009）中的要求。

2. 对于骨料的要求

高性能耐磨损混凝土所用的粗骨料，应选用耐磨性更强的花岗岩或辉绿岩，其最大骨料粒径不应超过 20mm；高性能耐磨损混凝土所用的细骨料，应选用洁净、坚硬、级配良好的河砂。粗、细骨料的其他技术指标，应符合国家标准《建设用碎石、卵石》（GB/T 14685—2011）和《建设用砂》（GB/T 14684—2011）中的规定。

3. 对于掺合料的要求

高性能耐磨损混凝土所用的掺合料，一般为优质的粉煤灰和硅粉。粉煤灰是火力发电厂排放出来的灰渣，是一种火山灰质混合材料，其化学成分与高铝黏土相近，活性取决于玻璃体及无定形氧化铝和氧化硅的含量，用于配制高性能耐磨损混凝土的粉煤灰，其技术指标应符合国家标准《用于水泥和混凝土中的粉煤灰》（GB/T 1596—2005）中的规定。

硅灰是在电炉内生产硅铁合金时产生大量挥发性很强的 SiO_2 和 Si 气体，这些气体在空气迅速氧化并冷凝而成的一种超微粒固体物质。由于硅灰的主要成分是 SiO_2、粒径在 $0.01\sim 1\mu m$ 之间，是水泥颗粒的 $1/100\sim 1/50$。因此，这是一种特效混凝土掺合料，它能明显地改善混凝土的性能，大幅度提高混凝土的耐磨性。

硅灰的 SiO_2 含量多少是其质量好坏的主要指标，根据硅灰的排放条件不同，SiO_2 的含量大致波动在 63%～89% 范围内。根据工程实践证明，用于普通水泥混凝土的硅灰，SiO_2 的含量必须在 70% 以上；用于高性能耐磨损混凝土的硅灰，SiO_2 的含量必须在 75% 以上。

4. 对于外加剂的要求

高性能耐磨损混凝土所用的外加剂，主要有膨胀剂、高效减水剂等。所用的膨胀剂应符合建材行业标准《混凝土膨胀剂》（GB 23439—2009）中的规定；所用的减水剂应符合国家标准《混凝土外加剂》（GB 8076—2008）中的规定。

高效减水剂是高性能耐磨损混凝土必不可少的组成材料，其有效组分的适宜掺量为胶凝材料总量的 1.0% 以下，并应控制引气量。

配制高性能耐磨损混凝土适用的高效减水剂有：①磺化三聚氰胺甲醛树脂高效减水剂。该品种减水剂减水分散能力强，引气量低，早强和增强效果明显，产品性能随合成工艺的不同而有所不同；②高浓型高聚合度萘系高效减水剂。低聚合度的萘系减水剂，引气量大，不宜用于高性能耐磨损混凝土；③改性木质素磺酸盐高效减水剂；④复合高效减水剂，包括缓凝高效减水剂。

为使混凝土用水量达到 $140\sim 170kg/m^3$，外加剂减水率不得小于 25%～30%。减水剂用量可按表 10-4 建议掺量选用。

表 10-4　高效减水剂建议掺量　　　　单位：%

高性能耐磨损混凝土强度等级	外加剂的种类	外加剂的掺量	高性能耐磨损混凝土强度等级	外加剂的种类	外加剂的掺量
C50～C60	蜜胺系 SM	0.5～1.0	C60～C80	改性 M+N	0.7～1.0
C50～C60	萘系 N	0.5～1.0	C80 以上	M+N+缓凝剂	0.8～1.0
C60～C80	SM+缓凝剂	0.5～1.0	C80 以上	SM+N	0.8～1.0
C60～C80	N+缓凝剂	0.5～1.0	C80 以上	SM+N+缓凝剂	0.8～1.0

5. 对于拌和水的要求

配制高性能耐磨损混凝土所用的拌和水，其技术要求与普通水泥混凝土相同。应符合《混凝土用水标准》（JGJ 63—2006）中的要求。

（五）环氧树脂耐磨损混凝土

飞机跑道要求耐磨性和耐冲击性较高，一般可将环氧树脂或适量增塑剂拌入水泥浆料中铺制路面，这样的跑道具有高度的耐磨、耐冲击效果。中国环氧树脂行业协会专家表示，道路尤其是高速公路的耐磨性要求也是相当高的。路面上以及道路接缝处，特别是在雨天，防止汽车在急转弯处打滑非常重要。可采用高性能的环氧树脂胶黏剂与表面较硬的粗骨料配合制成防滑黏合层，涂覆在车辆急转弯的显要位置及接缝上，能有效地解决这个问题。

环氧树脂耐磨损混凝土，是由环氧树脂、粗骨料、细骨料、填充料、增强材料和外加剂等按一定比例配制而成。其中环氧树脂是混凝土中的胶凝材料，其质量如何对混凝土的耐磨损性有直接关系。

1. 对环氧树脂的要求

环氧树脂是泛指分子中含有两个或两个以上环氧基团的有机高分子化合物，除个别外，它们的相对分子质量都不高。环氧树脂的分子结构是以分子链中含有活泼的环氧基团为其特征，环氧基团可以位于分子链的末端、中间或成环状结构。由于分子结构中含有活泼的环氧基团，使它们可与多种类型的固化剂发生交联反应而形成不溶、不熔的具有三向网状结构的高聚物。

根据分子结构，环氧树脂大体上可分为 5 大类：缩水甘油醚类环氧树脂、缩水甘油酯类环氧树脂、缩水甘油胺类环氧树脂、线型脂肪族类环氧树脂和脂环族类环氧树脂。复合材料工业上使用量最大的环氧树脂品种是上述第一类缩水甘油醚类环氧树脂，而其中又以二酚基丙烷型环氧树脂（简称双酚 A 型环氧树脂）为主。

材料试验证明：用于配制环氧树脂耐磨损混凝土的环氧树脂，应当满足以下几个方面的技术要求。

（1）固化方便　选用各种不同的固化剂，使环氧树脂体系几乎可以在 0～180℃温度范围内固化，以适应各种不同温度环境中进行正常施工。

（2）黏附力强　环氧树脂分子链中固有的极性羟基和醚键的存在，使其对各种物质具有很高的黏附力。环氧树脂固化时的收缩性低，产生的内应力小，这也有助于提高黏附强度。

（3）收缩性低　环氧树脂和所用的固化剂的反应是通过直接加成反应或树脂分子中环氧基的开环聚合反应来进行的，没有水或其他挥发性副产物放出。它们和不饱和聚酯树脂、酚醛树脂相比，在固化过程中显示出很低的收缩性（小于 2%）。

（4）力学性能　固化后的环氧树脂体系应当具有优良的力学性能，尤其是应当具有很高的耐磨损性能，这是环氧树脂耐磨损混凝土对环氧树脂材料最基本的要求。

（5）绝缘性能　固化后的环氧树脂体系，应当是一种具有高介电性能、耐表面漏电、耐电弧的优良绝缘材料。

（6）化学稳定性　在通常情况下，固化后的环氧树脂体系具有优良的耐碱性、耐酸性和耐溶剂性。像固化环氧体系的其他性能一样，化学稳定性也取决于所选用的树脂和固化剂。适当地选用环氧树脂和固化剂，可以使其具有特殊的化学稳定性能。

（7）尺寸稳定性　由于环氧树脂耐磨损混凝土用于磨损比较严重的部位，因此配制环氧树脂混凝土的环氧树脂，要具有突出的尺寸稳定性和优良的耐久性。

2. 对骨料的要求

配制环氧树脂耐磨损混凝土用的骨料，与普通水泥混凝土相同。可以使用卵石、河砂、硅砂、安山岩及石灰岩等粗、细骨料，粗骨料的最大粒径应在 20mm 以下，细骨料的粒径在 2.5～5.0mm 范围内。对于粗细骨料的技术要求，除严格符合国家标准《建设用碎石、卵石》（GB/T 14685—2011）和《建设用砂》（GB/T 14684—2011）中的规定外，还应符合以下几项要求。

（1）严格控制含水率 试验表明，环氧树脂耐磨损混凝土的强度和耐磨损性，随着骨料及粉料含水量的增加而显著下降。因此，用于环氧树脂耐磨损混凝土的骨料含水率，应严格控制在 0.1％以下。

（2）具有良好的级配 用于环氧树脂耐磨损混凝土的粗、细骨料，必须具有良好的级配和密实度，这样才能使配制出的环氧树脂耐磨损混凝土表观密度大，强度和耐磨损性能好。

（3）不得含有杂质 用于环氧树脂耐磨损混凝土的粗、细骨料，不仅应当符合国家标准《建设用砂》（GB/T 14684—2011）中的有关规定，而且也不允许含有阻碍环氧树脂固化反应的杂质及其他有害杂质。

（4）具有较高的强度 环氧树脂耐磨损混凝土的耐磨损性能好坏，与粗、细骨料的强度大小有直接关系。因此，用于环氧树脂耐磨损混凝土的骨料，必须选用抗压强度较高的火成岩或变质岩，特别不得使用已经风化的岩石。

3. 对填充料的要求

用于环氧树脂耐磨损混凝土的填充料，在胶结材料中主要是产生增量效果，一方面减少适量的环氧树脂用量，另一方面改善环氧树脂混凝土的工作性能。同时提高混凝土的强度、硬度、耐磨性，增加热导率、减少收缩率和膨胀系数。

填充料宜采用粒径为 200 目左右的粉状填料，如石英粉、滑石粉、玻璃纤维、玻璃微珠、粉煤灰、火山灰等。

4. 对增强材料的要求

为了改善环氧树脂的抗冲击韧性、抗裂性和耐磨性，可在环氧树脂耐磨损混凝土中掺加适量的增强材料。增强材料主要是一些短纤维，如钢纤维、玻璃纤维、碳纤维和聚合物合成纤维等。

5. 对外加剂的要求

为了改善环氧树脂耐磨损混凝土的某些性能，可加入适量的添加剂，它们主要有固化剂、增韧剂、减缩剂、防老剂等。

（六）防滑耐磨损胶粉混凝土

防滑耐磨损胶粉混凝土，由防滑耐磨损胶粉、粗骨料、细骨料和水按照一定比例配制而成。根据工程实践经验，混凝土的水胶比（即拌和水与防滑耐磨损胶粉的比值），一般控制在 0.20～0.40 之间；防滑耐磨损胶粉与细骨料之比，一般控制在 1：（1.5～2.0）。

第三节　耐磨混凝土参考配合比

一、石英砂耐磨损混凝土参考配合比

石英砂耐磨混凝土实际上是以石英砂为主要骨料而配制的耐磨材料，表 10-5 中列出了石英砂耐磨混凝土（砂浆）典型配合比，表 10-6 中列出了石英砂耐磨混凝土（砂浆）参考配合比，供设计和施工中参考。

表 10-5 石英砂耐磨混凝土（砂浆）典型配合比

工程结构层	耐磨层	耐磨抗压层	耐磨冲击层	耐酸保护层
配合比(质量比) (水泥∶石英砂)	1∶(1.8～2.5)	1∶(1.2～1.8)	1∶(1.0～1.2)	1∶(1.0～1.2)
水灰比(W/C)	≤0.50	≤0.50	≤0.50	≤0.50

注：1. 耐磨冲击层还应配 16 号左右的钢筋网。
2. 耐酸保护层的石英砂砂浆应用耐酸水泥配制。

表 10-6 石英砂耐磨混凝土（砂浆）参考配合比

结构层 名称	堆积密度 /(kg/m³)	材料用量/(kg/m³) 水泥	石英砂	水	结构层 名称	堆积密度 /(kg/m³)	材料用量/(kg/m³) 水泥	石英砂	水
耐磨层	1600	500	1100	220	耐磨抗 压层	1800	800	1200	260
		580	1020	200			800	1800	280
		640	1160	250					
耐酸保 护层	1800	900	900	300	耐磨冲 击层	1800	900	900	320

二、钢屑耐磨损混凝土的参考配合比

表 10-7 中列出了钢屑耐磨损砂浆典型配合比，表 10-8 中列出了钢屑耐磨损混凝土典型用料配合比，表 10-9 中列出了钢屑耐磨损混凝土参考配合比，均可供配制钢屑耐磨损混凝土或砂浆时的参考。

表 10-7 钢屑耐磨损砂浆典型配合比

质量配合比 (水泥∶砂∶钢屑∶水)	28 天的抗压强度 /MPa	主要用途
1∶0.3∶(1.0～1.5)∶0.12	40～80	主要用于车间混凝土地面耐磨层、矿仓料斗衬面、楼梯踏步等

表 10-8 钢屑耐磨损混凝土典型用料配合比

项 目	钢屑耐磨损混凝土配合比(质量比) 水泥	钢屑	砂	石子	水	适用部位	备 注
配合比	1	2.13	1.33	3.38	0.60	耐磨地坪、煤仓或储煤仓的漏斗	本配合比混凝土的抗压强度可达 20MPa
混凝土材料 用量/(kg/m³)	310	659.8	412.9	1233	186		
配合比	1	1.00	2.00	2.30	0.50	工业厂房耐磨地面、车间台座	(1)本配合比混凝土的强度可达 20～40MPa； (2)以 50mm 厚度计，每 10m² 用 0.525m³ 混凝土
混凝土材料 用量/(kg/m³)	380	380.0	760.0	874.0	190		

注：表中水泥采用的强度等级为 42.5MPa。

表 10-9 钢屑耐磨损混凝土参考配合比

序号	混凝土或砂浆强度等级	水泥的强度等级	混凝(砂浆)材料用量配合比/(kg/m³) 水泥	砂	钢屑	水	28 天抗压强度/MPa	28 天抗拉强度/MPa
1	C40	42.5	1150	细砂 345	1150	323.1	45.40	6.68
2	C50	52.5	929	细砂 464	1858	343.7	64.85	14.6
3	C50	52.5	1051	中砂 329	1544	361.0	54.50	—
4	M40	52.5	978	—	1467	350.0	48.00	—

三、钢纤维耐磨损混凝土的参考配合比

由于钢纤维耐磨损混凝土是钢屑耐磨损混凝土中的一种，其配合比可以参考表 10-7、

表 10-8 和表 10-9。对于抗磨要求较高的钢纤维耐磨损混凝土，其配合比应当通过试验确定。

四、高性能耐磨损混凝土的参考配合比

高性能耐磨损混凝土的配合比，可以参考高性能混凝土的配合比，在其基础上加以改进，以满足具有高的强度、高的流动性、优异的耐久性和高的耐磨损性。表 10-10 中列出了某工程配制高性能耐磨损混凝土的参考配合比，表 10-11 中列出了典型的高性能耐磨混凝土配合比实例，均可供设计和施工中参考。在一般情况下，对于耐磨损要求高的高性能混凝土，应当经过试验确定其配合比。

表 10-10　高性能耐磨损混凝土的参考配合比

水胶比 $[W/(C+F)]$	砂率 /%	混凝土各种材料用量/(kg/m³)						抗压强度/MPa	
		水	水泥	砂	石子	粉煤灰	CM-1	7 天	28 天
0.288	36	170	510	624	1108	80	8.22	65.2	76.8

注：1. 表中 $C+F$ 为胶凝材料的用量，即水泥和粉煤灰用量之和。

2. 采用的水泥为强度等级 42.5MPa 的硅酸盐水泥。

表 10-11　典型的高性能耐磨混凝土配合比实例

混凝土 的种类		胶凝材料用量/(kg/m³)					28 天抗压 强度/MPa	混凝土配合比 (水泥∶砂∶碎石∶水)
		总量	水泥	粉煤灰	硅粉	膨胀剂		
抗耐磨混凝土	CPU	448.0	448.0	0	0	0	44.0	1∶1.353∶2.658∶0.335
	HPC	455.0	335.0	50.5	32.7	36.8	77.5	1∶1.839∶3.958∶0.275
	CPU	287.0	244.0	43.0	0	0	32.8	1∶2.910∶5.420∶0.520
	HPC	366.0	255.0	45.0	28.6	38.3	70.6	1∶2.750∶5.658∶0.400
	CPU	350.0	350.0	0	硅粉＋膨胀剂＋外加剂		51.0	1∶1.634∶3.637∶0.490
	HPC	402.0	350.0	0	52.5		69.5	1∶1.783∶4.585∶0.420

五、环氧树脂耐磨损混凝土参考配合比

表 10-12 中列出了涂抹在干燥部位的环氧树脂混凝土（砂浆）配合比，表 10-13 中列出了涂抹在潮湿或水下部位的环氧树脂混凝土（砂浆）配合比，表 10-14 中列出了适用于低温条件下环氧树脂（砂浆）配合比，可供设计和施工中参考。

表 10-12　涂抹在干燥部位的环氧树脂混凝土（砂浆）配合比

组成材料名称		环氧树脂混凝土（砂浆）配合比（质量比）		
		1	2	3
环氧树脂 E-44#		100	100	100
增韧剂	聚酯树脂（牌号 304#）	30	20	60
	聚酰胺树脂（牌号 650#）			
稀释剂	环氧丙烷苯基醚（牌号 690#）	20	20	15
	环氧丙烷丁基醚（牌号 501#）			
固化剂	间苯二胺 乙二胺 二乙烯三胺	15～17	9～10	8～11
填料	石英粉	125～200	125～200	125～200
	砂	375～600	375～600	375～600

注：将表中的填料去掉，则为配制涂抹在干燥部位的环氧树脂胶液配合比。

表 10-13　涂抹在潮湿或水下部位的环氧树脂混凝土（砂浆）配合比

组成材料名称	环氧树脂混凝土（砂浆）配合比（质量比）		
	1	2	3
环氧树脂 E-44#（或 E-42#）	100	100	100
810# 环氧固化剂	32～35	—	—
MA 环氧固化剂	—	10	—
T-31 固化剂	—	—	20～40
环氧丙烷丁基醚（牌号 501#）	15～20	—	20～40
丙酮	—	10	10
聚酰胺树脂（牌号 650#）	40	—	—
聚硫橡胶（分子量 1000）	—	20	—
DMP-30 促进剂	—	1～3	—
石英粉	140～200	—	—
生石灰粉	20	—	—
石英砂或河砂	500～600	500～700	400

注：将表中的石英砂或河砂去掉，则为配制涂抹在干燥部位的环氧树脂胶液配合比。

表 10-14　适用于低温条件下环氧树脂（砂浆）配合比

材料名称	技术指标	配合比（质量比）	材料名称	技术指标	配合比（质量比）
环氧树脂 E-44#	环氧值 0.47	100	DMP-30 促进剂	粗品	0～3
糠醇稀释剂	工业品含量 98%	15～25	水泥填料	42.5 级大坝水泥	100
YH-82 固化剂	胺值大于 600	30	砂子填料	混凝土用砂标准	400～500

六、防滑耐磨损胶粉混凝土参考配合比

表 10-15 中列出了防滑耐磨损胶粉混凝土的配合比，可供设计和施工中参考。

表 10-15　防滑耐磨损胶粉混凝土的配合比

混凝土（砂浆）编号	各种材料用量/(kg/m³)				配合比（胶粉∶石子∶砂∶水）
	LY-01 耐磨损胶粉	粗骨料用量	细骨料用量	拌和水用量	
混凝土 A	455.0	1325.0	616.0	92.2	1∶2.912∶1.354∶0.203
混凝土 B	366.9	1310.7	703.8	102.0	1∶3.572∶1.918∶0.278
混凝土 C	402.5	1604.7	624.0	147.0	1∶3.987∶1.550∶0.350
防滑耐磨砂浆	480.0	—	720.0	153～192	1∶1.500∶0.318∶0.400

第十一章　耐热混凝土

耐热混凝土是一种能长期承受高温作用（200～1300℃），并在高温作用下保持所需的物理力学性能的特种混凝土。而代替耐火砖用于工业窑炉内衬的耐热混凝土也称为耐火混凝土。

根据所用胶结料的不同，耐热混凝土可分为：硅酸盐耐热混凝土、铝酸盐耐热混凝土、磷酸盐耐热混凝土、硫酸盐耐热混凝土、水玻璃耐热混凝土、镁质水泥耐热混凝土、其他胶结料耐热混凝土。根据硬化条件可分为：水硬性耐热混凝土、气硬性耐热混凝土和热硬性耐热混凝土。

第一节　耐热混凝土的材料组成

目前，在建筑工程中最常用的是硅酸盐耐热混凝土、铝酸盐耐热混凝土和磷酸盐耐热混凝土。

一、硅酸盐耐热混凝土的材料组成

以硅酸盐作为胶结料、耐热材料作为骨料配制而成的具有耐热性质的混凝土称为硅酸盐耐热混凝土。因此，硅酸盐系列耐热混凝土是由硅酸盐胶结材料、耐热骨料、耐热掺合料、拌和水和外加剂组成。

（一）胶结材料

配制硅酸盐系列耐热混凝土的胶结材料，主要有硅酸盐水泥系列胶结料和碱硅酸盐（水玻璃）类胶结料。

1. 硅酸盐水泥系列胶结料

材料试验证明，可以采用矿渣硅酸盐水泥和普通硅酸盐水泥作为耐热混凝土的胶结材料。由于矿渣材料耐热性极好，应优先选用矿渣硅酸盐水泥，水泥中的矿渣含量应不小于50％。

如选用普通硅酸盐水泥，该水泥所掺的混合材料不得含有石灰石等易在高温下分解、软化或熔点较低的材料。当采用普通硅酸盐水泥配制耐热混凝土时，必须掺加含有活性 SiO_2 和 Al_2O_3 成分的磨细掺合料。

无论采用何种水泥，所用水泥的质量都必须符合国家现行标准，其强度等级不得低于32.5MPa。

矿渣硅酸盐水泥和普通硅酸盐水泥作为耐热混凝土的胶结材料，其耐热的主要机理是：硅酸盐水泥熟料矿物中的硅酸三钙（C_3S）和硅酸二钙（C_2S）的水化产物氢氧化钙 [$Ca(OH)_2$] 在高温下脱水，生成的氧化钙（CaO）与矿渣及掺合料中的活性 SiO_2 和 Al_2O_3 反应，生成具有较强耐热性的无水硅酸钙和无水铝酸钙，使混凝土具有一定的耐热性。

工程实践证明，用以上两种水泥系胶结料配制的耐热混凝土，其最高使用温度可达700～800℃，这种混凝土属于水硬性耐热混凝土。

2. 碱硅酸盐类胶结料

碱硅酸盐类胶结料即工程上常用的水玻璃。这类胶结料不仅可以作为耐酸混凝土的胶结材料，而且也可以用于配制耐热混凝土。水玻璃耐热混凝土所用的水玻璃，其水玻璃模数一般采用 n 的取值范围在2.6～2.8之间、相对密度为1.38～1.50的硅酸钠。固化剂应采用纯度大于95%（以质量计）、含水率小于1.0%、细度为0.125mm、方孔筛筛余不大于10%的氟硅酸钠。

工程实践证明，水玻璃为胶结料的耐热混凝土，其最高使用温度可达1100℃，这种混凝土属于气硬性耐热混凝土。

（二）耐热骨料

耐热骨料的耐热性能如何是配制耐热混凝土的关键。普通水泥混凝土之所以耐热性能不良，最主要的原因是一些水泥的水化产物为氢氧化钙 $[Ca(OH)_2]$、水化铝酸钙在高温下脱水，从而使水泥石结构破坏而导致混凝土溃裂；另一个原因是配制混凝土常用的一些骨料（如石灰石、石英砂等），在高温下会发生较大的体积变形，还有一些骨料（如含碳酸盐的骨料）在高温下会发生分解，这些都直接导致混凝土结构的破坏而使其强度降低或完全失去强度。

因此，配制耐热混凝土应当选用在高温下体积变化较小、不会发生化学分解、在常温和高温下具有较高强度的材料。同时，骨料还应具有较高的熔点，而且热膨胀系数较小。目前常采用的耐热粗骨料有碎黏土砖、黏土熟料、碎高铝耐火砖、矾土熟料；细骨料有镁砂、碎镁质耐火砖，氧化铝（Al_2O_3）含量较高的电厂粉煤灰也可作为耐热混凝土的细骨料。用于硅酸盐耐热混凝土骨料的级配要求见表11-1，用于硅酸盐耐热混凝土骨料的化学成分要求见表11-2。

表 11-1　用于硅酸盐耐热混凝土骨料的级配要求

级配要求\骨料名称	颗粒级配（累计筛余）/%					
	粗骨料粒径/mm			细骨料粒径/mm		
	25	10	5	5	1.2	0.5
碎黏土砖	0～5	30～60	90～100	0～10	20～55	90～100
黏土熟料	0～5	30～60	90～100	0～5	20～55	90～100
碎土熟料	0～5	30～60	90～100	0～10	20～55	90～100
矾土熟料	0～5	30～60	90～100	0～10	20～55	90～100
碎镁质砖	0	0～5	90～100	0～10	20～55	90～100
镁砂	0	0～5	90～100	0～10	20～55	90～100
粉煤灰	—	—	—	—	—	—

表 11-2　用于硅酸盐耐热混凝土骨料的化学成分要求

骨料名称	化学成分要求/%							最高使用温度/℃
	Al_2O_3	SiO_2	MgO	CaO	Fe_2O_3	SO_3	烧失量	
碎黏土砖	≥30	—	—	—	—	—	—	≤900
黏土熟料	≥30	—	—	—	≤5.5	≤0.3	—	≤900
碎土熟料	≥65	—	—	—	—	—	—	≤1400
矾土熟料	≥48	—	—	—	—	—	—	≤1400
碎镁质砖	—	—	≥87	≤3.5	—	—	—	≤1600
镁砂	—	≥4	≥87	≤5.0	—	≤0.5	—	≤1600
粉煤灰	≥20	—	—	—	≤4.0	≤8.0	—	≤1200

工程实践证明：对于硅酸盐水泥胶结料的耐热混凝土，一般用碎黏土砖、黏土熟料、碎高铝耐火砖作骨料比较适宜；对于水玻璃胶结料的耐热混凝土，一般用碎高铝耐火砖、矾土熟料、镁砂、碎镁质耐火砖作骨料比较适宜。

（三）耐热掺合料

掺合料是在拌制耐热混凝土时掺入的一种具有耐热性能的粉料。掺加这种粉料的主要作用有两个：一是可以提高混凝土的密实性，减少在高温状态下混凝土的变形；二是在用普通硅酸盐水泥配制耐热混凝土时，掺合料中的氧化铝（Al_2O_3）、氧化硅（SiO_2）和水泥水化产物氢氧化钙 [$Ca(OH)_2$] 的脱水产物氧化钙（CaO）反应，形成耐热性较好的无水硅酸钙和无水铝酸钙，同时避免了氢氧化钙 [$Ca(OH)_2$] 脱水引起的体积变化。由此可见，配制耐热混凝土应选用熔点比较高、高温不变形、含有一定数量氧化铝（Al_2O_3）的材料作为掺合料。

配制耐热混凝土常用的掺合料及其技术要求如表 11-3 所列。

表 11-3　配制耐热混凝土常用的掺合料及其技术要求

掺合料名称	掺合料细度(0.08mm方孔筛筛余)/%		掺合料的化学成分 /%							最高使用温度 /℃
	水泥耐热混凝土	水玻璃耐热混凝土	Al_2O_3	SiO_2	MgO	CaO	Fe_2O_3	SO_3	烧失量	
黏土砖粉	<70	50	≥30	—	—	—	—	—	—	≤900
黏土熟料粉	<70	50	≥30	—	—	—	≤5.5	≤0.3	—	≤900
高铝砖粉	<70	—	≥65	—	—	—	—	—	—	1300
矾土熟料粉	—	—	≥48	—	—	—	—	—	—	1300
镁砂粉	—	70	≤4.0	—	≥87	≤5.0	—	—	≤0.5	1450
镁砖粉	<8.5	70	—	—	≥87	≤5.0	—	—	—	1450
粉煤灰	<8.5	—	≥70	—	—	—	—	≤4.0	≤8.0	1250
矿渣粉	—	—	≥20	—	—	—	—	—	≤5.0	1250

（四）外加剂

在配制硅酸盐耐热混凝土时，应根据所用胶结料掺加适宜的外加剂。对于硅酸盐系列水泥配制的耐热混凝土，可掺加减水剂以降低水灰比，减少混凝土中的孔隙率，提高混凝土的密实度和强度，减水剂宜采用非引气型。对于水玻璃配制的耐热混凝土，应掺加氟硅酸钠固化剂，固化剂的技术要求可参见"耐酸混凝土"。

（五）拌和水

配制硅酸盐耐热混凝土所用的拌和水，没有特殊的要求，与配制普通水泥混凝土相同。其技术指标应符合《混凝土用水标准》（JGJ 63—2006）中的要求。

二、铝酸盐耐热混凝土的材料组成

以铝酸盐系列水泥为胶结料、耐热材料为骨料配制而成的具有耐热性能的混凝土称为铝酸盐耐热混凝土。由于这种耐热混凝土的高温强度主要来源于组分之间在高温条件下形成的陶瓷结合，而不是水泥水化产物之间的胶凝结合，所以铝酸盐耐热混凝土既属于水硬性耐热混凝土，也属于热硬性耐热混凝土。

铝酸盐耐热混凝土的组成材料，与硅酸盐耐热混凝土不同，主要由铝酸钙水泥、耐热骨料、耐热掺合料、拌和水和外加剂组成。

（一）铝酸盐水泥

配制铝酸盐耐热混凝土的铝酸盐水泥，分为普通铝酸盐水泥和纯铝酸盐水泥两种。

1. 普通铝酸盐水泥

普通铝酸盐水泥也称高铝水泥，是以铝酸钙为主，氧化铝含量约 50％的熟料，磨制的水硬性胶凝材料。这种水泥是由石灰和铝矾土按一定比例磨细后，采用烧结法和熔融法制成的一种以铝酸一钙（CA）为主要成分的水硬性胶凝材料，其化学成分及矿物组成如表 11-4 所列。

表 11-4　高铝水泥化学成分及矿物组成

水泥类型		化学成分/％				矿物组成主晶相
		SiO_2	Al_2O_3	CaO	Fe_2O_3	
低铁型	A	5～7	53～55	33～35	<2.0	CA、C_2AS
	B	4～5	59～61	27～31	<2.0	CA_2、CA、C_2AS
高铁型	A	4～5	48～49	36～37	7～8	CA、C_2AS、C_4AF
	B	3～4	40～42	38～39	14～16	CA、C_4AF、C_2AS

高铝水泥可以作为耐热混凝土的胶结料，并不是因为高铝水泥的水化产物具有耐热性能。实际上在升温的过程中，在 1200℃以前，由高铝水泥作胶结料的耐热混凝土强度随温度的升高而明显下，但达到 1200℃后，材料开始发生烧结并产生陶瓷结合，强度又开始提高，即变为陶瓷结合的耐高温材料。

2. 纯铝酸盐水泥

纯铝酸盐水泥是用工业氧化铝和高纯石灰石或方解石为原料，按一定比例混合后，采用烧结法或熔融法制成的以二铝酸一钙（CA_2）或铝酸一钙（CA）为主要矿物的水硬性胶凝材料。其中 CA_2 和 CA 含量总和在 95％以上，另外含有少量的七铝酸十二钙（$C_{12}A_7$）和硅铝酸二钙（C_2AS）。

与高铝水泥相比，纯铝酸钙水泥中的铝酸二钙（C_2A）含量明显高，而七铝酸十二钙（$C_{12}A_7$）含量明显较少。因此，水化凝结硬化速度比高铝水泥慢，早期强度也略低于高铝水泥，但纯铝酸盐水泥的 28 天强度接近甚至高于高铝水泥。

纯铝酸盐水泥的水化硬化及在加热过程中的强度变化与高铝水泥类似。由于纯铝酸盐水泥的化学组成中含有更多的氧化铝（Al_2O_3），因此在 1200℃发生烧结产生陶瓷结合后，具有更高的烧结强度和耐热性。

（二）耐热骨料

铝酸盐系列水泥耐热混凝土所用的骨料，基本上与硅酸盐系列水泥耐热混凝土相同，由于铝酸盐系列水泥可以配制在较高温度下工作的混凝土，因此，采用耐热性更高的骨料可配制成耐火混凝土，如矾土熟料碎高铝砖、碎镁砖和镁砂等。

（三）耐热掺合料

为提高耐热混凝土的耐高温性能，有时在配制混凝土时掺加一定量的与水泥的化学成分相近的粉料作为掺合料，如刚玉粉、高铝矾熟料粉等。耐热掺合料的粒度一般应小于 $1\mu m$。

（四）拌和水

配制铝酸盐耐热混凝土所用的拌和水，与配制硅酸盐耐热混凝土相同。其技术指标应符合《混凝土用水标准》（JGJ 63—2006）中的要求。

（五）外加剂

在配制铝酸盐耐热混凝土时，可加入水泥用量 0.3％～0.7％的非引气型减水剂，以改善混凝土的施工性能，提高混凝土的体积密度。

三、磷酸盐耐热混凝土的材料组成

以磷酸盐作为结合料、耐热材料作为骨料配制而成的具有耐热性能的混凝土称为磷酸盐耐热混凝土。磷酸盐耐热混凝土的材料组成与其他耐热混凝土不同，磷酸盐是作为"结合料"而不是"胶结料"，将磷酸盐加热到一定温度时，一些磷酸盐发生分解-聚合反应，在聚合反应中新化合物的形成和聚合具有很强的黏附作用，将骨料黏结在一起成为"混凝土"而获得强度。

由以上可知，磷酸盐耐热混凝土的组成材料，主要有结合料、耐热骨料、耐热掺合料和拌和水等。

（一）结合料

用于配制磷酸盐耐热混凝土的结合料，一般多为铝、钠、钾、镁、铵的磷酸盐和聚磷酸盐，或者用磷酸，其中使用最多的是铝、钠和镁的磷酸盐。

1. 磷酸盐结合料

（1）磷酸铝　磷酸铝一般是磷酸二氢铝、磷酸氢铝和正磷酸铝三种产物的混合物，其中以磷酸二氢铝的黏附性最强。当采用磷酸铝作为结合料时，为加速混凝土在常温下的硬化速度，可加入适量的电熔或烧结氧化镁、氧化钙、氧化锌和氟化铵等作为促硬剂，也可用含有结合状态的碱性氧化材料（如硅酸盐水泥）作为促硬剂。

（2）磷酸钠　磷酸钠一般可采用正磷酸钠（Na_3PO_4）作为结合料。正磷酸钠在常温下即可急速凝结硬化，只有加入较多的水时，才能使混凝土的凝结硬化速度正常，但对混凝土的密实性有很大影响。

用于耐热混凝土的钠磷酸盐主要有磷酸二氢钠、聚磷酸钠及偏磷酸钠，如三聚磷酸钠和六偏磷酸钠等。

在加热过程中，以磷酸二氢钠、聚磷酸钠及偏磷酸钠为结合料的耐热混凝土，由于结合料在加热过程中发生聚合作用，既能使混凝土的强度得到提高，又不会发生严重的脱水分解及物相的转化而使混凝土结构破坏，因此从常温到中温这一很大的温度范围内，混凝土的热态强度高，冷态强度也不会明显降低，只有达到一定高温时，其热态强度才有所下降，从而使混凝土具有较好的耐热性。

2. 磷酸结合料

磷酸有正磷酸（H_3PO_4）、焦磷酸（$H_3P_2O_7$）和偏磷酸（HPO_3）等多种，用于配制耐热混凝土的磷酸结合料主要为正磷酸。正磷酸本身并无胶结性，但与耐热骨料接触后，与其中的一些氧化物（如氧化镁、氧化铝等）反应生成酸式磷酸盐，可表现出良好的胶结性。其凝结硬化机理与磷酸盐作结合料的凝结硬化机理相同。

（二）耐热骨料

由于磷酸盐耐热混凝土一般应用于温度较高（大于1300℃）的场所，因此用于配制磷酸盐耐热混凝土的耐热骨料与硅酸盐耐热混凝土不同，一般应选用耐热性较高的材料，常用的有碎高铝砖、镁砂和刚玉砂等。

（三）耐热掺合料

工程实践证明，磷酸盐耐热混凝土加热时会因水分蒸发产生较大的收缩，所以在配制磷酸盐耐热混凝土时加入的耐热掺合料与硅酸盐耐热混凝土也不同，而应加入一些微米级耐热粉料作为掺合料，如石英粉、刚玉粉等。

为了提高磷酸盐耐热混凝土的高温强度，可以向组分中加入适量的含钙材料（如碳酸钙粉），以便在高温下生成结合强度高、并能稳定存在的 $Na_2O \cdot 2CaO \cdot P_2O_5$ 相。

（四）拌和水

配制磷酸盐耐热混凝土所用的拌和水，与配制硅酸盐耐热混凝土相同。其技术指标应符合《混凝土用水标准》（JGJ 63—2006）中的要求。

第二节　耐热混凝土配合比设计

一、硅酸盐耐热混凝土配合比设计

由于硅酸盐系列耐热混凝土配合比设计涉及因素很多，至今国内外还尚未找到一个系统的设计方法，一般是在经验配合比的基础上进行调整，直至配制的混凝土各项性能符合工程所要求的性能。

二、铝酸盐耐热混凝土配合比设计

（一）铝酸盐耐热混凝土配合比设计原则

由于铝酸盐耐热混凝土的使用强度是在经 1200℃ 以上高温烧结的陶瓷结合体的强度，在未经烧结前的强度只要保证砌筑施工和承受建筑自重即可。由此可见，铝酸盐耐热混凝土配合比设计的关键，必须满足工程所要求的工作温度，所以在骨料品种的选择及用量的确定时，均必须首先考虑使用最高温度，这是铝酸盐耐热混凝土配合比设计的基本原则。

（二）铝酸盐耐热混凝土配合比设计步骤

铝酸盐耐热混凝土的配合比设计，主要包括水泥品种选择及用量确定、混凝土水灰比的确定和骨料及掺合料的选择及用量确定等。

1. 水泥品种选择及用量确定

铝酸盐耐热混凝土配制经验证明，在一定的范围内混凝土随着水泥用量的增加强度也增大，但超过一定的范围，即使水泥用量继续增加，不仅混凝土的强度增大不明显，而且水泥加入量过多时，水泥中的 CaO、Al_2O_3 和 SiO_2 将生成大量的 C_2AS 或 CAS_2 低熔相，大大降低混凝土的耐热性能。

根据铝酸盐水泥中主要矿物的含量，可以把铝酸盐系列水泥分为 A 型铝酸盐水泥、B 型铝酸盐水泥和 C 型铝酸盐水泥三种。

（1）A 型铝酸盐水泥　A 型铝酸盐水泥的矿物组成是以 CA 为主的水泥作胶结料，此类水泥一般为高铝水泥。

（2）B 型铝酸盐水泥　B 型铝酸盐水泥的矿物组成是以二铝酸一钙（CA_2）为主（约占60％）、其余为铝酸一钙（CA）和少量硅铝酸二钙（C_2AS）作胶结料，此类水泥既可称为高铝水泥，也可称为纯铝酸钙水泥的一种，即称 I 型纯铝酸钙水泥。

（3）C 型铝酸盐水泥　C 型铝酸盐水泥的矿物组成是以二铝酸一钙（CA_2）为主（约占90％）、只含少量的铝酸一钙（CA）及微量的硅铝酸二钙（C_2AS）作胶结料，此类水泥也是纯铝酸钙水泥的一种，即称 II 型纯铝酸钙水泥。

根据水泥中的所含化学成分，Al_2O_3 的含量越高、CaO 的含量越少，这种铝酸盐水泥配制的混凝土耐热性越好。在上述的 3 种类型的水泥中，耐热性由低到高的顺序为：A 型铝酸盐水泥＜B 型铝酸盐水泥＜C 型铝酸盐水泥。这三种水泥作为胶结料的耐热混凝土中，水泥的适宜掺量及最高耐热工作温度见表 11-5。

表 11-5　铝酸盐耐热混凝土中各类水泥的适宜掺量及最高耐热工作温度

胶结料的种类	混凝土中水泥适宜掺量/%	最高耐热工作温度/℃
A 类（高铝水泥）	15～25	1400
B 类（Ⅰ型铝酸钙水泥）	12～17	1500
C 类（Ⅱ型铝酸钙水泥）	10～15	1700

2. 水灰比（W/C）的确定

铝酸盐耐热混凝土与普通水泥混凝土一样，在保持混凝土拌和物具有较好的流动性条件下，混凝土的水灰比越低，在常温下的养护强度越高，在中温加热的过程中强度损失也较小。

为保证混凝土拌和物在较低水灰比下有较好的工作性，在配制时可加入适量的减水剂。当选用减水率为 13%～20% 的减水剂时，其水灰比可控制在 0.40～0.45；当采用捣打型干硬性混凝土时，其水灰比可控制在 0.30～0.35 之间。

3. 骨料及掺合料的选择及用量确定

在配制铝酸盐耐热混凝土时，应根据混凝土的最高工作温度来选择骨料和掺合料的品种，具体可参考表 11-1 和表 11-2。

根据试验研究及大量的工程实践，骨料的总掺量一般控制在 60%～70%，其中粗骨料为 40%～45%，细骨料为 20%～25%，掺合料（耐热或耐火粉料）掺加量为 10%～20%。

第三节　耐热混凝土参考配合比

一、硅酸盐耐热混凝土参考配合比

硅酸盐系列耐热混凝土材料组成及参考配合比见表 11-6，硅酸盐系列耐热混凝土的参考配合比见表 11-7，硅酸盐系列耐热混凝土配合比工程实例见表 11-8，水玻璃耐热混凝土配合比实例见表 11-9。

表 11-6　硅酸盐系列耐热混凝土材料组成及参考配合比

混凝土种类	组成材料及用量配合比/(kg/m³)			强度等级	使用范围	最高工作温度/℃
	胶凝材料	粗细骨料	掺和材料			
普通水泥耐热混凝土	普通硅酸盐水泥 300～400	高炉重矿渣、红砖、安山岩、玄武岩 1300～1800	水渣、粉煤灰 150～300	C15	温度变化不剧烈，无酸碱侵蚀的工程	700
	普通硅酸盐水泥 300～400	黏土熟料、黏土砖 1400～1600	黏土熟料、黏土砖 150～300	C15	无酸碱侵蚀的工程	900
	普通硅酸盐水泥 300～400	黏土熟料、黏土砖、矾土熟料 1400～1600	黏土熟料、黏土砖、矾土熟料 150～300	C20	无酸碱侵蚀的工程	1200
矿渣水泥耐热混凝土	矿渣硅酸盐水泥 300～450	高炉重矿渣、红砖、安山岩、玄武岩 1400～1900	黏土熟料、黏土砖适量	C15	无酸碱侵蚀的工程	700
	矿渣硅酸盐水泥 350～450	黏土熟料、黏土砖 1400～1600	水渣、黏土熟料、黏土砖 100～200	C15	温度变化不剧烈，无酸碱侵蚀的工程	900

表 11-7　硅酸盐系列耐热混凝土的参考配合比　　　　　单位：kg/m³

胶凝材料		掺合料		粗骨料		细骨料		水	强度等级	最高工作温度/℃
种类	用量	种类	用量	种类	用量	种类	用量			
硅酸盐水泥	340	黏土熟料粉	300	碎黏土熟料	700	黏土熟料砂	550	280	C20	1100
硅酸盐水泥	320	红砖粉	320	碎红砖	650	红砖砂	580	270	C20	900
硅酸盐水泥	350	矿渣粉	300	碎黏土熟料	680	黏土熟料砂	550	285	C20	1000
矿渣水泥	480	粉煤灰	120	碎红砖	720	红砖砂	600	285	C20	900
普通水泥	360	粉煤灰	200	碎红砖	700	红砖砂	600	270	C25	1000

注：1. 所用水泥的强度等级均为 32.5。

2. 粉煤灰为Ⅱ级灰。

3. 粗细骨料的级配应符合表 11-1 中的要求。

表 11-8　硅酸盐系列耐热混凝土配合比工程实例

工程项目	水泥品种及比例		骨料种类及比例		掺合料	水	抗压强度/MPa	最高工作温度/℃
	普通水泥	矿渣水泥	粗骨料	细骨料				
高炉基础	1	—	1.90	2.70	1	0.95	24	1200
储矿槽	—	1	1.50	2.25	—	0.48	38	900
返矿槽	—	1	1.80	2.50	—	0.70	37	900

注：1. 所用水泥的强度等级均为 52.5。

2. 粗骨料的粒径范围为 5~25mm，细骨料的粒径范围为 0.15~5mm。

3. 掺合料为粉煤灰为Ⅱ级灰。

表 11-9　水玻璃耐热混凝土配合比实例　　　　　单位：kg/m³

胶凝材料	粗骨料		细骨料		掺合料		固化剂	强度等级	最高工作温度/℃
水玻璃	品种	用量	品种	用量	品种	用量	氟硅酸钠		
300	镁砖碎块	1100	镁砂	600	镁砖	600	30	C15	1200
350	镁砖碎块	1150	镁砂	550	镁砖	550	35	C20	1200
350	黏土熟料块	1180	黏土熟料砂	500	黏土熟料粉	500	35	C25	1000

注：1. 表中采用的水玻璃的模数为 2.4~3.0，密度为 1.38~1.40g/cm³，波美度为 40°Bé。

2. 采用的氟硅酸钠的纯度不小于 95%。

二、铝酸盐耐热混凝土参考配合比

铝酸盐耐热混凝土参考配合比如表 11-10 所列。

表 11-10　铝酸盐耐热混凝土参考配合比

混凝土种类	组成材料及用量配合比/(kg/m³)			强度等级	使用范围	最高工作温度/℃
	胶凝材料	粗细骨料	掺和材料			
普通水泥耐热混凝土	高铝水泥 300~400	黏土熟料、高铝砖、矾土熟料 1400~1700	黏土熟料、矾土熟料 150~300	C20	宜用于厚度小于 400mm 结构、无酸碱侵蚀的工程	1300

三、磷酸盐耐热混凝土参考配合比

磷酸盐耐热混凝土参考配合比如表 11-11 所列。

表 11-11　磷酸盐耐热混凝土参考配合比

结合剂用量/%		耐热骨料用量/%	掺合料用量/%	
磷酸盐溶液	磷酸溶液		耐火粉	碳酸钙粉
18~22	—	70~75	5~7	2~3
—	15~20	73~77	5~7	2~3

第十二章　耐火混凝土

耐火混凝土是指由适当胶结料（或加入外加剂）、耐火集料（包括掺入磨细的矿物掺合料）和水按一定比例配制组成，经过搅拌、成型、养护而获得的耐火度高达 1500℃ 以上的特种混凝土，并在此高温下能保持所需的物理力学性能称为耐火混凝土。耐火混凝土主要代替耐火砖用于工业窑炉上。

耐火混凝土的品种繁多。按胶凝材料的凝结条件不同，可分为水硬性（水泥结合）耐火混凝土、火硬性（黏土结合）耐火混凝土和气硬性（化学结合）耐火混凝土；按骨料矿物成分不同，可分为铝质耐火混凝土、硅质耐火混凝土和镁质耐火混凝土；按表观密度不同，可分为重质耐火混凝土（孔隙率低于 45%）和轻质耐火混凝土（孔隙率大于 45%）；按混凝土的用途不同，可分为结构用耐火混凝土、耐火混凝土、普通耐火混凝土和超耐火混凝土。

第一节　耐火混凝土的材料组成

配制耐火混凝土的原材料，主要包括胶结材料、磨细掺合料、耐火粗细骨料和化学外加剂等。为配制出性能良好的耐火混凝土，对所用原材料应当严格要求，并根据耐火混凝土处于酸、碱或中性的不同使用情况，采用与之相适应的原材料。

一、耐火混凝土的胶结材料

用于耐火混凝土的胶结材料很多，主要有硅酸盐类水泥、铝酸盐类水泥、水玻璃胶结材料、磷酸胶结材料和黏土胶结材料等。

1. 硅酸盐类水泥与铝酸盐类水泥

用于配制耐火混凝土的硅酸盐类水泥和铝酸盐类水泥的性能，除应符合国家标准所规定的各项技术指标外，水泥中不得含有石灰岩类杂质，矿渣硅酸盐水泥中矿渣的掺量不得大于 50%，水泥的强度不得低于 32.5MPa。

硅酸盐类水泥配制的耐火混凝土的耐火度比较低，为了改善其耐火性能和提高其耐火温度，常采用掺加混合料的方法。掺加适量的混合料后，所以能改善其耐火性能和提高耐火温度，原因有以下两个方面。

（1）因为硅酸盐类水泥水化过程中产生的氢氧化钙，在 $400 \sim 595℃$ 高温下将脱水变为 CaO，出现体积收缩。但当混凝土受热后再冷却时，CaO 吸收空气中的水分而消解，产生体积膨胀，从而导致水泥石的开裂。硅酸盐水泥水化后，在正常的养护条件下，最大的 $Ca(OH)_2$ 析出量约为 10%。为了结合这些 $Ca(OH)_2$，约需加入 12%（占水泥质量的百分数）的 SiO_2 或 27% 左右的黏土熟料。

（2）硅酸盐水泥中的水化硅酸二钙最大含量约为 40%，要想使硅酸盐水泥耐火混凝土在高温下不会引起强度过大的降低，需再加磨细的活性 SiO_2 或黏土熟料，这些掺合料能均匀分布于水泥石中，并能加速 $Ca(OH)_2$ 及水化硅酸二钙与 SiO_2 或黏土熟料的固相反应，生成无水的硅酸钙和铝酸钙，并可降低凝胶体脱水的收缩。

此外，为了消除 $Ca(OH)_2$ 的不利影响，也可适当掺入与水泥细度相当的铬铁矿和菱镁矿粉，铬铁矿物能与游离的 $Ca(OH)_2$ 结合生成熔点为 1880℃ 的亚铬酸一钙。而菱镁矿粉在高温时不会与硅酸盐水泥石中的矿物起作用，而成为高耐火度的方镁石颗粒。水泥在高温时的熔融物覆盖于方镁石颗粒表面，起着固相颗粒间的胶黏剂的作用。这样就能有效地提高混凝土的耐火度，并减少高温的烧缩。

铝酸盐水泥具有一定的耐高温性能，在较高温度下仍能保持较高的强度。随着温度的升高，产生固相反应，以烧结结合代替水化结合，形成稳定的烧结物料，使混凝土的强度又能有所提高。在高铝水泥的基础上，进一步提高氧化铝的含量，可制成低钙铝酸盐水泥。由于 C_2A 含量提高到 60%～70%，可获得较高的耐火度。这种水泥已成为耐火混凝土首先选择的胶结材料。

2. 水玻璃胶结材料

水玻璃又称"泡花碱"，是由碱金属硅酸盐组成的。工程上常用的水玻璃是硅酸钠，其水玻璃模数一般控制在 2.4～3.0 范围内，相对密度为 1.38～1.40。水玻璃的促硬剂常选用氟硅酸钠，工业用的氟硅酸钠中的 Na_2SiF_6 的含量不应少于 90%，其掺量为水玻璃的 10%～12%。水玻璃的技术指标如表 12-1 所列。

表 12-1　水玻璃的技术指标

项　　目	中性水玻璃	碱性水玻璃	
	1:3.3($Na_2O \cdot 3.3SiO_2$)	1:2.4($Na_2O \cdot 2.4SiO_2$)	
相对密度(20℃)	1.376～1.386	1.376～1.386	1.530～1.550
波美度/°Bé	40	40	51
Na_2O/%	8.52～9.09	10.14～10.94	13.10～14.20
SiO_2/%	27.20～29.10	23.60～25.50	30.30～33.10
摩尔比(n)	1:3.3	1:2.4	1:2.4
Fe_2O/%	<0.06	<0.06	<0.08
水不溶物/%	0.70	0.70	0.70

3. 磷酸胶结材料

磷酸盐胶结材料的种类很多，在配制耐火混凝土时最常用的胶结材料是磷酸铝。磷酸铝溶液通常是用活性较大的工业氢氧化铝与磷酸反应而制得的，其化学反应产物为：磷酸二氢铝（$Al_2O_3 \cdot 3P_2O_3 \cdot 6H_2O$）、磷酸一氢铝（$2Al_2O_3 \cdot 3P_2O_3 \cdot 3H_2O$）和磷酸铝（$Al_2O_3 \cdot P_2O_3$）。

目前，更为普遍的是直接采用磷酸配制耐火混凝土。磷酸胶结材料一般由工业磷酸调制而成，磷酸浓度是决定耐火混凝土耐高温性能的重要因素。一般磷酸（H_3PO_4）含量不得大于 85%。为了节约工业磷酸，可掺入电镀用废磷酸。

这种磷酸经过蒸发浓缩，密度达到 1.48～1.50g/cm³，然后与浓度为 50% 的工业磷酸对半调制成密度为 1.38～1.42g/cm³ 的磷酸溶液。材料试验证明：其效果并不亚于工业磷酸。

以磷酸胶结材料配制的铝质耐火混凝土，磷酸浓度一般为 40%～60% 左右。在铝质耐火混凝土中掺入粒径小于 2mm 的氧化硅或黏土熟料（约 5%）或二者复合掺入，都能提高混凝土的耐火度。

4. 黏土胶结材料

黏土胶结材料属于陶瓷胶结材料其中的一种，由于材料来源容易、价格比较便宜、能满足一般工程的要求，因此其应用最为广泛。

配制耐火混凝土所用的黏土胶结材料，黏土为软质黏土（又称结合黏土），能在水中分散，可塑性良好，烧结性能优良。黏土的技术指标如表 12-2 所列。

表 12-2　黏土的技术指标

黏土级别	化学成分/%		耐火度/℃	烧失量/%
	$Al_2O_3 + TiO_2$	Fe_2O_3		
一级品	＞30	≤2.0	≥1670	≤17
二级品	26～30	≤2.5	≥1610	≤17
三级品	22～26	≤3.5	≥1580	≤17

二、磨细掺合料

耐火混凝土的磨细掺合料质量要求较高，最主要的是不应含有石灰石、方解石等在高温下易产生分解的杂质，以免影响耐火混凝土的强度和耐火性。磨细掺合料的具体技术要求，如表 12-3 所列。

表 12-3　耐火混凝土掺合料技术要求

耐火掺和材料的种类		黏土熟料	黏土耐火砖	黄土	高铝砖	矾土熟料	冶金镁砂	镁砖	铬铁矿	石英	粉煤灰
0.08mm 筛筛余/%	水泥类	≥70	≥70	≥70	≥70	≥70	—	—	≥55	—	≥85
	水玻璃	≥80	≥50	—	—	—	≥70	≥70	—	≥85	—
化学成分/%	Al_2O_3	≥30	≥30	—	≥65	≥48	—	—	—	—	≥25
	Fe_2O_3	≤5.5	—	≤5.0	—	—	—	—	≤16	—	—
	SO_3	≤0.5	—	—	—	—	—	—	—	—	≤4.0
	SiO_2	—	—	≥70	—	—	≤4.0	—	≤8.0	≥90	—
	CaO	—	—	≤8.0	—	—	≤4.0	—	≤1.5	—	—
	MgO	—	—	—	—	—	≥88	—	—	—	—
	Cr_2O_3	—	—	—	—	—	—	—	≤4.5	—	—
	烧失量	—	—	≤8.0	—	—	≤0.6	—	—	—	≤8.0

掺加于耐火混凝土中的掺合料，除起着填充空隙、改善施工性能和保证密度的作用外，有时可与某些胶结材料发生化学反应，使耐火混凝土具有强度和其他性能。

三、耐火粗细骨料

（一）耐火粗细骨料的种类

耐火混凝土中粗、细骨料，在混凝土中占重要比例、起骨架作用的材料。由于粗、细骨料的化学组成不同，所以其影响混凝土的高温性能和适用范围也不相同。

骨料的粒度对耐火混凝土的性能有明显的影响。如荷重软化点随着骨料的临界粒度而变化，若颗粒粒径加大，则荷重软化点的始点温度提高。但是，当临界粒度增大时，其荷重软化点虽然较高，但压制的制品性能差，容易缺角掉棱，烘干后的强度也较低。

因此，对压制成型的磷酸高铝耐火混凝土，其临界粒度一般 3～5mm 为宜。耐火混凝土在加热至高温后，其强度降低的主要原因之一，是由于胶结材料与骨料之间绝对变形不同而产生的应力引起的。为了减少强度的降低，采用较小颗粒的骨料也具有一定的效果。

颗粒的级配组成，一般采用岩石粉碎后的自然级配。但是，为了达到颗粒的最大松堆密度，必要时也可采用人工级配，这样可以得到较致密的耐火混凝土，并且对提高耐火混凝土的性能有利。

用于配制耐火混凝土的粗、细骨料，主要是用耐火性能较高的岩石或废砖等，经破碎而成为碎石和碎砂，除耐火性能必须满足耐火混凝土的使用温度外，其级配还应符合表 12-4 中的要求。

表 12-4　耐火骨料的级配

筛孔尺寸 /mm	筛余量/%		
	细骨料	粗骨料	细砂和碎石混合物
20	—	95～100	100
10	—	40～70	65～85
5.0	85～100	—	40～45
1.2	45～80	—	20～35
0.3	5～30	—	2～5
0.15	0～25	—	0～10

可以用于配制耐火混凝土的耐火骨料的种类很多，主要有黏土质耐火骨料、高铝质耐火骨料、半硅质耐火骨料、硅质耐火骨料、镁质耐火骨料、特殊耐火骨料、其他耐火骨料和轻质耐火骨料等。

根据耐火混凝土常用骨料的化学成分不同，对各种耐火骨料的有关规定见如下所述。

1. 黏土质耐火骨料

黏土质耐火骨料主要是指黏土熟料，其 Al_2O_3 含量为 $30\%\sim50\%$，矿物成分为高岭石、叶蜡石，含有石英、硫铁矿、金红石、方解石和云母等杂质。配制耐火混凝土的硬质黏土熟料骨料的具体规定如表 12-5 所列。

表 12-5　硬质黏土熟料骨料的技术条件

牌　号	化学成分/%		吸水率 /%	耐火度 /℃
	Al_2O_3	Fe_2O_3		
NG-42	≥42	≤2.7	≤3.0	≥1730
NG-36	≥36	≤3.5	≤5.0	≥1670
NG830	≥30	—	≤5.0	≥1630

2. 高铝质耐火骨料

高铝质耐火骨料主要是指高铝矾土熟料，其 Al_2O_3 的含量应大于 45%，矿物成分为莫来石（$3Al_2O_3 \cdot 2SiO_2$）、刚玉（$\alpha\text{-}Al_2O_3$）和微量方英石等。用于配制耐火混凝土的高铝矾土熟料骨料具体规定如表 12-6 所列。

表 12-6　高铝矾土熟料骨料的技术条件

牌　号	化学成分/%			吸水率 /%	耐火度 /℃
	Al_2O_3	Fe_2O_3	CaO		
LG-85	≥85	≤2.7	≤0.8	≤3.0	＞1770
LG-80	≥80	≤3.2	≤0.8	≤5.0	＞1770
LG-60	≥60	≤3.5	≤0.8	≤7.0	≥1770
LG-50	≥50	≤2.7	≤0.8	≤6.0	≥1770

3. 半硅质耐火骨料

用于配制耐火混凝土的半硅质骨料很少，在实际工程应用中仅有叶蜡石（分子式为 $Al_2O_3 \cdot 4SiO_2 \cdot H_2O$），其氧化硅（$SiO_2$）的含量达到 66.7%，氧化铝（Al_2O_3）的含量为 28.3%，水（H_2O）的含量为 5%。叶蜡石可不经煅烧直接用作耐火骨料，其具体技术指标如表 12-7 所列。

表 12-7 叶蜡石的技术指标

类 型	化学成分/%							密度 /(g/cm³)	耐火度 /℃
	SiO₂	Al₂O₃	Fe₂O₃	CaO	TiO₂	K₂O	酌减		
高岭石-叶蜡石	50.95	36.75	0.47	0.26	0.15	1.04	9.35	2.75	1710～1730
水铝石-叶蜡石	48.02	42.16	0.13	0.23	—	—	9.80	2.95	1750～1770
叶蜡石	65.82	28.19	—	0.18	—	—	5.32	2.79	1710
石英-叶蜡石	72.29	22.62	0.19	0.13	0.19	—	4.30	2.27	1690

4. 硅质耐火骨料

硅质耐火骨料是以 SiO₂ 含量不小于 96％ 的主要成分的骨料。为了促进石英转变为方石英或磷石英，在配制耐火混凝土时，一般均加入矿化剂，通常采用的矿化剂为铁磷、氧化钙和氧化锰等。硅质耐火骨料的具体技术指标如表 12-8 所列。

表 12-8 硅质骨料的技术指标

牌 号	化学成分/%			吸水率 /%	耐火度 /℃
	SiO₂	Al₂O₃	CaO		
特级品	≥98	≤0.5	≤0.4	≤3.0	≥1750
一级品	≥97	≤0.1	≤0.5	≤4.0	≥1730
二级品	≥96	≤1.3	≤1.0	≤4.0	≥1710

5. 镁质耐火骨料

镁质耐火骨料主要包括镁石质、镁橄榄石质以及白云石质等品种的骨料，按其化学性质又称为碱性骨料。应用最多的是镁砂，制造镁砂的原料是菱铁矿或从海水及盐湖中人工提取的氧化镁，我国目前主要用菱铁矿制取镁砂，即将菱铁矿预先在竖窑等热工设备中，经高温煅烧制成烧结镁石以供使用，再经破碎即可制得镁砂。作为耐火混凝土中的骨料应符合表12-9 中的技术指标。

表 12-9 镁砂的技术指标

类 别		化学成分/%					密度/(g/cm³)
		MgO	SiO₂	Fe₂O₃	CaO	烧失量	
普通镁砂	MS-91	≥91	≥4.5	—	≥1.6	≤0.3	≥3.54
	MS-89	≥89	≥5.0	—	≥2.5	≤0.5	≥3.53
	MS-87G	≥87	≥7.0	—	≥2.5	≤0.5	≥3.51
	MS-84C	≥84	≥9.0	—	≥2.5	≤0.5	≥3.51
	MS-88Ga	≥88	≥4.0	—	≥5.0	≤0.5	—
	MS-83Ga	≥83	≥5.0	—	≥8.0	≤0.8	—
	MS-78Ga	≥78	≥6.0	—	≥12.0	≤0.8	—
合成镁砂(MST)		≥80	—	≥9	—	—	—

6. 特殊耐火骨料

配制耐火混凝土的特殊耐火骨料，以人造合成骨料为主，如碳化物、氯化物等，也有天然骨料或经再加工的原料如锆英石等，我国也常将刚玉和合成莫来石归入此类。特殊骨料的特点是：纯度高，耐高温性能好，抗化学侵蚀能力强，但由于价格昂贵，一般仅供特殊部位使用，其中以刚玉、碳化硅、锆英石应用较多。

耐火混凝土中所用的刚玉系指人造刚玉，人造刚玉的等级和化学成分如表 12-10 所列。

表 12-10　人造刚玉的等级和化学成分

刚玉等级	Al_2O_3	TiO_2	Fe_2O_3
一级品	>94	<4	<2.5
二级品	<90	>5	<3.5

　　碳化硅又称金刚砂，是由二氧化硅（SiO_2）和碳质原料（主要为焦炭）混合通电流后制得。工业碳化硅的化学成分主要是碳化硅（SiC），另外还有硅化铁、胶体炭和氧化物等杂质。以黏土为胶结料制造的碳化硅，其技术指标如表 12-11 所列，其化学成分如表 12-12 所列。

表 12-11　碳化硅的技术指标

制法	SiC /%	SiO_2 /%	显气孔率 /%	体积密度 /(g/cm^3)	耐火度 /℃	荷重软化开始温度(2MPa)/℃	热导率 /$[W/(m \cdot K)]$
压制	86.88	10.05	31.4	2.10	>1800	1620	7.33
捣打	86.92	9.50	—	—	>1800	1640	9.88

表 12-12　碳化硅的化学成分　　　　　　　　　　单位：%

化学成分	未洗涤的碳化硅	经 H_2SO_4 洗涤后的碳化硅	非晶质碳化硅
SiC	97.5	99.3	73.27
Fe_2O_3＋FeO	1.50	0.50	0.88
Al_2O_3	0.90	—	2.50
TiO_2	—	—	0.24
CaO	0.10	0.10	0.74
MgO	—	—	0.40
R_2O	—	—	1.31
C	—	—	7.10
SiO_2	—	—	13.63

　　锆英石（$ZrSiO_4$）是一种天然的原料，其理论化学成分为：ZrO_2 67.08%，SiO_2 32.92%。锆英石耐火性能良好，我国资源丰富，但质量偏低，ZrO_2 的含量仅 55% 左右，不经过加工不能配制耐火混凝土。

　　7. 其他耐火骨料

　　配制耐火混凝土的其他骨料，主要是指某些天然原料，可以不经煅烧直接作为耐火混凝土的骨料，在工程中已用于耐火混凝土的有高炉矿渣、白砂岩、安山岩、玄武岩、辉绿岩、浮石等。

　　高炉矿渣是具有较好耐热性能的耐火原料。但是，对于氧化钙含量较高的碱性矿渣，由于在 525～673℃ 温度下易发生体积增大，甚至变成无联系的粉末。因此，采用高炉矿渣作耐火混凝土骨料时，应符合以下规定：①矿渣中 CaO 的含量不得大于 45%，其碱性率应小于 1.0；②矿渣骨料的粒径一般宜在 15mm 以下，最大不得超过 20mm，其玻璃质含量不得大于 10%；③其松散容重不得小于 1100kg/m^3。

　　废旧耐火砖和废旧硅砖，经破碎后同样也可作耐火骨料和粉料，这样既有利于就地取材，又可以降低工程成本。

　　此外，黏土质废旧耐火砖也是常用的耐火骨料，其成分和高温性能与耐火黏土砖原料基本相同。选用时要求耐火度不低于 1670℃，抗压强度不低于 10MPa，硫酸盐的含量（按 SO_3 计算）不大于 0.3%，已使用过的酸化耐火黏土制品不得再使用。

　　8. 轻质耐火骨料

　　配制耐火混凝土的轻质耐火骨料，可分为天然轻骨料和人造轻骨料两大类。天然轻骨料主要有浮石、沸石、火山渣等。人造轻骨料主要有轻质耐火砖轻骨料、多孔熟料轻骨料、氧化铝空心球轻骨料、蛭石、页岩陶粒、膨胀珍珠岩等。

　　（二）骨料的最大粒径和级配

1. 耐火混凝土的最大骨料粒径

在耐火混凝土中,一般将粒径大于5mm的骨料称为耐火粗骨料,粒径小于5mm的骨料称为耐火细骨料。根据密里尼可夫对波特兰水泥耐火混凝土高温下结构的研究,得出水泥石的裂缝总宽度与骨料颗粒成正比的结论。

根据我国多年耐火混凝土的施工经验证明,用于耐火混凝土的最大骨料粒径,对于一般耐火混凝土不宜超过15mm,对于大体积耐火混凝土不宜超过25～30mm。在实际工程中多采用5～10mm的耐火混凝土。

2. 耐火混凝土的骨料级配

为使耐火混凝土达到较高的体积密度及设计要求的物理、力学、高温性能,应达到最紧密状态的骨料级配。其级配要求,还随着混凝土成型方法的不同而略有区别。各种成型方法的耐火混凝土骨料级配应符合表12-13中的要求。

表12-13 耐火混凝土不同成型方法骨料的级配

混凝土的成型方法	筛孔筛余量/%				
	15～10	10～5	5～0.15	5～1.2	1.2～0.15
振动成型	25～30	20～35	45～55	—	—
捣打成型	—	35～45	—	25～35	20～30
喷涂成型		25～35		30～40	25～45
机压成型	—	—	—	50～60	40～50

四、化学外加剂

用于配制耐火混凝土的化学外加剂种类很多,在工程中使用的主要有促硬剂、膨胀剂、减水剂、矿化剂等。

(一)促硬剂

促硬剂也称为混凝土促凝剂。不同的胶结材料应选用相适应的促硬剂。特别是用化学或陶瓷胶结料时,其促硬剂尤其重要,是配制耐火混凝土不可缺少的组分。用水泥类胶结料时,一般应为适合某种需要而附加的组分。

1. 黏土耐火混凝土用促硬剂

以黏土作为耐火混凝土的胶结料时,由于在常温下强度增长非常缓慢,为满足施工要求,必须加入适量的促硬剂,一般常选用硅酸盐水泥或石灰作为促硬剂。

硅酸盐水泥作为促硬剂,当黏土遇水后,颗粒表面的钙离子被钠离子置换,并与常用的化学分散剂(三聚磷酸钠)结合形成沉淀的钙盐。同时,由于钙离子水化膜薄,使黏土颗粒又重新凝聚,增强了黏土浆体的强度。

石灰遇水后很快形成六方晶体系晶粒,加强了结合体间的凝聚并填充于黏土颗粒之间,对黏土浆体产生固化作用,从而加速了体系的凝结硬化,提高了浆体的早期强度。

2. 纯铝酸钙水泥耐火混凝土用促硬剂

纯铝酸钙水泥在常温下,其早期强度比较高,在一般情况下不需要掺入促硬剂。在低温条件或特殊施工时,为了调整混凝土的硬化性能,需加入一定的促硬剂,国内外已经引用了各种促硬剂,主要有氢氧化钙、氢氧化钠、碳酸钠、锂盐、硅酸钠、硅酸盐等,效果比较明显。

3. 磷酸盐耐火混凝土用促硬剂

磷酸盐耐火混凝土的促硬机理是磷酸和酸盐溶液中离解出的磷酸根离子取代促硬剂组分

中的金属阳离子（或铵离子），并形成胶凝性能较好的磷酸盐，含水磷酸盐促使生成物沉淀，从而使耐火混凝土发生凝结和硬化。

我国习惯采用硅酸盐水泥、高铝水泥等作为促硬剂，尤其以高铝水泥最为常用，其用量一般为材料总质量的 2%。必须强调指出：上述促硬剂仅能够提高耐火混凝土常温强度，而往往影响其高温性能。因此，当不要求提高常温强度或使用温度偏高时，应尽量不用这类促硬剂。

4. 水玻璃耐火混凝土用促硬剂

水玻璃耐火混凝土所用的促硬剂，主要有硅、氟硅酸钠、磷酸铝、氧化钙、矿渣、乙二醇、硅酸二钙和有机酯类等。我国习惯用的促硬剂是氟硅酸钠。在一定掺量范围内，随着氟硅酸钠用量的增加，水玻璃耐火混凝土的强度增长，但由于氟硅酸钠的熔点较低，特别是它与水玻璃之间的反应产物熔点更低（900～950℃）。因此，在能满足强度和硬化时间要求的前提下，尽量减少氟硅酸钠的用量，一般掺入量为水玻璃的 12%～15%；若以硅酸盐水泥为促硬剂时，其用量为水玻璃的 8%～12%。

（二）膨胀剂

膨胀剂掺入混凝土的作用，主要是增加耐火混凝土的致密程度，提高其耐火性能。常用的膨胀剂是蓝晶石，其化学分子式为 $Al_2O_3 \cdot SiO_2$。蓝晶石是一种耐火度高、具有高温体积膨胀特性的天然耐火原料，国外已经大量利用蓝晶石配制耐火混凝土。

蓝晶石与硅线石、红柱石是同一族同质多相变体的无水铝酸盐产物，蓝晶石为三斜晶系，通常呈扁平状晶体，晶面上有平行的条纹，颜色为蓝色，也有的为绿色、黄色和白色，硬度因方向而异，相对密度为 3.53～3.63。

蓝晶石加热到一定温度时，转化为富铝红柱石（莫来石），其化学反应式如下：

$$3(Al_2O_3 \cdot SiO_2) \longrightarrow 3Al_2O_3 \cdot 2SiO_2 + SiO_2$$

蓝晶石在高温煅烧时，于 1200℃就开始分解，不可逆地转化为莫来石并析出游离的 SiO_2，温度达到 1360～1400℃时，分解速度加快，达 1500℃以后出现石英玻璃及与原来晶体表面垂直的纤维状莫来石。此反应是由外向里逐渐转化的，伴随着这种反应产生的 16%～18% 的体积膨胀特性，提高和改善耐火混凝土的高温性能。

近几年，我国对蓝晶石的应用已着手进行研究，在部分工程的试验中取得了较好的效果，工业性的应用还处于开发阶段。

（三）减水剂

在应用减水剂方面，耐火混凝土至今仍引用普通混凝土常用的减水剂，没有什么专用减水剂。用于耐火混凝土的减水剂主要有木质素磺酸钙减水剂、糖蜜减水剂、高效减水剂等。

由于配制耐火混凝土的材料很多，它们的性质差异较大，因此选用减水剂需要经过试验后确定。

（四）矿化剂

在水泥熟料煅烧过程中，凡是能使生料易烧性改善、并加速化合物结晶过程或物理化学反应的少量外加剂称为矿化剂。一般只用于硅质材料的耐火混凝土。

矿化剂一般只应用于硅质材料配制的耐火混凝土。

第二节　耐火混凝土配合比设计

耐火混凝土的配合比设计，与普通混凝土不同，不仅要求混凝土要满足一定的强度、和易性和耐久性，而且还必须满足设计要求的耐火性能。组成材料本身的性能是决定耐火混凝土高温性能的主要因素。但胶结材料的用量、水灰比（或水胶比）、骨料级配、掺合料用量和外加剂等，对改善耐火混凝土的高温性能有很大作用。因此，配合比的选择对耐火混凝土的性能影响很大。

一、耐火混凝土配合比的基本参数

耐火混凝土配合比设计的基本参数，与普通混凝土大同小异，主要包括胶结材料的用量、水灰比（水胶比）、掺合料的用量、骨料级配和砂率。

（一）胶结材料的用量

在一般情况下，混凝土骨料的耐火度都比胶结材料的高，胶结材料超过一定范围时，随着胶结材料用量的增加，混凝土的荷重软化点降低，残余变形增大。因此，为了提高耐火混凝土的高温性能，在满足混凝土施工和易性和常温强度的前提下，尽可能减少胶结材料的用量。如果水泥耐火混凝土在不同使用条件下，水泥的用量可在 $10\%\sim20\%$ 范围内浮动。对荷重软化点和耐火度要求较高，而常温强度要求不高的水泥耐火混凝土，水泥用量可控制 $10\%\sim15\%$ 以内。

（二）水灰比

水泥耐火混凝土的水灰比增减，对其强度和残余变形的影响比较显著。与普通水泥混凝土相似，随着水灰比的增加，混凝土的强度下降，对耐火混凝土更为显著。因此，在配制耐火混凝土时，在施工条件允许的情况下，应尽量减少用水量，降低水灰比。一般混凝土拌和物的坍落度不宜大于 $2cm$，最好采用干硬性混凝土。

如果胶结材料为水玻璃的耐火混凝土，水玻璃的模数一般控制在 $2.6\sim2.8$ 范围内，相对密度一般采用 $1.36\sim1.40$。促硬剂氟硅酸钠的用量一般为水玻璃用量的 $10\%\sim12\%$。用磷酸作胶结材料的耐火混凝土，磷酸的浓度一般为 50%。

（三）掺合料的用量

在耐火混凝土中掺加适量的掺合料，可以明显改善混凝土的高温性能，提高混凝土拌和物的和易性，同时还可以节约水泥。从试验结果可知：对常温要求强度不高的耐火混凝土，掺合料的掺量可多一些，一般用量为水泥用量的 $30\%\sim100\%$，最高可达 300%。

（四）骨料级配和砂率

骨料的用量约占耐火混凝土混合料总量的 80%，改善骨料的级配对提高耐火混凝土的密实度和高温特性均有良好的效果。选择骨料时必须注意骨料的类别和耐火度，使骨料与胶结材料相适应，同时还应选择适宜的粒度。一般粗骨料如果粒径过大，用量过多，则混凝土拌和物的和易性较差，成型比较困难，使混凝土密实度下降，在高温下易于分层脱落。实践证明，砂率宜控制在 $40\%\sim50\%$ 之间。

二、耐火混凝土的配合比设计步骤

由于耐火混凝土的配合比设计用计算法比较烦琐，一般常采用经验配合比作为初始配合比，再通过试拌调整，确定适用的配合比。如果用计算法选择混凝土的配合比，整个计算试配到配合比的确定，基本上与轻骨料混凝土相同。

（一）配合比的确定

耐火混凝土配合比的确定通常有以下两种方式：一是根据设计图纸或设计通知书所给定的原材料要求，经试拌能满足施工和易性的要求，即可按此配合比进行施工；二是设计图纸中只提出耐火混凝土品种及其技术要求，可由施工单位根据国家的有关规程、标准，按如下程序确定施工配合比。

（1）由试验部门提出拟用配合比及原材料技术要求，并取样进行试验达到设计要求后，向供应部门提出备料配合比，以便以此配合比购进各种原材料。

（2）由材料试验部门发出施工配合比，在施工现场进行试拌，如果能满足施工和易性要求，即可按该配合比施工。

（二）耐火混凝土配制的允许误差

为保证耐火混凝土的各项技术性能符合设计要求，对其所组成的各种材料的称量应严格控制。耐火混凝土配制的各种材料允许误差，与普通水泥混凝土基本相同，其具体要求是：①对水泥和粉料，误差为±1％；②对耐火骨料，误差为±3％；③对水及各种液体胶结料，误差为±1％。

第三节　耐火混凝土参考配合比

水玻璃耐火混凝土常用配合比如表 12-14 所列；轻质耐火混凝土参考配合比如表 12-15 所列；铝-60 水泥耐火混凝土的配合比如表 12-16 所列；矾土水泥耐火混凝土常用配合比如表 12-17 所列；普通硅酸盐水泥耐火混凝土参考配合比如表 12-18 所列；低钙铝酸盐水泥耐火混凝土常用配合比如表 12-19 所列。

表 12-14　水玻璃耐火混凝土常用配合比

水 玻 璃			氟硅酸钠用量 /(kg/m³)	粉 料		细骨料		粗骨料	
模数	密度 /(g/cm³)	用量 /(kg/m³)		品种	用量 /(kg/m³)	品种	用量 /(kg/m³)	品种	用量 /(kg/m³)
3.0	1.38	290	29.0	铬渣粉	870	铬渣	850	铬渣	1110
2.9	1.38	300	31.0	黏土熟料	395	黏土熟料	600	黏土熟料	800
2.9	1.38	310	37.5	黏土熟料	410	黏土熟料	620	黏土熟料	825
2.9	1.38	310	37.5	黏土熟料	410	黏土熟料	620	黏土熟料	825
2.9	1.38	310	37.5	黏土熟料	410	黏土熟料	620	黏土熟料	825
2.9	1.38	310	37.0	白砂石	420	白砂石	630	白砂石	825
2.6	1.38	370	45.0	叶蜡石	460	叶蜡石	690	叶蜡石	920
3.0	1.38	300～370	30～43	石英石粉	400～500	耐火砖	600～700	耐火砖	800～900
3.0	1.38	300～370	30～43	耐火砖粉	400～500	耐火砖	600～700	耐火砖	800～900
2.6	1.38	300～370	30～43	耐火砖粉	400～500	高铝砖	1500～1600	—	—
3.0	1.38	240	24.0	镁砂粉	600	镁砂	880	镁砂	660

表 12-15　轻质耐火混凝土参考配合比

序号	材料用量/(kg/m³)				水灰比(W/C)	混凝土配合比	湿堆密度/(kg/m³)	最高工作温度/℃
	高铝水泥	细骨料	粗骨料	拌和水				
1	455	蛭石粉 213.8	蛭石块 95.5	500.5	1.10	高铝水泥∶蛭石粉∶蛭石块为1∶0.47∶0.21	1264.8	800
2	415	陶粒砂 373.5	陶粒 477.3	236.5	0.57	高铝水泥∶陶粒砂∶陶粒为1∶0.90∶1.15	1502.3	900
3	398	蛭石粉 135.3	陶粒 330.3	358.2	0.90	高铝水泥∶蛭石粉∶陶粒为1∶0.47∶0.21	1221.8	1000
4	460	黏土砖粉 151.8 轻土粉 151.8	轻土块 492.2	354.2	0.77	高铝水泥∶(黏土砖粉＋轻土粉)∶轻土块1∶0.90∶1.15	1610.0	1300
5	458	轻铝砖粉 284.0 轻铝砖砂 114.5	轻铝砖块 288.5	256.5	0.56	高铝水泥∶(轻铝砖粉＋轻铝砖砂)∶轻铝砖块1∶0.90∶1.15	1690.0	1300

表 12-16　铝-60 水泥耐火混凝土的配合比

项　目		质量配合比/%					
		1	2	3	4	5	6
胶结料	铝-60 水泥	15.5	15.0	15.0	15.0	15.0	15.0
粉料	高铝矾土熟料粉	8.5					
	二级矾土粉		15.0		10.0	15.0	15.0
	一级黏土熟料			15.0			
骨料	高铝矾土熟料砂(0.15～5mm)	46.0					
	二级矾土(<6mm)		30.0				
	二级矾土(<15mm)		30.0				
	一级黏土熟料(<15mm)		70.0			70.0	
	一级矾土熟料			70.0	75.0		70.0
	高铝矾熟料块(5～20mm)	30.0					

表 12-17　矾土水泥耐火混凝土常用配合比

项　目		质量配合比/%								
		1	2	3	4	5	6	7	8	9
胶结料	矾土水泥	6～12	12	15	15	15	15	15	15	15
骨料	高铝矾土熟料砂(0.15～5mm)	30～35								
	铝铬渣		76							
	焦宝石熟料(<6mm)			30						
	焦宝石熟料(<15mm)								35	
	二级矾土(<6mm)				30				35	75
	二级矾土(<15mm)				40	70				
	高铝质熟料				40		49	43		
	高铝矾土熟料块(5～20mm)	35～40								
	高铝质(<5mm)							35	35	
粉料	高铝矾土熟料	15				15	10	12		二级矾土
	铝铬渣粉		12							10～15
	耐火黏土砖粉			18	15					10～15
	黏土质熟料								15	
水	(外加)					10	10	8～9	11～12	

注：铝铬渣应符合如下要求：(1) 化学成分，Al_2O_3 80%～90%，Cr_2O_3 9%～10%；耐火度1900℃；(2) 其粗细骨料级配，5～10mm占55%，1.2～5mm占18%，小于1.2mm占27%，铝铬渣粉粒度小于0.088mm大于80%。

表 12-18　普通硅酸盐水泥耐火混凝土参考配合比

序号	水泥		粉料		细骨料		粗骨料		水	最高工作温度/℃
	品种及等级	数量	品种	数量	品种	数量	品种	数量		
1	32.5~42.5级普通水泥	250~400	黏土熟料	200~350	黏土熟料	500~700	黏土熟料	700~1000	200~300	1200
2	42.5级普通硅酸盐水泥	250	黏土熟料	250	黏土熟料	650	黏土熟料	950	200	1200
3	42.5级普通硅酸盐水泥	300	黏土熟料	300	黏土熟料	570	黏土熟料	850	240	1200
4	32.5级普通硅酸盐泥	300	叶蜡石	150	叶蜡石	630	叶蜡石	1170	210	1200
5	42.5级普通硅酸盐水泥	300	白砂石	300	白砂石	560	白砂石	840	233	1200
6	42.5级普通硅酸盐水泥	250~300	4~5级黏土熟料	250~350	4~5级黏土熟料	480~560	4~5级黏土熟料	690~800	250~290	1200
7	42.5级普通硅酸盐水泥	250~300	废黏土熟料	250~300	废黏土熟料	480~560	废黏土熟料	590~730	230~250	1200
8	42.5级普通硅酸盐水泥	310	耐火黏土砖粉	310	焦宝石熟料	620	焦宝石熟料	810	247~260	1200
9	42.5级普通硅酸盐水泥	620	—	—	三级矾土熟料	600	三级矾土熟料	800	310	1200

表 12-19　低钙铝酸盐水泥耐火混凝土常用配合比

项目		质量配合比/%							
		1	2	3	4	5	6	7	8
胶结料	低钙铝酸盐水泥	6~12	12	15	15	15	15	15	15
骨料	高铝矾土熟料砂(0.15~5mm)	30~35							76
	一级矾土熟料(<15mm)			40					
	一级矾土熟料(<6mm)			30	36				
	二级矾土熟料(<15mm)		40		40	35	70		
	二级矾土熟料(<6mm)		30			35			
	高铝矾土熟料(5~20mm)	35~40							
	铬渣(5~15mm)							41	
	铬渣(<5mm)							36	
粉料	高铝矾土熟料粉	15							
	一级矾土熟料粉			15	10				
	二级矾土熟料粉		15			15	15		12
	铬渣粉							12	
水	(外加)	—	—	—	10	11	11	9	—

第十三章 耐海水混凝土

海洋工程混凝土由于经常地或周期性地与海水相接触，受到海水或海洋大气的物理化学作用，或者受到波浪、流冰的冲击、磨损、冻融破坏等作用，很容易使这种环境的混凝土遭受损害而缩短其耐用年限。因此，海洋工程混凝土除满足施工的和易性、强度和其他要求外，还应根据建筑结构的具体使用条件，具有海洋工程所需的抗渗性、抗蚀性、抗冲刷、抗冻性、防止钢筋锈蚀和抵抗冰凌撞击的性能。

海洋工程所需的混凝土，也称为耐海水混凝土、海工混凝土、海洋混凝土，这是最近几年发展起来的一种能抵抗海水中各种盐类侵蚀的新型混凝土，主要用于海港、码头、引桥、防浪堤坝等与海水接触的海洋工程的混凝土构件。

第一节 耐海水混凝土的材料组成

耐海水混凝土的原材料组成，与普通水泥混凝土基本相同，但由于耐海水混凝土的性能除工程要求的力学性能外，还必须根据具有对海水腐蚀的性能及抗冻性能，所以对材料的要求有所不同。因此，对于耐海水混凝土原材料的选择，应当严格按照有关规定，以确保混凝土的基本性能和使用功能。

一、对水泥的选择

水泥是配制耐海水混凝土的最关键原材料，如果选择的水泥不当，所配制的混凝土则不符合耐海水混凝土的要求。根据海水对混凝土的腐蚀，应尽量选择水化产物中氢氧化钙和水化铝酸钙少的水泥；如果混凝土处于水位变动区，还要考虑混凝土的抗冻性、耐磨性和收缩性等方面的要求。

根据工程实践经验，一般耐海水混凝土，可以选择铝酸三钙（C_3A）含量小于6%的中热或低热硅酸盐大坝水泥或普通硅酸盐大坝水泥，也可选择矿渣掺量不小于50%的矿渣硅酸盐水泥。工程实践证明：掺量不小于50%的矿渣硅酸盐水泥，具有较强的抗硫酸盐和抗氯盐腐蚀能力，可以在海水水面以下部位，但这种水泥的抗冻性较差，不宜在水位变动区使用。

为保证耐海水混凝土的抗渗性、抗冻性、抗蚀性、抗冰凌撞击性和防止钢筋锈蚀等其他性能，配制耐海水混凝土所用的水泥，既要求水泥品种适宜，其强度等级也不应低于32.5MPa。在配制耐海水混凝土时，应当根据不同地区和不同部位，可按照表13-1选用适当的水泥品种。

表13-1中所列抗硫酸盐水泥的主要特点是：不仅抵抗硫酸盐侵蚀能力强，而且具有较好的抗冻性和较低的水化热，其矿物成分中限制铝酸三钙（C_3A）的含量不大于5%、硅酸三钙（C_3S）的含量不大于50%，并限制铝酸三钙（C_3A）和铁铝酸四钙（C_4AF）的

总含量不大于 22%。

二、对骨料的选择

耐海水混凝土的骨料，也与普通水泥混凝土一样，由粗骨料和细骨料组成，但对骨料的质量要求有所不同。

表 13-1　耐海水混凝土水泥品种选择表

环境条件＼选择要求		优先采用	可以采用	不宜采用
水上部位	不冻	硅酸盐水泥、普通硅酸盐水泥	矿渣硅酸盐水泥、粉煤灰硅酸盐水泥（对于混凝土）、抗硫酸盐水泥	—
	偶冻	硅酸盐水泥、普通硅酸盐水泥	矿渣硅酸盐水泥、抗硫酸盐水泥	火山灰质硅酸盐水泥、粉煤灰硅酸盐水泥
水位变动区	受冻	抗硫酸盐水泥、普通硅酸盐水泥、硅酸盐水泥①	矿渣硅酸盐水泥	火山灰质硅酸盐水泥、粉煤灰硅酸盐水泥
	不冻	抗硫酸盐水泥、普通硅酸盐水泥	矿渣硅酸盐水泥、硅酸盐水泥①、粉煤灰水泥（对于混凝土）	火山灰质硅酸盐水泥
水下部位		矿渣硅酸盐水泥、抗硫酸盐水泥、火山灰质硅酸盐水泥、粉煤灰水泥	硅酸盐水泥①、普通硅酸盐水泥	—

①表示尽量选用铝酸三钙（C_3A）含量不大于 10% 的水泥，如果含量大于 10%，宜在混凝土中掺入引气剂或木质磺酸盐系减水剂。

注：1. 当有充分论证时，粉煤灰水泥可用于不冻地区的水上部位、水位变动区的钢筋混凝土和处于受冻、偶冻条件下的混凝土。

2. 粉煤灰硅酸盐水泥不得用于受严重冰凌撞击、泥砂冲刷和机械磨损的混凝土。

（一）对粗骨料的要求

（1）材料试验证明：粗骨料中的山皮水锈颗粒对混凝土的强度和抗冻性均产生不利影响。在《水运工程混凝土施工规范》（JTS 202—2011）和《海港工混凝土结构防腐蚀技术规程》（JTJ 275—2000）中规定：这种颗粒的含量，对用于无抗冻性要求的混凝土时不宜大于 30%；对用于有抗冻性要求的混凝土时不宜大于 25%。

（2）当耐海水混凝土用的粗骨料中含有蛋白质或其他无定形二氧化硅颗粒大于 1%，且水泥中的含盐量大于 0.6%，并在有海水的环境条件下使用，有出现碱-活性骨料反应引起混凝土膨胀开裂的可能，所以这种活性骨料的含量应严格限制在 1% 以内。

（二）对细骨料的要求

为便于配制耐海水混凝土和降低工程造价，这种混凝土的施工一般就地取材采用海砂作为细骨料。用于配制耐海水混凝土的细骨料，应当严格控制其含盐量，在《水运工程混凝土施工规范》（JTS 202—2011）中规定：海砂的氯化钠总含量不得超过 0.1%（以全部氯离子换算成氯化钠占干砂质量的百分率计）。当含量超过这个规定时，应通淡水淋洗降低至 0.1% 以下，或在所拌制的混凝土中掺入占水泥质量 0.6%~1.0% 的亚硝酸钠（$NaNO_2$）作为阻锈剂（亦称缓蚀剂）。

我国沿海海岸的海砂含盐量的变化范围比较大，一般为 0.01%~0.30%。除特殊情况外，一般多小于 0.15%，而在 0.10% 左右变动，在波浪溅击线以上者，含盐量多在 0.08%

以下。在有青草生长之处，砂的含盐量一般在 0.005% 以下。

（三）对骨料级配的要求

用于配制耐海水混凝土的粗细骨料，不仅要求其质地坚硬、清洁无杂，而且要求其粒径适宜、级配良好。特别是骨料级配直接影响混凝土的密实性和耐腐蚀性，所以应当选择优良的骨料级配。表 13-2 中列出了部分耐海水混凝土工程的粗细骨料级配实例，可供海洋工程混凝土施工中参考。

表 13-2　部分耐海水混凝土工程的粗细骨料级配实例

工程名称	骨料种类	最大粒径 /mm	骨料粒径/mm			
			150~80	80~40	40~20	20~5
B	卵石	120	19	38	38	25
		120	25	20	25	30
30I	卵石	150	20	20	25	30
		150	30	25	20	30
		80	—	50	20	30
		30		40	30	30
E	卵石	150	35	25	20	20
C	卵石	150	40	30	18	12
S	卵石	150	35	19	26	20
G	卵石	150	32	27	19	22
K	卵石	150	32	26	18	24
F	卵石	150	44	36	13	7
H	卵石	150	21.5	31.5	21.5	25.5
V	卵石	150	30	25	20	25
Q	碎石	150	30	30	20	20
R	卵石	120	30	25	20	25
		120	30	25	15	30
		120	50		25	25
		120	55		20	25
		80	—	50	20	30
M	碎石	120	36	24	24	16
		120	35	35	—	30

三、对拌和水的要求

试验结果证明：在配制耐海水混凝土时，如果用海水拌制其早期强度比较高，但后期强度则有所下降，一般 28 天的强度降低 10% 左右，对抗冻性也有较大的不良影响。因此，在一般情况下不能将海水作为耐海水混凝土的拌和用水。

配制耐海水混凝土所用的拌和水，没有特殊的要求，与普通水泥混凝土相同。其技术指标应符合《混凝土用水标准》（JGJ 63—2006）中的要求。

在严重缺乏淡水的地区，必须采用海水拌制混凝土时，应符合下列规定：①对于有抗冻性要求的混凝土，水灰比应降低 0.05；②对于无抗冻要求的混凝土，应加强对混凝土强度的检验，以符合设计的要求。

四、对外加剂的要求

根据《港口工程质量检验评定标准》（JTJ 221—1998）（2004 年修订版）中的规定，为提高耐海水混凝土的耐久性和强度，改善混凝土拌和物的和易性，达到节约水泥、降低造价、加快进度的目的，在拌制耐海水混凝土时，可以掺加适量的引气剂、减水剂或低温早强剂，对于有抗冻性要求的混凝土必须掺入引气剂。

（一）引气剂

掺入耐海水混凝土的引气剂，主要有松香热聚物或松香皂等，它们的品质标准应符合以下几项要求。松香热聚物 0.2％溶液（不包括氢氧化钠）的泡沫度不得小于：手摇时 40％；机摇时 15％；30min 后泡容量不得小于 300mL/g。松香皂 1％溶液（包括氢氧化钠）的泡沫度不得小于：手摇时 40％；机摇时 15％。

引气剂在使用时应配制成溶液，松香热聚物和松香皂引气剂溶液配制的方法分别为如下所述。

1. 松香热聚物配制的方法

用松香热聚物配制引气剂溶液时，每种原料的比例（以质量计）为松香热聚物：氢氧化钠：水＝1：0.2：30。在进行配制时，先将氢氧化钠按比例溶于占拌和用水量 2/3 的热水（水温控制在 70～80℃）中，并搅拌均匀，再加入捣碎的松香热聚物，再仔细进行搅拌，待全部溶解后加入其余的 1/3 水，即配制成浓度为 3.2％的引气剂溶液。

2. 松香皂配制的方法

用松香皂配制引气剂溶液比较简单，只要经过稀释，即可用于混凝土中。

用引气剂配制耐海水混凝土时，应严格控制引气剂的掺量，使混凝土的含气量控制在 3％～5％范围内。如果掺量过多，则混凝土中的含气量过大，会使混凝土的强度显著降低；如果掺量不足，则混凝土中的含气量过小，不能获得应有的效果。在一般情况下，松香热聚物的掺量约为水泥用量的 0.005％～0.015％；松香皂配制的掺量约为水泥用量的 0.007％～0.012％。

但是，引起混凝土中含气量变化的因素很多，如水泥的品种、水泥细度、骨料级配、气温、拌和物流动度等，都会对混凝土含气量产生直接影响。掺入一定量的引气剂，不一定就能获得符合设计要求的含气量。尤其是施工时温度的影响更大，温度越高气泡越不易生成。因此，为获得同样的含气量，引气剂的用量在高温时要适量增加，低温时要适量减少。

（二）减水剂

适用于配制耐海水混凝土的减水剂很多，主要有木质素磺酸钙（又称木钙或 M 减水剂）、纸浆废液（即苇浆废液、木浆废液）和亚甲基二萘磺酸钠（又称 NNO 减水剂）等。当有充分论证时，可根据需要使用其他品种减水剂。

（三）低温早强剂

在低温季节进行耐海水混凝土施工时，为提高其早期强度，可采用适宜的低温早强剂，如三乙醇胺、硫化硫酸钠和氯化钙等。当掺加氯化钙时应符合以下规定。

（1）耐海水混凝土中氯化钙的掺量不得大于 2％（以无水氯化钙质量对水泥质量的百分率计）。采用海水配制混凝土时不得掺加氯化钙。对于与海水接触又有抗冻性要求的混凝土，掺入氯化钙时水灰比应酌情降低。

（2）当采用海砂配制的耐海水混凝土中掺入氯化钙时，氯化钙和海砂中氯盐质量的总和不得超过水泥质量的 2％。

（3）在耐海水钢筋混凝土中不得掺加氯化钙低温早强剂，以防止氯化钙对钢筋产生锈蚀而破坏。

第二节　耐海水混凝土配合比设计

耐海水混凝土配合比设计,与普通水泥混凝土基本相同。但是,由于耐海水混凝土的抗冻性、抗渗性要求更高,因此这种混凝土的配合比设计也有一定的特殊性。耐海水混凝土配合比设计的具体步骤如下所述。

一、计算混凝土配制强度

耐海水混凝土的配制强度,可按式(13-1)进行计算:

$$f_{cu,0} = \frac{f_{cu,k}}{1 - t_g C_v}$$ (13-1)

式中,$f_{cu,0}$ 为耐海水混凝土的配制强度,MPa;$f_{cu,k}$ 为耐海水混凝土的设计强度,MPa;t_g 为混凝土的强度保证系数,一般取 $1.25 \sim 1.645$;C_v 为混凝土的离差系数,可查表13-3。

表 13-3　混凝土的离差系数

混凝土强度等级	<C15	C20~C25	>C30
混凝土离差系数	0.20	0.18	0.15

二、计算混凝土的水灰比

耐海水混凝土的水灰比(W/C),可以按式(13-2)进行计算:

$$\frac{W}{C} = \frac{1}{\dfrac{f_{cu,0}}{A f_{ce} + B}}$$ (13-2)

式中,W/C 为耐海水混凝土的水灰比;$f_{cu,0}$ 为耐海水混凝土的配制强度,MPa;f_{ce} 为水泥的实际强度,MPa;A、B 分别为与水泥品种和粗骨料种类有关的系数,如表13-4所列。

表 13-4　与水泥品种和粗骨料种类有关的系数

水泥品种	粗骨料种类	A	B
普通硅酸盐大坝水泥	碎石	0.642	0.559
	卵石	0.531	0.502
矿渣大坝水泥	碎石	0.623	0.552
抗硫酸盐水泥	卵石	0.527	0.498

按照式(13-2)计算出来的混凝土水灰比,仅仅是满足混凝土强度要求的水灰比,但不一定满足工程对混凝土的抗渗性和抗冻性方面的要求。当耐海水混凝土还有抗渗性和抗冻性要求时,其水灰比还应分别满足表13-5和表13-6中的要求。

表 13-5　抗渗标号与水灰比的关系

要求抗渗标号	水灰比(W/C)允许值	要求抗渗标号	水灰比(W/C)允许值
S4	0.60~0.65	S8	0.50~0.60
S6	0.55~0.60	≥S10	<0.50

表 13-6　抗冻标号允许最大水灰比值

要求抗冻标号	允许的最大水灰比(W/C)值		要求抗冻标号	允许的最大水灰比(W/C)值	
	不加引气剂	掺加引气剂		不加引气剂	掺加引气剂
D50	0.55	0.60	D150	—	0.50
D100	—	0.55	D200	—	0.45

三、选择用水量和砂率

耐海水混凝土的用水量和砂率，与混凝土中的含气量及粗骨料的最大粒径有关。在进行耐海水混凝土配合比设计时，可以根据混凝土设计给定的条件查表13-7，并根据表13-8进行调整。

表13-7 耐海水混凝土试拌用水量和砂率选取表

石子最大粒径/mm	未加外加剂的混凝土			掺外加剂的混凝土	
	含气量近似值/%	砂率/%	用水量/(kg/m³)	引气混凝土的含气量/%	用水量/(kg/m³)
20	2.0	38	172	5.5	单掺引气剂或一般减水剂，可减水6%～8%；引气剂和一般减水剂联合掺用或单掺高效减水剂，可减水15%～20%
40	1.2	32	150	4.5	
80	0.5	28	129	3.5	
120	0.4	25	117	3.0	
150	0.3	24	110	3.0	

注：表13-7中的数值依据水灰比为0.55，粗骨料用卵石，砂的细度模数为2.70，混凝土拌和物的坍落度为60mm条件而制定的。

表13-8 砂率和用水量条件变化调整值

条件变化情况	砂率和用水量的调整值	
	砂率调整值/%	用水量调整值/(kg/m³)
由卵石改为碎石	+(3～5)	+(9～15)
采用火山灰质水泥或火山灰掺合料	—	+(10～20)
混凝土拌和物坍落度±10mm	—	±(2～3)
砂率每±1%	—	±1.5
砂的细度模数每±0.1	±0.5	—
混凝土的水灰比每±0.05	±1.0	—
混凝土中的含气量±1%	±(0.5～1.0)	±(2～3)

四、计算水泥用量

根据混凝土强度和耐久性而确定的水灰比（W/C），依据选定的单位用水量（W_0），由公式(13-3)计算水泥用量：

$$C_0 = \frac{W_0 C}{W} \tag{13-3}$$

式中，C_0为每立方米混凝土中的水泥用量，kg；W_0为单位体积混凝土的用水量，kg，根据表13-7中选取；C/W为混凝土的水灰比倒数（即灰水比）。

通过公式(13-3)计算得出的水泥用量，还应当满足耐海水混凝土所处工程环境最小水泥用量的要求，应不小于表13-9中的水泥用量。

表13-9 耐海水混凝土最小水泥用量限值

混凝土所处环境条件	最小水泥用量限值/(kg/m³)	
	配筋混凝土	无筋混凝土
无冰冻海域	≥250	225
有冰冻海域	300	275

五、计算砂石用量

根据已选定的砂率（S_p）、单位用水量（W_0）和计算得出的水泥用量（C_0），利用绝对

体积法可求得 $1m^3$ 混凝土的石子用量（G_0）和砂的用量（S_0）。

$$G_0 = V_{sg}(1-S_P)\rho_g \tag{13-4}$$

$$S_0 = V_{sg}S_P\rho_s \tag{13-5}$$

式中，G_0 为 $1m^3$ 混凝土中石子的用量，kg；V_{sg} 为 $1m^3$ 混凝土中砂石的绝对体积，可用公式(13-6)计算；S_P 为混凝土的砂率，%；ρ_g 为石子的表观密度，kg/m^3；S_0 为 $1m^3$ 混凝土中砂的用量，kg；ρ_s 为砂的表观密度，kg/m^3。

$$V_{sg} = 1 - \left(\frac{W_0}{\rho_w} + \frac{C_0}{\rho_c} + 0.01\alpha\right) \tag{13-6}$$

式中，W_0 为 $1m^3$ 混凝土中的用水量，kg；C_0 为 $1m^3$ 混凝土中的水泥用量，kg；ρ_w、ρ_c 分别为水和水泥的密度，kg/m^3；α 为 $1m^3$ 混凝土中的含气量的百分数，%，如不掺引气剂 α 取 1，如掺引气剂则按实际含气量进行计算。

六、进行试拌和调整

根据所设计的耐海水混凝土配合比进行试拌，并根据原材料情况、混凝土拌和物坍落度和其他情况等，对混凝土配合比进行调整。

第三节　耐海水混凝土参考配合比

表 13-10 中列出了某海洋工程耐海水混凝土的参考配合比；表 13-11 中列出了 $1m^3$ 耐海水混凝土材料用量配合比，可供设计和施工中参考。

表 13-10　某海洋工程耐海水混凝土的参考配合比

配合比 水泥：砂：石子：水	水泥 /kg	砂 /kg	石子/kg				FDN 减水剂 /kg	用水量 /kg
			150～80mm	80～40mm	40～20mm	20～5mm		
1：2.38：8.54：0.5	204	486	523	523	348	348	1.53	102

表 13-11　$1m^3$ 的耐海水混凝土材料用量配合比

计算方法	配合比 水泥：砂：石子：水	水泥 /kg	砂 /kg	石子/kg				木钙 /kg	用水量 /kg
				5～20mm	20～40mm	40～80mm	80～150mm		
绝对体积法	1：2.27：8.45：0.50	206	468	348	348	522	522	0.52	103
假定堆密度法	1：2.26：8.45：0.51	206	465	348	348	522	522	0.52	105

第十四章　喷射混凝土

喷射混凝土（spray concrete）是指将掺加速凝剂的混凝土，利用压缩空气的力量喷射到岩面或建筑物表面的混凝土。混凝土与基面紧密地黏结在一起，并能填充岩面上的裂缝和凹坑，把岩面或建筑物加固成完整、稳定、具有一定强度的结构，从而使岩层或结构物得到加强和保护。

喷射混凝土是用于加固和保护结构或岩石表面的一种具有速凝性质的混凝土，这种混凝土在常温下其初凝时间一般为 2~5min，终凝时间一般不大于 10min。由于混凝土具有这种速凝的特性，其施工必须采用特制的混凝土喷射机进行喷射施工，因此称为喷射混凝土。目前，喷射混凝土主要用于地下建筑工程、公路、铁路和一些建筑物的护坡，也可用于建筑结构的加固和修补等。

第一节　喷射混凝土的材料组成

配制喷射混凝土所用的原材料，与普通水泥混凝土相比，粗、细骨料和水基本相同，但由于这类混凝土要求其具有速凝性，所以水泥和外加剂有所不同。

一、对水泥的要求

水泥是喷射混凝土中的关键性原材料。对水泥品种和强度等级的选择，主要应满足工程使用要求。一般情况下，喷射混凝土应优先选用不低于强度等级 42.5MPa 的硅酸盐水泥和普通硅酸盐水泥，这两种水泥熟料中硅酸三钙（C_3S）和铝酸三钙（C_3A）含量较高，不仅能速凝、快硬、后期强度也较高，而且与速凝剂的相容性好。矿渣硅酸盐水泥凝结硬化较慢，但对抗硫酸盐腐蚀的性能比普通硅酸盐水泥好。

（一）水泥品种的选择

选择水泥的品种，主要应当根据工程的环境和工程要求来决定。当结构物要求喷射混凝土具有较高的早期强度时，可选用硫铝酸盐水泥或其他早强水泥，其发热较高，使用时需要采取一定的预防措施；当喷射混凝土用于耐火或耐酸结构时，应选用高铝水泥；当喷射混凝土用于含有较高可溶性硫酸盐的地方，应选用抗硫酸盐类水泥；当骨料与水泥中的碱可能发生反应时，应选用低碱水泥。由此可见，选用水泥品种应根据实际情况，灵活选择，不可千篇一律。

应当特别指出，选择的水泥品种要注意与速凝剂的相容性。如果水泥品种选择不当，不仅可以造成急凝或缓凝、初凝与终凝时间过长等不良现象，而且会增大回弹量、影响喷射混凝土强度的增长，甚至会造成工程的失败。

根据我国常用的"红星一型"速凝剂与各种水泥的相容性试验结果，在进行喷射混凝土的水泥选择时，应当注意下述指标。

（1）铁率（P）　铁率是指水泥熟料中所含铝酸三钙（C_3A）与铁铝酸四钙（C_4AF）的比值。铁率的大小与水泥的凝结速度有关。铁率高的水泥，其凝结速度快；如果铁率过高，掺加速凝剂后的喷射物干稠，回弹量极大，甚至使喷射施工无法进行。因此，用于喷射混凝土的水泥铁率应严格控制在 0.49～0.75 范围内。水泥的铁率可用式(14-1)表示：

$$P = \frac{C_3A}{C_4AF} \tag{14-1}$$

（2）铝酸三钙（C_3A）与石膏掺量　为有利于喷射混凝土的施工，用于喷射混凝土的水泥铝酸三钙（C_3A）与石膏的掺量（即 $C_3A/CaSO_4$ 比值）大于 1.5，或（即 C_3A/SO_3 比值）大于 3.0。CA 与石膏掺量可用式(14-2)表示：

$$\frac{C_3A}{CaSO_4} > 1.5 \qquad 或 \qquad \frac{C_3A}{SO_3} > 3.0 \tag{14-2}$$

（3）硅率　水泥中的硅率越大，则硅酸三钙（C_3S）和硅酸二钙（C_2S）的含量越大，而铝酸三钙（C_3A）和铁铝酸四钙（C_4AF）的含量越小。考虑到水泥与速凝剂的相容性和混凝土强度的发展，喷射混凝土所用水泥的硅率宜控制在 1.9～2.1 范围内。水泥中的硅率（n）可用式(14-3)计算：

$$n = \frac{C_3S + 1.3254C_2S}{1.4341C_3A + 2.0464C_4AF} \tag{14-3}$$

（4）饱和比 KH　水泥的饱和比 KH 越高，硅酸三钙（C_3S）与硅酸二钙（C_2S）的比值也越高，如果硅酸三钙（C_3S）含量过高，能抑制铝酸三钙（C_3A）的水化速度，使水泥凝结时间延长，不利于早期强度的增长。用于喷射混凝土的水泥，其饱和比 KH 值宜控制在 0.87～0.89 范围内。水泥的饱和比可按式(14-4)计算：

$$KH = \frac{C_3S + 0.8838C_2S}{C_3S + 1.3256C_2S} \tag{14-4}$$

（二）用于喷射混凝土的水泥

用于喷射混凝土的水泥，由于要求其早期强度比较高，所以根据喷射混凝土施工经验，一般宜选用硅酸盐水泥、普通硅酸盐水泥、专用喷射水泥、双快水泥和超早强水泥，在某些情况下也可采用矿渣硅酸盐水泥。

1. 硅酸盐水泥

在一般情况下，配制喷射混凝土宜优先选用硅酸盐系列水泥，这类水泥主要包括硅酸盐水泥、普通硅酸盐水泥，但所用的强度等级不应低于 32.5MPa。试验结果证明，这类水泥掺入适量的速凝剂后，其初凝时间一般在 5min 以内，终凝时间在 10min 以内，早期强度较高，适用于喷射混凝土。但速凝剂的品种和掺加量应通过正式配制前进行试验确定。

2. 专用喷射水泥

专用喷射水泥是一种专门用于喷射混凝土的水泥，亦称速凝水泥（Jet Cement）。这种水泥由于含有快凝快硬的矿物氟铝酸钙（$11CaO \cdot 7Al_2O_3 \cdot CaF_2$），因此水泥本身就具有速凝的性质，10～20min 即可达到终凝，6h 的强度即可达到 10MPa 以上，1 天的强度可达到 30MPa 以上。同时，由于这种水泥还含有一定的硅酸三钙（C_3S），混凝土的后期强度也比较高。总之，不用掺加速凝剂就可以直接配制喷射混凝土，速凝和早强特性非常明显。

如果喷射水泥本身的凝结时间不符合喷射混凝土施工中的要求，可以掺加专用的调凝剂进行调节。

3. 双快水泥

双快水泥又称控凝水泥，这种水泥具有速凝快硬性能，是对硅酸盐水泥的新发展。这种水泥在生产中加入了 1％～2％ 的氟石（CaF_2），其主要作用是在水泥熟料中提供生成 $C_{11}A_7 \cdot CaF_2$ 所需要的氟成分，以降低硅酸三钙（C_3S）生成温度所必要的、一系列过渡型氟硅酸盐所需要的矿化剂。

$C_{11}A_7 \cdot CaF_2$ 与水作用，在几分钟内就可生成钙矾石而使水泥浆硬化。但是，单纯使用双快水泥，有时还不能满足喷射混凝土施工的要求，还必须辅以硬化剂或速凝剂。同时，拌和水的温度必须保持在 38℃ 左右。

4. 超早强水泥

超早强水泥为硫铝酸盐水泥，这种水泥的主要特性是早期强度高，1 天的强度可达到 28 天强度的 40％ 以上。其初凝时间为 10min～1h，终凝时间为 15min～1.5h。通过工程实践证明，这种水泥用于喷射混凝土已显示出卓越的优点。

5. 矿渣硅酸盐水泥

矿渣硅酸盐水泥早期强度虽然较低，但其后期强度能迅速持续增长。通过试验证明，掺加"红星一型"速凝剂的矿渣硅酸盐水泥，多数的终凝时间在 10min 以后，一般不超过 15min，这样还是可以用于喷射混凝土的。但由于矿渣硅酸盐水泥的品质变化较大，在使用前应进行与速凝剂的相容性试验。

在一些特殊场合下使用的喷射混凝土，也可以选用一些具有特定性能的水泥。例如：修补高温炉衬可用具有耐火性能的高铁水泥；有硫酸盐腐蚀的环境可用抗硫酸盐水泥和硫铝酸盐水泥等。这些具有特定性能的水泥，一般不掺加速凝剂。

二、对骨料的要求

（一）细骨料

喷射混凝土一般宜采用细度模数大于 2.5、质地坚硬的中粗砂，或者选用平均粒径为 0.25～0.50mm 的中砂，或者选用平均粒径大于 0.50mm 的粗砂。如果砂子过细，会使混凝土干缩增大；如果砂子过粗，会使喷射中回弹增加。砂子中小于 0.075mm 的颗粒不应超过 20％，否则由于砂粒周围粘有灰尘，将影响水泥与骨料的黏结。

配制喷射混凝土所用砂子颗粒级配应满足表 14-1 要求，砂子的技术要求应满足表 14-2 中的标准。

表 14-1　细骨料砂子的颗粒级配限度

筛孔尺寸/mm	通过百分数（以质量计）	筛孔尺寸/mm	通过百分数（以质量计）
10	100	0.613	25～60
5	95～100	0.315	10～30
2.5	80～100	0.150	2～10
1.25	50～85	—	—

表 14-2　喷射混凝土用砂技术要求

技术要求项目	技术要求标准
硫化物和硫酸盐含量(折算为 SO_3,按质量计)/%	≤1
泥土杂质(按质量计)/%	≤3
有机物含量(用比色法试验)	颜色不应深于标准色

(二) 粗骨料

喷射混凝土用的石子,卵石或碎石均可,为减少混凝土与喷射设备和输送管道的摩擦,以卵石为优。卵石对喷射设备及管路的磨蚀较小,也不会像碎石那样针片状含量多而易引起管路的堵塞。

施工经验证明:喷射混凝土中所用的粗骨料粒径越大,混凝土的回弹则越多,尽管我国生产的喷射机能使用 25mm 的骨料,但使用效果并不理想。因此,喷射混凝土粗骨料的最大粒径,应小于喷射机具输送管道最小直径的 1/3～2/5。

目前大多数国家多以 15mm 作为喷射混凝土粗骨料的最大粒径,我国目前规定喷射混凝土粗骨料的最大粒径不宜超过 20mm。

骨料级配如何对喷射混凝土拌和物的可泵性、通过管道的流动性、在喷嘴处的水化、对受喷面的黏附,以及对混凝土的最终质量和经济性能都具有重要作用。为取得最大的混凝土表观密度,一般宜采用连续级配的石子,这样不仅可以避免混凝土拌和物产生分离、减少混凝土的回弹,而且还可以提高喷射混凝土的质量。

当喷射混凝土若需掺入速凝剂时,不得用含有活性二氧化硅 (SiO_2) 的石材作为粗骨料,以免碱骨料反应而使喷射混凝土开裂破坏。

配制喷射混凝土所用石子的技术要求如表 14-3 所列。粗骨料的颗粒级配应当符合表 14-4 中的要求。

表 14-3　喷射混凝土用石子的技术要求

颗粒级配	筛孔尺寸/mm	5	10	20
	累计筛余/%	90～100	30～60	0～5
强度	岩石试块(5cm×5cm×5cm)在水饱和状态下极限抗压强度与混凝土设计强度之比/%	—	≥150	—
软弱颗粒含量(按质量计)/%		≤5		
针、片状颗粒含量(按质量计)/%		≤15		
泥土杂质含量(用冲洗法试验)/%		≤1		
硫化物和硫酸盐含量(折算成 SO_3,按质量计)/%		≤1		
有机物含量(用比色法试验)		颜色不深于标准色		

表 14-4　喷射混凝土用石子的颗粒级配

筛孔尺寸/mm	通过每个筛子的质量百分比	
	级配 1	级配 2
20.0	—	100
15.0	100	90～100
10.0	85～100	40～70
5.0	10～30	0～15
2.5	0～10	0～5
1.2	0～5	—

三、对拌和水的要求

喷射混凝土用的拌和水,基本与普通水泥混凝土相同。不得使用污水、pH 值小于 4 的酸性水、含硫酸盐量（按 SO_3 计）超过水总量 1% 的井水或海水。总之，其技术指标应符合《混凝土用水标准》（JGJ 63—2006）中的要求。

四、对外加剂的要求

根据喷射混凝土应具有的性能，用于配制喷射混凝土的外加剂，主要有速凝剂、引气剂、减水剂、早强剂和增黏剂等。

（一）速凝剂

使用速凝剂的主要目的是使喷射混凝土速凝快硬，减少混凝土的回弹损失，防止喷射混凝土因重力作用而引起脱落，提高其在潮湿或含水岩层中使用的适应性能，也可以适当加大一次喷射厚度和缩短喷射层间的间隔时间。

在水泥中掺入适量的速凝剂，遇水混合后立即发生水化，速凝剂的反应物氢氧化钠（NaOH）与水泥中石膏（$CaSO_4$）生成硫酸钠（Na_2SO_4），石膏则失去原有的缓凝作用。由于溶液中石膏的浓度降低，铝酸三钙（C_3A）迅速进入溶液，析出水化物，导致水泥浆迅速凝固。硫酸钠（Na_2SO_4）和氢氧化钠（NaOH）也起着加速硅酸三钙（C_3S）水化的作用。

由于水泥中铁铝酸四钙（C_4AF）的含量达 10% 以上，水化时析出的 CFH 胶体包围在硅酸三钙（C_3S）的表面，从而阻碍了硅酸三钙（C_3S）、硅酸二钙（C_2S）的后期的水化。加入速凝剂后，不仅加速硅酸盐矿物硅酸三钙（C_3S）和硅酸二钙（C_2S）的水化，同时也加速了铁铝酸四钙（C_4AF）的水化。

1. 喷射混凝土速凝剂的要求

喷射混凝土所用的速凝剂同普通混凝土所用的速凝剂，在化学成分上有很大不同。喷射混凝土所用的速凝剂一般含有下列可溶盐：碳酸钠、铝酸钠和氢氧化钙等。国内喷射混凝土常用的速凝剂如表 14-5 所列；喷射混凝土常用的速凝剂的技术指标，必须符合我国行业标准《喷射混凝土用速凝剂》（JC 477—2005）中的要求，如表 14-6 所列。

表 14-5　国内喷射混凝土常用的速凝剂的技术指标

名　称	水泥品种及强度等级	掺量/%	水泥凝结时间		28 天抗压强度损失/%	对皮肤的腐蚀程度	生产厂家
			初凝/min	终凝/min			
782 型	42.5 普通水泥	6～8	<2	<4	<15	轻微	湖南冷水江速凝剂厂
	42.5 矿渣水泥	6～8	<2.5	<5			
红星 Ⅰ 型	42.5 普通水泥	2.5～4.0	<5	<8	25～30	严重	黑龙江鸡西市速凝剂厂
	42.5 矿渣水泥	2.5～4.0	<7	<10			
711 型	42.5 普通水泥	2.5～4.0	<4	<5	15～20	较严重	上海市硅酸盐制品厂
	42.5 矿渣水泥	2.5～4.0	<7	<9			
尧山型	42.5 普通水泥	2.5～4.0	<3	<5	15～20	严重	陕西蒲白矿务局水泥厂
	42.5 矿渣水泥	3.0～4.0	<5	<6			

表 14-6　喷射混凝土常用的速凝剂的技术指标

试验项目 产品等级	净浆凝结时间/min		1 天抗压强度/MPa	28 天抗压强度比/%	细度（筛余）/%	含水率/%
	初凝	终凝				
一等品	≤3	≤10	≥8	≥75	≤15	<2
合格品	≤5	≤10	≥7	≥70	≤15	<2

但是，掺加速凝剂的喷射混凝土，后期强度往往偏低，与不掺加者相比，后期强度损失

30％左右。这是因为，掺加速凝剂的水泥石中，先期形成了疏松的铝酸盐水化物结构，以后虽有硅酸三钙（C_3S）和硅酸二钙（C_2S）水化物填充加固，但已使硅酸盐颗粒分离，妨碍硅酸盐水化物在单位面积内达到最大附着和凝聚所必需的紧密接触。

当某一品种速凝剂对某一品种水泥认为可以采纳时，最好应符合以下 4 个条件：①初凝时间在 3min 以内；②终凝时间在 12min 以内；③8h 后的强度不小于 0.3MPa；④28 天的强度不低于不掺加速凝剂的混凝土强度的 70％。

2. 国外速凝剂的新发展

国外正在致力于开发非碱性速凝剂。如美国、瑞士等均研制出一些性能良好的速凝剂。

德国在研究开发无机中性盐类和有机类速凝剂。这些物质在生理上对皮肤无腐蚀作用，同时它们不含碱金属或含量极少，所以对强度无不良影响，甚至可使最终强度大大提高。表 14-7 列出了各类速凝剂的基本性能及其对最终强度的影响。

表 14-7　各类速凝剂的基本性能及其对最终强度的影响

速凝剂的种类	基本性能	28 天的强度/％
氧化钙	腐蚀钢筋	−50
硅酸钠	碱性	−50
铝酸钠	碱性	−20
中性盐	中性	0
有机盐	中性	+30

（二）早强剂

喷射混凝土所用的早强剂，也不同于普通混凝土，一般要求速凝和早强作用兼而有之，而且速凝效果应当与其他速凝剂相当。喷射混凝土常用的早强剂主要有氯化钙、氯化钠、亚硝酸钠、三乙醇胺、硫酸钠等。

在工程施工过程中，为使混凝土达到更好的早强效果，一般多采用复合型早强剂，主要有以下几种类型。

（1）氯化钠 0.5％＋三乙醇胺 0.05％复合早强剂。用于一般的钢筋混凝土结构。

（2）亚硝酸钠 1％＋三乙醇胺 0.05％＋二水石膏 2％复合早强剂。用于严禁使用氯盐的钢筋混凝土结构。

（3）亚硝酸钠 0.5％＋氯化钠 0.5％＋三乙醇胺 0.05％复合早强剂。用于对钢筋锈蚀有严格要求和采用矿渣硅酸盐水泥的钢筋混凝土结构。

铁道科学研究院铁道建筑研究所研制的 TS 早强速凝剂，其主要成分为硅酸钙、铝酸钙和部分水化产物，在硫铝酸盐水泥中掺入 6％ TS 早强速凝剂，既能使水泥在 5min 内初凝、8min 内终凝，又能在 8h 后试件强度达 12.1MPa，具有明显的速凝早强效果。

TS 早强速凝剂对硫铝酸盐水泥强度发展的影响如表 14-8 所列。

表 14-8　TS 早强速凝剂对硫铝酸盐水泥强度发展的影响

编 号	水泥品种	气温 /℃	TS 早强剂	抗压强度/MPa						
				1h	2h	3h	6h	8h	1 天	3 天
1	硫铝酸盐水泥	16	0	0	0	0	0	0.290	—	23.50
2	硫铝酸盐水泥	16	6％	0.196	0.390	0.590	6.200	12.10	20.40	24.50

（三）减水剂

在混凝土中掺入适量的减水剂，一般减水率可达 5%～15%，在保持流动性不变的条件下，可显著地降低水灰比。由于水灰比的降低，喷射混凝土的速凝效果可显著提高。

水泥与水混合以及在凝结硬化过程中，由于水泥矿物所带电荷不同，产生异性电荷相吸等原因，会产生一些絮凝状结构。在这些絮凝状结构中，水泥颗粒包裹着很多拌和水，从而减少了水泥水化所需的水量，降低了喷射混凝土的和易性。为了满足施工所需的和易性，就需要在混合时相应地增加用水量，但使水泥石结构中形成过多的孔隙，从而会严重影响硬化混凝土的一系列物理力学性能。

加入减水剂后，减水剂的憎水基团定向吸附于水泥质点表面，亲水基团指向水溶液，组成了单分子或多分子吸附膜。由于表面活性剂分子的定向吸附，使水泥质点表面上带有相同符号的电荷，于是在电性斥力的作用下，不但使水泥-水体系处于相对稳定的悬浮状态，并使絮凝结构内的游离水释放出来，从而达到减水的目的。

国内外的实践证明，在喷射混凝土中加入少量（水泥质量的 0.5%～1.0%）减水剂，不仅可以减少混凝土的回弹、提高混凝土的强度，而且还可以明显地改善其不透水性和抗冻性，具有一举多得的优越性。

在选择减水剂时，要认真考查其对水泥是否具有缓凝作用，有缓凝作用的减水剂不能用于喷射混凝土，所以最好要选择具有早强作用的减水剂。

（四）增黏剂

在喷射混凝土拌和物中，加入一定量的增黏剂，可以明显地减少施工粉尘和回弹损失，对于改善工作条件和节省材料有重大作用。近年来，很多国家非常重视对混凝土增黏剂的研制工作，生产出不少性能优良、价格合理的增黏剂，为喷射混凝土的发展做出一定贡献。例如联邦德国杜塞尔多夫 Henkel 生产的 SiliPon SPR6 型增黏剂，就具有良好的减少粉尘浓度的性能。

工程实践证明，对于干法喷射，在混凝土拌和料中加入水泥质量 3‰ 的增黏剂，可以使粉尘减少 85%（在喷嘴处加水）或 95%（骨料预湿）；对于湿法喷射，在水灰比为 0.36～0.40 的条件下，加入水泥质量 3‰ 的增黏剂，可以使粉尘浓度减少 90% 以上。

工程实践证明：SiliPon SPR6 型增黏剂可以使混凝土的回弹损失降低 25%，是一种性能优良的混凝土增黏剂。但是必须指出，这种增黏剂很容易使混凝土的强度降低，8h 的抗压强度约降低 10%～20%，28 天的抗压强度约降低 15%，在进行喷射混凝土配合比设计时应当注意。

（五）引气剂

对于湿喷法施工的喷射混凝土，可在混凝土拌和物中掺加适宜和适量的引气剂，以便提高混凝土的流动性，使喷射混凝土便于喷射。

引气剂是一种表面活性剂，通过其表面活性作用，降低水溶液的表面张力，引入大量微细气泡，这些微小封闭的气泡可增大固体颗粒间的润滑作用，改善混凝土的塑性与和易性。气泡还对水转化成冰所产生的体积膨胀起缓冲作用，因此能显著地提高抗冻融性和不透水性，同时还增加一定的抗化学侵蚀的能力。

我国常用的引气剂是松香皂类的松香热聚物和松香酸钠，也可以用合成洗涤剂类的烷基本磺酸钠、烷基磺酸钠或洗衣粉。

（六）防水剂

喷射混凝土的高效防水剂的配制原则是：减少混凝土的用水量，减少或消除混凝土的收缩裂缝，增强混凝土的密实性，提高混凝土的强度。

喷射混凝土常用的防水剂，除选用 UEA 防水剂外，一般是由明矾石膨胀剂、三乙醇胺和减水剂按一定比例复合配制而成。它可使喷射混凝土抗渗强度达到 3.0MPa 以上，比普通喷射混凝土可提高 1 倍以上；其抗压强度可达到 40MPa，比普通喷射混凝土提高 20％～80％。

第二节 喷射混凝土配合比设计

喷射混凝土能否顺利进行施工，喷射后能否符合设计要求，在很大程度上取决于其配合比设计。喷射混凝土不同于普通水泥混凝土，因此，在进行配合比设计时必须满足一定的技术要求，并按照规定的步骤进行。

一、喷射混凝土配合比的设计要求

喷射混凝土配合比的设计要求，基本上与普通水泥混凝土相似，但由于在施工工艺方面有很大差别，所以还必须满足喷射混凝土的一些特殊要求。无论喷射混凝土采用干喷法或湿喷法施工，喷射混凝土拌和料的设计必须符合下列要求。

（1）喷射混凝土必须具有良好的黏附性，必须喷射到设计规定的厚度，并能获得密实、均匀的混凝土。

（2）喷射混凝土应具有一定的早强作用，在混凝土喷射后 4～8h 的强度应能具有控制地层变形的能力。

（3）喷射混凝土在速凝剂用量满足可喷性和早期强度的条件下，必须达到喷射混凝土设计的 28 天强度。

（4）喷射混凝土在工程施工（尤其是采用干喷法）中，应做到粉尘浓度较小、混凝土回弹量较少，且不发生管路堵塞。

（5）必须满足喷射混凝土设计要求的其他性能，如耐久性、抗渗性、抗冻性等。

二、喷射混凝土配合比的设计步骤

由于喷射混凝土具有特殊的性能要求和施工方法，所以配合比设计方法与普通水泥混凝土也有所不同，一般可采用经验公式或图表计算确定。以普通硅酸盐水泥为例，喷射混凝土配合比设计的具体步骤详见如下所述。

（一）确定喷射混凝土骨料的最大粒径和砂率

骨料的最大粒径是影响混凝土可喷性的关键数据，骨料最大粒径的大小取决于混凝土喷射机输料管最小内径 D_{min}。一般情况下，喷射混凝土骨料的最大粒径，不得大于喷射系统输料管道最小断面直径的 1/5～1/3，亦不宜超过一次喷射厚度的 1/3，最好控制在 20mm 以内。

砂率对喷射混凝土的稠度和黏聚性影响很大，对喷射混凝土的强度等其他性能也有一定影响。当原料确定后适当降低砂率有助于混凝土强度的提高和收缩率的降低，但混凝土喷射施工时回弹率将增大且容易堵塞管道。反之，会使混凝土的强度降低、变形增大。因此，选择喷射混凝土的砂率应考虑实际工程的全面需要。

砂率对喷射混凝土回弹损失、管路堵塞、湿喷时的可泵性、水泥用量、混凝土强度和混凝土收缩等性能的影响，如表14-9所列。

表 14-9　砂率对喷射混凝土性能的影响

性　　能	砂　率		
	＜45％	＞55％	45％～55％
回弹损失	大	较小	较小
管路堵塞	易	不易	不易
湿喷时的可泵性	不好	好	较好
水泥用量	少	多	较少
混凝土强度	高	低	较高
混凝土收缩	较小	大	较小

根据喷射混凝土施工工艺的特点，为了能最大限度地吸收二次喷射时的冲击能，必须选择较大的砂率。综合权衡砂率大小所带来的利弊，喷射混凝土拌和料的砂率以45％～55％为宜，一般粗骨料的最大粒径越大，其砂率应当越小。另外，砂粒较粗时，砂率可以偏大些；砂粒较细时，砂率可以偏小些。当喷拱肩及拱顶部位时，宜采用较大的砂率。

在进行喷射混凝土试拌时，也可以用式（14-5）进行计算初步确定：

$$S_P = 140.63(D_{max})^{-0.3447} \tag{14-5}$$

式中，S_P为喷射混凝土的砂率，％；D_{max}为喷射混凝土的最大骨料粒径，mm。

喷射混凝土的砂率，也可以根据骨料的最大粒径、喷射部位和围岩表面状况，参照表14-10进行初选，然后经试拌、试喷确定最佳砂率。

表 14-10　喷射混凝土砂率与最大骨料粒径的关系

骨料最大粒径/mm	10	15	20	25	30
砂率允许范围/％	65～85	52～75	45～70	40～65	38～62
砂率的平均值/％	75.0	63.5	57.5	52.5	50.0

（二）水泥强度等级的确定

水泥强度等级的大小关系到混凝土水泥用量多少和强度高低，水泥强度等级的确定可采用先估算后验证的方法，即当喷射混凝土设计强度（$f_{cu,k}$）确定后，可根据式（14-6）估算所用水泥的强度等级（f_{ce}）：

$$f_{ce} \geq 1.5 f_{cu,k} \tag{14-6}$$

经计算后的数值f_{ce}如果正好为国家规定的水泥的某个强度等级值，则此数值为选用的水泥的强度等级；如果f_{ce}为两个水泥强度等级间的一个数，取大一级的水泥强度等级为选择的水泥强度。

对于所求得的水泥强度等级，可用式（14-7）进行验证：

$$f_{jc} = A(1.44 f_{ce} - 20.4) > f_{cu,k} \tag{14-7}$$

式中，f_{jc}为喷射混凝土实际达到的强度，MPa；f_{ce}为经估算所得的水泥强度等级，MPa；$f_{cu,k}$ 为喷射混凝土的设计强度等级，MPa；A 为水泥强度选择调整系数，如表 14-11 所列。

表 14-11　水泥强度选择调整系数

混凝土砂率	35	40	45	50	55	60	65
42.5 水泥的 A 值	0.440	0.430	0.420	0.415	0.410	0.400	0.390
32.5 水泥的 A 值	0.580	0.560	0.550	0.540	0.530	0.520	0.500

（三）确定水泥及细粉掺料的用量

水泥及细粉掺料（粉煤灰、火山灰等）总称为喷射混凝土的细粉料。细粉料的用量与骨料的最大骨料粒径有关，如表 14-12 所列。

表 14-12　喷射混凝土的细粉料用量

骨料的最大粒径 D_{max}/mm	10	15	20	25	30
细粉料用量 $[C]$/(kg/m³)	453	411	382	364	357

喷射混凝土中的水泥用量，一般常可以用胶骨比表示，即水泥与骨料用量之比，常为 1:(4~4.5)。如果水泥过少，回弹量大，初期强度增长慢；如果水泥过多，不仅能使粉尘量增多，而且硬化的强度不一定增加，反而使混凝土产生过大的收缩变形。

混凝土的收缩值取决于其配合比及所用原材料的性能。当水泥用量及用水量增大，则混凝土的收缩变形增大。在浆体中引入骨料，可以约束水泥浆体的体积变化，从而减少水泥浆体的收缩。前苏联的列尔米特提出的混凝土收缩与其配合比之间的关系如下：

$$\frac{S_p}{S_c} = 1 + \frac{\beta V_g}{V_F} \tag{14-8}$$

式中，S_p、S_c 分别为水泥石及混凝土的收缩变形；V_g、V_F 分别为骨料与水泥的体积；β 为与水灰比、骨料粒径及其他因素有关的材料系数，一般取值 1.5~3.1。

由上式可以看出，水泥用量过多，对喷射混凝土后期强度的增长也有不利影响。铁道科学研究西南研究所的研究结果表明，当水泥用量超过 $400kg/m^3$ 时，喷射混凝土的强度并不随水泥用量增大而提高（见表 14-13）。

表 14-13　水泥用量对喷射混凝土抗压强度的影响

单位体积混凝土的材料用量/(kg/m³)						混凝土抗压强度/MPa	容重/(kg/m³)
水　泥		砂		石			
设　计	实　测	设　计	实　测	设　计	实　测		
380	526	950	883	950	810	31.4	2450
542	689	812	698	812	730	22.6	2370
692	708	692	716	692	644	19.0	2360

工程实践证明，在进行喷射混凝土试拌和试喷时，水泥的用量可用式（14-9）进行计算：

$$C_0 = 782.4 (D_{max})^{-0.2377} \cdot B \tag{14-9}$$

式中，C_0 为 1m³ 喷射混凝土中水泥用量，kg；D_{max} 为喷射混凝土的最大骨料粒径，mm；B 为经验系数；当采用强度为 32.5MPa 水泥时，$B=1.12$；当采用强度为 42.5MPa 水泥时，$B=1.00$；当采用强度为 52.5MPa 水泥时，$B=0.92$。

水泥用量对喷射混凝土抗压强度的影响，除了因混凝土中起结构骨架作用的骨料太少外，水泥用量过多，拌和物在喷嘴处瞬间混合时，水与水泥颗粒混合不均匀，水化不充分，也是降低喷射混凝土强度的重要原因之一。

（四）确定喷射混凝土的水灰比

水灰比是影响喷射混凝土强度、耐久性和施工工艺的主要因素。当水灰比为 0.20 时，水泥不能获得足够的水分与其水化，硬化后有一部分未水化的水泥质点，反而使混凝土的强度降低。当水灰比为 0.60 时，过量的水分蒸发后，在水泥石中形成毛细孔，也造成混凝土的强度和抗渗性下降。

对于干法喷射混凝土施工，预先不能准确地给定拌和料中的水灰比，水量全靠喷射手在喷嘴处调节。一般来说当喷射混凝土表面出现流淌、滑移、拉裂等现象时，表明混凝土的水灰比太大；若喷射混凝土表面出现干斑，作业中粉尘较大，回弹较多，表明喷射混凝土的水灰比太小。水灰比适宜时，混凝土表面平整，呈水亮光泽，粉尘和回弹均较少。

喷射混凝土的水灰比，取决于喷射物要求的稠度，它与水泥净浆标准稠度用水量、砂率、砂的粒径、细粉掺料及外加剂的种类与掺量等有关。

工程实践证明，在不掺加减水剂的情况下，喷射混凝土的水灰比，一般以 0.40～0.50 为宜。若偏离这一范围，不仅降低喷射混凝土的强度（见图 14-1），而且也增加回弹损失（见图 14-2）。总之，必须以喷射物不出现干斑、不流淌、色泽均匀、粉尘回弹较小为准。

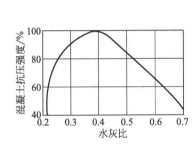

图 14-1　水灰比对混凝土强度的影响

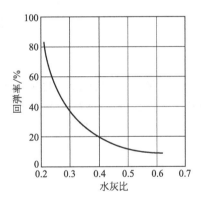

图 14-2　水灰比对混凝土回弹率的影响

喷射混凝土的水灰比可用式（14-10）进行计算：

$$\frac{W}{C} = 0.45 S_P + 0.2475 \tag{14-10}$$

式中，W/C 为喷射混凝土的水灰比；S_P 为喷射混凝土的砂率。

由式（14-10）计算得出水灰比（W/C）和水泥用量（C_0）后，可用式（14-11）计算用水量：

$$W_0 = C_0 g \frac{W}{C} \tag{14-11}$$

试验和工程实践证明，喷射混凝土砂率与水灰比的关系密切，当采用湿法喷射施工工艺时，喷射混凝土的水灰比可参考表 14-14。

表 14-14　砂率与水灰比的关系

砂率（S_P）/%	35	40	45	50	55	60	65	70	75
水灰比（W/C）	0.41	0.43	0.45	0.47	0.49	0.52	0.54	0.56	0.58

（五）确定混凝土中的砂、石用量

确定混凝土中的砂、石用量，可用普通水泥混凝土配比时求砂石用量的绝对体积法计算，也可用假定密度法进行计算。如果采用假定密度法，喷射混凝土的密度可以假定为 $2450\sim2500\text{kg/m}^3$。

（1）用绝对体积法计算　将式（14-12）和式（14-13）组成方程组，解联立方程求得：

$$\frac{m_c}{\rho_c}+\frac{m_w}{\rho_w}+\frac{m_q}{\rho_q}+\frac{m_s}{\rho_s}+\frac{m_g}{\rho_g}=1000 \tag{14-12}$$

$$S_P=\frac{m_s}{m_s+m_g} \tag{14-13}$$

式中，m_c、m_w、m_q、m_s、m_g 分别为 1m^3（1000L）喷射混凝土中水泥、水、速凝剂、砂、石的用量，kg；ρ_c、ρ_w、ρ_q、ρ_s、ρ_g 分别为水泥、水、速凝剂、砂、石的表观密度，g/cm^3；S_P 为砂率，%。

则

$$m_s=\frac{1000-\left(\dfrac{1}{\rho_c}+\dfrac{1}{\rho_q}+\dfrac{W}{C}\right)m_c}{\dfrac{1}{\rho_s}+\dfrac{1}{\rho_g}\times\dfrac{1-S_P}{S_P}} \tag{14-14}$$

$$m_g=\frac{1-S_P}{S_P}m_s \tag{14-15}$$

（2）用假定堆密度法计算　假定喷射混凝土的堆积密度为 2500kg/m^3，1m^3 中水泥、水、砂和石子的用量分别为 C_0、W_0、S_0、G_0，则可由式（14-16）和式（14-13）组成方程组，解联立方程求得砂、石用量。

$$C_0+W_0+S_0+G_0=2500 \tag{14-16}$$

$$S_P=\frac{m_s}{m_s+m_g}$$

（六）速凝剂的掺量

喷射混凝土中掺加适宜的速凝剂，是加速混凝土凝结硬化、防止混凝土流淌和脱落、减少混凝土回弹损失的重要技术措施之一。但是，并不是所有的喷射混凝土都要掺加速凝剂，更不是掺量越多越好。

1. 应当掺加速凝剂的情况

对于下列几种情况应当掺加速凝剂：①混凝土要求快速凝结，以便尽快喷射到设计的厚度；②需要喷射的混凝土面，要求有很高的早期强度；③需要喷射的混凝土面，必须进行仰喷作业，要求快速凝结；④需要喷射的混凝土面上有渗漏水现象，要求喷射后立即封闭渗漏。

2. 可以不掺加速凝剂的情况

主要有：①需要喷射的混凝土面，喷射方向向下；②在比较干燥的基层（包括岩石或混凝土）上喷射薄层混凝土；③需要严格限制喷射混凝土收缩开展的工程。

3. 速凝剂的掺量限制

由于国内目前生产的大多数速凝剂都在不同程度上降低混凝土的最终强度，所以对速凝剂的掺量应当严格控制。根据工程实践证明，红星Ⅰ型及711型速凝剂的掺量不应大于水泥质量的 4%；782 型速凝剂的掺量不应大于水泥质量的 8%。

第三节 喷射混凝土参考配合比

喷射混凝土按施工工艺不同，可分为干式喷射混凝土和湿式喷射混凝土。表 14-15 和表 14-16 分别列出了干式喷射混凝土和湿式喷射混凝土的最佳配合比，表 14-17 和表 14-18 中分别列出了在某些配合比下混凝土抗压和抗拉强度，表 14-19 中列出了某些配合比喷射混凝土与岩石（旧混凝土）的黏结强度，供施工时试配和试喷参考。

表 14-15　干式喷射混凝土的最佳配合比

因　素	混凝土的几种配合比		
	回弹率最小的配合比	28 天强度最大的配合比	综合最佳配合比
水泥用量/(kg/m³)	350	350	350
砂率/%	70	50	60
水灰比(W/C)	0.60	0.40	0.50
速凝剂掺量/%	2	2	2
粗骨料种类	碎石	卵石	碎石
喷射面角度/(°)	90	90	90
喷射距离/cm	70	70	70
平均回弹率/%	23.6±6.2	47.3±6.3	32.1±6.3
28 天龄期平均抗压强度/MPa	12.23±0.99	18.18±0.99	12.51±0.99

表 14-16　湿式喷射混凝土的最佳配合比

因　素	混凝土的几种配合比			
	回弹率最小的配合比	28 天强度最大的配合比	粉度最小的配合比	综合最佳配合比
水泥用量/(kg/m³)	340	340	340	340
砂率/%	50	50	60	60
水灰比(W/C)	0.47	0.42	0.47	0.42～0.47
速凝剂掺量/%	5.0	1.0	1.5	顶拱 5；侧壁 1
砂细度模数	3.0	3.0	2.0	2.5
喷射面角度/(°)	90	45	90	—
缓凝剂掺量/%	0.2	0	0.4	0.4

表 14-17　在某些配合比下喷射混凝土的抗压强度

水泥强度等级及品种	混凝土配比(质量比) (水泥∶砂∶石子)	速凝剂掺量 /%	混凝土抗压强度/MPa		
			28 天	60 天	180 天
42.5 级普通水泥	1∶2.0∶1.5	0	35～48	40～48	45～53
42.5 级普通水泥	1∶2.0∶2.0	0	30～40	35～45	40～50
42.5 级矿渣水泥	1∶2.0∶2.0	0	25～30	30～35	35～40
42.5 级普通水泥	1∶2.0∶2.0	2.5～4.0	20～25	22～28	17～23

表 14-18　在某些配合比下喷射混凝土的抗拉强度

水泥强度等级及品种	混凝土配比(质量比) (水泥∶砂∶石子)	速凝剂掺量 /%	混凝土抗拉强度/MPa	
			28 天	150 天
42.5 级普通水泥	1∶2.0∶2.0	0	2.0～3.5	3.0～4.0
42.5 级矿渣水泥	1∶2.0∶2.0	0	1.8～2.5	2.4～3.0
42.5 级普通水泥	1∶2.0∶2.0	2.5～4.0	1.5～2.0	2.0～2.5

表 14-19　某些配合比喷射混凝土与岩石（旧混凝土）的黏结强度

喷射混凝土黏结类型	混凝土配比（质量比） （水泥∶砂∶石子）	速凝剂掺量 /%	黏结强度 /MPa
与岩石黏结	1∶2.0∶2.0	0	1.5～2.0
与岩石黏结	1∶2.0∶2.0	2.5～4.0	1.0～1.5
与旧混凝土黏结	1∶2.0∶2.0	0	1.5～2.5

第十五章　泵送混凝土

在水泥混凝土工程施工过程中，由于水泥混凝土有时间的严格限制，所以其运输和浇筑是一项繁重的、关键性的工作。随着科学技术的发展，混凝土施工不仅要求迅速、及时，而且要保证质量和降低劳动消耗。尤其是对大型钢筋混凝土构筑物和高层建筑，如何正确选择混凝土的运输工具和浇筑方法尤为重要，它往往能决定施工工期的长短和劳动量消耗的大小。

泵送混凝土是指将搅拌好的混凝土拌和物，采用混凝土输送泵沿管道输送和浇筑的混凝土，这是一种采用特殊施工的新型混凝土技术。最近几年，在建筑工程推广应用的泵送混凝土技术，以其可以改善混凝土施工性能、提高混凝土质量、改善劳动条件、降低工程成本、提高生产效率、保护施工环境、适用狭窄现场等优点，越来越受到人们的重视。随着商品混凝土应用的普及，各种性能要求的混凝土均可泵送，使泵送混凝土具有广阔的发展前景。

第一节　泵送混凝土的材料组成

泵送混凝土一般是由水泥、水、砂、石、外加剂和矿物掺合料等组分所组成，在混凝土泵的压力推动下沿输送管道进行运输，并在管道出口处直接浇筑的预拌混凝土。泵送混凝土的配制既要满足混凝土设计规定的强度、和易性和耐久性的要求，也要满足管道输送对混凝土的要求。

混凝土的可泵性要求摩擦阻力小、不离析、不阻塞、黏聚性好，在实际中往往采用掺加外加剂和矿物掺合料的方法来改善混凝土的可泵性。

一、泵送混凝土的原材料

泵送混凝土与普通水泥混凝土一样，具有一定的强度和耐久性指标的要求。但与普通水泥混凝土的施工方法不同，泵送混凝土在施工过程中，为了使混凝土沿管道顺利地进行运输和浇筑，必须要求混凝土拌和物具有较好的可泵性。所谓混凝土的可泵性，即指混凝土拌和物在泵送压力作用下，具有能顺利通过管道、摩阻力小、不离析、不堵塞和黏塑性良好的性能。这对能否顺利泵送和混凝土泵的使用寿命有很大影响。

混凝土的可泵性和流动性是两个不同的概念，两者既有本质的区别，又有密切联系。可泵性良好的混凝土，具有较好的黏塑性，混凝土泌水小，不易产生分离。混凝土的可泵性，主要取决于混凝土拌和物本身的和易性。为了顺利地进行泵送，对泵送混凝土的流动性是有一定要求的，但流动性大的混凝土其可泵性并不一定好。相反，过大的流动性不仅对泵送没有好处，而且还会带来泌水、离析等质量问题，甚至还会使混凝土丧失可泵性。所以，在原材料选择和配合比方面要慎重考虑，以求配制出可泵性良好的混凝土拌和物。

（一）水泥

在配制泵送混凝土时，选择水泥主要考虑水泥品种和水泥用量两个方面。

1．水泥品种

水泥品种对混凝土拌和物的可泵性有一定影响。为了保证混凝土拌和物具有可泵性，必须使混凝土拌和物具有一定的保水性，而不同品种的水泥对混凝土保水性的影响是不相同的。一般情况下，保水性好、泌水性小的水泥，都宜用于泵送混凝土。根据北京、上海、广州等地的大量工程实践经验，一般采用硅酸盐水泥、普通硅酸盐水泥、矿渣硅酸盐水泥及粉煤灰硅酸盐水泥均可，但必须符合国家标准《通用硅酸盐水泥》（GB175—2007/XG1—2009）的规定。

我国大量的工程实践证明：对矿渣硅酸盐水泥，采取适当提高砂率、降低坍落度、掺加粉煤灰、掺入混凝土泵送剂、提高保水性等技术措施，也可以用于泵送混凝土。尤其对于大体积混凝土，采用矿渣硅酸盐水泥，对降低水化热、防止过大温差引起温度裂缝是有利的。

2．水泥用量

泵送混凝土中的水泥砂浆在输送管道里起到润滑和传递压力的作用，适宜的水泥用量对混凝土的可泵性起着重要作用。

《混凝土结构工程施工质量验收规范》（GB 50204—2002）（2011 年版）中规定：泵送混凝土的最小水泥用量为 $300kg/m^3$。有关试验结果表明：强度等级为 42.5MPa 的水泥配制 C30 泵送混凝土，适宜的水泥用量为 $380\sim420kg/m^3$；强度等级为 52.5MPa 的水泥配制 C30 泵送混凝土，适宜的水泥用量为 $350\sim380kg/m^3$。

工程实践还证明：适宜的水泥用量不仅与混凝土的强度等级、水泥标号等因素有关，而且还与管道尺寸、输送距离等因素有关。日本建筑学会制定的《泵送混凝土施工规程》，确定了最小水泥用量，如表 15-1 所列。

表 15-1　泵送混凝土最小水泥用量

泵送条件	输送管尺寸/mm			水平管换算长度/m		
	$\phi100$	$\phi125$	$\phi150$	＜60	60～150	＞150
最小水泥用量/(kg/m³)	300	290	280	280	290	300

由于泵送混凝土的水泥用量较大，考虑到袋装水泥对环境造成的粉尘污染及经济方面的问题，所以商品混凝土搅拌站宜优先选用散装水泥。

（二）粗骨料

泵送混凝土配制试验表明，粗骨料的级配、粒径大小和颗粒形状对混凝土拌和物的可泵性都有较大的影响。在一般情况下，应当选用粒径为 5～25mm 的碎石，以适应泵送混凝土的需要。

配制泵送混凝土的粗骨料应选用符合《建设用碎石、卵石》（GB/T 14685—2011）和《普通混凝土用碎石及卵石质量标准及检验方法》（JGJ 53—2006）标准中的规定。泵送混凝土粗骨料的最大粒径与输送管径之比如表 15-2 所列。

表 15-2　泵送混凝土粗骨料的最大粒径与输送管径之比

石子品种	泵送高度/m	粗骨料最大粒径与输送管径之比	石子品种	泵送高度/m	粗骨料最大粒径与输送管径之比
碎石	＜50	≤1：3.0	卵石	＜50	≤1：2.5
	50～100	≤1：4.0		50～100	≤1：3.0
	＞100	≤1：5.0		＞100	≤1：4.0

　　针、片状颗料形状的粗骨料，其形状和规格很不固定，往往对混凝土可泵性的影响很大，它不仅降低混凝土的稳定性，而且容易卡在泵管中造成管道堵塞。因此，针、片状颗粒的含量不宜大于10％。

　　级配良好的粗骨料，其空隙率小，对节约砂浆和增加混凝土的密实度都起着很大作用。对于粗骨料颗粒级配，国外有一定的规定，各国皆有其推荐的曲线。

　　在我国行业标准《混凝土泵送施工技术规程》（JGJ/T 10—2011）中，对5~20mm、5~25mm、5~31.5mm 和5~40mm 的粗骨料，分别推荐了最佳级配曲线，图15-1 中的粗实线为最佳级配线，两条虚线之间的区域为适宜泵送区，在选择粗骨料最佳级配区时宜尽可能接近两条虚线之间范围的中间区域。由于我国的骨料级配曲线不完全符合泵送混凝土的要求，所以仅作为参考；必要时，可进一步试验，把不同粒径的骨料加以合理掺和，以得到理想的混凝土可泵性。

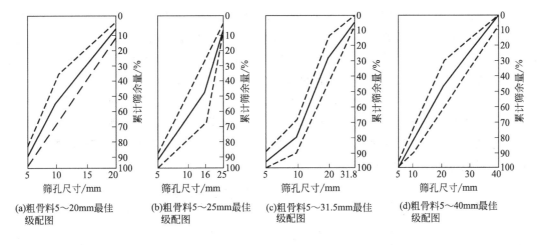

(a)粗骨料5~20mm最佳级配图　(b)粗骨料5~25mm最佳级配图　(c)粗骨料5~31.5mm最佳级配图　(d)粗骨料5~40mm最佳级配图

图 15-1　粗骨料最佳级配曲线

　　表15-3 中所列的数据为日本的泵送混凝土施工规程提供的粗骨料最佳级配，可供配合比设计时参考。

表 15-3　粗骨料最佳级配

骨料种类	粒　径	筛孔名义尺寸/mm								
		50	40	30	25	20	15	10	5	2.5
		通过筛子的质量百分率/％								
砾石碎石	40mm 以下	100	100~95	—	—	75~35	—	35~10	5~0	—
	30mm 以下	—	100	100~95	—	75~40	—	10	10~0	5~0
	25mm 以下	—	—	100	100~90	90~60	—	50~20	10~0	5~0
	20mm 以下	—	—	—	100~90	100~90	(86~55)	(55~20)	10~0	5~0
轻骨料	人工的 20mm 以下	—	—	—	100	100~90	—	65~20	10~0	—
	15mm 以下	—	—	—	—	100	100~95	70~40	10~0	—
	天然的 30mm 以下	—	—	100	100~90	—	—	75~20	15~0	—

　　注：括号内的数值为参考值。

（三）细骨料

　　细骨料的粗细程度对泵送混凝土的强度有明显的影响，当混凝土胶结材料总量、水胶比和掺合料品种及掺量相同时，从对比性试验结果可以看出，砂的细度模数越大，混凝土的强

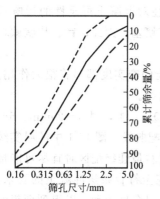

图 15-2　细骨料最佳级配曲线

度越高。另外，泵送混凝土拌和物之所以能在管道中顺利移动，是由于靠水泥砂浆体润滑管壁，并在整个泵送过程中使骨料颗粒能够不离析地悬浮在水泥砂浆体之中的缘故。因此，细骨料对混凝土拌和物可泵性的影响要比粗骨料大得多，这就要细骨料不仅含量丰富，而且级配良好。

我国《混凝土泵送施工技术规程》中，要求配制泵送混凝土的细骨料，应符合《普通混凝土用砂质量标准及试验方法》（JGJ 52—2006）标准的规定，根据上海、北京等地的施工经验，宜采用现行砂标准中的二区级配。我国行业标准《混凝土泵送施工技术规程》（JGJ /T10—2011）提供的细骨料最佳级配，如图 15-2 所示。

工程实践证明，采用中砂适宜泵送，砂中通过 0.315mm 筛孔的数量对混凝土可泵性的影响很大，此值过低输送管易堵塞。上海、北京、广州等地泵送混凝土施工经验表明，通过 0.315mm 筛孔的颗粒含量应不小于 15％，最好能达到 20％。这对改善泵送混凝土的泵送性能非常重要，因为这部分颗粒所占的比例过小会影响正常的泵送施工。

人工砂在生产过程中会产生一定量的石粉，这是人工砂与天然砂最明显的区别之一。这些石粉会严重影响泵送混凝土的可泵性和质量。根据国家标准《建设用砂》（GB/T 14684—2011）中的规定，人工砂中的石粉含量（石粉含量是指人工砂中粒径小于 $75\mu m$ 颗粒含量）和泥块含量应符合表 15-4 中的要求。

表 15-4　人工砂中石粉含量和泥块含量

	项　　目		指　标		
			Ⅰ类	Ⅱ类	Ⅲ类
1	亚甲基蓝试验	MB 值小于 1.40 或合格	石粉含量（按质量计）/％	<3.0	<5.0	<7.0
2			泥块含量（按质量计）/％	0	<1.0	<2.0
3		MB 值不小于 1.40 或合格	石粉含量（按质量计）/％	<1.0	<3.0	<3.0
4			泥块含量（按质量计）/％	0	<1.0	<2.0

我国多数泵送混凝土工程实践证明，采用细度模数为 2.3～3.0 的中砂比较适宜泵送，虽然个别工程也有采用粗砂获得成功的，但现行的规程中仍规定泵送混凝土宜采用中砂。

（四）轻骨料

从世界范围来看，目前轻骨料的应用日趋扩大，尤其在高层建筑中应用更具有独特的优越性，在这方面日本领先于其他发达国家，不仅做了大量的试验研究，而且已成功用于泵送混凝土。

但是，轻骨料混凝土拌和物的泵送，确比普通骨料的混凝土困难得多。因为轻骨料的空隙率较大，约为 50％，尤其是人工轻骨料，其孔隙类似独立球状气泡，吸水速度慢，一天的吸水率大多数小于 10％。但它又具有压力吸水的特性，即在泵送压力作用下要增加吸水量，使拌和水渗入轻骨料的空隙内，引起混凝土的坍落度明显下降，随之使混凝土拌和物的泵送性能明显变差，容易产生阻塞；而在压力消失后，这些水又会再渗出来，影响混凝土凝结后的质量。因此，尽管混凝土拌和物在泵送前后没有吸水差，但在通过输送管时，却发生相当数量的吸水和放水，这是轻骨料混凝土泵送困难的主要原因。

为改善轻骨料混凝土的泵送性，在拌制前对轻骨料要进行预湿，预湿水量一般不小于

15%～20%；否则，会因轻骨料过快吸收混凝土中的水分而引起输送管道的阻塞。日本建筑学会规定，预湿水量应为轻骨料 24h 的水量的 1.5 倍为宜。

轻骨料预湿的方法，各国有所不同，国外有减压罐真空吸水法、压力容器事先吸水法和热态瞬间吸水法等。真空吸水法 30～45min 就能完成预湿，预湿后的轻骨料就可如普通骨料一样用于泵送混凝土。热态瞬间吸水法的吸水量可达 17%～18%，再在堆放场继续喷水，吸水量可达 25%。

（五）混合材料

所谓混凝土的混合材料，是指除去水泥、水、粗骨料和细骨料四种主要材料外，在搅拌时所加入的其他材料。混合材料一般分为矿物掺合料和外加剂两大类。

1. 矿物掺合料

从流变学观点分析，混凝土拌和物的流动性由屈服剪切应力和黏性分散这两个参数来决定的。试验结果表明：掺入活性矿物掺合料是配制泵送混凝土尤其是高性能混凝土不可缺少的组分，这些矿物掺合料颗粒在泵送过程中起着"滚珠"的作用，大大减少了混凝土拌和物与管壁的摩阻力。

材料试验证明，加入活性矿物掺合料不仅可以节约水泥用量，显著降低混凝土拌和物的屈服剪切应力，大大提高混凝土拌和物的坍落度，降低混凝土初期的水化热，减少温度裂缝，提高水泥浆和水泥浆-骨料界面的强度；而且还可以使硬化水泥浆内的空隙细化，提高混凝土拌和物的流动性和稳定性，有利于混凝土在酸性条件下的耐久性。

配制泵送混凝土常用的活性掺合料主要有粉煤灰、矿渣和硅粉等。

（1）粉煤灰　粉煤灰是一种表面圆滑的微细颗粒，掺入混凝土拌和物后，不仅能使混凝土拌和物的流动性增加，而且能减少混凝土拌和物的泌水和干缩程度。当泵送混凝土中水泥用量较少或细骨料中粒径小于 0.315mm 者含量较少时，掺加粉煤灰是最适宜的。

泵送混凝土中掺加粉煤灰的优越性不仅如此，它还能与水泥水化析出的 $Ca(OH)_2$ 相互作用，生成较稳定的胶结物质，对提高混凝土的强度极为有利；同时，也能减少混凝土拌和物的泌水和干缩程度。对于大体积混凝土结构，掺加一定量的粉煤灰，还可以降低水泥的水化热，有利于裂缝的控制。

（2）矿渣　矿渣也称为粒化高炉矿渣，这是冶炼生铁时的副产品。对于矿渣有多种分类方法，如 R. M. 谢尔金等根据生铁的种类不同，将矿渣分为铸造生铁矿渣、炼钢生铁矿渣和特种生铁矿渣等；根据矿渣的稳定程度不同，将矿渣分为碱性矿渣、酸性矿渣和中性矿渣等。

（3）硅粉　硅铁合金厂和硅金属厂在冶炼金属时，极细的粉末随着气体从烟道排出，通过收尘装置收集起来的粉末，称之为硅粉。硅粉的种类很多，其 SiO_2 的含量波动很大，当选用硅粉配制送混凝土时，应特别注意对硅粉种类的选择。

2. 外加剂

合理选用外加剂是配制泵送混凝土成功与否的技术关键之一。目前，国内外所使用的泵送混凝土，一般都掺加各类外加剂。用于泵送混凝土的外加剂，主要有泵送剂、减水剂、引气剂和缓凝剂等。对于大体积混凝土，为防止产生收缩裂缝有时还掺加适量的膨胀剂。

在选用外加剂时，宜优先使用混凝土泵送剂，它具有减水、增塑、保塑和提高混凝土拌和物稳定性等技术性能，对泵送混凝土的施工较为有利。我国原哈尔滨建筑大学研制的

HJD-B 型混凝土泵送剂是诸多优质泵送剂的品种之一。

在输送距离不是特别远的泵送混凝土施工中，也可以使用木质素磺酸钙减水剂。减水剂都是表面活性剂，其主要作用在于降低水的表面张力以及水和其他液体与固体之间的界面张力。结果使水泥水化产物形成的絮凝结构分散开来，使包裹着的游离水释出，使混凝土拌和物的流动性显著改善。

掺加减水剂配制泵送混凝土，是最常用的方法之一。掺入适量的减水剂后，混凝土拌和物的泌水性较不掺者下降 2/3 左右，这对泵送混凝土十分重要。此外，还可显著降低混凝土的水灰比，使混凝土硬化后的各种性能得到明显改善；还能延缓水泥的凝结，使水泥水化热的释放速度明显延缓，这对泵送的大体积混凝土极为有利。用于泵送混凝土的减水剂有普通减水剂、高效减水剂和复合型减水剂。木质素磺酸钙的掺量，一般为水泥重量的 0.2%～0.3%。

引气剂是一种表面活性剂，掺入后能在混凝土中引进直径约 0.05mm 的微细气泡。这些细小、封闭、均匀分布的气泡，在砂粒周围附着时，起到"滚珠"的作用，使混凝土拌和物的流动性显著增加，而且也能降低混凝土拌和物的泌水性及水泥浆的离析现象，这对泵送混凝土是非常有利的。常用的引气剂有松香树脂类、烷基苯磺酸盐类及脂肪醇酸盐类等。一般普通混凝土引进的空气量为 3%～6%，空气量每增加 1%，坍落度则增加 25mm，但混凝土抗压强度下降 5%，这是应当引起重视的问题。

缓凝剂是指能够延缓混凝土的凝结时间，并对混凝土的后期强度发展无不利影响的外加剂。用于泵送混凝土的缓凝剂有羟基羧酸及其盐类、含糖碳水化合物类和木质素磺酸盐类等。

如根据工程实际需要，可在混凝土中同时掺加几种外加剂，但不可盲目行事，应进行有关试验研究后才可掺入，以免不同外加剂中的组分叠加而产生不良影响。

根据我国大量工程实践证明，在泵送混凝土中同时掺加外加剂和粉煤灰（工程上称为"双掺技术"），对提高混凝土拌和物的可泵性十分有利，同时还可节约水泥、降低工程造价，已有比较成熟的施工经验。但是，泵送混凝土所用的外加剂，应符合国家现行标准《混凝土外加剂》、《混凝土外加剂应用技术规范》、《混凝土泵送剂》和《预拌混凝土》中有关规定。

（六）混凝土用水

泵送混凝土所用的拌和及养护用水，与普通混凝土基本相同，应符合《混凝土用水标准》（JGJ 63—2006）中的具体规定。

二、对泵送混凝土拌和物的要求

水泥浆体是泵送混凝土组成的基体，混凝土的凝结硬化依赖于水泥浆体。因此，水泥浆体的结构基本上控制了混凝土的各项物理力学性能。它在泵送混凝土中，既是泵送混凝土获得强度的来源，又是混凝土具有可泵性的必要条件。

混凝土的可泵性，可以说是在特殊情况下混凝土拌和物的工作性，是一个综合性技术指标。为了保证浇灌后的混凝土质量，为了能够形成一个很好的润滑层，以保证混凝土泵送能顺利进行，对混凝土拌和物有以下几项要求：

①所配制的混凝土拌和物，必须满足混凝土的设计强度、耐久性和混凝土结构所需要的其他各方面的要求；②混凝土的初凝时间不得小于混凝土拌和物运输、泵送，直至浇灌完毕全过程所需的时间，以保证混凝土在初凝之前完成上述工作；③必须有足够的含浆量，它除了能填充骨料间的所有空隙外，还有一定的富余量使混凝土泵输送管道内壁形成薄浆润滑

层；④混凝土拌和物的坍落度一般不得小于 5cm，同时要具有良好的内聚性、不离析、少析水，自始至终保持拌和物的均匀性；⑤在混凝土基本组成材料中，粗骨料的最大粒径应不大于泵送时输送管道内径的 1/3，它的颗粒级配应采用连续的级配。

第二节　泵送混凝土配合比设计

泵送混凝土配合比设计的目的，是根据工程对混凝土性能的要求（强度、耐久性等）和混凝土泵送的要求，选择适宜的原材料比例，设计出经济、质优、可泵性好的混凝土。它与传统施工的混凝土相比，其可泵性是设计的重点和关键。由此可见，泵送混凝土配合比设计的主要内容是原材料选择、施工配制强度和混凝土可泵性。

（1）原材料选择　组成泵送混凝土用的水泥、砂、石子、水和外加剂等原材料的质量标准，与非泵送混凝土基本相同，但泵送混凝土对石子的粒径大小和颗粒级配要求比较严格。因为粗骨料的粒径大小以及颗粒级配的好坏，对混凝土的可泵性有很大影响。如果石子粒径过大，不能顺利地泵送，所以粗骨料以小粒径为好。但如果粒径过小，孔隙率必然增大，从而增加了细骨料的体积，加大了水泥用量，使混凝土造价提高。

（2）施工配制强度　为使泵送混凝土保证率满足混凝土结构规定的要求，在进行配合比设计时，必须使泵送混凝土的配制强度高于设计要求的强度，究竟高出多少，不但与强度保证率有关，而且还与施工控制水平有关。由于各规范中对混凝土强度保证率要求不同，所以计算混凝土试配强度应根据有关规定进行。

（3）混凝土可泵性　混凝土可泵性是满足泵送工艺要求的一项重要条件，它与水泥用量、石子大小和颗粒级配、水灰比，以及外加剂的品种与掺量等因素有密切关系。从实际操作的角度看，使用碎石类材料的干硬性混凝土，根本无法使用混凝土泵送。由于泵送混凝土的施工工艺与非泵送混凝土不同，所以配制的泵送混凝土必须具有良好的可泵性。

由混凝土的可泵性来确定混凝土的配合比，就是根据原材料的质量、泵送距离、泵的种类、输送管的管径、浇筑方法和气候条件等来确定配合比。泵送混凝土配合比设计，应符合国家现行标准《普通混凝土配合比设计规程》、《混凝土结构工程施工质量验收规范》、《混凝土强度检验评定标准》和《预拌混凝土》中的有关规定。并应根据混凝土原材料、混凝土的泵送距离、混凝土泵种类、输送管径、施工气温等具体施工条件进行试配。必要时，应通过试泵送来最后确定泵送混凝土的配合比。

泵送混凝土的配合比设计，主要是确定混凝土的可泵性、选择混凝土拌和物的坍落度、选择水灰比、确定最小水泥用量、确定适宜的砂率、选择外加剂与粉煤灰。

（一）配合比设计的原则

根据泵送混凝土的工艺特点，确定泵送混凝土配合比设计的基本原则详见如下所述。

（1）配制的混凝土要保证压送后能满足所规定的和易性、均质性、强度和耐久性等方面的质量要求。

（2）根据所用材料的质量、混凝土泵的种类、输送管的直径、压送的距离、气候条件、浇筑部位及浇筑方法等，经过试验确定配合比。试验包括混凝土的试配和试送。

（3）在混凝土配合成分中，应尽量采用减水型塑化剂等化学附和剂，以降低水灰比，改善混凝土的可泵性。

（二）混凝土的可泵性

在常规混凝土的施工过程中，混凝土工作性的好坏是用和易性表示的；但在泵送混凝土施工中，混凝土可泵送性能的好坏是用可泵性表示的。混凝土的可泵性，即混凝土拌和物在泵送过程中，不离析、黏塑性良好、摩擦阻力小、不堵塞、能顺利沿管道输送的性能。

目前，混凝土的可泵性尚没有确切的试验方法，一般可用压力泌水仪试验结合施工经验进行控制，即以其 10s 时的相对压力泌水率 S_{10} 不超过 40%，此种混凝土拌和物是可以泵送的。

相对泌水率 S_{10} 可按式（15-1）计算：

$$S_{10} = \frac{V_{10}}{V_{140}} \tag{15-1}$$

式中，S_{10} 为混凝土拌和物加压至 10s 时的相对泌水率，%，S_{10} 取三次试验结果的平均值，精确到 1%；V_{10}、V_{140} 分别为混凝土拌和物加压一对 10s 和 140s 时的泌水量，mL，V_{10}、V_{140} 均取三次试验结果的平均值，精确到整数位。

压力泌水试验是检验混凝土拌和物可泵性好坏的有效方法。混凝土拌和物在管道中于压力推动下进行输送时，水是传递压力的媒介，如果在泵送过程中，由于管道中压力梯度大或管道弯曲、变径等出现"脱水现象"，水分通过骨料间的空隙渗透，而使骨料聚结而引起阻塞。

在泌水实验中发现，对于任何坍落度的混凝土拌和物，开始 10s 内的出水速度很快，140s 以后泌出水的体积很小，因而 V_{10}/V_{140} 可以代表混凝土拌和物的保水性能，也反映阻止拌和水在压力作用下渗透流动的内阻力。V_{10}/V_{140} 的值越小，表明混凝土拌和物的可泵性越好；反之，则表明可泵性不良。

（三）坍落度的选择

泵送混凝土坍落度，是指混凝土在施工现场入泵泵送前的坍落度。普通方法施工的混凝土坍落度，是根据振捣方式确定的；而泵送混凝土的坍落度，除要考虑振捣方式外，还要考虑其可泵性，也就是要求泵送效率高、不堵塞、混凝土泵机件的磨损小。泵送混凝土的坍落度，试配时要求的坍落度值应按式（15-2）初步计算：

$$T_1 = T_v + \Delta T \tag{15-2}$$

式中，T_1 为试配时混凝土要求的坍落度值；T_v 为混凝土入泵时要求的坍落度值，参见表 15-5；ΔT 为试验测得在预计时间内的坍落度经时损失。

泵送混凝土的坍落度应当根据工程具体情况而定。如水泥用量较少，坍落度应当相应减小；用布料杆进行浇筑，或管路转弯较多时，宜适当加大坍落度；向下泵送时，为防止混凝土堵管，坍落度宜适当减小；向上泵送时，为避免过大的倒流压力，坍落度也不宜过大。

在选择泵送混凝土的坍落度时，首先应满足《混凝土结构工程施工质量验收规范》（GB 50204—2002）（2011 年版）的规定，另外还应满足泵送混凝土的流动性要求，并考虑到泵送混凝土在运输过程中的坍落度损失。我国规定泵送混凝土入泵压送前的坍落度选择范围，可参考表 15-5。

表 15-5　泵送混凝土的坍落度

泵送高度/m	<30	30～60	60～100	>100
坍落度/cm	10～14	14～16	16～18	18～20

坍落度过小的混凝土拌和物，泵送时吸入混凝土缸较困难，即活塞后退汲吸混凝土时，进入缸内的拌和料数量少，也就使得充盈系数小，影响泵送效率。这种混凝土拌和物进行泵送时摩阻力大，要求用较大的泵送压力。若用较高的泵送压力，必然使分配阀、输送管、液压系统等的磨损增加，如处理不当还会产生堵塞。坍落度过大的混凝土拌和物，在管道中滞留时间长，则泌水就多，容易因产生离析而形成阻塞。

美国混凝土协会 304 委员会认为，泵送混凝土的坍落度以 5～25cm 为宜，小于 5cm 易阻塞，大于 25cm 易离析。澳大利亚悉尼大学的 H. Roper 认为，坍落度小于 6cm 的混凝土，一般不宜泵送。日本规定泵送混凝土的坍落度，振捣时以 5～15cm 为宜，不振捣时以 5～21cm 为宜。

我国在制订《混凝土泵送施工技术规程》（JGJ/T 10—2011）时，曾进行过广泛的调查，对当时应用泵送混凝土较多的上海、北京、广东等地高层建筑采用混凝土泵送施工所采用的坍落度做过统计分析，最后在规程中推荐了按不同泵送高度分别选用不同的入泵混凝土坍落度，如表 15-6 所列。

表 15-6　不同泵送高度入泵时混凝土坍落度选用值

泵送高度/m	30 以下	30～60	60～100	100 以上
坍落度/mm	100～140	140～160	160～180	180～200

在一般情况下，泵送混凝土的坍落度，可按国家《混凝土结构工程施工质量验收规范》中的规定选用，对普通骨料配制的混凝土以 80～180mm 为宜，对轻骨料配制的混凝土以大于 180mm 为宜。

当采用预拌混凝土时，混凝土拌和物经过运输坍落度会有一定损失，为了能准确达到入泵时规定的坍落度，在确定预拌混凝土生产出料的坍落度时，必须考虑上述运输时的坍落度损失。根据规程规定，混凝土拌和物的经时坍落度损失，可参考表 15-7。

表 15-7　混凝土拌和物经时坍落度损失值　　　　　　　　　　单位：mm

大气温度/℃	10～20	20～30	30～35
混凝土拌和物经时坍落度损失值(掺粉煤灰和木钙，经过 1h)	5～25	25～35	35～50

注：掺粉煤灰与其他外加剂时，坍落度经时损失值可根据施工经验确定，无施工经验时，应通过试验确定。

混凝土泵的工作压力，一般是随着混凝时土拌和物坍落度的减小而增大，而泵送混凝土的坍落度又随着时间的延长而减小。坍落度损失的速度，初期较快，后期缓慢，气温高较快，气温低较慢。此外，影响坍落度损失的其他因素还有水泥品种、单位用水量及水灰比、骨料级配及含砂率、掺合料和外加剂等。

实际上混凝土拌制完毕至泵送，往往需要运输一定距离和停放一段时间，故掌握泵送混凝土初始坍落度的变化与时间的关系，对泵送是十分重要的。为了保持混凝土原有的坍落度，控制坍落度的损失，配制泵送混凝土用的减水剂，可采用后掺入方法。后掺入法能较好地解决运输和停放过程中坍落度损失问题，而硬化后混凝土强度和耐久性，仍达到或超过不掺减水剂的混凝土水平。

由以上可以看出，在每种具体泵送的情况下，都存在着一个最佳坍落度值。根据上海宝钢泵送混凝土施工经验，坍落度值为 10～13cm 比较适宜。施工实践表明，所设计的坍落度为以上值的混凝土拌和物，在泵送时排出压力一般为 6～7MPa，都在混凝土泵的技术性能（排出压力10～15MPa）允许范围之内。

（四）砂率的选择

在泵送混凝土配合比中除单位水泥用量外，砂率对于泵送混凝土的泵送性能也非常重要。这是因为形成水泥砂浆后，在混凝土泵送过程中主要起到以下效应：①粗骨料被水泥砂浆所包裹，使输送管道内壁形成水泥砂浆润滑层，所以混凝土拌和物能在管道中被压送；②泵送混凝土拌和物经过输送管道的锥形管、弯管和软管等部位时，混凝土颗粒间的相对位置将会发生一定变化，如果水泥砂浆体量不足，就会很容易产生堵塞；③对坍落度较大的混凝土，其坍落度值随着砂率的增加而增大；④比较高的砂率是保证大流动性混凝土不离析、泌水少及运输性能的必要条件。因此，泵送混凝土的砂率比非泵送混凝土的要高。

虽然适量增大砂率是改善混凝土可泵性的有效方法，但砂率过大不仅会使混凝土的用水量增加，而且还将影响硬化混凝土的技术性能和混凝土的经济性。因此，在保证泵送混凝土强度、耐久性和可泵性的前提下，尽量选择水泥用量最小的砂率，即混凝土最佳砂率。

混凝土最佳砂率，即在保证混凝土强度、耐久性和可泵性的情况下，水泥用量最小时的砂率。影响砂率的因素很多，主要有骨料的粒径、粗骨料的种类、细骨料的粗细和水泥用量等。目前国外配制泵送混凝土多采用通过 0.3mm 筛孔的细颗粒不小于 15% 的中砂。当粗骨料的最大粒径为 25mm 时，砂率一般控制在 41%～45% 之间；当粗骨料的最大粒径为 25mm 时，砂率一般控制在 39%～43% 之间。

根据工程的施工经验，对于配制一般性能的泵送混凝土，砂率控制在 37%～46% 范围内。

（五）水灰比的选择

泵送混凝土的水灰比主要受施工工作性能的控制，比理想水灰比大。一般说来，水灰比大有利于混凝土拌和物的泵送，但对混凝土硬化后的强度和耐久性有重大影响。因此，泵送混凝土水灰比的选择，既要考虑到混凝土拌和物的可泵性，又要满足混凝土强度和耐久性的要求。

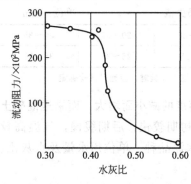

图 15-3 水灰比对混凝土拌和物流动阻力的影响

有关试验证明，水灰比与泵送混凝土在输送管中的流动阻力有关。图 15-3 所示为伊德测定的不同水灰比的混凝土拌和物在输送管中流动时的阻力，从图中可以清楚地看出，混凝土拌和物的流动阻力随着水灰比的减小而增大，其临界水灰比约为 0.45。当水灰比低于 0.45 时，流动阻力显著增大；当水灰比大于 0.60 时，流动阻力虽然急剧减小，但混凝土拌和物易于离析，反而使混凝土拌和物的可泵性产生恶化。

从工程实践来看，上海市使用的泵送混凝土，其水灰比在 0.46～0.60 范围之间；北京市一般掌握在 0.50～0.55 之间；广东省编制的"高层建筑一次泵送混凝土工法"中，推荐适宜的水灰比为 0.45～0.50。我国在《混凝土泵送施工技术规程》（JGJ/T 10—2011）中规定，泵送混凝土的水灰比宜为 0.40～0.60。但是，对于高强泵送混凝土，水灰比应适当减小。如 C60 泵送混凝土，水灰比可控制在 0.30～0.35；C70 泵送混凝土，水灰比可控制在 0.29～0.32；C80 泵送混凝土，水灰比可控制在 0.27～0.29。

从以上数据可以看出，水灰比、强度指标和混凝土可泵性之间，实际上存在着互相制约的因素。因此，泵送混凝土配合比设计在某种意义上，最重要的是根据试配强度和可泵性来选择水灰比值。

为了保证泵送混凝土具有必需的可泵性和硬化后的强度，可以采用掺加减水剂的方法来提高混凝土的流动性。减水剂掺量很小，仅为水泥用量的千分之几，但在同样水灰比的条件下，能使混凝土拌和物的流动性大幅度增加，而且不会给混凝土结构物带来不利的影响。

（六）最小水泥用量的限制

普通混凝土施工，水泥用量是根据混凝土的强度和水灰比确定的。而泵送混凝土施工，除必须满足混凝土的强度要求外，还必须满足混凝土拌和物具有良好可泵性的要求。为克服输送管道内的摩阻力，必须有足够的水泥砂浆包裹骨料表面和润滑管壁，这就要求对泵送混凝土具有最小水泥用量的限制。

瑞典有关专家试验结果证明：水泥用量多少对泵送混凝土的可泵性有很大影响，其最小水泥用量为 $250kg/m^3$，最优水泥用量为 $320kg/m^3$。在最优水泥用量时，不仅泵送压力低（即摩阻力小），而且混凝土缸的活塞后退汲吸混凝土拌和物时，混凝土缸充满程度高。

最小水泥用量与泵送距离、骨料种类、输送管直径、泵送压力等因素有关。由于各国所用材料的性质不同、施工水平各异，所以对最小水泥用量的规定也不同。英国规定，泵送混凝土的最小水泥用量为 $300kg/m^3$；美国规定为 $213kg/m^3$。

根据我国的工程实践，对于普通混凝土最小水泥用量多为 $280\sim300kg/m^3$；对于轻集料混凝土多为 $310\sim360kg/m^3$。由以上综合分析，根据我国泵送混凝土的施工水平，我国规定：泵送混凝土的最小水泥用量宜为 $300kg/m^3$。

虽然水泥用量多的混凝土拌和物具有良好的可泵性，但水泥用量过多必然会提高工程造价。因此，在满足混凝土强度和泵送要求的前提下，单位体积混凝土的水泥用量越少越经济。从技术角度来看，水泥用量多少不仅仅是一个经济问题，而是还具有技术要求的问题。例如，对于大体积混凝土，水泥用量少可以减少由于水化热过大引起开裂的危险性。

工程实践证明，在结构用混凝土中水泥用量增加过多，会导致混凝土干缩的增大和开裂。所以在泵送混凝土设计时，可以采用一部分掺合料（如粉煤灰）替代水泥，这样既降低了水泥用量，又不影响泵送混凝土中含有必要的细粉料量，完全可以满足混凝土的泵送性。

（七）混凝土黏聚性要求

按确定的配合比所拌制的泵送混凝土不仅应具有很好的可泵性，而且应具有良好的黏聚性。如果黏聚性不良，容易产生离析现象，在压送过程中易发生输送管道的堵塞。为保证混凝土具有良好的可泵性，有离析现象的混凝土不能进入混凝土输送泵受料斗，应及时调整混凝土的配合比，改善其黏聚性，使其达到泵送的要求。

第三节　泵送混凝土参考配合比

为了方便泵送混凝土的配制和施工，表 15-8 中列出了普通泵送混凝土的适宜坍落度，表 15-9 中列出了轻骨料泵送混凝土泵送后要求坍落度，表 15-10 列出了未掺加粉煤灰泵送混凝土配合比，表 15-11 中列出了掺加粉煤灰泵送混凝土配合比，表 15-12 中列出了上海市某些工程采用普通粉煤灰泵送混凝土的配合比，表 15-13 中列出了某些工程泵送混凝土配合比实例，表 15-14 中列出了高强粉煤灰泵送混凝土中粉煤灰最大掺量参考值，表 15-15 中列出了泵送混凝土工程实例典型配合比，表 15-16 列出了高强（C60）泵送混凝土的试验配合比及试验结果。

表 15-8　普通泵送混凝土的适宜坍落度

混凝土捣固方式	压送前坍落度/cm		压送后坍落度 /cm	压送前后坍落度允许变化范围/cm
	适宜坍落度	坍落度波动范围/%		
机械振捣	8～18	15（并小于 2.5cm）	＞5	±1.5
不振捣时	＞18	15	＞15	±1.0

表 15-9　轻骨料泵送混凝土泵送后要求坍落度　　　　　　单位：cm

混凝土的浇筑方法	泵		
	＜60	60～150	＞150
不进行振捣	15～21	18～21	19～21
进行振捣	—	10～15	—

表 15-10　未掺加粉煤灰泵送混凝土配合比

序　号	碎石粒径 /mm	配合比			每立方米混凝土用料/kg					坍落度 /cm
		水灰比 （W/C）	砂率 /%	木钙含量 （M-Ca/C）	水泥	砂	石子	木钙	水	
1	5～40	0.715	44.0	0.25	268	854	1036	0.670	192	11～13
2	5～40	0.620	43.0	0.25	310	816	1082	0.775	192	11～13
3	5～40	0.548	42.0	0.25	350	780	1078	0.875	192	11～13
4	5～40	0.515	45.0	0.25	282	861	1055	0.705	202	11～13
5	5～40	0.620	44.0	0.25	326	825	1047	0.815	202	11～13
6	5～40	0.548	43.0	0.25	369	786	1043	0.992	202	11～13

注：1. 水泥的用量为 C，水的用量为 W，粉煤灰的用量为 F，砂的用量为 S，石子的用量为 G，木钙的用量为 $M\text{-}Ca$。
　　2. 水灰比为 W/C，木钙含量为 $M\text{-}Ca/C$。

表 15-11　掺加粉煤灰泵送混凝土配合比

序　号	碎石粒径 /mm	配合比				各种组成材料（kg/m³）						坍落度 /cm
		水胶比 /%	砂率 /%	粉煤灰含量 /%	木钙含量 /%	水泥	砂	石子	木钙	粉煤灰	水	
1	5～40	0.585	42.0	15	0.25	291	780	1078	0.855	51	200	11～13
2	5～40	0.521	41.0	15	0.25	326	745	1071	0.960	58	200	11～13
3	5～40	0.470	40.0	15	0.25	361	710	1065	1.062	64	200	11～13
4	5～40	0.585	42.0	15	0.25	305	770	1061	0.898	54	210	11～13
5	5～40	0.521	42.0	15	0.25	342	750	1037	1.007	61	210	11～13
6	5～40	0.470	41.0	15	0.25	379	715	1029	1.018	67	210	11～13

注：1. 水泥的用量为 C，水的用量为 W，粉煤灰的用量为 F，砂的用量为 S，石子的用量为 G，木钙的用量为 $M\text{-}Ca$。
　　2. 水胶比为 $W/(C+F)$，粉煤灰含量为 $F/(C+F)$，木钙含量为 $M\text{-}Ca/(C+F)$。

表 15-12　上海市某些工程采用普通粉煤灰泵送混凝土的配合比

工程名称部位	强度等级	水泥品种	碎石粒径	坍落度 /cm	配合比/（kg/m³）						抗压强度 /MPa
					水	水泥	粉煤灰	砂	石	外加剂	
南浦	C40	普通	5～15	12±2	185	400	40	648	1100	7（L）	53.6
大桥	$R_3 \geqslant 28.5$	52.5	13～25	16±2	190	400	40	648	1100	8（L）	54.2
上海	C35	普通	5～25	16±2	223	395	50	684	949	0.99	49.4
商城	C35	52.5	5～25	18±2	219	396	50	699	933	0.99	48.6
海伦	R45	矿渣	5～40	13±2	196	330	60	710	1029	2.64	39.5
宾馆	C30	42.5	5～40	13±2	196	330	60	710	1029	2.64	30.5
锦江宾馆	C30	矿渣 42.5	5～40	8～10	198	350	50	720	1010	0.875	38.5
上钢三厂	C25	矿渣 42.5	5～40	11±2	195	360	40	699	1014	0.955	36.7
上钢一厂	C20	矿渣 42.5	5～40	11±1	193	272	—	764	1015	0.750	25.8

表 15-13 某些工程泵送混凝土配合比实例

序号	混凝土强度等级	混凝土组成材料用量/(kg/m³)							水胶比 [W/(C+F)]	砂率/%	坍落度/cm
		水泥		粉煤灰	砂	石子	水	木钙			
		品种	用量								
1	C30	普通 52.5 级	390	—	732	1100	215	1.150	0.55	40	18
2	C30	矿渣 42.5 级	424	—	700	998	208	0.824	0.49	41	16~18
3	C30	矿渣 42.5 级	395	50	663	998	206	0.980	0.46	40	16~18
4	C30	矿渣 42.5 级	440	—	664	1020	215	0.880	0.49	40	16~18
5	C30	矿渣 42.5 级	420	40	632	1020	215	0.880	0.47	38	16~18
6	C25	矿渣 42.5 级	278	50	753	1048	194	0.820	0.59	42	14
7	C30	矿渣 42.5 级	408	—	663	1064	198	1.020	0.49	38	9
8	C20	矿渣 32.5 级	309	50	746	1038	190	0.850	0.53	42	10
9	C20	矿渣 32.5 级	364	46	762	1061	192	0.780	0.62	42	12~14

表 15-14 高强粉煤灰泵送混凝土中粉煤灰最大掺量参考值

编号	水胶结料比	粉煤灰与胶结料比/%	减水剂掺量/%	水泥用量/(kg/m³)	粉煤灰掺量/(kg/m³)	坍落度/cm	混凝土强度/MPa
1-1	0.40	0	4.5	505	0	20	64.1
1-2	0.32	40	12.0	338	225	19	67.9
2-1	0.46	0	6.5	391	0	18	54.0
2-2	0.32	50	13.0	279	279	21	58.5
3-1	0.49	0	8.0	367	0	18	46.8
3-2	0.35	50	12.0	261	261	18	47.8
4-1	0.40	0	5.4	450	0	20	65.0
4-2	0.33	42	12.0	323	217	20	65.0
5-1	0.45	0	6.5	400	0	20	55.0
5-2	0.33	50	13.0	272	272	20	55.0
6-1	0.50	0	6.0	360	0	20	45.0
6-2	0.37	50	12.0	245	245	20	45.0

表 15-15 泵送混凝土工程实例典型配合比

水泥等级/MPa	混凝土强度等级	水灰比	碎石最大粒径/mm	坍落度/mm	砂率/%	材料用量/(kg/m³)					配合比(质量比)(水泥:砂:石:水:泵送剂)
						水	水泥	砂	石子	泵送剂	
普通 42.5	C30	0.52	20	150±10	41	165.9	319	729	1049	2.55	1:2.28:3.29:0.52:0.008

表 15-16 高强（C60）泵送混凝土的试验配合比及试验结果

编号	配合比		水泥用量/(kg/m³)	外加剂/(kg/m³)	粉煤灰/(kg/m³)	砂率/%	坍落度/mm	抗压强度/MPa		
	水灰比	水泥:砂:碎石						7 天	28 天	60 天
1	0.32	1:1.06:2.06	520	0.20	50	34	168	45.7	65.1	76.0
2	0.35	1:1.10:1.97	520	0.25	60	36	208	45.1	65.1	74.2
3	0.31	1:1.14:1.88	520	0.30	70	38	153	53.5	61.5	80.2
4	0.28	1:1.22:2.01	500	0.30	60	38	155	50.9	63.5	79.2
5	0.28	1:1.08:2.11	500	0.30	70	31	220	41.5	61.5	73.5
6	0.29	1:1.17:1.85	500	0.30	50	36	200	42.4	64.1	76.1
7	0.32	1:1.03:1.85	540	0.30	70	36	202	47.6	69.4	76.5
8	0.35	1:1.12:1.94	540	0.30	60	38	232	47.0	60.7	79.4
9	0.28	1:0.99:1.94	540	0.30	50	34	137	55.4	65.2	84.3
10	0.32	1:1.13:1.85	540	0.30	60	38	200	46.8	66.8	75.2
11	0.30	1:1.14:1.86	540	0.30	60	38	185	49.0	67.1	78.3

注：配制此高强（C60）泵送混凝土选用 52.5MPa 的普通硅酸盐水泥；坍落度保持在 180~200mm；砂子的细度模数为 3.0~3.4，砂率控制在 34%~38%之间；粗骨料选用粒径为 5~30mm 的石英石碎石，其压碎指标控制在 12%以下；外加剂选用多功能高效减水剂，减水率为 15%~20%，引气量为 2%~3%。

第十六章　钢纤维混凝土

　　以适量的钢纤维掺入普通水泥混凝土中，成为一种既可浇灌又可喷射的特种混凝土，这种混凝土称为钢纤维混凝土。由于大量很细的钢纤维均匀地分散在混凝土中，钢纤维与混凝土的接触面积大大增加，并且在所有方向都使混凝土各向强度得到增强，大大改善了混凝土各项性能，使钢纤维混凝土成为一种新型复合材料。

　　钢纤维混凝土与普通水泥混凝土相比，其抗拉强度、抗弯强度、耐磨性、耐冲击性、耐疲劳性、抗裂性、抗爆性和韧性等都得到很大改善和提高。国内外工程应用已证明钢纤维混凝土在多方面具有优良性能，钢纤维混凝土除已用于道路、飞机跑道、桥面、铺装、隧道衬砌等土木工程外，特别是在需要薄的断面或不规则形状断面、不易配置钢筋时更为有效。

第一节　钢纤维混凝土的材料组成

　　钢纤维混凝土所用的材料，与普通钢筋混凝土不同，主要由钢纤维材料和水泥混凝土基体组成，这些材料的质量和配比不仅直接影响钢纤维混凝土的质量，而且也影响着混凝土的施工难易、造价高低。

一、对钢纤维的要求

　　配制钢纤维混凝土的钢纤维一般为低碳钢，在有特殊要求的工程也可以采用不锈钢。钢纤维混凝土时对钢纤维的要求，主要包括钢纤维的强度、尺寸、形状、长径比和技术性能等方面。

（一）钢纤维的强度

　　工程实践和试验证明，钢纤维混凝土被破坏时，往往是钢纤维被拉断，因此要提高其韧性，但也没有必要过于增加其抗拉强度。如果材料是用淬火或其他激烈硬化方法获得较高的抗拉强度，则其质地变得硬脆。质地硬脆的钢纤维在搅拌过程中易被折断，也会降低强化效果。因此，仅从钢纤维的强度方面，只要不是易脆断的钢材，通常强度较高的钢纤维均可满足要求。

（二）钢纤维的尺寸

　　配制钢纤维混凝土的钢纤维的尺寸，主要由强化特性和施工难易性决定。如果钢纤维过于粗、短，则钢纤维混凝土强化特性差；如果钢纤维过长、细，则钢纤维混凝土在搅拌时容易结团。

　　材料试验证明，比较合适的钢纤维尺寸是：圆截面长直形的钢纤维，其直径一般在 0.25～0.75mm 范围内，扁平形钢纤维的厚度为 0.15～0.40mm，宽度为 0.25～0.90mm。这两种钢纤维的长度一般在 20～60mm 范围内。带弯钩的集束状钢纤维是用水溶性胶将 20～30 根纤维黏结在一起而制成的，其单根钢纤维的直径为 0.30～0.50mm，长度为 40～60mm，黏结后纤维束的长径比为 20～30，这种集束状纤维在搅拌过程中遇水后，可离解成单根纤维并易于均匀地分布在混凝土中。

　　试验资料表明：在 1m³ 混凝土中掺入 2% 的 0.5mm×0.5mm×30mm 的钢纤维时，钢纤维的总表面积可达到 1600m²，是与其质量相同的 18 根直径为 16mm、长度为 5.5m 钢筋总表面积的 320 倍左右。适当增大钢纤维的总表面积，可以增加钢纤维与混凝土之间的黏结强度。

（三）钢纤维的形状

试验充分证明，为了增加钢纤维同混凝土之间的黏结强度，常采用增大表面积或将钢纤维表面加工成凹凸形状，如波形、哑铃形、端部带弯钩、扁平形等。但工程实践也证明，钢纤维如果表面呈凹凸形，只是在同一方向定向时，对提高与混凝土间的黏结强度效果显著，在均匀分散的状态下则不一定有效。同时，钢纤维不宜加工得过薄或过细，过薄或过细不仅在搅拌时易于折断，而且还会提高成本。

（四）钢纤维的长径比

为使钢纤维能比较均匀地分布于混凝土中，掺入混凝土中的钢纤维应当具有合适的长径比，一般均不应超越纤维的临界长径比值。当使用单根状钢纤维时，其长径比不应大于 100，在一般情况下控制在 60～100。各种混凝土结构中适用的钢纤维几何参数如表 16-1 所列。

表 16-1　各种混凝土结构中适用的钢纤维几何参数采用范围

钢纤维混凝土结构类别	长度 /mm	直径 /mm	长径比 (l/d)	钢纤维混凝土结构类别	长度 /mm	直径 /mm	长径比 (l/d)
一般浇筑成型结构	25～50	0.3～0.8	40～100	铁路用钢纤维轨枕	20～30	0.3～0.6	50～70
抗震混凝土框架节点	40～50	0.4～0.8	50～100	喷射钢纤维混凝土	20～25	0.3～0.5	40～60

（五）钢纤维的价格

在钢纤维混凝土中，钢纤维的掺量约为混凝土体积的 2%，虽然掺量并不是太多，但其价格约为厚钢板的 4 倍。由此可见，钢纤维的价格是比较高的，这是钢纤维难以推广应用的一个重要因素。在设计钢纤维混凝土和选择钢纤维时，必须考虑到这一点。

（六）钢纤维的技术性能

水泥混凝土增强用的钢纤维技术指标应符合表 16-2 中的要求。

表 16-2　水泥混凝土增强用的钢纤维技术指标

材料名称	相对密度	直径 /mm	长度 /mm	软化点 /℃	弹性模量 /MPa	抗拉强度 /MPa	极限变形 /%	泊松比
低碳钢纤维	7.80	0.25～0.50	20～50	500/1400	0.20	400～1200	0.4～1.0	0.30～0.33
不锈钢纤维	7.80	0.25～0.50	20～50	550/1450	0.20	500～1600	0.4～1.0	—

（七）钢纤维的种类与强度

钢纤维的分类有以下几种不同的方法：按钢纤维长度不同分类、按钢纤维加工方法不同分类和按钢纤维外形不同分类。在工程中所用的钢纤维有以下几种。

1. 钢丝切断制成短钢纤维

用钢丝切断加工方法制作钢纤维是最简单的方法，即用经过压延和冷拔的钢丝用刀具切断成一定长度的钢纤维，这种加工方法不仅加工简便，而且所获得的钢纤维抗拉强度比较高，一般在 1000～2000MPa 之间，但这种钢纤维与混凝土基体的黏结强度较小，且成本也比较高。

2. 剪断薄钢板制成剪切钢纤维

将预先剪切成同钢纤维长度一样宽的卷材，连续不断地送入冲床进行切断。这种加工方法制成的钢纤维形状很不规则，但能增大与混凝土的黏结力。目前日本大多采用这种方法制造钢纤维。

3. 切削厚钢板制造切削钢纤维

采用一定厚度的钢板或钢锭为原料，用旋转的平刃铣刀进行切削而制成的钢纤维。这种加工方法所用的原材料以软钢比较适宜。在加工的过程中，可以通过改变切削条件，来改变钢纤维的断面形状和尺寸，也可以制得极细的钢纤维。这种钢纤维具有轴向扭曲的特点，因此可以有效增大与混凝土的黏结力，且制得的钢纤维价格比较低。

4. 熔钢抽丝制成熔融抽丝钢纤维

抽丝钢丝纤维从熔炼钢中抽出，即以离心力从圆盘分离并抛出而制成的钢纤维。这种钢纤维的断面呈月牙状，两头比中间稍粗。当用碳素钢加工时，由于急冷成淬火状态，质地变得硬脆，故应当经过回火处理。

钢纤维的品种如表16-3所列，各种钢纤维的抗拉强度如表16-4所列。

表 16-3　钢纤维的品种

名　称	外形简图	制造方法
长直形圆截面		冷拔-切断
变截面		冷拔-压形-切断
波形		冷拔-压形-切断
哑铃形		冷拔-压形-切断
带弯钩(单根)		冷拔-压形-切断
带弯钩(集束状)		冷拔-黏结-压形-切断
扁平形		剪切薄钢板
表面凸凹状		熔钢抽丝法
卷曲状		铣削厚钢板或钢锭

表 16-4　各种钢纤维的抗拉强度

钢纤维种类		平均断面积/mm²	抗拉强度/MPa
切断钢纤维		0.10	2350
剪切钢纤维	1号	0.11	790
	2号	0.25	540
	3号	0.25	460
切削钢纤维		0.25	710
熔融抽丝钢纤维	1号	0.26	620
	2号	0.23	670
	3号	0.18	760

二、对混凝土基体的要求

任何品种的纤维增强混凝土，都应采用强度高、密实性好的混凝土基体。因为只有采用这样的混凝土才能保证纤维与基体有较高的界面黏结强度，从而充分纤维的增强作用。当配制钢纤维混凝土时对混凝土基体的原料还有以下特殊要求。

（一）对水泥的要求

配制一般体积钢纤维混凝土的水泥，应尽量选用强度等级等于或大于42.5MPa的普通硅酸盐水泥、硅酸盐水泥。如果配制体积较大的混凝土构件，也可采用水化热较低的矿渣硅酸盐水泥或粉煤灰硅酸盐水泥。考虑到配制混凝土一般要掺加适量的高效减水剂，为减少新拌混凝土的坍落度损失，应控制水泥中铝酸三钙（C_3A）的含量小于 6%。

（二）对骨料的要求

配制钢纤维混凝土所用的骨料，要选用硬度高、强度大的碎石，在实际工程中，一般宜选用花岗岩、辉绿岩、正长岩及致密石灰岩等。

对粗骨料的最大粒径应加以控制，一般要控制在 20mm 以下，最好在 10～16mm。当配制钢纤维喷射混凝土时，其最大粒径不得大于 10mm。粒径较小是配制高强混凝土的需要，在高强混凝土中已讲述非常清楚；如果粗骨料粒径过大，不利于钢纤维在混凝土基体中均匀分散。粗骨料的其他质量要求，应符合国家标准《建设用卵石、碎石》（GB/T 14685—2011）中的规定。

对细骨料一般可选用河砂、山砂和碎石砂，其质量要求应符合国家标准《建设用砂》（GB/T 14684—2011)中的规定。砂的细度不宜太小，细度模数 M_x 一般应控制在 2.5～3.2 之间。

（三）对掺合料的要求

为了提高混凝土基体的强度，在配制钢纤维混凝土时，一般应掺加适量的掺合料。用于钢纤维增强混凝土的掺合料，可以是二级以上的粉煤灰、硅灰、磨细高炉矿渣、磨细沸石粉等。粉煤灰、磨细高炉矿渣、磨细沸石粉的比表面积应控制在 $4500m^2/kg$ 以上。

在一些特殊情况下，也可以掺入一定量的聚合物，使混凝土基体成为聚合物混凝土。以聚合物混凝土为基体的钢纤维混凝土，能够进一步发挥钢纤维的增强作用。

（四）对外加剂的要求

配制钢纤维混凝土常用的外加剂，主要有减水剂和缓凝剂两种。

1. 减水剂

对于钢纤维增强混凝土，应选用减水率较高（大于 18%）、引气性低的高效减水剂。国内比较适用的高效减水剂品种有 NF、FDN 和 SM 等减水剂。

2. 缓凝剂

在配制体积较大的钢纤维增强混凝土，并使用一些水化热较高的水泥（如硅酸盐水泥、普通硅酸盐水泥）时，可掺加适量的缓凝剂，以减缓水化热的放热速率，避免水化热引起的混凝土结构破坏。

第二节　钢纤维混凝土配合比设计

钢纤维掺入普通混凝土后，对新拌混凝土的和易性和硬化混凝土的很多性能都有不同程度的影响。近十几年来，我国混凝土科学技术人员对钢纤维混凝土配合比设计的方法进行很多研究，提出了不少配合比设计方法，为钢纤维混凝土的科学配制做出了一定成绩。

一、钢纤维混凝土配合比设计参数的确定

钢纤维混凝土配合比设计参数的确定，是搞好其配合比设计的关键，设计参数主要包括钢纤维掺量、混凝土水灰比、粗骨料最大粒径、混凝土砂率、单位用水量、混凝土外加剂。

（一）钢纤维掺量的确定

钢纤维混凝土中钢纤维的含量，应以混凝土的抗拉强度和抗弯强度来确定，根据钢纤维混凝土的施工经验，一般情况下钢纤维掺量为混凝土体积的2％左右为宜，当使用单根状钢纤维时，其长径比控制在不应大于100，多数应控制在60～80，并尽可能取有利于和基体混凝土黏结的纤维形状。对于粗骨料最大粒径为10mm的钢纤维混凝土，钢纤维的掺量不应超过水泥质量的2％。

（二）混凝土水灰比确定

钢纤维混凝土的抗拉强度，基本上受钢纤维的平均间隔和混凝土的基本强度所支配。钢纤维的平均间隔越小，势必导致增加钢纤维掺量并选用直径小的钢纤维；同时混凝土的水灰比越小，钢纤维混凝土的抗拉强度也越高。

配制钢纤维混凝土宜采用强度等级较高的水泥，一般应选用42.5MPa的普通硅酸盐水泥；当配制高强钢纤维混凝土时，可选用52.5MPa以上的硅酸盐水泥或硫铝酸盐水泥。钢纤维混凝土的水泥用量一般都超过400kg/m³，水灰比一般控制在0.40～0.50范围内，必要时也可掺加适量的减水剂。

（三）粗骨料最大粒径确定

普通混凝土中粗骨料的最大粒径，主要根据构件尺寸和钢筋间距来决定，而钢纤维混凝土中粗骨料的最大粒径对抗弯强度有较大影响。当钢纤维掺量为1％左右时，其影响比较小，达到1.8％时则影响十分明显。

试验充分证明，如果粗骨料的粒径较大，钢纤维不容易均匀分散，引起局部混凝土中平均间隔加大，导致抗弯强度的降低。在粗骨料最大粒径为15mm左右时，能够获得最高的强度，而最大粒径为25mm时，钢纤维的增强效果较差。因此，配制钢纤维混凝土粗骨料最大粒径控制在10～15mm。

（四）混凝土砂率的确定

钢纤维混凝土配合比中的砂率，比普通混凝土的砂率有更重要的意义。试验证明，混凝土的砂率支配着钢纤维在混凝土中的分散度，对混凝土的强度有影响，另外砂率又是支配钢纤维混凝土稠度最重要的因素。

钢纤维混凝土配制试验证明，从强度方面考虑，砂率在60％左右比较合适；从混凝土的稠度方面考虑，砂率在60％～70％范围内比较合适。

（五）单位用水量的确定

钢纤维混凝土的单位用水量，与混凝土的稠度有密切关系。塑性钢纤维混凝土单位用水量如表16-5所列，半干硬性钢纤维混凝土单位用水量如表16-6所列。

表16-5　塑性钢纤维混凝土单位用水量

拌和料条件	粗骨料品种	最大骨料粒径/mm	单位体积用水量/kg
$L/d=50$, $V_f=0.5$％	碎石	10～15	235
坍落度为20mm		20	220
$W/C=0.50～0.60$	卵石	10～15	225
中砂		20	205

注：1. 坍落度变化范围为10～50mm时，每增减10mm，单位用水量相应增减7kg。

2. 钢纤维体积率每增减0.5％，单位体积用水量相应增减8kg。

3. 钢纤维长径比每增减10，单位体积用水量相应增减10kg。

4. L/d为钢纤维的长径比。

表 16-6　半干硬性钢纤维混凝土单位用水量

拌和料条件	维勃稠度/s	单位体积用水量/kg
$V_f=1.0\%$ 碎石最大粒径 10～15mm $W/C=0.40～0.50$ 中砂	10	195
	15	182
	20	175
	25	170
	30	166

注：1. 当粗骨料最大粒径为 20mm 时，单位体积用水量相应减少 5kg。

2. 当粗骨料为卵石时，单位体积用水量相应减少 10kg。

3. 钢纤维体积率每增减 0.5%，单位体积用水量相应增减 8kg。

(六) 混凝土外加剂确定

由于钢纤维混凝土的水泥用量较大，一般情况下均超过 400kg/m³，所以工程造价比较高。利用高效减水剂，不仅能大幅度地降低水泥用量，而且还可以降低工程造价。如果适当地使用高效减水剂，可节省水泥用量 15% 左右。高效减水剂对钢纤维混凝土水泥用量的减少效果如表 16-7 所列。

表 16-7　高效减水剂对钢纤维混凝土水泥用量的减少效果

砂率 /%	钢纤维混 凝土类别	水泥用量		钢纤维混凝土的坍落度/cm				
		用量/(kg/m³)	比较值/%	$V_f=0$	$V_f=0.5\%$	$V_f=1.0\%$	$V_f=1.5\%$	$V_f=2.0\%$
60	不掺减水剂	410	100	7.0	4.7	2.4	0.6	0.0
	掺加减水剂	350	85	8.0	6.0	2.8	0.2	0.0
80	不掺减水剂	434	100	5.7	4.8	3.8	2.8	1.4
	掺加减水剂	366	84	7.0	5.7	4.7	3.4	1.7

二、钢纤维混凝土配合比设计的具体方法

目前，在工程中应用比较广泛的钢纤维混凝土配合比设计方法有等体积替代细骨料法、以抗压强度为控制参数法和二次合成设计法等。

(一) 等体积替代骨料法

等体积替代骨料法的思路是把钢纤维作为一种骨料，对已经配好的基体混凝土中的骨料进行等体积替代。根据替代的骨料种类不同，又可分为等体积替代细骨料法和等体积替代粗细骨料法两种方法。

1. 等体积替代细骨料法

等体积替代细骨料法是掺入混凝土的钢纤维只替代细骨料砂。设已配制成功的 1m³ 基体混凝土中砂的用量为 S_0，拟掺入钢纤维混凝土中的钢纤维体积率为 V_f，钢纤维对砂进行等体积替代，则钢纤维混凝土中砂的用量应为：

$$S_f=S_0-\rho_s V_f \tag{16-1}$$

式中，S_f 为 1m³ 钢纤维混凝土中砂的掺量，kg；S_0 为 1m³ 基体维混凝土中砂的用量，kg；ρ_s 为砂的堆积密度，kg/m³；V_f 为钢纤维的体积率，%。

2. 等体积替代粗细骨料法

等体积替代粗细骨料法是在保持基体混凝土砂率不变的情况下，钢纤维同时替代粗细骨料，如基体混凝土的砂率为 S_p，则可按式(16-2) 计算：

$$S_p=\frac{S_0}{G_0+S_0} \tag{16-2}$$

式中，G_0 为 $1m^3$ 基体混凝土中石子的用量，kg；S_0 为 $1m^3$ 基体混凝土中砂的用量，kg。

设砂与石子的用量比例为 k，则由式(16-3)可得：

$$k = \frac{S_0}{G_0} = \frac{S_p}{1 - S_p} \tag{16-3}$$

令钢纤维混凝土中的钢纤维体积率为 V_f，其中替代砂的用量为 ΔS_0，则：

$$V_f = \frac{\Delta S_0}{\rho_s} \tag{16-4}$$

$$k = \frac{\Delta S_0}{\Delta G_0} \tag{16-5}$$

解式(16-4)和式(16-5)组成的二元一次方程，即可求得 ΔS_0 和 ΔG_0，由此可计算钢纤维混凝土中的石子和砂的用量。

等体积替代骨料法的优点，其沿用了普通水泥混凝土配合比设计的基础，只是对骨料的用量加以变动，相对比较简单。但是，不能预知钢纤维混凝土的有关性能，很难预测新拌混凝土的工作性。

经我国有关专家对钢纤维混凝土资料的研究，发现有以下规律，可供进行钢纤维混凝土配合比设计时参考。

(1) 基体混凝土掺加钢纤维后，新拌混凝土的坍落度均有不同程度减少，钢纤维的体积率（V_f）越大，混凝土坍落度值下降越多，下降值可用经验公式(16-6)计算：

$$SL_f = SL_0(1 - \varphi V_f) \tag{16-6}$$

式中，SL_f 为掺加钢纤维后的混凝土坍落度，cm；SL_0 为未掺钢纤维后的基体混凝土坍落度，cm；φ 为经验系数，当等体积替代细骨料时 $\varphi = 2.0 \sim 2.5$，当等体积替代粗细骨料时 $\varphi = 1.5 \sim 2.0$；用平直形钢纤维时取低值，用异形钢纤维时取低值；V_f 为钢纤维的体积率，%。

(2) 钢纤维混凝土的抗压强度，可用式(16-7)计算：

$$f_{fcu} = f_{cu}(1 + 0.06\lambda_f) \tag{16-7}$$

式中，f_{fcu} 为钢纤维混凝土的抗压强度，MPa；f_{cu} 为不掺加钢纤维混凝土（基体）的抗压强度，MPa；λ_f 为钢纤维含量特征系数，$\lambda_f = V_f L / d$（L 和 d 分别为钢纤维的长度和直径）。

（二）以抗压强度为控制参数法

以抗压强度为控制参数法是周清涛等人提出的一种钢纤维混凝土配合比设计方法。这种方法以混凝土的抗压强度为主要控制参数，首先近似地按不掺加钢纤维的混凝土进行配合比设计，然后再用一定的图表予以简化计算。

以抗压强度为控制参数法的设计步骤详见如下所述。

1. 确定混凝土配制强度

确定混凝土的配制强度，与普通水泥混凝土相同，即根据混凝土的设计强度确定其配制强度，用式(16-8)计算：

$$f_{cu,0} = f_{cu,k} + t\sigma \tag{16-8}$$

式中，$f_{cu,0}$ 为混凝土的配制强度，MPa；$f_{cu,k}$ 为混凝土的设计强度等级，MPa；t 为强度保证率系数，当强度保证率为 95% 时，取 $t = 1.645$；σ 为混凝土强度标准差，MPa，可根据施工单位以往的生产质量水平进行测算，如施工单位无历史统计资料时可按表 16-8 选用。

表 16-8　混凝土强度标准差取值表（JGJ 55—2011）

混凝土强度等级	＜C20	C20～C35	＞C35
混凝土强度标准差/MPa	4.0	5.0	6.0

2. 确定混凝土的水灰比

钢纤维混凝土的水灰比计算，与普通水泥混凝土相同，可用式(16-9) 计算：

$$\frac{W}{C} = \frac{A f_{ce}}{f_{cu,28} + ABf_{ce}} \tag{16-9}$$

式中，$f_{cu,28}$ 为混凝土 28 天龄期立方体抗压强度，MPa；f_{ce} 为水泥实际强度，MPa，f_{ce} 可通过试验确定，也可根据《普通混凝土配合比设计规程》(JGJ 55—2011) 中的规定，取水泥强度富余系数为 1.13，按 $f_{ce} = 1.13 f_c$ 计算，其中 f_c 为水泥强度等级；C、W 分别为 1m³ 混凝土中水泥用量和水的用量，kg；A、B 分别为经验系数，与骨料品种等有关。当采用碎石时：$A = 0.46$，$B = 0.07$；采用卵石时，$A = 0.48$，$B = 0.33$。

3. 确定混凝土的单位用水量（W_0）

(1) 半干硬性钢纤维混凝土的单位用水量确定　根据粗骨料最大粒径 D_{max} 及半干硬性混凝土的维勃稠度，可以从图 16-1 曲线中查取。在一般情况下，钢纤维体积率在 0.5% ～ 2.0% 范围内，钢纤维体积率每增减 0.5%，混凝土的单位用水量则相应增减 8kg。

(2) 塑性钢纤维混凝土的单位用水量确定　根据混凝土要求的坍落度 h，可以从图 16-2 曲线中查得单位体积用水量 W_0。钢纤维体积率每增减 0.5%，单位体积用水量应相应增减 8kg；钢纤维的长径比每增减 10 单位体积用水量则应相应增减 10kg。

钢纤维混凝土的单位用水量，与混凝土的维勃稠度有密切关系。塑性钢纤维混凝土单位用水量如表 16-9 所列，半干硬性钢纤维混凝土单位用水量如表 16-10 所列。

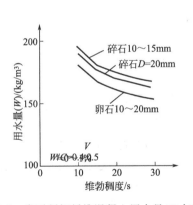

图 16-1　半干硬钢纤维混凝土用水量 W 与要求的维勃稠度 S 的关系曲线

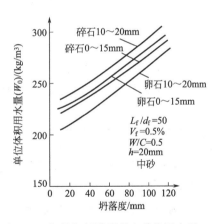

图 16-2　塑性钢纤维混凝土单位用水量 W_0 与要求坍落度 h 的关系曲线

表 16-9　塑性钢纤维混凝土单位用水量

拌和料条件	粗骨料品种	最大骨料粒径/mm	单位体积用水量/kg
$L/d = 50$, $V_f = 0.5\%$ 坍落度为 20mm $W/C = 0.50 \sim 0.60$ 中砂	碎石	10～15	235
		20	220
	卵石	10～15	225
		20	205

注：1. 坍落度变化范围为 10～50mm 时，每增减 10mm，单位用水量相应增减 7kg。

2. 钢纤维体积率每增减 0.5%，单位体积用水量相应增减 8kg。

3. 钢纤维长径比每增减 10，单位体积用水量相应增减 10kg。

4. L/d 为钢纤维的长径比。

表 16-10　半干硬性钢纤维混凝土单位用水量

拌和料条件	维勃稠度/s	单位体积用水量/kg
$V_f=1.0\%$ 碎石最大粒径 10~15mm $W/C=0.40~0.50$ 中砂	10	195
	15	182
	20	175
	25	170
	30	166

注：1. 当粗骨料最大粒径为 20mm 时，单位体积用水量相应减少 5kg。

2. 当粗骨料为卵石时，单位体积用水量相应减少 10kg。

3. 钢纤维体积率每增减 0.5%，单位体积用水量相应增减 8kg。

对于建筑工程中所用钢纤维混凝土的坍落度可参考表 16-11 进行选取。

表 16-11　建筑工程中所用钢纤维混凝土浇筑地点坍落度的选取

钢纤维混凝土结构的种类	混凝土坍落度/mm	
	振捣器捣实	人工捣实
基础或地面垫层	0~10	10~20
无配筋的厚大结构(挡土墙、基础)或厚大块体	0~10	10~30
板、梁的大、中、小型截面的柱子	10~30	30~50
配筋较密的结构(薄壁、斗仓、筒仓、细柱等)	30~50	50~70
配筋特别稠密的结构	50~70	70~100

4. 钢纤维混凝土水泥用量的确定

钢纤维混凝土水泥用量的确定，是根据用式(16-9)计算的混凝土水灰比（W/C）和确定的单位体积用水量（W_0），用式(16-10)进行计算：

$$C_0=\frac{C}{W_0}\times W_0 \tag{16-10}$$

5. 钢纤维混凝土砂率的选取

钢纤维混凝土砂率 S_p 的选取可参考表 16-12。

表 16-12　钢纤维混凝土砂率 S_p 的选取参考表

$L_f/d_f=50,V_f=1.0\%$ $W/C=0.50$,砂 $M=3.0$	50	45	$L_f/d_f=50,V_f=1.0\%$ $W/C=0.50$,砂 $M=3.0$	50	45
钢纤维长径比 L_f/d_f 增减 10	±5	±3	混凝土水灰比 W/C 增减 0.1	±2	±2
钢纤维体积率 V_f 增减 0.5%	±3	±3	砂的细度模数 M 增减 0.1	±1	±1

6. 混凝土钢纤维体积率的选取

不同的钢纤维混凝土结构，所要求的钢纤维体积率也不同，一般可参考表 16-13 中的数值进行选取。

表 16-13　钢纤维体积率选用参考表

钢纤维混凝土结构类别	钢纤维体积率/%	钢纤维混凝土结构类别	钢纤维体积率/%
一般浇筑成型的结构	0.5~2.0	铁路轨枕、刚性防水屋面	0.8~1.2
局部受压构件、桥面、预制桩尖	1.0~1.5	喷射钢纤维混凝土	1.0~1.5

7. 混凝土粗细骨料用量的计算

用不掺加钢纤维的普通水泥混凝土配合比设计中的绝对体积法，则可求得粗骨料和细骨料的用量。由于在钢纤维混凝土中钢纤维也作为一个组分，占用混凝土的一部分体积，即可用式(16-11)和式(16-12)联立求得钢纤维混凝土的 G_0 和 S_0。

$$\frac{G_0}{\rho_g}+\frac{S_0}{\rho_s}+\frac{C_0}{\rho_c}+\frac{W_0}{\rho_w}+1000V_f+10\alpha=1000 \ (L) \tag{16-11}$$

$$S_p=\frac{S_0}{G_0+S_0} \tag{16-12}$$

8. 钢纤维混凝土的试拌与调整

钢纤维混凝土的配合比设计，与普通水泥混凝土基本相同，也包括两个过程，即配合比的初步计算和工程中的比例调整。由于在初步计算中有一些假设，与工程实际很可能不相符，所以计算得出的数据仅为混凝土试配的依据。工程实际中往往需要通过多次试配才能得到适当的配合比。

钢纤维混凝土配合比的试配与调整的方法和步骤，与普通水泥混凝土基本相同。但是，其水胶比的增减值宜为 0.02～0.03。为确保钢纤维混凝土的质量要求，设计配合比提出后，还需用该配合比进行 6～10 次重复试验确定。

（三）二次合成设计法

钢纤维混凝土二次合成设计法，是林小松等人于 1996 年提出的，其思路是将钢纤维混凝土看作是由钢纤维水泥浆和基准混凝土两种组分组成的。在进行配合比设计时，首先计算出 1m³ 钢纤维混凝土中两种组分各自材料的用量，然后合二为一成为钢纤维混凝土的配合比。

钢纤维混凝土二次合成设计法的具体步骤详见如下所述。

1. 确定混凝土试配强度

钢纤维混凝土的试配强度计算，与普通水泥混凝土相同，即用式(16-13)计算：

$$f_{cu,0}=f_{cu,k}+1.645\sigma \tag{16-13}$$

2. 选择钢纤维的体积率

用二次合成设计法进行钢纤维混凝土配合比设计，钢纤维体积率一般可在 3%～5% 范围内选择。

3. 确定基准混凝土强度

根据钢纤维混凝土的抗压强度（f_{fcu}）和选择的钢纤维体积率（V_f），可用式(16-14)确定基准混凝土的强度：

$$f_{cu}=kf_{fcu} \tag{16-14}$$

式中，f_{cu} 为基准混凝土的强度，MPa；f_{fcu} 为钢纤维混凝土的抗压强度，MPa；k 为钢纤维掺入系数，$k=0.70\sim0.85$，当 V_f 低时取高值，当 V_f 高时取低值。

4. 求基准混凝土的配合比

按照求得的基准混凝土的强度，用普通水泥混凝土配合比设计方法，求出 1m³ 基准混凝土的原材料配合比。

5. 确定所需水泥浆用量

通过试验确定钢纤维水泥浆单位质量钢纤维所需水泥浆量，这是钢纤维混凝土配合比设计中的重要数据，具体的试验方法如下所述。

（1）按基准混凝土的胶结料的各种原料（水泥、掺合料）的相对比例及水灰比（W/C）配制成水泥料浆。

（2）在单位质量（1kg）的钢纤维中由少到多逐渐加入水泥料浆，直至水泥料浆流动性最好而又未发生离析，此时所用的水泥浆量即为单位质量（如 1kg）钢纤维所需的水泥浆量。

6. 计算 $1m^3$ 混凝土中所需水泥浆

根据试验得出的单位质量钢纤维所需水泥浆量，即可计算 $1m^3$ 钢纤维混凝土所需的钢纤维水泥浆用量 $V_f(m^3)$。

7. 确定基准混凝土材料用量

根据计算所得的钢纤维水泥浆体积 V_f，可用式（16-15）计算出基准混凝土的实际体积 V_c：

$$V_c = 1 - V_f \qquad\qquad (16\text{-}15)$$

因此，$1m^3$ 钢纤维混凝土中基准混凝土各种材料的用量，只要用 $1m^3$ 基准混凝土中的用量乘以实际体积 V_c 即可。

8. 合成钢纤维混凝土配合比

将计算所得的钢纤维水泥浆用量与基准混凝土用量相加，即可得出 $1m^3$ 钢纤维混凝土的各种材料用量。

第三节　钢纤维混凝土参考配合比

随着钢纤维混凝土的推广应用，其配合比也趋于逐渐成熟，国内外总结出很多成功的配合比。美国农里欧斯大学经过试验研究，得出一种典型的钢纤维混凝土的设计配合比，他们经过实践认为，这是一组经济、合理、切实可行、具有较高强度和较小干燥收缩值的配合比。这种钢纤维混凝土的配合比及 28 天的强度如表 16-14 所列。

表 16-14　典型钢纤维混凝土的配合比及 28 天的强度

每立方米混凝土的材料组成/(kg/m³)						28 天的强度指标/MPa		
水泥	粉煤灰	砂	石子	钢纤维	水	抗压强度	抗拉强度	抗弯强度
297	139	848	837	119	142	45.0	5.5	7.8

表 16-15 中列出了日本钢纤维混凝土配合比示例；表 16-16 中列出了国内钢纤维混凝土配合比及特性；表 16-17 中列出了钢纤维混凝土配合比及抗拉强度表；表 16-18 中列出了钢纤维喷射混凝土的配合比用量；表 16-19 中列出了钢纤维混凝土施工参考配合比，表 16-20 中列出了典型钢纤维混凝土设计配合比，均可供钢纤维混凝土配合比设计和施工中参考。

表 16-15　日本钢纤维混凝土配合比示例

粗骨料最大粒径/mm	水灰比	砂率/%	钢纤维掺量/%	坍落度/cm	各种材料用量/(kg/m³)					
					水	水泥	砂	石子	外加剂	钢纤维
25	0.42	50	1.5	5.0	182	434	808	839	1.11	118
10	0.42	80	2.5	5.0	215	512	1116	231	1.28	196
9.5	0.40	70	1.3	3.8～7.6	155	384	842	366	1.68	100
10	0.53	72	1.4	7.5	207	393	1151	471	—	133

表 16-16　国内钢纤维混凝土配合比及特性

序　号	纤维体积 /%	混凝中混合物的比例(质量比)				水泥用量 /(kg/m³)	湿堆积密度 /(kg/m³)	含气体积 /%
		水泥	骨料	钢纤维	水			
1	0	1	4.51	0	0.42	400	2.39×10³	0.3
2	1.0	1	4.38	0.20	0.42	400	2.46×10³	0
3	2.0	1	4.31	0.40	0.42	400	2.50×10³	0.1
4	2.5	1	4.28	0.50	0.42	400	2.52×10³	0.3
5	3.0	1	4.25	0.60	0.42	400	2.55×10³	0
6	1.5	1	3.90	0.27	0.42	400	2.47×10³	0.1
7	1.5	1	3.90	0.27	0.42	430	2.47×10³	0
8	2.0	1	3.87	0.37	0.42	430	2.48×10³	0.2
9	2.0	1	3.87	0.37	0.42	430	2.50×10³	0
10	2.0	1	3.87	0.37	0.42	430	2.49×10³	0
11	2.5	1	3.84	0.46	0.42	430	2.51×10³	0
12	2.5	1	3.84	0.46	0.42	430	2.53×10³	0
13	2.5	1	4.28	0.50	0.42	400	2.49×10³	0.5
14	2.5	1	4.28	0.50	0.42	400	2.52×10³	0.3

表 16-17　钢纤维混凝土配合比及抗拉强度

混凝土强度等级	石子种类	水灰比(W/C)	材料用量/(kg/m³)			减水剂 HF/%	消泡剂 SP100/%	不同掺量(%)钢纤维混凝土抗拉强度/MPa					
			水泥	砂	石子			0	0.5	1.0	1.5	2.0	2.5
C60	碎石	0.26	300	404	944	0.8	—	3.85	4.42	4.22	4.70	4.60	5.13
								3.97	3.72	4.30	4.53	5.12	5.54
C40	卵石	0.42	340	778	1167	0.5	0.04	2.31	2.93	3.72	4.21	4.49	4.89
								2.64	3.09	3.35	3.92	4.22	4.98
C♯0	卵石	0.58	320	910	910	0.5	0.04	1.65	2.61	3.13	3.30	3.87	3.75
								1.90	2.51	3.17	3.49	4.22	4.24

表 16-18　钢纤维喷射混凝土的配合比用量　　　　　　　单位：kg/m³

混凝土组成材料	细骨料配合用量(砂浆)	粗骨料配合用量(混凝土)
42.5 级普通硅酸盐水泥	450~550	450
细度模数 M=3.0 的砂	1500~1600	700~800
粒径小于 10mm 粗骨料	—	700~875
钢纤维	40~60	60~120
速凝剂	根据实际情况确定	根据实际情况确定
混凝土水灰比(W/C)	0.40~0.45	0.40~0.45

表 16-19　钢纤维混凝土施工参考配合比

组 成 材 料	混凝土材料用量/(kg/m³)	组 成 材 料	混凝土材料用量/(kg/m³)
水泥	384	钢纤维(φ0.41mm×19mm)	100
砂	842	减水剂	1.42
粗骨料(最大粒径 9.5mm)	766	加气剂	0.26
拌和水	155	泵送剂(流化剂)	0.04

表 16-20　典型钢纤维混凝土设计配合比

材料名称	水泥	粉煤灰	砂	石子	拌和水	钢纤维
用量/(kg/m³)	297	139	848	837	142	71~119

注：表中采用的石子最大粒径为 15mm。

第十七章　冬季施工混凝土

普通水泥混凝土受到材料组成、环境温度、施工条件等多方面的影响，其工程施工质量有很大的区别。尤其是在寒冷的气候中进行普通水泥混凝土的施工，要保证设计要求的工程质量，应当采取一系列冬季施工的技术措施。在我国北方广大地区，冬季时间较长，环境温度较低，对混凝土影响较大，为了保证混凝土工程的质量，使建筑业实现常年均衡施工，以推动经济建设的快速发展，必须组织冬季混凝土施工。因此，混凝土的冬季施工是混凝土工程不可避免，采用科学的冬季施工技术也是建筑业的一个重大技术课题。

冬季施工混凝土，又称为抗冻混凝土，即在低温条件下施工的混凝土。我国在国家标准《混凝土结构工程施工质量验收规范》（GB 50204—2002）（2011 年版）中规定：根据当地多年气温资料，室外日平均气温连续 5 天稳定低于 5℃时，混凝土结构工程的施工应采用冬季施工措施。

冬季施工混凝土的实质，是指在自然负温气候条件下，采取防风、防干和防冻等施工措施，使混凝土的水化和凝结硬化能够按照预期的目的，最终使混凝土的强度满足设计和使用的要求。

第一节　冬季施工混凝土的材料组成

冬季施工混凝土主要由胶凝材料、细骨料、粗骨料、水和外加剂组成，由于这种混凝土施工条件很差，气候等对混凝土强度的影响很大，所以它与常温下施工的混凝土相比，对原材料的质量要求更加严格。

工程实践证明，冬季施工混凝土的质量好坏、进度快慢和造价高低，在很大程度上取决于对组成混凝土原材料选择是否正确。因此，在混凝土进入冬季施工时，要很好地进行原材料的选择和配比设计。

一、对胶凝材料（水泥）的选择

冬季施工混凝土所用水泥品种和性能，主要取决于混凝土养护条件、结构特点、结构使用期间所处环境和施工方法。因此，冬季施工混凝土应优先选用硅酸盐水泥和普通硅酸盐水泥，一般不得选用火山灰质硅酸盐水泥和粉煤灰硅酸盐水泥。若选用矿渣硅酸盐水泥时，宜优先考虑采用蒸汽养护方法。

如果因为硅酸盐水泥和普通硅酸盐水泥缺乏，需要选用其他品种水泥时，应注意其中的掺合料对混凝土抗冻性、抗渗性等性能的影响，也可选用经过技术鉴定的早强水泥，但在水泥中掺加早强剂时要进行相关试验合格后方可使用。

冬季施工混凝土所用水泥的选用方法如表 17-1 所列。

有条件的工程可用特种快硬高强类水泥来配制冬季施工混凝土。但采用掺外加剂冬季施工方法时，冬季施工混凝土是不能选用高铝水泥的，这是因为高铝水泥因重结晶而导致混凝

表 17-1　冬季施工混凝土所用水泥的选用方法

混凝土工程特点或所处环境条件		优 先 选 用	可 以 选 用	不 得 使 用
环境条件	在普通气候环境中的混凝土	普通硅酸盐水泥	矿渣硅酸盐水泥、火山灰质硅酸盐水泥、粉煤灰硅酸盐水泥	
	在干燥环境条件中的混凝土	普通硅酸盐水泥	矿渣硅酸盐水泥	火山灰质硅酸盐水泥、粉煤灰硅酸盐水泥
	在高温环境中或处于水下的混凝土	矿渣硅酸盐水泥	普通硅酸盐水泥、火山灰质硅酸盐水泥、粉煤灰硅酸盐水泥	
	严寒地区露天混凝土、寒冷地区处于水位升降范围的混凝土	普通硅酸盐水泥（强度≥32.5MPa）	矿渣硅酸盐水泥（强度≥32.5MPa）	火山灰质硅酸盐水泥、粉煤灰硅酸盐水泥
	严寒地区处于水位升降范围内的混凝土	普通硅酸盐水泥（强度≥42.5MPa）		火山灰质硅酸盐水泥、粉煤灰硅酸盐水泥、矿渣硅酸盐水泥
	受侵蚀性环境、水或侵蚀性气体作用的混凝土	根据侵蚀介质的种类、浓度、环境条件等具体情况，按专门（或按设计）规定选用		
工程特点	厚大体积混凝土	粉煤灰硅酸盐水泥、矿渣硅酸盐水泥	普通硅酸盐水泥、火山灰质硅酸盐水泥	硅酸盐水泥、快硬硅酸盐水泥
	要求快硬的混凝土	快硬硅酸盐水泥、硅酸盐水泥	普通硅酸盐水泥	矿渣硅酸盐水泥、粉煤灰硅酸盐水泥、火山灰质硅酸盐水泥
	高强混凝土	硅酸盐水泥	普通硅酸盐水泥、矿渣硅酸盐水泥	火山灰质硅酸盐水泥、粉煤灰硅酸盐水泥
	有抗渗性要求的混凝土	普通硅酸盐水泥、火山灰质硅酸盐水泥		矿渣硅酸盐水泥
	有耐磨性要求的混凝土	硅酸盐水泥、普通硅酸盐水泥（强度≥32.5MPa）	矿渣硅酸盐水泥（强度≥32.5MPa）	火山灰质硅酸盐水泥、粉煤灰硅酸盐水泥

土强度的降低，对钢筋混凝土中钢筋的保护作用也比硅酸盐水泥差的缘故。

对于厚大体积的混凝土结构物，如水坝、反应堆、高层建筑物的大体积基础等，则选用水化热较小的水泥，以避免温差应力对结构产生不利影响。

总之，冬季施工混凝土对水泥的选择应注意以下方面：①优先选用硅酸盐水泥或普通硅酸盐水泥，不得选用火山灰质硅酸盐水泥；②如果选用矿渣硅酸盐水泥，应同时考虑采用蒸汽养护；③所用的水泥强度不应低于 32.5MPa；④水泥用量最低不少于 300kg/m³，厚大体积混凝土的水泥最少用量，应根据实际情况确定。

二、对骨料的选择

冬季施工混凝土所用的骨料分为细骨料和粗骨料。细骨料宜选用色泽鲜艳、质地坚硬、级配良好、质量合格的中砂，其含泥量不得大于 1.0%；粗骨料宜选用经 15 次冻融值试验合格（总质量损失小于 5%）的坚实级配花岗岩或石英岩碎石，其坚固性指标应符合现行国家标准的规定，不得含有风化的颗粒，含泥量不得大于 1.0%，泥块含量不得大于 0.5%。

对于抗冻等级为 D100 及以上的混凝土，其所用的粗骨料和细骨料均应进行坚固性试验，并应符合现行行业标准《普通混凝土用砂、石质量标准及检验方法》（JGJ 52—2006）中的规定。所用粗骨料和细骨料的其他技术要求，应当符合国家标准《建设用卵石、碎石》（GB/T 14685—2011）和《建设用砂》（GB/T 14684—2011）中的规定。

骨料多数处于露天堆场，对混凝土的质量有较大影响，因此，要求对骨料提前清洗和储备，做到骨料清洁。配制混凝土时，要使用冰雪完全融化的骨料，不宜使用冻结或掺有冰雪的骨料；否则，会降低混凝土的温度和质量。

冬季施工混凝土所用的骨料，必须具有良好的抗冻性。为满足混凝土抗冻性的要求，粗骨料和细骨料应分别满足表 17-2 中的规定。

表 17-2　冬季施工混凝土对骨料的要求

序　号	骨料种类	质　量　要　求
1	粗骨料	（1）对于强度等级较高的冬季施工混凝土，其粗骨料的最大粒径不应大于 31.5mm； （2）粗骨料中针片状颗粒含量（按质量计），不宜大于 5%； （3）粗骨料中的含泥量不宜大于 1.0%，泥块含量不宜大于 0.5%； （4）其他质量标准应符合《建设用卵石、碎石》（GB/T 14685—2011）中的规定
2	细骨料	（1）细骨料中的含泥量不宜大于 1.0%，泥块含量不宜大于 0.5%； （2）其细度模数应控制在 2.6 左右； （3）其他质量标准应符合《建设用砂》（GB/T 14684—2011）中的规定

冬季施工混凝土所用的骨料堆场，应选在地势较高、不积水、运输方便、有排水出路的地方。

三、对早强防冻剂的选择

冬季施工混凝土中掺入适宜的混凝土早强减水剂和防冻剂，能有效地改善混凝土的工艺性能，提高混凝土的耐久性，并保证其在低温初期时获得早期强度，或在负温时期的水化硬化能继续进行，防止混凝土早期遭受冻害。

按照防冻剂在混凝土中的作用和效果不同，一般可分为防冻抗冻型防冻剂、抗冻害型防冻剂、早强型防冻剂和引气型防冻剂。国内外目前常用的是复合型防冻剂，如早强剂＋减水剂、防冻剂＋早强剂＋阻锈剂、防冻剂＋早强剂＋阻锈剂＋减水剂、防冻剂＋早强剂＋引气剂＋减水剂、防冻剂＋早强剂＋阻锈剂＋减水剂＋引气剂和防冻剂＋早强剂＋阻锈剂＋减水剂＋引气剂＋其他外加剂等。

（一）防冻剂的作用机理

（1）在混凝土中加入防冻剂，可以使在寒冷条件下进行施工而不需对材料加热；在混凝土成型后，也不需要对混凝土加热。防冻剂的作用是在负温下确保混凝土中有液相存在，从而使水泥中的矿物成分可继续水化，使混凝土在严寒下硬化。

（2）水中加入防冻剂，其化学作用使其冰点降低并且由于生成溶剂化物，即在被溶解物质与水分子间形成比较稳定的组分。当将溶液中的水转化为水分子时，不仅需要降低水分子的温度，而且需要使水分子从溶剂化物中分开，两者都需要消耗能量。

（3）防冻剂对冰的力学性质有极大的影响，在这种情况下生成的冰，结构有缺陷，强度非常低，不会对混凝土产生显著的损害。与此相反，不掺加防冻剂的混凝土在早期受冻时，混凝土的力学性能及耐久性都受到很大的损害。

（4）与不掺加防冻剂的混凝土相比，掺加防冻剂混凝土受冻时所生成的冰，其结晶强度低，可以允许受冻。防冻剂的主要作用除降低水的冰点外，还可以参加水泥的水化过程，改变熟料矿物的溶解性及水化产物，并且对水化生成物的稳定性起作用。

（二）早强防冻剂应具有的作用

冬季施工混凝土用的外加剂应通过正式技术鉴定，其技术性能应符合《混凝土外加剂应用技术规范》（GB 50119—2013）和《混凝土防冻剂》（JC 475—2004）标准的规定。我国配制的早强防冻剂主要由减水、引气、防冻、早强组分组成，不仅具有对混凝土显著早强防冻功能，而且无毒、不易燃、对钢筋无锈蚀作用。

我国研制的混凝土 HJD-2 早强防冻剂，具有防冻、早强、减水、引气、稳定和阻锈等功能。

掺有早强防冻剂的混凝土，可以在负温情况下凝结硬化而不需要保温或加热，最终能达到与常温养护的混凝土相同的质量水平。

冬季施工混凝土所用的早强防冻剂，是配制低温施工环境中的重要材料，也是确保混凝土在一定负温下正常施工、保证工程质量的技术措施，因此选用的早强防冻剂应同时具备以下几个作用。

1. 具备良好的早强作用

具备良好的早强作用，使混凝土能在较短的时间内达到受冻临界强度，从而增强混凝土的抗冻能力，这是对早强防冻剂最基本的要求。

2. 具有高效减水作用

选用的早强防冻剂具有高效减水作用，是防止混凝土产生冰胀应力的重要措施。通过掺加早强防冻剂，可有效地减少混凝土的单位用水量，从而细化混凝土中的毛细孔径，这是减轻混凝土冰胀的内在因素。

3. 具有降低冰点的作用

掺加早强防冻剂后，可使混凝土在较低的环境温度条件下，保持混凝土中一定数量的液态水存在，为水泥的持续水化反应提供条件，保证混凝土强度的持续增长。

4. 对钢筋无锈蚀作用

掺加的早强防冻剂对钢筋无锈蚀作用，这是非常重要的一个方面。因为在混凝土结构和构件中，多数是钢筋混凝土，如果防冻剂对钢筋有锈蚀作用，会影响其使用寿命。

5. 具有的其他作用

另外，许多研究结果认为，防冻剂还应具有一定的引气作用，以缓和因游离水冻结而产生过大的冰胀应力。但试验证明，含气量对混凝土的早期抗冻能力并无益处，从冬季施工的角度要求出发，防冻剂无需包含引气组分。如果设计方面对混凝土的抗冻融性能有特殊要求时，可通过试验再掺入引气剂。

工程实践证明，对于抗冻等级为 D100 及以上的混凝土还应掺入适量的引气剂，掺入后混凝土的含气量应符合表 17-3 中的规定。

表 17-3　长期处于潮湿和严寒环境中混凝土的最小含气量

粗骨料最大粒径/mm	混凝土最小含气量/%	粗骨料最大粒径/mm	混凝土最小含气量/%
50	4.0	25	5.0
40	4.5	20	5.5

（三）不得选用氯盐防冻剂的工程

在大多数防冻剂中，含有氯盐的成分，它对钢筋有锈蚀作用。因此，在下列情况下，不得在钢筋混凝土中掺加氯盐：①排出大量蒸汽的车间、澡堂、洗衣房和经常处于空气相对湿度大于80%的房间,以及有顶盖的钢筋混凝土蓄水池等;②处于水位经常有升降部位的混凝土结构;③露天结构或经常受雨水或冰雪侵蚀的混凝土结构;④有镀锌钢材或铝铁相接触部位的结构,和有外露钢筋、预埋件而无防护措施的混凝土结构;⑤与含有酸、碱或硫酸盐等侵蚀介质相接触的混凝土结构;⑥使用过程中经常处于环境温度为60℃以上的混凝土结构;⑦使用冷拉钢筋或冷拔低碳钢丝的混凝土结构;⑧薄壁混凝土结构,中级和重级工作制吊车梁、屋架、落锤或锻锤基础混凝土结构;⑨电解车间和直接靠近直流电源的混凝土结构;⑩直接靠近高压电源(如发电站、变电所)的混凝土结构;⑪预应力钢筋混凝土结构。

四、对保温材料的选择

冬季施工混凝土所用的保温材料,应根据工程类型、结构特点、施工条件、经济效益和当地气温情况进行选用。一般应遵循就地取材、综合利用、经济适用的原则。

在选择保温材料时,以热导率小、密封性好、坚固耐用、防风防潮、价格低廉、质量较轻、便于搬运、支设简单、重复使用者为优。

保温材料必须干燥,含水量对热导率影响很大;因此,保温材料特别要加强堆放管理,注意不能和冰雪混杂在一起堆放。

随着工业新技术的开发,冬季施工混凝土中越来越广泛地使用轻质高效能保温材料(如岩棉等),这是今后发展的方向。

五、混凝土水灰比的选择

在负温下混凝土产生冻结,主要是由于其内部的水分结冰所致。在混凝土中,孔隙率和孔结构特征(大小、形状、间隔距离)对抵抗冻害起着明显的作用,而水灰比的大小又直接影响混凝土的孔隙率和孔结构。因此,冬季施工混凝土的水灰比的选择是一个非常重要的指标,在一般情况下应尽量减小,即应不大于0.60。

冬季施工混凝土在试配时其最大水灰比应符合表17-4中的规定。

表 17-4 冬季施工混凝土的最大水灰比

混凝土抗冻等级	无引气剂时	掺引气剂时
D50 及以下	0.55	0.60
D100	0.50	0.55
D150 及以上	0.45	0.50

第二节 冬季施工混凝土配合比设计

冬季施工混凝土,除了在施工工艺上必须采取相应的技术措施外,更重要的是通过良好的配合比设计来提高混凝土本身的抗冻性能。所以,认真进行冬季施工混凝土配合比设计,是确保混凝土质量的基础。

一、配合比设计的原则

冬季施工混凝土的配合比设计,除了应遵循上述原材料的选用规定外,还应适量地增加水泥用量,选用较小的水灰比,一般水灰比控制在0.40~0.60范围内,并要充分考虑应使冬季施工混凝土具有很好的抵御早期遭受冻害的早期临界强度、抵御冻融危害的防冻性能、抗渗性能和耐久性能。在满足以上性能的前提下，也要考虑到冬季施工混凝土的经济性。

二、配合比设计的过程

冬季施工混凝土配合比设计，在遵照其设计原则的前提下，在整个设计过程中，必须按照《普通混凝土配合比设计技术规程》（JGJ 55—2011）和《混凝土结构工程施工及验收规范》（GB 50204—2002）（2011 年版）中的有关规定执行。

第三节　冬季施工混凝土参考配合比

冬季施工混凝土在低温条件下施工，除了在工艺方面采取相应的加热措施外，更重要的是提高混凝土自身的抗冻能力，即精心进行混凝土配合比设计。表 17-5 中列出了某工程基础冬季施工混凝土的 C20、D150 实际工程配合比，供配合比设计中参考。

表 17-5　C20、D150 冬季施工混凝土配合比实例

质量配合比 （水泥∶砂∶碎石）	水泥用量 /(kg/m³)	水灰比 (W/C)	粗 骨 料		泡沫剂 掺量/%	抗压强度 /MPa	冻融质量 损失/%	抗渗 等级
			粒径/mm	掺量/%				
1∶1.57∶3.35	370	0.50	20～40	100	0	30.8	31.4	—
1∶1.57∶3.34	368	0.50	20～40	100	0.01	21.9	16.0	0.8
1∶1.57∶2.92	384	0.50	20～40 5～15	80 20	0.01	23.8	14.5	1.2
1∶1.63∶3.30	380	0.50	20～40 5～25	80 20	0.01	31.5	9.6	1.2
1∶1.77∶3.15	385	0.45	20～40 15～20 5～15	50 30 20	0.01	32.7	10.0	0.8～1.2
1∶2.00∶0	590	0.45	—	—	0.02	32.0	1.2	—

第十八章　流态混凝土

在预拌的坍落度为 80～120mm 的塑性混凝土拌和物（基体混凝土）中，在浇筑前加入一定数量的流化剂，再经过适宜时间的二次搅拌，使混凝土拌和物的流动性顿时增大，其坍落度达到 200～220mm，能像水一样进行流动的混凝土，这种混凝土称为流态混凝土。流态混凝土在美国、英国和加拿大等国称为超塑性混凝土，而在德国和日本称为流动混凝土。

第一节　流态混凝土的材料组成

普通流态混凝土所用的原材料，与普通水泥混凝土基本相同，除了水泥、粗骨料、细骨料、混合材料和水外，使混凝土成为流态的最关键材料是流化剂。流化剂实际上是一种高效减水剂，也称为超塑化剂。

一、流态混凝土的原材料

为正确使用流态混凝土的原材料，现将流态混凝土所用的各种材料的具体技术要求，在以下内容中做分别说明。

（一）水泥

配制流态混凝土所用的水泥，与普通水泥混凝土所用的水泥相同，并无特殊要求。通过对不同品种的水泥掺加流化剂后进行流态化试验的结果表明，除了细度较高的超早强水泥以外，其他各种水泥的流态化效果、流化后的坍落度、含气量等的经时变化基本相同。不同品种的水泥加入流化剂后，其坍落度显著增大，但超早强水泥流态化效果较差，如图18-1所示。

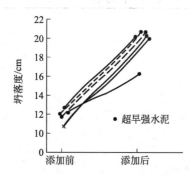

图 18-1　水泥种类对流态化效果的影响

在建筑工程中配制流态混凝土，使用最多的水泥品种是普通硅酸盐水泥。在大体积混凝土中使用流态混凝土时，为了控制混凝土的绝对温升，防止混凝土产生温度裂缝，必须降低单位体积混凝土中水泥的用量，或掺入适量的活性混合材料（如粉煤灰），或采用中等水化热水泥、B种粉煤灰水泥等。

超早强硅酸盐水泥、耐硫酸盐硅酸盐水泥等，在流态混凝土中很少应用，如果根据工程的特殊需要，必须使用这些水泥配制流态混凝土时，必须对流态混凝土的基本性质、施工性能等进行充分的试验研究，在确实可靠的基础上才能用于工程。

总的说来，流态混凝土所能采用的水泥品种很广泛，我国生产的普通硅酸盐水泥、粉煤灰硅酸盐水泥、火山灰质硅酸盐水泥、矿渣硅酸盐水泥、高炉矿渣水泥、硅质水泥、早强水泥、中热水泥等，均可配制流态混凝土。

（二）骨料

流态混凝土所用的粗骨料和细骨料的质量，除要符合《建设用卵石、碎石》（GB/T 14685—2011）、《建设用砂》（GB/T 14684—2011）的规定外，还要符合表 18-1 和表 18-2 所列的品质要求。不符合上述规定的骨料，通过试验证明能获得性能要求的流态混凝土时，也可以采用。所采用的轻骨料要符合行业标准《轻骨料混凝土结构技术规程》（JGJ 12—2006）中的规定。

表 18-1　流态混凝土用粗、细骨料的质量要求

种类	材料等级	颗粒表观密度	吸水率/%	绝对体积百分率/%	黏土含量/%	有机不纯物含量	冲洗试验质量损失/%	盐分/%
卵石和碎石	Ⅰ级	2.5 以上	2.0 以下	57 以上	0.25 以下	—	1.0 以下	—
	Ⅱ级	2.5 以上	3.0 以下	55 以上	0.25 以下	—	1.0 以下	—
	Ⅲ级	2.4 以上	4.0 以下	53 以上	0.50 以下	—	—	—
砂	Ⅰ级	2.5 以上	2.0 以下	—	1.00 以下	试验溶液颜色不能比标准液色浓	2.0 以下	0.4 以下
	Ⅱ级	2.5 以上	3.0 以下	—	1.00 以下		3.0 以下	0.1 以下
	Ⅲ级	2.4 以上	4.0 以下	—	2.00 以下		5.0 以下	0.1 以下

注：用碎石时，冲洗试验失去的碎石粉量要在 1.5% 以下。

表 18-2　流态混凝土用粗、细骨料的标准粒度

种类	最大尺寸/mm	材料等级	通过筛重量百分数/%					
			50	40	25	20	15	10
石子	40	Ⅰ级	100	95～100	—	40～65	—	10～30
		Ⅱ级	100	95～100	—	35～70	—	10～30
		Ⅲ级	100	95～100	—	25～75	—	5～40
	25	Ⅰ级	—	100	95～100	65～85	—	25～45
		Ⅱ级	—	100	95～100	60～90	—	20～50
		Ⅲ级	—	100	95～100	50～90	—	10～60
	20	Ⅰ级	—	—	100	90～100	(55～80)	25～50
		Ⅱ级	—	—	100	90～100	(55～80)	20～55
		Ⅲ级	—	—	100	90～100	(40～85)	10～60
砂		Ⅰ级	—	—	—	—	—	100
		Ⅱ级	—	—	—	—	—	100
		Ⅲ级	—	—	—	—	—	100
石子	40	Ⅰ级	0～5	—	—	—	—	—
		Ⅱ级	0～5	—	—	—	—	—
		Ⅲ级	0～10	—	—	—	—	—
	25	Ⅰ级	0～10	0～5	—	—	—	—
		Ⅱ级	0～10	0～5	—	—	—	—
		Ⅲ级	0～15	—	—	—	—	—
	20	Ⅰ级	0～10	0～5	—	—	—	—
		Ⅱ级	0～10	0～5	—	—	—	—
		Ⅲ级	0～15	—	—	—	—	—
砂		Ⅰ级	90～100	80～100	55～85	30～55	15～30	2～10
		Ⅱ级	90～100	80～100	50～90	25～65	10～35	2～10
		Ⅲ级	—	—	30～100	20～70	—	0～20

在流态混凝土中，水泥浆的黏性比基准混凝土低，与具有相同坍落度的大流动性混凝土相比，骨料的用量稍多些。考虑混凝土的工作度、离析等方面的因素，必须注意选择适宜的骨料最大粒径、粒型和级配等。

基体混凝土是塑性混凝土，即使骨料的粒径、级配和粒形稍有不好，也对混凝土的工作度、分层离析等不会有太大的影响，然而经过流化以后，骨料特性对流态混凝土的影响却非常明显。例如，粗骨料的级配不良，在级配曲线的中间部分颗粒和细颗粒太少时，流化后的混凝土会出现黏性不足、泌水离析等现象。在这种情况下，在混凝土中掺入一定量的粉煤灰，使混凝土中 0.30mm 以下的颗粒（包括水泥）含量达 $400\sim450\text{kg/m}^3$，流态混凝土拌和物的性能将得到很好的改善。

采用碎石和破碎高炉矿渣时，要适当除去粒径大于 40mm 的部分，因为使用粒径过大的骨料配制混凝土，容易产生离析。如果必须采用粒径大于 40mm 的碎石骨料时，骨料的粒度和微粉部分的含量、混凝土配合比、流态化的程度等必须有可靠的资料，而且要通过试验慎重地进行分析研究。

采用人造轻骨料配制流态混凝土，在实际工程中也有些应用。一般地讲，人造轻骨料混凝土的坍落度在 18cm 以下时，采用泵送施工是非常困难的，但配制成流态混凝土则比较容易输送。

由于天然轻骨料和副产品轻骨料性能不易掌握，配制出的混凝土质量不易保证，所以不仅在非流态混凝土中很少采用，而且流态混凝土中也不宜采用。

流态混凝土中所用的破碎高炉矿渣，除了符合规范要求外，还必须符合表 18-3 中所规定的质量标准。

表 18-3　破碎高炉矿渣的质量要求

项目 材料标准等级	根据 JISA5001 分类，颗粒容重、吸水率及单位量	绝对体积百分率/%	冲洗试验质量损失/%	细度模量波动允许范围
Ⅱ级	A 或者 B 类骨料	55 以上	5 以下	±0.30
Ⅲ级	A 或者 B 类骨料	53 以上	—	±0.30

注：高炉矿渣碎石混凝土的设计强度为 22.5MPa 以上时采用 B 类骨料。

（三）混合材料

配制流态混凝土常用的混合材料，包括化学外加剂、粉煤灰、膨胀材料和拌和水等。

1. 化学外加剂

在基体混凝土中所用的化学外加剂，一般为普通减水剂和其他性能的外加剂，我国常用的是 AE 剂或 AE 减水剂。而在流态混凝土中，作为流化剂使用的减水剂，多为 NL（多环芳基聚合磺酸盐类）、NN（高缩合三聚氰胺盐类）和 MT（萘磺酸盐缩合物）为主要成分的表面活性剂，也称为超塑化剂。

我国生产的 FDN 高效能减水剂、NNO 减水剂、UNF 高效减水剂等，均可用于配制流态混凝土。但是，无论采用何种流化剂都必须符合《混凝土外加剂》（GB 8076—2008）中的规定。

流态混凝土所用的流化剂有标准型、缓凝剂和促凝剂三种。在常温天气下，一般可采用标准型流化剂；混凝土有快凝时，可采用促凝型流化剂。在夏天浇筑混凝土要使混凝土缓凝时，可用缓凝型的减水剂加入基体混凝土中，也有时加入标准型流化剂。

2. 粉煤灰

在流态混凝土中掺加一定量的粉煤灰，不仅能改善混凝土的工作度，而且降低混凝土的水化热。特别是混凝土中水泥用量较少、骨料微粒不足的情况下，掺加粉煤灰是较好的技术措施。掺入粉煤灰配制流态混凝土，流化剂的用量将稍有增加。

为保证流态混凝土的质量，充分发挥粉煤灰的作用，掺入的粉煤灰应符合《粉煤灰在混凝土和砂浆中应用技术规程》的品质要求，并最好采用Ⅰ级和Ⅱ级粉煤灰。其品质指标如表18-4所列。

表18-4　粉煤灰品质指标和分级

序　号	品 质 指 标	粉煤灰级别		
		Ⅰ	Ⅱ	Ⅲ
1	细度(0.080mm方孔筛余)/%	≤5	≤8	≤25
2	烧失量/%	≤5	≤8	≤15
3	需水量比/%	≤95	≤105	≤115
4	三氧化硫/%	≤3	≤3	≤3
5	含水率/%	≤1	≤1	不规定

3．膨胀材料

为了防止由于混凝土收缩而产生裂纹，可在配制流态混凝土时掺加一定量的膨胀材料。采用掺加膨胀材料的流态混凝土，其流态化的效果基本上不受影响。常用的膨胀材料如建筑石膏，其表观密度较小、导热性较低、吸声性较强、可加工性良好、凝固后略有膨胀（膨胀量约1%），是防止混凝土产生收缩裂缝的良好膨胀材料。若把膨胀材料作为水泥的组分考虑，和通常情况一样，决定其流化剂的加入量即可。

日本在建筑工程中所使用的混凝土，多数为大流动性混凝土，很容易产生干缩裂纹，因此，往往在混凝土中加入膨胀材料；另一方面，也可以采用流态混凝土，降低单位用水量，以达到同样效果。如果掺加膨胀材料和流态混凝土两者同时采用，可以更有效地防止裂纹的产生。

对于掺入其他的混合材料，在流态混凝土中实践应用很少，用前必须进行试验，切不可贸然加入。

4．拌和水

配制流态混凝土所用的拌和水，与普通水泥混凝土相同，一般地说人饮用的自来水即可。其技术指标应符合《混凝土用水标准》（JGJ—2006）中的要求。

二、流态混凝土的流化剂

在混凝土中采用高效能减水剂，其目的不是为了提高混凝土的强度，而是为了提高混凝土的流动性，制备流态混凝土，把这种高效能减水剂称之为流化剂。流化剂与普通所用的减水剂，虽然都具有减水的作用，但它们的成分和效能有很大不同。流化剂不仅减水率高达30%，而且具有低引气性和低缓凝性等特点。这种流化剂掺入到搅拌后的混凝土拌和物中，能够在不影响混凝土性质的条件下，显著地提高混凝土拌和物的流动性。

配制流态混凝土的实践证明，最关键的材料是流化剂或高效减水剂。它与普通水泥混凝土中所采用的外加剂相比，具有不同的化学结构，对水泥粒子具有高度的分散性，而且即使掺量过多，也几乎对混凝土不产生缓凝作用，引气量也相对较少，因而可以大量使用。这种对水泥粒子具有高度吸附-扩散作用以及可大量使用的特点，具有极高的减水效果，可据以提高掺量来增加减水率，调节混凝土拌和物的流化效果。

流态混凝土是伴随着高效能减水剂（流化剂）的研究与应用出现的，因此流化剂是流态混凝土的关键材料。实践证明：凡是高效能减水剂都可以作为流化剂使用。

（一）流化剂的种类

目前世界各国使用的流化剂，一般有两种分类方法。按化学成分可分为：①高缩合环式磺酸盐；②萘磺酸盐甲醛缩合物；③烷基烯丙基磺酸盐树脂。按使用用途可分为：①高强度混凝土用的高强减水剂；②流态混凝土用的流化剂；③二次制品用的减水剂。常用的分类方法是按化学成分进行分类，如表18-5所列。

表18-5　高效减水剂-流化剂的分类

品种名称		主要成分	主要的作用和效果	使用量(水泥量×5%)	附注
A	1	高缩合环式磺酸盐	流化、减少和恢复稠度的降低、减水,有一定的早强性	300～500mL/100kg	根据时间不同而掺加
	2			500～1500mL/100kg	
B		烷基丙烯基磺酸盐树脂	流化、减少和恢复稠度的降低	0.5	根据时间不同而掺加
C		萘磺酸盐	流化、减少和恢复稠度的降低	0.5	根据时间不同而掺加

20世纪60～70年代，联邦德国、日本很重视混凝土流化剂的研制，先后研制出一些性能优良的流化剂产品。

从20世纪70年代后期开始，又有许多人就目前世界上用量最大的木质素类减水剂进行改性研究，试图对它进行物理、化学处理，以解决其引气性大、缓凝性强等问题。通过多年的探索和试验，已研制出符合流态混凝土使用的流化剂——改性木质素磺酸盐类高效减水剂，为降低流态混凝土的成本打下了基础。

（二）流态化作用机理

流态化作用机理简称为 DLVO 理论，由前苏联专家 Derjaguin、Landau 和荷兰专家 Verwey、Overbeek 分别完成的，即关于溶胶分散与凝聚的理论。我国的混凝土专家认为，流化剂掺入混凝土后，主要有表现出双电层保护作用、润湿作用和吸附作用。

1. 双电层保护作用

流化剂一般几乎都是一类聚合物电解质，属于多环芳基聚合磺酸盐类，都是表面活性剂，其化学结构可用通式 $R-SO_3Na$ 来表示。当流化剂掺入水泥混凝土中之后，离解出 $R-SO_3^-$、Na^+ 正负离子。R 为憎水基因，因而 $R-SO_3^-$ 被吸附到水泥粒子表面，在水泥粒子表面产生表面电位，而被水泥粒子吸附了的阴离子又强烈地吸附阳离子，形成电位层，因此在水泥粒子的外侧形成双电层。

由于流化剂在水泥粒子的外侧双电层产生电的斥力，使水泥粒子间产生相互排斥，使水泥微粒在静电斥力作用下分散，把水泥水化过程形成的空间网架结构中的束缚水释放出来，使水泥混凝土流态化。

2. 润湿作用

作为表面活性剂的流化剂，在掺入混凝土拌和物中后，还能降低表面张力和界面张力，使水泥颗粒容易被水湿润，使混凝土拌和物在具有相同坍落度的情况下，所需的拌和水量减少，这也是混凝土能够达到流态化的原因之一。

3. 吸附作用

流化剂是一种表面活性剂，在水泥颗粒的周围会产生定向吸附作用，由此在水泥颗粒的表面形成吸附膜，使水泥颗粒的溶化层加厚，从而形成一个滑动层，增加了水泥颗粒的滑动能力，因而水泥颗粒更容易分散，增大了混凝土的流动性。

（三）流化剂的基本性质

配制流态混凝土所用的流化剂，实质上是利用了高效减水剂另一大功能，它与高效减水剂的共同性质为：①减水效果非常显著，一般减水率在20%以上；②引气性较小；③没有延迟混凝土硬化最终时间的作用；④对钢材没有腐蚀性；⑤无药害，施工安全性好；⑥具有良好的分散作用。

但是，流化剂之所以成为配制流态混凝土的关键性材料，是因为其主要具有减水性、引气性和缓凝性的三大性能。

1. 减水性

流化剂的突出特点是具有高的减水性能，减水率一般在20％～30％，比普通减水剂高一倍以上。流化剂掺入混凝土中，不仅能提高水泥的分散效果，而且也可增大其添加量，获得更大的流动性。

图18-2是在水泥净浆中分别掺入不同类型的普通减水剂或流化剂，掺入量为水泥用量的0.25％～2％，测定水泥浆流动度的变化曲线。当掺量为0.25％时，水泥浆流动度的差别不明显；当掺量增至0.5％～1％时，水泥浆流动度的差别非常明显。从图中也可看出：流化剂的减水率一般在20％以上，普通减水剂的减水率在20％以下。

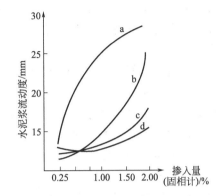

图18-2 流化剂与普通减水剂掺入量比较
a、b—流化剂；c、d—普通减水剂

2. 引气性

在水泥混凝土拌和物中，由于加入了一定量的减水剂，降低了水的表面张力，在混凝土搅拌的过程中，必然引入大量空气。如AE剂的掺入量为水溶液的1.5％时，水溶液的表面张力由原来的72dyn/cm下降至42dyn/cm，使混凝土中的含气量增大，将严重降低混凝土的强度。

但是，减水率高的流化剂与普通减水剂恰恰相反，即使其掺入量加大，水溶液的表面张力不降低或降低甚少，因而几乎没有引气性质，这是利用流化剂配制高强混凝土至关重要的一点。作为流化剂使用的三大类高效减水剂，其中无机电解质和聚合物电解质引气作用很小（表18-6）。

表18-6 高效减水剂的基本性能

项 目	无机电解质	有机表面活性物质	聚合物电解质
分子量	几十至几百	几百至几千	1000～20000
减水作用	无或5％	5％～18％	＞20％
引气作用	无	有	无或极小
掺量	1％～5％	＜1％	0.5％～2％

材料试验证明：流化剂的添加量增至2.4％，混凝土中的含气量仅2.2％。由于掺入流化剂不使水的表面张力过大降低，因此，混凝土拌和物不会产生过多的泌水和离析；由于掺入流化剂后混凝土中有一定的含气量，对提高混凝土的抗冻性、抗渗性有很大好处。

3. 缓凝性

材料试验表明：分别在水泥砂浆中掺入水泥用量1％的减水剂，其中木质素系和含氧有机酸系减水剂对混凝土缓凝的影响最大，可长达7～8h，多元醇系减水剂也能缓凝2h，只有高效能减水剂（流化剂）缓凝作用很小，这对流态混凝土的施工与应用是很重要的方面。以上两种现象的产生是由于两者的作用机理不同，高效能减水剂属于高分子芳香族磺酸盐系，掺入混凝土中被吸附于水泥微粒表面上，在微粒表面形成双电层，使水泥粒子产生分散；而普通减水剂属于羟基酸盐系，对水泥初期的水化起着抑制作用。

流态混凝土的凝结速度，总的看来比流化前的基体混凝土稍慢些，但当混凝土温度在20℃以上时，对凝结时间的影响甚小；当温度低于－50℃时，不管采用何种流化剂，混凝土的凝结时间将大幅度增长。

第二节　流态混凝土配合比设计

普通流态混凝土是在基体混凝土中掺加适量的流化剂，再进行二次搅拌而形成的坍落度大幅度增加，能像水一样流动的一种混凝土。基体混凝土是配制流态混凝土的基础，因此，流态混凝土的配合比设计，首先是基体混凝土的配合比设计。此外，要正确选择基体混凝土的外加剂和普通流态混凝土的流化剂；基体混凝土与普通流态混凝土坍落度之间要有合理的匹配。

普通流态混凝土配合比设计的原则一般是：①具有良好的工作度，在此工作度下，不产生离析，能密实浇筑成型；②满足混凝土设计所要求的强度、耐久性和其他力学性能；③符合特殊性能（如可泵性等）要求，节约原材料，降低成本。根据以上 3 条原则确定基体混凝土的配合比和流化剂的添加量。

配合比设计的程序如下所述。

普通流态混凝土的配合比可以由基体混凝土的配合比和流化剂的添加量表示。在实际施工中，普通流态混凝土一般采用泵送施工，因此在配合比设计时，必须考虑泵送混凝土施工的技术参数，以保证良好的可泵性。流态混凝土硬化后的物理力学性能与基体混凝土相近。因此，流态混凝土的配合比设计，在基体混凝土配合比设计时，要考虑流化后混凝土的可泵性。基体混凝土与流态混凝土坍落度之间要有合理的匹配。

(一) 配合比设计的要求

在进行流态混凝土配合比设计之前，还必须事先明确这种混凝土在设计上和施工上的具体要求。

1. 设计上的要求

普通流态混凝土配合比在设计上的要求，主要应考虑混凝土种类、设计标准强度、耐久性、气干容重、骨料的最大粒径、含气量、水灰比范围、最小水泥用量、坍落度、混凝土温度、发热量等。

2. 施工上的要求

普通流态混凝土配合比在施工上的要求，主要应考虑混凝土浇筑时间、工程级别、输送管管径、配管的水平换算距离、混凝土的运输距离等。

此外，还必须对使用材料的种类及性能加以技术指标鉴定，即：①水泥的种类、强度；②粗细骨料的种类、细度模数、颗粒容重、吸水率、含泥量、针片状颗粒含量、级配等；③外加剂的种类、性能、掺和比例、减水率等；④掺合料的密度、掺和比例，用水量校正比例。

(二) 试配强度的确定

根据日本建筑学会的规定，流态混凝土的试配强度，依据设计标准强度、施工级别、浇筑时间等，可由式(18-1) 求得。

（1）对于"高级混凝土"：

$$F \geqslant F_c + T + 1.64\sigma \, (MPa) \tag{18-1}$$

$$F \geqslant 0.8(F_c + T) + 3\sigma \, (MPa) \tag{18-2}$$

（2）对于"常用混凝土"：

$$F \geqslant F_c + T + 1.64\sigma \, (MPa) \tag{18-3}$$

$$F \geqslant 0.7(F_c + T) + 3\sigma \, (MPa) \tag{18-4}$$

式中，F 为混凝土的试配强度，MPa；F_c 为混凝土设计标准强度，MPa；T 为混凝土强度的气温修正值，MPa，见表 18-7；σ 为混凝土的标准差，见表 18-8。

表 18-7　混凝土强度的气温修正值 T

水泥品种	从混凝土浇筑到 28 天以后的预计平均气温或预计平均养护温度/℃				
早强硅酸盐水泥……	>1.8	1.5~1.8	0.7~1.5	0.4~0.7	0.2~0.4
普通硅酸盐水泥、高炉渣水泥、硅质水泥、粉煤灰水泥……	>1.8	1.5~1.8	0.9~1.5	0.5~0.9	0.3~0.5
高炉矿渣水泥（B 类）、硅质水泥（B 类）、粉煤灰水泥（B 类）……	>1.8	1.5~1.8	1.0~1.5	0.7~1.0	0.5~0.7
强度气温修正值 T/MPa	0	1.5	3.0	4.5	6.0

表 18-8　混凝土的标准差 σ

混凝土等级	工程现场搅拌的混凝土	预拌混凝土
高级混凝土	2.5MPa	采用预制厂生产的实际的标准差
常用混凝土	3.5MPa	采用预制厂生产的实际的标准差

（三）水灰比的计算

流态混凝土的水灰比与基体混凝土的水灰比相同，根据试配强度和耐久性要求确定。在实际工程施工中为了获得与试配强度对应的水灰比，需要通过试验确定实际工程用料。在一般情况下，可先按式(18-5)计算初步水灰比：

$$\frac{W}{C} = \frac{61}{\dfrac{F}{K} + 0.34} \tag{18-5}$$

式中，F 为混凝土的试配强度，MPa；K 为水泥通过检验得出的水泥强度，MPa。

利用求出的初步水灰比为基础，用实际工程使用的材料，根据要求的坍落度和含气量，进行 3~4 个水灰比的配比试验，从中找出强度和水灰比的关系，然后据此来确定满足试配强度的水灰比。

除了从强度上考虑水灰比之外，流态混凝土还必须满足结构物的耐久性要求。因此，流态混凝土的最大水灰比必须满足表 18-9 的水灰比范围。如果根据强度要求的水灰比超出表中的范围时，则应采用表中根据耐久性提出的水灰比。

表 18-9　流态混凝土的最大水灰比

混凝土种类	最大水灰比	
	普通混凝土	轻骨料混凝土
"高级"混凝土	0.65(0.60)	0.60
"常用"混凝土	0.70(0.65)	0.65(0.60)
寒冷地区混凝土	0.60	
高强度混凝土	0.55	
密实混凝土	0.50	
受海水作用混凝土（海工混凝土）	0.55	
屏蔽混凝土（防射线混凝土）	0.60	

注：1. 括号中的数字适用于混合水泥（B 类）。所谓混合水泥系指以矿绩、硅质材料以及粉煤灰作掺合料的水泥。

2. 此外，直接与水接触的轻骨料混凝土，水灰比的最大值为 0.55。

式(18-5)适用于硅酸盐水泥和普通硅酸盐水泥。水泥强度 K 值应通过检验水泥强度等级求出,其最大值应控制在表 18-10 中数值内。轻骨料混凝土的水灰比,用由公式(18-5)求出的水灰比值乘以根据粗细骨料的种类确定的修正系数 β 求得,β 值见表 18-11。

表 18-10　水泥强度 K 的最大值（JASS5）

水 泥 种 类	K 的最大值/MPa	水 泥 种 类	K 的最大值/MPa
早强硅酸盐水泥	40	火山灰水泥（A 类）	37
普通硅酸盐水泥	37	高炉矿渣水泥（B 类）	35
高炉矿渣水泥（A 类）	37	粉煤灰水泥（B 类）	32
粉煤灰硅酸盐水泥	37	火山灰水泥（B 类）	32

表 18-11　轻骨料混凝土水灰比修正系数 β

轻骨料混凝土的种类	β 的标准值	轻骨料混凝土的种类	β 的标准值
1 类	0.90	4 类	0.78
2 类	0.90	5 类	0.65
3 类	0.85		

注：1. 1 类、2 类轻骨料系指人造粗轻骨料,用砂、石灰石破碎砂,或人造轻砂或轻砂与重砂的拌和物。

2. 3 类、4 类、5 类是指天然轻骨料或工业废料的轻骨料与砂、石灰石破碎砂或天然轻质砂或其与重砂拌和物配制的混凝土。

　　流态混凝土的性能,受基体混凝土的坍落度和流化后坍落度增大的影响。基体混凝土的坍落度较小,即单位用水量较少,能有效地改善混凝土的各种性质。但流化后坍落度增加的过大,其效果反而相反。因此,基体混凝土的坍落度与流态混凝土的坍落度之间,要有合理的匹配。两者间的组合,要考虑混凝土的种类、使用材料、运输、浇筑等施工条件,可参考表 18-12 选择。

　　表 18-12 中所指的基体混凝土的坍落度,是指流化开始前的坍落度,所指的流态混凝土的坍落度,是指浇筑时的坍落度,而不是刚流化后的坍落度。它与基体混凝土搅拌好时坍落度以及刚流化后流态混凝土的坍落度是有差别的。其变化程度与流化剂添加时间、流化方法、混凝土的运输方法、运输时间、混凝土的种类、坍落度增大值、流化剂的种类、施工温度等因素有关。在配制流态混凝土时,应事先确定以上影响因素,找出其坍落度变化值,以便确定对坍落度要求时充分考虑这些因素。

表 18-12　流态混凝土坍落度的标准组合

混凝土种类	普通混凝土		轻骨料混凝土	
	基体混凝土	流态混凝土	基体混凝土	流态混凝土
坍落度/cm	8	15	12	18
	8	18	12	21
	12	18	15	18
	12	21	15	21
	15	21	18	21

　　在配制轻骨料流态混凝土时,为了确保轻骨料混凝土的泵送性能,其坍落度的增大值总的要比普通流态混凝土要低些。如基体混凝土坍落度 12cm 或者 15cm,流化后的混凝土坍落度可达 18cm,但这种坍落度组合的轻骨料流态混凝土,泵送是非常困难的,必须引起重视。

（四）含气量的选择

　　为了提高混凝土的抗冻性,混凝土中一般要有一定的含气量。普通混凝土的含气量一般为4%，轻骨料混凝土的含气量一般为5%。由于流化剂属于非引气性外加剂，添加流化剂后加上水泥分散、坍落度增大及再搅拌等原因，会使含气量有所降低。

材料试验证明，流态混凝土的含气量要比基体混凝土的含气量大约减小0.3%，而泵送后的流态混凝土含气量也减小0.3%左右。因此，在进行流态混凝土配合比设计时，要考虑流态混凝土含气量会减小的因素，必要时要补充加入适量的引气剂，以适当提高其含气量。

由于流化剂的品种、流化时间及掺加方法不同，再加上混凝土运输方法和配合比不同等原因，含气量也会有所不同。因此，在确定进行流态混凝土配合比设计时，要考虑流态混凝土含气量会减小的因素，必要时要加入适量的引气剂，以适当提高其含气量。

（五）单位用水量

在保证流态混凝土设计流动性的前提下，应当尽量降低单位用水量。使用流态混凝土的目的是降低混凝土干燥收缩，减少泌水，提高混凝土的密实性，改善大流动性泵送混凝土的性能。如果基体混凝土的单位用水量太大，流态混凝土则会产生明显的离析现象，这方面要充分注意。

流态混凝土的单位用水量，应根据基本混凝土的坍落度大小而确定。但是，即使基体混凝土坍落度相同，也视为与流态混凝土坍落度的组合，但与基体混凝土坍落度的增大值而有所不同。对于普通硅酸盐水泥、采用AE减水剂、砂的细度模数为2.8、粗骨料最大粒径碎石为20mm和卵石为25mm的情况下，配制流态混凝土的单位用水量可参考表18-13选取。

表18-13 流态混凝土的单位用水量 单位：kg/m³

水灰比/%	普通混凝土				轻骨料混凝土			
	坍落度组合/cm		卵 石	碎 石	坍落度组合/cm		A 类	B 类
	基体混凝土	流态混凝土			基体混凝土	流态混凝土		
45	8	15	146	159	12	18	166	161
	8	18	148	161	12	21	170	165
	12	18	158	174	15	18	168	163
	12	21	163	177	15	21	171	169
	15	21	175	187	18	21	177	170
50	8	15	145	158	12	18	164	160
	8	18	147	160	12	21	168	163
	12	18	156	168	15	18	165	163
	12	21	161	171	15	21	169	164
	15	21	168	181	18	21	176	167
55	8	15	144	158	12	18	163	158
	8	18	146	160	12	21	166	161
	12	18	154	161	15	18	164	160
	12	21	159	170	15	21	167	163
	15	21	165	179	18	21	174	166
60	12	18	153	167	—	—	—	—
	12	21	157	169	—	—	—	—
	15	21	164	179	—	—	—	—

注：本表适用于硅酸盐水泥，AE减水剂，砂的细度模数为2.8，粗骨料最大粒径：碎石为20mm，卵石为25mm，人造轻骨料为15mm。表中A类、B类表示两种不同的轻骨料。

表18-13中的单位用水量，是在试验和施工基础上确定的。对于表中的标准值，若使用

AE 剂的基体混凝土的坍落度所对应的单位用水量，混凝土的砂率每增加 1％，用水量大约增加 1.5kg/m³。

由于地区不同，所选用的骨料质量有一定差异。在实际工程中，混凝土的单位用水量要根据具体材料，以表 18-13 中的数值为基本依据，通过试配后确定。

（六）单位水泥用量

根据以上计算的水灰比和确定的单位用水量，就可以计算出单位体积混凝土的水泥用量。但是，流态混凝土中单位用水量太低时，工作度容易变坏，泌水量增大，浇筑时易造成堵管，混凝土表面易出现蜂窝麻面。由此可见，流态混凝土中的水泥用量，除了满足强度及耐久性的要求外，还要考虑满足工作性的要求。由此，求出的单位水泥用量不得小于表 18-14 中的最小水泥用量。

表 18-14　最小水泥用量　　　　　　　　　　　　　单位：kg/m³

混凝土等级	普通汽态混凝土	轻骨料流态混凝土	适 用 范 围
高级混凝土	270	300	—
常用混凝土	250	300	A、B 类
	—	320	C、D 类
	—	340	地下及水下混凝土工程

注：地下及水下的轻骨料混凝土最小水泥用量为 340kg/m³。A、B、C、D 类为日本划分的 4 种轻骨料混凝土。

配制基体混凝土是配制流态混凝土的基础，对于基体混凝土的配合比，必须注意以下几个方面。

（1）若配制的混凝土坍落度为 75mm 的基体混凝土，其砂率最好比普通水泥混凝土增加 4％～5％。

（2）混凝土中微粉的多少，对配制流态混凝土起着很大作用。因此，粗骨料最大粒径为 40mm 时，在水泥和细骨料中，通过 0.3mm 筛的微粉量不少于 400kg/m³；最大粒径为 20mm 时，通过 0.3mm 筛的微粉量不少于 450kg/m³。

（3）单位水泥用量在 270kg/m³ 以上时，全部骨料中细骨料对 1.2mm 筛的通过率为 24％～35％；当单位水泥用量在 270kg/m³ 以下时，全部骨料中细骨料对 1.2mm 筛的通过率必须为 35％以上。

（4）当配制流态混凝土所用砂中的微粉数量不满足要求时，可以用火山灰、石粉等材料来代替。

（七）单位粗骨料用量

确定混凝土中粗、细骨料的比例，可以用砂率的方法来表示。日本建筑学会的标准中，采用单位粗骨料表观容积的标准值作为基准来决定。对于采用普通硅酸盐水泥、掺加 AE 减水剂、砂的细度模数为 2.8、最大骨料粒径碎石 20mm 和卵石 25mm（人造轻骨料为 15mm）的混凝土，其单位粗骨料用量可参考表 18-15。

流态混凝土单位粗骨料表观体积的标准值，通过计算就可以确定粗骨料的用量。但是，与普通的大流动性混凝土相比，即使砂率相同，由于单位用水量、单位水泥用量较低，流态混凝土的单位粗骨料的表观体积的标准值要比表 18-15 中所列的稍多，一般情况在 0.2m³/m³ 左右。

从表 18-15 中查出的粗骨料用量数据为松散容积，再乘以骨料的密实度，即求得单位粗骨料绝对体积，然后再乘以粗骨料的表观密度，即求出单位粗骨料用量。

表 18-15　单位粗骨料用量　　　　　　　　　单位：m^3/m^3

水灰比/%	普通混凝土				轻骨料混凝土			
	坍落度组合/cm		卵　石	碎　石	坍落度组合/cm		A 类	B 类
	基体混凝土	流态混凝土			基体混凝土	流态混凝土		
45	8	15	0.71	0.69	12	18	0.59	0.59
	8	18	0.69	0.67	12	21	0.59	0.59
	12	18	0.68	0.66	15	18	0.57	0.57
	12	21	0.64	0.63	15	21	0.57	0.57
	15	21	0.63	0.62	18	21	0.57	0.57
50～60 (50～55)	8	15	0.71	0.69	12	18	0.58	0.58
	8	18	0.69	0.67	12	21	0.58	0.58
	12	18	0.68	0.66	15	18	0.56	0.56
	12	21	0.64	0.63	15	21	0.56	0.56
	15	21	0.63	0.62	18	21	0.56	0.56

（八）单位细骨料用量

根据以上确定的单位用水量、单位水泥用量、单位粗骨料用量及事先假定的含气量，可按式(18-6)、式(18-7) 求出单位细骨料用量：

$$V_s = 1000 - (V_w + V_c + V_g + V_a) \tag{18-6}$$

$$W_s = V_s \rho_s \tag{18-7}$$

式中，V_s 为每立方米混凝土中细骨料的绝对体积，L/m^3；V_w 为每立方米混凝土中水的绝对体积，L/m^3；V_c 为每立方米混凝土中水泥的绝对体积，L/m^3；V_g 为每立方米混凝土中粗骨料的绝对体积，L/m^3；V_a 为每立方米混凝土中含气量，L/m^3；W_s 为每立方米混凝土中单位细骨料用量，kg/m^3；ρ_s 为细骨料的表观密度，kg/m^3。

（九）流化剂的选择

AE 剂、AE 减水剂原来统称为表面活性剂，日本现称为混凝土化学外加剂。基体混凝土的外加剂，一般采用以上两种。AE 减水剂又分为标准型、缓凝型和促凝型三种；流化剂分为标准型和缓凝型两类，其中缓凝型兼有流化和缓凝两种效果，宜于高温季节使用，以延缓混凝土的凝结。在具体使用中，基体混凝土外加剂与流态混凝土流化剂的搭配使用，可参考表 18-16。

表 18-16　外加剂与流化剂的组合

基体混凝土	流态混凝土	基体混凝土	流态混凝土
AE 减水剂（缓凝型）	流化剂（标准型）	AE 减水剂（标准型）	流化剂（标准型）
AE 减水剂（促凝型）	流化剂（标准型）		

流化剂的添加量，基本上是根据目标坍落度的增大值来决定。其流化效果受流化剂的添加时间、添加后的搅拌方法、混凝土的温度等因素的影响；此外，水泥种类、流化剂的牌号、骨料种类及性能也有一定影响。因此，流化剂的添加量，应使用工程中实际选用的材料，通过材料试验来确定。

（十）试拌及配合比调整

设计出流态混凝土的配合比后，称取一定比例的实际材料进行试拌，检验混凝土是否能达到设计规定的性能。对流态混凝土主要应当检验下列项目：①工作度；②坍落度；③含气量；④表观密度；⑤抗压强度等。其中，可以通过混凝土的坍落度试验来判断其工作度和可泵性。在坍落度试验中，重要的是观察好坍落时的形状、坍落方式、骨料和水的离析状态等，分析混凝土坍落度与流化剂添加量的关系。搅拌好就要流化时的混凝土及刚流态化的混凝土的坍落度与目标坍落度差，应掌握在±1.0cm左右。另外，还要测定其流动度，使流动度和坍落度的比值在1.7～1.8范围内，使流态混凝土具有良好的和易性。

除了坍落度以外，还要测定混凝土的流动度，并根据两者比值，确定流态混凝土的和易性，见表18-17所列。

表 18-17　根据坍落度和流动性确定和易性

流动度和坍落度的比值	确 定 内 容
1.6 以下	这种混凝土没有离析现象，但现场浇筑与捣实困难
1.7～1.8①	这是一种和易性较理想的混凝土
1.4 以上	表示混凝土开始离析

① 日本建筑学会关于流态混凝土的指南中认为是 1.8～1.9。

关于含气量，由于基体混凝土中外加剂的用量是根据资料确定的，其试验测定值与设计目标值相差在 0.5% 左右即可。用含气量测定容器，可以同时测出混凝土的质量，除以容器的容积则可得出单位体积质量，根据实际表观密度，计算出 1m³ 混凝土中各种材料用量，即为调整后的混凝土配合比。

流态混凝土的坍落度符合设计要求后，用含气量测定混凝土的表观密度，可以同时测出混凝土的质量，用此质量除以容器的容积（一般为 7L），则可以求得单位体积的质量，根据实测的混凝土表观密度，计算出每立方米混凝土的材料量，即为调整后的混凝土配合比。

对于流态混凝土一般要检验其 7 天、28 天的抗压强度。在一般情况下，泵送混凝土的强度值高于规定的流态混凝土的强度值。

第三节　流态混凝土参考配合比

表 18-18 中列出了流态混凝土配合比参考数值，表 18-19 中列出了卵石流态混凝土参考配合比，表 18-20 中列出了碎石流态混凝土参考配合比，表 18-21 中列出了轻骨料（A 类）流态混凝土参考配合比，表 18-22 中列出了轻骨料（B 类）流态混凝土参考配合比，表 18-23 中列出了不同水灰比 F 矿粉流态混凝土的材料用量及强度，均可供进行流态混凝土配制时参考。

表 18-18　流态混凝土配合比参考数值

水灰比	坍落度/cm	砂率/%	单位用水量/(kg/m³)	材料用量/(kg/m³)		
				水 泥	砂	石 子
	8	45.5	168	280	832	997
	12	44.6	176	293	801	996
0.60	15	43.7	183	305	772	996
	18	45.9	193	322	793	936
	21	48.4	209	348	806	861

表 18-19　卵石流态混凝土参考配合比

（普通硅酸盐水泥、AE 减水剂、砂 $M_x=2.8$、卵石 $D_{max}=25mm$）

水灰比 (W/C)	坍落度组合/cm		砂率 /%	单位用水量 /(kg/m³)	绝对体积/(L/m³)			材料用量/(kg/m³)			单位粗骨料松散体积 /(m³/m³)
	基体混凝土	流态混凝土			水泥	砂	卵石	水泥	砂	卵石	
0.45	8	15	34.7	146	103	247	464	324	642	1207	0.71
	8	18	36.2	148	104	257	451	329	668	1173	0.69
	12	18	35.6	158	111	246	445	351	641	1156	0.68
	12	21	38.6	163	115	264	418	362	685	1088	0.64
	15	21	37.7	175	123	250	412	389	650	1071	0.63
0.50	8	15	35.7	145	96	259	464	290	673	1207	0.71
	8	18	37.3	147	93	269	451	294	699	1173	0.69
	12	18	36.9	156	99	260	445	312	677	1156	0.68
	12	21	39.9	161	102	279	418	322	724	1088	0.64
	15	21	39.9	168	106	274	412	336	713	1071	0.63
0.55	8	15	36.6	144	83	269	464	262	699	1207	0.71
	8	18	38.1	146	84	279	451	265	725	1173	0.69
	12	18	37.9	154	89	272	445	280	708	1156	0.68
	12	21	41.0	159	91	292	418	289	758	1088	0.64
	15	21	41.1	165	95	288	412	300	749	1071	0.63
0.60	12	18	38.7	153	81	281	445	255	732	1156	0.68
	12	21	41.8	157	83	302	418	262	784	1088	0.64
	15	21	41.9	164	86	298	412	273	775	1071	0.63

表 18-20　碎石流态混凝土参考配合比

（普通硅酸盐水泥、AE 减水剂、砂 $M_x=2.8$、卵石 $D_{max}=20mm$）

水灰比 (W/C)	坍落度组合/cm		砂率 /%	单位用水量 /(kg/m³)	绝对体积/(L/m³)			材料用量/(kg/m³)			单位粗骨料松散体积 /(m³/m³)
	基体混凝土	流态混凝土			水泥	砂	卵石	水泥	砂	卵石	
0.45	8	15	42.6	150	112	294	395	353	763	1028	0.69
	8	18	44.0	161	113	302	384	358	786	998	0.67
	12	18	43.0	174	122	286	378	378	743	983	0.66
	12	21	45.1	177	124	298	361	393	774	939	0.63
	15	21	44.5	178	132	286	355	416	743	924	0.62
0.50	8	15	43.6	158	100	307	395	316	797	1028	0.69
	8	18	45.0	160	101	315	384	320	819	998	0.67
	12	18	44.8	168	106	308	378	336	801	983	0.66
	12	21	46.9	171	108	320	361	342	832	939	0.63
	15	21	46.4	181	115	309	355	362	802	924	0.62
0.55	8	15	44.3	158	91	316	395	287	821	1028	0.69
	8	18	45.7	160	92	324	384	292	843	998	0.67
	12	18	45.7	167	96	319	378	304	829	983	0.66
	12	21	47.8	170	99	331	361	309	860	939	0.63
	15	21	47.5	179	103	323	355	325	839	924	0.62
0.60	12	18	46.3	167	88	327	378	278	850	983	0.66
	12	21	48.5	169	89	341	361	282	886	939	0.63
	15	21	48.2	179	94	332	355	298	862	924	0.62

注：水泥相对密度为 3.16，砂的表观相对密度 2.60（绝干状态），碎石表观相对密度 2.60（绝干状态），碎石密实度 57.1%，空隙率 42.9%。

表18-21 轻骨料（A类）流态混凝土参考配合比

（普通硅酸盐水泥、AE减水剂、砂 $M_x=2.8$、轻骨料 A 类）

水灰比 (W/C)	坍落度组合/cm		砂率 /%	单位用水量 /(kg/m³)	绝对体积/(L/m³)			材料用量/(kg/m³)			单位粗骨料松散体积 /(m³/m³)
	基体混凝土	流态混凝土			水泥	细骨料	粗骨料	水泥	细骨料	粗骨料	
0.45	12	18	43.9	166	117	293	374	369	762	475	0.59
	15	18	43.3	170	120	286	374	378	744	475	0.59
	12	21	45.5	168	118	303	361	373	787	459	0.66
	15	21	45.1	171	120	298	361	380	774	459	0.57
	18	21	44.3	177	124	288	361	393	748	459	0.57
0.50	12	18	46.0	164	104	314	368	328	806	467	0.58
	15	18	45.6	168	106	308	368	336	801	467	0.58
	12	21	47.8	165	104	326	355	330	847	451	0.56
	15	21	47.3	169	107	319	355	338	829	451	0.56
	18	21	46.4	176	111	308	355	352	800	451	0.56
0.55	12	18	46.9	163	94	325	368	296	846	467	0.58
	15	18	46.5	166	96	320	368	302	833	467	0.58
	12	21	48.6	164	94	337	355	298	876	451	0.56
	15	21	48.3	167	96	332	355	304	863	451	0.56
	18	21	47.4	174	100	321	355	316	834	451	0.56

注：水泥相对密度为3.16，砂的表观相对密度1.58（绝干状态），$M_x=2.8$，人工轻粗骨料表观相对密度1.27（绝干状态），$D=15mm$，空隙率63.4%。

表18-22 轻骨料（B类）流态混凝土参考配合比

（普通硅酸盐水泥、AE减水剂、砂 $M_x=2.8$、轻骨料 B 类）

水灰比 (W/C)	坍落度组合/cm		砂率 /%	单位用水量 /(kg/m³)	绝对体积/(L/m³)			材料用量/(kg/m³)			单位粗骨料松散体积 /(m³/m³)
	基体混凝土	流态混凝土			水泥	细骨料	粗骨料	水泥	细骨料	粗骨料	
0.45	12	18	44.6	161	113	302	374	358	477	475	0.59
	15	18	44.0	165	115	295	374	367	466	475	0.59
	12	21	46.2	163	116	311	361	362	491	459	0.66
	15	21	45.7	167	117	305	361	371	481	459	0.57
	18	21	45.2	170	120	299	361	378	472	459	0.57
0.50	12	18	46.6	160	101	321	368	320	508	467	0.58
	15	18	46.2	163	103	316	368	326	500	467	0.58
	12	21	48.0	163	103	329	355	326	520	451	0.56
	15	21	47.9	164	104	327	355	328	516	451	0.56
	18	21	47.5	167	106	322	355	334	509	451	0.56
0.55	12	18	47.5	158	91	333	368	287	527	467	0.58
	15	18	47.1	151	93	328	368	293	519	467	0.58
	12	21	49.1	160	92	343	355	291	542	451	0.56
	15	21	48.7	163	94	338	355	296	534	451	0.56
	18	21	48.3	166	96	333	355	302	536	451	0.56

注：水泥相对密度为3.16，人工轻细骨料表观相对密度1.58（绝干状态），$M_x=2.8$，人工轻粗骨料表观相对密度1.27（绝干状态），$D=15mm$，空隙率63.4%。

表 18-23　不同水灰比 F 矿粉流态混凝土的材料用量及强度

水灰比	材料用量/(kg/m³)				坍落度 /cm	不同龄期混凝土强度/MPa		
	水泥	碎石	砂	水		7 天	28 天	90 天
0.45	400	1250	550	180	0	24.5	40.1	44.4
0.50	400	1250	550	200	1~2	21.3	35.4	42.8
0.55	400	1250	550	220	2~4	14.5	33.1	39.3
0.60	400	1250	550	240	3~5	11.6	29.8	38.6

第十九章 水工混凝土

水工混凝土是一种在水环境中使用的特种混凝土，即用以修建能经常或周期性地承受淡水、海水或冰块的冲刷、侵蚀、渗透和撞击作用的水工建筑物和构筑物所用的混凝土。水工混凝土体积一般较大，常用于水上、水下或水位变化等部位。由于受到的自然条件比较严酷，因此在设计和施工中，应按照有关特殊要求和规定，注意对混凝土原材料的选择，精心进行配合比设计，使混凝土的水化热较低，收缩性较小，抗冲击和耐久性良好。

水工混凝土建筑物的类型很多，主要包括混凝土大坝、水闸、渠道、堤防、隧洞、渡槽等，这些水工混凝土建筑物能否长期安全运行不仅影响着巨大的经济效益，更是涉及大江大河防洪度汛等国计民生的大事，因此水工混凝土建筑物的耐久性是极其重要的问题。

第一节 水工混凝土的材料组成

坝体水工混凝土分区部位及各分区混凝土的性能应符合《混凝土重力坝设计规范》（SL 319—2005）中的规定。配制水工混凝土所用的原材料，与普通水泥混凝土基本相同，主要包括水泥、粗骨料、细骨料、水、混合材料和外加剂等。

一、对水泥的要求

水工混凝土所用水泥的品质，应符合现行的国家标准及有关部颁标准的规定，不符合设计要求和现行标准的水泥，不能用于水工混凝土。

大型水工建筑物所用的水泥，可根据工程具体情况对水泥中的矿物成分等提出专门的要求。一项水利工程所用的水泥品种应尽量减少，一般以两三个品种为宜，并经过检验完全合格后，固定厂家供应。

水工混凝土所用水泥的选择，与普通水泥混凝土一样，也是着重考虑水泥品种和水泥强度等级。但是，由于水工混凝土技术要求复杂，工程量大，消耗水泥多，所以在选择水泥时，必须从技术上、经济上和管理上全面考虑。

工程实践证明，水工混凝土选择水泥主要取决于：①工程部位所处的条件；②环境水有无侵蚀；③混凝土中有无活性骨料；④选用品种尽量少；⑤运输距离尽量短。

（一）水泥品种的选择

在配制水工混凝土选用时，应根据混凝土所处的具体部位，选择不同品种的水泥，选择水泥品种时可按以下原则进行。

（1）水位变化区的外部混凝土、构筑物的溢流面处混凝土、经常受水流冲刷部位的混凝土、有抗冻要求的混凝土，应优先选用硅酸盐大坝水泥、普通硅酸盐大坝水泥、硅酸盐水泥和普通硅酸盐水泥等。

（2）水工混凝土所处的环境水有硫酸盐侵蚀时，应选用抗硫酸硅酸盐水泥，其质量应符合《抗硫酸硅酸盐水泥》（GB/T 748—2005）中的规定；也可以选用高铝水泥，其质量应符合《铝酸盐水泥》（GB 201—2000）中的规定。

（3）大体积建筑物的内部混凝土、位于水下的混凝土和高层建筑深基础混凝土，由于混凝土内部的温度较高，要求选用水化热小、含碱量低的水泥。通常宜选用矿渣硅酸盐大坝水泥、矿渣硅酸盐水泥、粉煤灰硅酸盐水泥和火山灰质硅酸盐水泥，以降低水泥的水化热，防止混凝土出现温度裂缝。

试验证明，配制水工混凝土的水泥，其铝酸三钙（C_3A）的含量最好不超过 $3\%\sim5\%$，且铝酸三钙（C_3A）和铁铝酸四钙（C_4AF）的总含量不宜超过 2%，最好选用硅酸二钙（C_2S）含量较高的水泥。

（二）水泥强度等级的选择

选用的水泥强度等级应与混凝土设计强度相适应。对于低强度等级的水工混凝土，当其强度等级与水泥强度等级不相适应时，应在施工现场掺加适量的活性混合材料，以此对其进行调整。

对于建筑物外部水位变化区的外部混凝土、建筑物的溢流面处混凝土、经常受水流冲刷部位的混凝土、有抗冻要求的混凝土，选用的水泥强度等级不宜低于 32.5MPa。

运至施工现场的水泥，应当有水泥生产厂家的水泥品质试验报告，试验室对所用水泥必须进行复验，必要时应进行化学分析。

二、对骨料的要求

配制水工混凝土所用的骨料，主要包括粗骨料（石子）和细骨料（砂子）。选用的骨料应根据优质经济、就地取材的原则，尽量选用天然骨料，或选用人工骨料，也可选用两者的混合骨料。无论选用何种骨料，其质量必须符合有关标准的规定。

（一）细骨料的质量要求

用于配制水工混凝土的细骨料，与国家标准《建设用砂》（GB/T 14684—2011）中Ⅱ类砂相接近，其具体的质量应符合下列要求。

（1）砂料应当质地坚硬、清洁无杂、级配良好，最好采用天然的河砂；当需要采用山砂或特细砂时，必须经过试验确定。

（2）砂子的细度模数一般宜控制在 $2.4\sim2.8$ 范围内。对于天然的砂子，宜按粒径分成两级；对于人工的砂子，可以不进行分级。

（3）为确保水工混凝土的质量，当砂料中有活性骨料时，必须进行专门试验，以确定是否可用于配制水工混凝土。

（4）配制水工混凝土所用砂子的其他质量要求应符合表 19-1 中的规定。

表 19-1　细骨料的质量要求

项　目	指　标	备　　注
天然砂中的含泥量/%	<3.0	含泥量是指粒径小于 0.08mm 的细屑、淤泥和
其中黏土的含量/%	<1.0	黏土总量,不含有黏土团粒
人工砂中的石粉含量/%	6～12	石粉是指粒径小于 0.15mm 的颗粒
坚固性/%	<10	指硫酸钠溶液法 5 次循环后的质量损失
云母含量/%	<2.0	
密度/(t/m³)	>2.50	
轻物质含量/%	<1.0	轻物质是指视密度小于 2.0g/cm³ 的物质
硫化物及硫酸盐含量,按质量计(折算成 SO_3)/%	<0.5	
有机质含量	浅于标准色	如深于标准色,应配成砂浆进行强度对比

（二）粗骨料的质量要求

用于配制水工混凝土的粗骨料，其质量应符合下列几项要求。

（1）粗骨料的最大粒径应适宜，不应超过钢筋间距的 2/3、构件断面最小边长的 1/4、混凝土板厚度的 1/2。对于少筋或无筋水工混凝土结构，应选用较大的粗骨料粒径。

（2）在水工混凝土工程施工中，宜将粗骨料按粒径分成下列几个粒级：①当最大粒径为 40mm 时，分成 5～20mm 和 20～40mm 两级；②当最大粒径为 80mm 时，分成 5～20mm、20～40mm 和 40～80mm 三级；③当最大粒径为 80mm 时，分成 5～20mm、20～40mm、40～80mm 和 80～120mm 四级。

（3）配制水工混凝土采用连续级配或间断级配，应根据试验确定。如果采用间断级配，应注意混凝土在运输中骨料易产生分离质量问题。

（4）当配制水工混凝土的粗骨料含有活性骨料、黄锈等时，不能随便用于工程中，必须进行专门试验认可后才能使用。

（5）水工混凝土用的粗骨料，不仅必须具有较好的级配，而且在某些力学性能方面比普通水泥混凝土要求高。应特别指出骨料的极限抗压强度不得小于混凝土强度等级的 2.0～2.5 倍（普通水泥混凝土为 1.2～1.5 倍）。

（6）粗骨料必须按照有关标准和规定，进行力学性能方面的检验。在水电行业无新的标准时，一般应参照国家标准《建设用卵石、碎石》（GB/T 14685—2011）中的要求，要进行岩石抗压强度和压碎指标两项检验。

（7）用于配制水工混凝土的粗骨料，除必须满足以上几项要求外，其他质量要求应符合表 19-2 中的规定。

表 19-2　粗骨料的质量要求

项　目	指　标	备　注
含泥量/%	D_{20}、D_{40} 粒径级小于 1.0 D_{80}、D_{150}（或 D_{120}）粒径级小于 0.5	各粒径级均不应含有黏土团块
坚固性/%	<5.0	有抗冻性要求的水工混凝土
	<12	无抗冻性要求的水工混凝土
硫化物及硫酸盐含量，按质量计（折算成 SO_3）/%	<0.5	
有机质含量	浅于标准色	如深于标准色，应配成砂浆进行强度对比
密度/(t/m³)	>2.55	
吸水率/%	<2.5	
针、片状颗粒含量/%	<15	碎石经试验论证，可以放宽至 25%

三、对拌和用水的要求

用于水工混凝土的水，与普通水泥混凝土相同，凡是适于饮用的水，均可用以配制和养护水工混凝土。其技术指标应符合《混凝土用水标准》（JGJ 63—2006）中的要求。

未经处理的工业污水和沼泽水，不得用来拌制和养护水工混凝土。天然矿化水，如果其化学成分符合表 19-3 中的规定，也可用以拌制和养护水工混凝土。

对于拌制和养护水工混凝土的水质有怀疑时，应进行水泥砂浆强度试验。如果用该种水制成的水泥砂浆的抗压强度，低于饮用水制成的水泥砂浆 28 天龄期抗压强度的 90%，则这种水不宜作为水工混凝土用水。

表 19-3　拌制和养护水工混凝土的天然矿化水的化学成分

水的化学成分	单位	混凝土和水下的钢筋混凝土	水位变化区和水上的钢筋混凝土
总含盐量	mg/L	≤35000	≤5000
硫酸根离子含量	mg/L	≤2700	≤2700
氯离子含量	mg/L	≤300	≤300
pH 值	—	≥4	≥4

四、对活性混合材料的要求

为了改善混凝土的性能，合理降低水泥用量，宜在水工混凝土中掺入适宜品种和适量的混合材，掺用部位及最优掺量应通过试验决定。

在配制水工混凝土时，常掺加的活性混合材料多为粉煤灰，拌制水泥混凝土和砂浆时，作为掺合料的粉煤灰成品应满足表 19-4 要求。

表 19-4　作为掺合料的粉煤灰成品的要求

序　号	质 量 指 标	粉煤灰级别		
		Ⅰ	Ⅱ	Ⅲ
1	细度(0.045mm 方孔筛的筛余量)/%	≤12	≤20	≤45
2	需水量比/%	≤95	≤105	≤115
3	烧失量/%	≤5	≤8	≤15
4	含水量/%	≤1	≤1	不规定
5	三氧化硫含量/%	≤3	≤3	≤3

五、对外加剂的要求

为了改善水工混凝土的某些技术性能，提高水工混凝土的质量及合理降低水泥用量，应在配制混凝土时掺加适量的外加剂，外加剂的品种和掺量应通过试验确定。

拌制水工混凝土或水泥砂浆常用的外加剂主要有减水剂、加气剂、缓凝剂和早强剂等。究竟掺加何种外加剂，应根据混凝土性能的改善要求和施工需要，及建筑物所处的环境条件等确定。

对于有抗冻性要求较高的水工混凝土，必须掺加适量的加气剂，并必须严格限制水灰比；对于有提高早期强度的水工混凝土，宜在混凝土中掺加早强剂。工业用氯化钙只宜用于无筋水工混凝土中，其掺量（以无水氯化钙占水泥质量的百分数计）不得超过 3%，在砂浆中的掺量不得超过 5%。

为避免氯化钙腐蚀钢筋，在钢筋混凝土中应掺用非氯盐早强剂。使用早强剂后，混凝土初凝将加速，应尽量缩短混凝土的运输和浇筑时间，并应特别注意加强洒水养护，保持混凝土表面湿润，防止出现早期裂缝。

水工混凝土在使用外加剂时，应注意如下事项。

（1）外加剂不能直接加入混凝土混合料中，必须与水混合成一定浓度的溶液，各种成分的用量应十分准确，对含有大量固体的外加剂（如含石灰的减水剂），其溶液应通过 0.6mm 的筛子过筛。

（2）在混凝土的拌制过程中，外加剂溶液必须搅拌均匀。为确保外加剂起到预定的效果，应定期取有代表性的拌制品进行鉴定。

（3）混凝土的外加剂不可储存时间过长，对外加剂的质量有怀疑时，必须进行试验鉴定，不得将变质的外加剂用于混凝土中。

第二节　水工混凝土配合比设计

水工混凝土的配合比设计，大体上与普通水泥混凝土相同。由于水工混凝土使用的环境比较特殊，所以在某些方面与普通水泥混凝土有一定的区别。

在进行水工混凝土配合比设计时，除应考虑符合水工混凝土所处部位的工作条件，并分别满足抗压、抗裂、抗渗、抗冻、抗冲击、抗磨损、抗风化和抗侵蚀等设计要求外，还应当满足施工和易性要求，并采取技术措施合理降低水泥用量，以降低工程造价。

一、水工混凝土配合比设计的主要参数

在进行水工混凝土配合比设计时，其基本参数主要包括对水泥、骨料、外加剂、和易性、强度、抗冻性和抗渗性等。其中，抗渗性和抗冻性是水工混凝土的两个极其重要的特殊性能，因而也是设计水工混凝土的主要参数，必须对这两个参数采取措施加以保证，这也是水工混凝土配合比设计的一项重要任务。其主要的保证措施如下所述。

（1）选择能保证水工混凝土抗渗性和抗冻性的组成材料，如水泥的品种、强度、凝结时间、细度、安定性、水化热等；骨料的颗粒级配、吸水率、空隙率、表观密度等；外加剂的种类和性质等。

（2）在确定混凝土的水灰比时，不仅要根据水工混凝土的强度要求，同时也要根据混凝土的耐久性（抗渗性和抗冻性）的要求确定。

（3）在确定水工混凝土的水泥用量时，尤其是对于强度较小部位的混凝土，其水泥用量要在一定范围内选择，不可用量过小。

（4）在确定水工混凝土的配合比时，要合理选择能保证混凝土密实和耐久的骨料拨开系数。

（5）对于大体积水工混凝土，有时要采用能减少放热量及体积变形，并能在低水泥用量下使混凝土密实的细填料。

（6）采用适宜和适量的引气剂，使水工混凝土结构内部产生均匀的封闭微孔，以阻断透水通路，从而改善和提高混凝土的抗渗性、抗冻性等耐久性能。

二、水工混凝土配合比设计的基本原则

水工混凝土配合比设计的原则，基本上与普通水泥混凝土基本相同。但根据水工建筑物的特点，也具有一定的特殊性。因此在进行水工混凝土配合比设计时，应注意以下几项基本原则。

（一）最小单位用水量

水灰比是决定混凝土强度和耐久性的主要因素，对于水工混凝土，由于其抗渗性和抗冻性要求更高，所以在满足混凝土拌和物和易性的条件下，力求单位用水量最小，以降低混凝土的水灰比，提高混凝土的强度和耐久性。

（二）粗骨料选用原则

由于水工结构的体积一般较大、投资较多，对于混凝土中粗骨料应认真选择。在一般情况下，应根据结构物的断面、钢筋的稠密程度和施工设备等情况，在满足混凝土拌和物和易

性的条件下，选择尽可能大的石子最大粒径和最多用量。

（三）优选骨料的级配

选择空隙率较小的骨料级配，对于提高混凝土强度、耐久性，节省水泥用量，降低工程造价，均有很大作用。因此，在进行水工混凝土配合比设计时，必须选择优良级配，同时也要考虑到料场材料的天然级配，尽量减少弃方。

（四）选料的基本原则

在进行水工混凝土配合比设计中，要经济合理地选择水泥的品种和强度等级，优先考虑采用优质、经济的粉煤灰掺合料和外加剂等。

优质的粉煤灰对改善混凝土拌和物的流变性具有显著效果，使混凝土易于振捣密实，因此在设计粉煤灰水工混凝土的坍落度时可取下限值。

在贫混凝土中，以超量取代法（即掺入的粉煤灰数量超过所取代的水泥量）掺加粉煤灰最为有效，超量系数一般以 1.5 左右为宜。

三、水工混凝土配合比的设计步骤

水工混凝土配合比的设计步骤与普通混凝土基本相同，除应符合水工混凝土所处部位的工作条件，分别满足抗压、抗渗、抗冻、抗裂（抗拉）、抗冲耐磨、抗风化和抗侵蚀等设计要求的规定外，还应满足混凝土拌和物施工和易性的要求，并采取相应措施降低水泥用量。其设计步骤详见如下所述。

（1）根据水工混凝土设计要求的强度和耐久性选定水灰比，即根据强度、抗冻、抗渗、抗裂等要求确定水灰比，最终选定一个全部满足各种设计要求的水灰比。

（2）根据混凝土施工和易性（坍落度）和石子最大粒径等选定单位用水量，以选定的水灰比和单位用水量，可求出水泥用量。

（3）根据以上所初步选定和计算的水泥用量、用水量和各种材料的密度等，按照普通水泥混凝土配合比设计的"绝对体积法"或"表观密度法"，计算砂、石的用量，初步确定各种材料的用量。

（4）根据混凝土初步配合比计算和材料的实际情况，通过试验和必要的调整，确定 $1m^3$ 混凝土材料用量和配合比。

四、水工混凝土配合比设计的注意事项

水工混凝土所修建的水工结构，大部分为挡水建筑物，混凝土配合比设计质量对建筑安全起着关键作用，甚至危及人民生命财产的安全。因此，在进行水工混凝土配合比设计中，还应当注意如下事项。

（一）水工混凝土试配强度的确定

为确保水工混凝土的质量符合设计要求，工程中所用混凝土的配合比必须通过试验确定。在进行混凝土配合比时，必须按公式(19-1)计算其保证强度 $R_保$：

$$R_保 = \frac{R_设}{1 - \frac{t}{C_v}} = KR_设 \tag{19-1}$$

式中，$R_保$ 为水工混凝土的保证强度，MPa；$R_设$ 为水工混凝土的设计强度，MPa；t 为

混凝土保证率系数，如表 19-5 所列；C_v 为混凝土的离差系数，如表 19-6 所列；K 为混凝土强度保证系数，如表 19-7 所列。

表 19-5　混凝土保证率系数 t

混凝土保证率 $P/\%$	80	85	90	95
混凝土保证率系数 t	0.84	1.04	1.28	1.63

表 19-6　混凝土的离差系数 C_v

混凝土设计强度/MPa	<15	$20\sim25$	>30
混凝土离差系数 C_v	0.20	0.18	0.15

表 19-7　混凝土强度保证系数 K

C_v ＼ P	90	85	80	75
0.10	1.15	1.12	1.09	1.08
0.13	1.20	1.15	1.12	1.10
0.15	1.24	1.19	1.15	1.12
0.18	1.30	1.22	1.18	1.14
0.20	1.35	1.26	1.20	1.16
0.25	1.47	1.35	1.27	1.21

（二）水工混凝土胶凝材料的用量

对于大体积水工建筑物的内部混凝土，其胶凝材料的用量不宜低于 $140kg/m^3$。混凝土的水灰比应当以骨料在饱和面干状态下的混凝土单位用水量对单位胶凝材料用量的比值为准，单位胶凝材料用量为 $1m^3$ 混凝土中水泥与混合材质量的总和。

（三）水工混凝土水灰比的确定

水工混凝土的水灰比应根据设计对混凝土性能的综合要求，由试验室通过试验确定，所确定的水灰比不应超过表 19-8 中的规定。

表 19-8　水工混凝土最大允许水灰比

混凝土所在部位	寒冷地区	温和地区
上、下游水位以上（坝体外部）	0.60	0.65
上、下游水位变化区（坝体外部）	0.50	0.55
上、下游最低水位以下（坝体外部）	0.55	0.60
混凝土大坝的基础	0.55	0.60
混凝土大坝的内部	0.70	0.70
混凝土受水流冲刷部位	0.50	0.50

注：1. 在环境水有侵蚀性的情况下，外部水位变化区及水下混凝土的最大允许水灰比应减少 0.05。

2. 在采用减水剂和加气剂的情况下，经过试验证明，内部混凝土的最大允许水灰比可增大 0.05。

3. 寒冷地区系指最冷月份月平均气温在 $-3℃$ 以下的地区。

（四）水工混凝土粗骨料级配及砂率的选择

水工混凝土粗骨料级配及砂率的选择，应尽量考虑到骨料生产的平衡、混凝土拌和物的和易性及最小单位用水量等要求，经过综合分析后确定。

（五）水工混凝土拌和物坍落度的选择

水工混凝土拌和物的坍落度，应根据建筑物的特点、钢筋含量、混凝土的运输方案、混凝土的浇筑方法和施工气候条件等决定，尽可能采用较小的坍落度。在使用机械振捣的情况下，水工混凝土在浇筑地点的坍落度，可参考表 19-9 中的规定。

表 19-9　水工混凝土在浇筑地点的坍落度

建筑物的性质	圆锥坍落度/mm	建筑物的性质	圆锥坍落度/mm
水工素混凝土或少筋混凝土	30～50	配筋率超过 1% 的钢筋混凝土	70～90
配筋率不超过 1% 的钢筋混凝土	50～70	特殊部位或特殊要求	经试验后确定

五、水工混凝土配合比设计实例

(一) 设计任务

设计某混凝土坝溢流面的配合比，并计算拌和 1.0m³ 混凝土各种材料的施工用量。这种混凝土的基本参数如下所述。

(1) 混凝土的设计强度 $R_{28}=25.0$MPa，保证率 $P=80\%$，抗冻标号为 D50，抗渗标号 S 为 0.8MPa。

(2) 混凝土拌和物坍落度为 80mm，28 天强度的离差系数 $C_v=0.15$。

(3) 采用普通硅酸盐水泥，实测水泥强度 $R=42.5$MPa，水泥相对密度为 3.1。

(4) 采用木钙减水剂，其掺加量为水泥用量的 0.25%。

(5) 粗骨料采用卵石，最大粒径 $D_{max}=150$mm，四级配的比例为：30：30：20：20；中石和小石的表面含水率分别为 0.30% 和 0.80%；大石和特大石为饱和面干状态。

(6) 细骨料采用河砂，其细度模数为 2.8，相对密度为 2.65，表面含水率为 4.5%。

(二) 配合比设计

1. 选择水灰比

根据混凝土的设计强度 $R_{28}=25.0$MPa，保证率 $P=80\%$，查表 19-5 得混凝土保证率系数 $t=0.84$，按式 (19-1) 可计算出混凝土保证强度 (MPa)：

$$R_{保}=\frac{R_{设}}{1-t/C_v}=\frac{25}{(1-0.84\times0.15)\times28.6}$$

根据混凝土强度-水灰比关系经验公式 $R_{28}=AR_c(C/W-B)$，A、B 查表 19-10 得 $A=0.444$，$B=0.459$。将已知数据代入公式得：

$$\frac{W}{C}=\frac{1}{\dfrac{28.6}{0.444\times42.5+0.459}}=0.506$$

表 19-10　A、B 系数参考值

混凝土类别	水泥品种	系数		混凝土类别	水泥品种	系数	
		A	B			A	B
碎石混凝土	普通水泥	0.525	0.569	卵石混凝土	普通水泥	0.444	0.459
	矿渣水泥	0.503	0.581		矿渣水泥	0.501	0.666

根据混凝土抗渗、抗冻要求，参考表 19-11 和表 19-12 中的规定，可得 $W/C=0.50$，为同时满足混凝土强度和耐久性要求，选用混凝土的水灰比为 0.50。

表 19-11　抗渗标号与混凝土水灰比的关系

抗渗标号(28 天)	混凝土水灰比	抗渗标号(28 天)	混凝土水灰比
S2	0.70～0.75	S6	0.55～0.60
S4	0.60～0.65	S8	0.50～0.55

注：未掺加外加剂和掺合料。

表 19-12　抗冻标号与混凝土水灰比的关系

抗冻标号(28 天)	混凝土种类		抗冻标号(28 天)	混凝土种类	
	普通混凝土	引气混凝土		普通混凝土	引气混凝土
D50	0.55	0.60	D150	—	0.50
D100	—	0.55	有抗冻要求的混凝土,建议优先采用引气混凝土		

2. 选择用水量和砂率

根据给定的基本资料($D_{max}=150mm$),查表 19-13 可得未掺外加剂混凝土的用水量 $W=110$,砂率为 24%。

表 19-13　水工混凝土试拌用水量参考表

石子最大粒径 /mm	未掺外加剂的混凝土				掺外加剂的混凝土
	空气含量近似值/%	砂率/%	用水量 /(L/m³)	引气混凝土的含气量/%	用水量/(L/m³)
20	2.0	38	178	5.5	单掺引气剂或一般减水剂,可以减水 6%～10%,引气剂和一般减水剂联合掺加,或者单掺高效减水剂,可以减水 15%～20%
40	1.2	32	150	4.5	
80	0.5	28	129	3.5	
120	0.4	25	117	3.0	
150	0.3	24	110	3.0	

注:表中混凝土的水灰比 0.55;粗骨料为卵石,细骨料细度模数为 2.7;坍落度 60mm。

由于实际工程所用材料与表 19-13 中的条件不符,在确定单位用水量和砂率时,还应根据表 19-14 中的规定,对用水量和砂率进行调整。该溢流面混凝土的调整结果如表 19-15 所列。

表 19-14　水工混凝土砂率及用水量调整规定

项　次	条件变化	调整值	
		砂率/%	单位用水量/(L/m³)
1	卵石改用碎石	3～5	9～15
2	采用需水性大的火山灰掺合料或火山灰水泥	—	10～20
3	混凝土坍落度每增加 10mm	—	2～3
4	砂率每增加 1%	—	1.5
5	砂的细度模数每增加 0.1	0.5	—
6	混凝土水灰比每增加 0.05	1.0	—
7	混凝土中含气量每增加 1%	−0.5～1.0	−2%～3%

表 19-15　某溢流面混凝土的调整结果

项　次	条件变化	调整值	
		砂率/%	单位用水量/(L/m³)
1	由表 19-13 查得	24	110
2	使用木钙减水剂	—	−10
3	混凝土坍落度增加 20mm		6
4	砂的细度模数减少 0.1	−0.5	—
5	混凝土水灰比减少 0.05	−1.0	—
6	混凝土中含气量增加 1%	−1.0	−3.0
7	砂率和用水量调整结果	21.5	103

3. 确定水泥用量

根据调整确定的砂率为 21.5% 和单位用水量为 103kg,可计算水泥用量:

$$C=103/0.50=206 \ (kg/m^3)$$

4. 计算砂石用量

(1) 用绝对体积法　掺加木钙减水剂后,四级配混凝土含气量约为 1%,则砂石骨料的绝对体积为:

$$V_N = 1000 - 10 - (103 + 206/3.1) = 821 \ (L)$$

砂子用量： $S = 821 \times 0.215 \times 2.65 = 468 \ (kg/m^3)$

石子用量： $G = 821 \times (1 - 0.215) \times 2.70 = 1740 \ (kg/m^3)$

经混凝土试拌，满足拌和物和易性的用水量和砂率与上述确定数据相符。

（2）密度法　砂石骨料饱和面干的加权平均密度为： $\rho_N = 2.65 \times 0.215 + 2.70 \ (1 - 0.215) = 2.69$

按照密度计算公式计算混凝土的密度：

$$u = 10\rho_N(100 - \alpha) + C(1 - \rho_N/\rho_c) - W(\rho_N - 1)$$
$$= 10 \times 2.69(100 - 1.0) + 206(1 - 2.69/3.1) - 103(2.69 - 1) = 2516 \ (kg/m^3)$$

砂石骨料的总质量为： $N = 2516 - (103 + 206) = 2207 \ (kg/m^3)$

砂的用量为： $S = 2207/2.69 \times 0.215 \times 2.65 = 467 \ (kg/m^3)$

石子的用量为： $G = 2207 - 467 = 1740 \ (kg/m^3)$

经试拌混凝土实测其表观密度，与计算的表观密度基本相符。

第三节　水工混凝土参考配合比

表 19-16 中列出了 $1m^3$ 水工混凝土材料用量配合比，表 19-17 中列出了水工混凝土配合比及物理性能，均可供水工混凝土设计和施工时参考。

表 19-16　$1m^3$ 水工混凝土材料用量配合比

计算方法	材料配合比（水泥：砂：石子：水）	水泥 /kg	砂 /kg	石子用量/kg				木钙 /kg	用水量 /L
				5～20mm	20～40mm	40～80mm	80～150mm		
绝对体积法	1：2.27：8.45：0.50	206	468	348	348	522	522	0.52	103
假定堆密度法	1：2.27：8.45：0.50	206	467	348	348	522	522	0.52	104

表 19-17　水工混凝土配合比及物理性能

水泥用量	粉煤灰		水灰比（W/C）	砂率/%	配合比（胶凝材料：砂：石子）	坍落度/mm	含气量/%	抗压强度/MPa			
	代替水泥	代替砂						7天	28天	90天	180天
161	0	0	0.75	37	1：5.04：8.49	61	3.9	19.4	25.3	26.1	30.6
80	80	0	0.75	33	1：4.47：9.17	45	2.9	9.0	17.1	25.7	27.3
50	80	27.3	0.75	32	1：3.55：7.95	52	2.5	9.6	18.2	27.5	32.6

第二十章　大体积混凝土

关于大体积混凝土的定义，我国有的规范认为：当基础边长大于 20m、厚度大于 1m、体积大于 400m³ 时的混凝土称为大体积混凝土。有的规范认为：混凝土结构物中的实体任何一个边长的最小尺寸等于或大于 1m 的部位所用的混凝土，称为大体积混凝土。一般认为当基础尺寸大到必须采取措施，妥善处理混凝土内外所产生的温差，合理解决混凝土体积变化所引起的应力，力图控制裂缝开展到最小程度，这种混凝土称为大体积混凝土。

关于大体积混凝土的内外温差控制指标，国内外至今还没有一个明确、统一的标准。根据日本的施工经验，一般宜控制在 25℃ 以内，也有的工程控制在 30℃ 左右也获得成功。在国家规范《混凝土结构工程施工质量验收规范》（GB 50204—2002）（2011 年版）中规定不宜超过 28℃。

工程实践证明：混凝土的温升和温差与表面系数有关，单面散热的结构断面最小厚度在75cm 以上，双面散热的结构断面最小厚度在 100cm 以上，水化热引起的混凝土内外最大温差预计超过 25℃，应按大体积混凝土施工。

第一节　大体积混凝土的材料组成

大体积混凝土由于截面尺寸较大，水泥水化所释放的水化热散失较慢，而混凝土内部硬化冷却发生收缩。这种温差引起的变形，加上混凝土体积的收缩，将产生不同程度的拉应力而出现裂缝，成为大体积混凝土结构的隐患。根据试验和工程实践证明，现有大体积结构的裂缝，绝大多数是由温度裂缝原因而产生的，温度裂缝产生主要原因是由温差造成的。

为避免或控制这种裂缝的出现，经过多年的试验和研究，解决大体积混凝土产生裂缝的技术措施很多，从混凝土组成材料方面采取的措施主要有：采用水化热较低的中热或低热水泥；在满足强度和其他性能要求的前提下，尽量降低水泥用量；掺加能降低水化热的掺合料；掺用适宜的缓凝外加剂；选择适宜的骨料粒径和级配；在施工时搅拌站按照现场条件，降低混凝土拌和物的温度；浇筑时加强措施使混凝土密实，减少混凝土的收缩变形等。

一、胶凝材料的选择

（一）选用中热或低热的水泥品种

混凝土升温的热源主要是水泥在水化反应中产生的水化热，因此选用中热或低热水泥品种，是控制混凝土温升的最根本方法。

材料试验证明：强度等级为 42.5MPa 的矿渣硅酸盐水泥，其 3 天的水化热为 188kJ/kg；而强度等级为 42.5MPa 的普通硅酸盐水泥，其 3 天的水化热却高达 250kJ/kg；强度等级为42.5MPa 的火山灰质硅酸盐水泥，其 3 天内的水化热仅为同强度等级普通硅酸盐水泥的 67%。

根据对某大型基础对比试验表明：选用强度等级为 42.5MPa 的硅酸盐水泥，比选用强度等级为 42.5MPa 的矿渣硅酸盐水泥，3 天内水化热平均升温高 5～8℃。

目前，在大体积混凝土中所用的水泥品种有：普通硅酸盐水泥（需掺加适量的粉煤灰）、矿渣硅酸盐水泥、粉煤灰硅酸盐水泥、中热硅酸盐水泥、低热矿渣硅酸盐水泥、低热粉煤灰硅酸盐水泥、低热微膨胀水泥等。当必须采用硅酸盐水泥或普通硅酸盐水泥时，应采取相应措施延缓水化热的释放。

大体积混凝土常用水泥每千克水泥水化热量值如表 20-1 所列。

表 20-1　大体积混凝土常用水泥每千克水泥水化热量值

水泥品种	水泥强度	每千克水泥的水化热/kJ		
		3 天	7 天	28 天
普通硅酸盐水泥	52.5	314	354	375
	42.5	250	271	334
	32.5	208	229	292
矿渣硅酸盐水泥	42.5	188	251	334
	32.5	146	208	271
火山灰硅酸盐水泥	42.5	167	230	314
	32.5	125	169	250

注：本表数值是按平均硬化温度15℃时编制的，当平均温度为7～10℃时，表中数值按60%～70%采用。

（二）选用适宜的水泥用量

作为整体式结构，由于大体积混凝土所需要的强度指标是不高的，所以对配制混凝土水泥的强度要求并不高。但是，在配制大体积混凝土中，通常会遇到用高强度水泥配制低强度等级混凝土的问题，这就往往需要在施工现场采取掺加适量活性矿物掺合料或严格控制水泥用量的措施。

在一般情况下，大体积混凝土的单位水泥用量在内部应取其最小用量，日本规定为140kg/m³左右，我国试验结果表明不超过150kg/m³，这样有利于降低水化热；在外部的混凝土应取较高用量，但也不宜超过300kg/m³，这样对降低大体积混凝土内外部由于水化热引起的温度应力，以及保证大体积混凝土的使用强度和耐久性是有利的。

（三）选用适宜的水泥细度

水泥的细度虽然对水泥水化热量多少影响不大，但却能显著影响水泥水化放热的速率。据试验，比表面积每增加100cm²/g，1天的水化热增加17～21J/g，7～28天约增加4～12J/g。但也不能片面地放宽水泥的粉磨细度，否则强度下降过多，反而不得不提高单位体积混凝土中的水泥用量，以导致水泥的水化放热速率虽然较小，但混凝土的放热量反而增加。因此，低热水泥的细度，一般与普通水泥相差不大，只有在确实需要时，水泥的细度才能进行适当调整。

（四）充分利用水泥的后期强度

根据试验资料表明，每立方米混凝土中的水泥用量，每增减10kg其水化热将使混凝土的温度相应升降1℃。为控制混凝土温升，降低温度应力，避免温度裂缝，一方面在满足混凝土强度和耐久性的前提下，尽量减少水泥的用量，另一方面可根据结构实际承受荷载的情况，对结构的强度和刚度进行复核，并取得有关单位的认可后，采用 f_{45}、f_{60} 或 f_{90} 替代 f_{28} 作为混凝土的设计强度，这样可使每立方米混凝土的水泥用量减少40～70kg左右，混凝土水化热温升也相应降低4～7℃。

结构工程中的大体积混凝土，大多采用矿渣硅酸盐水泥，其水泥熟料矿物含量要比硅酸盐水泥少得多，而且混合材料中的活性氧化硅、活性氧化铝与氢氧化钙、石膏的作用，在常温下进行比较缓慢，早期强度（3 天和 7 天）较低，但在硬化后期（28 天以后），由于水化硅酸钙凝胶数量增多，使水泥石强度不断增长，最后甚至能超过同标号的普通硅酸盐水泥，对利用其后期强度非常有利。如上海宝山钢铁厂、亚洲宾馆、新锦江宾馆、浦东煤气厂筒仓等工程大型基础，都采用了 f_{45} 或 f_{60} 作为混凝土设计强度，C20～C40 的混凝土，其 f_{60} 比 f_{28} 平均增长 12％～26.2％。

二、掺加外加料

大体积混凝土的浇筑，由于工程量较大、施工要求高、施工工期紧，所以很多工程采用泵送混凝土。采用泵送的大体积混凝土拌和物一般应具备以下 3 个特征：① 混凝土必须具有良好的流动性，即在输送管壁形成水泥浆或水泥砂浆的润滑层，使混凝土拌和物具有在管道中顺利滑动的流动性；②为了能在各种形状和尺寸的输送管内顺利输送，混凝土拌和物要具备适应输送管形状和尺寸变化的变形性；③为使泵送混凝土在施工过程中不产生离析而造成堵塞，拌和物应具备压力变化和位置变动的抗分离性。

由于影响泵送混凝土性能的因素很多，如砂石的种类、品质和级配，用量、砂率、坍落度、外掺料等。因此，为了满足混凝土具有良好的泵送性，在进行混凝土配合比设计中，千万不能用单纯增加水泥浆的方法。这样不仅会增加水泥用量，增大混凝土的收缩，而且还会使混凝土的水化热升高，更容易引起混凝土产生裂缝。

工程实践证明，在施工中优化混凝土级配，掺加适量的外加料，以改善混凝土的特性，是大体积混凝土施工中的一项重要技术措施。混凝土中常用的外加料主要是外加剂和外掺料。

（一）掺加外加剂

经过多年的工程实践证明，在大体积混凝土中掺加的外加剂，主要有引气型减水剂和缓凝剂。

1. 引气型减水剂

引气型减水剂是一种兼有引气和减水功能的混凝土外加剂，主要由引气组分、减水组分等复合组成。这种外加剂可使混凝土引入均匀的微小气泡，大幅度改善混凝土的和易性和提高可泵性，能有效缓冲混凝土受冻或碱集料反应产生的物理、化学膨胀的破坏。混凝土配制试验表明：在大体积混凝土中，掺加一定量的引气型减水剂，在保持混凝土强度不变时，不仅可降低水泥用量的 10％～15％，而且还可使混凝土内引入 3％～6％ 的空气，从而改善混凝土拌和物的和易性，提高混凝土的抗冻性和抗渗性。为确保混凝土的强度，混凝土中的引气量一般不应大于 6％。

2. 缓凝剂

在大体积混凝土施工时，掺入适量的缓凝剂，可以防止施工裂缝的生成，并能延长振捣和散发热量的时间。在大体积混凝土中，由于结构的尺寸较大，其内部的水化放热不易消散，很容易造成较大的内外温差，当温度应力达到一定数值时，会引起混凝土的开裂。掺入适量的缓凝剂后，可使水泥水化放热速率减慢，有利于热量的消散，使混凝土内部的温升降低，这对避免产生温度裂缝是有利的。

大体积混凝土施工中常用的缓凝剂有：①羟基羧酸盐（酒石酸及其盐、柠檬酸及其盐等）；②多羟基碳水化合物（如糖蜜、多元醇等）；③木质素系物质（如木质素磺酸钙、木质素磺酸钠等)；④无机化合物（如 Na_3PO_4 等)；⑤某些有机酸及盐、胺盐及衍生物等。

在大体积混凝土的实际工程中，常掺加的缓凝剂有酒石酸、柠檬酸及锌盐等。最常用的是木质素磺酸钙。木质素磺酸钙属阴离子表面活性剂，它对水泥颗粒有明显的分散效应，并能使水的表面张力降低。在混凝土中掺入水泥质量的 0.2%～0.3%，它能使混凝土的和易性有明显的改善，也可减少 10% 左右的拌和水，混凝土 28 天的强度可提高 10%～20%；若不减少拌和水，坍落度可提高 10cm 左右；若保持强度不变，可节省水泥 10%，从而可降低水化热。

（二）掺加外掺料

大体积混凝土工程经验表明，在大体积混凝土中掺加适量的活性混合材料，既可以降低水泥用量，又可以降低大体积混凝土的水化热温升。常用的活性混合材料有粉煤灰、火山灰等。

1. 粉煤灰

（1）掺加粉煤灰的作用　为了减少水泥用量，降低水化热并提高和易性，我们可以把部分水泥用粉煤灰代替，掺入粉煤灰主要有以下几项作用。

① 由于粉煤灰中含有大量的硅、铝氧化物，其中二氧化硅含量 40%～60%，三氧化二铝含量 17%～35%，这些硅铝氧化物能够与水泥的水化产物进行二次反应，是其活性的来源，可以取代部分水泥，从而减少水泥用量，降低混凝土的热胀。

② 由于掺加大体积混凝土的粉煤灰颗粒较细，能够参加二次反应的界面相应增加，在混凝土中分散更加均匀。粉煤灰的火山灰反应进一步改善了混凝土内部的孔结构，使混凝土中总的孔隙率降低，孔结构进一步地细化，分布更加合理，使硬化后的混凝土更加致密，相应收缩值也减少。

③ 在大体积混凝土中掺入一定量的粉煤灰后，除了粉煤灰本身的火山灰活性作用，生成硅酸盐凝胶，作为胶凝材料的一部分起增强作用外，在混凝土用水量不变的条件下，由于粉煤灰颗粒呈球状并具有"滚珠效应"，可以起到显著改善混凝土拌和物和易性的效能。若保持混凝土拌和物原有的流动性不变，则可减少单位用水量，从而可提高混凝土的密实性和强度。由此可见，在混凝土中掺入适量的粉煤灰，不仅可满足混凝土的可泵性，而且还可以降低混凝土的水化热。

（2）对粉煤灰的质量要求　粉煤灰的粒度组成是影响粉煤灰质量的主要指标。其中，各种粒度的相对比例，由于原煤种类、煤粉细度以及燃烧条件不同，可以产生很大的差异。一般认为，粉煤灰越细，球形颗粒越多，组合粒子越少，而且水化反应的界面增加，容易激发粉煤灰的活性，从而提高混凝土的强度。我国有关规范规定，粉煤灰的细度以 0.08mm 方孔筛筛余不超过 8% 为宜。

粉煤灰的烧失量，也是影响粉煤灰质量的重要指标。烧失量过大，对于粉煤灰的质量是有害的。未燃炭粒粗大、多孔，含碳量大的粉煤灰掺入混凝土后，则需要较大的用水量，大大降低混凝土的强度。我国规定：用于水泥和混凝土中的粉煤灰，其烧失量不应大于 8%。用于大体积混凝土的粉煤灰其他质量要求，应当符合国家标准《用于水泥和混凝土中的粉煤灰》（GB/T 1596—2005）中的规定。

大体积混凝土掺加粉煤灰分为"等量取代法"和"超量取代法"两种。"等量取代法"是用等体积的粉煤灰取代水泥的方法，取代量应非常慎重。"超量取代法"是一部分粉煤灰取代等体积水泥，超量部分粉煤灰则取代等体积砂，它不仅可获得强度增加效应，而且可以补偿粉煤灰取代水泥所降低的早期强度，从而保持粉煤灰掺入前后的混凝土强度等效。

由于粉煤灰的密度比水泥的密度小，在混凝土振捣时密度小的粉煤灰容易浮在混凝土的表面，使上部混凝土中的掺合料（粉煤灰）较多，混凝土的强度较低，表面容易产生塑性收缩裂缝。因此，粉煤灰的掺量不宜过多，在工程中应根据具体情况确定粉煤灰的掺量。

2. 火山灰质混合材料

火山灰质混合材料是泛指火山灰一类的物质，按其化学成分和矿物结构不同，可分为：含水硅酸质、铝硅玻璃质、烧黏土质等。由于我国火山灰资源相当丰富，价格非常便宜，因此，火山灰是值得利用的一种很好的活性材料。

配制大体积混凝土的火山灰质混合材料，其技术指标应符合国家标准《用于水泥中的火山灰质混合材料》（GB/T 2847—2005）中的规定。

三、骨料的选择

工程设计表明：大体积混凝土结构所需的强度并不是很高的，所以组成混凝土的砂石料比普通水泥混凝土要高，约占混凝土总质量的 85%，因此，正确选用砂石材料，对于保证混凝土质量、节约水泥用量、降低水化热量、降低工程成本是非常重要的。

骨料的选用应根据就地取材的原则，首先考虑成本较低、质量优良、满足要求的天然砂石料。根据国内外对人工砂石料的试验研究和生产实践，证明采用人工骨料也可以做到经济实用。

（一）粗骨料的选择

结构工程的大体积混凝土，宜优先选择以自然连续级配的粗骨料配制。这种连续级配粗骨料配制的混凝土，具有较好的和易性、较少的用水量、节约水泥用量、较高的抗压强度等优点。在选择粗骨料粒径时，可根据施工条件，尽量选用粒径较大、级配良好的石子。

根据有关试验结果证明，采用 5～40mm 石子比采用 5～20mm 石子，每立方米混凝土可减少用水量 15kg 左右，在相同水灰比的情况下，水泥用量可节约 20kg，混凝土温升可降低 2℃。

选用较大骨料粒径，确实有很大优越性。但是，骨料粒径增大后，容易引起混凝土的离析，影响混凝土的质量。为了达到预定的要求，同时又要发挥水泥最有效的作用，粗骨料有一个最佳的最大粒径。对于大体积混凝土，粗骨料的最大粒径不仅与施工条件和工艺有关，而且与结构物的配筋间距、模板形状等有关。根据施工经验，在一般情况下，粗骨料的最大粒径不应超过钢筋净间距的 2/3，构件断面最小尺寸的 1/4，素混凝土板厚的 1/2。

用于大体积混凝土的粗骨料技术质量要求如表 20-2 所列。其级配选择可参考表 20-3 中的数值。

表 20-2　大体积混凝土的粗骨料技术质量要求

项　目	含泥量/%	坚固性/%	SO₃含量/%	有机质含量	密度/（g/cm³）	吸水率/%	针片状颗粒含量/%
技术指标	$D_{20}D_{40}$粒级小于 1 $D_{80}D_{120}$粒级小于 0.5	<5（抗冻） <10（无抗冻）	<0.5	应浅于标准色	>2.55	<2.5	<15

表 20-3　大体积混凝土用粗骨料级配选择参考值

D_{max}/mm	粒径分级/mm				总计/%
	5～20	20～40	40～80	80～120	
	各级石子所占的比例/%				
40	45～60	45～55	—	—	100
80	25～35	25～35	35～50	—	100
120	15～25	15～25	25～35	30～45	100

（二）细骨料的选择

配制大体积混凝土所用的细骨料，应符合《普通混凝土用砂质量标准及试验方法》（JGJ 52—2006）中的规定，砂的技术质量要求如表 20-4 所列。以采用优质的中、粗砂为宜，细度模数宜在 2.6～2.9 范围内。

表 20-4　大体积混凝土用细骨料技术质量要求

项　目	含泥量/%	黏土含量/%	石粉含量/%	坚固性/%	云母含量/%	密度/(g/cm³)	SO_3 含量/%	有机质含量	轻物质含量/%
指标	<3	<1	6～12	<10	<2	>2.5	<1	浅于标准色	<1

根据有关试验资料证明，当混凝土采用细度模数为 2.79、平均粒径为 0.381mm 的中粗砂时，比采用细度模数为 2.12、平均粒径为 0.336mm 的细砂，每立方米混凝土可减少水泥用量 28～35kg，减少用水量 20～25kg，这样就降低了混凝土的温升和减小了混凝土的收缩。

目前，在工程施工中大体积混凝土普遍采用泵送法施工，泵送混凝土的输送管道形式很多，有直管、锥形管、弯管和软管。当通过锥形管和弯管时，混凝土颗粒间的相对位置就会发生变化；如果混凝土中的砂浆量不足，很容易发生堵管现象。所以，在大体积混凝土配合比设计时，可适当提高砂率；但如果砂率过大，将对混凝土的强度产生不利影响。因此，在进行大体积混凝土配合比设计时，应在满足混凝土可泵性的前提下尽可能选用较小的砂率。

（三）骨料的质量要求

骨料是大体积混凝土的骨架，骨料的质量如何，直接关系到大体积混凝土的质量。所以，骨料的质量技术要求，应符合国家标准的有关规定。混凝土试验表明，骨料中的含泥量多少是影响混凝土质量的最主要因素。如果骨料中含泥量过大，它对混凝土的强度、干缩、徐变、抗渗、抗冻融、抗磨损及和易性等性能都将产生不利的影响，尤其会增加混凝土的收缩，引起混凝土抗压强度和抗拉强度的降低，对混凝土的抗裂性更是十分不利。

在大体积混凝土施工中，对粗骨料和细骨料的质量要求，一定要符合国家标准《建设用卵石、碎石》（GB/T 14685—2011）和《建设用砂》（GB/T 14684—2011）中的规定，特别是对其含泥量、黏土含量要严格控制。

第二节　大体积混凝土配合比设计

大体积混凝土的配合比设计，在方法步骤上与普通水泥混凝土基本相同。由于此种混凝土体积很大，所以在配合比设计中不仅要满足强度和耐久性方面的要求，而且还要满足经济性方面的要求。与普通水泥混凝土不同之处，主要是在凝结硬化的过程中对混凝土的水泥水化热控制应特别严格。

一、大体积混凝土配合比设计的原则

工程实践充分证明：大体积混凝土配合比设计的基本原则，不仅要满足最基本的强度和耐久性的要求，还应与大体积混凝土的规模相适应，并且应是最经济的。

大体积混凝土结构物的经济问题，是其配合比设计中需要考虑的一个最重要的技术参数。某工程大体积混凝土构筑物形式的选择，有可能取决于经济条件。因此，大体积混凝土的配合比设计，既受结构形式、经济性的要求，又受混凝土强度、耐久性和温差控制的限制。在进行混凝土配合比设计时，主要应考虑以下几个方面。

（1）除骨料的最大尺寸之外，用水量应根据能充分地拌和、浇灌和捣实的新拌混凝土允许的最干稠度来决定。典型的不配筋的大体积混凝土的坍落度一般控制在 1～3cm。如在要采用预冷却混凝土，则在实验室做试验性拌和物时，也应在相同的低温下进行，因为在低温情况下，水泥水化速度较慢，在 5～10℃ 达到给定稠度的需水量比在正常室温（15～20℃）下更少些。

（2）在大体积混凝土中，单位体积混凝土水泥用量是由水灰比与强度之间的关系所决定的。这种关系在很大程度上受到骨料种类的影响，同样水灰比的情况下，天然骨料混凝土的强度不如破碎骨料混凝土的强度高。不同水灰比和不同骨料大体积混凝土的抗压强度值如表 20-5 所列。

表 20-5　不同水灰比和不同骨料大体积混凝土的抗压强度

混凝土的水灰比	28 天混凝土抗压强度/MPa	
	天然骨料	破碎过的骨料
0.40	31.0	34.5
0.50	23.4	26.2
0.60	18.6	21.4
0.70	14.5	17.2
0.80	11.0	13.1

注：当掺加火山灰时，强度应以 90 天为准，而水灰比则变为 $W/(C+F)$。

将在标准养护条件下养护过的混凝土试块，与从高坝中钻取芯样（混凝土的水泥用量为 223kg/m³）相比较，测试结果表明：在混凝土结构中的混凝土的实际强度大大超过了要求。在含有火山灰、粉煤灰等活性混合材料的混凝土中，观察到的强度增幅更为惊人，表明了活性混合材料可以增加强度，替代水泥用量和具有降低水化热的作用。在正常或比较温和的气候中，对大体积混凝土的内部，混凝土的最大容许水灰比为 0.80，而对暴露于水中或空气中的，其允许水灰比为 0.60。

（3）大体积混凝土的含气量，通常规定为 3%～6%，这样有利于提高混凝土的抗渗性和抗冻性等耐久性指标。根据工程经验，对大体积内部混凝土，按胶凝材料的总体积掺加 35% 的粉煤灰，对大体积外露混凝土，掺加 25% 的粉煤灰，是可以满足大体积混凝土各项技术性能要求的。采用的砂子，其细度模数通常为 2.6～2.8，粗骨料用量为全部骨料绝对体积的 78%～80%，细骨料的含量相应为 20%～22%。

二、大体积混凝土配合比设计过程

大体积混凝土的配合比设计，在遵照其设计原则的前提下，整个设计过程必须按照《普

通混凝土配合比设计规程》（JGJ 55—2011）和《混凝土结构工程施工质量验收规范》（GB 50204—2002）（2011 年版）中的规定执行。

第三节 大体积混凝土参考配合比

大体积混凝土配合比设计比较简单，主要是对内外温差、抗渗性、抗冻性等进行设计，其强度要求不高。因此在此对大体积混凝土配合比设计的具体方法步骤不再叙述。在表20-6中列出工程中常用的大体积混凝土的参考配合比，在表 20-7 中列出了 C30 和 C50 大体积混凝土的施工配合比，供工程设计和施工中应用参考。

表 20-6 大体积混凝土的参考配合比

序 号	水灰比 (W/C)	引气剂 /%	减水剂 /%	骨料 D_{max}/cm	大体积混凝土中材料用量/(kg/m³)				28 天抗压 强度/MPa
					水泥	混合材料	砂	石子	
1	0.58	0	0	22.9	225	0	552	1589	21.3
2	0.60	0	0	15.2	224	0	582	1523	33.6
3	0.59	0	0	20.3	178	浮石 36	559	1562	28.1
4	0.56	0	0	15.2	219	0	537	1614	29.6
5	0.47	3.0	0	15.2	111	粉煤灰 53	499	1672	18.7
6	0.54	3.5	0	15.2	111	浮石 56	461	1651	17.9
7	0.50	3.5	0.37	15.2	111	浮石 53	474	1662	24.6
8	0.53	3.5	0	15.2	111	页岩 56	432	1720	20.7
9	0.49	3.0	0	15.2	117	粉煤灰 50	528	1670	18.6
10	0.42	4.3	0	11.4	221	0	376	1691	33.5
11	0.58	0	0	7.60	276	0	713	1346	22.5

表 20-7 C30 和 C50 大体积混凝土的施工配合比

混凝土强度等级	每立方米混凝土材料组成/kg							
	水泥	石子	砂	拌和水	外加剂	粉煤灰	UEA-H	纤维材料
C30	337.5	1129.0	720.0	160.0	37.5	—	—	—
C50	383.0	1135.0	621.0	175.0	4.70	60.0	43.0	0.70

第二十一章 防水混凝土

防水混凝土又称抗渗混凝土，是以调整混凝土配合比、掺加化学外加剂或采用特种水泥等方法，提高混凝土的自身密实性、憎水性和抗渗性，使其满足等于或大于抗渗等级0.6MPa（S6）要求的不透水性混凝土。

防水混凝土的防水机理是：针对普通混凝土内部存在毛细管和缝隙引起渗水，采取相应的技术措施，提高混凝土的密实性、憎水性和抗渗性。即通过选择合适的骨料级配、降低水灰比、改善配合比、加强施工管理、掺加适量外加剂、加强混凝土振捣、重视混凝土养护等，减少和破坏存在于混凝土内部的毛细管网络，切断渗水通道，以期达到防水目的。

第一节 防水混凝土的材料组成

防水混凝土一般可分为普通防水混凝土、外加剂防水混凝土和膨胀水泥防水混凝土。目前，在工业与民用建筑防水工程中，最常用的防水混凝土主要有普通防水混凝土和外加剂防水混凝土，防水混凝土包括引气剂防水混凝土、减水剂防水混凝土、三乙醇胺防水混凝土、氯化铁防水混凝土、膨胀剂或膨胀水泥防水混凝土等。

一、普通防水混凝土的材料组成

普通防水混凝土，是以调整配合比的方法，来提高自身密实度和抗渗性的一种混凝土，它是在普通水泥混凝土的基础上发展起来的。普通防水混凝土，是根据工程所需要的抗渗要求配制的，其中石子的骨架作用并不十分强调，水泥砂浆除满足填充和黏结作用之外，还要求能在粗骨料周围形成一定厚度的、良好的砂浆包裹层，以提高混凝土的抗渗性。

普通防水混凝土的原材料组成，与普通混凝土基本相同。主要由水泥、粗细骨料和水组成，只是对水泥和骨料的质量要求有所不同。

（一）对水泥的要求

配制普通防水混凝土所用的水泥，一般应选用普通硅酸盐水泥，这种水泥早期强度较高，强度增进率也较快，保水性较好，收缩性较小，不容易使混凝土结构内部形成渗水的通道。如果混凝土同时也有抗冻要求时，可优先选用硅酸盐水泥。在普通硅酸盐水泥缺乏时，也可选用粉煤灰硅酸盐水泥或火山灰硅酸盐水泥。如果在冬季负温条件下施工，应掺加适量的早强剂和抗冻剂。

在有条件或无抗冻性要求的情况下，配制普通防水混凝土尽量不采用硅酸盐水泥和矿渣硅酸盐水泥。硅酸盐水泥收缩性较大，水化热较高；矿渣硅酸盐水泥泌水性大，容易使混凝土拌和物产生离析，从而降低混凝土结构的防水性能。

（二）对粗细骨料的要求

配制普通防水混凝土所用的粗细骨料质量、级配和杂质含量等，对混凝土的抗渗性影响很大。因此，粒细骨料应分别符合下列要求。

1. 对粗骨料的要求

配制普通防水混凝土的粗骨料，应选择质地坚硬致密，杂质含量很少的碎石或卵石，同时应满足下列要求：①粗骨料的最大粒径不得大于40mm，粒径范围应控制在5～30mm；②软弱颗粒的含量不得大于10%，如果还有抗冻性要求，含量不得大于5.0%；③风化颗粒的含量不得大于1%；④颗粒级配应为连续级配；⑤其他方面的质量要求，应符合《建筑用卵石、碎石》（GB/T 14685—2001）中的规定。

2. 对细骨料的要求

配制普通防水混凝土的细骨料，以选用洁净质地坚固的河砂或山砂为宜，同时应满足下列要求：①砂中的含泥量不得大于3.0%，泥块含量不得大于1.0%；②砂无风化现象；③砂的细度模数以2.4～3.3为宜；④砂的平均粒径在0.4mm左右；⑤其他方面的质量要求，应符合《建设用砂》（GB/T 14684—2011）中的规定。

（三）对掺合料的要求

为填充混凝土中的微细孔隙，提高普通防水混凝土的抗渗性，可在混凝土中掺入适量的掺合料，如磨细粉煤灰、磨细石英砂等，其细度和质量要求应符合国家的有关现行规定。

（四）对拌和水和养护水的要求

配制和养护普通防水混凝土的水，与普通水泥混凝土相同，其质量要求应符合《混凝土用水标准》（JGJ 63—2006）中的要求。

二、外加剂防水混凝土的材料组成

外加剂防水混凝土是在普通水泥混凝土拌和物中，掺入适量的有机或无机外加剂，以改善混凝土拌和物的和易性，提高混凝土的密实性和抗渗性，以满足工程防水需要的一系列品种的混凝土。

（一）外加剂防水混凝土所用的外加剂

根据所掺加的外加剂种类不同，其防水机理也不相同。外加剂防水混凝土中常用的外加剂有引气剂、减水剂、防水剂、早强剂等。

1. 混凝土减水剂

混凝土减水剂是指在不影响混凝土和易性的条件下，能明显减少拌和用水量的外加剂。在混凝土中掺入减水剂，可以获得如下效果：不改变混凝土的用水量，混凝土的坍落度可有所增加；保持混凝土和易性不变，可减少用水量15%左右，不仅可显著提高混凝土强度，避免混凝土出现泌水、离析现象，而且可提高混凝土的抗渗性、抗冻性和耐久性；在保持混凝土强度和坍落度不变的情况下，可以节省水泥用量10%～15%。

刚性防水混凝土掺加减水剂，是提高抗渗性的重要措施。目前，建筑工程上常用的减水剂主要有木质素系减水剂、萘系减水剂、树脂系减水剂、糖蜜系减水剂、腐殖酸减水剂和复合减水剂；按减水剂的功能不同，又可分为普通减水剂、高效减水剂、缓凝减水剂、引气减水剂和早强减水剂等。

常用减水剂的性能、种类及掺量如表21-1所列。

表 21-1　常用减水剂性能、种类及掺量

减水剂类别、名称	木质素磺酸盐类	多环芳香族磺酸盐类	糖　蜜　类
性能	具增塑及引气作用,可明显提高混凝土的抗渗性;其缓凝作用可推迟水泥水化热高峰出现;价格低,货源足;但其分散作用不及高效减水剂;低温下应与早强剂复合作用	为高效减水剂,可显著改善和易性,提高抗渗性,其中 MF、JN 具有引气作用,抗冻性、抗渗性优于 NNO;JN 在同类减水剂中价格最低,约为 NNO 的 4%;使用时产生的气泡较大,须用高频振捣器	性能同于木质素磺酸钙,对钢筋无锈蚀,掺量少,效益高,有缓凝作用,要注意经常间断搅拌,防止沉淀
适宜掺量(占水泥质量的)/%	0.15～0.30	0.50～1.00	0.20～0.35

2. 混凝土防水剂

随着防水混凝土技术的快速发展,混凝土防水剂的品种很多,用于建筑防水工程的防水剂,必须符合现行国家行业标准《砂浆、混凝土防水剂》(JC 474—2008)的要求,常见的防水剂有三乙醇胺防水剂、氯化铁防水剂、HE 混凝土高效防水剂、氯化物金属盐类防水剂、无机铝盐防水剂、AWA-Ⅰ型抗裂防水剂和有机硅防水剂等。

(1)三乙醇胺防水剂　三乙醇胺防水剂配制的防水混凝土,具有防水、早强和增强的多种作用,特别适用于需要早强的防水工程。在混凝土中掺入微量的三乙醇胺后,以其具有的催化作用,可以加速水泥的水化反应,使水泥在早期就生成较多的水化产物,相应地减少了混凝土中的游离水,也减少了由于游离水蒸发而形成的毛细孔,提高了混凝土的抗渗性。

三乙醇胺防水剂,为橙黄色透明黏稠状的吸水性液体,易溶于水,呈碱性,是一种非离子表面活性剂,它能吸收 CO_2,但不随 CO_2 一同蒸发,应避光保存。它对钢筋无腐蚀作用,但对铜、铝及其合金等破坏很快。

三乙醇胺防水剂的掺量极微,一般仅为水泥质量的 0.02%～0.05%。当三乙醇胺和氯化钠、亚硝酸钠等无机盐复合使用时,氯化钠和亚硝酸钠等无机盐,在水泥水化反应过程中能分别生成氯铝酸盐和亚硝酸盐类化合物,这些化合物的生成会发生体积微膨胀,可以堵塞混凝土内部的孔隙和切断毛细管通道,增大混凝土的密实度,从而提高混凝土的抗渗性,以达到防水的目的。

配制三乙醇胺防水剂的原材料均为市场出售的成品,使用前应配好备用。配制防水剂时,将组成材料按比例溶于水中,防水剂浓度应适当。

工程中常用三乙醇胺防水剂配方有三种,如表 21-2 所列。配制三乙醇胺防水剂常用配方材料用量如表 21-3 所列。

表 21-2　三乙醇胺防水剂配方

型　　号	三乙醇胺	氯　化　钠	亚硝酸钠	备　　　注
1	0.05%	—	—	(1)表中百分数为水泥质量的百分数;
2	0.05%	0.5%	—	(2)1 号配方适用于常温和夏季施工,2 号、3 号适用
3	0.05%	0.5%	1%	于冬季施工

表 21-3　三乙醇胺防水剂常用配方材料用量

1 号配方		2 号配方			3 号配方			
三乙醇胺 0.05%		三乙醇胺 0.05%＋氯化钠 0.5%			三乙醇胺 0.05%＋氯化钠 0.5%＋亚硝酸钠 1%			
水	三乙醇胺	水	三乙醇胺	氯化钠	水	三乙醇胺	氯化钠	亚硝酸钠
98.75/98.33	1.25/1.67	86.25/85.83	1.25/1.67	1.25/1.25	61.25/60.83	1.25/1.67	1.25/1.25	25/25

注:1. 表中的百分数为水泥重量的百分数。

2.1 号配方适用于常温和夏季施工,2、3 号配方适用于冬季施工。

3. 表中资料分子为采用 100% 纯度三乙醇胺的量,分母为采用 75% 工业品三乙醇胺的用量。

(2)氯化铁防水剂　氯化铁防水剂的主要成分为二氯化铁、三氯化铁和硫酸铝,其防水

的主要机理是：氯化铁防水剂加入混凝土后，在水泥水化过程中产生不溶于水的氢氧化铁、氢氧化亚铁及氢氧化铝等凝胶体，这些凝胶体填充混凝土内的孔隙，增加混凝土的密实性，提高混凝土抗渗性。氯化铁防水剂与水泥水化析出的氢氧化钙作用，生成新物质氯化钙，对水泥熟料矿物具有激活作用，加速了水泥的水化，并与硅酸二钙、铝酸三钙合成为氯硅酸钙和氯铝酸钙晶体，从而提高了混凝土的密实性和不透水性。

氯化铁防水剂是由氯化铁和盐酸按一定比例在常温下配制而成。其配制非常简单，即称量氧化铁皮粉碎过筛（3mm）后投入陶瓷缸中，再注入为氧化铁质量2倍的盐酸，不断搅拌使其充分反应，当反应进行2h左右时，再继续加入质量为原氧化铁20%的氧化铁，继续反应4~5h，逐渐变成深棕色浓稠的氯化铁溶液。将该溶液静置3~4h，吸出浮在上面的清液。向清液中加入其质量5%的硫酸盐，搅拌均匀至完全溶解，即制成氯化铁防水剂。氯化铁防水剂配制简单，且材料来源广泛，价格较低，并具有增强、耐久、抗腐蚀等优点，是用于地下防水工程中的一种良好的防水剂，可以配制较高抗渗等级的防水混凝土或抗油渗混凝土，适用长期储水、储油的构筑物。

配制的氯化铁防水剂，其相对密度应大于1.4。经化学分析，其中二氯化铁和三氯化铁的比例应在（1:1.1）~（1:1.3）（质量比）范围内，而且它们的含量不少于400g/L。防水剂溶液的pH值为1~2，硫酸铝的含量为溶液质量的5%。

（3）HE混凝土高效防水剂　HE混凝土防水剂集高效减水、缓凝泵送、抗裂防渗、高强耐久等功能于一体，具有掺量低（掺量为6%~8%）、混凝土工作性能优异等特点，既可用于施工现场配制防水混凝土，亦可用于配制商品混凝土，是一种多功能兼容的高效防水剂。

HE混凝土高效防水剂最突出的特点是具有高性能，高强、高工作性和高耐久性是高性能混凝土的三大重要特征。一般情况下，高强性能与高耐久性能二者密切相关。用HE混凝土高效防水剂配制的防水混凝土，不仅结构致密，而且具有抗裂能力，故侵蚀性介质不宜渗入，从而使具有破坏性的化学反应不会发生；又由于防水剂本身不含氯、碱等成分，从而消除了钢筋锈蚀以及碱骨料反应等隐患，这是使混凝土具有高强、高耐久性切实保证。

HE混凝土高效防水剂既可用于配制普通或高强的塑性防水混凝土，又可用于配制商品化泵送防水混凝土，且不需同其他外加剂配合使用。可使混凝土在2h内保持混凝土良好的工作性，这对混凝土的夏季施工以及对商品混凝土的普及应用是非常有益的。

（4）氯化物金属盐类防水剂　氯化物金属盐类防水剂，又称为防水浆。它是用氯化钙、氯化铝及水配制而成的液体防水剂，一般呈淡黄色。把这种防水剂渗入水泥砂浆后，经化学反应生成含水氯硅酸钙、氯铝酸钙等化合物，将水泥砂浆中的空隙填充，切断毛细孔通路，提高水泥砂浆的抗渗能力。

这类防水剂市场上有成品销售。若自己配制，应按以下方法：按设计配合比准确称量；将固体破碎成粒径不大于3cm的块体；将水置入陶制容器中停放30min；将防水剂放入水中搅拌至全部溶解；待溶液温度下降至50~52℃时即可使用。自制氯化物金属盐类防水剂，可参照表21-4配合比配制。

表 21-4　氯化物金属盐类防水剂参考配合比

材料名称	质量配合比/%		备　注
	(A)	(B)	
氯化铝	4	4	固体,工业用
氯化钙(结晶体)	23	—	工业用,其中 $CaCl_2$ 含量不小于70%,结晶体可全用固体代替
氯化钙(固体)	23	46	—
水	50	50	自来水或洁净水

（5）无机铝盐防水剂　无机铝盐防水剂是以无机铝和碳酸钙为主料，与多种无机化学原料化合反应而成防水剂。掺入水泥砂浆后，可同水泥水化产物硅酸三钙、水化铝酸三钙、铁酸三钙等发生化学反应生成难溶于水的微小胶体粒子，以及具有一定膨胀性的复盐——水化氯铝酸钙、水化氯铁酸钙、水化氯硅酸钙等晶体物质。这些微小胶体粒子和晶体物质能够填充水泥水化过程中形成的毛细孔道和裂缝，从而增加水泥砂浆的密实度，有效地提高了防水层的抗渗性。

（6）AWA-Ⅰ型抗裂防水剂　AWA-Ⅰ型抗裂防水剂具有微膨胀、补偿水泥砂浆的收缩、提高砂浆的抗裂性等优良性能。此外还有快硬、早强、泌水小、施工和易性好等优点。适用于房屋地下室、储水塔、油库等建（构）筑物防水工程。AWA-Ⅰ型抗裂防水剂的性能指标符合国家建材行业标准《砂浆、混凝土防水剂》（JC 474—2008）中的一等品的标准，如表 21-5 所列。

表 21-5　AWA-Ⅰ型抗裂防水剂技术性能

名　称	项　目	单　位	性能指标
物理性能	外观	—	微红色粉末状固体
	细度	%	5~0.08mm 筛余量
	含水率	%	<3.0
化学成分	SiO_2	%	23.5
	Al_2O_3	%	8.46
	Fe_2O_3	%	1.24
	CaO	%	27.09
	MgO	%	1.46
	SO_3	%	21.54
	Na_2O	%	1.00
	烧失量	%	2.47

（7）有机硅防水剂

① 主要性能和技术指标　有机硅防水剂具有无毒、无味、不挥发、不易燃等优良特点，并有良好的耐腐蚀性、耐候性，以及抗渗性。它施工简便、性能稳定、容易储存，储存期可达 2 年。主要技术指标如表 21-6 所列。

表 21-6　有机硅防水剂主要技术指标

序　号	项　目	甲基硅醇钠	高沸硅醇钠
1	外观	浅黄色液体	浅黄色至无色透明液体
2	固体含量/%	34 左右	31~35
3	pH 值	13	14
4	相对密度(25℃)	1.25	1.25~1.26
5	硅含量/%	3~5	1~3
6	氯化钠含量/%	≤2	2
7	黏度(25℃)/Pa·s	10~25	—
8	总碱量/%	≤8	<20

② 有机硅防水剂的配制　材料要求：水采用一般饮用水，有机硅防水剂为市售成品，相对密度以 1.24~1.25 为宜，pH 值不小于 12。硅水应按配比备料，然后混合搅匀，不得改变用量、变更配比。配合比如表 21-7 和表 21-8 所列。

表 21-7　碱性硅水配合比表

质　量　比		体　积　比		用　途
有机硅防水剂	水	有机硅防水剂	水	
1	7~9	1	9~11	配制防水砂浆、抹防水层

表 21-8　中性硅水配合比表

质 量 比			用 途
有机硅防水剂	水	硫酸铝或硝酸铝	
1	5～6	0.4～0.5	配制防水砂浆、抹防水层

（二）外加剂防水混凝土的种类

外加剂防水混凝土的种类很多，目前在建筑工程上常用的有减水剂防水混凝土、引气剂防水混凝土、三乙醇胺防水混凝土和氯化铁防水混凝土等。

1. 减水剂防水混凝土

减水剂防水混凝土是在混凝土中掺入适量的减水剂配制而成，凡以各种减水剂配制而成的混凝土，统称为减水剂防水混凝土。目前用于配制防水混凝土的减水剂种类很多，主要有木质素磺酸盐、萘磺酸盐甲醛缩合物、三聚氰胺磺酸盐甲醛缩合物和糖蜜等。

在采用减水剂防水混凝土施工中，应根据结构要求、施工工艺、施工温度以及混凝土原材料的组成、特性等因素，正确地选择减水剂的品种。目前，我国在配制减水剂防水混凝土时，最常用的减水剂有 NNO 减水剂、MF 减水剂、木钙减水剂和糖蜜减水剂等。

（1）NNO 减水剂是一种高效能分散剂，对于混凝土的耐久性、抗硫酸盐、抗渗、抗钢筋锈蚀等方面的性能均有显著提高。在水泥用量和坍落度保持不变的情况下，3 天强度可提高 50％～90％，7 天可提高 30％～50％，28 天强度可提高 20％左右；在强度和坍落度不变的情况下，可节约水泥用量 14％～25％左右。在水灰比相同的情况下，可使混凝土拌和物的坍落度增大 2 倍以上。但是其价格较高，应用不太广泛。

（2）1974～1976 年，我国建筑材料科学研究总院研制了以甲基萘、萘残油为主要原料的 MF 和建 1 两种高效减水剂，为高效减水剂增加了新品种。MF 减水剂是一种兼有引气作用的高效能分散剂，其减水和增强作用可以与 NNO 减水剂媲美，其抗渗性和抗冻性的效果还优于 NNO 减水剂。如果施工中不加强振捣，会降低混凝土的强度，所以使用时应用高频振动器排出混凝土中的大气泡。

（3）木质素磺酸盐作为混凝土减水剂，可以节约水泥，增加混凝土和易性和强度，而其本身又是一种纸浆废液，具有可观的技术经济效益，同时起到保护环境和节约能源的作用。木钙减水剂也是一种兼有引气作用的减水剂，但其分散作用不如 MF 和 NNO 减水剂，一般可减水 10％～15％，增强 10％～20％；对混凝土抗渗性能的提高特别明显，且具有一定的缓凝作用，适宜夏季混凝土施工。缺点是当温度较低时，强度发展比较缓慢，需要与早强剂复合使用。木钙减水剂价格低廉，在工程中应用最广泛。

（4）糖蜜减水剂是制糖工业中的一种下脚料称为废蜜，为黏稠液体，经石灰化后加工成干粉，也称为糖钙减水剂。糖蜜减水剂属于普通减水剂，具有减水、缓凝等效果，多用于水工建筑、防水工程等大体积混凝土中。糖蜜减水剂是与木钙减水剂基本相同的减水剂，其性能也与木钙相似，优点是比木钙的掺量少，但材料来源不如木钙广泛。

2. 引气剂防水混凝土

引气剂防水混凝土是应用较普遍的一种外加剂混凝土，它是在普通混凝土拌和物中掺入微量的引气剂配制而成的，这种防水混凝土具有良好的和易性、抗渗性、抗冻性和耐久性，且具有较好的技术经济效果，可以用于一般防水工程和对抗冻性、耐久性要求较高的防水工程。

目前，国内常用的引气剂是松香热聚物和松香酸钠，此外还有烷基磺酸钠、烷基苯磺酸钠、松香皂和氯化钙复合外加剂。

引气剂防水混凝土含气量是影响混凝土防水效果的决定性因素，而含气量的多少直接影响着混凝土的强度和抗渗性（见表21-9）。混凝土掺用加气剂虽有提高抗渗性的作用，但也有降低强度的作用。经验证明，混凝土中含气量在3%～6%，其全面性能优良，在此条件下混凝土的密度降低不超过6%，混凝土强度降低不超过25%，而抗渗性最好。

表21-9　引气剂掺量对混凝土抗渗性能的影响

松香酸钠掺量/(×10⁻⁴)	含气量/%	吸水率/%	抗渗压力/MPa	透水高度/cm
0	1.0	10.1	1.4	—
1.0	4.5	9.1	>2.2	11.5
3.0	5.5	9.3	>2.2	12.0
5.0	6.5	9.2	>2.2	12.5
10.0	8.0	9.7	1.8	—

注：水泥用量为280kg/m³，水灰比为0.55。

从提高抗渗性、改善混凝土内部结构及保持应有的混凝土强度出发，对加气剂防水混凝土的含气量要控制使其适量。我国对引气剂混凝土含气量要求控制在3%～5%以内。因此，松香酸钠的掺量（水泥质量的）为万分之一到万分之三，松香热聚物的掺量约万分之一。

3. 三乙醇胺防水混凝土

三乙醇胺防水混凝土，是在混凝土中随拌和水掺入一定量的三乙醇胺防水剂配制而成的。具有防水、早强和增强的多种作用，特别适用于需要早强的防水工程，是一种良好的防水混凝土。

对于三乙醇胺防水混凝土的所用材料，在配制中应符合下列几项要求。

（1）工程中常用的三乙醇胺防水剂，一般有三种配方（见表21-10）。工程实践证明，靠近高压电源和大型直流电源的防水工程，宜采用1号配方来配制防水混凝土，不宜采用2号或3号配方。

表21-10　三乙醇胺防水剂常用配方

1号配方		2号配方			3号配方			
三乙醇胺0.05%		三乙醇胺0.05%＋氯化钠0.5%			三乙醇胺0.05%＋氯化钠0.5%＋亚硝酸钠1%			
水	三乙醇胺	水	三乙醇胺	氯化钠	水	三乙醇胺	氯化钠	亚硝酸钠
98.75/98.33	1.25/1.67	86.25/85.83	1.25/1.67	1.25/1.25	61.25/60.83	1.25/1.67	1.25/1.25	25/25

注：1. 表中的百分数为水泥质量的百分数。

2. 1号配方适用于常温和夏季施工，2、3号配方适用于冬季施工。

3. 表中资料分子为采用100%纯度三乙醇胺的量，分母为采用75%工业品三乙醇胺的用量。

（2）在冬季施工时，除了掺入占水泥质量0.05%的三乙醇胺外，再加入0.5%的氯化钠及1%的亚硝酸钠，其防水效果更好。

（3）配制三乙醇胺防水混凝土时，必须严格控制单位水泥用量，当设计抗渗压力在0.8～1.2MPa时，水泥用量以300kg/m³为宜。

（4）配制三乙醇胺防水混凝土，砂率必须随水泥用量的降低而相应提高，使混凝土中有足够的砂浆量，以确保混凝土的密实性，从而提高混凝土的抗渗性。当水泥用量为280～300kg/m³时，砂率以40%左右为宜。掺三乙醇胺早强防水剂后，灰砂比可以小于普通防水混凝土1：2.5的限值。

（5）三乙醇胺防水混凝土对石子的级配无特殊要求，只要在一定水泥用量范围内，并且保证混凝土有足够的砂率，无论采用何种级配的石子，都可以使混凝土具有良好的密实度和抗渗性。

（6）三乙醇胺防水剂对不同品种水泥均有较强的适应性，特别是能够改善矿渣硅酸盐水泥的泌水性和黏滞性，提高矿渣水泥混凝土的抗渗性。对要求低水化热的防水工程，以选用矿渣水泥为宜。

4. 氯化铁防水混凝土

氯化铁防水混凝土，是在混凝土中掺入适量的氯化铁防水剂配制而成的，是适合用在地下防水工程中的一种良好的防水剂，可以配制较高抗渗等级的防水混凝土或抗油渗混凝土，适用于长期储水的构筑物。

由于这种防水剂中存在氯离子，因此氯化铁防水混凝土的钢筋锈蚀问题引起人们的关注。混凝土中钢筋的锈蚀属于电化学腐蚀过程，氯离子对钢筋的锈蚀要在水和氧同时存在的条件下才能进行。在氯化铁防水混凝土中，由于生成大量的氢氧化铁胶体，使混凝土的密实度提高，水和氧气的进入十分困难，这是氯化铁防水混凝土抑制腐蚀过程的有利条件。

但是，在氯化铁防水混凝土中，由于掺加一定量的氯化铁，难免存在少量的氯离子，这是促进钢筋锈蚀的一种不利因素。因此，为了慎重对待钢筋混凝土结构，对氯化铁防水混凝土的应用，应当参照有关限制氯盐使用范围的规定执行。

此外，氯化铁防水剂与水泥作用时的反应为放热反应，混凝土加入氯化铁防水剂后，早期混凝土内部的升温较快，也应当引起足够重视。

除以上几种主要的外加剂防水混凝土外，目前在建筑工程中常用的专用外加剂防水混凝土还有：有机硅防水混凝土、无机铝盐防水混凝土和金属皂类防水混凝土等。

三、膨胀水泥防水混凝土的材料组成

膨胀水泥防水混凝土，又称补偿收缩防水混凝土，在工程上习惯称为补偿收缩防水混凝土。补偿收缩防水混凝土是用膨胀水泥，或在普通混凝土中掺入适量的膨胀剂配制而成的一种微膨胀混凝土。

补偿收缩防水混凝土，适用一般的工业和民用建筑的地下防水结构、水池、水塔等构筑物、人防、洞库以及修补堵漏、压力灌浆、混凝土后浇缝等。

（一）常用的膨胀水泥

配制补偿收缩防水混凝土的膨胀水泥种类很多，各国的分类方法也不尽相同，我国习惯上按基本组成不同和按膨胀值不同进行分类。

1. 按基本组成不同分类

膨胀水泥按其基本不同分类，可分为硅酸盐膨胀水泥、铝酸盐膨胀水泥和硫铝酸盐膨胀水泥三种。

（1）硅酸盐膨胀水泥　硅酸盐膨胀水泥是以适当成分的硅酸盐水泥熟料、膨胀剂和石膏，按一定比例混合粉磨而制得的水硬性胶凝材料。其特性是在水中硬化时体积增大，在湿气中硬化的最初3天内不收缩或只有微小的膨胀。

硅酸盐膨胀水泥的应用范围有：①制造防水层和防水混凝土；②用以加固结构、浇灌机器底座或地脚螺栓,并可用于接缝及修补工程。但禁止使用在有硫酸盐侵蚀性的水中工程。

(2)铝酸盐膨胀水泥 铝酸盐膨胀水泥是以高铝水泥为主要成分,外加适量的石膏而制成的具有水硬性的胶凝材料。

(3)硫铝酸盐膨胀水泥 硫铝酸盐膨胀水泥是由适当成分的生料,经煅烧所得的以无水硫铝酸钙和硅酸二钙为主要矿物成分的熟料,加入适量二水石膏磨细制成的具有可调膨胀性能的水硬性胶凝材料。以水泥自由膨胀率值划分,分为微膨胀和膨胀硫铝酸盐水泥两类。

通过调整以上水泥中的几种组分,可以得到具有不同膨胀值的水泥。在我国一些地区和单位,还将膨胀水泥简单地分为硫铝酸钙型膨胀水泥和氧化型膨胀水泥,其主要品种如表21-11所列。

表21-11 常用的膨胀水泥的主要品种

品 种	配 方	膨 胀 源	固相体积膨胀倍率	产 品 名 称
硫铝酸钙型	在水泥中加入一定数量的以下任一组分即可: ①高铝水泥+石膏; ②明矾石+石膏; ③无水硫铝酸钙	水化硫铝酸钙(钙矾石) $3CaO \cdot Al_2O_3 \cdot 3CaSO_4 \cdot 32H_2O$	1.22~1.75倍	石膏矾土膨胀水泥、硅酸盐膨胀水泥、明矾石膨胀水泥、硫铝酸钙膨胀水泥
氧化钙型	在硅酸盐水泥中加入以下任一组分均可: ①生石灰有机酸抑制剂; ②3%~5%过烧石灰	氢氧化钙 $CaO + H_2O \longrightarrow Ca(OH)_2$	0.98倍	浇筑水泥、脂膜石灰膨胀剂

2. 按膨胀值大小分类

配制膨胀水泥混凝土所用的水泥,按其膨胀值大小不同,可分为膨胀水泥和自应力水泥两种。

(1)膨胀水泥 常用膨胀水泥的线膨胀率一般在1%以下,可以用来补偿普通混凝土的收缩,因此又称为不收缩水泥或补偿收缩水泥。当用钢筋限制其自由膨胀时,使混凝土受到一定的预压应力,这样能大致抵消由于干燥收缩所引起的混凝土产生的拉应力,从而提高了混凝土的抗裂性,防止混凝土干缩裂缝的产生,也自然提高了混凝土的防水性能。如果水泥的膨胀率较大,其膨胀除补偿收缩变形外,尚有少量的线膨胀值。

膨胀水泥主要用于补偿收缩、防水接缝和补强堵塞等工程。表21-12为膨胀水泥的品种、性能和应用。

(2)自应力水泥 自应力水泥是一种具有强膨胀性的膨胀水泥,与一般的普通膨胀水泥相比,具有更大的膨胀性能。用自应力水泥配制的自应力砂浆或混凝土,其线膨胀率在1%~3%之间,所以膨胀结果不仅可以使混凝土避免收缩,而且还有一定的多余线膨胀值,在限制条件下,还可以使混凝土受到压应力,从而达到了给混凝土施加预应力的目的。

自应力水泥可以用于制造自应力钢筋混凝土输水、输气和输油的压力管,也可用于制造反应罐、储油罐、水池、水塔、矿井支架、轨枕和其他自应力钢筋混凝土建筑构件。由于自应力钢筋混凝土同时具有较好的抗裂性能和抗渗性能,所以用自应力水泥制造压力管道是较为合理的。

表 21-13 中列出了我国常用自应力水泥的品种、性能和应用，可供进行自应力混凝土配合比设计时参考。

表 21-12 膨胀水泥的品种、性能和应用

名　　称		硅酸盐膨胀水泥	低热微膨胀水泥	明矾石膨胀水泥
标准代号		建标 55-61	GB 2938—1997	JC/T 311—2004
组成		用硅酸盐水泥、高铝水泥和石膏按一定比例共同磨细或分别磨细再经混合均匀而制成	以粒化高炉矿渣为主要组分，加入适量的硅酸盐水泥熟料和石膏，经磨细而制成	以强度等级 42.5MPa 以上的硅酸盐水泥熟料，以及天然明矾石、石膏和粒化高炉矿渣（或粉煤灰）按适当比例磨细而制成
技术性能	细度	0.08mm 筛，筛余率不大于 10%	比表面积不低于 3500cm²/g	比表面积不低于 4500cm²/g
	初凝时间	不早于 20min	不早于 45min	不早于 45min
	终凝时间	不迟于 10h	不迟于 12h	不迟于 12h
	安定性	蒸煮和浸水 28 天合格	蒸煮合格	蒸煮合格
	强度与膨胀	强度等级 32.5MPa、42.5MPa 和 62.5MPa 水泥的膨胀率：1 天不得小于 0.30（%），28 天不得小于 1.0（%）	强度/MPa　32.5 水化热/(J/g)　197 抗折强度/MPa　8.3 抗压强度/MPa　41.7 线膨胀率： 1 天不得小于 0.05（%）； 7 天不得小于 0.10（%）； 28 天不得小于 0.5（%）	强度　3 天　7 天　28 天 抗压强度/MPa 42.5　24.5　34.3　51.5 52.5　29.4　43.1　61.3 抗折强度/MPa 42.5　4.1　5.3　7.8 52.5　4.9　6.1　8.8 膨胀率：1 天不得小于 0.15（%），28 天不得小于 0.35（%）且不大于 1.0（%）
水泥的应用		（1）与其他品种的水泥应分别储存和运输； （2）存放期一般不得超过 2 个月； （3）主要用于防水砂浆、防水混凝土构件、管道接头、机器底座及修补工程	（1）与其他品种的水泥应分别储存和运输； （2）用于要求水化热较低和要求补偿收缩的大体积混凝土以及要求抗渗和抗硫酸盐侵蚀的工程，也允许用于一般地上构筑物	（1）与其他品种的水泥应分别储存和运输； （2）存放期一般不得超过 3 个月； （3）主要用于补偿收缩、防渗抹面、接缝、梁、柱和管道接头，固结机座和地脚螺栓等

表 21-13 自应力水泥的品种、性能和应用

名　　称		自应力铝酸盐水泥		自应力硅酸盐水泥
标准代号		JC 214—1991		JC 219—1979
组成		以一定量的高铝水泥熟料和二水石膏磨细而制成的水硬性膨胀胶凝材料		以适当比例的 32.5MPa 以上的普通硅酸盐水泥、高铝水泥和天然二水石膏磨细而制成的膨胀性的水硬性胶凝材料
技术性能	细度	比表面积不低于 5600cm²/g		比表面积不低于 3400cm²/g
	初凝时间	不早于 30min		不早于 30min
	终凝时间	不迟于 3h		不迟于 8h
	安定性、强度与膨胀性能	龄期　7 天　28 天 自由膨胀率/% 　<1.2　<1.5 自应力值/MPa 　>3.4　>4.4 抗压强度/MPa 　>29.4　>34.3		自应力值：2.0（MPa）、3.0（MPa）、4.0（MPa），稳定期强度不低于 8.0MPa
水泥的应用		（1）与其他品种的水泥应分别储存和运输； （2）存放期一般不得超过 3 个月； （3）可以用于制造自应力钢筋（钢丝网）混凝土压力管		（1）与其他品种的水泥应分别储存和运输； （2）存放期一般不得超过 3 个月； （3）可以用于制造自应力钢筋（钢丝网）混凝土压力管

（二）常用膨胀剂

膨胀剂掺入混凝土内能使混凝土体积在水化过程中一定膨胀，以补偿混凝土产生的收缩，达到抗裂目的。常用膨胀剂的技术性能应符合《混凝土膨胀剂》（GB23439—2009）中的要求，如表 21-14 所列。

表 21-14 混凝土膨胀剂的技术指标

指标名称	项 目		指标	
			Ⅰ 型	Ⅱ 型
化学成分	氧化镁含量/%		≤5.0	
	碱含量(选择性指标，按 $Na_2O+0.658K_2O$ 计算值表示)/%		≤0.75	
物理性能	细度	比表面积/(m²/kg)	≥200	
		1.18mm 筛筛余/%	≤0.50	
	凝结时间/min	初凝时间	≥45	
		终凝时间	≤600	
	限制膨胀率/%	水中 7 天	≥0.025	≥0.050
		空气中 21 天	≥-0.020	≥-0.010
	抗压强度/MPa	7 天	20.0	
		29 天	40.0	

第二节 防水混凝土配合比设计

一、普通防水混凝土配合比设计

普通防水混凝土的配合比设计，除考虑要满足工程所要求的强度条件外，还必须考虑其抗渗性和耐久性。

普通防水混凝土的配合比设计步骤，与普通水泥混凝土相同。由于抗渗性和耐久性的要求，根据材料试验研究及有关工程的实践经验，在进行普通防水混凝土配合比设计时，对有关参数的选择和确定，可参考以下几项数据。

（一）水泥用量的确定

水泥是普通防水混凝土中的关键性材料，其用量多少不仅关系到水泥砂浆与粗骨料的黏结强度高低，而且直接关系到混凝土抗渗性好坏。根据工程实践经验，配制每立方米普通防水混凝土，水泥和矿物掺合料的总量不宜小于 320kg。

（二）骨料用量的确定

普通防水混凝土中粗、细骨料的用量确定，与普通水泥混凝土相同，完全可以按照绝对体积法或假定密度法进行计算。

（三）水灰比的确定

水灰比是配制普通防水混凝土中最关键的参数，不仅直接关系混凝土的强度和抗渗性，而且也关系到混凝土的其他性能。

对于普通防水混凝土的水灰比选择，可根据混凝土的强度等级和抗渗等级（参考表 21-15），但所选择的水灰比不得大于 0.65。

表 21-15 普通防水混凝土水灰比的选择

混凝土的抗渗等级	混凝土的强度等级/MPa		
	C20	C25	C30
S6	0.60～0.65	0.55～0.60	0.50～0.55
S8	0.55～0.60	0.50～0.55	0.45～0.50
S10	0.50～0.55	0.45～0.50	0.40～0.45

（四）坍落度的确定

普通防水混凝土的坍落度大小，不仅影响混凝土施工的难易，而且也关系到混凝土抗渗性好坏。根据工程实践经验，普通防水混凝土的坍落度，一般控制在 30～60mm 范围内为宜。施工气温高时取大值，反之取小值。

（五）用水量的确定

普通防水混凝土的用水量，与混凝土拌和物的坍落度和砂率有密切关系，在配制时可参考表 21-16 中的数值。

表 21-16 普通防水混凝土用水量选取参考表　　　　单位：kg/m³

混凝土的坍落度	砂率/%		
	35	40	45
10～30	175～185	185～195	195～205
30～50	180～190	190～200	200～210

注：1. 表中粗骨料粒径为 5～20mm，如果最大粒径为 40mm，单位用水量应减少 5～10kg。

2. 表中用水量为采用卵石时的数值，采用碎石时单位用水量应增加 5～10kg。

3. 表中用水量为采用火山灰水泥时的数值，当采用普通硅酸盐水泥时，单位用水量可减少 5～10kg。

（六）砂率的确定

为保证所有的粗骨料周围有足够的砂浆包围，普通防水混凝土的砂率应比普通水泥混凝土适当高一些。砂率选用与砂的细度模数、平均粒径及粗骨料的孔隙率有关，在进行普通防水混凝土配合比设计时具体可参考表 21-17 中的数值。

表 21-17 普通防水混凝土砂率选用表

粗骨料的孔隙率/%	30	35	40	45	50	55
砂的平均粒径/mm 0.30	35～37	36～38	36～38	36～39	37～39	38～40
0.35	35～37	36～38	36～38	37～39	37～39	38～40
0.40	35～37	36～38	37～39	38～40	38～40	39～41
0.45	35～37	36～38	38～40	39～41	39～41	40～42
0.50	35～38	36～39	38～40	40～42	41～43	42～44

注：表中粗骨料的最大粒径为 20～30mm，当粗骨料最大粒径取值较小时砂率取较高值，反之取较低值。

普通防水混凝土在进行检验时，除必须检测其强度是否符合设计要求外，主要还应着重检测抗渗等级。如果达不到设计抗渗等级的要求，对有关参数应进行调整。

二、膨胀水泥防水混凝土配合比设计

膨胀水泥防水混凝土的配合比设计，与普通水泥混凝土基本相同，但一般应采用试配法。

（一）选择水灰比

由于不同的膨胀水泥具有不同的强度-水灰比关系曲线，在正式配制之前，应预先选用 3～4 个水灰比，通过实验室的试验，找出其强度-水灰比关系曲线，再根据要求的强度在关系曲线中选定水灰比。

（二）核定用水量

根据选定的水泥用量（不少于 280kg/m³）和选择的水灰比，计算混凝土单位用水量，并根据施工条件选用的坍落度来核对用水量是否适宜。在不加减水剂的情况下，膨胀水泥防水混凝土的单位用水量比普通水泥混凝土的多 10%～15%。

（三）砂率的确定

根据工程实践经验，膨胀水泥防水混凝土选用的砂率，一般应略低于普通防水混凝土的砂率，通常掌握低于 1%～2%为宜。

（四）强度与膨胀试验

在进行膨胀水泥防水混凝土试配时，一方面要核对混凝土拌和物的坍落度是否符合施工要求；另一方面要制作强度和膨胀试件，检验混凝土的强度和膨胀率是否符合设计要求。在强度和膨胀率均符合设计要求时，再经过现场试拌调整，便得到工程中所采用的混凝土配合比。

第三节　防水混凝土参考配合比

由于防水混凝土的种类非常多，其混凝土结构的抗渗性能要求不同，所以采用的防水混凝土的品种也不同，它们的组成材料和配合比自然也不同。

表 21-18 中列出了普通防水混凝土参考配合比，表 21-19 中列出了矿渣碎石防水混凝土参考配合比，表 21-20 中列出了全矿渣防水混凝土参考配合比，表 21-21 中列出了 UEA 补偿收缩混凝土配合比参考表，表 21-22 中列出了膨胀水泥混凝土的参考配合比，表 21-23 中列出了膨胀水泥防水混凝土的配合比及抗渗性，表 21-24 中列出了氯化铁防水混凝土的配合比及抗渗性，表 21-25 中列出了减水剂防水混凝土配合比及泌水率试验结果，表 21-26 中列出了三乙醇胺防水混凝土配合比及砂率选用值参考，均可供防水混凝土设计和配制参考。

表 21-18　普通防水混凝土参考配合比

混凝土强度等级/MPa	混凝土抗渗等级/MPa	混凝土组成材料/(kg/m³)						坍落度/cm
		水泥		砂	石子		粉煤灰	水
		品种	数量		品种/mm	数量		
C20	S8	42.5级普通	360	细砂 564	碎石 5～40	1256	20	200	2.0～4.0
C20	S8	42.5级普通	360	中砂 800	碎石 5～40	1050	—	190	3.0～5.0
C20	S8	42.5级普通	360	细砂 539	碎石 5～50	1456	—	176	3.0～5.0
C20	S8	42.5级普通	360	细砂 450	碎石 5～50	1505	—	176	3.0～5.0
C20	S8	42.5级普通	360	细砂 552	碎石 5～40	1228	—	200	2.0～4.0
C20	S12	42.5级普通	360	中砂 800	碎石 5～20 / 20～40	415 / 735	—	190	3.0～5.0
C40	S8	42.5级普通	455	中砂 627	碎石 5～20	1115	—	191	3.5～5.0
C30	S10	42.5级普通	420	中砂 644	碎石 5～20	1156	50	182	2.0～4.5
C25	S6	42.5级矿渣	380	细砂 626	碎石 5～40	1218	—	191	3.0～5.0

表 21-19　矿渣碎石防水混凝土参考配合比

序号	水泥用量	混凝土配合比(质量比) (水泥：砂：矿渣)	水灰比 (W/C)	坍落度 /cm	工作度 /s	抗压强度/MPa	抗渗等级/MPa	说明
1	400	1:1.44:3.05	0.45	0.6	—	27.7	0.2	干矿渣
2	360	1:2.00:3.13	0.53	2.0	14	22.3	1.2	湿矿渣
3	400	1:1.13:3.40	0.36	0.5	12	24.4	1.8	湿矿渣
4	400	1:1.31:3.21	0.40	0.6	14	17.7	1.4	湿矿渣

续表

序 号	水泥用量	混凝土配合比(质量比) (水泥∶砂∶矿渣)	水灰比 (W/C)	坍落度 /cm	工作度 /s	抗压强度/MPa	抗渗等级/MPa	说 明
5	400	1∶1.83∶2.73	0.43	3.5	7	20.4	1.2	湿矿渣
6	420	1∶1.71∶2.60	0.41	1.5	15	24.9	2.0	湿矿渣
7	380	1∶1.56∶3.01	0.54	2.0	—	22.4	1.4	湿矿渣
8	380	1∶1.68∶2.98	0.53	4.0	—	20.8	2.2	湿矿渣
9	400	1∶1.27∶3.25	0.41	5.0	—	21.4	1.0	湿矿渣
10	450	1∶1.06∶2.92	0.38	—	10.6	21.7	1.4	湿矿渣

表 21-20　全矿渣防水混凝土参考配合比

序 号	全矿渣防水混凝土材料组成/(kg/m³)							坍落度 /cm	28天抗压强度/MPa
	水 泥			水	矿砂	矿块	尾矿粉	木质素磺酸钙		
	品种	等级	用量							
1	矿渣	32.5	410	200	600	1200	—	—	2.5	19.2
2	普通	52.5	270	190	740	1180	100	—	2.5	16.4
3	矿渣	32.5	310	200	770	1011	100	1.24	—	12.4
4	矿渣	32.5	310	205	910	860	—	1.24	3.5	12.4
5	矿渣	32.5	310	200	770	1000	100	1.24	2.5	14.1
6	矿渣	32.5	310	220	970	1112	—	—	1.5	12.1
7	矿渣	32.5	310	200	779	1011	100	—	1.5	13.4
8	矿渣	32.5	310	207	643	1176	—	1.24	2.0	18.7
9	矿渣	32.5	310	200	779	1011	100	—	—	10.9
10	矿渣	32.5	410	195	670	1140	—	—	—	30.5
11	矿渣	32.5	410	200	600	1200	—	—	2.5	30.9
12	矿渣	32.5	310	220	911	864	100	—	5.0	22.7
13	矿渣	32.5	310	222	970	905	—	1.24	2.0	19.1
14	矿渣	32.5	310	200	770	1000	100	1.24	2.0	24.0
15	普通	52.5	361	191	660	1170	—	1.24	4.5	44.2
16	矿渣	32.5	450	240	660	1080	—	—	2.0	27.4
17	矿渣	32.5	310	197	620	1150	100	1.24	4.5	25.6
18	矿渣	32.5	310	200	750	1120	—	—	3.0	23.5
19	矿渣	32.5	310	188	770	1000	100	1.24	3.5	28.2
20	矿渣	32.5	370	246	780	1050	—	—	1.0	—

表 21-21　UEA 补偿收缩混凝土配合比参考表

混凝土种类	水泥强度等级/MPa	UEA/%	单方材料用量/(kg/m³)						混凝土的配合比(质量比)
			水泥	砂	石子	水	UEA	木钙	
现浇混凝土	42.5	12	358	655	1160	180	49	0.35	1∶1.61∶2.85
	52.5	12	308	736	1200	161	42	0.35	1∶2.10∶3.43
	62.5	12	283	746	1215	161	39	0.35	1∶2.32∶3.77
商品混凝土	42.5	12	378	669	1091	208	51.6	0.35	1∶1.56∶2.54∶0.48

表 21-22　膨胀水泥混凝土的参考配合比

| 混凝土强度等级 | 配合比 | 水灰比 (W/C) | 砂率/% | 坍落度/cm | | 混凝土用料量/(kg/m³) | | | | MF 掺量/% | 备注 |
				出料	15min 后	水泥	砂	石子	水		
C30	1:1.47:2.64	0.44	36	12~14	10~12	450	662	1188	198	0.50	泵送
C30	1:1.40:2.71	0.43	35	10~12	7~8	450	630	1220	193	0.50	人工

表 21-23　膨胀水泥防水混凝土的配合比及抗渗性

| 水泥品种 | 水泥用量 /(kg/m³) | 配合比 (水泥:砂:石) | 水灰比 (W/C) | 养护龄期/天 | 混凝土的抗渗性 | | | 抗渗介质 |
					抗渗压力/MPa	恒压时间/h	渗透高度/cm	
AEC 水泥	360	1:1.61:3.91	0.50	28	3.6	8.00	13	水
	350	1:2.13:3.20	0.52	28	1.0	11.6	1~2	汽油
	380	1:1.28:2.83	0.52	28	2.5	11.0	13~44	水
CSA 水泥	400	1:1.73:2.66	0.52	28	3.0	11.0	1.2~2.5	水
普通水泥	370	1:2.08:3.12	0.47	28	1.2	8.00	12~13	水

表 21-24　氯化铁防水混凝土的配合比及抗渗性

| 水泥品种及强度等级 | 混凝土配合比(质量比) 水泥:砂:碎石 | 水灰比 (W/C) | 固体防水剂掺量/% | 龄期/d | 混凝土抗渗性能 | | 28 天抗压强度/MPa |
					抗渗压力/MPa	渗水高度/cm	
32.5 级普通硅酸盐水泥	1:2.95:3.50	0.62	0	52	1.50	—	22.5
	1:2.95:3.50	0.62	0.01	52	0.40	—	33.3
	1:2.95:3.50	0.62	0.02	28	7.15	2~3[①]	19.9
	1:1.90:2.66	0.46	0.02	28	7.32	6.5~11[①]	50.0
32.5 级矿渣硅酸盐水泥	1:2.50:4.70	0.60	0	14	0.40	—	12.8
	1:2.50:4.70	0.60	0.015	14	2.30	—	22.0[③]
32.5 级矿渣硅酸盐水泥	1:2.00:3.50	0.45	0	7	0.60	—	21.6
	1:2.00:3.50	0.45	0.03[②]	7	7.38	—	21.6
	1:1.61:2.83	0.45	0.03[②]	28	7.40	—	—

① 试块用汽油作抗渗试验。
② 为液体防水剂。
③ 7 天龄期的抗压强度。

表 21-25　减水剂防水混凝土配合比及泌水率试验结果

| 减水剂 | | 混凝土配合比(质量比) (水泥:砂:石子) | 水泥强度等级及品种 | 水灰比 (W/C) | 坍落度/cm | 泌水率/% | 泌水率比/% |
品种	掺量/%						
—	0	1:1.85:3.29	32.5 级矿渣水泥	0.510	0	4.87	100
NNO	0.50	1:1.85:3.29	32.5 级矿渣水泥	0.510	3.5	3.81	78
MF	0.50	1:1.85:3.29	32.5 级矿渣水泥	0.510	16.5	2.05	42
木钙	0.26	1:1.85:3.29	32.5 级矿渣水泥	0.510	3.5	1.17	24
—	0	1:2.16:4.38	42.5 级普通水泥	0.626	2.2	10.5	100
JN	0.50	1:2.16:4.38	42.5 级普通水泥	0.626	12.0	2.0	19
NNO	0.50	1:2.16:4.38	42.5 级普通水泥	0.626	11.0	2.5	24

表 21-26　三乙醇胺防水混凝土配合比及砂率选用值参考

序　号	混凝土配合比(质量比)(水泥：砂：石子)	水灰比(W/C)	水泥用量/(kg/m³)	砂率/%	坍落度/cm	早强防水剂掺量/% $C_6H_{75}O_3H$	NaCl	抗渗压力/MPa
1	1：1.84：4.07	0.58	320	31.0	2.0	0.05	0.50	2.2
2	1：2.12：3.80	0.58	320	36.0	2.5	0.05	0.50	2.2
3	1：2.40：3.62	0.58	320	41.0	1.7	0.05	0.50	2.4
4	1：2.00：4.38	0.62	300	31.0	4.0	0.05	0.50	0.6
5	1：2.30：4.08	0.62	300	36.0	3.0	0.05	0.50	1.2
6	1：2.60：3.80	0.62	300	41.0	1.6	0.05	0.50	2.2
7	1：2.50：4.41	0.66	280	36.0	3.4	0.05	0.50	0.4
8	1：2.82：4.09	0.66	280	41.0	1.5	0.05	0.50	1.8

注：表中的水泥采用 42.5 级普通硅酸盐。

第二十二章　绿化混凝土

　　绿化混凝土是指能够适应绿色植物生长、进行绿色植被的混凝土及其制品。绿化混凝土按其组成材料不同，可分为环保型绿化混凝土和随机多孔型绿化混凝土。这是一种可以代替普通混凝土进行施工的生态工艺材料。绿化混凝土的骨料可以不采用砂石，而是大量使用玻璃、拆除的混凝土等再生材料，采用特殊的配合比设计，使颗粒之间有较大的孔隙，并在其间添加一些辅助培养剂，使混凝土能够生长植被。

　　绿化混凝土由于可以在利用废旧材料和保证工程质量的前提下，有效地增加了绿化面积，收到了良好的生态效果，所以也称为环保型绿化混凝土。由此看来，环保型绿化混凝土是一种能长草的混凝土材料，具有保护环境、改善生态条件、基本保持原有防护作用三个功能，能够有效地解决护砌材料劣化人类生存环境问题。

第一节　绿化混凝土的材料组成

　　从 20 世纪 90 年代初到目前为止，在绿化混凝土方面共开发了孔洞型绿化混凝土块体材料、多孔连续型绿化混凝土和孔洞型多层结构绿化混凝土块体材料三种类型，其基本结构和材料组成详见如下所述。

一、孔洞型绿化混凝土块体材料

　　孔洞型绿化混凝土块体制品的实体部分与传统的混凝土材料相同，只是在块体材料的形状设计上设计了一定比例的孔洞，为绿色植被的生长提供一个空间。在进行施工时，将这些绿化混凝土块体材料拼装铺筑在地面上，使之有一部分面积与土壤相连，形成部分开放的地面，在孔洞之间可以进行绿色植被，这样则可增加城市的绿色面积。

　　这类种孔洞型绿化混凝土块体材料适用于停车场、城市道路两侧树木之间。但是这种地面的连续性较差，且只能预制成制品进行现场拼装，不适合大面积、大坡度、连续型地面的绿化。目前这种产品在我国已逐渐开始推广应用。

二、多孔连续型绿化混凝土

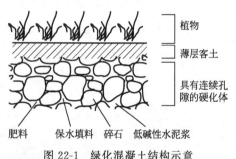

图 22-1　绿化混凝土结构示意

　　连续型绿化混凝土是以现浇多孔混凝土作为骨架结构，内部存在着一定量的连通孔隙，为混凝土表面的绿色植物提供根部生长、吸取养分的空间。这种混凝土结构如图 22-1 所示。

　　（1）多孔混凝土骨架　由粗骨料和少量的水泥浆体或砂浆构成，是绿化混凝土的骨架部分。一般要求混凝土的孔隙率达到 18%～30%，且要求孔隙尺寸大，孔隙连通，有利于为植物的根部提供足够的生长空间，以及肥料等填充在孔隙中，为植物的生长提供养分。

由于孔内的比表面积较大，可以在较短的龄期内溶出混凝土内部的氢氧化钙，从而降低混凝土的碱性，有利于植物的生长。为了促进碱物质的快速溶出，可在使用前放置一段时间，利用自然碳化降低碱度，也可以掺入适量的高炉矿渣等掺合料，利用火山灰与水泥水化产物的二次水化减少内部氢氧化钙的含量，也可以用树脂类胶凝材料代替水泥浆，达到降低碱度的目的。

（2）保水性填充材料　在多孔混凝土的孔隙内填充保水性的材料和肥料，植物的根部生长深入到这些填充材料之间内，从这些保水性填充材料中吸取生长所必要的养分和水分。如果绿化混凝土的下部是自然的土壤，孔隙内所填充的保水性填充材料，完全能够把土壤中的水分和养分吸收进来，供孔内植物生长所用。

在多孔混凝土的孔隙内填充的保水性填充材料，一般是由各种土壤的颗粒、无机的人工土壤以及吸水性的高分子材料配制而成。

（3）表层客土　在绿化混凝土的表面铺设一薄层客土，是为植物种子发芽而提供的空间，同时也是防止混凝土硬化体内的水分蒸发过快，并供给植物发芽后初期生长所需的养分。为了防止表面客土的流失，通常在土壤中拌入适量的黏结剂，并采用喷射施工的方法将土壤浆体喷贴在混凝土的表面。

这种多孔连续型绿化混凝土，比较适合于大面积、现场施工的绿化工程，尤其适用于大型土木工程之后的景观修复等。这种绿化混凝土作为护坡绿化材料，由于基体混凝土具有一定的强度和连续性，同时在孔隙中能够生长绿色植物，所以这种绿化混凝土技术实现了人工与自然的和谐、统一。

三、孔洞型多层结构绿化混凝土块体材料

孔洞型多层结构绿化混凝土块体制品，这是一种采用多孔混凝土并施加孔洞、多层板复合制成的绿化混凝土块体材料。

图 22-2 为这种孔洞型多层结构绿化混凝土的组成结构示意。

多层结构绿化混凝土块体材料的上层为孔洞型多孔混凝土板，在多孔混凝土板上均匀地设置直径大约为 10mm 的孔洞，多孔混凝土板本身的孔隙率一般为 20% 左右，其强度大约为 10MPa；底层是具有很小且少的多孔混凝土板，孔径及孔隙率小于上层板，常做成凹槽形。

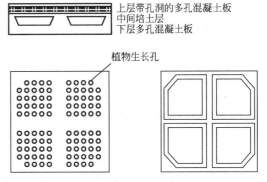

图 22-2　孔洞型多层结构绿化混凝土组成结构

上层与底层复合，中间形成一定空间的培土层。上层的均布小孔洞为植物生长孔，中间的培土层填充土壤及肥料，蓄积水分，为植物提供生长所需的营养和水分。这种绿化混凝土制品多数应用在城市楼房的阳台、院墙顶部等不与土壤直接相连的部位，这样可以增加城市的绿色空间，美化环境。

四、绿化混凝土的技术指标

绿化混凝土也称为绿化多孔混凝土，是一种连续空隙的硬化体，空隙内填有保水材料、

肥料和种子。多孔混凝土内的空隙既是保水材料、肥料和种子的填充空间，也是植物生长的空间。绿化混凝土的技术指标主要包括构件的混凝土种类、表观密度、抗冻性能、孔隙率、高透水性、抗拔出力、高透气性、护砌安全性、水环境 pH 值、缓释肥料等。

为确保绿化多孔混凝土最基本的技术性能，有关部门对其提出了最基本的要求，要求这种混凝土在质量、空隙率、抗压强度、弯曲强度、保水率、吸水率和透水系数等方面，必须符合表 22-1 中的规定。

表 22-1　绿化多孔混凝土的主要技术性能要求

质量 /(kg/个)	孔隙率 /%	抗压强度 /MPa	弯曲强度 /MPa	保水率 /%	吸水率 /%	透水系数 /(cm/s)
22.0	>30.0	>10.0	>18.0	31.6	12.8	2.37×10^{-5}

1. 绿化混凝土的种类

制作绿化混凝土的材料，主要有无砂轻骨料混凝土或无砂碎石混凝土。其外保护层一般采用 C20 普通水泥混凝土，而对于种植草的混凝土的粒径和抗压强度要求如表 22-2 所列。

表 22-2　绿化混凝土粒径和抗压强度要求

混凝土种类	骨料种类	骨料粒径/mm	抗压强度/MPa
无砂碎石混凝土	碎石	2.5～4.0	2.70
无砂轻骨料混凝土	砖碴	2.5～4.0	2.08

2. 绿化混凝土的表观密度

绿化混凝土的表观密度，根据所用的骨料和配合比不同而不同。在一般情况下，无砂轻骨料绿化混凝土的表观密度在 $1650～1750kg/m^3$ 之间；无砂碎石绿化混凝土的表观密度在 $1850～1950kg/m^3$ 之间。混凝土的表观密度随着水泥用量的增加而提高。

3. 绿化混凝土的抗冻性能

绿化混凝土的抗冻性能，随着所处地区不同要求也不同，在一般情况下，应满足冻融循环 50 次的要求。

4. 绿化混凝土的孔隙率

由于绿化混凝土必须具有能够种植草类的特殊性能，所以要求其必须具有较大的孔隙率。在一般情况下，绿化混凝土的孔隙率应控制在 30％～40％之间。但是，其孔隙率随着混凝土强度增加而降低。

5. 高透水性

绿化混凝土的高透水性是由较大的孔隙率所决定的。工程实践证明，混凝土的孔隙率越大，受水位骤降及瞬间浮托力影响越小，在季节性寒冷地区，有利于排出和降低被保护土内含水量，可以减少土基础冻害破坏。

6. 抗拔出力

绿化混凝土设置于土壤之上，将使土壤的临界重力增加 502％，即长草生根后的绿化混凝土构件被拔起时的重力，是土壤的 6 倍，具有很高的抗拔出力。

7. 高透气性

绿化混凝土的透气性是指被保护土与空气间的湿、热交换能力。由于绿化混凝土的孔隙率较大，所以这种混凝土具有高透气性，有利于种植的草类的生长。

8. 护砌安全性

绿化混凝土的护砌安全性，是护砌工程中非常重要的技术指标，关系到工程的使用年限和维修费用。绿化混凝土构件的厚度与单块几何尺寸，可按照国家标准《堤防工程设计规范》（GB 50286—1998）有关规定计算。

9. 水环境 pH 值

绿化混凝土构件孔隙间的水环境，应当适合植物生长。根据各种绿化植物对 pH 的要求，一般情况下 pH 值应控制在 7.5～8.0 之间。

10. 缓释肥料

绿化混凝土孔隙间应充填营养填充剂，所用缓释肥料应分别符合下列规定：①孔隙内缓释肥有效期大于 3 年；②营养型无纺布缓释肥有效期大于 5 年。

第二节　绿化混凝土配合比设计

目前，国内外生态护坡所用主材绿化混凝土，其材料与普通水泥混凝土基本相同。日本出于资源利用考虑，多采用再生碎石，关键是其配比不同，另外在混凝土中要掺加一些添加剂。绿化混凝土在日本发展比较早，但在多孔隙绿化混凝土配合比设计方面，在日本也没有统一的国家标准，暂时由各混凝土厂家根据工程要求自定。

多孔连续型绿化混凝土是以透水性是以透水性混凝土作为基本骨架，其配合比设计方法如下所述。

一、原材料的选择

根据绿化混凝土的特点和对其技术指标的要求，绿化混凝土对其组成材料均有一定的要求。工程实践证明，主要对水泥的强度、水泥的矿物组成、骨料的级配和粒径、外加剂等有如下要求。

（一）对水泥的要求

绿化混凝土所用的透水性混凝土，在选择水泥时应尽量选择碱性低的水泥，可以选用硅酸盐水泥、普通硅酸盐水泥，也可以用矿渣硅酸盐水泥、粉煤灰硅酸盐水泥或快硬水泥，为了提高混凝土的强度，可掺加适量的混合材料（如硅灰），一般应选用强度为 32.5MPa 以上的水泥。

无论选用何种水泥，均需要降低游离石灰的溶出，以不对植物生长产生影响，同时也不使耐久性下降为宜。为此，最好选用硅酸二钙（C_2S）含量少的水泥，或者选用掺加火山灰质混合材的水泥。

（二）对骨料的要求

骨料级配是控制透水性混凝土的重要指标。如果骨料级配不良，则堆积骨架中含有大量的孔隙，透水系数大但强度降低，使混凝土制品容易损坏；如果骨料级配良好，虽然其强度比较高，但渗透性不能满足绿化混凝土的要求。因此，配制多孔连续型绿化混凝土所用的骨料，不仅要求其级配适宜，而对骨料的自身强度（抗压强度、抗拉强度、抗折强度）、颗粒形状（针状、片状含量）、含泥量等都有一定要求。

为了使植物能够在混凝土孔隙内生根发芽并穿透至土层，要合理选择骨料的粒径，保证绿化混凝土有一定的孔隙率、表面空隙率。如果表面空隙率小时，虽然混凝土强度较好，对地面防护效果较好，但植物生长材料不容易填充，草的成活率低；如果表面空隙率过大时，混凝土中容易产生直贯性孔隙，植物的生长环境较好，但混凝土强度较低，影响混凝土对地面的防护功能。

由以上可知，为确保绿化混凝土内部具有要求的孔隙率，有利于透水和植物的生长，配制多孔连续型绿化混凝土所用的粗骨料，应当选用粒径为 10～20mm 或 20～31.5mm 的单一粒级碎石，其质量技术指标应符合国家标准《建设用卵石、碎石》（GB/T 14685—2011）中的要求。配制多孔连续型混凝土所用的细骨料，应当选用质地坚硬、杂质较少、级配适宜的中砂或中粗砂，其质量技术指标应符合国家标准《建设用砂》（GB/T 14684—2011）中的要求。

（三）对外加剂的要求

配制多孔连续型混凝土所用的外加剂，主要包括高效减水剂和增强剂。这种外加剂的作用是保持一定稠度或干湿度的前提下，提高颗粒间的黏结强度，进而提高制品的整体力学性能和耐磨性能。

二、混凝土配合比参数的确定

影响透水绿化混凝土技术性能的因素很多，主要有透水方式、材料密度、原材料性能、配合比、成型方法和养护条件等。但是，透水绿化混凝土的透水性和强度是对立的，同时也是必须统一的，在进行配合比设计时必须综合考虑。

在进行透水绿化混凝土配合比设计时，应考虑的主要参数有水灰比、用水量、骨浆比、骨料用量和水泥用量。

（一）水灰比

绿化混凝土的水灰比（W/C）大小，既影响透水绿化混凝土的强度，又影响混凝土的透水性。因此，合理控制水灰比，选择适宜的水灰比，是保证绿化混凝土具有相互贯通的孔隙，有利于植物根系的生长，并使绿化混凝土制品具有良好耐久性的需要。

配合比材料试验证明，对特定的某一骨料均有一个最佳的水灰比。当选用的水灰比小于最佳值时，混凝土拌和物的和易性比较差，不利于透水绿化混凝土强度的提高；当选用的水灰比大于最佳值时，水泥浆可能会把透水孔隙部分或全部堵塞，既不利于混凝土的透水，也不利于混凝土强度提高。

材料试验和工程实践证明，在配制透水性绿化混凝土时，其水灰比一般应控制在 0.25～0.35 之间比较适宜。

（二）用水量

对于透水性绿化混凝土来说，在一般情况下不进行和易性试验，也不必要进行坍落度测试，只要目测判断所有骨料颗粒表面均形成平滑的水泥浆包裹层，而且包裹层有光泽、不流淌就认为质量合格，用水量比较适宜。

混凝土配制证明，对普通骨料来说，一般用水量为 80～120kg/m³；对透水性绿化混凝土的实际用水量，应根据其透水及强度由试验确定。

（三）骨浆比

骨浆比（G/C）是指骨料用量（G）与水泥用量（C）的比例。选择合理的骨浆比，就是保证绿化混凝土具有相互贯通的孔隙，以利于植物根系的生长，并具有良好的耐久性，可防护地面不被草根膨胀而导致破坏。

配制试验证明：当水泥用量一定时，增大骨浆比，骨料颗粒周围包裹的水泥浆厚度减薄，从而增加了混凝土的孔隙率，但透水性混凝土的强度减小；当水泥用量一定时，减小骨浆比，骨料颗粒周围包裹的水泥浆厚度增大，透水性混凝土的强度提高，但其孔隙率减小，透水性能降低。

另外，小粒径骨料具有较大的比表面积，为保持水泥浆体在骨料表面的合理厚度，小粒径骨料的骨浆比应适当比大粒径的小一些。通常透水性混凝土的骨浆比应控制在 3～6 之间。

（四）骨料用量

透水性混凝土配合比试验证明，$1m^3$ 透水性混凝土所用骨料总量，一般取骨料的紧密堆积密度数值，大约在 1200～1800kg/m^3 之间。其中主要是粗骨料，细骨料用量控制在 20% 以内。粗骨料级配一般宜选用单一粒级，以 10～20mm 或 20～30mm 最佳。

（五）水泥用量

根据骨料的单位体积孔隙率，胶凝材料在骨料内的填充率一般为 25%～50%，再根据水泥密度和所用骨料粒径定出水泥的用量。水泥用量随着所用骨料粒径的增大而减少，一般控制在 180～250kg/m^3 范围内。

第三节　绿化混凝土参考配合比

表 22-3 中列出了某工程绿化混凝土的配合条件和配合材料，表 22-4 中列出了某工程绿化混凝土强度试验结果，表 22-5 中列出了几种环保型绿化混凝土的配合比参考值，可以供施工中配制这种绿化混凝土时参考选用。

表 22-3　某工程绿化混凝土的配合条件和配合材料

绿化混凝土混合材料密度 /(kg/m³)	配合条件		配合材料/(kg/m³)			
	水 灰 比	空隙率/%	水 泥	水	粗 骨 料	添 加 剂
700	0.29	20	345	100	418	1.725
1200	0.27	20	370	100	700	2.220

表 22-4　某工程绿化混凝土强度试验结果

绿化混凝土混合材料密度 /(kg/m³)	压缩强度试验		弯曲强度试验		孔隙率/%
	试块质量/kg	强度/MPa	试块质量/kg	强度/MPa	
700	1.49	7.9	11.94	1.6	26.4
1200	1.86	9.8	15.45	4.2	26.6

表 22-5　环保型绿化混凝土的配合比参考值

骨料粒径 /mm	材料用量/(kg/m³)					
	水 泥	骨 料	水	粗骨料比例	水 灰 比	骨 浆 比
10.0～20.0	259	1546	93	0.88	0.36	5.97
20.0～31.5	200	1544	94	0.83	0.47	7.72
31.5～40.0	182	1106	86	0.78	0.47	6.08

第二十三章　水下浇筑混凝土

很多土木工程的混凝土结构是需要在水下进行施工的，如混凝土桥墩、海上油气井台的桩基、海岸的防浪堤坝、混凝土码头和船坞等。另外，还有一些混凝土构筑物的修补及加固工程，也需要在水下进行混凝土的浇筑施工，这就需要配制一种适合在水下施工的混凝土。

水下浇筑混凝土也称为水下不分散混凝土，系指在地面上进行搅拌、直接灌筑于水下结构部位，并在就地成型硬化的混凝土，简称水下混凝土。这是一种可以在水下浇筑的、不会像普通水泥混凝土那样在水的作用下骨料与水泥浆发生分离的新型混凝土。

水下浇筑混凝土是一种用普通的混凝土材料、特殊的施工工艺的施工方法，在水中结构中采用这种施工方法，可以省去因造成在干地施工条件所必须进行的一系列工作，如基坑排水、基础防渗和施工围堰等，在某些情况下，水下混凝土甚至可能是采用的唯一施工方法。

第一节　水下浇筑混凝土的材料组成

一、水下浇筑混凝土对拌和物的要求

工程施工实践证明，用于水下浇筑的混凝土拌和物必须具备如下要求：①良好的和易性，并表现在混凝土拌和物的流动性、黏聚性和保水性3个方面；②良好的流动性保持能力，即在一定的时间内混凝土的流动性差别不大；③较好的保水性，即混凝土拌和物的泌水率很小；④较大的表观密度，以确保混凝土在水中便于浇筑和较高的强度。

要想使水下浇筑混凝土拌和物具备以上4个基本要求，关键在于混凝土必须具有科学合理的配合比和适宜的材料组成。

（一）具有良好的和易性

混凝土拌和物的和易性表现在流动性、黏聚性和保水性3个方面。水下浇筑混凝土一般不采用振动密实，是依靠自重（或压力）和流动性摊平与密实，如果拌和物的流动性差，就会在混凝土中形成蜂窝和空洞，严重影响混凝土的质量。如果通过管道进行输送和浇筑，流动性的混凝土容易造成堵塞，使施工带来不便。

因此，要求拌制的水下浇筑混凝土应具有较大的流动性。但混凝土拌和物的坍落度过大，不仅浪费水泥和增加灰浆量，当采用导管法、泵送法施工时，易造成开浇阶段下注过快而影响管口脱空和返水事故。

对于水下浇筑混凝土，既要满足混凝土强度要求，又要保持具有较高的流动性，就需要提高混凝土的单位用水量，但会增加混凝土拌和物产生离析和损失流动性的倾向。为满足强度和流动性要求，可采取增加砂的含量，利用其他细颗粒材料，掺入适量的减水剂和引气剂等措施。

根据水下浇筑混凝土的浇筑方法不同，对水下浇筑混凝土拌和物的流动性要求如表23-1所列。

表 23-1 水下浇筑混凝土对混凝土拌和物流动性的要求

水下混凝土 浇筑方法	导 管 法			混凝土 泵压送	倾 注 法		开底容 器法	袋装叠 置法
	无 振 捣		机械 振捣		捣动推进	自然推进		
	导管直径 200~250/mm	导管直径 300/mm						
坍落度/cm	18~20	15~18	14~16	12~15	5~9	10~15	10~16	5~8

（二）具有良好的流动性保持能力

不同材料组成的水下浇筑混凝土，其流动性的保持能力有较大差别。水下浇筑混凝土在运输和浇筑的过程中，只有具有良好的流动性保持能力，才能确保水下混凝土的浇筑不产生分层离析，从而保证混凝土的施工质量均匀。

混凝土拌和物流动性保持能力，用其在浇筑条件下保持坍落度 15cm 流动时间（h）来表示。对于用导管法浇筑的水下混凝土拌和物，一般要求流动性保持能力不小于 1h。当操作熟练、运距较近时，可不小于 0.7~0.8h。

（三）具有较小的泌水性

水下浇筑混凝土拌和物，不但要求具有良好的流动性，而且还要求具有较好的黏聚性和保水性。混凝土配制试验证明，泌水率为 1.2%~1.8% 的混凝土拌和物，不仅具有较好的流动性和黏聚性，而且具有较好的保水性。在水下浇筑混凝土的实际施工中，一般要求在 2h 内水分的析出不大于混凝土体积的 1.5%。

（四）具有较大的表观密度

水下浇筑混凝土是依靠自重排开仓面的环境水或泥浆进行摊平和密实，因此要求这种混凝土要具有较大的表观密度，一般不得小于 2100kg/m³。

配制水下浇筑混凝土的原材料，除了必须具备地上浇筑混凝土对原材料的要求外，鉴于水下施工的特殊环境，对水下浇筑混凝土的组成材料，还应满足其他一些特殊要求。

二、对胶凝材料的要求

为保证水下浇筑混凝土的质量和水下压浆的顺利进行，宜选用颗粒细、泌水率小、收缩性小的水泥。

（一）水泥品种的要求

1. 硅酸盐水泥和普通硅酸盐水泥

由于硅酸盐水泥和普通硅酸盐水泥矿物组成中的硅酸三钙（C_3S）和硅酸二钙（C_2S）含量高，如硅酸盐水泥两者的总含量高达 62%~92%，水泥水化后析出的氢氧化钙 [$Ca(OH)_2$] 数量多。因此，这两种水泥可用于具有一般要求的水下混凝土工程，但不能用于海水中的工程。

2. 矿渣硅酸盐水泥

由于矿渣硅酸盐水泥泌水量较大，不能保证水下浇筑混凝土的质量，所以这种水泥不适用于水下浇筑混凝土工程。

3. 火山灰质硅酸盐水泥和粉煤灰硅酸盐水泥

由于火山灰质硅酸盐水泥和粉煤灰硅酸盐水泥化学成分中二氧化硅（SiO_2）含量较高，可用于具有一般要求及有侵蚀性海水、工业废水中的水下混凝土工程。

（二）水泥强度的要求

用于水下浇筑混凝土的水泥，其强度一般不宜低于 32.5MPa。由于水下混凝土的水泥用量较大，所以水泥强度等级也不宜过高。

用于水下浇筑混凝土的水泥与混凝土一般有如下关系：

水泥强度（MPa）＝（2.0～2.5）混凝土的强度等级。

用于水下浇筑混凝土的水泥，根据水下浇筑混凝土结构的运用条件及环境水的侵蚀性，参考表 23-2 进行选择。

拌制水下浇筑混凝土不宜使用出厂已超过 3 个月及受潮结块的水泥，因为水泥储存时间超过 3 个月后，其强度大幅度下降，其下降的比例如表 23-3 所列，不能满足混凝土强度及其他性能的要求。

表 23-2　不同水泥品种制备的水下浇筑混凝土性能

水泥品种		硅酸盐水泥普通水泥	矿渣水泥	火山灰水泥粉煤灰水泥	硅酸盐大坝水泥	矿渣硅酸盐大坝水泥
强度增长率	早期	较大	较小	最小	次大	较小
	后期	较小	最大	较大	次大	最大
抗磨损性		较好	较差	较差	好	
抗冻性		较好	较差	最差	好	
抗渗性		较好	较差	较差		
抗蚀性	抗渗出性	较差	较好	好		较好
	抗硫酸盐	较差	较好	最好	好	好
	抗碳酸性	较好	较差	较差		
	抗一般酸	较差	较好	一般		
	抗碳化性	较好	较差	较差		
防止碱骨料膨胀			较有利	最有利	有利	有利
混凝土的和易性		次好	较差	好		较差
混凝土的泌水性			较大	较小		大
说明		可用于具有一般要求的水下混凝土工程，不宜用于海水中使用	不适于水下压浆混凝土	可用于具有一般要求及有侵蚀性的海水、工业废水中的水下混凝土工程,不宜于低温施工	适用于溢流面、水位变动区及要求抗冻、耐磨部位	适用于大体积结构物,内部要求低热部位

表 23-3　不同储存时间的水泥强度降低百分数

储存时间/月	3	6	12	18
强度降低/%	10～20	15～30	25～40	约 50

三、对细骨料的要求

由于水下浇筑混凝土具有不同的施工方法，所以对细骨料也有不同的要求。

对于水下灌筑混凝土，细骨料的质量应满足以下几项技术指标。

宜选用石英含量高、表面平滑、颗粒浑圆、符合筛分曲线（位于图 23-1 实线范围内）的中砂，其细度模数应控制在 2.3～2.8 之间。

为满足水下浇筑混凝土的流动性要求，其含砂率较大，一般为 40%～47%。比普通水泥混凝土一般大 5% 左右；如果采用碎石配制水下浇筑混凝土时，砂率必须再增加 3%～5%，以使砂浆含量更多些。

对于水下压浆混凝土，若砂的粒径较粗，易破坏砂浆的黏性而引起离析，还阻碍水泥砂浆在预填骨料空隙间流动，因此以采用颗粒浑圆的细砂为宜（位于图 23-1 虚线范围内）。砂的最大粒径应满足：$d_{max} \leqslant 2.5mm$。

水下浇筑混凝土和水下压浆混凝土的用砂最佳级配范围如表 23-4 所列。

配制水下混凝土除以上要求外，对于细骨料的其他方面质量要求，应当符合国家标准《建设用砂》（GB/T 14684—2011）中的规定。

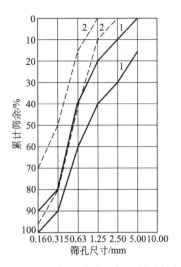

图 23-1　适用水下浇筑混凝土的砂的级配
1—水下浇筑混凝土；2—水下压浆混凝土

表 23-4　水下浇筑混凝土水下压浆混凝土的最佳级配范围

筛孔尺寸/mm		5.0	2.5	1.25	0.63	0.315	0.16
累计筛余率/%	水下浇筑混凝土	0～15	10～30	20～40	40～60	80～90	90～100
	水下压浆混凝土	0	0	0～10	15～40	50～80	70～95

四、对粗骨料的要求

用于水下混凝土的粗骨料分为天然卵石、人工碎石及块石 3 种。块石系指粒径大于 80～150mm 的人工开挖石料，可用于水下块石压浆混凝土的预填骨料。对于水下浇筑混凝土，为保证混凝土拌和物的流动性，在一般情况下宜采用卵石进行配制。当需要增加水泥砂浆与骨料的胶结力时，可掺入 20%～25% 的碎石，如果缺乏卵石时也可采用碎石。

对于水下压浆混凝土的预填骨料，在饱和含水的情况下，火成岩、变质岩不应丧失其干燥状态下强度的 10% 以上，沉积岩不应丧失其干燥状态下强度的 30% 以上。在海水中，不宜采用易被凿石虫破坏的石灰岩、砂岩作预填骨料。

采用单一级配的粗骨料，水下混凝土很容易产生离析。因此，对于水下浇筑的混凝土，最好采用连续级配的粗骨料。粗骨料的最大粒径，与浇筑方法和浇筑设备的尺寸有关，如表 23-5 所列。

表 23-5　水下浇筑混凝土粗骨料允许最大粒径

水下浇筑方法	导 管 法		泵 送 法		倾注法	开底容器法	袋 装 法
	卵 石	碎 石	卵 石	碎 石			
允许最大粒径	导管直径的 1/4	导管直径的 1/5	浇筑管直径的 1/3	浇筑管直径的 1/3.5	60mm	60mm	视袋大小而定

如果水下结构中布置有钢筋笼和钢筋网等，则粗骨料的最大粒径不能大于钢筋间距的 1/4，以保证新浇筑混凝土能顺利地穿过钢筋笼、网形成整体。

在水下浇筑混凝土中，应使骨料颗粒间的空隙率尽可能小，以达到节约水泥的目的。但采用自流方式灌注水泥砂浆时，要求有一定的空隙率，以保证浆液流通顺畅。石子颗粒级配应通过筛分试验鉴定，较好的级配如表 23-6 所列。

表 23-6　碎石、卵石较好的级配范围

级配	粒级/mm	按质量计累计筛余/%							
		2.5	5.0	10	20	40	60	80	100
连续级配	5～10	95～100	85～100	0～15	0				
	5～20	95～100	90～100	40～70	0～10	0			
	5～40		95～100	75～90	30～65	0～5	0		
单粒级配	5～20		95～100	85～100	0～15	0			
	20～40			95～100	80～100	0～10	0		
	40～80				95～100	70～100	30～65	0～10	0

除以上要求外，对于粗骨料的其他方面质量要求，应符合国家标准《建设用卵石、碎石》（GB/T 14685—2011）中的规定。

五、对外加剂的要求

在水下浇筑混凝土中，常用的外加剂有减水剂、加气剂、膨胀剂、早强剂、缓凝剂和水下不分散剂等 6 种，分别用于不同要求的工程。

（一）减水剂

在水下浇筑混凝土中应用较多的减水剂为木质素磺酸盐类、萘磺酸盐甲醛缩合物类和糖蜜类等。所选用的减水剂，在掺入拌和物后，能显著降低混凝土的用水量，从而提高混凝土的密实度和强度，并达到节约水泥、不增加或少增加含气量的目的。

1. 木质素磺酸盐类

（1）亚硫酸盐酒精废液　若保持相同的坍落度，用水量约减少 6%。混凝土的抗冻性、抗渗性均有所提高。其掺量为水泥质量的 0.1%～0.15%（按干燥物质计）。

（2）木质素磺酸钙　若保持坍落度不变，可减少用水量 10%～15%，抗压强度提高 10%～15%，还能延缓混凝土的凝结时间 1～3h，适宜的掺量为水泥质量的 0.2%～0.3%。

2. 萘磺酸盐甲醛缩合物类

（1）NNO（粉状）　若保持坍落度不变，可减少用水量 14%～18%，若水泥用量不变，3 天强度提高 60%，28 天强度提高 30% 左右。混凝土的耐久性、抗硫酸盐能力、抗渗性、抗钢筋锈蚀能力等方面，均优于不掺 NNO 的混凝土。适宜的掺量为水泥质量的 1%。

（2）MF（粉状）　掺入量为水泥质量的 0.5%～1% 的 MF 后，若坍落度保持不变，可减少用水量 15%～22%；若水泥用量不变，混凝土 1 天强度提高 25%～100%，28 天强度提高 14%～31%，其他方面的性能也有所改善。

（3）FDN　当掺量为水泥质量的 0.2%～1% 时，若坍落度保持不变，可减少用水量 16%～25%；若水泥用量不变，混凝土 28 天强度提高 20%～50%。

3. 糖蜜类

糖蜜类减水剂为糖厂生产过程中的废液（糖渣、废蜜）经适量石灰处理后，所得到的一种棕红色黏稠液体。若坍落度保持不变，可减少用水量 8%；若水泥用量不变，混凝土 28 天强度提高 10%～16%。

（二）加气剂

加气剂主要用于需要提高混凝土抗渗性和抗冻性的工程中，一般以掺加脱脂的铝粉为主。加气剂掺入混凝土后，不仅能改善混凝土拌和物的保水性和黏滞性，降低泌水率，而且还可以提高混凝土拌和物的流动性。

根据工程实践证明，在坍落度保持不变情况下，掺加一定量的加气剂，可减少用水量 5%～9%，混凝土的抗冻标号可提高 3 倍，抗渗性可提高 50%。但是，由于混凝土中有一定数量的气泡存在，混凝土的强度会有所降低。试验证明：当水泥用量相同时，引入 1% 的引气量，混凝土的 28 天强度降低 2%～3%。在水下混凝土中，加气剂主要用于需要提高抗渗、抗冻性的防渗墙混凝土工程中。

国内应用较广泛的加气剂及掺量，如表 23-7 所列。为了不使混凝土的强度降低过多，控制混凝土的含气量在 3%～6%，它与采用的粗骨料最大粒径有关（见表 23-8）。

表 23-7　水下混凝土加气剂的掺量

加气剂的种类	松香热聚物	松脂皂	烷基苯磺酸钠	水溶性石油磺酸	烷基磺酸钠
掺量（水泥质量）	0.0075～0.015	0.0075～0.015	0.01～0.015	0.01～0.015	0.01～0.015

表 23-8　不同粗骨料最大粒径建议混凝土含气量

粗骨料最大粒径/mm	20	40	60	80
建议含气量/%	6.0	5.0	4.5	4.0

（三）膨胀剂

为了减少水泥砂浆凝结时的收缩，增大水泥砂浆与骨料间的胶结力，可引入铝粉、铁粉、氧化镁等膨胀剂，借助发泡作用的膨胀，使水泥浆或水泥砂浆能充分伸入到粗骨料的间隙内，使它们之间的胶结更为有效。

在水下压浆混凝土工程中，主要使用鳞片状铝粉作为膨胀剂。铝粉的纯度应在 99% 以上，有效细度在 50μm 以下，细度应满足通过 4900 孔/cm^2 的筛孔达 98% 以上。由于铝粉会浮于水面，拌和时应在加水前先将其掺入，使之与干混合料拌和均匀。

根据我国某工程试验成果，不掺铝粉的水泥砂浆收缩率为 0.47%～0.52%，掺入 0.1% 的铝粉后，水泥砂浆内均布着铝粉，与水泥水化过程中产生的氢氧化钙起作用，产生密集的氢气泡，使水泥砂浆在初凝时产生的体积膨胀率为 0.93%～1.78%，从而增加了水泥砂浆与预填骨料之间的胶结力。

（四）早强剂

在水下浇筑混凝土中，早强剂只用于抢险和堵漏工程中。主要采用三乙醇胺、氯化钙、三氯化铁等早强剂。

在钢筋混凝土及预应力钢筋混凝土结构中，不宜使用上述对钢筋有腐蚀作用的氯盐。我国已试制成功了不含氯盐的粉状 NC 早强剂，掺量为水泥质量的 3%～4%，可提高强度 20% 以上。

（五）缓凝剂

缓凝剂宜用于浇筑总时间超过混凝土初凝时间的首批混凝土中。由于它能延长首批水下混凝土的初凝时间，使整个仓面的水下混凝土均能在首批混凝土初凝时间内浇筑完，从而避免混凝土拌和物在凝结硬化期间内受到扰动影响。

可供应用的缓凝剂有：缓凝型减水剂（如纸浆废液、糖蜜）、酒石酸或酒石酸钾钠、柠檬酸、硼酸、氯化锌、硫酸和氯化锌的复合物等。

（六）水下不分散剂

水下不分散剂简称 NDCA，这是制备水下浇筑混凝土和水下不分散混凝土的关键材料，其主要成分是水溶性离子物质及具有高比表面积的物质，主要作用是增加混凝土的黏聚性和充填能力。这种外加剂由前联邦德国于 1974 年首先研制成功，1977 年正式投入使用；1979 年日本才开始引进这项技术，很快成为生产大国。据有关资料报道，用于配制水下不分散剂（NDCA）可以分为以下几类。

（1）合成天然水溶性有机聚合物　如纤维素酯、淀粉胶、聚氧化乙烯、聚乙烯醇、聚丙烯酸胺、羧乙烯基聚合物等，这类水下不分散剂的主要作用是提高混凝土拌和物的黏性。

（2）各种有机物乳液　主要材料有石蜡乳液、丙烯酸乳液等。这类水下不分散剂主要用于增加粒子间吸引力，并在水泥浆中提供超细的粒子。

（3）具有大比表面积的无机材料　主要有硅灰、膨润土、压碎石棉及一些纤维状粉，这类水下不分散剂的主要作用是增加混凝土拌和物的保水性。

（4）填充性细颗粒材料　这类水下不分散剂的主要作用是向水泥浆中提供细填料，进一步增加水泥浆的黏聚性。

我国于 1984 年开始研究和开发，现已研制出具有世界先进水干的水下不分散剂，如 UWB 型系列絮凝剂、SCR 系列聚合剂等。但是，由于各种因素的影响国内研究和生产水下不分散剂（NDCA）的单位很少，品种也比较少。目前在工程中应用的主要有南京水利科学研究院研究的 NNDC-2 型水下不分散剂，交通部第二航务工程局科研所研制成功的 PN 型水下不分散剂。因此，我国在很多水下浇筑混凝土的制备中，多采用德国、日本等国进口的产品。

水下浇筑混凝土的技术指标，应符合《水下不分散混凝土试验规程》（DL/T5117—2000）中的要求；所用水下不分散剂的质量，应符合《水工混凝土外加剂技术规程》（GL/T 5100—1999）中的规定。

以上所述在水下浇筑混凝土中所用的外加剂，在正式用于混凝土工程前必须进行试验，确定这些外加剂具有良好的相容性。

六、对水的要求

混凝土中的拌和水直接影响水下混凝土的质量，环境水则影响浇筑方法、水下混凝土的硬化条件及耐久性。

（一）拌和水

用于拌制水下混凝土的水，不应含有影响水泥正常凝结、硬化的有害杂质，如油脂、糖类及含锌铅的盐类。因此，不能使用含有石油或其他油类、有害杂质的工业污水和沼泽水。一般适于饮用的水、天然的清洁水，均可满足制备混凝土的要求，可以不经试验使用。若天然矿化水的化学成分经化验符合表 23-9 中的要求，也可用于混凝土。

表 23-9　天然矿化水的化学成分规定

水的化学成分	单　位	混凝土和水下钢筋混凝土	水位变化区和水上钢筋混凝土
总含盐量	mL/L	≤35000	≤5000
硫酸根离子含量	mL/L	≤2700	≤2700
氯离子的含量	mL/L	≤300	≤300
pH 值		≥4	≥4

总之，配制水下浇筑混凝土所用拌和水的要求，与普通水泥混凝土相同。其技术指标应符合《混凝土用水标准》（JGJ 63—2006）中的要求。

（二）环境水

仓面环境水以清水为最好，在浑水或泥浆中浇筑水下混凝土时，须采取一定的隔离措施，以减少环境水的不利影响；为保证水下混凝土浇筑顺畅，仓面环境水与混凝土拌和物的密度差应在 1.1 以上。

由于仓面泥浆会严重污染预填骨料，影响水泥浆与预填骨料的胶结强度；因此，不能在泥浆中采用水下压浆法形成压浆混凝土。环境水的水温不宜过低。如水温低于 7℃时，水下混凝土凝固速度很慢；当环境水温低于 2℃时，便不宜浇筑水下混凝土。当用粉煤灰拌制的混凝土温度低于 5℃时，混凝土则会停止硬化。

第二节　水下浇筑混凝土配合比设计

水下浇筑混凝土的配合比设计，主要是掌握好其中的几个参数的选择，包括混凝土拌和物坍落度、水泥的强度和用量、混凝土中的砂率等。

一、水下浇筑混凝土配合比设计中参数的选择

对于水下混凝土配合比设计，首先要确定在配合比设计中的几个重要参数，这是进行水下混凝土配合比设计的基础。这些参数主要包括混凝土的坍落度、水泥的强度等级和用量、砂率。

（一）适合水下混凝土坍落度的范围

对水下混凝土的稠度测定，以混凝土自重流下，横向也能平滑流动，流到各个角落，气泡和空气少，能取得比较密实的混凝土为标准。

大量工程经验证明：在陆地上浇筑的混凝土，如果混凝土的坍落度超过 13cm 时，加外力捣固密实和不捣固密实程度差不多。从抗压强度的观点看，比较湿稠的混凝土也不一定要捣固密实，这在水下混凝土方面也大致是相同的。另一方面，坍落度过大会使混凝土失掉黏着性和使材料容易分离。从便于施工的角度出发，不同的水下浇筑方法对混凝土拌和物的流动性要求，如表 23-10 所列。

表 23-10　水下浇筑方法对混凝土拌和物的流动性要求

水下混凝土浇筑方法	导管法					混凝土泵送法	倾注法		开底容器法	袋装叠置法
	无振捣				振捣		振捣前进	自然推进		
	导管直径 200~250mm		导管直径 300mm							
坍落度	18~20	15~18	14~16	12~15	5~9	10~15	10~16		5~8	

混凝土拌和物仅仅最初具有良好的和易性是很不够的，还应在运输、浇筑和扩散的过程中都保持一定的流动性和均匀性，使混凝土拌和物无分层离析现象，即具有良好的流动性的保持能力。

（二）水泥强度和用量

用于配制水下混凝土的水泥，其强度不宜低于 32.5MPa。由于水下施工要求采用的混凝土拌和物坍落度较大，水泥用量也随之增加。在满足强度要求的情况下，采用的水泥强度也不宜过高，一般为水下混凝土设计强度的 2~2.5 倍。

为保证水下混凝土的强度、耐久性和经济性，考虑到混凝土在水中下落时有部分水泥流

失，因此对水下浇筑混凝土的配合比设计要采取两种措施：一种要采用富配合比；另一种是要尽量降低水灰比；原则上一般在 0.50 以下。

（三）砂率的选择

砂率的大小对水下混凝土和易性影响很大，同时混凝土的黏着性也因砂率而发生变化。如果砂率过小，混凝土显得比较粗糙；如果砂率过大，所需用水量增加，但混凝土容易分离。砂率的大小，与粗骨料的种类和最大粒径有关，进行水下混凝土配合比设计时可参考表23-11选择。

表 23-11　水下混凝土砂率的选择参考表

粗骨料最大粒径/mm	采用碎石的混凝土/%	采用卵石的混凝土/%
20	49	45
40	42	39
60	39	35

注：1. 本表所列数值是在水灰比为 0.65、砂的细度模数为 2.5、石子空隙率 42% 情况下得出的。

2. 水灰比增减 0.05 时，砂率应增减 1%；砂的细度模数增减 0.1 时，砂率应增减 0.5%；粗骨料空隙率增减 1% 时，砂率应增减 0.4%；加气混凝土的砂率可减少 2%～3%。

二、水下混凝土配合比设计的原则

由于水下混凝土施工和检查质量时非常困难，加之存在着环境水的不利影响，配制高强度的混凝土是不现实的，一般掌握抗压强度在 25MPa 以内。在进行水下混凝土配合比设计时，应符合节约水泥、降低造价的原则，在强度、耐久性和施工条件许可范围内，尽可能降低水泥用量和单位用水量。

为确保水下混凝土的施工质量，要努力提高混凝土的均质性。因此，要运用数理统计的方法作为控制质量的手段。根据工程统计的强度均方差或离差系数，来评价混凝土施工管理质量控制水平（见表 23-12）。

表 23-12　施工管理质量控制水平

项　　目		等　　级			
		优　秀	良　好	一　般	较　差
不同混凝土强度的离差系数 C_v	≤15MPa	<0.15	0.15～0.17	0.18～0.20	>0.20
	20～25MPa	<0.13	0.13～0.15	0.16～0.18	>0.18
	>25MPa	<0.10	0.10～0.12	0.13～0.15	>0.15
	试验	<0.03	0.03～0.04	0.05～0.06	>0.06

在水下混凝土施工过程中，应经常分析抽样检验所得出的强度数据，对材料质量、配合比、拌和、运输、浇筑、试块成型、试压等各个环节都要进行细致检查，发现问题及时改进，力争把强度均方差或离差系数降低到最低限度。

三、水下浇筑混凝土配合比选择

（一）试配强度的确定

由于水下混凝土施工的特殊性和隐蔽性，往往其施工质量是不均匀的。为了保证工程质量，在混凝土施工过程中，抗压强度的混凝土试块，不仅总的平均值应满足设计强度的要求，而且还应满足一定的强度保证率的要求（水下混凝土一般取 85%～90%）。因此，混凝土的试配强度必须大于其设计强度。

试配强度按均方差法或离差系数法计算。前者认为在各种不同强度的混凝土中，均方差为一恒量；后者则认为离差系数为一恒量。一般根据试配验证结果，采用其中一种较准确的方法计算试配强度。

均方差法计算公式为：

$$R_\mathrm{p} = R + t\sigma \tag{23-1}$$

离差系数法计算公式为：

$$R_\mathrm{p} = \frac{R}{1 - tC_\mathrm{v}} \tag{23-2}$$

式中，R_p 为水下混凝土的试配强度，MPa；R 为水下混凝土的设计强度，MPa；σ 为水下混凝土的均方差，MPa；t 为混凝土强度保证率系数，如表 23-13 所列。

表 23-13　混凝土强度保证率系数

保证率(P)/%	保证率系数(t)	保证率(P)/%	保证率系数(t)	保证率(P)/%	保证率系数(t)
50.0	0.00	70.0	0.52	90.0	1.28
51.0	0.03	71.0	0.55	91.0	1.34
52.0	0.05	72.0	0.58	92.0	1.41
53.0	0.08	73.0	0.61	93.0	1.48
54.0	0.10	74.0	0.64	94.0	1.55
55.0	0.13	75.0	0.67	95.0	1.63
56.0	0.15	76.0	0.71	96.0	1.75
57.0	0.18	77.0	0.74	97.0	1.88
58.0	0.20	78.0	0.77	98.0	2.05
59.0	0.23	79.0	0.81	99.0	2.33
60.0	0.25	80.0	0.84	99.1	2.37
61.0	0.28	81.0	0.88	99.2	2.41
62.0	0.31	82.0	0.92	99.3	2.46
63.0	0.33	83.0	0.95	99.4	2.51
64.0	0.36	84.0	0.99	99.5	2.58
65.0	0.39	85.0	1.04	99.6	2.65
66.0	0.41	86.0	1.08	99.7	2.75
67.0	0.44	87.0	1.13	99.8	2.88
68.0	0.47	88.0	1.18	99.9	3.09
69.0	0.50	89.0	1.23	—	—

当混凝土强度保证率已经确定，工程统计的强度均方差为已知时，可由图 23-2 中查得试配强度与设计强度的差值。

当工程统计的强度离差系数为已知时，可由图 23-3 中查得试配强度与设计强度的比值，即可直接算出试配强度。

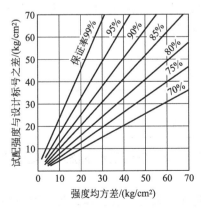

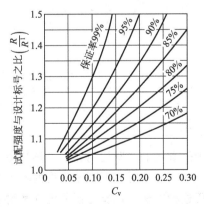

图 23-2　在不同均方差时试配强度与设计
强度之差

图 23-3　在不同离差系数时试配强度与设计
强度之比

根据我国行业标准《港口工程技术规范》中的规定，采用导管施工等方法进行水下浇筑混凝土，在陆上干地配制强度应比设计强度标准值提高 $40\% \sim 50\%$。对于水下浇筑混凝土配制强度的要求，我国尚未明确的确定，除按以上方法确定外，也可参考日本现用的配制强度提高系数的计算方法。

（1）当混凝土离差系数 $C_v \geqslant 10\%$ 时，可用式（23-3）计算配制强度提高系数 P：

$$P = \frac{1}{1 - 0.017C_v} \tag{23-3}$$

（2）当混凝土离差系数 $C_v < 10\%$ 时，可用式（23-4）计算配制强度提高系数 P：

$$P = \frac{1}{1 - 0.030C_v} \tag{23-4}$$

式中，P 为水下浇筑混凝土配制强度比设计强度的提高系数；C_v 为混凝土离差系数。

根据水下浇筑混凝土的设计强度（R）和式（23-3）或式（23-4）计算而得出的配制强度提高系数 P，可由式（23-5）计算水下浇筑混凝土的配制强度 R_p：

$$R_p = PR \tag{23-5}$$

（二）配合比选择方法

水下浇筑混凝土配合比选择方法，根据工程的实际要求不同，可分为流动性选择法和强度选择法两种。

1. 流动性选择法

按水下浇筑所要求的流动性，选择单位用水量；按要求水下混凝土的试配强度，确定几组水灰比。通过计算或试验资料绘制水灰比-强度相关曲线，从而选择同时满足强度和水下施工流动性要求的混凝土配合比。

这种方法可以一次选择出适于水下浇筑混凝土的配合比。但由于满足水下浇筑混凝土的坍落度要求较大，往往引起试验的不便和耗费较多的水泥。因此，流动性选择法主要用于计算法或重要工程的试验法。

2. 强度选择法

为满足水下混凝土的强度要求，先根据设计强度和不同的水下浇筑方法，适当提高混凝土的试配强度，强度提高的幅度如表 23-14 所列。

按要求的试配强度选择几组不同的混凝土水灰比，按满足水上塑性混凝土施工要求的用水量，通过计算或试验资料绘制水灰比-强度相关曲线，从而选择水灰比和骨料级配。

表 23-14　混凝土设计强度提高百分数（仅供参考）

水下混凝土浇筑方法	导　管　法		倾　注　法	开底容器法
	<25MPa	>25MPa		
强度提高百分数/%	15	10	$10 \sim 20$	30

在维持确定的水灰比前提下，调整用水量和水泥用量，以满足水下浇筑混凝土流动性要求，克服水下施工时对混凝土强度的不利影响。

采用这种方法，试验时混凝土拌和物的坍落度适中，简化试验操作过程；可引用一般混凝土试验室都具有的干地浇筑混凝土的试验资料，简化试验项目。因此，适用于通过试验法求出一般水下混凝土工程的混凝土配合比。

(三) 配合比计算步骤

水下混凝土配合比一般要通过试验确定。对于工程量较小或临时性工程,可按照下述的方法步骤计算混凝土的配合比,然后通过试拌确定是否能采用。

1. 用水量计算

水下浇筑混凝土拌和物单位用水量,一般都要通过材料配比试验确定。在初步估算时,可根据不同浇筑方法、环境水及仓内钢筋的布置情况,参照表 23-11 选择混凝土要求的坍落度,再根据选择的坍落度参考表 23-15 选择单位用水量,也可以用式(23-6)、式(23-7)进行计算。

表 23-15 塑性混凝土单位用水量参考表

坍落度 /cm	卵石混凝土					碎石混凝土				
	粗骨料最大粒径/mm					粗骨料最大粒径/mm				
	10	20	40	60	80	10	20	40	60	80
3~4	190	185	175	165	160	205	200	185	175	170
5~8	200	195	185	175	170	215	210	195	185	180
8~12	210	205	195	185	180	225	220	205	195	190
12~15	—	215	205	200	195	—	230	215	210	205
15~18	—	225	225	215	210	—	240	230	225	220

注:表中所列数值,适于普通硅酸盐水泥,细骨料为中砂。采用粗砂时,宜减少用水量 10~15kg;采用细砂时,可增加 10~15kg。当使用火山灰水泥时,增加用水量 20kg;掺入减水剂时,减少用水量 10~20kg;掺入引气剂时,减少用水量 8~15kg。

普通水下混凝土的用水量:

$$G_w = 3.33 \times (S + K) \tag{23-6}$$

引气水下混凝土的用水量:

$$G_{wa} = G_w - K_a A \tag{23-7}$$

式中,G_w 为每立方米普通水下混凝土中的用水量,kg;G_{wa} 为每立方米引气水下混凝土中的用水量,kg;S 为混凝土拌和物的坍落度,cm;K 为试验常数(见表 23-16);K_a 为减水系数,一般为 3.4~3.8;A 为混凝土的含气量,%。

表 23-16 试验常数 K 值

	骨料最大粒径/mm	10	20	40	80
K 值	碎石混凝土	57.5	53.0	48.5	44.0
	卵石混凝土	54.5	50.0	45.5	41.0

注:1. 采用火山灰质水泥时增加 4.5~6.0。

2. 采用细砂时增加 3.0。

2. 水泥用量计算

水下混凝土中的水灰比,是根据试配强度、水泥品种及水泥强度计算的。混凝土中的水泥用量是根据用水量和水灰比计算的。混凝土中的水灰比和单位体积的水泥用量,除应当满足混凝土的强度外,还应满足耐久性的要求。当按强度计算的水灰比和水泥用量达不到耐久性要求的有关限值时,应按耐久性有关要求来确定。

(1) 按试配强度计算初步水灰比 按试配强度计算水下混凝土的初步水灰比,与普通混凝土基本相同,即根据采用的水泥品种、水泥强度和水下混凝土的试配强度,按式(23-8)计算水灰比:

$$R_a = a R_c \frac{C}{W} - b \tag{23-8}$$

式中,R_a 为混凝土的试配强度,MPa;R_c 为水泥的实际强度,MPa;C/W 为灰水比,即水灰比的倒数;a、b 分别为与水泥品种和粗骨料种类有关的试验系数(见表 23-17)。

表 23-17　与水泥品种和粗骨料种类有关的试验系数 a、b

粗骨料种类	卵　石		碎　石	
水泥品种	硅酸盐水泥普通硅酸盐水泥	矿渣硅酸盐水泥火山灰质硅酸盐水泥粉煤灰硅酸盐水泥	硅酸盐水泥普通硅酸盐水泥	矿渣硅酸盐水泥火山灰质硅酸盐水泥粉煤灰硅酸盐水泥
a	0.43	0.50	0.52	0.50
b	0.44	0.66	0.56	0.58

（2）按耐久性要求确定水灰比　有抗渗性要求的混凝土，其水灰比可参考表 23-18 选择。根据工程实践经验，$1m^3$ 水下混凝土中的水泥用量一般不宜小于 300kg。有抗冻性要求的混凝土，其水灰比可以参考表 23-19 进行选择。

表 23-18　抗渗标号与水灰比的关系

抗渗标号	S2	S4	S6	S8	S12
相应渗透系数/(cm/s)	1.96×10^{-8}	0.783×10^{-8}	0.419×10^{-8}	0.216×10^{-8}	0.129×10^{-8}
最大水力梯度	133	267	400	533	800
水灰比	—	0.60~0.65	0.55~0.60	0.50~0.55	<0.50

表 23-19　抗冻标号与水灰比的关系

抗冻标号	D25~D50	D100		D200
强度损失不超过 25% 的反复冻融的次数	25~50	100		200
水泥品种	矿渣水泥或粉煤灰水泥	普通水泥	普通水泥	普通水泥
外加剂	加气剂	不可掺	可不掺	加气剂
水灰比	<0.65	<0.55	<0.60	<0.50

若环境水具有侵蚀性，应当针对侵蚀介质的种类和性质，参照表 23-19 选择水泥品种，对表中的水灰比应适当减小，一般情况下可以减小 0.05。

（3）计算水泥用量　$1m^3$ 混凝土中的水泥用量，根据前面计算出的单位用水量和水灰比，用式（23-9）计算水泥用量：

$$G_c = G_w g \frac{C}{W} \tag{23-9}$$

式中，G_c 为 $1m^3$ 混凝土中的水泥用量，kg；G_w 为 $1m^3$ 混凝土中的用水量，kg；C/W 为混凝土的灰水比。

当采用混凝土泵进行输送时，为防止出现堵管现象，水泥用量不宜过少，应满足图 23-4 中的要求。

根据工程实践证明，对于水下浇筑混凝土，还应限制水泥的最小用量，以满足混凝土的耐久性和有关施工方法的要求。当混凝土有抗渗性要求时，单位体积混凝土的水泥用量不得少于 300kg；当混凝土有抗冻性要求时，单位体积混凝土的水泥用量不得少于 330kg；当采用泵送混凝土施工时，单位体积混凝土的水泥用量不得少于 300kg；当采用泵压式导管法施工时，单位体积混凝土的水泥用量不得少于 370kg。

3. 砂石的用量计算

（1）计算骨料的绝对体积　$1m^3$ 混凝土中骨料（砂石）所占的绝对体积可按式（23-10）进行计算：

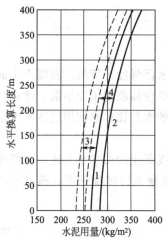

图 23-4　水泥用量与输送距离的关系
1—卵石界限；2—碎石界限；3—卵石不稳定区；4—碎石不稳定区

$$V_h = 1000 - G_w - \frac{G_c}{\Delta c} - 100K_a \tag{23-10}$$

式中，V_h 为 $1m^3$ 混凝土中骨料的绝对体积，L；G_w 为 $1m^3$ 混凝土中的用水量，kg；G_c 为 1m 混凝土中的水泥用量，kg；Δc 为水泥的密度见表 23-20；K_a 为混凝土的含气量，一般水下混凝土为 $1\% \sim 2\%$，加气混凝土为 $3\% \sim 6\%$。

表 23-20 不同品种水泥的密度

项 目	硅酸盐水泥	普通硅酸盐水泥	矿渣硅酸盐水泥	火山灰硅酸盐水泥	粉煤灰硅酸盐水泥
相对密度	$3.10 \sim 3.20$	$3.00 \sim 3.15$	$2.90 \sim 3.05$	$2.85 \sim 2.95$	$2.85 \sim 2.95$

（2）砂率的选择 含砂率为砂的质量占全部骨料（砂和石）质量的百分率，可按式(23-11) 计算或查表 23-12。

$$a = \frac{Ke\gamma_s}{\gamma_g + e\gamma_s} \times 100\% \tag{23-11}$$

$$e = \left(1 - \frac{\gamma_g}{\Delta_g}\right) \times 100\% \tag{23-12}$$

式中，a 为混凝土的含砂率，%；e 为粗骨料的空隙率，%；Δ_g 为粗骨料的密度，kg/m^3；γ_s、γ_g 分别为砂石的容量，kg/m^3；K 为富余系数，水下浇筑混凝土为 $1.3 \sim 1.4$，施工条件差时 K 取较大值，水泥用量多则 K 取较小值。

（3）计算每立方米混凝土的砂石用量 水下浇筑混凝土中的砂石用量，一般用绝对体积法计算。每立方米混凝土中所用材料的总体积为 1000L，利用式(23-13) 联立方程求解：

$$\frac{G_s}{G_s + G_g} = a \tag{23-13}$$

$$\frac{G_s}{\Delta_s} + \frac{G_g}{\Delta_g} = 1000 - \left(\frac{G_c}{\Delta_c} + \frac{G_w}{\Delta_w}\right) - 1000K_a \tag{23-14}$$

式中，G_s、G_g、G_c、G_w 分别为每立方米混凝土中砂、石、水泥和水的用量，kg；Δ_s、Δ_g、Δ_c、Δ_w 分别为砂、石、水泥和水的密度；a 为混凝土的含砂率，%；K_a 为水下混凝土的含气量，%。

工程实践表明：当水下浇筑混凝土采用的粗骨料最大粒径为 40mm 二级配混凝土时，以 5~20mm 的小石子占粗骨料用量的 40%、20~40mm 中石子占 60% 比较适宜。当小石子的储量较多时，以上两种石子也可以各占 50%。对于比较重要的工程，混凝土中粗骨料级配也应通过试验加以确定。

（四）工程施工现场配合比

实验室进行混凝土配制的材料，与现场所用材料是有一定差异的，尤其是施工现场所储存的骨料中一般都含有水分。在现场配料拌和混凝土之前，应快速测定和计算砂、石的含水率，在计算的单位用水量中扣除这部分水量。在称量砂石时，则应相应地增大称量。

假定砂中的含水率为 $a\%$，石子中的含水率为 $b\%$，则砂子的称量校正值、石子的称量校正值和用水量的校正值可分别按式(23-15)~式(23-17) 进行计算。

砂子的称量校正值为：$\qquad G'_s = G_s(1 + a\%) \tag{23-15}$

石子的称量校正值为：$\qquad G'_g = G_g(1 + b\%) \tag{23-16}$

用水量的校正值为：$\qquad G'_w = G_w - G_s \cdot a\% - G_g \cdot b\% \tag{23-17}$

当施工现场使用袋装水泥时，宜按水泥用量为每袋水泥质量（50kg）的整数倍，一次拌和物总量又接近搅拌机容量的各种材料，作为施工配合比。

第三节　水下浇筑混凝土参考配合比

我国水下浇筑混凝土最常采用导管法，现将此法的一些配合比列于表 23-21 中，供施工中参考。

表 23-21　导管法水下浇筑混凝土配合物实例

序号	粗骨料最大粒径/mm	坍落度/cm	水灰比	含砂率/%	水	水泥	砂	石子	设计强度/MPa	实测强度/MPa
1	20	18～20	0.60	45	—				17.0	—
2	20	18～20	0.65	44	302	465	581	744	10.0	—
3	20	16～18	0.60	40	204	340	782	1156	14.0	—
4	20	16～18	0.57	48	230	410	820	877	15.0	18.0
5	25	12～18	0.49	43	183	370	751	1006	40.0	34.5
6	25	19	0.52	46	180	346	840	990	—	17.0
7	25	15	0.50	38	185	370	—		20.0	31.8
8	40	14～16	0.48	37	176	370	718	1170	20.0	31.0
9	40	13～18	0.43	41	159	370	772	1115	19.0	38.0
10	40	16～20	0.41	33	152	374	579	1220	34.0	37.8
11	40	12	0.50	—	158	315			24.0	26.2
12	40	10	0.44	—	163	370			25.0	29.7
13	40	15	0.42	—	155	370			30.0	28.0
14	40	18～20	0.50	37	260	520	546	946	20.0	—
15	40	17～19	0.58	46	215	370	777	925	17.0	15.6～19.3
16	40	18～20	0.60	39	204	340	680	1054	17.0	14.6～19.4
17	40	20	0.55	46	205	375	788	938	14.0	10.0～14.0
18	40	18～20	0.60	50	216	360	900	900	14.0	—
19	40	16～18	0.57	45	230	410	820	986	15.0	18.0
20	50	15～18	0.75	33	262	350	520	1040	—	9.4～17.9
21	50	15～18	0.75	33	262	350	520	1040	—	10.0～13.2
22	40～60	15～18	0.56	38	195	350	705	1155	—	26.4～27.4

我国用于一些水下工程的混凝土配合比已有非常成功的经验，施工中可参考表 23-22 中的数值。

表 23-22　水下浇筑混凝土参考配合比

粗骨料最大粒径/mm	混凝土坍落度/cm	混凝土水灰比(W/C)	水泥用量/(kg/m³)	混凝土的砂率/%	混凝土导管直径/cm	28天抗压强度/MPa	混凝土工程种类	混凝土施工方法	是否掺外加剂
40	15	0.476	370	37.4	25	31.0	岸壁		掺
40	15	0.520	370	—	30	28.0	防波堤		—
25	15	0.475	370	—	30	34.0	防波堤		—
25	15	0.500	370	41.0	25	31.8	护岸		掺
40	17	0.443	370	—	25	35.4	灌筑桩		掺
40	15	0.473	370	—	25	33.2	灌筑桩		掺
40	17	0.435	390	40.0	25	38.0	灌筑桩	导管法	掺
25	17	0.465	370	43.0	25	37.2	灌筑桩		掺
25	17	0.480	370	43.0	25	34.1	灌筑桩		掺
25	17	0.440	370	32.0	25	40.3	灌筑桩		掺
40	15	0.480	500	42.0	14	42.2	灌筑桩		掺
40	15	0.480	460	42.0	14	41.2	灌筑桩		掺
40	15	0.475	480	42.0	14	43.0	灌筑桩		掺
40	15	0.470	511	42.0	14	44.2	灌筑桩		掺
40	15	0.459	370	—	15	33.6	护岸		—
40	18	0.510	371	—	10	33.0	护岸	泵压法	—
25	15	0.488	370	—	15	34.2	护岸		—
25	15	0.441	384	—	15	34.6	护岸		—
25	17	0.465	390	—	15	38.1	地下墙	膨润土泥浆导管法	掺

在我国水下浇筑混凝土采用导管法施工是比较广泛的，很多施工企业都有丰富的水下浇

筑混凝土配合比方面的经验，表 23-23 中列出了导管法水下浇筑混凝土配合比工程实例，表 23-24 中列出了 SCR 水下不分散混凝土的参考配合比，均可供水下浇筑混凝土导管法施工和配制水下不分散混凝土时参考。

表 23-23 导管法水下浇筑混凝土配合比工程实例

序号	粗骨料最大粒径/mm	混凝土坍落度/cm	水灰比(W/C)	砂率/%	混凝土设计强度/MPa	混凝土材料用量/(kg/m³)			
						水	水泥	砂	石子
1	20	18～20	0.65	43.8	10.0	302	465	581	744
2	20	16～18	0.60	40.3	14.0	204	340	782	1156
3	20	16～18	0.57	48.3	15.0	230	410	820	877
4	25	12～18	0.40	42.8	40.0	183	370	751	1005
5	25	19	0.52	45.9	17.0	180	346	840	990
6	25	15	0.50	38.2	20.0	185	370	716	1160
7	40	14～16	0.48	38.0	20.0	175	370	718	1170
8	40	13～18	0.43	39.3	19.0	159	370	722	1115
9	40	16～20	0.41	32.2	34.0	152	374	579	1220
10	40	12	0.50	39.0	24.0	158	316	710	1110
11	40	10	0.44	37.5	25.0	163	370	696	1160
12	40	15	0.42	32.0	30.0	155	370	610	1296
13	40	18～20	0.50	36.6	20.0	260	520	546	946
14	40	17～19	0.58	45.7	17.0	215	370	777	925
15	40	18～20	0.60	39.2	17.0	204	340	680	1054
16	40	20	0.55	45.7	14.0	205	375	788	938
17	40	18～20	0.60	50.0	14.0	216	360	900	900
18	40	16～18	0.57	45	15.0	230	410	820	986
19	50	15～18	0.75	33.3	15.0	262	350	520	1040
20	40～60	15～18	0.56	38.2	25.0	195	350	715	1155

表 23-24 SCR 水下不分散混凝土的参考配合比

混凝土的种类	粗骨料最大粒径/mm	水灰比(W/C)	砂率/%	混凝土组成材料/(kg/m³)				
				水	水泥	细骨料	粗骨料	SCR 剂
普通混凝土	20	0.53	40	228	430	658	985	0
SCR 混凝土	20	0.53	40	228	430	658	985	4.3

土木建筑...... 第二十四章......

第二........面混凝土..... 黄 2% 左右过滤下水通 水力采水煤泥浮在堆...岩石工程..研... 323MPa的方法。SCR 系于 4% 的偏碱度 0.03 为及 5 左右水...，因混凝废弃物的危险影响测...。
原来 ... 水泥废砂浆再...

第二十四章　再生骨料混凝土

随着社会生产力和经济的高速发展，建筑材料生产和使用过程中资源过度开发和废弃及其造成的环境污染与生态破坏，与地球资源、地球环境容量的有限性以及地球生态系统的安全性之间出现尖锐的矛盾，对社会经济的可持续发展和人类自身的生存均构成了严重的障碍和威胁。因此，认识资源、环境与材料的关系，开展绿色建筑材料及其相关理论的研究，从而实现材料科学与技术的可持续发展，既是历史发展的必然，也是材料科学的进步。

我国混凝土专家吴中伟较早提出绿色高性能混凝土（GHPC）的概念，主要包括：①更多地节约熟料水泥，减少环境污染；②更多地掺加以工业废渣为主的活性细掺料；③更大地发挥高性能优势，减少水泥和混凝土的用量。其中，充分利用再生混凝土是发展绿色高性能混凝土的主要措施之一，已成为混凝土界关注的一大焦点。

第一节　再生骨料混凝土概述

在土木建筑工程建设中，最广泛使用的建筑材料是混凝土。据相关资料统计，2010 年全世界水泥产量已达到 26 亿吨，混凝土年使用量约为 35 亿立方米。混凝土成为建筑领域不可缺少的材料，其应用范围之广是其他材料所不及的，它在市政、桥梁、道路、水利、国防、港口等领域发挥着不可替代的作用。

根据有关资料表明，全世界在 1991～2010 年的 20 年间，废弃混凝土（包括从钢筋混凝土工厂不合格的产品）总量超过 20 亿吨。近年来，我国随着城市建设和国民经济持续快速地发展，大量旧建筑物被拆除，每年拆除的既有及新建的建筑所产生的垃圾 1 亿吨以上，在所有的建筑垃圾中，废弃混凝土的量是最大的，约占 1/3。随着我国经济建设步伐的进一步加快，今后废弃混凝土块仍有增多的趋势。因此，如何充分、高效、经济地利用废弃混凝土已经成为许多国家和科研机构共同研究的一个课题。

一、国外对再生混凝土的研究与应用

在一般自然条件下，混凝土工程的使用年限约为 50～100 年，伴随着混凝土结构的破坏，许多建筑物不可避免地要被拆除，而在大量拆除建筑物产生的建筑废料中，有很多材料是可以再生利用的。这些拆除的混凝土结构往往处于建筑工地现场或附近，如果将拆除的建筑废料进行破碎、筛分，加工成不同粒径的碎块，制成配制混凝土的骨料，用到新的建筑物上，就能从根本上解决大部分建筑废料的处理问题，同时也能解决污染环境、节约资源的问题。

再生混凝土，是指利用废混凝土、废砖块、废砂浆作为骨料，加入水泥砂浆拌制的混凝土。废弃混凝土研究利用情况第二次世界大战后，原苏联、德国、日本等国对废弃混凝土进行了开发研究和再生利用，并已召开过三次有关废混凝土再利用的专题国际会议，提出了混凝土必须绿色化的理论。再生混凝的利用已成为发达国家所共同研究的课题，有些国家还采

用立法形式来保证此项研究和应用的发展。

在欧洲，施工材料、系统和结构的实验室与专家国际联盟（简称为 RILEM），于 1976 年成立了"混凝土拆除和再利用技术委员会"，开始研究废弃混凝土的消化与再生利用，并且将废弃混凝土再生骨料用于高速道路等实际工程。随后，澳大利亚联邦科学与产业研究组织（CSIRO）于 1998 年颁布了《再生混凝土骨料配制非结构混凝土指南》，2002 年颁布了《再生混凝土与砌筑材料使用指南》，推动了再生混凝土骨料的应用。

利用废弃混凝土生产再生水泥的研究起步较早的是日本。20 世纪 70 年代后期，1977 年日本政府制定了《再生骨料和再生混凝土使用规范》，并相继出现了一些以处理混凝土废弃物为对象的再生利用工厂，其中，规模较大的工厂可以每小时处理 100 吨废弃物。例如名古屋市，1990 年利用经过处理的混凝土废弃物生产再生路面基层材料多达 10 万多吨。1991 年日本政府又制定了《资源重新利用促进法》，规定建筑施工过程中产生的渣土、混凝土块、沥青混凝土块、木材、金属等建筑垃圾，必须送往"再资源设施"进行处理。2000 年颁布《建筑材料再循环法》，规定将 C1、C2、C3 三种类型的再生粗骨料及 F1、F2 两种类型的再生细骨料应用于非结构构件。2001 年颁布《推进形成循环型社会基本法》、《促进废弃物处理指定设施配备》和《资源有效利用促进法》。

日本对于建筑垃圾的主导方针是：尽可能不从施工现场排出建筑垃圾；建筑垃圾要尽可能地重新利用；对于重新利用有困难的则应适当予以处理。东京对于建筑垃圾的重新利用率，在 1988 年就已达到 60％以上；根据日本建设省的统计，1995 年废弃混凝土的资源再利用率为 65％，2000 年废弃混凝土的资源再利用率已达到 90％。

日本的小野田水泥公司对以离心方式成型混凝土制品所产生的废弃物进行了再利用研究，开发了"标准淤渣"回收系统。这个回收系统，利用连续式离心分离机，将废弃物淤泥经过脱水分离后得到淤泥渣和水。通过向淤泥渣中加入延缓剂等外加剂来保持其中水泥的活性，从而使它可以作为混凝土的原材料被再次利用。这种再生水泥基本上由淤泥渣中所含的水泥水化物微粒与高炉水淬矿渣微粒所组成。通过电子显微镜照片和 X 射线衍射分析，可以确认该水泥水化的生成物及其成长过程类似于矿渣水泥。经日本混凝土工业协会的试验结果，使用再生原材料制成的产品，其物理性能与原产品没有区别。这项比较有成效的技术研究，为推动废弃建筑材料的再利用做出了巨大贡献。

美国从 20 世纪 80 年代开始研究将混凝土废弃物作为混凝土的粗、细骨料。美国政府 1980 年颁布的《超级基金法》中规定："任何生产有工业废弃物的企业，必须自行妥善处理，不得擅自随意倾倒"。1998 年 8 月德国钢筋混凝土委员会制定了《在混凝土中采用再生骨料的应用指南》，要求采用再生骨料配制的混凝土，必须完全符合天然骨料混凝土的国家标准。法国利用废混凝土和废砖生产出了砖石混凝土砌块，其技术指标完全符合与砖石有关的 NBNB 21-001（1998）标准。进入 21 世纪后，可持续发展研究机构（SRL）为再生混凝土骨料提供了环保标准（ECO-LABEL），发达国家在再生混凝土方面的开发利用发展很快，并展开了一系列的研究工作。

近年来，韩国一家名为"利福姆系统"的装修公司成功地从废弃混凝土中分离出水泥，使其再生利用。该公司从 2005 年下半年开始批量生产这种再生水泥。他们首先把废弃混凝土中的水泥与石子、钢筋等分离开来，然后在 700℃的高温下对水泥进行加热处理，再添加特殊的物质，就能生产出再生水泥。据报道每 100t 废弃混凝土就能够获得 30t 左右的再生水泥，这种再生水泥的强度与普通水泥几乎一样，有些甚至更好，符合韩国生产水泥的相关标准。同时，这种再生水泥的生产成本仅为普通水泥的 1/2，而且生产过程中不产生二氧化碳，非常有利于环境保护。

二、国内对再生混凝土的研究与应用

自改革开放以来，随着我国城市化进程加快，建筑业进入高速发展阶段，大量旧建筑物被拆除，产生了大量的建筑垃圾，在建筑垃圾中作为最大宗的建筑材料——废弃混凝土所占份额最大。目前，一方面，我国每年浇筑混凝土约（15～20）×$10^8 m^3$，而混凝土中砂石骨料占总重量的 70% 以上，因此我国每年的开山采石约为（11～14）×$10^8 m^3$。另一方面，我国每年废弃混凝土量约为 $600×10^4 m^3$，其中一小部分用于填筑海岸、充当道路和建筑物的基础垫层外，绝大部分作为垃圾填埋，这不仅占用大量的土地（甚至是耕地），而且造成环境污染。

为解决这些问题，我们必须改变传统的混凝土生产方式，将混凝土的生产方式转变到一个可持续发展的轨道上来。再生骨料混凝土技术可实现对废弃混凝土的再加工，使其恢复原有性能，形成新的建材产品，从而既能使有限资源得以利用，又解决了部分环保问题。这是发展绿色混凝土，实现建筑资源环境可持续发展的主要措施之一。另外，从保护环境、节省资源和能源的角度来看，再生骨料混凝土的研究和应用有重要的社会效益，也有利社会的可持续发展。

进入 21 世纪，是中国公路历史上交通发展速度最快、规模最大、最具活力的时期。自 20 世纪 90 年代，我国的公路事业进入了以建设高速公路、一级公路等高等级公路为主的新时代。截至 2010 年年底，全国公路网总里程达到 398.4 万公里，其中高速公路通车里程达到 7.4 万公里，农村公路通车里程达到 345 万公里，极大促进和保障了我国经济社会的发展。但是，在修建大量新公路的同时，道路的维修和重建也在不断扩大，这就不可避免地产生废弃建筑材料，如何处理和排放道路工程建筑垃圾，已成为道路施工企业和环境保护部门面临的一个重要课题。

2006 年 4 月在厦门召开的"建筑垃圾综合利用与新技术推广研讨交流会"上，有最新资料显示我国每年因拆出建筑产生的固体废弃物 $2×10^8 t$ 以上，新建建筑产生的固体废弃物大约 $1×10^8 t$，两项合计约 $3×10^8 t$。土木工程中的建筑垃圾大多为固体废物，一般是在建设过程中或旧建筑物维修、拆除过程中产生的。不同结构类型的建筑所产生的垃圾各种成分的含量虽有所不同，但其基本组成是一致的，主要由土、渣土、砂浆、混凝土、砖石碎块等废料组成。经过对砖石结构、全现浇筑结构和框架结构等建筑的施工材料损耗统计，在每万平方米建筑的施工过程中，建筑废渣就会产生 500～600t。如果按此进行测算，我国每年仅施工建设所产生和排出的建筑废渣就有数千万吨。

建筑垃圾中的许多废弃物经分拣、剔除、粉碎和加工后，大多数是可以作为再生资源重新利用的，如砖、石、混凝土块等废料经破碎后可以代替部分天然砂石，重新用于砌筑砂浆、抹灰砂浆、浇筑混凝土、混凝土垫层等，还可以用于制作砌块、道路砖、花格砖等建材制品。由此可见，充分综合利用建筑垃圾，是节约资源、保护生态、减少污染的有效途径。

虽然我国对再生骨料混凝土的开发利用晚于发达国家，但近几年政府对建筑垃圾的循环再利用高度重视，我国政府制定的中长期社会可持续发展战略中就鼓励废弃物的研究开发利用，原建设部将"建筑废渣综合利用"列入 1997 年科技成果重点推广项目。20世纪 90 年代，上海、北京等地区的一些建筑工程，对建筑垃圾的回收利用做了一些有益尝试，取得了良好的社会效益、经济效益和技术效益，为我国推广应用再生骨料混凝土打下良好的基础。

我国再生混凝土不仅运用到建筑业，而且很多再生混凝土运用在交通行业中，当混凝土道路的混凝土路面到达其使用年限，或者重物碾压等原因产生破损，需要修补或者重建时，现在的一般做法是破除并废弃旧的水泥混凝土面层，修补基层后，重新进行铺筑。目前，在我国水泥混凝土路面再生技术中主要应用的是现场再生技术，即破碎或粉碎现有路面，然后将破碎或粉碎后的路面用作新路面结构中的基层或底基层，这一种做法在我国公路养护维修中普遍采用。例如，合肥至南京的高速公路采用再生混凝土骨料作为新拌混凝土的集料来浇筑混凝土路面。在养护维修过程中，根据高速公路快速通行的特点，采用再生混凝土骨料，并加入早强剂，达到快速通行的目的。施工前测试了再生混凝土骨料的表观密度、吸水率、压碎值、坚固性和冲击值，并且充分注意了集料的最大粒径和级配。用再生混凝土骨料代替天然集料，再生混凝土骨料的利用率可以达到80％，每年还可以节约大量骨料的运输费用。同时，节省了废弃的混凝土占用的土地费用。这样既节省了大量的养护资金，又有利于环境保护，获得了良好的社会效益和经济效益。

材料试验证明，再生骨料的部分性能不如天然骨料，利用再生骨料研制和生产的混凝土构件性能也比天然骨料的差。但若通过掺加外加剂，则可以大大改善再生混凝土的性能，只要选择合适的外加剂，再生混凝土利用就可以十分广泛，而且利用废弃混凝土做骨料来生产再生混凝土，对资源循环利用、净化环境、造福子孙后代具有重要意义。

三、建筑固体废弃物循环利用可行性

建筑固体废弃物是建筑垃圾的主要组成，也是再生骨料混凝土的主体材料，一般包括废混凝土块、碎砖石块和废砂浆等。

（1）废混凝土块　水泥混凝土的凝结硬比是一个非常缓慢的过程，一般需要几十年的时间，28天龄期的水泥石其水化凝结硬化程度只有60％左右。材料试验证明，在常温条件下混凝土经过20年时间的凝结硬化还没有完全结束，也就是说此时水泥石中还存在有利于混凝土硬化的活性成分。如果把建筑物生产过程中及旧建筑拆除产生的废混凝土块，经过重新分选、破碎作为混凝土骨料来用，对再生骨料混凝土的强度发展必定能起到良好的促进作用。普通混凝土的破坏是由于在荷载作用下，界面微裂缝逐渐发展而导致混凝土结构的最终破坏。在一般情况下，骨料本身不会出现破坏，因此，废旧混凝土中的骨料是完全可以利用的。

（2）碎砖石块　施工过程中剔出的过烧砖、坏砖，石料加工中产生的碎石，建筑物建造、维修和拆除中所产生的碎砖石块，经过破碎、分选后可作为再生骨料混凝土的粗骨料。在配制普通混凝土时，要求粗骨料立方体强度与混凝土设计强度之比不小于1.5。以拆除的碎砖块为例，砌体所用的一般是MU10机制砖，其抗压强度平均值不低于9.81MPa，因此用碎砖块作为低强度等级混凝土的骨料，其强度是完全满足要求的。如果要配制强度等级更高的混凝土，则需要采取必要的技术措施。

在一些天然骨料十分缺乏的国家，甚至用质量良好的砖体来加工混凝土骨料。材料试验证明，碎砖块和砂浆的抗拉强度差别不大；碎砖块表面粗糙、孔隙较多，砂浆和骨料的界面结合得以加强，从而使再生骨料混凝土产生界面微裂缝的机会减少，对提高再生骨料混凝土的强度非常有利。

（3）废砂浆　废砂浆是原来的砂浆形成的，其很多性能与原组成砂浆的材料是相同的。建筑物在拆除的过程中产生的粉末状水泥砂浆，硬化的水泥浆包裹在砂颗粒的周围，不仅增大了细骨料的粒径，同时也改善了细骨料的级配，完全可以作为细骨料用于再生骨料混凝土。在建筑物拆除过程中产生的水泥砂浆块，较大的可以作为混凝土的粗骨料，较小的经粉碎后可作为混凝土的细骨料。

国内外工程实践充分证明，再生混凝土技术解决了大量混凝土废弃物处理困难和由此引发的对环境的负面影响等问题，节省了垃圾清运费用和处理费用；可以充分利用可再生资源，减少对天然砂石的开采，保护了自然资源和人类生存环境。再生混凝土技术是可持续发展战略的必然要求和主流趋势，是解决建筑垃圾问题最有效的途径。随着人类对废弃混凝土再生利用方面研究和开发的深入发展，再生混凝土的应用范围将逐渐拓展。作为一种极具发展潜力的环境友好材料，再生混凝土技术必将成为混凝土材料科学的一个发展方向，并推动混凝土生产最终走上良性发展的必由之路。

四、废弃混凝土材料完全循环再利用

所谓废弃混凝土材料完全循环再利用，类似于钢铁等金属材料一样，废弃以后仍可以作为配制混凝土的原料进行使用。废弃混凝土完全循环利用，是指将混凝土的胶结材料、混合材料、骨料硬化后制成的混凝土废弃后，再次作为水泥生产原料、再生骨料等全部用于配制新的混凝土材料，如此循环往复、多次使用，实现混凝土材料自身循环利用，最大限度地实现对自然资源利用。完全循环再利用混凝土基本方式如图 24-1 所示。

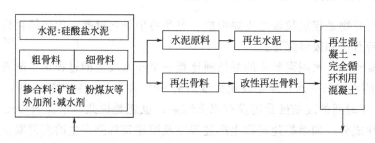

图 24-1　完全循环再利用混凝土的基本方式

1. 用废弃混凝土制备再生水泥

普通水泥的化学成分见表 24-1。用普通水泥混凝土作为原料制备的再生水泥的化学成分见表 24-2。分别用再生水泥和普通水泥配制的混凝土配合比与性能比较见表 24-3。以上表中的数据表明，用废旧混凝土作为原料制备的再生水泥与普通水泥相比，其性能完全能够满足混凝土的要求。

表 24-1　普通水泥的化学成分　　　　　　　　　　　　　　　　单位：%

烧失量 LOI	SiO_2	Al_2O_3	Fe_2O_3	CaO	MgO	SO_3	Na_2O	K_2O	TiO_2	MnO	P_2O_5
42.92	4.61	0.75	0.48	49.83	0.76	0.23	0.07	0.08	0.05	0.03	0.06

表 24-2　再生水泥的化学成分　　　　　　　　　　　　　　　　单位：%

烧失量 LOI	SiO_2	Al_2O_3	Fe_2O_3	CaO	MgO	SO_3	Na_2O	K_2O	TiO_2	MnO	P_2O_5
0.88	21.28	4.98	2.75	66.23	1.02	1.89	0.19	0.24	0.10	0.05	0.08

表 24-3　再生水泥混凝土与普通水泥混凝土的比较

| 混凝土种类 | 1m³ 混凝土材料用量 | | | | | 水灰比(W/C) | 坍落度/cm | 设计强度/MPa | 实测强度/MPa |
	水泥/kg	水/kg	砂子/kg	碎石/kg	外加剂/mL				
普通混凝土	320	184	732	1048	805	0.58	18	24	31.8
再生水泥普通混凝土	296	170	862	971	805	0.58	18	24	35.2
普通混凝土	571	171	600	1057	4100	0.30	21	60	67.6
再生水泥高强混凝土	571	171	600	1057	4100	0.30	21	60	66.8

表 24-3 中的结果表明，用再生水泥配制的普通强度等级和高强混凝土与用普通水泥配制的混凝土性能基本相同，在同样的配合比和同样的外加剂用量时，混凝土的工作性能相同，28 天的抗压强度也非常接近，这充分说明用废弃混凝土作为水泥原料制备的再生水泥性能良好，废弃混凝土完全可以作为再生水泥的原料。

2. 用废弃混凝土制造再生骨料

普通水泥混凝土结构废弃后，将混凝土块体进行破碎、筛分、清洗、干燥等工艺处理，然后用规定的筛子将废混凝土碎块粒径控制在 5～20mm 范围内，用作再生骨料代替混凝土中部分或全部天然骨料。再生骨料的物理性能，如粒径、视密度、堆积密度、含水率、饱和面干吸水率见表 24-4。

表 24-4　再生混凝土骨料的性能参数

原料名称	粒径/mm	视密度/(g/cm³)	堆积密度/(g/cm³)	含水率/%	饱和面干吸水率/%
普通碎石	5～20	2.63	1.41	0.3	1.53
普通砂子	0.5～5	2.68	1.43	2.4	—
再生骨料 1	5～20	2.56	1.30	3.0	4.83
再生骨料 2	5～20	2.50	1.21	5.0	5.77

用废弃混凝土制备的再生骨料取代天然骨料配制混凝土，并测定混凝土的坍落度和硬化混凝土的强度，检查不同再生骨料比例对混凝土性能的影响。用再生骨料制备的再生骨料混凝土硬化到一定时间后，再次破碎制备再生骨料，再用于制造混凝土的骨料，如此反复使用，其结果见表 24-5 和表 24-6。表中再生骨料取代天然骨料的比例分别为 30%、50%、60%、70% 和 100%。

表 24-5　C50 普通混凝土和再生粗骨料混凝土配合比及性能参数

| 编号 | 替代比例/% | 单位体积混凝土材料用量/kg | | | | | 减水剂用量/% | 坍落度/mm | 湿表观密度/(kg/m³) | 28 天抗压强度/MPa |
		水泥	O_S	O_G	R_C	水				
R50-C0	0	486	549	1166	0	195	2	165	2455	63.4
R50-C30	30	486	549	816	328	195	2	150	2444	60.1
R50-C50	50	486	549	583	546	195	2	135	2424	65.5
R50-C70	70	486	549	350	763	195	2	125	2400	61.0
R50-C100	100	486	549	0	1092	195	2	110	2385	58.5

注：O_S——普通砂；O_G——普通粗骨料；R_C——再生粗骨料；表 24-6 中字母符号意义与该表中相同。

表24-6　二次循环再生骨料混凝土配合比及性能参数

编号	替代比例/%	单位体积混凝土材料用量/kg					减水剂用量/%	坍落度/mm	湿表观密度/(kg/m³)	28天抗压强度/MPa
		水泥	O_S	O_G	R_C	水				
R40-C0	0	447	604	1113	0	202.5	2	117	2450	60.8
R40-C30	30	447	604	779	319	202.5	2	75	2441	61.5
R40-C50	50	447	604	557	531	202.5	2	70	2420	61.9
R40-C60	60	447	604	445	637	202.5	2	68	2395	60.1
R40-C100	100	447	604	0	1062	202.5	2	38	2381	58.0

　　试验结果说明，再生骨料掺量低于50%时对再生粗骨料混凝土的28天抗压强度并无明显不利影响，但随着再生骨料掺量的增加，再生骨料混凝土的坍落度和湿表观密度略有下降。在实际使用时，混凝土坍落度降低可以用掺加减水剂的方法或调整配合比的方法解决。

　　废弃混凝土的再生利用是水泥混凝土工业走向可持续发展的根本要求，是按照自然生态模式组成"资源—产品—再生资源"的物质反复循环的流动过程，完成物质闭循环过程的重要环节。经过国内外工程实践证明，这个物质反复循环在理论和技术上都是可行的。废弃混凝土既可以作为生产生态水泥的原材料，也可以用于生产再生混凝土，以不同方式实现混凝土材料的自身循环利用。

第二节　再生骨料性能与制备

　　将废弃建筑物材料进行分类、筛选、破碎、分级、清洗，并按照国家标准对骨料颗粒级配的要求调整后得到的混凝土骨料称为再生骨料。在我国，由于砂石骨料来源广泛、价格低廉、取得容易，长期被认为是取之不尽的原材料。如今，随着社会经济的发展、混凝土用量的增大和人们环境保护意识的增强，对开采砂石骨料而造成的资源枯竭和环境破坏已经越来越受到重视。因此，废弃混凝土作为再生骨料并循环利用受到广泛的关注。

　　废弃混凝土的再生利用是建筑材料可持续发展的重要途径，是发展绿色混凝土的根本措施，对于环境保护有着不可替代的作用。此外，在旧混凝土中有未尽水化的水泥颗粒，可激发其进一步水化反应。利用再生骨料可以降低水泥的用量，从而可减少因生产水泥带来的污染，这一特点在工业化发达国家特别具有吸引力，因为这些国家的废弃物数量很大，而天然资源非常缺乏。目前，德国、比利时、荷兰和日本等国家的废弃物资再生率已达到50%以上。

一、再生骨料在路面工程中应用的优越性

　　在我国，目前再生骨料在公路路面施工中已经获得比较广泛的应用，这是因为被轧碎的废弃混凝土具有许多优良性能，非常适用于路面工程。在公路工程混凝土中使用再生骨料主要有以下优越性。

　　(1) 经济利益　由于再生骨料的收集和制备需要耗费一定的机械设备和人力，从纯经济指标的角度来讲，再生骨料的生产是微利甚至无利或亏损，因此再生混凝土的生产成本价格相对天然骨料混凝土要高，因此往往不易被用户接受。但是，再生混凝土的经济性不能简单地用其生产成本来衡量，应当从多方面综合考虑其经济指标。再生

混凝土的技术经济分析除要考虑其本身的生产成本外，还应当综合考虑城市垃圾处理的有关费用和再生混凝土产生的环境效益，以及本地区天然骨料的储量、生产、运输、价格、年需求量等方面。

（2）环境保护　人口膨胀、资源短缺和环境恶化被称为当今社会持续发展所面临的三大问题。人类在创造文明的同时也在不断地破坏人类赖以生存的环境空间，而各类材料则是人类赖以生活和生产的物质基础。由于人们过度追求材料性能和质量，致使在材料的提取、制备、生产制造、使用以至废弃的过程中耗费了大量的资源和能源，并排放出大量的废渣、废液和废气。各种统计数字已经表明，材料及其制品的制造、使用及废弃过程是造成能源短缺、资源过度消耗和枯竭以及环境污染的主要原因之一。工程实践证明，在公路工程路面混凝土中使用再生骨料是进行废物处理、环境保护的一个最为有效的途径。

（3）性能优越　在公路工程改建的过程中，旧路面的混凝土基本上不存在污染，其性能和质量不仅完全符合道路混凝土的要求，甚至优于其他建筑材料。另外，再生骨料的容量较小，这就意味着混凝土的容量也较小，而混凝土的产量较高。工程实践证明原来混凝土路面的破坏并不影响新浇筑路面的使用寿命，这是路面结构不同于其他混凝土结构的地方。

二、再生混凝土骨料的性能

再生骨料与天然骨料相比，有着许多不同的性能，其中主要包括内容如下。①在轧碎作业中造成颗粒较粗，形状呈现为多棱角。根据粉碎机的不同，其粒径分布也不尽相同，而且容量比较小，可用作半轻质骨料。②在再生骨料上粘有砂浆和水泥浆。其黏附的程度取决于轧碎的粒径和原混凝土的性能。黏附的砂浆和水泥浆会改变骨料的其他性能，如质量较轻、吸水率较高、黏结力降低和抗磨强度下降等。③作为污染的异物存在，这是从原来拆除的建筑垃圾中感染而形成的，其中主要包括黏土颗粒、沥青碎块、石灰、碎砖和其他材料等。这些污染物通常会对再生骨料配制的混凝土力学性能和耐久性造成负面影响，需要引起高度重视并采取有效防范措施。

用来生产再生骨料的废弃混凝土，主要有以下几种来源：①拆除因为达到使用年限或老化的旧建筑物而产生的废弃混凝土块，这是生产再生骨料废弃混凝土的主要来源；②因为特殊意外的原因（如地震、台风、洪水、战争、人为破坏等）造成建筑物损坏而产生的废弃混凝土块；③市政工程的动迁以及重大基础设施的改造产生的废弃混凝土块；④商品混凝土工一厂产生的废弃混凝土。

再生骨料的粒形、级配、物理力学特性等，对再生骨料混凝土的影响较大，必须进行系统研究。再生骨料粒形特征可根据骨料形状特征系数进行测定；再生骨料颗粒级配、表观密度、堆积密度、空隙率、吸水率、压碎指标等试验，均可按照《建设用碎石、卵石》（GB/T 14685—2011）中的有关规定进行。

通过对废弃混凝土构件按特定的工艺流程处理后得到的再生骨料基本性能如下。

（1）再生骨料粒形　骨料颗粒形状对混凝土的强度有一定的影响，为便于施工和提高混凝土强度，一般情况下希望骨料接近圆形的球体，根据骨料形状特征系数的有关理论，骨料的体积系数和球形率越大越好，其细长率、扁平率和方形率越小越好。图24-2所示为再生骨料和天然骨料的粒形对比；表24-7为骨料形状系数实测结果。通过比较可发现，再生骨料和天然骨料形状相差不大，部分指标再生骨料甚至优于天然骨料。

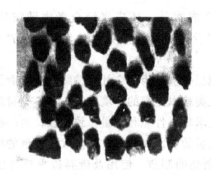 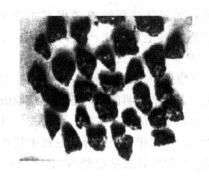

(a) 再生骨料   (b) 天然骨料

图 24-2   再生骨料和天然骨料的形状

表 24-7   再生骨料、天然骨料的形状系数

骨料类别	a /mm	b /mm	c /mm	V /mm³	体积系数 $K=V/abc$	球形率 $R=6V/abc$	细长率 $e=a/c$	扁平率 $f=ab/c$	方形率 $S=a/b$
天然骨料	25.68	16.36	10.66	3000	0.746	1.424	2.536	40.861	1.556
再生骨料	23.97	17.43	9.02	3000	0.801	1.530	2.689	46.995	1.388

注：表中 a，b，c 分别代表骨料长，中，短轴。

（2）颗粒级配   表 24-8 中列出了废弃混凝土经破碎、筛分后得到的再生骨料颗粒级配，其级配不符合《建设用碎石、卵石》（GB/T 14685—2011）中粗骨料颗粒级配规定的范围，需要再进行筛分、人工调配。

表 24-8   再生骨料颗粒级配

筛孔尺寸/mm	4.75	9.50	16.0	19.0	26.5	31.5
分计筛余量/%	3.05	13.27	9.75	28.65	22.84	21.75
累计筛余量/%	99.31	96.26	82.99	73.24	44.59	21.75

所得到的再生骨料颗粒有 3 种类型。①混合型：粒径大致集中在 9.5～26.5mm，表面粗糙，包裹着水泥砂浆的石子，呈多棱角状，约占总质量的 70%～80%。②纯骨料型：是一小部分与水泥砂浆完全脱离的石子，其粒径一般比较大，在 31.5mm 以上，约占总质量的 20%。③其余为一小部分砂浆颗粒。

（3）表观密度   在进行试验中，按照连续粒级 5～31.5mm 颗粒级配的要求，重新调配再生骨料和天然骨料。实测再生骨料和天然骨料的表观密度分别为 2550kg/m³ 和 2630kg/m³，前者比后者降低 3.0%。其主要原因是再生骨料的表面包裹着一定量的硬化水泥砂浆，而这些水泥砂浆比岩石的空隙率大，使得再生骨料的表观密度比普通骨料低。但是，再生骨料的表观密度大于 2500kg/m，完全符合国家标准《建设用碎石、卵石》（GB/T 14685—2011）中对骨料表观密度的要求。

（4）堆积密度及空隙率   实测再生骨料和天然骨料的堆积密度分别为 1410kg/m³ 和 1540kg/m³，空隙率分别为 45% 和 42%，再生骨料比天然骨料的堆积密度小，而空隙率却比天然骨料大。国家标准《建设用碎石、卵石》（GB/T 14685—2011）中规定，骨料的堆积密度必须大于 1350kg/m³，空隙率要小于 47%。由此可见，再生骨料的堆积密度和空隙率完全满足要求。但再生骨料各个粒级的堆积密度不相同，总的规律是颗粒越大，堆积密度越高；空隙率的变化规律则相反。再生骨料各粒级的堆积密度、空隙率和吸水率见表 24-9。

表 24-9 再生骨料各粒级基本物理参数

物理参数指标	粒级					
	4.75mm	9.50mm	16.0mm	19.0mm	26.5mm	31.5mm
堆积密度/(kg/m³)	1090	1220	1260	1280	1250	1281
空隙率/%	57	52	51	50	51	50
吸水率/%	10.0	6.0	4.4	4.0	2.7	2.0

（5）吸水率 24h 的吸水率，再生骨料为 3.7%，而天然骨料仅为 0.4%，这是因为天然骨料结构坚硬密实、空隙率低，所以其吸水率和吸水速率都很小；而再生骨料表面粗糙、棱角较多，且骨料表面包裹一定数量的水泥砂浆，水泥砂浆的空隙率大、吸水率高，再加上混凝土块在解体、破碎过程中由于损伤累积，内部存在大量微裂纹，这些因素都使骨料的吸水率和吸水速率大大提高。

再生骨料各个粒级的吸水率见表 24-9，从表中可看出：再生骨料的颗粒粒径越大，其吸水率越低，小于 9.5mm 的小粒径砂浆骨料的吸水率可达到 10%。

（6）压碎指标值 再生骨料的压碎指标值为 21.3%，而天然骨料的压碎指标值为 11.5%，下降了 46%，国家标准《建筑用碎石、卵石》（GB/T 14685—2001）中规定，Ⅰ类骨料的压碎指标应小于 10.0%，Ⅱ类应小于 20%，Ⅲ类应小于 30%。由此可见，再生骨料由于含有部分强度远远低于天然岩石的水泥砂浆，以及破碎加工过程中对碎石造成的损伤，使得再生骨料整体强度降低，只能勉强达到Ⅱ类骨料对压碎指标的要求。

三、再生骨料的改性处理

再生骨料与天然骨料相比，具有空隙率高、吸水率大、强度较低等特征。这些因素势必会导致由再生骨料配制的再生骨料混凝土的性能在很多方面不尽人意的地方，如再生骨料混凝土拌和物的流动性变差，影响到施工的可操作性；混凝土的收缩和徐变增大，再生骨料混凝土只能配制中低强度等级的混凝土等。这样就限制了再生骨料混凝土的应用范围。目前，在我国再生骨料混凝土的应用领域，主要是用于建筑物地基加固、道路工程垫层、室内地坪垫层、制作混凝土砌块等。要想扩大再生骨料混凝土的应用范围，将再生骨料混凝土用于钢筋混凝土结构工程中，必须要对再生骨料进行强化处理。

目前国内外使用的对简单破碎再生骨料进行强化的方法主要有化学强化与物理强化两种。所谓的化学强化即采用不同性质的材料（如聚合物、有机硅防水剂、纯水泥浆、水泥外掺Ⅰ级粉煤灰等）对简单破碎再生骨料进行浸渍、淋洗、干燥等处理，使简单破碎再生骨料得到强化的方法；物理强化即使用机械设备对简单破碎再生骨料进行处理，除去简单破碎再生骨料表面黏附的水泥砂浆和有薄弱连接的颗粒棱角。目前的物理强化方法主要有立式偏心装置研磨法、卧式回转研磨法、加热研磨法和内部研磨法等几种方法。在通常情况下，对再生骨料的改性方法可采取以下几种。

（1）机械活化 机械活化的目的在于破坏弱的再生碎石颗粒或除去黏附于再生碎石颗粒表面的水泥砂浆。俄罗斯对再生骨料试验表明，经球磨机活化的再生骨料质量大大提高，再生粗骨料的压碎指标降低到 50% 以下，可用于生产钢筋混凝土构件。这种活化再生骨料的方法最有前途。

（2）酸液活化　这种活化方法是用酸液（如盐酸、冰醋酸）来处理再生骨料。材料试验证明，用盐酸等酸性溶液对再生骨料进行处理，利用酸液与再生骨料中水泥水化产物Ca（OH）$_2$的反应过程，可起到改善再生骨料颗粒表面的作用，此方法不仅能提高混凝土的强度，改善拌和物的和易性，而且能使再生骨料混凝土的初始弹性模量提高，同时可以使泊松比降低，徐变减小，从而改善再生骨料的性能。但这种方法目前费用较高，在工程中实际应用很少。

（3）水泥浆液处理　用水泥浆液处理也称为化学浆液处理，实际上就是指用事先调制好的高强度水泥浆对简单破碎再生骨料进行浸泡、干燥等强化处理，以改善简单破碎再生骨料的孔结构来提高简单破碎再生骨料的性能，同时还可以进一步掺加适量的其他物质，如粉煤灰、硅灰粉或防水剂、膨胀剂等。

经水泥浆液强化后的再生骨料（原混凝土的强度等级为C35），其表观密度由原来的2424kg/m³提高到2530kg/m³，压碎指标由原来的20.6％降低到17.6％。通过对再生骨料的水泥浆液处理，不仅可以改善水泥浆的性能，而且改善被简单破碎再生骨料的性能。

（4）水玻璃溶液处理　该法是用水玻璃液体溶液浸渍再生骨料，使水玻璃与再生骨料表面的水泥水化产物Ca(OH)$_2$发生反应生成硅酸钙胶体，进而填充再生骨料的孔隙，使再生骨料的密度增强，使用骨料的强度得到较大提高。

四、再生骨料的制备技术

（一）国外的制备技术

目前，国内外再生骨料的加工方法基本相同，即将不同的切割破碎纹备、传送机械、筛分设备和清除杂质设备等有机地组合在一起，一条龙共同完成破碎、筛分和除去杂质等工序，最后得到符合质量要求的再生骨料。不同的设计者和生产厂家可能在生产细节上略有不同。

日本的 Takcnaka 公司加工再生骨料的生产过程主要包括3个阶段。①预处理阶段：除去废弃混凝土中的其他杂质，用颚式破碎机将废弃混凝土破碎成粒径为40mm的颗粒。②碾磨阶段：破碎后的混凝土块在偏心转筒内旋转，使其相互碰撞、摩擦、碾磨，除去附着在骨料表面的水泥浆和砂浆。③筛分阶段：将碾磨处理好的骨料经过筛分，除去水泥和砂浆等细小颗粒，最后得到的即为质量较高的再生骨料。高性能再生骨料的生产过程如图 24-3 所示。

这项生产技术得到"日本建筑技术创新中心"（Buildng Center of Japan's Innovative）的认证。用这种生产技术生产的高性能再生骨料的质量，完全符合日本工业标准 JIS 和日本建筑标准规范 JASS（Japanese Archittcural Standard Specification）规定的原生骨料和碎石的标准，同时满足建设中心提出的所有技术认证标准。用高性能再生骨料（Cyclite）生产的混凝土与用原生骨料生产的混凝土性能基本相同。这项生产技术在日本已得到实际应用。

德国是再生骨料和再生骨料混凝土应用较早、较好的国家之一，其再生骨料的处理和分类过程如图 24-4 所示。

在用废弃混凝土生产再生骨料的过程中，由于破碎机械使废弃混凝土受到挤压、撞击、研磨等外力的影响，造成损伤积累使再生骨料内部存在大量微裂纹。使得混凝土碎块中骨料和水泥浆体形成的原始界面受到影响或破坏，混凝土块中骨料和水泥浆体的黏结力下降。破

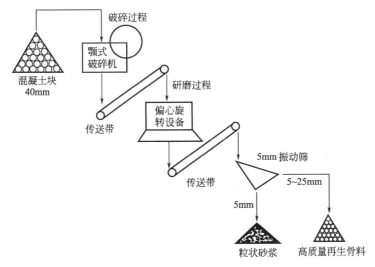

图 24-3　高性能再生骨料的生产过程

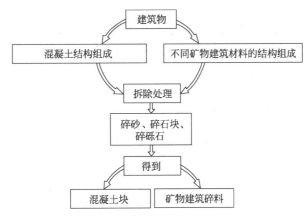

图 24-4　德国再生骨料的处理和分类过程

碎的力度越大，骨料周围包裹的水泥浆脱离得也就越多，产生的再生骨料的性能越好，越接近天然骨料的性质。例如，日本生产的高性能再生骨料"Cyclite"已经达到了天然骨料的品质。

（二）国内的制备技术

（1）目前，我国台湾地区采用包括油压式履带型碎石机和重物筛选机系统的废弃混凝土块破碎及处理机具，其生产工艺流程如图 24-5 所示。

（2）我国同济大学材料学博士史巍和侯景鹏等设计了一套带有风力分级设备的骨料再生工艺，见图 24-6。

该工艺构思新颖，使用了风力分级装置及吸尘设备将粒径为 0.155mm 的骨料筛分出来，为循环利用再生细骨料奠定了基础；但是基于现阶段我国的实际情况，再生细骨料尚未被深入、系统地研究，尚不具备直接应用于工程中的条件。

（3）李惠强教授提出了新的生产流程制备再生骨料。在这一生产流程中，块体破碎、骨料筛分等，均是碎石骨料生产的成熟工艺，因此在生产中关键是要控制好分选、洁净、冲洗等环节的工艺技术和质量。该工艺的突出特点是有一填充型加热装置，经加温、二级破坏、二级筛分后可获得高品质再生骨料。加温到 300℃ 左右后，包裹在天然岩石骨料外的水泥石

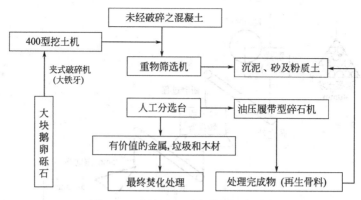

图 24-5 台湾地区再生骨料生产工艺

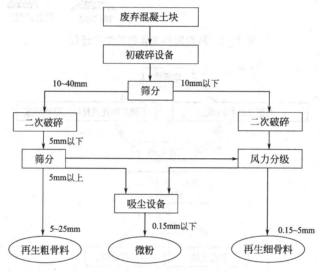

图 24-6 史巍和侯景鹏设计的再生骨料生产流程

黏结较差的部分，或在一级破碎中天然骨料外已带有损伤裂纹的水泥石，在二级转筒式或球磨的碾压中都会脱落，剩下的粗骨料的强度相当于提高了。但加温、二级碾磨、二级筛分会带来生产成本的提高。

至于混凝土块在解体、破碎的过程中，由于损伤积累而对混凝土内部骨料和水泥浆体原来界面的影响，以及用再生骨料配制的再生混凝土中新旧骨料之间、新旧水泥浆体之间的界面结合能力，新拌水泥浆体对再生骨料中骨料和水泥浆体的原始"创伤"的治愈程度，目前还没有十分准确的结论，有待于进行更深层次的研究。

第三节 再生骨料混凝土的性能

有关科研单位对再生骨料混凝土试验结果表明：再生骨料混凝土抗压强度随再生骨料替代率增加而降低，随水灰比增大而降低。再生骨料混凝土的抗拉强度受替代率的影响比较小。随着再生骨料替代率的增大，再生骨料混凝土的坍落度急剧下降、弹性模量降低、收缩显著增大、抗冻性基本不变、渗透性增大、碳化速率略有增加、抗硫酸盐侵蚀性略有降低。

一、再生骨料混凝土性能影响因素

材料试验证明，再生骨料混凝土的性能主要受再生骨料性质和相应配合比的影响。在一般情况下，主要包括以下方面：①如果循环再利用的原始混凝土抗压强度高于对比混凝土的抗压强度，再生骨料混凝土的抗压强度也会高于对比混凝土的抗压强度；②再生骨料的磨蚀损失和吸水率增大，这就导致黏结在原始骨料上的砂浆量增大，一般会降低再生骨料混凝土抗压强度；③再生骨料混凝土劈裂抗拉强度和抗折强度可高于或低于天然骨料混凝土，这主要取决于水灰比和干拌时间；④干拌和大粒径再生骨料对再生骨料混凝土强度的影响，取决于原始混凝土大粒径固有石子与大粒径再生骨料的比率、原始混凝土粗骨料与细骨料的比率、原始混凝土水泥含量和再生骨料混凝土水灰比；⑤原始混凝土质量限制了再生骨料混凝土可达到的质量。各种变量相互制约和各种因素的影响，使得再生骨料混凝土的性能必须通过在实际应用环境中试验后方能做出准确的判断。

二、再生骨料和再生骨料混凝土的性质

再生骨料混凝土的性能主要受再生骨料性质和相应的配合比的影响。在一般情况下，再生骨料混凝土的性能遵循如下规律：①如果循环再利用的原始混凝土抗压强度高于对比混凝土的抗压强度，则再生骨料混凝土的抗压强度必然高于对比混凝土的抗压强度；②再生骨料的磨蚀损失和吸水率增大，这就导致黏结在原始骨料上的砂浆量增大，一般会降低再生骨料混凝土的抗压强度；③再生骨料混凝土劈裂抗拉强度和抗折强度可高于或低于天然骨料混凝土，这主要取决于混凝土的水灰比和干拌时间；④干拌和大粒径再生骨料对再生骨料混凝土强度的影响，取决于原始混凝土大粒径固有石子与大粒径再生骨料的比率、原始混凝土粗细骨料的比率、原始混凝土中水泥含量和再生混凝土水灰比大小；⑤原始混凝土质量如何将限制再生骨料混凝土可达到的质量，各种变量相互制约和各种因素的影响，使得再生骨料混凝土的性能必须通过在实际应用环境中试验后才能做出科学准确的判断。

三、再生混凝土的基本性能

（一）再生骨料混凝土的界面特征

再生骨料与天然骨料的不同，就是再生骨料具有多孔性，因此再生骨料与水泥浆体之间的界面结合状态，将直接关系到再生混凝土的微观结构和耐久性能。例如，天然花岗岩碎骨料的吸水率为 $0.5\%\sim2.0\%$，而再生骨料的吸水率可达到 $5\%\sim20\%$。

再生骨料的多孔性和高吸水率，在混凝土拌和的早期会引起骨料-水泥浆体界面剧烈的水分迁移，并导致微观结构的复杂变化。某材料试验以两种不同类型的再生混凝土骨料和一种天然花岗岩骨料进行对比，研究了再生骨料的表面状态对骨料-水泥浆体界面微观结构和混凝土性能的影响。

在以上三种粗骨料中，天然花岗岩骨料（NA），其公称尺寸分别为 10mm 和 20mm。另外两种再生混凝土骨料取自公共填埋区，其中一种系普通混凝土（NC），强度等级约相当于 C30；另一种系高强混凝土（HSC），混凝土中含有硅灰，强度等级约相当于 C50。三种骨料的物理性能见表 24-10，所配制的混凝土其水灰比均为 0.50。

表 24-10　天然骨料和再生骨料的物理性质

骨料类型	10%压碎指标/kN	表观密度/(kg/m³)	吸水率/%		含水率/%	
			10mm	20mm	10mm	20mm
天然花岗岩	159.7	2620	1.25	1.24	0.52	0.56
再生普通混凝土	101.9	2409	8.82	7.89	3.64	3.25
再生高强混凝土	123.8	2390	6.77	6.53	5.36	2.89

采用国家标准《压汞法和气体吸附法测定固体材料孔径分布和孔隙度》（GB/T 21650.1—2008）中规定的方法，测得的三种骨料的孔隙率：天然花岗岩骨料为 1.6%，再生普通混凝土为 16.8%，再生高强混凝土为 7.86%。从两种再生骨料的孔分布情况来看，再生普通混凝土骨料的孔隙主要集中在 0.01～1μm；而再生高强混凝土骨料的孔隙大部分在 0.1μm 以下。很显然，高强混凝土中硅灰粉的存在是改善微孔结构、降低孔隙率的重要因素。

表 24-11 中列出了由以上三种不同骨料配制的混凝土的抗压强度。试验结果表明，在龄期为 7 天和 28 天时天然花岗岩骨料混凝土的强度高于再生骨料混凝土，但是强度差别在 28 天龄期时有所减小。另一方面，再生高强混凝土骨料的混凝土强度高于再生普通混凝土骨料混凝土。龄期达到 90 天时，再生高强混凝土骨料的混凝土强度与天然花岗岩骨料混凝土强度基本相同，但再生普通混凝土骨料混凝土的强度仍低于天然花岗岩骨料混凝土强度。

表 24-11　三种骨料配制混凝土的抗压强度

骨料类型	表观密度/(kg/m³)	抗压强度/MPa		
		7d	28d	90d
天然花岗岩	2382	32.8	41.5	54.7
再生普通混凝土	2233	26.2	32.6	46.5
再生高强混凝土	2266	29.9	38.7	55.0

通过以上试验结果可知，骨料的表面状对混凝土的强度有一定的影响。当骨料表面孔隙率高，骨料本身强度较低，用其配制的混凝土强度必然也较低。可以预见，再生高强混凝土骨料的混凝土强度发展较快，除了其本身的强度较高以外，骨料-水泥浆体界面的良好的结合状态是混凝土强度得到发展的重要保证。

利用扫描电子显微镜观察三种不同的骨料和水泥浆体之间界面的形貌特征，结果显示天然花岗岩骨料-水泥浆体之间界面的水化产物中可看到大量的孔洞，较大的孔隙尺寸一般约为 10～20μm。其中某些孔隙呈条状，长度达 50μm 左右，并且很容易看到发育良好的氢氧化钙晶体和钙矾石晶体。采用能量色散型 X 射线荧光光谱仪（EDX）进一步给予了验证，如图 24-7(a) 所示。

再生普通混凝土骨料的界面形态呈现出不同的特点。在界面区的水化产物为疏松多孔的颗粒，水化物颗粒的形状很不规则，其颗粒的尺寸为 10～50μm，颗粒之间虽然接触，但似乎没有牢固的连接。另外，还有少量的片状晶体夹杂在颗粒状的水化物中。经电子能谱法（EDX）分析表明，颗粒状水化物主要为 CSH 凝胶，如图 24-7(b) 所示。

由于再生普通混凝土骨料的孔隙多，在拌和过程中容易吸收大量的水分。当水泥水化一段时间之后，再生普通混凝土骨料又向外释放水分，这样可能导致界面区比较宽厚。因此，

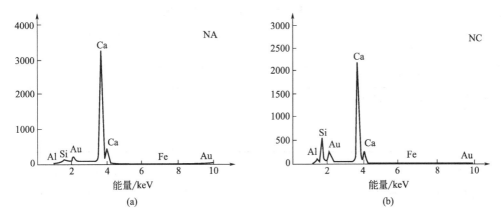

图 24-7 电子能谱法（EDX）对普通骨料和再生普通混凝土
骨料-水泥界面分析结果（纵标数值为吸收到的光子数）

水化产物有较大的生长发育空间，这是普通混凝土骨料-水泥浆体界面存在大量孔隙和发育良好的水化产物的主要原因。

高强混凝土再生骨料（HSC）与水泥浆体间的界面呈现出与天然骨料相似的微观结构特征。尽管在界面处存在一些孔洞，但界面处的水化产物比较密实。在界面上比较显著的特征是：在孔洞处很少看到片状、絮状或须状的水化产物，而这些水化产物在天然骨料-水泥界面上比较容易发现，且在 NC 骨料-水泥界面更容易找到。

HSC 骨料-水泥界面比较密实，且在孔隙中难以形成发育良好的水化产物的原因可能来自两个方面：其一，HSC 骨料具有适中的吸水能力，它所吸收的水分既能保证界面周围水泥的水化，又不至于形成较大的充水空间，所以水化产物这一区域是密实的；其二，由于 HSC 骨料中含有硅灰，所以该骨料中硬化水泥浆体的碱度比较低，高碱性的水化产物难以在这样的环境中生成。

从以上所述可知，再生骨料的表面状况对再生骨料混凝土的微观结构和性能有显著的影响。表面孔隙率高、强度较低的普通再生混凝土骨料，可以引起骨料-水泥界面微观结构的孔隙增加和疏松，而含有硅灰粉的高强混凝土再生骨料可获得密实的新界面，相应可使新混凝土获得较高的强度。因此，改善再生骨料的表面状态是改善再生骨料混凝土性能的一个重要途径。将再生骨料用浓度 1% 的 PVA 聚合物溶液浸泡后，再在 50℃ 以下的烘箱中烘干，并将其冷却至室温，可以改善再生骨料的表面状况。

材料试验证明，当混凝土的水灰比（W/C）较大时，再生骨料混凝土的抗压强度较低，新拌混凝土的坍落度只有 45mm；当再生骨料混凝土的水灰比较小，并加入适量的高效减水剂和粉煤灰时，再生骨料混凝土的抗压强度可大幅度提高，新拌混凝土的坍落度也只有 55mm；将再生骨料用浓度 1% 的 PVA 聚合物溶液处理后配制的再生骨料混凝土，新拌混凝土的流动性明显改善，同时 28 天的抗压强度也相应提高。以上三种再生骨料混凝土的工作性和抗压强度见表 24-12。

通过扫描电子显微镜（SEM）观察，再生骨料（原混凝土）表面比较粗糙、致密，并且凹凸不平，附着在表面的新拌水泥浆体经 7 天水化后，有大量针棒状钙矾石和纤维状的 CSH 凝胶生成，片状或板状的 CH 含量比较少，但仍可以看出新水化产物结构疏松；新浆体的水化产物与老混凝土的表面连接较差，甚至有明显的缝隙。经过 28 天养护后，水化产物

表 24-12　三种再生骨料混凝土的工作性和抗压强度

混凝土品种	新拌混凝土的坍落度 /mm	混凝土抗压强度/MPa	
		7d	28d
水灰比为 0.54 再生骨料混凝土	45	30.5	39.2
水灰比为 0.34 再生骨料混凝土	55	41.8	50.7
PVA 聚合物溶液处理后配制的再生骨料混凝土	82	40.6	53.5

结构比 7d 的致密得多，此时有大量的钙矾石、CSH 凝胶生成，这些水化产物能与老混凝土表面咬合在一起，但用扫描电子显微镜（SEM）观察仍能清楚地分辨出新老混凝土浆体的界面。

试验证明，当采用水灰比为 0.28 的含粉煤灰水泥浆体代替上述的纯水泥浆体时，其界面过渡区（ITZ）的结构和形貌则会产生显著变化。浆体在水化 7 天后有大量的钙矾石、CSH 凝胶生成，水化产物的晶体尺寸偏小，粉煤灰颗粒填充在这些水化产物中；新的硬化水泥浆体与老混凝土表面有一明显的细缝，其缝隙宽度小于 $1\mu m$。

经过 28 天水化后，水泥的水化产物的晶体尺寸仍然偏小，粉煤灰大多填充在水化产物中的孔隙中，少量颗粒较小的粉煤灰经二次水化已生成 CSH 凝胶，水泥的水化产物与粉煤灰颗粒堆积紧密，使得整个结构更加致密，水泥的水化产物与老混凝土表面连接紧密，使新老浆体在其界面处互相咬合，从而形成一个整体。

由此可见，在新拌水泥浆体中，降低混凝土的水灰比，适当掺入粉煤灰，水化产物结构会变得比较致密，新老硬化水泥浆体在界面处的缝隙宽度会大大减小，孔隙率也必然会大幅度降低，从而极大地增加了新老硬化水泥浆体彼此相互咬合的概率，力学性能也会得到极大的提高。

再生骨料的表面用 PVA 溶液处理后，可以有效地降低再生骨料表面的孔隙率，使新拌混凝土的流动性有所提高；附着在再生骨料表面上的 PVA 薄膜因具有水溶性，短时间不可能溶于体系中，但经过一定时间后，这层 PVA 薄膜就会溶解在体系中，随着混凝土体系中水分不断扩散和蒸发，在界面过渡区（ITZ）聚合物浓度有所增大，有效地增强了界面过渡区（ITZ）的结合力，从而可以提高再生骨料混凝土的强度。

（二）再生骨料混凝土的变形性能

与天然骨料水泥混凝土相比，再生骨料混凝土的干缩量和徐变一般增加 $40\%\sim80\%$。干缩率的增大数值主要取决于基体混凝土的性能、再生骨料的品质以及再生骨料混凝土的配合比。黏附在再生骨料颗粒上的水泥浆含量越高，再生骨料混凝土的干缩率越大。

研究结果表明，再生骨料与天然骨料共同使用时，再生骨料混凝土的干缩率增加；随着水灰比的增大，再生骨料混凝土的干缩率也增大。通常认为其主要原因是再生骨料中有大量旧水泥砂浆附着在其上，或者再生骨料的弹性模量较低。目前，有的还认为再生骨料中已经有源于基体混凝土的砂率，结果导致再生骨料混凝土中的砂率大大提高，最终使再生骨料混凝土的干缩率提高。

干缩和徐变量较大会影响再生骨料混凝土的推广和应用，因为这会使混凝土结构产生较多非受力裂缝，如果裂缝内外贯通，环境中的水及其他有害物质很容易通过这些裂缝渗入混凝土的内部。同时由于干缩和徐变量大，在预应力结构中产生的预应力损失也较大。当采用较低水灰比或较高强度的再生骨料时，可以使混凝土的徐变量降低。

（三）再生骨料混凝土的耐久性能

与天然骨料相比，再生混凝土骨料-浆体结构更为复杂，界面数量更多，因而再生骨料混凝土较天然骨料混凝土而言，具有更为突出的干缩率、抗冻融性、抗渗透性、抗碳化能力、抗盐酸侵蚀性和耐磨性等。

1. 再生骨料混凝土的抗碳化能力

空气中的 CO_2 通过混凝土中的毛细孔隙，由表及里地向内部扩散，导致混凝土孔溶液的 pH 值降低，在有水分存在的条件下与水泥石中的 $Ca(OH)_2$ 反应生成 $CaCO_3$，从而使混凝土中 $Ca(OH)_2$ 浓度下降，并且使其成分、组织和性能发生变化，称之为混凝土的碳化（或中性化）。碳化与混凝土结构的耐久性密切相关，是衡量钢筋混凝土结构构件耐久性的重要指标。

有关专家对再生骨料混凝土的碳化性能进行了试验研究。再生骨料混凝土试件中再生骨料的取代率分别为 0、20％、50％和 100％，配制与普通混凝土抗压强度相同的再生骨料混凝土。试验结果表明，取代率分别为 20％和 50％的再生骨料混凝土碳化深度相对减小，这是由于配制与普通混凝土抗压强度相同再生骨料混凝土所用的水泥用量增加，从而提高了更高的碱性环境阻止了碳化的发展。

如果将再生骨料混凝土试件和普通混凝土试件均置于 CO_2 浓度为 10％、温度为 40℃、相对湿度为 70％的环境中，28 天的试验结果表明，再生骨料混凝土碳化深度随着水灰比的增加而增大；在相同水灰比的情况下，再生骨料混凝土的碳化深度略大于普通混凝土。

如果将取代率 100％的再生骨料混凝土试件，在 CO_2 浓度为 5％的试验箱内促进中性化 26 周，其试验结果表明，这种再生骨料混凝土与普通混凝土相比，抵抗碳化的能力比较差，其中性化以 3 倍速度增长。

综合以上研究结果，采用相同水灰比配制的再生骨料混凝土，其抗碳化能力略低于普通混凝土；相同抗压强度的再生骨料混凝土，再生骨料取代率小于 100％情况下则好于普通混凝土。

2. 再生骨料混凝土的抗冻融性

混凝土的抗冻性是指混凝土在水饱和的状态下，能够经受多次冻融作用而不破坏，同时其强度也不严重下降的性能。混凝土的抗冻性是通过测定混凝土的强度损失率或质量损失率、抗冻融指数（相对动弹性模量变化）等抗冻指标来反映，这种性能对地处寒冷地区的混凝土建筑尤其重要。

有关专家对再生骨料混凝土的抗冻融性进行了试验，试验中采用的再生骨料是试验前水灰比为 0.45 的条件下配制的，并在室外环境中放置一年的时间。再生骨料分为不掺加引气剂和掺加引气剂两种，试验在再生骨料混凝土养护 28 天后进行。

试验结果表明，用不掺加引气剂再生骨料配制的再生骨料混凝土抗冻融性较差，而用添加引气剂再生骨料配制的再生骨料混凝土抗冻融性较好。有关试验也表明，再生骨料混凝土的动弹性模量和质量损失率，均比普通混凝土降低很多，因此其抗冻融性不如普通混凝土，其主要原因是由于再生骨料混凝土的吸水率较高。

郑州大学张雷顺教授等进行了类似试验，试验过程中试件处于全浸水状态，温度控制在 (-17 ± 2) ～ (8 ± 2)℃之间，并采用普通法、预湿法和增加浆液法等三套配合比设计方案，通过试验前后质量、动弹性模量和抗压强度的对比研究，并与天然骨料混凝土进行比较，试验结果表明，加入引气剂后的再生混凝土完全能达到天然骨料混凝土的抗冻性能，其中增加浆液法配制的再生混凝土的抗冻融性能最好，降低混凝土的水灰比可以提高抗冻性能。

3. 再生骨料混凝土抗渗性及氯离子渗透性

混凝土的抗渗性是指其抵抗压力水渗透的能力，抗渗性是混凝土非常重要的性能，除了关系到混凝土的挡水和防水作用外，还直接影响到混凝土的抗冻性及抗侵蚀性等。氯化物对于钢筋混凝土结构来说，是一种最危险的侵蚀介质，如果钢筋表面的孔溶液中的氯离子浓度超过某一数值时，钢筋表面的钝化膜将遭到破坏，而使钢筋加快其锈蚀。

有关专家对再生骨料混凝土的渗透性和氯离子渗透性进行了试验研究，试件混凝土再生骨料的取代率分别为50％和100％，水灰比为0.50，经3天、7天、28天和56天养护后分别进行渗透性测试。试验结果表明，混凝土的抗渗性能随着再生骨料取代率的增大而降低，随着养护龄期的增长而改善。在56天龄期时，取代率为100％的再生混凝土与普通混凝土相比，氯离子渗透指标和吸水率分别增加86.5％、28.8％，而氧渗透指标下降10.0％；取代率为50％的再生混凝土与普通混凝土相比，56天龄期氯离子渗透指标和吸水率比3天龄期时分别下降62.7％、42.7％，而氧渗透指标增加37.6％。由此可以看出，再生骨料混凝土的抗氯离子性能比普通混凝土差，其主要原因还是这种混凝土骨料孔隙率较高。

4. 再生骨料混凝土的抗磨性

受磨损、磨耗作用的表层混凝土，要求混凝土必须具有较高的耐磨性。混凝土的耐磨性不仅与其强度和硬度有关，而且与混凝土原材料的特性及配合比有关。

有关专家对相同水灰比而再生骨料取代率不同的混凝土的耐磨性进行试验研究。试验结果发现，当再生骨料取代率低于50％时，再生骨料混凝土的磨损深度与普通混凝土差别较小；当再生骨料取代率超过50％时，再生骨料混凝土的磨损深度随着再生骨料取代率的增加而增加。当再生骨料取代率等于100％时，再生骨料混凝土的磨损深度较普通混凝土增加34％。

再生骨料混凝土的抗磨性比较差，从不同强度的基体混凝土中得到的再生骨料其抗磨性也不相同。试验从强度分别为15MPa、16MPa、21MPa、30MPa、38MPa和40MPa的基体混凝土中得到的再生骨料进行了LA磨损性试验，它们的磨损率分别为28.7％、27.3％、28.0％、25.6％、22.9％和20.1％。由此可见，随着基体混凝土强度的增加，再生骨料的抗磨性提高。

有关专家试验证明，随着再生骨料尺寸的减小，其抗磨性明显降低。其原因是再生骨料尺寸越小，含有硬化砂浆颗粒的概率则越大，而硬化砂浆的抗磨性较差。但在再生骨料混凝土中掺加适量的超细粉煤灰，其抗磨性会明显提高。

由于再生骨料混凝土的抗磨损性较差，从而导致了再生混凝土门抗磨性较差。如何提高再生骨料混凝土的抗磨性能，是能否将其应用于抗磨要求较高工程中的关键技术之一，还需要进一步展开研究。

5. 再生骨料混凝土的抗硫酸盐侵蚀性

硫酸盐的侵蚀是混凝土中最常见的化学侵蚀形式，其侵蚀是一个比较复杂的过程，其中包含许多次生过程。硫酸盐侵蚀的危害性很大，主要包括混凝土的整体开裂和膨胀，以及水泥浆体的软化和分解。

材料试验已充分证明硅酸盐水泥中铝酸三钙（C_3A）含量与水泥受硫酸盐侵蚀程度之间

的关系。水泥中的铝酸三钙（C_3A）含量高，将遭受硫酸盐侵蚀，其主要原因是铝酸盐形成钙矾石。此反应伴有固体体积增加 55％，从而引起浆体内部体积膨胀，同时产生内应力，最后导致开裂。

硫酸盐的腐蚀，开始是硫酸根离子和氢氧化钙反应，此反应称为石膏腐蚀，其伴随固体体积增加约 120％。对于较高的硫酸盐浓度，在 10 年甚至更长的时段，石膏腐蚀与钙矾石结晶腐蚀相比，仍处于次要的地位。然后，长期暴露在硫酸盐环境中，即使硅酸盐水泥中铝酸盐浓度较低，石膏腐蚀将成为破坏的主要原因。

在硫酸盐浓度低时，石膏腐蚀的重要作用是助长硫酸根离子渗入混凝土，并集成能与硫酸盐直接反应的一种形式。硫酸盐侵蚀并不总是伴随大的体积膨胀。材料试验表明，大多数情况下，水泥浆体出现明显的软化和分离现象，包括 CSH 凝胶的脱钙。

关于再生骨料混凝土抗硫酸盐侵蚀性的研究，早期由 Nishibayashi 和 Yamura 在这方面进行了一些初步探索。试验采用 100mm×100mm×400mm 的棱柱体试块，硫酸盐溶液为含量 20％的 Na_2SO_2 和 $MgSO_4$，共进行了 60 次循环。试验结果表明，再生骨料混凝土的抗硫酸盐侵蚀性，要比相同配合比的普通混凝土差一些。

近年来，Mondal 等又进行了这方面的研究，试验采用 100mm×100mm×500mm 的棱柱体试块。溶液包括两种：一种为含量 7.5％的 Na_2SO_2 和 $MgSO_4$ 溶液；另一种为 pH＝2 的 H_2SO_4 溶液。试验结果表明，再生骨料混凝土的抗硫酸盐侵蚀性略低于相同水灰比的普通混凝土。

Dhir 等研究了再生骨料取代率分别为 0、20％、30％、50％和 100％的再生骨料混凝土的抗硫酸盐侵蚀性。试验结果发现，当再生骨料取代率小于 30％时，再生骨料混凝土的抗硫酸盐侵蚀性，与普通混凝土基本相同。随着再生骨料取代率的增加，再生骨料混凝土的抗硫酸盐侵蚀性降低，但降低的幅度不太大。

近期再生骨料混凝土抗硫酸盐侵蚀研究表明，在混凝土中掺加适量的粉煤灰后，能减少再生骨料混凝土的硫酸盐渗透，可以使其抗硫酸盐侵蚀性有较大改善。

6. 再生骨料混凝土的抗裂性

再生混凝土由于水泥砂浆含量多，所以其干缩值和徐变值较大，这是影响其应用的最不利因素。因为干燥收缩和蠕变大，加之再生混凝土孔隙率较大，其耐久性也较差。

但一些试验表明，与普通混凝土相比，再生骨料混凝土的极限延伸率提高 20％以上。由于再生骨料混凝土的弹性模量低，拉压比较高，因此比普通混凝土的抗裂性要好，延性也比较好，可用于抗震结构。

（四）再生混凝土粉末用于建筑砂浆

将废旧混凝土进行破碎、筛分后，可以作为再生骨料应用于混凝土中，在其加工过程中会产生大量细小的颗粒，这些细小的颗粒不适合作为再生混凝土的粗骨料使用，但可以取代部分天然砂用于配制强度相对较低的建筑砂浆，从而起到节约天然砂资源、降低工程造价的作用。

在建筑工程中使用最为广泛的砂浆等级一般为 M5.0、M7.5 和 M10。以再生细骨料替代 10％～30％的天然砂，并保持流动基本一致而制备建筑砂浆的配合比及性能见表 24-13。所用再生细骨料的粒径范围为 0～2.5mm，其中粒径在 0.125mm 以下的占 87.4％，表观密度为 2.479g/cm³，堆积密度为 1.340g/cm³，含水率为 4.0％。

表 24-13　流动性基本一致情况下砂浆的配合比及性能

强度等级	取代率/%	水泥用量/kg	粉煤灰/kg	再生细骨料/kg	砂子/kg	拌和水/kg	沉入度/mm	分层度/mm	抗压强度/MPa		
									7 天	28 天	56 天
M5.0	0	1.155	0.690	0	10.50	2.00	48.5	17.5	2.2	4.8	6.0
	5	1.155	0.690	1.12	9.45	2.05	46.5	19.5	2.0	4.8	6.0
	10	1.155	0.690	2.23	8.40	2.10	45.0	21.5	2.1	4.3	6.1
	15	1.155	0.690	3.36	7.35	2.15	41.5	19.0	2.3	3.9	4.2
M7.5	0	1.512	0.609	0	10.65	2.05	47.0	21.5	2.9	8.0	9.5
	5	1.512	0.609	1.12	9.59	2.05	49.5	24.5	4.2	7.6	7.8
	10	1.512	0.609	2.23	8.52	2.10	50.0	13.0	2.9	6.4	6.8
	15	1.512	0.609	3.36	7.46	2.35	41.5	15.0	2.9	7.2	7.3
M10	0	1.960	0.525	0	10.68	2.10	50.0	26.5	5.2	10.9	12.2
	5	1.960	0.525	1.12	9.60	2.05	51.0	25.0	6.4	12.6	11.8
	10	1.960	0.525	2.23	8.54	2.25	46.0	24.0	4.3	9.0	11.7
	15	1.960	0.525	3.36	7.47	2.30	48.0	20.5	3.7	10.9	11.1

在强度方面，随着再生细骨料取代率的增加，三个强度等级的砂浆抗压强度，无论是早期还是后期均呈现不同程度的下降趋势，强度等级为 M7.5 和 M10 的砂浆下降得更快。这是由于为保持流动性的基本一致而需要增加用水量，致使硬化砂浆孔隙率增加而造成的。

表 24-13 为保持与天然砂为细骨料的普通砂浆相同配合比的情况下，再生细骨料以不同的取代率替代天然砂子后的砂浆性能。

砂浆施工性能主要表现在其流动性和保水性两个方面。从表 24-13 中可以看出，在只改变再生细骨料对砂子取代率，而对其他组分不改变的情况下，随着取代率的增加，三个强度等级的砂浆流动性均出现大幅度的下降。这一方面是由于再生细骨料与天然砂相比孔隙率大，从而造成吸水性强所致；另一方面是由于所用再生细骨料偏细，其比表面积偏大，需水量增大所致，这样都减少了砂浆中的有效水，使得砂浆的流动性下降。

对于砂浆的保水性，除对于 M10 砂浆有较大改变外，其他两个强度等级的砂浆变化不大，均保持在 10～20mm 的适宜状态。

砂浆强度随着再生细骨料取代率的增加，有不同程度的改变，当取代率为 15% 时强度增长幅度最大，特别是后期强度提高的幅度比早期大，但综合考虑其流动性，以 10% 取代率为宜。从表 24-13 中还可以看出，无论是哪个强度等级的砂浆，在不同再生细骨料的取代率下，其 28 天的强度值均能达到各自的强度等级要求。由此可见，以废旧混凝土粉为再生细骨料取代天然砂用于配制建筑砂浆是可行的。

（五）再生混凝土用于商品混凝土

商品混凝土搅拌站的混凝土废料硬化后，经破碎机破碎可制得再生骨料。表 24-14 为某商品混凝土搅拌站生产的再生骨料试验结果。

表 24-14 中的数据表明，再生骨料部分指标不符合标准要求，它们不能直接用于再生混凝土的生产，只有用符合标准级配的碎石与再生骨料按照一定比例掺合，在改善再生骨料的级配后才能用于再生骨料混凝土的生产，所用符合标准级配的碎石规格一般为 5～40mm。

制备商品混凝土用的粗骨料，是由再生骨料以不同的比例与碎石互掺而取得，以不同的比例掺合后，测得的粗骨料颗粒分布情况分别见表 24-15～表 24-18。

表 24-14　某商品混凝土搅拌站生产的再生骨料试验结果

标准筛孔尺寸 /mm	标准颗粒级配 区/%	实测累计筛余（按质量计）/%									
		1	2	3	4	5	6	7	8	9	10
5.00	95～100	90.4	91.6	93.5	95.2	94.3	91.5	96.3	95.4	93.2	95.6
10.0	75～90	81.7	83.6	80.4	88.7	87.5	79.3	81.2	80.4	87.4	85.4
20.0	30～65	53.7	52.6	56.8	53.4	49.4	55.4	59.7	63.5	54.2	59.3
40.0	0～5	5.7	5.4	6.0	6.2	5.1	5.8	6.4	7.2	5.3	5.4
50.0	0	0	0.2	0	0	0.7	0	0	0	0	0
针片状颗粒含量/%		9.6	10.2	9.7	9.8	9.9	9.8	10.5	9.7	10.6	11.0
压碎指标/%		20.4	21.5	22.2	22.6	21.6	22.0	23.4	23.0	22.6	22.1
含泥量/%		1.4	1.3	1.3	1.4	1.2	1.3	1.2	1.3	1.2	1.3
泥块含量/%		0.7	0.7	0.6	0.7	0.6	0.7	0.7	0.7	0.7	0.7

表 24-15　再生骨料与标准级配碎石以 2:8 比例互掺（质量比）

标准筛孔尺寸 /mm	标准颗粒级配 区/%	累计筛余（按质量计）/%									
		1	2	3	4	5	6	7	8	9	10
5.00	95～100	96.5	98.4	97.2	96.9	97.0	96.7	96.5	97.4	98.2	97.5
10.0	75～90	87.4	84.3	88.6	88.4	86.4	87.9	86.4	87.8	87.6	88.6
20.0	30～65	62.1	59.3	61.5	63.6	64.2	60.4	62.4	61.4	64.1	62.5
40.0	0～5	4.2	4.1	3.9	4.6	4.4	4.1	4.5	4.2	4.3	4.2
50.0	0	0	0	0	0	0	0	0	0	0	0

表 24-16　再生骨料与标准级配碎石以 3:7 比例互掺（质量比）

标准筛孔尺寸 /mm	标准颗粒级配 区/%	累计筛余（按质量计）/%									
		1	2	3	4	5	6	7	8	9	10
5.00	95～100	97.4	96.1	97.8	95.8	96.8	97.2	95.6	96.7	96.2	96.6
10.0	75～90	86.2	87.4	89.4	86.4	88.4	86.7	87.7	89.4	87.3	89.3
20.0	30～65	59.3	60.2	64.2	59.4	60.8	61.4	59.8	61.5	62.6	63.4
40.0	0～5	4.4	4.9	4.8	4.2	3.8	4.7	3.9	4.9	4.6	4.5
50.0	0	0	0	0	0	0	0	0	0	0	0

表 24-17　再生骨料与标准级配碎石以 4:6 比例互掺（质量比）

标准筛孔尺寸 /mm	标准颗粒级配 区/%	累计筛余（按质量计）/%									
		1	2	3	4	5	6	7	8	9	10
5.00	95～100	95.2	96.2	95.0	96.2	96.2	96.2	95.4	94.2	96.0	94.4
10.0	75～90	86.4	85.6	90.4	88.4	87.5	85.2	80.4	86.2	89.2	87.4
20.0	30～65	58.3	60.4	58.6	62.4	63.4	61.8	59.2	63.3	59.6	59.4
40.0	0～5	4.9	5.2	5.4	5.0	5.4	5.2	5.2	5.4	5.3	5.2
50.0	0	0	0	0	0.3	0	0	0.2	0	0	0

表 24-18　再生骨料与标准级配碎石以 5∶5 比例互掺（质量比）

标准筛孔尺寸 /mm	标准颗粒级配区/%	累计筛余(按质量计)/%									
		1	2	3	4	5	6	7	8	9	10
5.00	95～100	92.1	93.4	94.2	95.4	94.2	94.8	94.6	95.2	94.6	93.8
10.0	75～90	84.7	88.5	90.3	85.4	86.7	85.2	88.3	89.4	87.6	90.8
20.0	30～65	56.2	58.4	60.2	57.4	62.2	56.0	57.8	61.4	66.8	63.2
40.0	0～5	5.4	4.8	5.8	6.1	4.9	5.2	5.4	5.5	5.9	5.8
50.0	0	0	0.2	0	0	0.3	0	0	0	0	0.2

根据以上不同比例的骨料相互掺合后颗粒级配分布可以看出，以 5∶5 及 4∶6 相互掺合后粗骨料颗粒级配分布呈两极分布现象依然存在，不符合配制混凝土的要求；而以 2∶8 及 3∶7 相互掺合后粗骨料颗粒级配分布完全符合要求，可以用于配制再生骨料混凝土。

以上 4 种再生骨料与标准碎石相互掺合后的粗骨料的压碎指标、含泥量和泥块含量等技术指标见表 24-19。

表 24-19　再生骨料与标准碎石相互掺合后的技术指标

掺合比例	压碎指标/%		含泥量 /%	泥块含量 /%
	1	2		
2∶8	8.9	9.2	0.5	0.3
3∶7	9.8	10.4	0.5	0.4
4∶6	19.2	18.7	0.8	0.7
5∶5	23.3	22.8	1.2	0.7

根据表 24-19 中的数据，按 2∶8 和 3∶7 比例掺合的粗骨料压碎指标、颗粒级配、含泥量和泥块含量均符合标准要求；而按 4∶6 和 5∶5 比例掺合的粗骨料压碎指标偏大，尤其是以 5∶5 比例掺合的粗骨料不宜配制再生骨料混凝土。

表 24-20 所列数值为以 0.53 水灰比、32.5 普通硅酸盐水泥、中砂和不同比例互掺骨料配制的 C25 商品混凝土抗压强度。从表中的数据显示可知，按 2∶8 和 3∶7 比例掺合的粗骨料，不仅压碎指标、颗粒级配、含泥量和泥块含量符合标准，其所配制的再生骨料混凝土抗压强度也符合要求；而 4∶6 比例掺合的粗骨料，因再生骨料掺量相对较多，压碎指标偏大，测试的抗压强度不符合设计强度等级的要求。

表 24-20　再生混凝土和普通混凝土立方体抗压强度

试验编号 掺合比例	用掺合后粗骨料配制的混凝土立方体抗压强度/MPa									
	1	2	3	4	5	6	7	8	9	10
2∶8	28.7	29.4	31.7	32.4	28.8	30.6	30.5	29.6	30.9	31.2
3∶7	27.4	28.5	26.2	25.8	27.4	30.4	27.2	26.6	27.8	28.0
4∶6	26.2	24.4	24.7	23.6	25.2	23.6	24.8	22.4	21.4	24.8
标准级配碎石	32.4	33.7	35.2	—	—	—	—	—	—	—

（六）改善再生混凝土耐久性措施

目前，国内外已有很多学者投入到再生混凝土的研究工作中来，随着研究的深入，再生混凝土越来越多的工作性能被我们所掌握，一旦再生混凝土被大规模建设投入使用以后，再生混凝土就和普通混凝土一样存在着耐久性问题，因此，再生混凝土耐久性问题已经受到越来越多的关注。改善再生混凝土耐久性措施很多，在实际工程中常用的有以下几方面。

（1）减小水灰比　材料试验研究表明，通过降低再生混凝土的水灰比可以提高再生混凝土的抗渗性能。通过多次试验发现，当再生混凝土的水灰比降低至低于普通混凝土的0.05～0.10时两者的吸水率相差不大。同时试验也证实：减小再生骨料混凝土的水灰比，可以提高其抗碳化能力。Otsuki 等的试验结果也充分证明了这一点，再生骨料混凝土的碳化深度随水灰比的变化情况见表 24-21。

表 24-21　再生骨料混凝土的碳化深度随水灰比的变化情况

水灰比	0.25	0.40	0.55
碳化深度/mm	0.40	4.8	23.0

Salem 的试验则发现减小再生骨料混凝土的水灰比还可以改善其抗冻融性。Dhir 等的试验表明，减小再生骨料混凝土的水灰比也可以提高再生混凝土的耐磨性。

（2）掺加粉煤灰　材料试验研究表明，掺加适量的粉煤灰可以改善再生骨料混凝土的抗渗性和抗硫酸盐侵蚀性。在 Mondal 的试验中，粉煤灰的掺入量为 10％时，其试验结果表明，与未掺加粉煤灰的再生骨料混凝土相比，掺加粉煤灰的再生骨料混凝土的渗透深度、吸水率和质量损失，分别降低了 11％、30％和 40％。

Ryu 的研究表明，掺加粉煤灰还可以提高再生骨料混凝土的抗氯离子渗透性，当掺加30％的粉煤灰后，再生骨料混凝土的氯离子渗透深度可降低 21％。

（3）减小再生骨料最大粒径　材料试验研究发现，再生骨料混凝土的骨料粒径对其耐久性有较大影响，适宜的再生骨料最大粒径为 16～20mm。通过减小再生骨料的最大粒径可以提高再生骨料混凝土的抗冻融性。

（4）采用半饱和面干状态的再生骨料　Oliveira 等研究了再生骨料的含水状态对再生骨料混凝土性能的影响。试验采用的再生骨料的含水状态分别为完全干燥、饱和面干和半饱和面干（饱和度分别为 89.5％和 88.1％）。试验结果表明，采用半饱和面干状态的再生骨料后，再生骨料混凝土的抗冻融性显著提高。

（5）采用二次搅拌工艺　Ryu 的研究表明，采用二次搅拌工艺可以提高再生骨料混凝土的抗氯离子渗透性。根据其试验结果，采用二次搅拌工艺的再生骨料混凝土氯离子渗透深度可减小 26％。

再生骨料混凝土耐久性是影响工程使用寿命的主要问题，应针对影响再生骨料混凝土耐久性的主要因素——抗渗性、冻融破坏、碳化、侵蚀性介质、碱集料反应等，结合工程具体情况采取具体措施；同时应采用新技术、新成果，改进和提高再生骨料混凝土的耐久性，延长再生骨料混凝土结构的使用寿命。

第四节　再生混凝土配合比设计

由于再生骨料各方面性能不同于天然骨料，为了合理有效地推广再生骨料混凝土，必须根据再生骨料和再生骨料混凝土的特点，对再生骨料混凝土的配合比设计进行专门的研究。

工程实践也证明，再生骨料混凝土配合比设计，不能简单地套用普通混凝土配合比设计方法，国内外很多学者对再生混凝土的配合比设计进行了研究。与天然混凝土相比，再生混凝土的配置主要考虑两个方面：一方面再生骨料强度对新拌再生混凝土各方面性能（主要是力学性能）的影响；另一方面再生骨料大孔隙率引起的高吸水率对再生混凝土配合比中水的用量及新拌混凝土各方面性能的影响。

对于第一个方面，有关再生骨料混凝土试验发现，再生骨料强度对再生混凝土强度有一定影响，但并不十分明显；Hansen 和 Narud 研究了高、中、低三个强度系列中再生混凝土与普通混凝土强度的关系，得出如下结论：随着用来加工再生骨料的原生混凝土强度的降低，再生混凝土的强度呈下降趋势，并且影响的程度也相应减小。Nobuakiotsuki 等发现在水灰比为 0.55 时，再生混凝土的强度几乎不受再生骨料强度的影响并且与普通混凝土强度相差不大，但当水灰比为 0.25 时，再生混凝土强度随再生骨料强度的降低而降低。再生骨料的颗粒级配对再生混凝土强度也有影响，再生骨料宜采用粗粒级（>10mm），而采用3～10mm 的再生骨料，混凝土强度明显降低，而采用小于 3mm 的再生骨料，则会使混凝土强度急剧降低。

对于第二个方面，不少学者从再生骨料的含水状态入手。C. S. Poon 等研究了自然干、风干、饱和面干三种不同含水状态的再生粗骨料按同一自由水灰比配制的再生混凝土，结论是：也有不少学者认为将再生混凝土拌和用水量分为两部分，一部分是再生骨料达到面干饱和状态所要吸附的水分，不起润滑和提高流动性作用，称吸附水；另一部分为自由水，分布在水泥砂浆中，能提高拌和物流动性并在混凝土凝结硬化时参与水化反应。史巍等的基于自由水灰比之上的再生混凝土配合比设计方法以及张亚梅等的再生骨料预吸水法，都是在这种思想的基础上提出的，还有学者通过适当选取因素和水平进行正交试验，进行最优配合比设计的探索。

一、再生骨料混凝土单位用水量的确定

再生骨料由于表面比较粗糙，加上在破碎的过程中产生大量的棱角，机械损伤在内部形成许多微裂纹，它的比表面积比天然骨料大得多，因此其吸水量也比天然骨料多。在进行配制时，如果加入的用水量过少，配制出的再生骨料混凝土工作性达不到施工要求，无法确保混凝土的施工质量；如果加入的用水量过多，则使再生骨料混凝土的强度降低，不利于混凝土结构承重。因此，在保证再生骨料混凝土施工性能的同时，又不至于使混凝土强度降低过多，加入的用水量应有一个适宜的数值。

大量试验研究表明，再生骨料混凝土单位用水量，应在天然骨料混凝土的基础上适当增办。用水量的增加数量主要取决于再生骨料和天然骨料吸水率的差异。表 24-22 为几种再生骨料和天然骨料吸水量随时间的变化关系，再生粗骨料吸水率随时间的变化关系如图 24-8 所示。

如果按普通混凝土配合比设计方法设计再生骨料混凝土的配合比，即不增加单位用水量，会导致混凝土坍落度大幅度降低，难以满足施工工作性的要求。因此，在混凝土的工作性和强度必须同时满足设计要求的情况下，再生混凝土的配制不能简单地套用普通混凝土配合比设计的方法，必须结合再生混凝土吸水率较大的特性及工程设计要求进行适当调整。

根据吸水率试验可知，再生骨料混凝土的用水量由两部分组成：一部分是按照普通混凝土配合比设计方法计算的单位用水量 W，另一部分为考虑再生骨料吸水率大而需要额外增加的用水量 ΔW，因此再生混凝土单位体积的用水量 $W_R = W + \Delta W$，其中 W 可查《普通混凝土配合比设计规程》（JGJ 55—2011）得到，ΔW 可通过研究再生骨料吸水量与普通骨料吸水量之间的关系确定。

表 24-22　再生骨料和天然骨料吸水量随时间的变化关系

烘干骨料重/g		吸水后骨料重/g										
		0	5min	10min	15min	20min	30min	1h	2h	6h	16h	24h
再生骨料	1933	2016	2042	2044	2044	2045	2048	2048	2049	2052	2053	2055
	3891	4069	4093	4114	4115	4115	4115	4115	4117	4117	4124	4128
	5814	6062	6112	6125	6130	6131	6132	6133	6133	6134	6143	6158
	7749	8112	8158	8163	8167	8171	8171	8171	8172	8173	8176	8177
	9676	10120	10187	10201	10203	10205	10210	10212	10214	10216	10221	10227
卵石	5970	5989	6020	6022	6024	6024	6025	6026	6027	6027	6030	6032
碎石	5991	6026	6047	6049	6050	6051	6053	6055	6056	6056	6058	6060

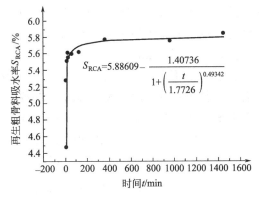

图 24-8　再生粗骨料吸水率随时间的变化关系

（S_{RCA} 为再生骨料的吸水率）

通过以上分析可知，再生骨料混凝土单位体积用水量，应在普通混凝土用水量的基础上增加适当的用水量，这样才能得到与普通混凝土基本相同的工作性能。

二、再生骨料混凝土的水灰比确定

再生骨料混凝土的配制强度不仅与水灰比有关，而且还特别依赖于再生骨料或再生与天然混掺骨料的压碎指标。图 24-9 为以不同骨料配制的混凝土 7 天和 28 天抗压强度与灰水比之间的关系曲线，图 24-10 为不同骨料配制的混凝土 7 天和 28 天抗压强度与净灰水比之间

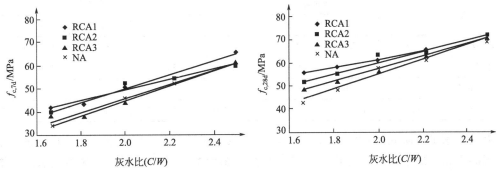

图 24-9　混凝土 7 天和 28 天抗压强度与灰水比之间的关系

NA—天然骨料；RCA—再生骨料

的关系曲线。

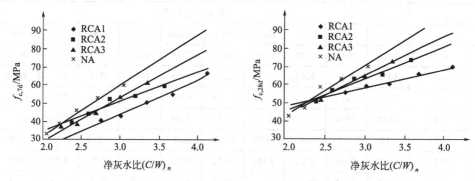

图 24-10 混凝土 7 天和 28 天抗压强度与净灰水比之间的关系

由图 24-9、图 24-10 可见，对各种粗骨料混凝土而言，抗压强度与灰水比和净灰水比两者之间均呈现出很好的线性相关性，其相关系数 r 均在 0.97 以上（见表 24-23），即混凝土强度与灰水比或净灰水比之间，均满足 Bolomey 线性关系式 $f_c = A(C/W) + B$，只是其中的常数 A 和 B 各不相同。由表 24-23 可见，4 种粗骨料混凝土强度公式中的常数 A 和 B 呈现出较好的规律性，即随着粗骨料压碎指标的增大，其斜率 A 逐渐减小，截距 B 逐渐增大。由此可建立常数 A、B 与粗骨料压碎指标之间的关系，并可得到混凝土 28 天抗压强度与混凝土灰水比（C/W）、粗骨料压碎指标 Q_a 之间的线性关系式分别为：

$$f_{c,28d} = (41.81 - 1.425Q_a)(C/W) + (3.476Q_a - 32.298) \tag{24-1}$$

$$f_{c,28d} = (36.67 - 1.547Q_a)(C/W) + (3.565Q_a - 33.791) \tag{24-2}$$

图 24-10 中表明，粗骨料压碎指标越大，混凝土强度公式中的斜率越小，即混凝土抗压强度随着净灰水比变化而变化的幅度越小。因此，从经济角度考虑，在配制混凝土时，应根据混凝土强度等级要求合理选用粗骨料，即在配制普通强度等级的混凝土时，选用压碎指标较大的再生骨料完全能够满足配制要求；在配制高强度等级混凝土时，则应选用强度较高、压碎指标较小的天然骨料；如果原混凝土强度等级较高，如 C60、C70、C100 等，则破碎而成的再生骨料性能与天然骨料性能相近，也可用于配制高强度混凝土。由此可见，原混凝土强度等级越高，其再生利用价值也越高。

表 24-23 混凝土抗压强度与灰水比、净灰水比之间的回归关系

骨料种类	灰水比				净灰水比			
	A	B	R^2	r	A'	B'	R^2	r
天然骨料	31.474	−7.9513	0.9644	0.982	26.100	−8.8849	0.9666	0.983
再生骨料 3	27.576	2.7057	0.9859	0.993	20.657	2.2357	0.9841	0.992
再生骨料 2	24.522	11.4400	0.9529	0.976	17.188	11.0450	0.9556	0.977
再生骨料 1	16.855	27.6320	0.9884	0.994	10.163	27.6420	0.9876	0.994

有关专家试验研究了 C20、C30 和 C40 三个系列的再生骨料混凝土；其中 C20 采用了与普通混凝土相同的水灰比，而 C30 和 C50 再生骨料混凝土采用了再生骨料预吸水法，增加了实际水灰比。研究结果表明，C20 再生骨料混凝土的抗压强度略高于普通混凝土。但混凝土拌和物的流动性降低。

对于采用再生骨料预吸水方法配制的 C30 和 C40 再生骨料混凝土，其 3 天和 28 天的抗压强度随着再生骨料用量的增加而降低。如果再生骨料掺加量为粗骨料总量的 50％时，C30 和 C40 再生骨料混凝土的抗压强度，比普通混凝土分别降低 5.9％～15.5％和 4.0％～6.0％。如果粗骨料全部采用再生骨料时，C30 和 C40 再生骨料混凝土 28 天的抗压强度，比普通混凝土分别降低 9.6％～31.0 和 5.1％～13.9％。

三、基于自由水灰比的再生骨料混凝土配合比设计

（1）再生骨料混凝土强度的离散性　在混凝土配合比设计中，采用如下的混凝土的试配强度公式：

$$f_{cu,0} = f_{cu,k} + 1.645\sigma \tag{24-3}$$

式中，1.645 为混凝土强度保证率系数；σ 为混凝土标准差，反映混凝土强度的波动情况，σ 越大，说明混凝土强度离散程度越大，混凝土质量也越不稳定。由公式（24-3）可以看出，在一定的混凝土强度标准值和在规定的强度保证率的情况下，标准差 σ 越大，要求试配强度也越大，导致水泥的用量增大，这在混凝土配制中是不经济的。

在普通混凝土的配制中，标准差通常取 4.0～6.0MPa。但是，如果在再生骨料混凝土中采用普通混凝土配合比设计方法，标准差 σ 可达到 13.0MPa，这是由于再生骨料吸水率较大且再生骨料的品质变化较大，引起再生骨料混凝土的强度离散显著增大。

（2）再生骨料对再生骨料混凝土配合比设计的影响　骨料的含水状态通常可分为 4 种情况：干燥状态、气干状态、饱和面干状态、湿润状态。在计算混凝土各组成材料配比时，如以饱和面干状态的骨料为基准，则不会影响混凝土用水量和骨料的用量，因为这种含水状态的骨料既不从混凝土中吸收水分，也不向混凝土中释放水分。对于再生骨料混凝土，再生骨料较大的吸水率和特殊的表面性质，将导致再生骨料混凝土随着时间推移，水分不断减少，这将难以保证混凝土正常凝结硬化，对混凝土质量有不利影响。

（3）基于自由水灰比的配合比设计方法　为了解决再生骨料吸水率较大而引起再生骨料混凝土强度波动的问题，提出了基于自由水灰比的配合比设计方法。将再生骨料混凝土的拌和用水量分为两部分：一部分为再生骨料所吸附的水分，这部分水完全被骨料所吸收，在拌和物中不能起到润滑和提高流动性的作用，这部分水被称为吸附水，吸附水为骨料吸水至饱和但表面干燥状态时的用水量；另一部分为混凝土拌和用水量，这部分水分布在水泥砂浆中，提高混凝土拌和物的流动性，并且在混凝土凝结硬化时，这部分自由水除有一部分蒸发外，其余的要参与水泥的水化反应，这部分水被称为自由水。自由水与水泥用量之比称为自由水灰比。

（4）基于自由水灰比的配合比设计方法的优点　基于自由水灰比的配合比设计方法，可以大幅度降低混凝土标准差 σ，达到节约水泥用量，降低工程造价的目的；同时吸附水存储在骨料内部，起到蓄水池的作用，为了水泥的水化和凝结硬化提供充足的水分。这对混凝土的强度发展是有利的。随着水化反应的进一步进行，当周围环境比较干燥和自由水蒸发时骨料可以释放出其内部的水分，保证混凝土在较长时间内保持一定的湿度，促进混凝土强度的发展。这种"内养护"通常比外部养护的作用更大、更均匀，而且更经济。

基于自由水灰比的配合比设计，可以不考虑骨料的吸水率和表面性质的差异。自由水灰比均由混凝土的和易性和强度确定，吸附水可以在混凝土拌和前先加入到再生骨料中，使再生骨料达到饱和面干状态。如果采用不同品质的再生骨料时，应根据吸水率的不同分别加入

各自所需的吸附水，这样可使再生骨料混凝土的配合比设计得到简化。

（5）公路工程再生骨料混凝土常用配合比　目前，在实际公路工程中，为了确保工程施工质量，多数是以再生骨料取代部分天然骨料，很少全部采用再生骨料。常用的再生骨料混凝土配合比如表 24-24 所列。

表 24-24　再生骨料混凝土配合比

再生粗骨料取代率 /%	水灰比	砂率	再生粗骨料吸水率/%	混凝土材料用量/(kg/m³)				
				水泥	砂子	天然骨料	再生骨料	水
0	0.46	0.34	—	424	603	1170.0	—	195.00
5	0.46	0.34	4.0	424	603	1111.5	58.5	197.34
10	0.46	0.34	4.0	424	603	1053.0	117.0	1999.68
15	0.46	0.34	4.0	424	603	994.5	175.5	203.78

第二十五章　煤矸石混凝土

煤矸石是一种在成煤过程中与煤层伴生的含碳量较低、比较坚硬的黑灰色岩石，多数是一种石灰石沉积岩。据有关资料报道，据不完全统计，目前全国历年累计堆放的煤矸石约 $45×10^8$ t，规模较大的矸石山有 1600 多座，占用土地约 1.5 万公顷，而且堆积量每年还以 $(1.5～2.0)×10^8$ t 的速度增加。因此，煤矸石的应用在中国不仅具有丰富的资源，而且具有极其重大的意义。

有关资料报道，美国、英国和德国等西方国家煤矸石的总体利用率已高达 90％以上，而我国这样一个以煤炭为主要能源的国家，对煤矸石的总体利用率却不到 70％，在综合利用方面存在着很大潜力。

近年来，在煤矸石综合利用方面取得显著成就。煤矸石可以制作煤矸石硅酸盐水泥、煤矸石少熟料水泥和煤矸石无熟料水泥等；煤矸石可以作为建筑材料，如利用煤矸石制砖、生产轻混凝土的骨料、作为水泥混合料等。煤矸石在综合利用还具有广阔的前景。

第一节　煤矸石混凝土的材料组成

煤矸石混凝土是一种充分利用矿产废物而制成的环保型建筑材料，由于其生产工艺不同，各种煤矸石混凝土的材料组成也不相同，技术性能也有所差异。

一、煤矸石混凝土的种类

煤矸石混凝土按其生产工艺不同，主要可分为煅烧煤矸石混凝土、煤矸石无熟料水泥混凝土和压蒸煤矸石混凝土三种。

煅烧煤矸石混凝土主要是由煅烧煤矸石、生石灰和石膏按一定比例组成，水是在湿碾的过程中根据设计要求加入的。块状煅烧煤矸石经过轮碾，有一小部分碾碎成细小的颗粒，与氢氧化钙反应生成水化硅酸钙而产生强度，大部分煤矸石成为混凝土中的骨料。因此，煤矸石混凝土的配合比与普通水泥混凝土不同，组分中没有明确的胶结料和粗细骨料之分，其性质和用途也与普通水泥混凝土不同。

煤矸石无熟料水泥混凝土是以煤矸石无熟料水泥作为胶结料，以自然煤矸石和粗、细骨料所配制的混凝土制品。而煤矸石无熟料水泥则是以人工煅烧的煤矸石，加入适量的生石灰、石膏混合磨细而成的。

压蒸煤矸石混凝土（即压制蒸养）则是以煤矸石或沸腾炉渣为主要原料，再掺入一定量的生石灰、石膏，经过压力成型后再蒸养成。压蒸煤矸石混凝土的抗压强度一般稳定在 8.0～12.0MPa。

二、煤矸石混凝土的材料组成

根据我国的工程实践，煤矸石混凝土主要由一定比例的、生石灰、石膏、矿渣粉、拌合水、减水剂和煤矸石组成。

（一）生石灰

生石灰是煤矸石混凝土中不可缺少的组成材料，其用量必须保证生成水化生成物的需要。试验证明，在一定范围内，随着生石灰用量的增加，煤矸石混凝土的强度相应提高，但达到一定量后，再增加生石灰的用量煤矸石混凝土强度却无明显增长。如果生石灰用量过多，由于生石灰产生的水化热增加，加快混合料凝固的速度，影响混凝土制品的成型，强度也会降低。

不同生石灰用量配制的煤矸石混凝土，其蒸养后的抗压强度如表 25-1 所列。

表 25-1　不同生石灰用量的煤矸石混凝土抗压强度试验结果

煤矸石	生石灰	蒸养后抗压强度/MPa	煤矸石	生石灰	蒸养后抗压强度/MPa
100	4	16.0	100	10	27.7
100	6	19.8	100	12	22.6
100	8	27.6	100	14	26.1

生石灰用量以有效氧化钙计算为 5%～9% 时，煤矸石混凝土的强度可以达到 20MPa 以上。由于煤矸石混合料中属于胶结料部分（指粒径在 0.15mm 以下的颗粒）占 30% 左右，因此有效氧化钙的含量可占混合料总量中的 5%～9%，即相当于在胶结料中的有效氧化钙含量为 17%～30%，这与一般蒸养硅酸盐制品控制有效氧化钙含量为 20%～25% 是比较接近的。

在一般情况下，质量合格的生石灰其有效氧化钙在 65%～75%，因此生石灰的用量可为总干料量的 8%～12%。

（二）石膏

工程实践证明，在煤矸石混凝土中掺入 0.5%～1.0% 的石膏，可以提高煤矸石混凝土的强度，但混凝土的耐水性有所降低。根据有关研究单位对煤矸石混凝土耐久性研究，掺加石膏的抗碳化性能不如不掺加石膏的好，由于加入石膏后要增加原材料的成本，所以对石膏的用量要适当控制。掺加不同石膏用量的煤矸石混凝土试验结果如表 25-2 所列。

表 25-2　掺加不同石膏用量的煤矸石混凝土试验结果

组 成 材 料				抗压强度/MPa	
煤矸石	生石灰	石膏	水	蒸养后抗压强度	蒸养后饱水抗压强度
92	8	0.0	20	21.5	21.8
92	8	0.5	20	29.4	25.9
92	8	1.0	20	25.7	23.2

注：表中煤矸石系人工煅烧煤矸石，石膏为二水石膏。

从表 25-2 中可以看出，在同样煤矸石、生石灰和水的情况下，掺加不同用量的石膏，对煤矸石混凝土的抗压强度是有影响的，对强度提高是有利的；但是，石膏的掺量应当适宜，即煤矸石混凝土中石膏的最佳掺量应控制在 0.5%。

（三）矿渣粉

试验证明，水淬高炉矿渣具有较高的活性，其化学成分与煤矸石相类似，如表 25-3 所列。在煤矸石混凝土中加入适量的磨细矿渣粉，可以明显的提高混凝土的强度。尤其是采用煅烧质量不很好的煤矸石，或配制强度较高的煤矸石混凝土时，掺加 15% 的矿渣粉可作为提高强度、确保质量的一项重要技术措施。

表 25-3　矿渣粉的化学成分　　　　　　　　　　　　单位：%

种　类	SiO_2	Al_2O_3	CaO	MgO	Fe_2O_3	FeO	MnO	TiO_2	P_2O_5	K_2O	Na_2O
转炉渣	11.03	2.78	46.89	8.97	13.82	9.84	0.43	0.82	1.29	0.07	—
电炉渣	16.17	2.75	35.73	6.45	8.42	23.62	3.91	0.55	1.10	0.03	0.01

（四）拌和水

试验证明，拌和水的用量对煤矸石混凝土的强度有明显的影响。如果用水量过大，混凝土的水灰比增大，煤矸石混凝土的强度明显降低；如果用水量过小，从理论上讲，其强度应相应提高，但由于干硬性的煤矸石混凝土很难振捣密实，其强度反而下降。因此，煤矸石混凝土拌和水的用量应控制在一个适宜的范围内。

试验还证明，煤矸石混凝土的适宜用水量与其成型方式有密切关系。当煤矸石为人工煅烧、混凝土采用振动成型时，用水量可控制在 18%～20% 之间；当煤矸石为人工煅烧、混凝土采用加压振动成型时，用水量可控制在 14%～16% 之间。

用于配制煤矸石混凝土的拌和水，其质量要求与普通水泥混凝土相同，即应符合《混凝土用水标准》（JGJ 63—2006）中的要求。

（五）减水剂

适量的减水剂掺加于煤矸石混凝土中，不仅可以减少混凝土的水灰比，改善混凝土拌和物的和易性，而且具有促进混凝土早强和增强作用。

试验证明，在煤矸石混凝土工作度基本相同的情况下，采用 NNO 扩散剂（亚甲基二萘磺酸钠）作为减水剂，当掺量为 0.5%～1.0% 时，减水率可达 10%～25%，混凝土的强度可增长 18%～37%；用自燃煤矸石配制胶结料的煤矸石混凝土，当掺加 0.5%～1.0% 减水剂时，混凝土的强度增长可达 11%～30%，配制的煤矸石混凝土强度均在 C30 以上。

在满足煤矸石混凝土设计要求的条件下，在混凝土中掺加一定量的减水剂，不仅可以改善混凝土拌和物的和易性，而且可以节约水泥用量、降低制品成本。

（六）煤矸石

煤矸石是采煤过程和洗煤过程中排放的固体废物，是一种在成煤过程中与煤层伴生的一种含碳量较低、比煤坚硬的黑灰色岩石，也包括巷道掘进过程中的掘进矸石、采掘过程中从顶板、底板及夹层里采出的矸石以及洗煤过程中挑出的洗矸石。

三、煤矸石混凝土空心砌块原材料要求

煤矸石混凝土空心砌块是由煤矸石无熟料水泥、自然煤矸石骨料、石灰、石膏和水等，按照一定比例配制加工而成。为确保煤矸石混凝土空心砌块制品的质量，对所用原材料必须符合有关质量标准的要求。

（一）对煤矸石无熟料水泥的要求

在煤矸石混凝土空心砌块各组成材料中，煤矸石无熟料水泥是其胶结料，关系到与粗细骨料的黏结强度，在混凝土中起主导作用。

试验结果充分表明，煤矸石无熟料水泥和水混合后，立即发生一系列的物理化学反应，特别是通过蒸汽养护，其物理化学反应更为激烈，使其迅速凝结硬化，并将粗、细骨料包裹和黏结在一起，形成组织紧密、质地坚实的人工石材。由此可见，煤矸石无熟料水泥的质量如何，对煤矸石混凝土空心砌块的强度和性能起着重要的作用。

1. 对原材料的技术要求

自燃或人工燃烧过的煤矸石，具有一定活性，可作为水泥的活性混合材料，直接与石灰、石膏以适当的配比，磨成无熟料水泥，可作为混凝土中的胶结料。煤矸石无熟料水泥是由自燃或人工煅烧的煤矸石加入一定比例的生石灰、石膏混合磨细而制成的。为保证水泥的

质量，对各种原材料必须有一定的技术要求。

（1）对煤矸石的技术要求　煤矸石是煤矸石无熟料水泥中的主要组成材料，其化学成分组成对煤矸石无熟料水泥的质量起着关键性作用。表 25-4 为我国某地煤矿排出的煤矸石，其主要是碳质页岩、高岭石类黏土岩及少量砂岩、石灰岩等矿物，煤矸石的化学成分主要是 SiO_2、Al_2O_3、Fe_2O_3、CaO、MgO、TiO_2 和 C 等。

表 25-4　我国某地煤矿煤矸石的化学成分　　　　　　　　单位：%

原材料	煤矸石产地	SiO_2	Fe_2O_3	Al_2O_3	TiO_2	CaO	MgO	烧失量
自燃煤矸石	1#矿井	54.76	6.64	16.93	0.16	2.52	1.68	12.66
自燃煤矸石	2#矿井	54.76	5.29	16.83	0.23	2.42	1.56	14.15
自燃煤矸石	3#矿井	57.98	8.27	16.88	0.16	2.27	1.09	9.93
自燃煤矸石	4#矿井	52.96	6.47	17.94	0.39	4.42	0.53	8.72
自燃煤矸石	5#矿井	55.68	7.35	16.88	0.56	2.33	0.68	10.65
自燃煤矸石	6#矿井	64.50	9.06	16.63	0.48	1.95	0.50	3.65
自燃煤矸石	某矿立井	55.24	8.07	17.60	0.39	2.83	0.77	6.96
煤矸石碎砖	某地砖厂	58.50	8.88	20.09	0.48	2.64	1.63	2.93

配制无熟料水泥用的煤矸石，必须经过 950～1100℃ 的煅烧以提高煤矸石的活性。在煅烧过的煤矸石中，应将坚硬的砂岩捡除，这样不仅可以提高无熟料水泥的质量，而且也可以改善水泥的易磨性能。

（2）对石灰的技术要求　石灰是煤矸石无熟料水泥中的碱性激发剂，在水泥水化反应中起着非常重要的作用，是配制煤矸石无熟料水泥不可缺少的组分。石灰中的有效氧化钙（CaO）与煤矸石中的活性氧化硅（SiO_2）、氧化铝（Al_2O_3），在湿热条件下，发生化学反应生成水化硅酸钙（$3CaO \cdot 2SiO_2 \cdot 3H_2O$）和水化铝酸钙（$3CaO \cdot Al_2O_3 \cdot 6H_2O$），这是使煤矸石混凝土空心砌块产生强度的主要因素。

配制无熟料水泥所用的石灰，其含的有效氧化钙较高，并以正火生石灰为好，已消解的石灰不宜采用。所采用生石灰的质量应当符合现行行业标准《建筑生石灰》（JC/T 479—1992）中的规定。

按有效氧化钙（CaO）＋氧化镁（MgO）含量、产浆量、未消解残渣和二氧化碳含量等 4 个项目的指标，石灰可以分为优等品、一等品和合格品三个等级，具体技术指标要求如表 25-5 所列。

表 25-5　石灰技术指标（JC/T 479—1992）

项　目	钙质生石灰			镁质生石灰		
	优等品	一等品	合格品	优等品	一等品	合格品
（CaO＋MgO）含量/%	≥90	≥85	≥80	≥85	≥80	≥75
未消解残渣含量（5mm 圆孔筛筛余量）/%	≤5	≤10	≤15	≤5	≤10	≤15
二氧化碳含量/%	≤5	≤7	≤9	≤6	≤8	≤10
产浆量/（L/kg）	≥2.8	≥2.3	≥2.0	≥2.8	≥2.3	≥2.0

（3）对石膏的技术要求　石膏是硫酸盐的激发剂，在水泥中起着比较重要的作用，也是配制无熟料水泥不可缺少的组分，它与煤矸石中的活性氧化铝（Al_2O_3），在湿热条件下发生化学反应生成水化硫铝酸钙（$3CaO \cdot Al_2O_3 \cdot 3CaSO_4 \cdot 31H_2O$），可以显著提高煤矸石混凝土制品的强度。

在煤矸石无熟料水泥中，掺加天然二水石膏（$CaSO_4 \cdot 2H_2O$）比较适宜，当条件有限制时废模型石膏也可以采用。所用天然二水石膏的质量，应当符合国家标准《天然石膏》

（GB/T 5483—2008）中的要求。

2. 无熟料水泥的配合比选择

煤矸石无熟料水泥配合比的选择，既要符合设计指标的要求又要经济合理的要求，所以应尽量减少石膏、石灰的用量，增加煤矸石的用量。

配合比试验证明，在一定范围内，随着生石灰掺量（以有效氧化钙计）的增加，煤矸石无熟料水泥的强度相应提高。但是，当生石灰的掺量超过某一范围时，煤矸石无熟料水泥中将会出现没有发生反应的游离石灰，加上过量生石灰消化时体积膨胀对结构的破坏作用，反而使煤矸石无熟料水泥的强度下降。因此，在确定无熟料水泥的配合比时，必须选择适宜的生石灰掺量才能保证煤矸石无熟料水泥具有良好的性能。

图 25-1 表示有效氧化钙含量对煤矸石无熟料水泥强度的影响，从图中可以看出有效氧化钙最佳含量在 15％～20％之间时煤矸石无熟料水泥的抗压强度比较高，过低或过高对抗压强度均有不利影响。

根据煤矸石混凝土空心砌块的生产实践，参照粉煤灰硅酸盐砌块的生产经验，煤矸石无熟料水泥中生石灰的掺量，一般应控制其有效氧化钙含量在 15％～25％范围内。这样既可以保证煤矸石混凝土砌块的要求强度，又能提高砌块在使用中抗碳化能力等方面的耐久性。

由于石膏是硫酸盐的激发剂，所以石膏的掺量多少对煤矸石无熟料水泥强度的影响也非常灵敏，其规律与生石灰掺量的影响基本类似。图 25-2 中表示石膏掺量对煤矸石无熟料水泥强度的影响，从图中可以清楚地看出：当石膏掺量在 3％～6％范围内时是比较适宜，过多或过少均不利。

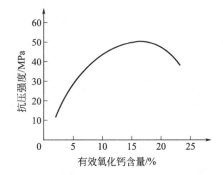

图 25-1　有效氧化钙含量对煤矸石无熟料
　　　　　水泥强度的影响

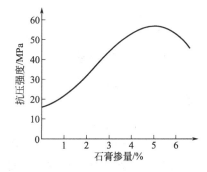

图 25-2　石膏掺量对煤矸石无熟料
　　　　　水泥强度的影响

运用正交试验设计方法，进行煤矸石无熟料水泥选择配合比。采用人工配料入球磨机进行磨细，水泥细度要求 4900 孔/cm² 筛的筛余量不得超过 7％。

目前，我国有许多工程单位在生产煤矸石无熟料水泥方面，积累了丰富的实践经验，表 25-6 中列出了国内部分比较成熟的煤矸石无熟料水泥的配合比，供生产中参考。

表 25-6　国内部分煤矸石无熟料水泥配合比实例

生产单位	胶结料品种	配合比（煤矸石∶生石灰∶石膏）	蒸养抗压强度	备注
焦作市硅酸盐制品厂	沸腾炉渣	70∶25∶5	大于 40MPa	硬练强度
株洲市煤矸石制品厂	烧结煤矸石废砖	70∶25∶5	大于 40MPa	硬练强度
株洲市墙体材料厂	沸腾炉渣	71∶23∶6	大于 20MPa	软练强度
淄博博山房建二公司	烧结煤矸石废砖	70∶25∶5	大于 20MPa	软练强度
徐州市九里山采石厂	人工煅烧煤矸石	71∶25∶4	大于 40MPa	硬练强度

3. 煤矸石煅烧温度对活性的影响

(1) 自燃煤矸石配制无熟料水泥　实践证明，在生产煤矸石混凝土空心砌块的过程中，为保证混凝土产品的质量，多数单位不采用自燃煤矸石配制的无熟料水泥。因为自燃煤矸石的活性波动非常大，在同一煤矸石堆场，取样点位置不同，即使它们的化学成分接近，在相同条件下配制的水泥强度也存在着很大差异。

(2) 煅烧温度对煤矸石活性的影响　将相同配合比的煤矸石在不同温度煅烧后，煤矸石中的活性氧化硅（SiO_2）和三氧化二铝（Al_2O_3），随着煅烧温度的提高含量增加，配制的煤矸石无熟料水泥的强度也随之提高。但是，在配制煤矸石无熟料水泥时，煤矸石的煅烧温度必须控制在 $950\sim1100℃$ 范围内才能使水泥的性能比较稳定。

在生产烧结煤矸石砖的时候，煤矸石砖的煅烧温度一般都是控制在 $950\sim1100℃$，因此，利用煤矸石砖厂的碎砖代替煅烧煤矸石来配制煤矸石无熟料水泥是可行的、经济的。生产实践证明，按照碎砖:石灰:石膏=75:25:5 配合比，水灰比控制在 $0.42\sim0.45$ 之间，其蒸养后抗压强度为 $23.1\sim33.4MPa$，抗折强度为 $4.5\sim5.4MPa$，完全可以满足生产煤矸石空心砌块的要求。

4. 利用次石灰和废模型石膏配制煤矸石水泥

有的生产单位采用电石厂的次石灰（有效氧化钙为 73.16%）和陶瓷厂的废模型石膏，按照煤矸石:次石灰:废模型石膏=76:28:5 或 76:19:5 的配合比，水料比为 $0.45\sim0.49$，蒸养后的抗折强度为 $5.0\sim6.3MPa$，抗压强度为 $30.1\sim36.0MPa$，完全可以满足生产煤矸石空心砌块的要求。在有条件的地方，应尽可能采用以上这两种原料，这样既可以综合利用又可以降低生产成本。但在生产成本中，一定要使无熟料水泥中的有效氧化钙（CaO）和三氧化硫（SO_3）的含量，稳定地控制在规定的指标范围内。

（二）对骨料的技术要求

配制煤矸石混凝土的骨料，一般多采用自燃煤矸石，并且要经过挑选、破碎和筛分。用于生产煤矸石混凝土空心砌块的骨料，其粒径与普通混凝土有所不同，一般细骨料的粒径为 $2.5\sim3.0mm$，粗骨料的粒径为 $5.0\sim20mm$。

工程实践证明，用未自燃的煤矸石配制煤矸石混凝土，是影响其质量的重要因素。由于未经自燃的煤矸石，在受到大气作用和日晒雨淋后很容易出现风化解离现象，严重影响煤矸石混凝土制品的质量，所以未经自燃的煤矸石不能作为煤矸石混凝土的骨料。

作为混凝土骨料的煤矸石，其体积必须稳定，并具体较高的强度，骨料中严禁夹杂石灰僵块；否则，混凝土制品在蒸养过程中，或在堆放应用中将会逐渐消解、体积膨胀，甚至造成混凝土制品开裂、报废。

（三）对拌和水的技术要求

配制煤矸石混凝土所用的拌和水，其技术要求与普通水泥混凝土相同，应符合行业标准《混凝土用水标准》（JGJ 63—2006）中的要求。

四、压蒸煤矸石混凝土材料要求

压蒸煤矸石混凝土即压制蒸养煤矸石混凝土，这是混凝土是以煤矸石或沸腾炉渣为主要原料，再掺入一定比例的生石灰、石膏，经过压力成型后经蒸养而制成的一种新型混凝土。压蒸煤矸石混凝土的抗压强度比较低，一般稳定在 $8\sim12MPa$ 左右。

压蒸煤矸石混凝土对原材料要求如下所述。

在进行压蒸煤矸石混凝土配制时，对原材料要求主要包括对原材料化学性质和骨料粒径两个方面。

1. 对原材料化学性质的要求

配制压蒸煤矸石混凝土的原材料，主要有煤矸石和生石灰。

我国煤矸石的化学成分与黏土相似，其中二氧化硅（SiO_2）、三氧化二铝（Al_2O_3）的含量占绝大多数；三氧化二铁（Fe_2O_3）、氧化钙（CaO）和氧化镁（MgO）等的含量极少。二氧化硅（SiO_2）与三氧化二铝（Al_2O_3）是煤矸石的主要活性成分，其活性越高，压蒸煤矸石混凝土制品的质量越好。配制压蒸煤矸石混凝土的煤矸石，一般要求二氧化硅（SiO_2）的含量不低于 40%，氧化铝（Al_2O_3）的含量不低于 15%。表 25-7 中列出了我国煤矸石的化学成分分析。

表 25-7　我国煤矸石的化学成分分析　　　　　　　单位：%

煤矸石种类	产地	SiO_2	Fe_2O_3	Al_2O_3	TiO_2	CaO	MgO	烧失量
自燃煤矸石	矿井	54.76	6.64	16.93	0.16	2.52	1.68	12.66
自燃煤矸石	矿井	—	5.29	16.83	0.23	2.42	1.56	14.15
自燃煤矸石	矿井	57.98	8.27	16.88	0.16	2.27	1.09	9.93
自燃煤矸石	矿井	52.96	6.47	17.94	0.39	4.42	0.53	8.72
自燃煤矸石	矿井	55.68	7.35	16.88	0.56	2.33	0.68	10.65
自燃煤矸石	矿井	64.50	9.06	16.63	0.48	1.95	0.50	3.65
自燃煤矸石	立井	58.24	8.07	17.60	0.39	2.83	0.77	6.96
煤矸石碎砖	砖厂	58.50	8.88	20.09	0.48	2.64	1.63	2.93

生石灰的主要化学成分是氧化钙（CaO）和少量的氧化镁（MgO）。它在压蒸煤矸石混凝土中起激发作用，使煤矸石混凝土在较短的时间内具有一定的物理力学性能。生产压蒸煤矸石混凝土制品，应当选用新鲜的生石灰，其质量应符合行业标准《建筑生石灰》（JC/T 479—1992）中的规定。

2. 对原材料骨料粒径的要求

配制压蒸煤矸石混凝土所用的骨料和生石灰，其粒径大小对混凝土制品的质量影响很大。

用于压蒸煤矸石混凝土所用的骨料，系将自燃后的煤矸石用锤式破碎机粉碎，并通过孔径为 4mm 的筛子进行筛分，其中粗粒（1～3mm）占到 25%。

用于压蒸煤矸石混凝土所用的生石灰，应用球磨机进行磨细。然后用 4900 孔/cm^2 的筛子进行筛分，其筛余量为 15%。

第二节　煤矸石混凝土配合比设计

在建筑工程中常用的煤矸石混凝土和制品，主要有压蒸煤矸石混凝土和煤矸石混凝土砌块两种。由于这两种混凝土的组成材料不同，所以其混凝土配合比设计也不相同。

一、压蒸煤矸石混凝土配合比设计

压蒸煤矸石混凝土的配合比设计，一般应根据设计要求通过试验确定，下述配合比可供设计和试配时参考。

某压蒸煤矸石混凝土制品厂采用的配合比为：自燃煤矸石 80%，生石灰 20%，加水 20%。其中确定生石灰的掺量，是配制蒸压煤矸石混凝土的关键，掺量不宜过多或过少。如果掺量过少，不能充分激发煤矸石的活性，混凝土的强度较低；如果掺量过多，也会起到相反的作用，使混凝土的强度反而降低。

二、煤矸石混凝土砌块配合比设计

煤矸石混凝土空心砌块的配合比设计及正确选择，是保证制品质量的重要因素。在一般情况下，既要考虑到制品能满足墙体材料的使用要求，又要符合经济合理的原则，还要考虑到便于施工操作。

经过多个生产厂家的实践证明，煤矸石混凝土的胶骨比以 1:（3~4）比较适宜，细骨料与粗骨料的比例以 1:（2.0~3.5）比较适合，水灰比宜控制在 0.50~0.60 之间，并以 0.50~0.55 较好。

自燃煤矸石吸水性比较强，在生产中应根据骨料含水量和气候变化情况，及时调整加水量，避免因水灰比变化过大而影响制品的质量。目前，煤矸石混凝土空心砌块的各生产单位，其混凝土配合比多采用正交设计法或试配法进行确定。

煤矸石混凝土空心砌块的配合比试验证明，只要混凝土的配合比及水灰比在适宜的范围内，混凝土的强度均可在 C20 以上，可以满足矸石混凝土空心砌块的质量要求。配比试验还证明：当采用水灰比为 0.50~0.55、材料组成为 1:1:2（水泥:细骨料:粗骨料）配合比进行生产时，产品的质量比较稳定，这是生产煤矸石混凝土空心砌块较好的配合比。

第三节　煤矸石混凝土参考配合比

表 25-8 为某些生产单位煤矸石混凝土空心砌块的配合比及水灰比，可供同类混凝土配合比设计和配制时参考。

表 25-8　煤矸石混凝土空心砌块的配合比及水灰比

煤矸石产地	混凝土配合比					蒸养后密度 /（kg/m³）	蒸养后强度/MPa
	水灰比	胶结料	细骨料	粗骨料	胶骨比		
甲地	0.55	1	1.04	2.66	1:3.70	2043	22.0
	0.60	1	0.80	2.70	1:3.50	2117	21.7
	0.50	1	1.00	2.00	1:3.00	2117	32.8
	0.55	1	1.00	2.00	1:3.00	2163	26.1
乙地	0.50	1	1.03	3.18	1:4.21	2071	21.7
	0.60	1	0.80	2.70	1:3.50	2115	31.3
	0.50	1	1.00	2.00	1:3.00	2131	35.9
	0.55	1	1.00	2.00	1:3.00	2115	38.6

表 25-9 和表 25-10 中列出了湿碾煤矸石硅酸盐混凝土配合比，可供同类混凝土设计和施工时参考。

表 25-9　湿碾煤矸石硅酸盐混凝土配合比（一）

编　　号	原材料配合比/%			用水量/%	备　　注
	煅烧煤矸石	生石灰	石膏		
1	88~92	8~10	0.5~1.0	18~20	立窑煅烧，振动成型
2	85	10~12	2.5~3.0	16~18	沸腾炉煅烧，成型机成型

表 25-10　湿碾煤矸石硅酸盐混凝土配合比（二）

编　号	骨料品种	混凝土配合比（胶结料∶细骨料∶粗骨料）	水胶比	蒸养后抗压强度/MPa
1	自燃煤矸石	1∶1.0∶3.0	0.50～0.55	15.0～20.0
2	卵石、河砂	1∶2.0∶4.0	0.50～0.55	20.0
3	卵石、河砂	1∶2.0∶4.0	0.50～0.55	15.0～20.0
4	自燃煤矸石	1∶1.0∶2.0	0.50～0.55	20.0
5	人工煅烧煤矸石、碎石屑	1∶2.3∶3.0	0.45～0.50	15.0～20.0

第二十六章 粉煤灰陶粒混凝土

粉煤灰陶粒是利用粉煤灰作为主要原料，掺加少量黏结剂（如黏土）和固体燃料（如煤粉），经混合、成型、高温焙烧（1200～1300℃）而制得的一种人造轻质骨料。

粉煤灰陶粒一般是圆球形，表面粗糙而坚硬，呈淡灰黄色；其内部有细微的气孔，呈灰黑色。粉煤灰陶粒的主要特点是保温隔热性能好、表观密度较小、比强度较高、热导率低、耐久性好、耐火度较高、化学稳定性好、抗震性能好等，由此可见，粉煤灰陶粒比天然石材具有更为优良的物理力学性能。

由于粉煤灰陶粒具有轻质、高强、保温、耐热、节能、环保、吸水率低、抗腐蚀等优良性能，在高层建筑、桥梁工程、地下建筑工程、造船工业及耐热混凝土等工程中正逐渐得到越来越广泛的应用。在建筑工程中它既可制成非承重空心砌块、隔墙板，也可制成承重空心砌块，还可以用于混凝土结构浇筑或制成混凝土构件，为我国的墙体材料革新贡献力量。

工程应用证明，粉煤灰陶粒一般可以用来配制各种用途的高强轻质混凝土。根据工程的要求不同，可以配制不同强度的无砂大孔陶粒混凝土、素陶粒混凝土、钢筋陶粒混凝土和预应力陶粒混凝土。

以水泥为胶凝材料，以烧结粉煤灰陶粒为粗骨料，天然普通砂为细骨料，按照一定的比例加水混合、搅拌、成型、养护而制得的轻骨料混凝土，称为粉煤灰陶粒混凝土，这是一种节能环保型混凝土。

第一节 粉煤灰陶粒混凝土的材料组成

粉煤灰陶粒混凝土的材料组成与普通水泥混凝土不同，其粗骨料是用粉煤灰陶粒代替了石子，属于是一种轻骨料混凝土。因此，粉煤灰陶粒混凝土中的骨架是陶粒，陶粒的质量如何直接关系到混凝土的性能指标是否设计要求。

粉煤灰陶粒的主要技术性能主要包括化学成分、矿物组成、物理力学性能、化学稳定性和热工性能等。以我国天津市硅酸盐制品厂生产的粉煤灰陶粒为例，各性能的指标如下描述。

1. 化学成分

我国生产的粉煤灰陶粒化学成分比较稳定，其波动范围如表 26-1 所列。

表 26-1 粉煤灰陶粒化学成分

化学成分	SiO_2	Al_2O_3	Fe_2O_3	CaO	MgO	SO_3	烧失量	残余含碳量
比例/%	50.09～54.60	32.56～36.44	3.94～5.82	2.26～3.43	0.13～1.77	微量	1.18～2.00	0.55～1.79

从表 26-1 中可以看出，粉煤灰陶粒的化学成分与粉煤灰的化学成分比较接近，这是因为生产粉煤灰陶粒的主要原料是粉煤灰，而辅助原料黏土和无烟煤（经焙烧后的灰分）与粉煤灰的化学成分也比较接近。

2. 矿物组成

粉煤灰陶粒的矿物组成主要是晶体矿物,如莫来石（$3Al_2O_3 \cdot 2SiO_2$）、α-石英（α-SiO），可能还有少量含铁镁的氧化硅化物,此外还有较多的玻璃体。

从以上矿物组成可知,莫来石（$3Al_2O_3 \cdot 2SiO_2$）和 α-石英（α-SiO）等晶体矿物,具有较高的强度,特别是陶粒表面玻璃体较多,不仅强度比较高,而且耐火性和化学稳定性也比较好。

3. 物理力学性能

（1）物理力学性能　我国生产的干燥粉煤灰陶粒的物理力学性能,经过反复测定,其各种状态下的密度、孔隙率、吸水率、颗粒级配和容器强度等,如表 26-2、图 26-1 和图 26-2 所示。

表 26-2　粉煤灰陶粒的物理力学性能

| 粒径/mm | 密度/(kg/m³) | | | 孔隙率/% | 吸水率/% | | 颗粒级配 | 容器强度/MPa | |
	松散	密实	颗粒		1h	1天		压入 4cm	压入 5cm
5～15	630～700	720～730	1200～1300	45～48	16～17	20～21	小于 5mm,不大于 5%；8～12mm,65%～70%；12～15mm,25%～30%；大于 15mm,不大于 5%	6.5～9	11～15

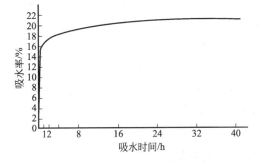

图 26-1　粉煤灰陶粒吸水率与吸水时间的关系

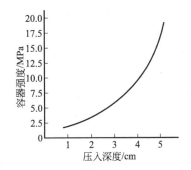

图 26-2　粉煤灰陶粒容器强度与压入深度的关系

（2）吸水率与吸水时间的关系　在图 26-1 中,明确表示出粉煤灰陶粒吸水率与吸水时间的规律:在 1h 以内的吸水率增长速度较快,特别是在 10min 以内的吸水率增长极快;在 1h 以后的吸水率增长逐渐缓慢,24h 以后几乎不再增加,即粉煤灰陶粒 1 天的吸水率与饱和吸水率相近。

吸水试验还证明,粉煤灰陶粒的质量不同,其吸水率也不同。粉煤灰陶粒焙烧质量好,容器强度高,吸水率则小;反之,其吸水率则大。这说明,粉煤灰陶粒烧结越差,水分越容易渗入内部。

（3）容器强度与压入深度的关系　试验证明,测定粉煤灰陶粒的颗粒强度比较复杂,所测得结果的代表性也较差。生产中常以容器强度作为陶粒强度性能的主要指标。测定陶粒容器强度的方法比较简便,取样的代表性也比较好,但所测结果只间接反映了陶粒强度的大小。

陶粒容器强度大小与测定时压模的压入深度有着密切关系。图 26-2 为陶粒容器强度与压入深度的关系曲线。曲线表明，在压入 3cm 以前，容器强度增长比较缓慢，几乎与压入深度成线性关系；压入深度达到 4cm 以后，容器强度增长很快；压入深度超过 5cm 时，容器强度增长极快，已不能代表陶粒的强度性能。因此，在测定陶粒的容器强度时，一般常以压入 4cm、4.5cm 和 5cm 的容器强度作为粉煤灰陶粒的主要强度指标。

试验证明，陶粒容器强度还与陶粒的颗粒级配有关，在陶粒颗粒强度相同的条件下，陶粒的级配好，其容器强度稍高，陶粒的级配差，其容器强度稍低。

4. 化学稳定性

粉煤灰陶粒的化学稳定性很好，尤其是耐酸性能最为突出，表 26-3 中列出了粉煤灰陶粒在各种酸溶液中浸泡 1 个月的耐酸性能，充分证明粉煤灰陶粒具有优良的化学稳定性。

表 26-3 粉煤灰陶粒的耐酸性能

酸的类型	酸浓度(当量)	取样质量/g	浸蚀后质量/g	质量损失/%	浸前容器强度/MPa	浸后容器强度/MPa	强度损失/%
盐酸	1	2180	2100	3.67	15.9	14.8	6.92
	3	2180	2100	3.67	15.9	15.4	3.14
硝酸	1	2180	2135	2.06	15.9	15.8	0.60
	4	2180	2100	3.67	15.9	14.8	6.92
硫酸	2	2180	2005	8.02	15.9	14.1	11.3
	6	2180	2005	8.02	15.9	15.0	5.66

5. 热工性能

由于粉煤灰陶粒的内部有许多细微气孔，所以这种材料不仅其表观密度小，而且热导率低，保温性能好。用以配制 C20 的粉煤灰陶粒混凝土，其热导率为 $0.55 \sim 0.58 W/(m \cdot K)$，比 C20 普通水泥混凝土的热导率低，是一种较好的保温材料。

粉煤灰陶粒是经高温焙烧而制成的人造轻骨料，内含有较多的二氧化硅（SiO_2）和三氧化二铝（Al_2O_3），因此它的耐火度也较高。天津市硅酸盐制品厂生产的粉煤灰陶粒，其耐火度为 $1610℃$，可以用来配制耐热 $1000℃$ 左右的陶粒混凝土。

第二节 粉煤灰陶粒混凝土配合比设计

粉煤灰陶粒混凝土的配合比设计方法有很多种，有的计算起来还比较复杂。下面仅介绍一种工程上最常用且比较简单的计算方法。

粉煤灰陶粒混凝土配合比计算如下所述。

（一）配合比计算原则

粉煤灰陶粒混凝土配合比一般常用按实体积法进行计算。即根据混凝土的设计强度等级和实践经验，并假定水泥砂浆填满粉煤灰陶粒间的孔隙和包裹粉煤灰陶粒表面时，确定单位体积混凝土中的水泥砂浆用量，然后根据满足强度要求的水泥用量，再计算出其他材料的用量。

（二）配合比计算步骤

粉煤灰陶粒混凝土的配合比可以按照以下步骤进行。

1. 确定水泥用量

根据粉煤灰陶粒混凝土设计强度等级和水泥强度，参考同类工程的施工经验，通过配制试验确定单位体积混凝土的水泥用量。配制粉煤灰陶粒混凝土一般应选用强度等级32.5MPa 的硅酸盐水泥或普通硅酸盐水泥。

2. 确定水灰比和有效用水量

根据粉煤灰陶粒混凝土设计强度等级和工作度指标，确定粉煤灰陶粒混凝土的水灰比和有效用水量。普通粉煤灰陶粒混凝土，其水灰比宜控制在 0.45～0.65 之间，单位体积有效用水量宜控制在 150～155kg；高强粉煤灰陶粒混凝土，其水灰比宜控制在 0.28～0.30 之间，单位体积有效用水量宜控制在 155～165kg；预应力粉煤灰陶粒混凝土，其水灰比宜控制在 0.37～0.42 之间，单位体积有效用水量宜控制在 155～170kg。

3. 计算砂子用量

按照国家或行业的有关规定，对粉煤灰陶粒进行孔隙率试验。根据试验确定的粉煤灰陶粒孔隙率，计算单位体积粉煤灰混凝土中的砂的用量。

4. 计算各组分体积

根据以上计算所确定的水泥、砂、水的用量，并根据各种材料的密度，计算粉煤灰陶粒混凝土各组分的体积。

5. 计算陶粒用量

根据计算的水泥、砂和水的体积，用式(26-1)计算陶粒的用量：

$$陶粒用量＝陶粒颗粒的密度×(1－水泥体积－砂体积－水的体积) \tag{26-1}$$

6. 计算总拌和水

根据粉煤灰陶粒的吸水率，计算粉煤灰陶粒 15min 的吸水量和混凝土总拌和水用量，有些施工单位采用粉煤灰陶粒 30min 的吸水量，具体采取的标准应根据施工企业的经验而确定。

(三) 粉煤灰陶粒混凝土配合比计算举例

某工程试用强度为 32.5MPa 硅酸盐水泥配制 C25 低流动性粉煤灰陶粒混凝土。已知粉煤灰陶粒颗粒密度为 1240kg/m³，经试验其孔隙率为 46.2%，15min 的吸水率为 16.8%，砂子的密度为 2600kg/m³，砂的堆积密度为 1420kg/m³。

1. 确定水泥用量

根据其他同类工程的施工经验和需要配制 C25 粉煤灰陶粒混凝土，确定水泥用量为 330kg/m³。

2. 确定水灰比

根据粉煤灰陶粒混凝土的设计强度等级为 C25 和配制低流动性混凝土的要求，确定混凝土的水灰比为 0.45。

3. 确定有效用水量

根据粉煤灰陶粒混凝土的水灰比为 0.45，水泥用量为 330kg/m³。则混凝土的有效用水量＝330×0.45＝148（kg/m³）。

4. 计算砂子用量

根据粉煤灰陶粒的孔隙率为 46.2%，砂的堆积密度为 1420kg/m³。则砂的用量：1420×46.2%＝656(kg/m³)。

5. 计算水泥、砂和有效水的实体积

已知：水泥的密度为 3100kg/m³，砂的密度为 2600kg/m³，水的密度为 1000kg/m³。

则水泥的体积为 $330/3100＝0.106(m^3)$；砂的体积为 $656/2600＝0.251(m^3)$；有效水的体积为 $148/1000＝0.148(m^3)$。

6. 计算陶粒的用量

陶粒的用量 $＝1240×(1－0.106－0.251－0.148)＝614（kg/m^3）$

7. 计算总加水量

粉煤灰陶粒 15min 吸水量 $＝614×16.8\%＝103(kg/m^3)$，则粉煤灰陶粒混凝土的总加水量 $＝103＋148＝251(kg/m^3)$。

8. 混凝土材料用量

根据以上组成材料的计算结果，配制的此种粉煤灰陶粒混凝土的材料用量为水泥为 $330kg/m^3$；砂为 $656kg/m^3$；粉煤灰陶粒为 $614kg/m^3$；水的总用量为 $251kg/m^3$。

第三节　粉煤灰陶粒混凝土参考配合比

有关生产厂家对粉煤灰陶粒混凝土配合比进行试验，一般均可配制出 C10～C30 粉煤灰陶粒混凝土。表 26-4 中列出了比较成功的常用参考配合比，表 26-5 中列出了预应力粉煤灰陶粒混凝土配合比，表 26-6 中列出了高强粉煤灰陶粒混凝土不同成型工艺的配合比，均可以供同类工程施工中参考采用。

表 26-4　粉煤灰陶粒混凝土常用参考配合比

混凝土强度等级	水泥强度等级/MPa	配合比（质量比）（水泥：砂：陶粒）	水灰比（W/C）	陶粒混凝土原材料用量/(kg/m³)			
				水泥	砂	陶粒	有效水
C10	32.5 级普	1：3.00：3.00	0.67	230	690	690	155
C15	32.5 级普	1：2.40：2.40	0.55	280	680	680	155
C20	32.5 级普	1：2.33：2.33	0.49	305	680	680	150
C25	32.5 级普	1：2.03：2.03	0.45	330	670	670	150
C20	42.5 级普	1：2.52：2.52	0.56	270	680	680	150
C25	42.5 级普	1：2.26：2.26	0.50	300	680	680	150
C30	42.5 级普	1：2.09：2.09	0.47	320	670	670	150

表 26-5　预应力粉煤灰陶粒混凝土配合比

设计强度等级/MPa	配制混凝土的水泥品种	水泥用量/(kg/m³)	水灰比（W/C）	配合比（质量比）水泥：砂：陶粒	试块 28 天抗压强度/MPa
C30	42.5 级普通水泥	400～450	0.37～0.42	(1：1.36：1.24)～(1：1.84：1.48)	≥30

表 26-6　高强粉煤灰陶粒混凝土不同成型工艺的配合比

编号	混凝土设计强度等级	水灰比（W/C）	工作度/s	每立方米混凝土材料用量/kg				减水剂品种与掺量/%	f_{28}/MPa	干表观密度/(kg/m³)	备注
				水泥	陶粒	砂	水				
1	C50	0.28	6.3	550	621	630	减水 20%193	木钙 0.15	56.3	1820	单插
2	C50	0.28	10.8	550	621	630	193	木钙 0.15	52.0	1850	单振
3	C50	0.28	5.8	550	621	630	193	木钙 0.15	55.5	1870	复合
4	C50	0.28	6.0	550	634	628	193	0	52.6	1820	
5	C50	0.28	3.0	550	634	628	减水 30%179	建 1.00	53.2	1840	单插
6	C50	0.28	4.6	550	634	628	减水 15%201	木钙 0.25	50.0	1830	单插
7	C50	0.28	5.9	550	634	628	225	0	52.9	1830	单振
8	C50	0.28	2.9	550	634	628	179	建 1.00	46.9	1810	单振
9	C50	0.28	4.8	550	634	628	201	木钙 0.25	53.1	1870	单振
10	C50	0.28	6.3	550	634	628	225	0	54.2	1810	复合
11	C50	0.28	3.3	550	634	628	179	建 1.00	52.8	1830	复合
12	C50	0.28	5.0	550	634	628	201	木钙 0.25	55.2	1830	复合

编号	混凝土设计强度等级	水灰比(W/C)	工作度/s	每立方米混凝土材料用量/kg				减水剂品种与掺量/%	f_{28}/MPa	干表观密度/(kg/m³)	备注
				水泥	陶粒	砂	水				
13	C50	0.28	7.2	550	634	628	225	0	50.3	1820	人工
14	C50	0.28	7.7	550	634	628	201	木钙 0.25	56.6	1850	人工
15	C50	0.28	6.9	550	634	628	225	0	53.7	1800	机械
16	C50	0.28	4.5	550	634	628	201	木钙 0.15	58.5	1850	机械
17	C50	0.28	7.1	550	621	630	201	木钙 0.15	55.7	1850	先掺
18	C50	0.28	6.4	550	621	630	201	木钙 0.25	56.5	1860	先掺
19	C50	0.28	5.2	550	621	630	201	木钙 0.35	58.2	1860	先掺
20	C50	0.28	8.0	550	621	630	201	木钙 0.15	56.2	1860	后掺
21	C50	0.28	6.5	550	621	630	201	木钙 0.25	60.8	1880	后掺
22	C50	0.28	5.2	550	621	630	201	木钙 0.35	52.6	1860	后掺

第二十七章　粉煤灰混凝土

据 2013 年的有关资料报道，中国的粉煤灰排放量在过去 11 年间增加了 2.6 倍，已成为固体废物的最大排放源，燃煤大气污染已成为威胁中国公众的主要因素之一。2013 年，中国粉煤灰的产量达到了 $5.32×10^8$t，相当于当年中国城市生活垃圾总量的 2 倍多。因此，粉煤灰的处理和利用问题必须引起人们的广泛注意。

粉煤灰混凝土是指在水泥混凝土中掺加一定量粉煤灰的混凝土，这是现代混凝土技术新潮流中发展起来的一种新型经济改性混凝土。粉煤灰混凝土已广泛应用于城市建设和地下混凝土工程中，如地铁、隧道、污水管道、排水管道、大型基础、市政工程、水利工程等方面，在预应力混凝土、道路混凝土、商品混凝土等中，也取得了成功的经验，具有非常广阔的发展前景。

在混凝土中掺加粉煤灰：节约了大量的水泥和细骨料；减少了用水量；改善了混凝土拌和物的和易性；增强混凝土的可泵性；减少了混凝土的徐变；减少水化热、热能膨胀性；提高混凝土抗渗能力；增加混凝土的修饰性。

第一节　粉煤灰混凝土的材料组成

粉煤灰混凝土的材料组成与普通水泥混凝土大部分相同，也是由水泥、细骨料、粗骨料、水和外加剂按适当比例组成基准混凝土，然再根据设计要求掺加了一定量的粉煤灰，从而组成粉煤灰混凝土。由于粉煤灰在粉煤灰混凝土中所占比例较大，因此，不仅是普通水泥混凝土中所组成材料影响混凝土的性能，而且采用的粉煤灰质量也直接影响粉煤灰混凝土的质量。

一、对粉煤灰的要求

煤粉在炉膛中呈悬浮状态燃烧，燃煤中的绝大部分可燃物都能在炉内烧尽，而煤粉中的不燃物（主要为灰分）大量混杂在高温烟气中。这些不燃物因受到高温作用而部分熔融，同时由于其表面张力的作用，形成大量细小的球形颗粒，排出后则成为粉煤灰。粉煤灰是一种火山灰质工业废料活性矿物掺合料，是燃煤电厂排出的主要固体废物，其颗粒多数呈球形，表面比较光滑，实堆密度为 $1950～2400kg/m^3$，松堆密度为 $550～800kg/m^3$。

根据国家标准《用于水泥和混凝土中的粉煤灰》（GB 1596—2005）中的规定，按产生粉煤灰的煤种不同，可以分为 F 类粉煤灰和 C 类粉煤灰两种：由无烟煤或烟煤煅烧收集的粉煤灰称为 F 类粉煤灰，F 类粉煤灰是低钙灰；由褐煤或次烟煤煅烧收集的粉煤灰称为 C 类粉煤灰，C 类粉煤灰是高钙灰，其氧化钙含量一般大于 10%。用于拌制混凝土和砂浆用粉煤灰，可分 Ⅰ 级、Ⅱ 级、Ⅲ 级三个等级。

根据国家标准《用于水泥和混凝土中的粉煤灰》（GB 1596—2005）中的规定，用于拌制混凝土和砂浆用粉煤灰，其技术要求应符合表 27-1 中的要求。

由于我国各地火力发电厂所用的煤粉品种不同，因此粉煤灰的化学成分及物理性质也有所差别，表27-2中列出了粉煤灰主要排放省（市）粉煤灰的化学成分及物理性质。从表中的数据可以看出，绝大多数粉煤灰是能够配制粉煤灰混凝土的，粉煤灰混凝土是今后应当重点推广和研究的新型环保建筑材料。

表 27-1　拌制混凝土和砂浆用粉煤灰技术要求

项　目	粉煤灰种类	技术要求		
		Ⅰ级	Ⅱ级	Ⅲ级
细度（45μm 方孔筛筛余）/%	F、C类粉煤灰	≤12.0	≤25.0	≤45.0
需水量比/%	F、C类粉煤灰	≤95	≤105	≤115
烧失量/%	F、C类粉煤灰	≤5.0	≤8.0	≤15.0
含水量/%	F、C类粉煤灰	≤1.0	≤1.0	≤1.0
三氧化硫/%	F、C类粉煤灰	≤3.0	≤3.0	≤3.0
游离氧化钙/%	F、C类粉煤灰	≤1.0	≤1.0	≤1.0
雷氏夹沸煮后增加距离/mm	C类粉煤灰	≤5.0	≤5.0	≤5.0

表 27-2　我国部分地区粉煤灰化学成分及物理性质

粉煤灰产地	粉煤灰化学成分/%						粉煤灰物理性质				备注
	SiO_2	Al_2O_3	Fe_2O_3	CaO	MgO	烧失量	密度/(g/cm³)	表观密度/(kg/m³)	孔隙率/%	细度/%	
哈尔滨	61.3	22.5	3.3	1.5	1.07	10.4	—	650	—	10～24	湿排灰
吉林	50.0	27.5	5.0	2.0	1～2	4～7		600～700		4～7	干灰
南宁	47.1	33.0	14.6	3.3	0.96	5.10		576		14.5	干灰
鞍山	49.4	17.8	8.8	4.3	1.96	14.5					
安庆	47.8	33.6	2.6	3.4	0.58	11.8					
北京	43.9	22.8	7.1	3.5	0.86	7.20	2.26	900	60.0	37.1	湿排灰
天津	49.5	36.9	5.0	3.7	0.85	4.90	2.02	600	70.2	24.7	湿排灰
上海	54.9	29.8	8.3	2.5	1.30	3.30	1.98	642	55.5	38.8	湿排灰
武汉	57.5	27.3	3.4	2.0	0.59	7.10	2.10	510	75.5	9.00	湿排灰
南京	52.1	36.4	5.0	3.8	0.70	3.10	2.00	650	67.5	10.3	—
株洲	52.4	22.9	3.6	1.6	1.84	15.4	2.78	725	65.0	24.2	湿排灰
镇江	49.0	34.1	3.2	2.8	0.83	6～7	—	—	—	20.0	湿排灰
肥城	50.8	15.1	17.0	6.3	1.00	2.50	—	610	—	13.0	干灰
唐山	48.6	41.4	3.2	1.7	0.91	5.40	1.96	700	64.2	16.8	—
淮南	51.9	34.8	4.7	3.5	0.94	1.90	2.24	530	76.3	5.90	—
重庆	42.0	26.2	17.3	4.6	2.20	7.6～12.6	2.38	610	62.2	15.0	湿排灰

注：表中粉煤灰的细度是指用 88μm 方孔筛筛余量，%。

二、粉煤灰混凝土其他材料的要求

由于粉煤灰混凝土是由基准水泥混凝土按照设计要求，掺加一定量的合格粉煤灰配制而成的，因此，粉煤灰混凝土的组成材料除粉煤灰必须符合以上规定外，其他组成材料必须符合现行的国家或行业标准。

为确保粉煤灰混凝土的质量，在配制粉煤灰混凝土时宜优先选用硅酸盐水泥或普通硅酸盐水泥，其技术指标应符合《通用硅酸盐水泥》（GB 175—2007/XG1—2009）中硅酸盐水泥普通硅酸盐水泥的规定；选用的细骨料和粗骨料，应分别符合《建设用砂》（GB/T 14684—2011）和《建设用卵石、碎石》（GB/T 14685—2011）中的规定；拌制混凝土的水，应符合《混凝土用水》（JGJ 63—2006）中的规定；需用掺加的各种外加剂，应符合《混凝土外加剂定义、分类、命名与术语》（GB 8075—2005）中的有关规定。

第二节　粉煤灰混凝土配合比设计

粉煤灰混凝土具有和易性好、可泵性强、修饰性改善、抗冲击能力提高、抗冻性增强等优点。工程实践证明：采用优质粉煤灰和高效减水剂复合技术，可以生产高强度的混凝土，这种现代粉煤灰高强混凝土新技术正在全国迅速发展；优质粉煤灰特别适用于配制泵送混凝土、大体积混凝土、抗渗结构混凝土、抗硫酸盐混凝土和抗软水侵蚀混凝土及地下、水下工程混凝土、压浆混凝土和碾压混凝土。

粉煤灰混凝土配合比设计的方法很多，国内外常用的有：用规定强度法进行配合比设计、用改良取代法进行配合比设计、用理性法进行配合比设计、按经济原则进行配合比设计和粉煤灰混凝土简易配合比设计等。

一、用规定强度法进行配合比设计

粉煤灰混凝土配合比设计中的所谓"规定强度法"，是指英国的 I. A. 史密斯（Smith）以粉煤灰胶凝效率系数 K 和等效水灰比为理论基础的等稠度和 28 天强度的设计方法。

在"规定强度法"中的粉煤灰胶凝效率系数 K，反映了粉煤灰对混凝土强度效应所产生的效率，即在混凝土中加入质量为 F 的粉煤灰，当混凝土达到一定龄期时，它能对混凝土强度做出相当于一定水泥的作用。粉煤灰对混凝土强度效应及水泥水化反应和粉煤灰二次反应之间的复杂性，由于粉煤灰胶凝效率系数 K 的提出，简化了这些复杂的关系，建立了"等效水灰比"（也称"有效水灰比"）的公式，这是粉煤灰配合比设计中一种比较简单的方法。

（一）规定强度法配合比设计基本方程式

用规定强度法进行粉煤灰配合比设计，实质上就是用"等效水灰比"建立 3 个基本方程式。

1. 水和水泥用量（水灰比）方程式

粉煤灰混凝土的水灰比方程式，可用式（27-1）表示：

$$\frac{W}{C} = \frac{W_1}{C_1}\left(1 + \frac{KF}{C}\right) \tag{27-1}$$

式中，W/C 为粉煤灰混凝土的水灰比（质量比）；W_1/C_1 为普通水泥基准混凝土粉煤灰与混凝土强度相等的等效水灰比（质量比）；K 为粉煤灰胶凝效率系数；F 为粉煤灰混凝土中的粉煤灰用量，kg/m^3。

式（27-1）表示粉煤灰混凝土中实际水灰比（质量比）、等效水灰比及粉煤灰胶凝效率系数的关系，它是决定粉煤灰混凝土与基准混凝土等强度的基本关系式。

2. 粉煤灰与水泥质量比方程式

在粉煤灰混凝土中水泥和粉煤灰是主要的胶凝材料，两者的用量之比不仅关系到粉煤灰混凝土的性能，而且关系到其经济性。粉煤灰与水泥质量比方程式，可用公式（27-2）表示：

$$\frac{F}{C}=\frac{\dfrac{W_1}{C_1}-\dfrac{W_2}{C_2}}{\dfrac{3.15W_2}{gC_2}-K\left(\dfrac{W_1}{C_1}\right)} \tag{27-2}$$

式中，F/C 为粉煤灰混凝土中粉煤灰与水泥用量之比（质量比）；W_2/C_2 为与粉煤灰混凝土和易性相等的普通水泥基准混凝土的等效水灰比（质量比）；3.15 为硅酸盐水泥或普通硅酸盐水泥的平均密度，g/cm^3；g 为配制粉煤灰混凝土所用粉煤灰的平均密度，g/cm^3。

3. 集料与水泥质量比（集灰比）方程式

在粉煤灰混凝土配合比设计中，水泥用量和集料用量之比，也是影响粉煤灰混凝土性能的重要技术指标。水泥用量和集料用量之比，可用公式（27-3）表示：

$$\frac{A}{C}=N\frac{WC_2}{CW_2} \tag{27-3}$$

式中，A/C 为粉煤灰混凝土中集料与水泥用量之比（质量比）；N 为与粉煤灰混凝土和易性相等、水灰比普通水泥基准混凝土中集料与水泥用量之比（质量比）。

（二）规定强度法配合比设计的设计程序

粉煤灰混凝土按规定强度法配合比设计，其基本设计程序详见如下所述。

（1）按照粉煤灰混凝土设计强度的要求，查混凝土抗压强度与（W_1/C_1）等效水灰比的各种关系表，选择与一定龄期等强度的基准混凝土的等效水灰比（W_1/C_1）。

（2）按照粉煤灰混凝土设计和易性的要求，按常规查集灰比关系图表，获得与粉煤灰混凝土和易性相等的基准混凝土的水灰比（W_2/C_2），同时也获得普通水泥基准混凝土中集料用量与水泥用量之比（N）。

（3）根据以上所获得的数据，用公式（27-2）可以计算粉煤灰混凝土中粉煤灰与水泥的质量比（F/C）。

（4）根据以上查表和计算所获得的数据，用公式（27-1）可以计算粉煤灰混凝土中拌和水与水泥的质量比（W/C）。

（5）根据以上查表和计算所获得的数据，用公式（27-3）可以计算粉煤灰混凝土中集料与水泥的质量比（A/C）。

（6）根据以上查表和计算所获得的数据，最后可以列出粉煤灰混凝土的初步配合比，即水、粉煤灰、水泥及集料的用量比例。

为了简化用规定强度法进行粉煤灰配合比设计程序，英国中央发电局按照以上原理，绘

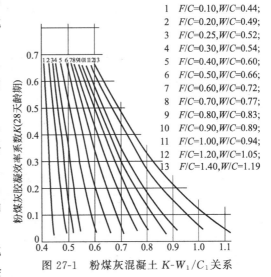

1 $F/C=0.10, W/C=0.44$;
2 $F/C=0.20, W/C=0.49$;
3 $F/C=0.25, W/C=0.52$;
4 $F/C=0.30, W/C=0.54$;
5 $F/C=0.40, W/C=0.60$;
6 $F/C=0.50, W/C=0.66$;
7 $F/C=0.60, W/C=0.72$;
8 $F/C=0.70, W/C=0.77$;
9 $F/C=0.80, W/C=0.83$;
10 $F/C=0.90, W/C=0.89$;
11 $F/C=1.00, W/C=0.94$;
12 $F/C=1.20, W/C=1.05$;
13 $F/C=1.40, W/C=1.19$

图 27-1　粉煤灰混凝土 K-W_1/C_1 关系

制了"粉煤灰胶凝效率系数——粉煤灰混凝土和易性相等的普通水泥基准混凝土的等效水灰比"关系图（见图 27-1），由图中可确定相应的水灰比（W/C）和粉煤灰与水泥用量比（F/C）。

（三）规定强度法配合比设计的工程实例

某工程配制强度等级为 C40 的粉煤灰混凝土，混凝土拌和物的和易性为中等，粉煤灰

胶凝效率系数 $K = 0.25$，标准稠度需水量为 32.5%，水泥需水量为 25%，碎石最大粒径为 40mm。

查基准水泥混凝土强度曲线，粉煤灰与混凝土强度相等的等效水灰比 $W_1/C_1 = 0.50$；根据 $K = 0.25$ 和 $W_1/C_1 = 0.50$，从图 27-1 中可查得粉煤灰混凝土中粉煤灰与水泥用量之比 $F/C = 0.28$、粉煤灰混凝土的水灰比 $W/C = 0.53$。再查"道路第 4 号纪要"，取与粉煤灰混凝土和易性相等的普通水泥基准混凝土的等效水灰比 $W_2/C_2 = 0.40$，得 $N = 3.4$，将以上查得的数据代入式(27-3)，即可求出粉煤灰混凝土中集料与水泥用量之比：

$$A/C = 3.4 \times 0.53/0.40 = 4.5$$

此粉煤灰混凝土的配合比为：水：粉煤灰：水泥：集料 $= 0.53 : 0.28 : 1 : 4.5$。

二、用改良取代法进行配合比设计

英国的 I. A. 史密斯（Smith）以粉煤灰胶凝效率系数 K 和等效水灰比为理论基础的等稠度和 28d 强度的设计方法同时期，也有人直接提出粉煤灰混凝土强度和水胶比计算公式，但是这些公式一般也只是通过试验对普通水泥混凝土的强度公式加以适当调整而已。这样也就可以利用修改后的公式，按指定龄期配制与基准水泥混凝土等强度的粉煤灰混凝土。

粉煤灰混凝土强度公式，经引入折减系数 φ 后，其强度改进公式则可用式(27-4) 表示：

$$f_{28} = 0.49 \varphi f_c \left(\frac{C+F}{W} - B \right) \tag{27-4}$$

式中，f_{28} 为粉煤灰混凝土 28d 的抗压强度，MPa；φ 为水泥强度的折减系数（见表 27-3）；f_c 为水泥的实际强度，MPa；$(C+F)/W$ 为胶凝材料与水的质量之比（胶水比）；B 为水泥品种系数，普通硅酸盐水泥为 0.45，矿渣水泥或粉煤灰水泥为 0.48。

表 27-3　掺磨细粉煤灰水泥强度的折减系数 φ 值

混凝土中粉煤灰掺量/%	0	10	20	30	40	50
普通水泥	1	0.942	0.872	0.818	0.737	0.599
矿渣水泥	1	0.948	0.863	0.791	0.690	0.589
粉煤灰水泥	1	0.892	0.835	0.761	—	—
平均值	1	0.943	0.865	0.796	0.714	0.596
修正值	1	0.940	0.870	0.790	0.700	0.600

从表 27-3 中可以看出，折减后水泥强度降低百分数均小于粉煤灰掺加的百分数，这充分表明粉煤灰对水泥强度也显示出一定的粉煤灰效应。因此，粉煤灰混凝土与不掺加粉煤灰的水泥混凝土相比，可以达到节约一定量水泥的目的。

美国混凝土专家 S. 波波维奇（Popvics）根据研究结果，提出了一个改进的粉煤灰混凝土强度公式，如式(27-5) 所示：

$$f_{28} = B \left(\frac{C+F}{W} - 0.50 \right) - cF'n \tag{27-5}$$

式中，f_{28} 为粉煤灰混凝土 28 天的抗压强度，MPa；$(C+F)/W$ 为胶凝材料与水的质量之比（胶水比）；B、c、n 分别为粉煤灰混凝土的试验常数；F' 为粉煤灰掺量百分数，%。

式(27-5) 系按美国试验条件所确定的常数值：$B = 3250$，$c = 0.60$，$n = 2$。强度单位为 psi，当换算为 MPa 时应再乘以 0.0069。

研究结果认为，式(27-5) 适用于 ASTM 标准规定的 F 级低钙粉煤灰，但粉煤灰掺量不得超过 50％～60％。由于式(27-5) 与粉煤灰的掺量密切相关，因此比传统的粉煤灰混凝土强度公式有一定的改进。

南非的学者根据近年的研究，考虑粉煤灰的减水作用，提出了在理论上更为完整的等效水灰比关系式，即在 I. A. 史密斯（Smith）的等效水灰比的方程中，又引入了"粉煤灰减水系数 l"，即：

$$\frac{c}{w} = \frac{C_1 + kF}{lW_0} \qquad (27\text{-}6)$$

式中，c/w 为等强度基准混凝土的等效水灰比；C_1 为粉煤灰混凝土中水泥的用量，kg/m^3；k 为粉煤灰胶凝效率系数；F 为粉煤灰混凝土中的粉煤灰用量，kg/m^3；l 为粉煤灰的减水系数；W_0 为基准混凝土中的用水量，kg/m^3。

粉煤灰减水系数 l，可以通过等和易性混凝土系统试验测定。如果同时采用减水剂、引气剂等影响用水量的外加剂，应经过配制试验，合并考虑综合减水系数。材料试验证明，不仅并非所有粉煤灰都有减水作用，而且减水也有一定的范围，所以粉煤灰减水系数 l，实际上就是"粉煤灰需水性系数"。粉煤灰减水系数 l 值与粉煤灰混凝土和易性效率系数 K_w 值完全相同，仅代表符号不同而已。

如果在粉煤灰混凝土配合比的用水量中，已经考虑了粉煤灰对用水量的影响，则可直接从有关图表中查出经过增减的粉煤灰混凝土用水量。如美国田纳西州水利工程局建议的粉煤灰对混凝土减水或增水的规律，可供粉煤灰混凝土工程中配制应用。

以上只是说明了粉煤灰混凝土改良强度公式的基本原理，实际上计算还是比较简便的。除必须测定所用的粉煤灰胶凝效率系数 k 粉煤灰的折减系数 l 外，粉煤灰混凝土配合比设计程序，都是按照与基准混凝土对比的方法，先设计好基准混凝土的配合比，再通过简化的办法计算粉煤灰混凝土中各种材料用量，如式(27-7) 所示：

$$C = W_0 \frac{c}{w} - kF \qquad (27\text{-}7)$$

式中，C 为粉煤灰混凝土中水泥用量，kg/m^3；W_0 为基准混凝土中的用水量，kg/m^3；c/w 为基准混凝土的等效灰水比；k 为粉煤灰胶凝效率系数；F 为粉煤灰混凝土中的粉煤灰用量，kg/m^3。

三、用理性法进行配合比设计

所谓粉煤灰混凝土配合比设计的理性法，是指一些偏重于按照材料科学的原则和讲究严密的配合比设计程序的方法。这种方法的特点是较多地考虑混凝土性能和粉煤灰特征研究，同时也考虑到混凝土成分组合的基本关系、经济合理的优化配合比等设计原则。粉煤灰混凝土配合比设计理性法的程序和步骤，基本上和现行的普通水泥混凝土的试验配合法相同，主要包括"选材"和"配料"两项工作。

"选材"还为粉煤灰的因材设计取得必要的技术资料，现在粉煤灰品种的增多和品位的提高，使粉煤灰混凝土配合比设计中"有材可选"。"配料"就是按照工程要求的混凝土性能进行科学配比。理性法的配料计算之前，一般需要建立较多的配合技术参数与混凝土性能的基本关系，如强度关系、和易性关系、耐久性关系和经济性关系等。

（一）粉煤灰混凝土用水量选择和强度计算

混凝土配合比计算通常是从用水量选择和强度计算开始的，粉煤灰混凝土的理性法配合比设计也是以用水量选择和强度计算为基础的。

粉煤灰混凝土的需水量大小，受水泥品种和用量、粉煤灰性质和用量、骨料的种类和粒径、骨料的级配和用量等多种因素的影响，尤其应当考虑的是新拌混凝土的不同和易性的要求。这就需要进行大量的试验工作。因此，在理性法中往往就从传统的普通水泥混凝土配合比设计规程中选择单位用水量，然后再乘以前面所述确定的粉煤灰需水性系数 K_w，则能求得粉煤灰混凝土的用水量，如式（27-8）所示。

$$W' = K_w W \qquad (27\text{-}8)$$

式中，W' 为粉煤灰混凝土的用水量，kg/m^3；K_w 为粉煤灰需水性系数；W 为普通水泥混凝土的用水量，kg/m^3。

粉煤灰混凝土配制试验证明：粉煤灰的种类和掺量对混凝土的用水量影响最大，因为并不是所有的粉煤灰都具有减水作用，即使有减水作用，也有一定的减水范围；不同品种的粉煤灰，其掺量影响也有较大的差别。因此，粉煤灰需水性系数 K_w 值是粉煤灰混凝土配合比设计的重要系数，其取值既要依靠技术资料的不断积累，也要通过材料配比试验进行校正。

我国在粉煤灰混凝土配合比设计中，所用的磨细粉煤灰的需水量比在 100% 左右，所以常常直接采用普通水泥混凝土用水量参考表查得，然后在混凝土试拌过程中再作调整。但工程实践证明，其准确性是不能满足要求的，因此还应当重视粉煤灰需水性系数 K_w 值的测定。

根据南非的研究成果所提出的式(27-6)，将减水系数 l 引入等效灰水比公式，就可以用它建立更为合理的强度公式，如式(27-9) 所示：

$$f_{cu,k} = A\left(\frac{C_1 + kF}{lW_0} - B\right) \qquad (27\text{-}9)$$

式中，$f_{cu,k}$ 为粉煤灰混凝土的设计强度，MPa；A、B 分别为混凝土的骨料种类系数；其他符号含义同上。

近些年来，国外有些学者还提出了一些新的粉煤灰配合比设计方法，实践证明不管采用何种方法，处理好用水量、水泥用量、粉煤灰掺量、强度、耐久性和经济性关系之后，还应对所用骨料进行适当调整，其余的配合比计算方法和步骤，与常规的混凝土配合比计算和试验方法基本相同。

（二）粉煤灰混凝土试配强度和坍落度选择

粉煤灰混凝土的配制与普通水泥混凝土一样，应当考虑到各种因素对混凝土强度的不利影响，因此也要进行试配强度的确定。对粉煤灰混凝土试配强度，可参照现行的混凝土规程，按照普通水泥混凝土的规定，考虑到施工现场实际施工条件的差异和变化，按式(27-10) 计算：

$$f_{cu,0} = f_{cu,k} + \sigma_0 \qquad (27\text{-}10)$$

式中，$f_{cu,0}$ 为混凝土的试配强度，MPa；$f_{cu,k}$ 为混凝土的结构设计要求强度，MPa；σ_0 为施工单位混凝土标准差的历史统计水平，MPa。

对于一般粉煤灰混凝土工程，施工单位混凝土标准差的历史统计水平，可参照国家标准《钢筋混凝土工程施工质量验收规范》（GB 50204—2002）（2011 年版）的规定执行。当施工单位无历史统计资料时，σ_0 的取值可参考表 27-4。

表 27-4　施工单位混凝土标准差的历史统计水平 σ_0 取值

混凝土强度/MPa	10～20	25～40	50～60
σ_0 值	4.0	5.0	6.0

对于粉煤灰混凝土浇筑时的坍落度选择，也可按照《普通混凝土配合比设计规程》（JGJ 55—2011）中的规定，参照表 27-5 中的数据选用。根据国内的施工经验，当粉煤灰混凝土与普通水泥混凝土坍落度相同时，粉煤灰混凝土却比较容易操作。因此，选用表 27-5 中的坍落度，实际效果要更好一些。

表 27-5　粉煤灰混凝土浇筑时的坍落度选择表

项　次	粉煤灰混凝土结构种类	坍落度/cm
1	基础或地面等的垫层、无配筋的厚大结构(挡土墙、基础或厚大的块体等)或配筋稀疏的结构	1～3
2	板、梁和大型及中型截面的柱子等	3～5
3	配筋密列的结构(如薄壁、斗仓、筒仓、细柱等)	5～7
4	配筋特密的混凝土结构	7～9

注：1. 本表系指采用机械振捣的坍落度，采用人工捣实时其值可适当增大。
2. 需要配制大坍落度粉煤灰混凝土时，应当掺用适量的外加剂。
3. 曲面或斜面结构的混凝土，其坍落度值应根据工程实际需要另行选定。
4. 对于轻骨料粉煤灰混凝土的坍落度，应比表中的数值减少 1～2cm。

(三) 粉煤灰混凝土按耐久性要求进行设计

如果对粉煤灰混凝土的耐久性无特殊的要求，在进行配合比设计时可参考《钢筋混凝土工程施工质量验收规范》（GB 50204—2002）（2011 年版）或《普通混凝土配合比设计规程》（JGJ 55—2011）中的规定，根据粉煤灰混凝土所处的环境条件，按表 27-6 中的最大水灰比和最小水泥用量考虑。

如果对所配制的粉煤灰混凝土耐久性有特殊的要求，在进行配合比设计时应根据混凝土所处的环境条件，专门设计与基准混凝土耐久性等效或耐久性更高的粉煤灰混凝土。这样就要求通过相应的耐久性单项试验，如碳化、抗渗、抗冻、抗化学侵蚀等，测定耐久性效率系数，证明配制的粉煤灰混凝土能够满足工程的要求。

(四) 按强度等级控制粉煤灰混凝土耐久性

在对耐久性有要求的混凝土配合比设计中，混凝土强度的设计必须服从耐久性所要求的最大水灰比和最小水泥用量的规定，这样对混凝土原来规定的强度指标就失去了控制作用。

表 27-6　混凝土的最大水灰比和最小水泥用量（JGJ 55—2011）

环境条件		结构物类型	最大水灰比(W/C)			最小水泥用量/(kg/m³)		
			素混凝土	钢筋混凝土	预应力混凝土	素混凝土	钢筋混凝土	预应力混凝土
干燥环境		正常的居住或办公用房屋内部件	无规定	0.65	0.60	200	260	300
潮湿环境	无冻害	(1)高湿度的室内部件；(2)室外部件；(3)在非侵蚀土或水中的部件	0.70	0.60	0.60	225	280	300
	有冻害	(1)经受冻害的室外部件；(2)在非侵蚀土或水中且经受冻害的部件；(3)高湿度且经受冻害的室内部	0.55	0.55	0.55	250	280	300
有冻害和除冰剂的潮湿环境		经受冻害和除冰剂作用的室内和室外部件	0.50	0.50	0.50	300	300	300

注：当用活性掺合料取代部分水泥时，表中的最大水灰比及最小水泥用量即为替代前的水灰比及水泥用量。

在一定的条件下，混凝土的强度指标可以作为混凝土的质量控制指标。现代水泥的强度有较大幅度的提高，即使在水灰比较大的情况下，混凝土也可获得较高的强度，如果混凝土只凭其强度高低评价其质量，往往不能满足耐久性的要求。如混凝土强度与碳化深度之间的关系，对于不掺粉煤灰的混凝土，强度在40MPa以上时，碳化深度一般比较小，而强度在30MPa以下时碳化深度则大一些。材料试验证明：粉煤灰混凝土这种趋势更加明显。

英国近年为修订结构用钢筋混凝土标准规范，曾多次讨论研究混凝土的耐久性分级，并提出了具体的分级意见。我国参照英国对耐久性分级的经验，将粉煤灰混凝土耐久性分为一般、较严酷、严酷、特严酷四级，如表27-7所列。

表 27-7 粉煤灰混凝土耐久性分级

耐久性条件	混凝土强度/MPa	最小胶凝材料用量/(kg/m³)	最大水胶比(质量比)	追加强度/MPa
一般	25	250	0.7	与基准混凝土等强度
较严酷	30	300	0.6	+5
严酷	35	350	0.5	+10
特严酷	40	400	0.4	+15

(五) 骨料的调整和混凝土外加剂共同掺用

粉煤灰混凝土理性法配合比设计的结果，与基准混凝土相比，水泥浆体中的成分已发生变化。通常按粉煤灰增加的体积，扣除细骨料的用量来计算，而对粗骨料一般不做调整。

在粉煤灰混凝土中同时掺加减水剂，即国内工程上所称的"双掺技术"，会取得进一步改善混凝土性能的效果。在粉煤灰混凝土中掺加水泥质量的2.5%～3.0%的木质素磺酸钙普通型减水剂，能制备出比基准混凝土抗碳化能力更高的混凝土，这是提高粉煤灰混凝土抗碳化性能简单而有效的技术措施。

根据国内外粉煤灰混凝土的配制经验，单掺减水剂基准混凝土、单掺粉煤灰的混凝土和双掺减水剂粉煤灰混凝土，由于组成材料不同，各自的性能也有区别。表27-8中列出了以上三种混凝土的性能对比，供粉煤灰混凝土配合比设计和配制中参考。在掺加减水剂前，应通过试验测定外加剂与水泥的相容性，并对配合比进行适当调整。

表 27-8 粉煤灰混凝土的性能对比

混凝土性质(与普通水泥基准混凝土对比)	单掺减水剂基准混凝土		单掺粉煤灰混凝土		双掺减水剂粉煤灰混凝土	
	性能对比	改善或削弱程度	性能对比	改善或削弱程度	性能对比	改善或削弱程度
凝结时间*	近似	≈	近似或稍低	≈或-	近似	≈
和易性	稍好	+	较好	++	较好	++
泌水性*	稍高	-	较低	++	近似	≈
离析现象	近似	≈	较好	++	较好	++
坍落度损失	稍大	-	稍低	+	稍低	+
密实度*	稍高	+	稍高	+	较高	++
早期强度*	近似	≈	稍低	-	稍低	-
最大抗压强度	近似	≈	稍高	++	较高	++
弹性模量*	近似	≈	近似	≈	稍高	+
抗弯强度与抗拉强度	近似	≈	稍高	+	稍高	+
水化热	近似	≈	较低	+	较低	++
收缩性*	稍高	+	稍低	-	近似	≈
徐变*	稍高	-	较低	++	稍低	+
抗硫酸盐性	近似	≈	较好	++	较低	++
抗碱集料反应性	近似	≈	较好	++	较好	++

混凝土性质（与普通水泥基准混凝土对比）	单掺减水剂基准混凝土		单掺粉煤灰混凝土		双掺减水剂粉煤灰混凝土	
	性能对比	改善或削弱程度	性能对比	改善或削弱程度	性能对比	改善或削弱程度
抗磨性	近似	≈	近似	≈	近似	≈
抗渗性	近似	≈	较好	++	较好	++
抗冻性	近似	≈	近似	≈	近似	≈
抗碳化能力*	近似	≈	稍低	－	近似或稍高	≈或+

注：1. 使用一般适用于结构混凝土的中等质量粉煤灰，减水剂为木质素磺酸钙，对比条件为等坍落度和28天强度。

2. 表中符号说明：＊表示以往认为粉煤灰混凝土性能显著降低；≈表示性能近似；＋表示性能稍好；＋＋表示性能较大改善；－表示性能稍差。

四、按经济原则进行配合比设计

（一）粉煤灰材料的经济效应

研究结果表明，粉煤灰的效应主要包括活性效应、形态效应和微集料效应的发挥；从节约水泥、节省能源、改善性能、环境保护等方面获得综合经济效益，均可认为是粉煤灰的经济效应。在粉煤灰混凝土配合比设计中，其经济性也是非常重要的设计依据之一，而粉煤灰混凝土配合比设计的目的，就是要更加合理地挖掘粉煤灰在混凝土中所能发挥的经济潜力。

传统的观点认为：粉煤灰混凝土的经济效益，只限于粉煤灰用量、水泥用量、粉煤灰取代水泥量等配合比问题，其中心都是为了少用水泥。实际上，粉煤灰混凝土配合比设计就是把技术和经济科学地结合起来，即在保证粉煤灰混凝土获得最大的技术效益的同时，又可以获得最大的经济效益，这是粉煤灰混凝土配合比设计非常重要的一个方面。

近年来，许多混凝土专家比较强调按照经济原则进行粉煤灰配合比设计，把经济性提到优先考虑的位置，并将这类按经济原则进行的粉煤灰配合比设计，称之为"最佳化配合设计"。由于这类方法比较重视推理，计算比较复杂，有些关于经济配合比的线性或非线性程序，需要用电子计算机运算，所以按经济原则进行配合比设计也可归入理性法配合比设计的范畴。

（二）影响粉煤灰混凝土配合比经济性的因素

粉煤灰混凝土配制试验证明，影响粉煤灰混凝土配合比经济效应的主要因素：①粉煤灰与水泥的相对成本；②水泥和粉煤灰的质量；③所制备粉煤灰混凝土的性能要求。

1. 粉煤灰与水泥的相对成本

粉煤灰的回收、加工、制备、储存、运输等都有一定的成本，其成本的高低取决于产品化的过程和条件。对于配制粉煤灰混凝土来说，粉煤灰成本与水泥成本之比，是关系到混凝土价格高低的重要指标。

按照目前国际市场行情，商品粉煤灰与水泥单价之比，一般为30%～50%；我国的单价比在15%～30%范围内。由此可见，粉煤灰的单价远远低于水泥单价，采用粉煤灰等量取代水泥，一般都可以取得比较好的经济效益。如果采用超量取代的方法，粉煤灰与水泥的相对成本 $(F/C)_s$ 越高，混凝土中粉煤灰的掺量越大，经济效益降低的影响也越大。

2. 所用水泥和粉煤灰的质量

图 27-2 和图 27-3 是根据美国Ⅱ型波特兰水泥和中等质量品位的粉煤灰的试验结果而绘制的。如果水泥品种、强度和粉煤灰的质量发生较大的变化，混凝土中的水泥和粉煤灰必须

进行调整。受混凝土中粉煤灰效应的影响，图中曲线的位置可能会发生变动，曲线的型式也可能会发生变化。因此，图中所示的曲线只表示 (F/C) 与 $(F/C)_s$ 的大致趋势。

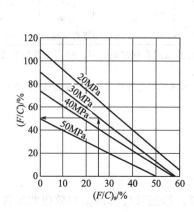

图 27-2 按 28 天龄期抗压强度配合比
设计的 F/C 与 $(F/C)_s$ 的经济组合

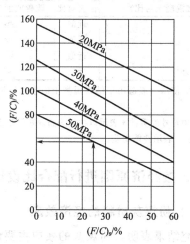

图 27-3 按 90 天龄期抗压强度配合比
设计的 F/C 与 $(F/C)_s$ 的经济组合

对于一般粉煤灰混凝土工程来说，没有必要对每一种粉煤灰都绘制出一系列的粉煤灰用量的与水泥用量 (F/C) 与粉煤灰与水泥的相对成本 $(F/C)_s$ 的关系图，只要绘制一些有代表性的水泥和粉煤灰的图表就可作参考之用，必要时还可通过试验进行核算。

3. 粉煤灰混凝土的性能要求

在《钢筋混凝土工程施工质量验收规范》（GB 50204—2002）（2011 年版）和有规程中规定，由于混凝土耐久性或其他性能的需要，规定了最小胶凝材料用量或水泥用量，有的也规定了粉煤灰的最大掺量或最小掺量，这些规定都使粉煤灰混凝土配合比设计受到一定的限制。这样，混凝土中的粉煤灰掺量首先必须优先服从于混凝土性能的要求，其次才能考虑混凝土的经济性。粉煤灰混凝土配合比正确的做法是，在选择粉煤灰的用量时必须兼顾混凝土的技术性和经济性，以确定最佳粉煤灰混凝土配合比。

（三）最佳粉煤灰用量的定量公式

据国外有关混凝土专家对粉煤灰混凝土配合比设计的研究，粉煤灰超量取代水泥配制等强度和等和易性的粉煤灰混凝土时，还应考虑最佳化的经济配合比。通过微分的演算，最佳粉煤灰用量的计算公式如式（27-11）所示：

$$F_0 = \frac{33.33k_c}{k_c - k_f} - \left[1111\left(\frac{k_c}{k_c - k_f}\right)^2 - 0.5556f_c - 902.8 \right]^{\frac{1}{2}} \qquad (27\text{-}11)$$

式中，F_0 为粉煤灰的最佳用量，kg；k_c 为水泥的单价；k_f 为粉煤灰的单价；f_c 为粉煤灰混凝土的抗压强度，MPa。

用式（27-11）计算得出的粉煤灰的最佳用量 F_0 如果为正值，则说明粉煤灰用量是经济合理的；如果 F_0 为负值或虚数，则说明应用的粉煤灰是不经济的。

五、粉煤灰混凝土简易配合比设计

以上所介绍的几种粉煤灰混凝土配合比方法，在设计和配制中是比较复杂的。对于一些设计和施工有丰富经验的单位，或对粉煤灰混凝土要求不太高的工程，可采用粉煤灰混凝土简易配合比设计方法。在工程中常用的粉煤灰混凝土简易配合比设计方法主要有调整系数法、超量系数法和固定用量法等。

（一）调整系数法

在粉煤灰混凝土简易配合比设计方法中，调整系数法是一种比较简单而合理的方法。调整系数法直接引用基准混凝土配合比设计的结果，按照设计和易性相等和28天强度相等的粉煤灰混凝土的要求，根据实际适当地调整各种组成材料的用量，包括确定粉煤灰的用量、取代水泥量、水泥用量等，然后确定粉煤灰混凝土的配合比。

调整系数法适合于粉煤灰质量基本稳定，并积累了大量试验资料的混凝土工厂和现场试验室。从实用的角度来看，在各类粉煤灰混凝土简易配合比设计方法中，调整系数法是简单易懂、简捷易行、容易接受的设计方法。

现行的粉煤灰混凝土配合比设计调整系数法有多种，尽管这些方法在某些方面或细节上有所区别，但是其基本原则相同。调整系数法也仅仅提供了初次试拌的配合比，最终配合比的确定仍需依靠试验室试拌及现场调整和校正的结果。因此，调整系数实际上也就是"试验系数"和"校正系数"。

粉煤灰混凝土简易配合比设计用调整系数法，有3个关键问题：①首先是要选好基准混凝土的配合比，这是进行粉煤灰混凝土配合比设计的基础；②其次是要求供应的粉煤灰必须质量稳定，如果粉煤灰的质量波动过大，固定的调整系数则无法应变；③通过系统试验制订适用的调整系数。

在利用"调整系数法"方面，英国专家进行了大量试验和研究，取得了比较成功的调整系数。表27-9中的数值则是典型的粉煤灰混凝土调整系数，可供粉煤灰混凝土配合比设计中参考。

表 27-9　英国典型的粉煤灰混凝土调整系数表

粉煤灰掺量 $F/(C+F)/\%$	水泥用量调整系数	用水量调整系数	胶凝材料用量调整系数
15	0.970	0.880	1.035
20	0.965	0.840	1.050
25	0.945	0.800	1.065
30	0.920	0.756	1.080
35	0.895	0.712	1.095
40	0.870	0.666	1.110
45	0.845	0.619	1.125
50	0.820	0.570	1.140

表27-9中对所用粉煤灰的质量要求是比较高的。从表中也可以看出，粉煤灰混凝土中的用水量调整系数，随着粉煤灰掺量增加而不断降低，这对充分发挥粉煤灰效应十分有利。

我国粉煤灰的质量波动比较大，如果粉煤灰的需水量比小于95％、细度45μm筛余量小于12.5％的优质细灰，可采用表27-9中的调整系数。根据我国具体情况，用于钢筋混凝土的应是符合《用于水泥和混凝土中的粉煤灰》（GB 1596—2005）中规定的磨细粉煤灰，水泥应当选用强度等级不小于32.5的硅酸盐水泥、普通硅酸盐水泥及矿渣硅酸盐水泥。胶凝材料的调整系数可参考表27-10中的数值，用水量系数一般先不考虑。

表 27-10　掺加国产磨细粉煤灰混凝土胶凝材料的调整系数

粉煤灰掺量 $F/(C+F)/\%$	不同品种水泥混凝土胶凝材料用量调整系数		
	32.5MPa 矿渣水泥	42.5MPa 普通水泥	32.5MPa 硅酸盐水泥
0	1.00	1.00	1.00
10	1.025~1.045	1.030~1.050	1.035~1.055
15	1.045~1.065	1.050~1.070	1.055~1.075
20	1.065~1.085	1.070~1.090	1.075~1.095
30	—	1.090~1.100	1.095~1.150

注：粉煤灰质量偏低时取上限，质量优良时取下限；如用 32.5MPa 普通水泥，可选用介乎 32.5MPa 硅酸盐水泥和 42.5MPa 普通水泥之间的调整系数，即接近 32.5MPa 矿渣水泥的上限，或 42.5MPa 普通水泥的下限。

（二）超量系数法

根据我国行业标准《粉煤灰在混凝土和建筑砂浆中应用技术规程》（JGJ 28—1986）中的规定，掺加粉煤灰混凝土配合比设计可采用超量取代法。

设计原则和步骤如下所述。

采用超量取代法设计粉煤灰混凝土配合比是以基准混凝土（不掺粉煤灰）为基础，按《普通混凝土配合比设计技术规程》（JGJ 55—2011）的要求，先进行基准混凝土的配合比设计，然后根据混凝土等强度的原则，按掺入粉煤灰超量取代水泥的方法，按如下步骤求出粉煤灰混凝土的配合比。

（1）根据粉煤灰混凝土的设计要求，按表 27-11 中的规定选择粉煤灰取代水泥的百分率（f）。

表 27-11　不同强度等级混凝土的粉煤灰取代水泥百分率

混凝土强度等级	不同品种水泥的取代率/%	
	普通硅酸盐水泥	矿渣硅酸盐水泥
C15 以下	15~25	10~20
C20	15~20	10~15
C25~C30	10~15	5~10

（2）按照所选用的取代水泥百分率（f），求出每立方米粉煤灰混凝土中的水泥用量（C）：

$$C=C_0(1-f) \tag{27-12}$$

式中，C_0 为不掺加粉煤灰的混凝土中水泥用量，kg/m^3。

（3）根据所选用粉煤灰的级别，确定粉煤灰的超量系数。当采用 Ⅰ 级粉煤灰时，超量系数 k 值在 1.0~1.4 之间；当采用 Ⅱ 级粉煤灰时，超量系数 k 值在 1.2~1.7 之间；当采用 Ⅲ 级粉煤灰时，超量系数 k 值在 1.5~2.0 之间。

（4）按照选用的粉煤灰超量系数 k，用式（27-13）求出每立方米粉煤灰混凝土中粉煤灰的掺量（F）：

$$F=k(C_0-C) \tag{27-13}$$

（5）在计算出每立方米粉煤灰混凝土中水泥、粉煤灰和细骨料的绝对体积的基础上，求出粉煤灰超出水泥的体积。

（6）按粉煤灰超出水泥的体积，扣除同体积的细骨料用量。

（7）粉煤灰混凝土的用水量，按基准混凝土配合比的用水量取用。

（8）根据计算的粉煤灰混凝土配合比，按一定的比例通过混凝土试配，在保证设计所需和易性的基础上，进行粉煤灰混凝土配合比的调整。

（9）根据调整后的粉煤灰混凝土配合比和施工现场材料的实际情况，提出现场施工用的粉煤灰混凝土配合比。

（三）固定粉煤灰用量法

固定粉煤灰用量法是根据多年制备粉煤灰混凝土的经验确定的，是我国粉煤灰混凝土配合比设计的简易方法之一。有些国家在粉煤灰混凝土的配制中，粉煤灰用量 F 的范围是 $50\sim150kg/m^3$，有的则是 $70\sim120kg/m^3$。实际上，就是凭配合比设计工作经验或通过水泥用量变化的配合试验，选择粉煤灰用量固定的合适配合比。

由于粉煤灰用量固定不变，因此对粉煤灰作为一种混凝土基本组分的概念，比其他方法更明确一些，且在进行配合比设计时也不受其他条件的影响。实际上，这种设计方法是建立在对基准混凝土对比和调整的基础上的，要求混凝土 28 天等强度和等稠度，并受胶凝效率系数 k 的支配。具体方法是根据等效水灰比的公式，取基准混凝土与强度相应的水灰比，进行简单的计算。等效水灰比公式如式（27-14）所示。

$$\left(\frac{W}{C}\right)_s=\left(\frac{W}{C}\right)_0=\frac{W}{C+kF} \tag{27-14}$$

式中，$(W/C)_s$ 为等效水灰比；$(W/C)_0$ 为基准混凝土水灰比；W 为粉煤灰混凝土中的用水量，kg/m^3；C 为粉煤灰混凝土中的水泥用量，kg/m^3；k 为粉煤灰胶凝效率系数；F 为粉煤灰混凝土中的粉煤灰用量，kg/m^3。

采用固定用量法进行粉煤灰混凝土配合比设计，必须首先测定粉煤灰胶凝效率系数 k，粉煤灰混凝土的用水量则需根据粉煤灰的需水性高低，对照基准混凝土用水量确定。

第三节　粉煤灰混凝土参考配合比

粉煤灰混凝土是目前全世界提倡应用的一种节能、环保型混凝土，各国在进行配合比设计中都积累了丰富的经验，表 27-12～表 27-21 中列出了多种粉煤灰混凝土配合比，可供设计和施工参考。

表 27-12　活化粉煤灰混凝土设计配合比

编　号	混凝土配合比/(kg/m³)					取代系数（λ）
	水泥	活化粉煤灰	砂	石子	水	
H-01	286	0	596	1314	165	0
FH-11	257	35	581	1308	165	1.2
FH-21	243	56	570	1304	165	1.3
FH-31	229	80	558	1296	165	1.4
FH-41	215	107	539	1292	165	1.5
H-02	386	0	600	1243	170	0
FH-12	328	73	570	1227	170	1.25
FH-22	309	100	554	1224	170	1.3
FH-32	290	134	537	1213	170	1.4
FH-42	270	174	518	1196	170	1.5

表 27-13　普通粉煤灰泵送混凝土配合比

水胶比 (W/C+F)	砂率 /%	粉煤灰掺量比/%	材料用量/(kg/m³)						坍落度 /cm	抗压强度/MPa		
			水	水泥	磨细灰	砂	石子	木钙		3天	28天	60天
0.66	43	0	204	250	—	810	1075	0.625	10.0	11.5	23.2	26.5
0.66	41	0.19	204	250	60	741	1067	0.775	10.0	11.2	26.2	34.1

水胶比 (W/C+F)	砂率 /%	粉煤灰掺量比/%	材料用量/(kg/m³)						坍落度 /cm	抗压强度/MPa		
			水	水泥	磨细灰	砂	石子	木钙		3天	28天	60天
0.62	39	0.24	204	250	80	695	1087	0.825	10.0	12.9	27.8	34.2
0.58	37	0.28	204	250	100	650	1106	0.875	11.0	12.4	28.2	35.5

表 27-14 磨细粉煤灰泵送混凝土配合比

材料用量/(kg/m³)						坍落度 /cm	抗压强度/MPa			备 注
水	水泥	砂	石子	磨细灰	木钙		f_7	f_{28}	f_{60}	
215	200	827	1010	—	—	13	7.5/100	11.2/100	13.4/100	不掺外加剂
215	200	739	1018	80	—	14	8.8/117	14.6/130	17.2/128	单掺磨细灰
194	200	766	1057	80	0.700	18	9.4/125	19.4/173	23.7/176	磨细灰+木钙
215	250	787	1043	—	—	11	10.6/100	18.4/100	26.2/100	不掺外加剂
215	250	674	1053	80	—	13	11.7/110	23.3/126	29.9/144	单掺磨细灰
204	250	695	1087	80	0.825	11	12.9/122	27.8/156	34.2/130	磨细灰+木钙

注：表中水泥采用42.5MPa的矿渣硅酸盐水泥。

表 27-15 粉煤灰泵送混凝土配合比工程实例

工程编号	混凝土强度等级/MPa	水泥品种	石子粒径/mm	坍落度 /cm	抗压强度/MPa	材料用量/(kg/m³)					
						水	水泥	粉煤灰	砂	石子	外加剂
工程1	f_3>28.5	52.5普通	5~15、13~25各50%	10~14	29.4	185	400	40	648	1100	南浦-1
	C40	52.5普通		10~14	53.6	185	400	40	648	1100	南浦-1
	C40	52.5普通		10~14	60.6	185	400	40	648	1100	南浦-1
	f_3>28.5	52.5普通		14~18	30.0	190	400	40	648	1100	南浦-1
	C40	52.5普通		14~18	54.2	190	400	40	648	1100	南浦-1
	C40	52.5普通		14~18	58.9	190	400	40	648	1100	南浦-1
工程2	C35	52.5普通	5~25	14~18	49.4	223	395	50	684	949	木钙0.99
	C35	52.5普通	5~25	16~20	48.6	219	396	50	699	933	木钙0.99
工程3	C30	42.5矿渣	5~40	11~15	36.9	196	330	60	700	1039	WL-1
	C30	42.5矿渣	5~40	11~15	39.5	196	330	60	705	1034	WL-1
	C30	42.5矿渣	5~40	11~15	30.5	196	330	60	710	1029	WL-1
	C30	42.5矿渣	5~40	11~15	33.8	196	330	60	715	1024	WL-1
工程4	C30	42.5矿渣	5~40	10~14	37.4	198	350	50	719	1018	木钙0.88
	C30	42.5矿渣	5~40	10~14	43.1	198	350	50	719	1018	木钙0.88
	C30	42.5矿渣	5~40	10~14	36.7	198	350	50	708	1009	木钙0.88
	C30	42.5矿渣	5~40	10~14	37.9	198	350	50	708	1009	木钙0.88
工程5	C30	42.5矿渣	5~40	8~10	38.5	198	350	50	720	1010	木钙0.88
	C25	42.5矿渣	5~40	10~12	36.7	195	360	40	699	1014	木钙0.96
	C30	42.5矿渣	5~40	10~12	30.7	195	300	50	748	1036	木钙0.75
	C20	42.5矿渣	5~40	10~12	25.8	193	272	50	764	1015	C6210

表 27-16 大坍落高强粉煤灰混凝土配合比及抗压强度

混凝土配合比 (水泥：砂：石子：水)	粉煤灰掺量/%	水胶比 (W/C+F)	NNO减水剂/%	坍落度/cm	抗压强度/MPa	
					7天	28天
1：0.82：2.08：0.30	0	0.30	1.0	7.8	64.1	68.6
1：0.94：2.24：0.33	10	0.30	1.0	20.5	51.6	65.2
1：1.00：2.37：0.35	15	0.30	1.0	21.0	50.4	68.9
1：1.07：2.52：0.37	20	0.30	1.0	21.5	47.8	61.6
1：1.44：2.69：0.40	25	0.30	1.0	20.5	45.3	63.7
1：1.22：2.88：0.43	30	0.30	1.0	22.0	43.8	60.7

表 27-17 超细粉煤灰高强混凝土配合比

配合比编号	水-胶结料比	砂率/%	混凝土材料组成/(kg/m³)						
			水	水泥	粉煤灰	磨细矿渣	粗骨料	细骨料	超塑化剂
1	25.0	38.0	170	680	0	0	964	564	2.10
2	25.0	38.0	170	612	98	0	954	558	1.20
3	25.0	38.0	170	408	98	204	994	553	1.80
4	25.0	38.0	170	476	0	204	955	559	2.00
5	27.5	38.5	168	609	0	0	997	596	1.50
6	27.5	38.5	168	548	61	0	988	591	1.00
7	27.5	38.5	168	365	61	183	980	586	1.20
8	27.5	38.5	168	426	0	183	989	591	1.30
9	27.5	38.5	160	349	58	175	1002	602	1.40
10	27.5	38.5	165	360	60	180	989	592	1.30
11	27.5	38.5	170	371	62	186	971	580	1.10
12	27.5	38.5	168	609	0	0	998	596	1.50
13	25.0	38.5	152	548	61	61	1013	605	1.50
14	27.3	38.5	166	365	61	61	982	587	1.50

表 27-18 常用粉煤灰混凝土配合比与抗压强度

编号	用量配合比/(kg/m³)				干硬度(s)	抗压强度/MPa		
	砂	水泥	碎石	粉煤灰		28 天	60 天	120 天
1	616	350	938	0	23	32.5	37.8	39.5
2	585	350	931	37	21	32.4	38.9	43.5
3	554	350	925	74	21	33.1	42.3	44.7
4	523	350	919	111	20	34.7	43.5	47.8
5	492	350	913	148	21	35.9	44.7	55.4
6	431	350	901	221	20	35.6	48.5	59.2
7	369	350	889	295	19	34.7	47.6	52.1

注：粉煤灰均按超量1.2代替砂。

表 27-19 高强粉煤灰混凝土配合比与抗压强度

混凝土配合比 (水泥：砂：石子：水)	粉煤灰掺量/%	水胶比 $W/(C+F)$	NNO 减水剂/%	混凝土坍落度/cm	抗压强度/MPa	
					7 天	28 天
1：1.13：2.56：0.30	0	0.30	1.0	5.70	59.6	68.6
1：1.13：2.56：0.30	9	0.30	1.0	2.00	58.3	68.4
1：1.13：2.56：0.30	10	0.30	1.0	4.00	53.8	71.7
1：1.13：2.56：0.30	15	0.30	1.0	2.90	48.7	71.1
1：1.13：2.56：0.30	20	0.30	1.0	1.50	50.7	70.8
1：1.13：2.56：0.30	0	0.30	1.0	6.00	54.3	66.9
1：1.13：2.56：0.30	10	0.30	1.0	7.50	55.3	66.7
1：1.13：2.56：0.30	15	0.30	1.0	4.70	53.9	66.3
1：1.13：2.56：0.30	20	0.30	1.0	4.00	53.9	66.2
1：1.13：2.56：0.30	25	0.30	1.0	4.00	47.8	63.4
1：1.13：2.56：0.30	30	0.30	1.0	1.20	46.0	60.7

表 27-20　高强粉煤灰混凝土配合比与收缩性能

混凝土配合比 (水泥：砂：石子：水)	粉煤灰 掺量/%	水胶比 W/(C+F)	NNO 减水 剂/%	收缩值/(mm/m)					
				7 天	28 天	100 天	120 天	180 天	850 天
1：1.13：2.56：0.30	0	0.30	1.0	0.063	0.162	0.360	0.295	0.643	0.620
1：1.13：2.56：0.30	9	0.30	1.0	0.016	0.186	0.387	0.387	0.691	0.700
1：1.13：2.56：0.30	9	0.30	1.0	0.097	0.214	0.440	0.571	—	0.564
1：1.13：2.56：0.30	0	0.30	1.0	—	0.111	0.294	0.261	—	—
1：1.13：2.56：0.30	15	0.30	1.0	—	0.124	0.279	0.255	—	—
1：1.13：2.56：0.30	20	0.30	1.0	—	0.125	0.377	0.281	—	—
1：1.13：2.56：0.30	25	0.30	1.0	—	0.044	0.370	—	—	—

表 27-21　粉煤灰流态混凝土参考配合比

序号	混凝土材料用量/(kg/m³)					FDN-100	坍落度/cm	28 天平均抗压 强度/MPa	7 天抗压 强度/MPa	28 天抗压 强度/MPa
	C	S	G	W	ASH					
1	370	950	950	200	—	—	8.0	44.3	39.6	51.5
2	370	950	950	200	—	加	18.4	43.8	39.6	47.7
3	320	919	996	200	53	加	18.4	40.2	36.7	38.5

第二十八章　泡沫混凝土

泡沫混凝土是用机械的方法将泡沫剂水溶液制成泡沫，再将泡沫加入含硅材料、钙质材料、水及附加剂组成的料浆中，经混合搅拌、浇筑成型、蒸汽养护而制成的一种新型轻质多孔的建筑材料。常用于屋面和热力管道的保温层。

泡沫的形成可以通过化学泡沫剂发泡、压缩空气弥散及天然沸石粉吸附空气等方法来实现。其中压缩空气弥散形成气泡制得的泡沫混凝土，被称为充气型泡沫混凝土；天然沸石吸附空气形成气泡制得的泡沫混凝土，被称为载气型泡沫混凝土。

第一节　泡沫混凝土的材料组成

泡沫混凝土的主要原料为水泥、石灰、具有一定潜水硬性的掺合料、发泡剂及对泡沫有稳定作用的稳泡剂，必要时还应掺加早强剂等外加剂。

(一) 发泡剂

发泡剂也称泡沫剂，是配制泡沫混凝土最关键原料，发泡剂关系到在混凝土中的发泡数量、形状、结构，必然会影响泡沫混凝土结构构件的质量。

1. 泡沫剂的种类

泡沫混凝土常用的泡沫剂有松香胶泡沫剂、废动物毛泡沫剂和其他泡沫剂。

(1) 松香胶泡沫剂　松香胶泡沫剂是用碱性物质定量中和松香中的松脂酸，使其生成松香皂，加入适量的稳定剂——胶溶液，再加入适量的水熬制而成，这是一种液体状的泡沫剂，配制泡沫混凝土非常方便。

在一般情况下，配制松香胶发泡剂最常用的方法：按苛性钠（NaOH）10份、水2份、松香3份（质量比）的比例将松香粉末溶入烧碱溶液中，再按碱-松香溶液：集胶溶液＝1：1的比例混合均匀。为使它们混合均匀，在混合时应加温至60～80℃。在加入混凝土时，再加1倍的水加以稀释，快速搅拌即可得到比较稳定的泡沫。

为保证泡沫剂的质量，对其组成材料各有不同要求：①松香，其软化温度不低于65℃，不含松脂油和其他脂肪杂质，不发黏且不呈浊红色；②胶，一般为骨胶或皮胶，应当在30～40℃的水中慢慢溶解，不得有腐臭或发霉现象，不应含有脂肪杂质；③碱，工业用苛性钠或苛性钾均可。

(2) 废动物毛泡沫剂　废动物毛泡沫剂是将废动物毛溶于沸腾的氢氧化钠溶液中，用硫酸中和酸化后滤得红棕色液体，再经过浓缩、干燥、粉磨而制成的粉状物质。这种泡沫剂是动物毛在水解过程中产生的中间体的混合物，是一种表面活性物质。

废动物毛泡沫剂的发泡能力，随着泡沫溶液的浓度增加而增强。当浓度低于2%时，泡沫呈流性，泌水性大；当浓度大于3%时，泡沫易呈脆性。因此，废动物毛泡沫剂的最佳浓度为2.5%～3.0%。

废动物毛泡沫剂是由废动物毛、碱和酸配制而成。废动物毛可采用毛制品的下脚料，但要求废动物毛要清洁、干燥，不含有其他杂质；碱使用工业用的苛性钠即可；酸一般可用工业用的硫酸。

（3）其他泡沫剂　其他泡沫剂主要是指树脂皂素泡沫剂、石油硫酸铝泡沫剂和水解血胶泡沫剂。树脂皂素泡沫剂是用皂素的植物制成；石油硫酸铝泡沫剂是由煤油促进剂、硫酸铝和苛性钠配制而成；水解血胶泡沫剂是由新鲜（未凝结）动物血、苛性钠、硫酸亚铁和氯化铵配制而成。

以上泡沫剂一般是由施工单位自己配制，在建筑工程上常用的是松香胶泡沫剂。近几年我国研制开发的 GCF-1 发泡剂，是一种混凝土发泡剂新产品。它是一种由多种表面活性剂组成的化学产品，起泡能力强，泡沫稳定性好，对硬水不敏感，无毒、无味，无沉淀物，对环境不产生污染，使用浓度低，泡沫性能稳定。

2. 泡沫剂配合比计算

（1）计算法　建筑工程上常用的松香胶泡沫剂，是用一定量的松香、苛性钠和胶，并加入适量的水配制而成。每千克松香所用干胶量，可根据胶的比黏度从图 28-1 中查得。含水胶的用量根据其含水率（W）可按式(28-1) 计算：

$$含水胶用量 = \frac{干胶用量}{1-W} \qquad (28-1)$$

将含水胶配制成浓度为 50% 的胶溶液。

每千克松香所需固体碱的用量可按式(28-2) 计算：

$$A = \frac{K\delta}{C} \qquad (28-2)$$

式中，A 为每千克松香的用碱量，g；K 为当使用苛性钠时需要乘的比例系数，即苛性钠的当量与苛性钾的当量之比 $K = 0.731$；δ 为松香的皂化系数；C 为碱的总含碱率。

使用时将固体碱的用量稀释成 1kg 碱溶液。

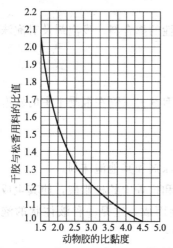

图 28-1　胶用量与比黏度的关系

（2）经验试配法　在选择泡沫剂配合比时，通常也可根据表 28-1 中所列的经验数值，按照所采用泡沫剂的种类，取三种不同配量的泡沫剂和以同样配量的水，然后把这些配合成的组成物在泡沫混凝土搅拌机的泡沫搅拌器内试制泡沫，每一个配合比做三次试验性搅拌。每个配合比的前两次搅拌成的泡沫可予以抛弃，从第三次搅拌物中取试样用以测定泡沫性能。凡搅拌物在泡沫特性方面和泡沫剂用量方面获得最好的结果，其配合比即可视作为制备多孔体用的最佳泡沫配合比。

表 28-1　水和泡沫剂的配合比

泡沫剂的种类	500L 泡沫混凝土搅拌机				750L 泡沫混凝土搅拌机			
	水量	泡沫剂的配制			水量	泡沫剂的配制		
		Ⅰ	Ⅱ	Ⅲ		Ⅰ	Ⅱ	Ⅲ
松香胶	10	0.8	1.0	1.2	15	1.5	2.0	2.5
树脂皂素	16	2.1	2.3	2.5	24	4.0	4.5	5.0
石油硫酸铝	16	2.8	3.0	3.2	24	5.5	6.0	6.5
水解血胶	16	0.5	0.75	1.0	24	1.0	1.5	2.0

3. 泡沫剂的制备

（1）胶液的配制　将胶擦拭干净，用锤砸成 4～6cm 大小的碎块，经天平称量后，放入内套锅内，再加入计算用水量（同时增加耗水量 2.5%～4.0%）浸泡 2000h，使胶全部变软，连同内套锅套入外套锅内隔水加热，加热中随熬随搅拌，待全部溶解为止，熬煮的时间不宜超过 2h。

（2）松香碱液的配制　将松香碾压成粉末，用 100 号的细筛过筛，将碱配制成碱液装入玻璃容器中。称取定量的碱液盛入内套锅中，待外套锅中水温加热到 90～100℃时，再将盛碱液的内套锅套入外套锅中继续加热，待碱液温度为 70～80℃时，将称好的松香粉末徐徐加入，随加入随搅拌，松香粉末加完后，熬煮 2～4h，使松香充分皂化，成为黏稠状的液体。在熬煮时应当充分考虑到蒸发掉的水分。

（3）泡沫剂的配制　待熬好的松香碱液和胶液冷却至 50℃左右时，将胶液徐徐加入松香碱液中，并快速地进行搅拌，至表面有漂浮的小泡为止，即配制成泡沫剂。

4. 泡沫的质量鉴定

泡沫的质量如何直接影响着泡沫混凝土的质量，对泡沫的质量应当从坚韧性、发泡倍数、泌水量等指标来鉴定。

（1）泡沫的坚韧性　泡沫的坚韧性就是泡沫在空气中在规定时间内不致破坏的特性，常以泡沫柱在单位时间内的沉陷距来确定。规范规定：1h 后泡沫的沉陷距不大于 10mm 时才可用于配制泡沫混凝土。

（2）发泡倍数　发泡倍数是泡沫体积大于泡沫剂水溶液体积的倍数。规范规定：泡沫的发泡倍数不小于 20 时才可用于配制泡沫混凝土。

（3）泌水量　泌水量是指泡沫破坏后所产生泡沫剂水溶液体积。规范规定：泡沫的 1h 的泌水量不大于 80mL 时才可用于配制泡沫混凝土。

（二）水泥

配制泡沫混凝土，一般可采用硅酸盐系列的水泥，也可根据实际情况采用硫铝酸盐水泥和高铝水泥。

泡沫混凝土根据养护方法的不同，所采用的水泥品种和强度等级也不应相同。当采用自然养护时，应采用早期强度高、强度等级也高的水泥，如早强型（R 型）硅酸盐水泥、R 型普通硅酸盐水泥、硫铝酸盐水泥及高铝水泥；当采用蒸汽养护时，可采用一些掺混合材的硅酸盐水泥，对水泥的强度等级也无特殊要求。但应特别注意，当采用蒸汽养护时千万不能选用高铝水泥。

（三）石灰

如果泡沫混凝土采用蒸汽养护，可以掺加适量的石灰代替水泥作为钙质原料，所用石灰的质量应符合加气混凝土中提出的标准，其中主要包括有效氧化钙的含量（大于 60%）、氧化镁（小于 7%）的限量和磨细程度（比表面积 2900～3100cm²/g）等。

（四）掺合料

用于配制泡沫混凝土的掺合料品种很多，主要有粉煤灰、沸石粉和矿渣粉。对粉煤灰的质量要求同加气混凝土中的要求，对于沸石粉和矿渣粉的质量要求，主要包括以下 2 个方面：①化学成分应当符合水泥混合材对矿渣和沸石的要求；②配制泡沫混凝土矿渣和沸石的细度，其比表面积应大于或等于 3500cm²/g。

在某些情况下，也可以用石英粉作为硅质掺合料，但掺用石英粉（或石英砂与其他原料共同磨细）时的泡沫混凝土，必须采用蒸压养护，其配料基本上类似于加气混凝土。

（五）稳泡剂

为确保泡沫混凝土中的泡沫数量和稳定，在制备泡沫时可以加入适量的稳泡剂，所用稳泡剂的品种与加气混凝土相同。

第二节 泡沫混凝土配合比设计

泡沫混凝土的配合比设计，可以分为试配设计法和配合比计算法两种。这两种配合比设计方法有一定的差别，应通过配比试验加以确定。

（一）泡沫混凝土配合比的试配设计法

泡沫混凝土配合比试质设计法的原则，与加气混凝土基本相同。对于水泥-砂泡沫混凝土和石灰-水泥-砂泡沫混凝土，其配合比可首先以表 28-2 和表 28-3 的配合比数据为依据，初步选定两种配合比设计方案，每种配合比以 3 种与"开始时的"水料比相差 0.02～0.04 的水料比来进行试拌。

表 28-2　水泥-砂泡沫混凝土试验拌料配合比　　　　　　单位：kg/m³

容量与配比 原材料	800		1000		1200	
	Ⅰ配比	Ⅱ配比	Ⅰ配比	Ⅱ配比	Ⅰ配比	Ⅱ配比
水泥	300	350	300	350	300	350
磨细砂	460	410	650	600	840	790
水泥：砂（质量比）	1：1.5	1：1.2	1：2.2	1：1.17	1：2.8	1：2.3
开始时的水料比	0.32	0.34	0.28	0.30	0.26	0.28

例如，"开始时的"水料比为 0.32 时，试验拌料采用的三种水料比为 0.32、0.30 和 0.28。然后按此水料比制备 6 组混凝土拌料，每种混凝土的拌料分别浇灌 6 件尺寸为 10cm×10cm×10cm 的立方试块和 1 件 30cm×30cm×30cm 的立方试块。按规定方法进行物理力学性质试验。凡试块没有多孔拌和物的沉陷，并在所规定的表观密度下具有所需的抗压极限强度，同时胶凝材料用量又最少，那么，这种试样就有最佳的胶凝材料、砂的配合比和最佳水料比。

表 28-3　石灰-水泥-砂泡沫混凝土试验拌料配合比　　　　　　单位：kg/m³

容量与配比 原材料	800		1000		1200	
	Ⅰ配比	Ⅱ配比	Ⅰ配比	Ⅱ配比	Ⅰ配比	Ⅱ配比
石灰	100	100	100	100	100	100
水泥	70	100	70	100	70	100
磨细砂	590	560	780	750	970	940
石灰：水泥：砂（质量比）	1：0.7：5.9	1：1：5.6	1：0.7：7.8	1：1：7.5	1：0.7：9.7	1：1：9.4
开始时的水料比	0.38	0.40	0.36	0.38	0.34	0.36

注：1. 泡沫用水量不计算在水料比内。

2. 如果试验方法测得的多孔混凝土的抗压极限强度符合规范式设计的要求，则多孔混凝土配合比采用较小的胶凝材料用量。

对规定表观密度的多孔混凝土，其多孔拌和物的表观密度，可按式(28-3) 计算：

$$G=KG_1\left(1+\frac{W}{B}\right)+W_n \tag{28-3}$$

式中，G 为多孔混凝土拌和物的表观密度，kg/m³；G_1 为在已烘干状态下的多孔混凝土的表观密度，kg/m^3；K 为泡沫混凝土和泡沫硅酸盐蒸压后，所含的结合水和吸附水的计算系数，一般取 $K=0.95$；W/B 为水料比；W_n 为在泡沫混凝土搅拌机的泡沫搅拌器中倒入的水量和泡沫剂溶液量，L。

每立方米多孔混凝土的材料用量，可根据式(28-4)～式(28-6) 计算确定：

$$A = \frac{KG}{1+H} \qquad (28\text{-}4)$$

$$H = An \qquad (28\text{-}5)$$

$$W = \frac{(A+H)W}{B} \qquad (28\text{-}6)$$

式中，A 为多孔混凝土的水泥用水或石灰和水泥拌和物的用量，kg/m^3；n 为每 1 份胶凝材料所用的磨细砂子的分数；H 为多孔混凝土的磨细砂的用量，kg/m^3；W/B 为水料比；W 为多孔混凝土的用水量，kg/m^3。

目前，我国常用的泡沫混凝土多为粉煤灰泡沫混凝土，施工单位总结出了比较成功的配合比，表 28-4 中配合比可供施工中参考。

表 28-4　粉煤灰泡沫混凝土经验配合比

原材料名称	配　合　比	混合料有效 CaO/%	抗压强度/MPa
粉煤灰：生石灰：废模型石膏	74：22：4	8～10	9.92

要想获得规定表观密度的生产用泡沫混凝土拌料，就必须变动装在泡沫混凝土搅拌机砂浆滚筒中的干燥物质（水泥、石灰、磨细砂子）的数量，对于容量为 500L 和 750L 的泡沫混凝土搅拌机，根据不同表观密度而定的干燥物质的参考数量，如表 28-5 所列。

表 28-5　泡沫混凝土搅拌机每 1 次搅拌所需干燥物质的参考数量

泡沫混凝土的表观密度/(kg/m³)	每 1 次搅拌所需的干燥物质的数量/kg	
	500L 的泡沫混凝土搅拌机	750L 的泡沫混凝土搅拌机
800	260	550
1000	330	675
1200	400	750

(二) 泡沫混凝土配合比的计算法

1. 确定混凝土的砂灰比

泡沫混凝土的砂灰比，可按式(28-7)进行计算：

$$K = \frac{S_0}{H_a} \qquad (28\text{-}7)$$

式中，K 为泡沫混混凝土的砂灰比；S_0 为泡沫混凝土的砂用量，kg/m^3；H_a 为泡沫混凝土的总用灰量（石灰＋水泥用量），kg/m^3。

砂灰比 K 值与泡沫混凝土的要求表观密度有关，其关系如表 28-6 所列。

表 28-6　砂灰比 K 值的选用

混凝土表观密度/(kg/m³)	K 值	混凝土表观密度/(kg/m³)	K 值
≤800	5.0～5.5	1000	7.0～7.8
900	6.0～6.5	—	—

2. 计算总用灰量

当泡沫混凝土是以水泥和石灰为胶凝材料时，其总用灰量（水泥＋石灰）可按式(28-8)

进行计算：

$$H_a = \frac{a\rho_f}{1+K} \qquad (28\text{-}8)$$

$$H_a = C_0 + H_0 \qquad (28\text{-}9)$$

式中，a 为结合水系数，随混凝土的表观密度而不同，当 $\rho_f \leqslant 600\text{kg/m}^3$ 时 $a=0.85$，当 $\rho_f \geqslant 700\text{kg/m}^3$ 时 $a=0.90$；ρ_f 为泡沫混凝土绝干表观密度，kg/m^3；C_0 为泡沫混凝土中的水泥用量，kg/m^3；H_0 为泡沫混凝土中的石灰用量，kg/m^3。

3. 计算水泥用量

根据泡沫混凝土的施工经验，其水泥用量可按式（28-10）进行计算：

$$C_0 = (0.7 \sim 1.0)H_a \qquad (28\text{-}10)$$

4. 计算石灰用量

根据水泥用量和石灰用量的关系，石灰用量可用式（28-11）进行计算：

$$H_0 = H_a - C_0 = (0 \sim 0.3)H_a \qquad (28\text{-}11)$$

5. 确定水料比

泡沫混凝土的水料比，可按式（28-12）进行计算：

$$k = \frac{W}{T} \qquad (28\text{-}12)$$

式中，k 为泡沫混凝土的水料比；W 为 1m^3 泡沫混凝土中的总用水量，kg；T 为 1m^3 泡沫混凝土中的用灰量与砂用量总和，kg。

泡沫混凝土的水料比，与泡沫混凝土的表观密度有关，可参考表 28-7 中的数值。

表 28-7 水料比 k 值的选用

混凝土表观密度/(kg/m³)	k 值	混凝土表观密度/(kg/m³)	k 值
≤800	0.38~0.40	1000	0.34~0.36
900	0.36~0.38	—	—

6. 计算泡沫混凝土料浆用水量

由计算或查表确定的水料比和已知的总用灰量、砂用量，用式（28-13）可计算用水量：

$$W = k(H_a + S_0) \qquad (28\text{-}13)$$

式中，W 为 1m^3 泡沫混凝土中的总用水量，kg/m^3；k 为泡沫混凝土的水料比；H_a 为泡沫混凝土的总用灰量（石灰＋水泥用量），kg/m^3；S_0 为泡沫混凝土的砂用量，kg/m^3。

7. 计算发泡剂用量

泡沫混凝土中发泡剂用量，可按式（28-14）进行计算：

$$p_t = \frac{\left[1000 - \left(\dfrac{H_0}{\rho_h} + \dfrac{S_0}{\rho_s} + \dfrac{C_0}{\rho_c} + W_0\right)\right]gV_p}{Z} \qquad (28\text{-}14)$$

式中，p_t 为泡沫混凝土中发泡剂用量，kg/m^3；ρ_h、ρ_s、ρ_c 分别为石灰、砂和水泥的密度，kg/m^3；Z 为泡沫活性系数；V_p 为 1kg 发泡剂泡沫成型体积，L/kg，对于 U-FP 型发泡剂 $V_p = (700 \sim 750)\text{L/kg}$，对于松香皂发泡剂 $V_p = (670 \sim 680)\text{L/kg}$。

8. 计算泡沫剂所用材料

当采用松香皂发泡剂时，其 1kg 泡沫剂所用材料可查表 28-8 取得。然后再乘以泡沫混凝土中发泡剂用量（P_t），即可求得泡沫剂所用各种材料的用量。

表 28-8　1kg 泡沫剂所用的各种材料的量

松香/kg	碱溶液/kg	干碱用量/kg	含水胶/kg	胶中加水/kg
0.229	0.229	0.038	0.319	0.222

第三节　泡沫混凝土参考配合比

表 28-9 列出了水泥泡沫混凝土配合比及技术性能，表 28-10 中列出了泡沫混凝土堆密度与泡沫剂用量的关系，表 28-11 中列出了粉煤灰泡沫混凝土常用配合比，表 28-12 中列出了泡沫混凝土搅拌机每盘所需干燥物质参考数量，表 28-13 中列出了水和泡沫剂的配合比，加上表 28-2 和表 28-3 中列出的两种泡沫混凝土的配合比，均可供泡沫混凝土设计和配制中参考。

表 28-9　水泥泡沫混凝土配合比及技术性能

100kg 水泥泡沫剂用量/kg	100kg 水泥泡沫掺水量/kg	每立方米混凝土水泥用量/kg	泡沫混凝土堆积密度/(kg/m³)	泡沫混凝土 28 天强度/MPa
0.70	4.2	340	400	0.68
0.80	5.6	320	380	0.64
0.90	6.3	310	365	0.58
1.00	8.0	300	345	0.54

表 28-10　泡沫混凝土堆密度与泡沫剂用量的关系

混凝土堆积密度/(kg/m³)	300	400	500	600	700	800	900	1000
泡沫剂用量/L	4.0~5.0	3.5~4.5	3.4	2.5~3.5	2.0~2.5	1.5~2.0	1.0~1.5	0.5~1.0
泡沫总用水量/L	24~28	22~26	20~24	18~22	16~20	14~18	12~16	10~14

表 28-11　粉煤灰泡沫混凝土常用配合比

原材料名称	配合比(质量比)	混合料中有效氧化钙含量/%	粉煤灰泡沫混凝土 28 天的抗压强度/MPa
粉煤灰：生石灰：模型石膏	72：22：4	8~10	9.92

表 28-12　泡沫混凝土搅拌机每盘所需干燥物质参考数量

泡沫混凝土的堆积密度/(kg/m³)	每盘搅拌所需干燥物质的参考数量/kg	
	500L 泡沫混凝土搅拌机	750L 泡沫混凝土搅拌机
800	260	550
1000	330	675
1200	400	750

表 28-13　水和泡沫剂的配合比

泡沫剂的种类	500L 泡沫混凝土搅拌机				750L 泡沫混凝土搅拌机			
	用水量/L	泡沫剂的配置/L			用水量/L	泡沫剂的配置/L		
		Ⅰ	Ⅱ	Ⅲ		Ⅰ	Ⅱ	Ⅲ
松香胶	10.0	0.80	1.00	1.20	15.0	1.50	2.00	2.50
树脂皂素	16.0	2.10	2.30	2.50	24.0	4.00	4.50	5.00
石油磺酸铝	16.0	2.80	3.00	3.20	24.0	5.50	6.00	6.50
水解血胶	16.0	0.50	0.75	1.00	24.0	1.00	1.50	2.00

第二十九章　沥青混凝土

　　以沥青（主要是石油沥青）为胶结材料，与粗骨料、细骨料和矿粉按适当比较配合，在一定条件下混合搅拌均匀，然后经铺筑、碾压或捣实成为密实的混合物，称为沥青混凝土。

　　沥青混凝土根据用途和性质不同，可分为耐腐蚀沥青混凝土、水工沥青混凝土和道路沥青混凝土。按照施工方法和组成材料不同，可分为碾压沥青混凝土和注入式沥青混凝砂浆和沥青胶。

　　沥青混凝土是一种以沥青为胶结材料的特殊材料新型混凝土，主要用于铺筑路面、防腐工程及海港工程中的护面，也可用于建筑工程的屋面防水等，但是用途最广泛的是用高等级公路路面。本章主要以道路沥青混凝土为主。

第一节　沥青混凝土的材料组成

　　组成沥青混凝土的材料比较简单，主要是沥青材料、粗骨料、细骨料和矿粉填料等。沥青是混凝土中的胶结材料，能将散碎的骨料和矿粉组合成一个整体，起着黏结和传递荷载的作用。

　　粗骨料、细骨料和矿粉填料均属于矿物质材料，占沥青混凝土总体积 90％以上，起着骨架和填充作用，沥青混凝土的受力性能主要取决于粗骨料、细骨料所形成的骨架，所以骨料对沥青混凝土的整体强度和刚度起到重要作用。

一、沥青材料

　　沥青材料是由一些极其复杂的高分子碳氢化合物及碳氢化合物的一些非金属衍生物所组成的混合物，在常温下呈固体、半固体或液体状态，具有良好的不透水性、不导电性、耐腐蚀性、高黏结性和耐久性。沥青的颜色呈辉亮褐色至黑色，具有很高的黏滞性，能溶于汽油、苯、二硫化碳、四氯化碳、三氯甲烷等有机溶剂中。

　　沥青材料分为地沥青（包括石油沥青、天然沥青）和焦油沥青（包括煤沥青、页岩沥青和木沥青）两大类。按用途不同分为建筑石油沥青、道路石油沥青、普通石油沥青和专用石油沥青四大类。在土木工程中应用最广泛的是石油沥青，其次是煤沥青、乳化沥青和改性沥青。

　　沥青混凝土路面所用的沥青材料主要有道路石油沥青、软煤沥青、液体石油沥青和沥青乳液等。各类沥青路面所用沥青材料的标号，应根据路面的类型、施工条件、地区气候条件、施工季节和矿料性质与尺寸等因素而定。

　　煤沥青不宜作沥青面层用，一般仅作为透层沥青使用。当选用乳化沥青时，对于酸性石料、潮湿石料及低温季节施工，宜选用阳离子乳化沥青，对于碱性石料或与掺入水泥、石灰、粉煤灰共同使用时，宜选用阴离子乳化沥青。

　　对热拌热铺沥青混凝土路面，由于沥青材料和矿料均需加热拌和，并在热态下进行铺压，所以可采用稠度较高的沥青材料；热拌冷铺类沥青混凝土路面，所用的沥青材料稠度可较低；对浇灌类沥青混凝土路面，宜采用中等稠度的沥青材料。当地气候寒冷、施工气温较低、矿料粒径偏细时宜采用稠度较低的沥青材料；在炎热季节施工时，由于沥青材料的温度散失较慢，宜采用稠度较高的沥青材料。

工程实践证明：对于道路用沥青混凝土路面，一般采用稠度较低的沥青材料比较适宜。适用于配制各类沥青混凝土路面的沥青材料标号如表 29-1 所列。

表 29-1　各类沥青混凝土路面选用沥青材料标号

气候分区	沥青种类	沥青路面类型			
		沥青表面处治	沥青贯入式及上拌下贯式	沥青碎石	沥青混凝土
寒冷地区	石油沥青	A-140 A-180	A-140 A-180	AH-90　AH-110 AH-130 A-100	AH-90　AH-110 A-100
温和地区	石油沥青	A-100 A-140 A-180	A-140 A-180	AH-90　AH-110 A-100	AH-70　AH-90 A-60　A-100
较热地区	石油沥青	A-60 A-100 A-140	A-60 A-100 A-140	AH-50　AH-70 AH-90 A-100　A-60	AH-50　AH-70 A-100　A-60

注：1. 寒冷地区，年度内最低月平均气温低于−10℃；年内月平均气温 25℃ 的天数少于 215 天；温和地区，年度内最低月平均气温低于−10～0℃；年内月平均气温 25℃ 的天数为 215～270 天；较热地区，年度内最低月平均气温高于 0℃；年内月平均气温 25℃ 的天数多于 270 天。

2. A 表示普通道路用石油沥青，AH 表示重交通道路用石油沥青。

将沥青材料用于高等级公路路面，最近几年很多国家进行了大量研究和探索，取得了非常显著的成果。根据我国有关部门的研究成果，我国高等级公路沥青路面的石油沥青技术要求，如表 29-2 所列。

表 29-2　高等级公路沥青路面的石油沥青技术要求

检验项目			AH-130	AH-110	AH-90	AH-70	AH-50
针入度(25℃,100g,5s)/(1/10mm)			120～140	100～120	80～100	60～80	40～60
延度(5cm/min,15℃)/cm			>100	>100	>100	>100	>80
软化点(环球法)/℃			40～50	41～51	42～52	44～54	45～55
溶解度(三氯乙烯)/%			>99				
薄膜加热 163℃5h	质量损失/%		<1.3	<1.2	<1.0	<1.0	<0.6
	针入度比/%		>45	>48	>50	>55	>58
	延度/cm	25℃	>75	>75	>75	>50	>40
		15℃	实测记录				
闪点(开口式)/℃			>230				
含蜡量(蒸馏法)/%			<3				
密度(15℃)/(g/cm³)			实测记录				

表 29-2 中加热后针入度比是测定加热损失后的样品针入度与原针入度之比乘以 100，即得出残留物针入度占原针入度的百分数。

随着公路交通事业的发展，交通密度及车辆轴重明显增加，对路用沥青材料也不断提出新的技术要求。为了反映这些新的要求，近年来，许多国家的沥青技术标准都作了相应的修订。其发展趋势表现在以下几个方面。

（1）采用黏度级划分标号。由于 25℃ 时的针入度不能真实反映沥青的路用性能，现改为采用 60℃ 时的动力黏度来划分等级，并用 135℃ 时的运动黏度指标与之匹配。

（2）使用的黏度等级提高，划分的等级减少。随着车辆轴载和交通密度的增加，使用的沥青黏度提高，同时在使用中并不需要太多的等级（标号）。

（3）评定指标的项目减少。为便于生产实际应用，评定指标的项目明显减少。

（4）用加热老化后沥青性能作为评定依据。原始沥青性能相同的沥青，加热老化后的性能差别可能很大，故多采用薄膜烘箱试验后的性能作为评定依据。

沥青材料标号的选用，可以根据材料来源、施工条件、地区气候、交通量大小及矿料的尺寸而定。当地区气候较冷，施工气温较低，矿料较软或颗粒偏细时，采用稠度较低的沥青，反之采用稠度较高的沥青。国产石油沥青的技术标准如表 29-3 所列。

表 29-3　国产石油沥青的技术标准

品种及标号　项目	道路石油沥青							建筑石油沥青		
	200 (0)	180 (1)	140 (1)	100甲 (2甲)	100乙 (2乙)	60甲 (3甲)	60乙 (3乙)	30甲 (4甲)	30乙 (4乙)	10 (5)
针入度（25℃，100g）/(1/10mm)	≥200	≥161～200	≥121～160	≥81～120	≥81～120	≥41～80	≥41～80	≥21～40	≥21～40	≥5～20
延伸度(25℃)/cm	—	≥100	≥100	≥80	≥60	≥60	≥40	≥3	≥3	≥1
软化点(环球法)/℃	—	≥25	≥25	≥40	≥40	≥45	≥45	≥70	≥60	≥95
溶解度(三氯甲烷、四氯化碳或苯)/%	≥99	≥99	≥99	≥99	≥99	≥98	≥98	≥99	≥99	≥99
蒸发减量(160℃，5h)/%	≤1	≤1	≤1	≤1	≤1	≤1	≤1	≤1	≤1	≤1
蒸发后针入度比/%	—	≥60	≥60	≥60	≥60	≥60	≥60	—	—	—
闪点(开口)/℃	≥180	≥200	≥200	≥200	≥200	≥230	≥230	≥230	≥230	≥230
水分/%	≤0.2	≤0.2	≤0.2	≤0.2	≤0.2	痕迹	痕迹	痕迹	痕迹	痕迹

二、粗骨料

配制沥青混凝土所用的碎石，应尽量选用强度较高（抗压强度≥78.4MPa）、耐磨性好（磨耗度<6%）、与石油沥青黏附性好的碱性碎石（如石灰石等）。如果在就地取材的情况下必须选用酸性碎石（如花岗岩等）时，则需要掺加各种憎水性材料，如水泥、石灰或工业废料等，以使酸性石料的表面碱化。此外，也有单位研究采用掺加各种表面活性物质（如低分子聚酰胺树脂等），以改善石料与沥青的黏附性。

配制沥青混凝土所用碎石的形状宜接近于正方形强度比较高，扁平颗粒的含量应比较少，表面比较粗糙，洁净、无风化、无杂质。路用沥青混凝土粗骨料质量技术要求如表 29-4 所列。抗滑表面使用的粗骨料应尽量选用坚硬、耐磨、抗冲击的碎石，其质量技术要求如表 29-5 所列。

表 29-4　路面沥青混凝土用粗骨料质量技术要求

质量技术指标	一般公路	高等级公路
石料压碎值/%	≤28	≤25
洛杉矶磨耗损失/%	≤40	≤30
表观密度/(t/m³)	≥2.45	≥2.50
吸水率/%	≤3.0	≤3.0
对沥青的黏附性	≥3 级	≥4 级
安定性/%	—	≤12
细长扁平颗粒含量/%	≤20	≤15
泥土含量/%	≤1	≤1
软石含量/%	≤5	≤5

表 29-5 沥青路面抗滑表层用粗骨料质量技术要求

质量技术指标	一般公路		高等级公路	
	一般路段	不良路段	一般路段	不良路段
石料磨光值/%	≥35	≥42	≥42	≥47
道端磨耗损失/%	≤16	≤14	≤14	≤12
石料冲击值/%	≤30	≤28	≤28	≤20

三、细骨料

细骨料是指粒径小于 5mm 的天然砂（河砂、海砂、山砂）、人工砂、石屑，这是沥青混凝土中的重要组成部分。沥青混凝土所用天然砂的细度模数及级配，应当符合表 29-6 中的要求。

表 29-6 天然砂的细度模数及级配范围

天然砂分类		粗砂	中砂	细砂	特细砂
通过各筛孔的质量百分比/%	筛孔尺寸/mm				
	9.50	100	100	100	100
	4.75	90~100	90~100	90~100	90~100
	2.36	65~95	75~100	85~100	—
	1.18	35~65	50~90	75~100	—
	0.60	15~29	30~59	60~84	75~100
	0.30	5~20	8~30	15~45	25~85
	0.15	0~10	0~10	0~10	0~20
	0.075	0~5	0~5	0~5	0~10
细度模数 M_x		3.7~3.1	3.0~2.3	2.2~1.6	≤1.5

石屑是指采石场加工碎石后 2.5~5mm 的筛下部分，也是沥青混凝土中的重要组成部分，其规格如表 29-7 所列。

表 29-7 适用于沥青面层的石屑规格

规 格	公称粒径/mm	通过下列筛孔（方孔筛）的质量百分比/%					
		9.50	4.75	4.36	0.60	0.30	0.075
S14	3~5	100	85~100	0~25	0~5	—	—
S15	0~5	100	85~100	40~70	—	—	0~15
S16	0~3	—	100	85~100	20~50	—	0~15

用于路面沥青混凝土细骨料的质量技术要求如表 29-8 所列。

表 29-8 路面沥青混凝土用细骨料质量技术要求

质量技术指标	一般公路	高等级公路
表观密度/(t/m³)	≥2.45	≥2.50
安定性（大于 0.3mm 部分）/%	—	≤12
泥土含量/%	≤5	≤3
塑性（小于 0.4mm 部分）	无	无

安定性试验根据需要进行，泥土含量指标仅适用于天然砂，此处是指水洗法小于 0.075mm 部分的含量。细骨料应与沥青具有良好的黏结力，酸性岩石的人工砂或石屑不宜用于高等级公路沥青面层。

沥青路面混凝土所用的细骨料应洁净、干燥、无风化、无杂质，并有适当的颗粒级配。热拌沥青混合料的细骨料宜采用优质的天然砂或机制砂，在缺少砂地区也可以用石屑代替。细骨料应与沥青有良好的黏结能力，与沥青黏结性能很差的天然砂及用花岗岩、石英岩等酸性石料破碎的机制砂或石屑，不宜用于高速公路、一级公路的沥青面层。当必须采用这类细骨料时应当采取可靠的抗剥落措施。

四、矿粉

矿粉要求由最好的碱性岩石制成，常用有石灰岩或岩浆岩中的强基性岩石等憎水性石料经磨细制成的矿粉，矿粉要求干燥、洁净。当取得矿粉有困难时，也可以利用工业粉末废料煤灰、石灰或水泥等代替，但其用量不宜超过矿料总量的 2%。另外，还要注意：使用矿粉时小于 0.074mm 的颗粒应不少于 80%，孔隙率在压实后不大于 35%，亲水系数不大于 1。沥青路面用矿粉质量技术要求如表 29-9 所列。

表 29-9　沥青路面用矿粉质量技术要求

质量技术指标		一 般 公 路	高 等 级 公 路
表观密度		≥2.45	≥2.50
含水量/%		≤1	≤5
外观		无团粒结块现象	
亲水系数		<1.0	
粒度范围	<0.60mm/%	100	100
	<0.15mm/%	90～100	90～100
	<0.075mm/%	70～100	75～100

第二节　沥青混凝土配合比设计

在组成沥青混凝土的原材料选定后，沥青混凝土的很多技术性能在很大程度上取决于其配合比。由于沥青混凝土的组成材料比例不同，形成的组成结构也不相同。如在其他材料的比例确定的情况下，当沥青混凝土中矿粉掺量过低时矿粉与沥青相互作用的比表面积减少，则会导致混凝土强度与稳定性降低；当沥青混凝土中矿粉掺量过多时会严重影响沥青混凝土的和易性，更严重的是会降低沥青混凝土的高温稳定性。

在进行沥青混凝土配合比设计之前，首先应了解所拟建道路工程的路面等级、使用功能和使用寿命，明确配合比设计的目标，然后按照步骤进行设计。

一、沥青混凝土的配合比设计的目标

高等级公路路面面层，为汽车提高安全、经济、舒适而服务，并直接承受汽车荷载的作用和自然因素的影响。因此，铺筑公路路面面层所用沥青混合料的设计目标，在确保混凝土的抗压强度和抗折强度的情况下，必须考虑到混凝土的温度稳定性、低温抗裂性、耐久性、抗滑稳定性、抗疲劳特性及施工和易性等问题。

（一）高温稳定性

沥青混合料的强度和抗变形能力随着温度的变化而变化。当温度升高时，沥青的黏滞度降低，矿料之间的黏结力削弱，导致强度与抗变形能力降低。因此，高温季节在行车荷载的重复作用下，路面易出现车辙、波浪、推移等质量病害。

提高高温稳定性，可采用提高黏结力和内摩阻力的方法。在沥青混合料中，增加粗矿料的含量，使粗矿料形成空间骨架结构，从而提高沥青混合料的内摩阻力。适当地提高沥青材料黏稠度，控制沥青与矿料的比值（油石比），严格控制沥青的用量，采用具有活性的矿粉以改善沥青与矿料的相互作用，就能提高沥青混合料的黏结力。

在沥青中掺入适量的天然橡胶、合成橡胶、聚乙烯等聚合物，也能获得比较好的高温稳定性。除了材料本身的性质外，结构效应对热稳定性也有一定影响，如沥青层的厚度和矿料尺寸等。由于轮胎的约束效应和基层、面层之间的摩阻力，薄层沥青呈现出比厚层沥青更高的承载力。如果选用的矿料尺寸与层厚尺寸相近，也可得到较高的稳定性。

我国以前评价沥青混合料的高温稳定性，一般是采用高温时的抗压强度和温度稳定性系数两项指标。目前，我国采用马歇尔试验的稳定度和流值来评价沥青混合料的高温稳定性。研究资料表明，马歇尔稳定度和流值指标与沥青混合料的高温稳定性有一定的相关性。同时，试验设备和方法较为简单，便于施工现场质量控制，因此马歇尔法被广泛应用。

但是，马歇尔稳定度和流值是一项经验性的混合料指标，它不能确切反映永久变形产生的机理，近年来国外有以蠕变试验取代它的趋势。沥青混合料在一恒定荷载作用下，变形随着时间不断增长的特性称为蠕变。蠕变试验既可以判断混合料的稳定性，指导混合料的组成设计，又可预估车辙量，为路面设计提供依据，因而得到许多国家的关注。

此外，还有采用维姆稳度、三轴试验等方法。三轴试验方法是一种比较完善的方法，它可以较为详尽地分析沥青混合料的组成与力学性质之间的关系，但这种试验的仪器和操作方法较为复杂，所以目前还未用于生产中。

（二）低温抗裂性

随着使用环境温度的降低，沥青的黏滞度增高，抗压强度增大，但变形能力降低，并出现脆性破坏现象。当气温下降，特别是温度急剧下降时，沥青层受基层的约束而不能收缩，产生很大的温度应力，若累计温度应力超过沥青混合料的极限抗拉强度，路面便容易产生开裂。裂缝往往出现在低温季节，无论是低温荷载裂缝、冻胀裂缝，还是反射裂缝都是在外因作用下沥青混合料低温发"脆"所致，而低温缩裂则是温度降低时内部应力所致。

影响沥青混合料低温开裂的因素很多，主要因素是沥青混合料所用的性质、当地气温状况、路基的类型、路面结构和层间结合状况。沥青混合料组成设计中，应选用稠度较低、温度敏感性低、抗老化能力强的沥青。在沥青中掺入适量的高聚物，也能大大提高沥青混合料的低温抗裂性能。对沥青混合料低温抗裂性采用开裂温度预估、变形对比和开裂统计法评定。

（三）耐久性要求

在自然因素的长期作用下，要想保证路面具有较长的使用年限，必须使沥青混合料具备良好的耐久性。耐久性差的沥青混合料，容易引起路面过早出现裂缝、沥青膜剥落、松散等质量问题。影响沥青混合料耐久性的主要因素有沥青的性质、矿料的矿物成分、沥青混合料的组成结构等。

沥青的性质与矿料的矿物成分，对耐久性的影响起着一定作用。沥青混合料组成结构，首先是沥青混合料的孔隙率，对耐久性也有很大影响。当孔隙率较大，且沥青与矿料黏附性差的混合料，在饱水后矿料与沥青黏附力降低，易发生剥落质量问题，引起路面早期破坏。

沥青路面的使用寿命还与混合料中的沥青含量有很大关系。当沥青用量较正常的用量减少时，则沥青膜变薄，混合料的抗变形能力降低，脆性增加。如果沥青用量偏小，将使混合料的空隙率增大，沥青膜暴露较多，因而老化速度加快，同时渗水性增大，促使水对沥青的剥落作用。在有条件的地方，也可在沥青混合料中掺加抗剥落剂，以提高矿料与沥青膜之间的黏结力，进而提高沥青混合料的耐久性。

我国过去规范曾采用水稳定性系数来反映耐久性。现在已改为马歇尔试验法，采用孔隙率（或饱水率）、饱和度（即沥青填隙率）和残留稳定度等指标来表示耐久性。

（四）抗滑性要求

高等级公路的发展，对沥青混合料的抗滑性提出了更高要求。沥青混合料路面的抗滑性与矿料的微表面性质、混合料的级配及混合料的用量等因素有关。为提高其抗滑性，在配料时应特别注意粗矿料的耐磨光性，应选择硬质有棱角的矿料。硬质矿料往往属于酸性石料，与沥青的黏附性较差。为此，在沥青混合料配料时，如采用当地产的软质矿料，必须在其中掺加外运的硬质矿料组成复合矿料和掺加抗剥落剂等措施。

国外有资料认为：在开级配沥青混合料中采用表面结构粗糙的矿料，最大颗粒粒径为 $9.5 \sim 12.5\text{mm}$，可获得最佳的抗滑性。沥青的用量对抗滑性影响非常敏感，沥青用量如果超过最佳用量的 0.5%，其抗滑系数明显下降。如果所用沥青混合料的稳定性不佳，路面易出现车辙和泛油现象，也会使抗滑性下降。

（五）抗疲劳性

抗疲劳性是沥青混合料抵抗荷载重复作用的能力。通常把沥青混合料出现疲劳破坏时的重复应力值称为疲劳强度，相应的重复作用次数称为疲劳寿命，而把可以承受无限次重复荷载循环而不发生疲劳破坏的应力值称为疲劳极限。从沥青混合料组成设计方面考虑，影响抗疲劳性能的主要因素有沥青的质量与含量、混合料的孔隙率、矿料的性质及级配。研究表明：最佳的疲劳寿命存在一个最佳的沥青含量。这个含量不仅与矿料的级配有关，而且与矿料的种类有关。通常它与最大混合料劲度所需的最佳含量相符，但比马歇尔稳定度所确定的最佳沥青含量稍大。混合料的疲劳寿命随孔隙率的降低而显著增长，密级配混合料比开级配混合料有较长的寿命。

（六）工作度要求

沥青混合料的工作度也称为施工和易性，指沥青混合料摊铺和碾压工作的难易程度。工作度良好的沥青混合料容易进行摊铺和碾压，施工速度快，施工质量好。影响沥青混合料工作度的因素很多，如当地气温、施工条件及混合料性质等。

从沥青混合料组成而言，影响工作度的因素首先是混合料的级配情况。如果粗细矿料的颗粒大小相差过大，缺乏中间尺寸的矿料，混合料容易分层层积；若细矿料含量太少，沥青层就不容易均匀地分布在粗颗粒表面；若细矿料含量过多，则拌和比较困难。此外，当沥青用量过少，或矿粉用量过多时，混合料容易变得疏松不易压实；反之，如果沥青用量过多，或矿粉质量较差时，则易使混合料黏结成团，不易摊铺。此外，沥青的等级、混合料中沥青用量等均可以影响混合料的工作度。

二、沥青混合料配合比设计步骤

沥青混合料配合比设计的主要任务是选择合格的材料、确定各种粒径矿料和沥青的配比。设计的总目标是确定混合料的最佳组成，使其满足路用各项性能要求。但由于沥青混合料是一种可变的相互矛盾的体系，当满足高温稳定性要求时，可能出现低温稳定性不足的问题；当采取一定措施满足低温稳定性时，却有可能对抗疲劳不利。到目前为止，还没有建立一个统一全面的指标体系，解决各种矛盾交叉的问题。因此，在沥青混合料组成设计中，应结合当地具体情况，抓住主要矛盾，求得相对比较合理的配比。

（一）矿料的最大粒径

各国对沥青混合料的最大粒径（D_{max}）同路面结构层最小厚度（h）的关系的有规定，一般规定为面层厚度的 0.5 倍以下。我国研究表明：随着 h/D_{max} 的增大，疲劳耐久性提高，但车辙量增大；相反，h/D_{max} 减小，车辙量随之减小，但耐久性降低，特别是当 $h/D_{max}<2$ 时，疲劳耐久性急剧下降。

为此，建议结构层的厚度 h 与最大粒径 D_{max} 之比控制在 $h/D_{max}\geqslant2$，尤其是在使用国产沥青时，h/D_{max} 更应接近 2。例如，最大粒径 30～35mm 的粗粒式沥青混凝土，其结构层厚度应大于 5～7cm；最大粒径 20～25mm 的粗粒式沥青混凝土，其结构层厚度应大于 4～5cm；最大粒径 15mm 的粗粒式沥青混凝土，其结构层厚度应大于 3cm。同样，最大粒径 30～35mm 的碎石沥青混凝土，其结构层厚度应大于 7～8cm。

施工经验证明：只有控制结构层厚度与最大粒径之比，才能使混合料拌和均匀，易于摊铺。特别是在压实时，易于达到要求的密实度和平整度，保证施工质量。

（二）矿料配合比设计

1. 确定矿料的级配曲线

根据理论曲线和实际使用情况的调查资料，确定既能保证具有一定密实度，又能保证稳定性的矿料级配范围。现在常用的矿料级配范围分为两大类：连续级配和间断级配。

（1）连续级配　连续级配是指矿料颗粒各级尺寸是连续的。连续级配又分为密级配与开级配两种。

密级配混合料，矿料级配曲线范围较小（见图 29-1），矿料中的矿粉及沥青用量较多，混合料压实后空隙率一般在 5% 以下。沥青与石料的黏聚力虽然较大，但因矿料中粗颗粒用量较少，粒料之间内摩阻力差，因而沥青混合料的高温稳定性差。

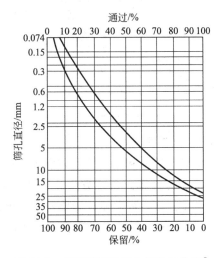

图 29-1　密级配沥青混合料级配曲线❶

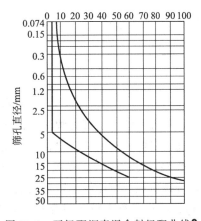

图 29-2　开级配沥青混合料级配曲线❶

---

❶　图 29-1 和图 29-2 中的曲线均分别表示密级配和开级配两种不同组成混合种的试验曲线。

开级配混合料，矿料级配曲线范围较大（见图 29-2），矿料中粗颗粒含量较多，混合料压实后空隙率一般在 5％以上，该级配组成的沥青混合料高温稳定性好，但因沥青用量少很容易渗水，只适用于做路面的底层。

（2）间断级配　间断级配是由粗颗粒、细颗粒石料和矿粉组成，不含或含有较少的中等粒径的砂料。因在混合料中用有较多的粗颗粒石料，保证了沥青混合料具有良好的骨架作用，同时又含有一定数量的细料和粉料，保证了沥青混合料具有较好的密实性和柔韧性，所以这种沥青混合料修筑的路面有较好的高温稳定性、低温抗裂性和耐久性。但是，由于这种混合料在配料、生产和施工中还存在一些技术难题，有待于进一步研究解决，目前尚未广泛应用。

2. 计算各种矿料的配比

选择符合质量要求的各种矿料，分别进行筛析试验，并测定各种矿料的相对密实度。根据各种矿料的颗粒组成，确定达到级配曲线要求时的各种矿料的配比。

矿料配比确定的方法有试算法、正规方程法、图解法等，其中图解法在工程中最为常用。

（1）图解法　图解又称矩形图解法。这种方法原则上适用于最大粒径不超过 25mm 的热拌沥青混合料的配合试验。这种试验的程序和方法详见如下所述。

① 首先根据工程设计确定混合料的种类，并在此混合料的级配范围内确定标准级配曲线，基本上多采用级配范围的中线。

② 把所使用的各种粒料分别进行筛析试验，求出它们各自的级配（包括填充料在内）。

③ 绘制标准级配和各种颗粒的级配曲线。首先在普通方格纸上画成矩形图，如图 29-3（a）所示，纵轴表示矿料通过百分率，横轴表示筛孔直径。连接对角线，即表示为标准级配曲线。根据选定的标准级配各筛通过百分率（一般可取级配范围的中值），在纵轴上取坐标引水平线与对角线相交，从交点引垂线与横轴相交的坐标，即表示相应各个筛孔的孔径。按上述所得的各筛孔径与各筛孔通过百分率的坐标位置，绘制各组成矿料的级配曲线，如图 29-3（b）所示。

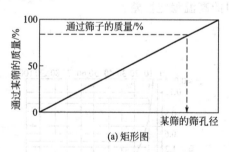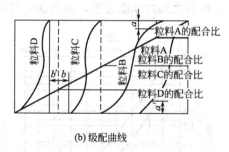

图 29-3　确定各组成矿料配比的图解法

（2）正规方程法　正规方程法可用于多种矿料组成设计，利用手算比较麻烦，但所得结果比较准确。目前，有些工程单位已利用电子计算机进行计算。正规方程法的基本思路是：设有 k 种矿料，各种矿料在 n 级筛析的通过百分率为 $P_i(j)$，欲配制在级配范围中值的矿质混合料，若矿质混合料任何一级筛孔的通过量 $P(j)$，它是由各种组成矿料在该级的通过百分率 $P_i(j)$ 乘以各种矿料在混合料中的用量 X_i 之和。即：

$$\sum P_i(j)X_i = P(j) \tag{29-1}$$

式中，i 为矿料种类，$i=1,2,\cdots,k$；j 为筛孔数，$j=1,2,\cdots,n$。

解这个方程组即可求得矿料配合比。

（三）确定沥青最佳用量

沥青最佳用量可以采用各种理论或半理论半经验公式计算，但是由于实际材料性质的差异，计算公式有很大的局限性，一般只能用作粗略估计沥青用量。由于沥青用量对沥青混合料，特别是密实型沥青混合料的性质影响很大，因此，沥青混合料的沥青用量一般均需要通过试验确定。

以矿料（包括粗骨料、细骨料和矿粉）总量为 100，沥青用量按其占矿料总重的百分率计。对一定级配的矿料而言，沥青用量则成为唯一的配比参数。为了确定级配，我国现行施工规范规定，沥青混合料的沥青最佳用量，采用马歇尔试验法确定。

马歇尔试验法是首先以已有经验初步估计沥青用量，以估计值为中值，以 0.5％间隔上下变化沥青用量，制备马歇尔试件不少于 5 组，然后在规定的试验温度及试验时间内，用马歇尔试验仪测定其稳定度、流值、密度，并计算其空隙率、饱和度和矿料间隙率。根据试验和计算所得的结果，编制成如表 29-10 所列的形式，或者分别绘制沥青用量与密度、稳定度、流值、空隙率、饱和度的关系曲线（见图 29-4）。

表 29-10　不同沥青用量的混凝土性能指标测试结果统计

测定指标	结果统计					
空隙率	×	×	▲	▲	×	▲
稳定度	×	×	▲	▲	▲	×
流值	×	×	▲	▲	▲	▲
沥青用量	6.5％	7.0％	7.5％	8.0％	8.5％	9.0％

注：表中▲表示满足要求；×表示不满足要求。

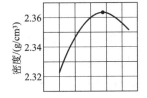 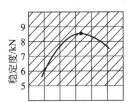 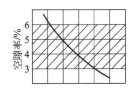

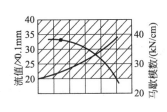 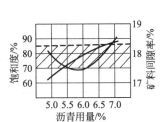 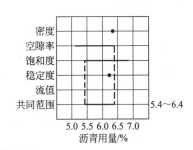

图 29-4　沥青混合料马歇尔试验结果分析

根据表中的试验结果表明，当沥青用量为 7.5％和 8.0％时，沥青混凝土的空隙率、稳定度和流值均满足要求，从经济的角度选用 7.5％为最佳沥青用量。

从图 29-4 中取相应于稳定度最大值的沥青用量为 a_1，相应于密度最大的沥青用量为 a_2，相应于规定空隙率范围中值的沥青用量为 a_3，求取三者的平均值作为最佳沥青用量的初始值 OAC_1，即：

$$OAC_1 = \frac{a_1 + a_2 + a_3}{3} \tag{29-2}$$

按最佳沥青用量初始值 OAC_1 在图 29-4 中求取相应的各项指标值，检验其是否符合表 29-11、表 29-12 中的技术标准，同时检验矿料间隙率（VMA）是否符合要求，如均符合要求，沥青用量初始值 OAC_1 则为最佳沥青用量。如果不符合要求，应调整级配，重新进行配合比设计马歇尔试验，直至各项指标均能符合要求为止。

表 29-11　沥青混合料马歇尔试验技术标准

试验项目	沥青混合料类型	高等级公路	一般公路
击实次数/次	沥青混凝土	两面各 75	两面各 50
	抗滑表层	两面各 50	两面各 50
稳定度/kN	Ⅰ型沥青混凝土	7.0	5.0
	Ⅱ型沥青混凝土、抗滑表层	5.0	4.0
流值/×0.1mm	Ⅰ型沥青混凝土	20～40	20～45
	Ⅱ型沥青混凝土、抗滑表层	20～40	20～45
空隙率/%	Ⅰ型沥青混凝土	3～6	3～6
	Ⅱ型沥青混凝土、	6～10	6～10
	抗滑表层沥青碎石	＞10	＞10
沥青饱和度	Ⅰ型沥青混凝土	70～85	70～85
	Ⅱ型沥青混凝土、抗滑表层	60～75	60～75
残留稳定度/%	Ⅰ型沥青混凝土	＞75	＞75
	Ⅱ型沥青混凝土、抗滑表层	＞70	＞70

表 29-12　沥青混凝土混合料的矿料间隙率（VMA）

骨料最大粒径/mm	37.5	26.0	19.0	13.0	9.5	4.75
VMA/%	≥12	≥13	≥14	≥15	≥16	≥18

对上述方法决定的最佳沥青用量，还应根据实践经验和公路等级及气候条件考虑下述情况进行调整。

（1）对于较热地区的高等级公路，预计可能产生较大车辙的情况时，可以在表 29-11、表 29-12 中的中限值与最小值范围内决定，但一般不宜小于中限值的 0.5%。

（2）对于寒冷地区的公路，最佳沥青用量可以在中限值与上限值范围内决定，但一般不宜大于中限值的 0.3%。

（四）水稳性与抗车辙能力的检验

按决定的最佳沥青用量制作马歇尔试件，进行浸水马歇尔试验或真空饱水马歇尔试验，检验其残留稳定度是否合格，如果不符合要求，应重新进行配合比设计。

按决定的最佳沥青用量制作车辙试验试件，在 60℃条件下用车辙试验检验动稳定度是否符合技术要求，如果不符合设计技术要求，应对矿料级配或沥青用量进行调整，重新进行沥青混合料配合比设计。

（五）抗滑表层的材料组成设计

路面的抗滑性能是确保行车安全、高速行驶的基本条件。近年来，随着我国高等级公路的快速发展，路面表层抗滑问题已引起工程技术人员的高度重视，有关科研和生产部门对此进行了研究，取得了重要成果。

防滑耐磨层的主要功能，除与面层一样具有抗车辙能力外，更应满足路面摩阻系数和纹理深度指标的要求，因此，要采用磨光值符合要求的矿料和合格的沥青。在矿料组成方面，国外学者一致认为：应采用开级配沥青混凝土，而且 75% 的粒料应介于 12.7mm 和4.76mm 之间，4.76mm 以下的矿料应尽量减少，使其内部有大量的空隙，表面水可在内部流动，并能使极少量的表面水在空隙内部暂时储存，这样就减少了高速行驶的车辆发生飘滑或滑溜的可能性。更重要的是，防滑层内部的空隙可以为轮胎与路表面之间的水分提供一个压力消减槽，这可以大大改善路面在潮湿状态时的抗滑性。

抗滑表层的材料组成设计，各国都有自己的经验和标准。英国和美国建议的矿料组成如表 29-13 所列。

表 29-13　国外抗滑磨耗层矿料组成

通过美国标准筛		1/2in[①]	3/8in	No. 4	No. 8	No. 10	No. 20	No. 40	No. 200
尺寸/mm		12.7	9.5	4.76	2.38	2.00	0.84	0.42	0.074
通过量/%	英国	100	90～100	30～40	17～23	—	—	—	0～5
	美国　1	100	90～100	30～35	—	0～22	—	0～12	0～5
	美国　2	100	90～100	30～40	17～23	—	—	—	3～5

① 1in=25.4mm。

根据我国当前沥青和矿料的供应情况及施工技术水平，建议防滑耐磨层的矿料组成为：粗骨料以 $(1/4 \sim 1)D_{max}$ 为主，一般占 2/3 左右的质量比，以提供良好的抗滑性和抗车辙能力；$D_{max}/4$ 以下的细料部分采用理想级配组成，以提高结构的稳定性和抗裂性。这样的组成仍有一定空隙，但渗水量大大降低，兼顾了各方面的要求。

（六）确定施工配合比

在实验室中确定沥青混凝土的配合比，其所用材料的各方面不会完全与现场的材料相同，因此必须经过现场试铺加以检验，当不符合设计要求时应做出相应的调整。最后选定技术性能符合设计要求，又保证施工质量的沥青混凝土的配合比，即确定的施工配合比。

第三节　沥青混凝土参考配合比

沥青混凝土混合料的矿料级配和沥青用量如表 29-14 所列，沥青混凝土参考配合比如表 29-15 所列，沥青砂浆典型配合比如表 29-16 所列，沥青胶参考用量配合比如表 29-17 所列。

表 29-14　沥青混凝土混合料的矿料级配和沥青用量

沥青混合料的类型			通过下列筛孔(mm)的质量百分率/%												沥青用量/%
			35	30	25	20	15	10	5.0	2.5	1.2	0.6	0.3	0.15	0.074	
粗粒式	LH-35	Ⅱ	95～100	—	75～95		55～75	40～60	25～45	15～35		5～18	4～14	3～8	2～5	4.0～5.5
	LH-30	Ⅱ		95～100	75～95		55～75	40～60	25～45	15～35		5～18	4～14	3～8	2～5	4.0～5.5
中粒式	LH-25	Ⅰ			95～100		—	60～80	50～65	35～50	25～40	18～30	13～21	8～15	4～9	5.0～6.5
		Ⅱ			95～100		—	50～70	30～50	20～35	13～25	9～18	6～13	4～7	3～5	4.5～6.0
中粒式	LH-20	Ⅰ				95～100	—	70～80	50～65	35～50	25～40	18～30	13～21	8～15	4～9	5.0～6.5
		Ⅱ				95～100	—	50～70	30～50	20～35	13～25	9～18	6～13	4～7	3～5	4.5～6.0

沥青混合料的类型		通过下列筛孔(mm)的质量百分率/%													沥青用量/%
		35	30	25	20	15	10	5.0	2.5	1.2	0.6	0.3	0.15	0.074	
细粒式	LH-15 I-1					95~100	—	70~80	55~60	40~50	30~40	21~28	12~20	6~10	6.0~7.5
	LH-15 I-2					95~100		55~70	40~55	30~40	20~30	16~21	10~15	5~9	5.5~7.0
	LH-15 II					95~100		35~55	25~40	18~30	12~20	8~16	5~10	4~8	5.0~6.5
	LH-10 I-1						95~100	75~80	55~65	50~60	30~40	21~28	12~20	6~10	6.0~8.0
	LH-10 I-2						95~100	55~70	40~55	30~40	20~30	16~21	10~15	5~9	5.5~7.5
	LH-10 II						95~100	35~55	25~40	18~30	12~20	8~16	5~10	4~8	5.0~6.5
砂粒式	LH-5 I							95~100	65~85	45~65	30~52	17~37	11~28	8~12	7.0~9.0

表 29-15 沥青混凝土参考配合比

沥青混凝土种类	粉料和骨料混合物/%	沥青用量(质量计)/%	沥青混凝土种类	粉料和骨料混合物/%	沥青用量(质量计)/%
细粒式沥青混凝土	100	8~10	中粒式沥青混凝土	100	7~9

表 29-16 沥青砂浆典型配合比

沥青混合料类型	混合料累计筛余率/%							沥青用量/%	沥青牌号
	5.00	2.50	1.25	0.63	0.315	0.160	0.080		
沥青砂浆	0	20~38	33~57	45~71	55~80	63~86	70~90	11~14	30号沥青、10号沥青或60号沥青、10号沥青混合

表 29-17 沥青胶参考用量配合比

沥青胶的用途	软化点/℃	配合比(质量比)/%			耐热性能/℃	
		沥青	石英粉	石棉	软化点	耐热稳定性
用于结构灌缝	75	100	80	5	95	40
	90	100	80	5	110	50
	110	100	80	5	117	60
用于隔离层	75	100	30	5	78	40
	90	100	30	5	97	50
	110	100	30	5	110	60
用于平面挤缝法铺砌块材	75	100	100	5	99	40
	90	100	100	10	123	60
	110	100	100	5	122	70
用于立面挤缝法铺砌块材	65	100	150	5	107	40
	75	100	150	5	112	50
	90	100	150	10	127	60
	110	100	150	5	135	70
用于灌缝法施工铺砌平面结合层	65	100	200	5	120	40
	75	100	200	5	147	50
	90	100	200	10	147	60
	110	100	200	5	147	70

第三十章　加气混凝土

加气混凝土又称发气混凝土，是一种通过发气剂使水泥料浆拌和物发气，产生大量孔径为 $0.5\sim1.5mm$ 的均匀封闭气泡，并经过蒸压养护硬化而成多孔型轻质混凝土，属于泡沫混凝土的范畴。

加气混凝土堆积密度小，保温隔热性能好，耐久性比较强。特别是混凝土内部含有大量的封闭型圆形微小孔，使混凝土的抗冻性特别好。我国加气混凝土制品的应用已有近 90 年的历史，在各类工业与民用建筑中得到广泛应用，并取得成功的经验。

第一节　加气混凝土的材料组成

加气混凝土的材料组成与普通水泥混凝土不同，主要由钙质原料、硅质原料、发气剂、稳泡剂、调节剂和防腐剂等组成。

(一) 钙质原料

加气混凝土中的钙质原料，主要有水泥、石灰等。这是加气混凝土中不可缺少的原则，起着非常重要的作用，因此钙质原料的质量必须符合有关标准的要求。

1. 钙质原料在混凝土中的作用

钙质原料在加气混凝土中的作用主要包括：①为加气混凝土中的主要强度组分水化硅酸钙（C-S-H）的形成提供氧化钙（CaO）；②为掺入混凝土的发气剂的发气提供碱性条件；③石灰和水泥在水化时均放出一定热量，可以提高料浆温度，加速料浆的水化硬化；④掺加水泥还可保证浇筑稳定、加速料浆的稠化和硬化、缩短预养时间、改善坯体和制品的性能。

2. 对水泥和石灰的质量要求

（1）对水泥的质量要求　加气混凝土对水泥的质量要求，根据加气混凝土的品种和生产工艺不同有所不同。当单独采用水泥作为钙质原料时，应当采用强度等级较高的硅酸盐水泥或普通硅酸盐水泥，因为这些水泥在水化时可产生较多的氢氧化钙 $[Ca(OH)_2]$。当水泥与石灰共同作为钙质原料时，可使用强度等级为 $32.5MPa$ 矿渣硅酸盐水泥、粉煤灰硅酸盐水泥和火山灰质硅酸盐水泥。

对水泥中的游离氧化钙含量可适当放宽，这种水泥经适蒸压养护后，游离氧化钙将全部水化，而且水泥的掺量不是很高，不会引起安定性不良。

在配制加气混凝土时，不宜用高比表面积的早强型水泥作为钙质原料，因为早强型水泥水化硬化过快，会严重影响铝粉的发气效果，使加气混凝土达不到设计要求。

（2）对石灰的质量要求　用于加气混凝土的石灰，其质量必须符合下列要求：①有效氧化钙（以与 SiO 发生反应的 CaO，简称为 ACaO）的含量大于 60%；②氧化镁（MgO）的含量应小于 7%；③采用消化时间 30min 左右的中速消化石灰，经细磨至比表面积 $2900\sim3100cm^2/g$；④为防止粉磨时产生黏结，可加入石灰量 0.3% 的三乙醇胺作为助磨剂。

（二）硅质原料

用于配制加气混凝土的硅质原料，主要有石英砂、粉煤灰、烧煤矸石和矿渣等。硅质原料的主要作用是为加气混凝土的主要强度组分水化硅酸钙提供氧化硅（SiO_2）。因此，对硅质原料的主要要求有：①二氧化硅（SiO_2）含量比较高；②二氧化硅（SiO_2）在水热条件下有较高的反应活性；③原料中杂质含量很少，特别是对加气混凝土性能有不良反应的氧化钾（K_2O）、氧化钠（Na_2O）及有机物等，应当严格加以控制。但是，对不同的硅质原料有不同的具体要求，它们的要求分别详见如下描述。

1. 石英砂

用于配制加气混凝土的石英砂，其氧化硅的含量应不小于 90%、氧化钠的含量应小于 2%、氧化钾的含量应小于 3%、黏土含量应小于 10%、烧失量应小于 5%；在 175℃水热条件下，其溶解度应不小于 0.18g/L，并随着水热温度的提高而提高；干磨粉细度要求 4900 孔/cm^2 的筛余小于 5%，湿磨粉细度的比表面积大于 3000cm^2/g。

通过有关加气混凝土生产厂家的试验和实践，配制加气混凝土所用砂的技术要求如表 30-1 所列。

表 30-1 加气混凝土对砂的技术要求

技术性质	细度	SiO_2	Na_2O	K_2O	Cl^-	黏土含量	烧失量	石子含量
具体要求	不限	>76%	<2.0%	<3.0%	<0.02%	<10%	<5.0%	不含

2. 粉煤灰

用于配制加气混凝土的粉煤灰，其质量标准应达到行业标准《硅酸盐建筑制品用粉煤灰》（JC/T 409—2001）中的Ⅰ级和Ⅱ级的要求，具体技术指标如表 30-2 所列。

表 30-2 加气混凝土用粉煤灰技术指标

序 号	技术指标名称	粉煤灰等级具体要求	
		Ⅰ	Ⅱ
1	细度（0.04mm 方孔筛筛余）/%	≤30	≤45
2	标准稠度需水量/%	≤50	≤58
3	烧失量/%	≤7	≤12
4	氧化硅（SiO_2）含量/%	≥40	≥40
5	三氧化硫含量/%	≤2	≤2
6	放射性	应当符合《建筑材料产品及建材用工业废渣放射性物质控制要求》（GB 6763—2000）中的规定	

3. 烧煤矸石

煤矸石是煤矿生产煤中的副产品，是一种含碳的岩土质物质。自然煤矸石经过自燃或人工燃烧后，煤矸石中的碳被燃烧剩下的物质称为烧煤矸石，其他化学成分与粉煤灰接近。

作为用于加气混凝土中的煤矸石，其技术要求可参照粉煤灰的技术指标，其中影响质量的关键指标是烧失量。如果煤矸石的烧失量高，这就表示煤矸石中未燃碳的含量高，将会严重影响加气混凝土的质量。

4. 矿渣

作为用于加气混凝土的矿渣材料，即用作水泥混合材的水淬矿渣，其具体质量要求主要包括化学成分和外观质量两个方面。

矿渣的化学成分为：氧化钙（CaO）的含量应大于 40%、氧化铝（Al_2O_3）的含量应在 9%～16% 范围内、硫（S）的含量应在 0.8%～1.6% 范围内、氯化物的含量应小于 0.02%，氧化钙（CaO）与氧化硅（SiO_2）的比值应大于 1（质量比）。

矿渣的外观要求是：颗粒应松散、均匀，其颜色呈淡黄色或灰白色，有一定的玻璃光泽，无铁渣。

（三）发气剂

发气剂是生产加气混凝土中不可缺少、极其关键的原料，它不仅能在浆料中发气形成大量细小而均匀的气泡，同时对混凝土的性能不会产生不良影响。对加气混凝土所用的发气剂曾进行过大量的试验研究，目前可以作为发气剂的材料主要有铝粉、双氧水、漂白粉等。考虑生产成本、发气效果、施工工艺等多种因素，在生产加气混凝土中采用铝粉作为发气剂是比较适宜的。

铝粉是加气混凝土最常用的发气剂，它是金属铝经细磨而制成的银白色粉末，其发气原理是金属铝粉在碱性 $[Ca(OH)_2]$ 条件下，与混凝土中的水（H_2O）发生置换反应产生氢气，其化学反应方程式如下：

$$2Al + 3Ca(OH)_2 + 6H_2O \longrightarrow 3CaO \cdot Al_2O_3 \cdot 6H_2O + 3H_2 \uparrow$$

由于金属铝的活性很强，为防止在生产、储存及运输过程中，铝粉与空气中的氧气发生化学反应生成氧化铝（Al_2O_3），因此要在磨细过程中加入一定量的硬脂酸，使铝粉表面吸附一层硬脂酸保护膜。

在拌制加气混凝土之前，首先通过烘烤法或化学法对铝粉进行脱脂处理。由于烘烤法容易使铝粉着火燃烧，对安全施工影响较大，在工程上很少采用。化学法脱脂是通过加入一些脱脂剂，使吸附在铝粉表面的硬脂酸溶解或乳化。常用的脱脂剂有平平加、合成洗涤剂、OP 乳化剂、皂素粉等，其掺量一般为铝粉质量的 1％～4％。

我国生产加气混凝土所用的铝粉技术标准，应当符合国家标准《球磨铝粉》（GB/T 2085.2—2007）和《加气混凝土用铝粉膏》（JC/T 407—2008）的要求中的规定，其具体要求如表 30-3 所列。

表 30-3　加气混凝土所用的铝粉技术标准

代　　号	细度 80μm 筛余/％	活性铝的含量/％	盖水面积/（m^2/g）	油脂含量/％
FLQ_1	<1.0	≥85	0.42～0.60	2.8～3.0
FLQ_2	<1.0	≥85	0.42～0.60	2.8～3.0
FLQ_3	<0.5	≥85	0.42～0.60	2.8～3.0

注：1. 活性铝含量为铝粉中能在碱性介质中反应放出氢气的铝占铝粉总质量的百分比。

2. 盖水面积是用水反映铝粉细度和粒形的指标，即 1g 铝粉按单层颗粒无间隙地排到水面上所能覆盖水面的面积。

常用铝粉发气曲线来综合评定铝粉的发气质量。用于加气混凝土的铝粉，一般要求在 2min 前发气比较缓慢，3min 后发气速度要快，80％以上的发气应在 3～8min 内完成。8min 后发气应很慢，16min 时发气应基本结束。对铝粉总的要求是：发气顺畅、速度适宜、气孔均匀，不使混凝土产生塌模，能获得优质坯体。

目前，市场上销售的铝粉用液体保护剂进行处理，即把铝粉制成铝粉膏作为发气剂。工程实践证明，铝粉膏的应用可以免去使用铝粉时脱脂的工序，而且容易均匀分散到浆体中。这种处理方法对铝粉的防氧保护效果较好，我国已有铝粉膏的行业标准，其具体技术要求如表 30-4 所列。

表 30-4 铝粉膏的技术要求

品　　种	代　号	固体分/%	固体分中活性铝的含量/%	细度(0.075mm筛余)/%	发气率/%			水分散性
					4min	16min	30min	
油剂型铝粉膏	GLY-75	≥75	≥90	≤3.0	≥50	≥80	≥99	无团粒
水剂型铝粉膏	GLS-70	≥70	≥85	≤3.0	≥50	≥80	≥99	无团粒
	GLS-65	≥65	≥85	≤3.0	≥50	≥80	≥99	无团粒

(四) 稳泡剂

加气混凝土料浆在发气之前是固-液两相系统，当铝粉在料浆中放出氢气以后料浆则变成固-液-气三相体系，形成的气泡是由液体薄膜包围着气体，体系内增加了许多新的表面。同时，石灰消化时放出的热量使料浆的温度上升，从而也使气泡受热膨胀，体系表面自由能急剧增大，此时体系极不稳定。

由于表面张力的作用，液体表面自动缩小，气泡很容易出现破裂；当小气泡合并成大气泡，大气泡上浮逸出，从而造成料浆沸腾而塌模。为减少以上现象的发生，在料浆配制时掺入适量的可以降低表面张力、改变固体润湿性的表面活性物质来稳定气泡，这类物质称为表面活性剂，也称稳泡剂。

稳泡剂加入混凝土后，表面活性剂的亲水基一端与水相吸，憎水基一端与水相斥而指向气体，这样表面活性剂就被吸附在气-液界面上，降低了气-液界面的表面张力。同时，由于表面活性剂能在液相表面形成单分子吸附膜，使液面坚固而不易破裂，从而达到稳定气泡的目的。

简单地说，凡是能增加泡沫稳定性，延长泡沫的寿命，有利于泡沫留存的外加剂均称为稳泡剂。工程实践和材料试验证明，只要具有下列作用之一的物质均称为稳泡剂：①能提高发泡体系黏度，提高液膜机械强度的；②能提高泡沫液膜弹性，使液膜在一定外力下不易破裂的；③能延续液膜排液速度的；④能增加液膜自我修复能力的；⑤能使气泡不溶于水的；⑥能增加气泡液膜双电层分子排列密度，增强分子间相互作用的；⑦能使气泡变得更加细小而均匀的。以上 7 种作用中，具备的性能越多，则这种稳泡剂的性能就越好。

我国生产的稳泡剂有蛋白质类、高分子化合物类和合成表面活性剂类等。在一般情况下，优先选用蛋白质类和高分子化合物类稳泡剂。在加气混凝土的配制中，常用的稳泡剂有氧化石蜡稳泡剂、可溶性油类稳泡剂和 SP 稳泡剂 3 种。

1. 氧化石蜡稳泡剂

氧化石蜡稳泡剂是石油工业的一种副产品，是以石蜡为原料，在一定温度下通入空气进行氧化，再用苛性钠加以皂化后，从而制得的一种饱和脂肪酸皂产品，其分子式为：$C_nH_{2n+1}COONa$（$n=5\sim22$）。氧化石蜡皂是一种棕色膏状体，可以溶于热水。

用于配制加气混凝土的氧化石蜡稳定剂，必须符合下列技术要求：①总脂肪酸含量为 $37\%\pm2\%$；②羧酸含量为 $22\%\sim24\%$；③羟基含量为 15%；④游离钙含量为小于 0.1%；⑤不皂化物含量为 5%。

由于氧化石蜡皂与碳起作用，因此不宜用于粉煤灰或煤矸石加气混凝土中。在配制加气混凝土时，应用水将氧化石蜡皂溶解成 $8\%\sim10\%$ 的溶液。

2. 可溶性油类稳泡剂

可溶性油类稳泡剂是用油酸、三乙醇胺和水，按照一定比例配制而成的稳泡剂。在工程中常用的比例为：油酸：三乙醇胺：水＝1：3：36。

纯油酸为无色油状液体，熔点16.3℃，沸点286℃（100mmHg），易溶于乙醇、乙醚、氯仿等有机溶剂中。配制可溶性油类稳泡剂的油酸是由油脂（植物油脂或动物油脂）经水解后而获得的含有18个碳原子的不饱和脂肪酸，其分子式为$C_{17}H_{33}COOH$。油酸为无色油状液体，冷却时可得到针状结晶。熔点为14℃，沸点为223℃，相对密度为0.895。

三乙醇胺别名为三羟基三乙胺是氨衍生物，带有氨的气味。在常温下为浅黄色或无色黏稠透明液体，能与水及醇互溶，微溶于乙醚，可吸收二氧化硫、硫化氢等气体。三乙醇胺具有弱碱性，其分子式为$N(C_2H_4OH)_3$，平均相对分子质量147.0～149.0。三乙醇胺的熔点为20～21℃，沸点为310℃，是一种无色黏稠液体，具有一定的吸湿性，在空气中变成黄褐色，溶于水、乙醇和氯气中。

3. SP稳泡剂

SP稳泡剂是一种棕褐色的粉状物质，具有可溶于水、易吸湿及略有油味等物理性能，对酸、碱和硬水均有较强的化学稳定性。SP稳泡剂中的皂苷含量一般大于60%，170～190℃，油分1%～2%。

在水泥混凝土中掺加SP稳泡剂后，不但可以很好地稳定气泡，还具有铝粉脱脂和抑制石灰消化等多种功能。尤其是其稳定气泡的功能要比以上两种稳泡剂好，完全可以达到生产加气混凝土的要求。

（五）调节剂

为了在加气混凝土生产过程中对发气速度料浆的稠化时间、坯体硬化时间等技术参数进行有效控制，使加气混凝土制品符合设计要求，往往要加入一些物质对上述参数进行调节，这类物质称为调节剂。在加气混凝土配制中常用的调节剂有纯碱、烧碱、石膏、水玻璃、硼砂和轻烧镁粉等。

1. 纯碱与烧碱

纯碱与烧碱是加气混凝土中最常用的两种调节剂，它们在混凝土中起到以下主要两种作用。

（1）增加铝粉中活性铝的含量，可以提高发气的速度 因为在铝粉加工的过程中，虽然用硬脂酸酯化对铝粉加以保护，但仍有部分铝粉被空气中的氧气氧化而形成氧化铝（Al_2O_3），从而会严重影响铝粉的发气效率。在加入烧碱（NaOH）后，将产生如下化学反应：

$$Al_2O_3 + 2NaOH \longrightarrow 2NaAlO_2 + H_2O$$

氧化铝（Al_2O_3）被氢氧化钠溶解后，内部的铝粉（Al）被暴露出来，立即与水发生反应则产生氢气（H_2）。

（2）激发矿渣、粉煤灰的活性 在料浆中掺有矿渣或粉煤灰时，纯碱（Na_2CO_3）和烧碱（NaOH）可以对矿渣、粉煤灰中的Si-O体结构起破坏作用，从而激发矿渣、粉煤灰的水化活性，提高加气混凝土制品的强度。

2. 石膏（$CaSO_4 \cdot 2H_2O$）

石膏也是生产加气混凝土制品中常用的调节剂，其在加气混凝土中主要起到以下3种作用。

（1）石膏是一种缓凝型调节剂，在混凝土中可以使水泥凝结硬化的速率变得比较缓慢，这样有利于气泡的形成。

（2）石膏在混凝土中参与水化反应，与铝酸三钙（C_3A）、氢氧化钙 $[Ca(OH)_2]$ 反应，生成对料浆稠化硬化和强度均有重要作用的水化硫铝酸钙。

（3）石膏在混凝土中可以对石灰的消化起抑制作用，控制料浆的碱度，从而达到调节发气速度的目的。

3. 水玻璃和硼砂

水玻璃（$Na_2O \cdot nSiO_2$）和硼砂（$Na_2B_4O_7 \cdot 10H_2O$）在加气混凝土中所起的作用是不同的。这两种调节剂的作用是不同的，水玻璃的主要作用是延缓铝粉发气速率，而硼砂的主要作用是延缓水泥水化凝结速率，从而延缓料浆的稠化、硬化速率。

掺加纯碱、烧碱、石膏、水玻璃和硼砂这几种调节剂的主要目的是使料浆的稠化速度与发气速度同步，避免出现"憋气"、"冒泡"、"沉缩"和"塌模"等影响料浆稳定性的现象。

4. 轻烧镁粉

轻烧镁粉是菱镁矿经 $800 \sim 850℃$ 煅烧时，形成以氧化镁（MgO）为主要成分的淡黄色粉末，在水热条件下，发生以下化学反应：

$$MgO + H_2O \longrightarrow Mg(OH)_2$$

以上化学反应固相体积增加近 1.9 倍，在生产配筋加气混凝土制品时，如果加入适量的轻烧镁粉可以增加加气混凝土蒸压时的膨胀率，在一定程度上可避免由于钢筋与混凝土的热膨胀率差引起的应力破坏。但加气混凝土的配料、配筋量与蒸压热工制度不同，这种热膨胀应力也不同，因此，在加气混凝土中掺加轻烧镁粉时，其掺量必须通过计算和试验确定。

（六）防腐剂

由于加气混凝土孔隙率高、碱度较低、抗渗性有效期短，钢筋加气混凝土制品中的钢筋很容易受到锈蚀。因此，在生产过程中应对钢筋的表面进行防锈处理，如在钢筋表面涂刷防腐剂。

目前，我国在加气混凝土工程上常用的钢筋防腐剂有："727"防锈剂、聚合物水泥防锈剂、西北-Ⅰ型防锈剂、沥青-硅酸盐防锈剂等。这些防锈剂的共同特点是：①对于钢筋有良好的黏结性，能牢固地黏附在钢筋表面上；②在加气混凝土的蒸压过程中，防锈剂涂层不会被破坏；③防锈剂的价格比较便宜。

第二节　加气混凝土配合比设计

加气混凝土的配合比设计是确保其性能和质量的关键，在进行配合比设计中，既要遵循一定的设计原则，还要对各种材料的用量进行认真计算。

（一）加气混凝土配合比设计原则

根据加气混凝土具有多孔轻质、强度不同、保温隔热、节省资源等特点，在进行加气混凝土配合比设计时，首先要考虑必须满足其表观密度和强度性能。在一般情况下，表观密度和强度是相互矛盾的两个指标：表观密度小、孔隙率大，其强度则低；表观密度大、孔隙率小，其强度较高。

在进行材料组成设计时，应在保证表观密度条件下，尽量提高固相物质（即孔壁物质）的强度。

（二）铝粉掺量的确定

铝粉是加气混凝土中的关键材料，影响加气混凝土中气泡形成、混凝土的表观密度和强度，应认真加以确定。加气混凝土的表观密度取决于孔隙率，而孔隙率又取决于加气量，加气量又决定于铝粉掺量，所以铝粉掺量是根据混凝土表观密度的要求确定的。在一般情况下，铝粉的掺量应由试验确定。

加气混凝土表观密度和孔隙率的关系如表 30-5 所列。

表 30-5　加气混凝土表观密度和孔隙率的关系

表观密度/(kg/m³)	500	600	700	800
孔隙率/%	75～80	70～75	65～70	60～65

铝粉的用量可按式（30-1）进行计算：

$$M_{Al} = \left[V - \left(\frac{\sum m_i}{d_i} + \rho_0 b \right) \right] \frac{k}{V_{Al} K} \tag{30-1}$$

式中，M_{Al} 为每米加气混凝土铝粉的用量，kg/m³；V 为加气混凝土的总体积，1000L/m³；m_i 为各种原料的用量，kg；d_i 为各种原料的密度，kg/m³；ρ_0 为加气混凝土的表观密度，kg/m³；b 为水料比；V_{Al} 为 1g 活性铝在料浆温度下的产气量，在标准状态下一般为 1.24L 氢气；k 为铝粉的利用系数，$k = 1.1 \sim 1.3$；K 为活性铝的含量，%。

（三）各种基本原料的配合比

确定各种基本原料的配合比，主要是保证材料在蒸压养护后化学反应形成的加气混凝土结构中孔壁的强度。孔壁强度决定于形成孔壁材料的化学组成和化学结构，孔壁材料的主要成分为水化硅酸钙和水石榴子石，而这些物质的强度又决定于其钙硅比和化学结构。

1. 钙硅比的确定

加气混凝土配制试验证明：在确定各种基本原料配比时，尤其是确定料浆中的钙硅比（CaO/SiO₂）和水料比是非常重要的。国内外材料试验研究表明：CaO-SiO₂-H₂O 体系及杂质影响下，水热反应生成物以 175℃ 以上的水热条件下，钙硅比（CaO/SiO₂）等于 1 时的加气混凝土制品强度可以达到最高。其中生成的水化硅酸钙中主要为结晶度较高的托勃莫来石，它的主要组成为 $C_4 S_5 H_5$，即 CSH（B）。但是，如果加气混凝土的蒸压温度过高（大于 230℃）和恒温时间过长，将会形成硬硅钙石，此时制品的强度不仅不会提高，反而会降低。

实际生产和试验研究表明，在进行加气混凝土配合比设计时，钙硅比应小不于 1，但应当随原料组成不同钙硅比有所区别。在一般情况下可按以下规定：①对于水泥-矿渣-砂系统，其钙硅比为 0.52～0.68；②对于水泥-石灰-粉煤灰系统，其钙硅比为 0.80～0.85；③对于水泥-石灰-砂系统，其钙硅比为 0.70～0.80。

2. 水料比的确定

加气混凝土的水料比大小，不仅会影响加气混凝土的强度，而且对其密度有较大的影响。水料比越小，加气混凝土的强度越高，且密度也随之增大。水料比的确定，同时还应考虑浇筑、发气膨胀过程中的流动性和稳定性。目前，在加气混凝土配合比设计中，尚未有确定水料比密度、强度、浇筑料流动性和稳定性之间关系的计算公式，在配料计算时，可参考表 30-6 选择适宜的水料比。

表 30-6　加气混凝土水料比选择参考

密度/(kg/m³) 加气混凝土原料	500	600	700
水泥-矿渣-砂	0.55～0.65	0.50～0.60	0.48～0.55
水泥-石灰-砂	0.65～0.75	0.60～0.70	0.55～0.65
水泥-石灰-粉煤灰	0.60～0.70	0.55～0.65	0.50～0.60

第三节　加气混凝土参考配合比

表 30-7 中列出了三种不同组成材料加气混凝土的配合比及热工性能，表 30-8 中列出了表观密度为 500kg/m³ 时加气混凝土的参考配合比，表 30-9 中列出了三种不同组成材料加气混凝土的配合比及抗冻性能试验结果，可供加气混凝土设计和配制时参考。

表 30-7　三种不同组成材料加气混凝土的配合比及热工性能

序　号	组 成 原 料	配 合 比	表观密度/(kg/m³)	热导率/[W/(m·K)]	传热系数/[W/(m²·K)]
1	水泥-矿渣-砂	20∶20∶60	540	0.110	9.2×10^{-4}
2	水泥-石灰-粉煤灰	18.5∶18.5∶63	500	0.095	8.3×10^{-4}
3	水泥-石灰-砂	15∶25∶60	532	0.100	8.4×10^{-4}

表 30-8　表观密度为 500kg/m³ 时加气混凝土的参考配合比

材 料 名 称	水泥-石灰-砂	水泥-石灰-粉煤灰	水泥-矿渣-砂
水泥/%	5～10	10～20	18～20
石灰/%	20～33	20～24	30～32(矿渣)
砂/%	55～65	—	48～52
粉煤灰/%	—	60～70	—
石膏/%	≤3	3～5	—
纯碱、硼砂/(kg/m³)	—	—	4，0.4
铝粉	7～8	7～8	7～8
水料比	0.63～0.75	0.60～0.65	0.60～0.70
浇筑温度/℃	35～38	36～40	40～45
铝粉搅拌时间/s	30～60	30～60	15～25

表 30-9　三种不同组成材料加气混凝土的配合比及抗冻性能试验结果

加气混凝土的配合比及品种	统计组数	对比试件		15 次冻融循环后结果	
		强度/MPa	均方差	强度损失/%	质量损失/%
水泥-矿渣-砂(20∶20∶60)	20	31.0	0.080	8.60	2.57
水泥-石灰-粉煤灰(18.5∶18.5∶63)	20	33.0	0.090	8.60	3.28
水泥-石灰-砂(15∶25∶60)	20	34.5	0.061	9.40	2.58

第三十一章　碾压混凝土

碾压混凝土是一种通过振动碾压施工工艺，使其达到高密实度和高强度的水泥混凝土，也是一种坍落度为零的干硬性水泥混凝土。碾压混凝土是一种近十几年发展起来的新型混凝土，它具有很多独特的性能，特别是未凝固之前其性能完全不同于普通水泥混凝土，而在凝固之后其性能又与普通水泥混凝土的性能非常接近。

碾压混凝土与普通水泥混凝土相比，不仅用水量少、稠度很低、节省水泥、耐久性好，而且施工速度快、养护时间短、养护费用低、干燥收缩小，从经济性的角度，与水泥混凝土路面相比，可减少工程费用 30％ 以上。在土木工程中主要用道路路面工程和水工坝体工程等。

第一节　碾压混凝土的材料组成

水利工程和公路工程中所用的碾压混凝土，其水泥用量较少并掺有一定量的粉煤灰。根据胶凝材料用量的多少，一般可以分为水泥固砂石碾压混凝土、高粉煤灰掺量碾压混凝土和干贫型碾压混凝土 3 种。

根据工程实践证明，碾压混凝土所用的原材料，与普通水泥混凝土没有很大的差别，主要由水泥、细骨料、粗骨料、掺合料、外加剂和拌和水按一定比例组成，但是在原材料的配合比例上有所不同。

一、水泥

水泥是水泥混凝土路面中最重要的组成材料，也是价格相对比较高的材料，其质量直接影响混凝土路面的弯拉强度、抗冲击振动性能、疲劳循环周次、体积稳定性和耐久性等关键物理力学性能和路用品质，必须引起高度重视，对水泥必须合理地加以选择。因此，在配制水泥混凝土时，如何正确选择水泥的品种及强度等级，将直接关系到水泥混凝土的耐久性和经济性。

碾压混凝土所用的水泥与普通水泥混凝土相同。凡是符合国家标准的硅酸盐系列的水泥均可应用。

（一）水泥品种的选择

一般来说，硅酸盐水泥、普通硅酸盐水泥、矿渣硅酸盐水泥、粉煤灰硅酸盐水泥和火山灰硅酸盐水泥等，均可用于配制普通水泥混凝土。由于不同混凝土的工程性质、所处环境及施工条件不同，对水泥性能要求也不尽相同。在满足工程要求的前提下，应选用价格较低的水泥品种，以节约工程造价。

在道路工程施工所用的材料中，我国与所有发达国家不同的一点是有特种道路硅酸盐水泥。我国颁布的国家标准《道路硅酸盐水泥》（GB 13693—2005）中的各项技术指标，基本上符合高速公路水泥混凝土路面使用技术要求。因此，特重、重交通公路更应优先选用旋窑生产的道路硅酸盐水泥，宜可采用旋窑生产的硅酸盐水泥和普通硅酸盐水泥；对于中等以下交通量的公路路面，也可采用矿渣硅酸盐水泥。其他混合水泥不得在混凝土路面中使用。

当贫混凝土和碾压混凝土用做基层时，可使用各种硅酸盐类水泥；当不掺用粉煤灰时，宜使用强度等级 32.5MPa 以下的水泥；当掺用粉煤灰时，只能使用道路硅酸盐水泥、硅酸盐水泥、普通硅酸盐水泥。水泥的抗压强度、抗折强度、安定性和凝结时间必须检验合格，符合国家的有关标准。

（二）水泥的技术性能

水泥进场时每批量应附有齐全的矿物组成、物理、力学指标合格的检验证明，使用前应对水泥的安定性、凝结时间、标准稠度用水量、抗折强度、细度等主要技术指标检验合格后，方可使用。水泥的存放期不得超过 3 个月。

根据行业标准《公路水泥混凝土路面施工技术规范》（JTG F30—2003）中的规定：对所用水泥的化学品质，特别是游离氧化钙、氧化镁和碱度的含量提出了明确要求；对水泥的安定性在蒸煮法的基础上，首次提出高速公路、一级公路要用雷氏夹进行检验。各级公路混凝土路面所用水泥的矿物组成、物理性能等路用品质要求，应符合表 31-1 中的规定。

表 31-1　各交通等级路面用水泥的矿物组成和物理指标

项　目	特重、重交通路面	中、轻交通路面
铝酸三钙	不宜大于 7.0%	不宜大于 9.0%
铁铝酸四钙	不宜小于 15.0%	不宜小于 12.0%
游离氧化钙	不得大于 1.0%	不得大于 1.5%
氧化镁	不得大于 5.0%	不得大于 6.0%
三氧化硫	不得大于 3.5%	不得大于 4.0%
碱含量	$Na_2O+0.658K_2O{\leqslant}0.6\%$	怀疑有碱性骨料时，≤0.6%；无碱性骨料时，≤1.0%
混合材种类	不得掺窑灰、煤矸石、火山灰和黏土，有抗盐冻要求时不得掺石灰、石粉	不得掺窑灰、煤矸石、火山灰和黏土，有抗盐冻要求时不得掺石灰、石粉
出磨时安定性	雷氏夹或蒸煮法检验必须合格	蒸煮法检验必须合格
标准稠度需水量	不宜大于 28%	不宜大于 30%
烧失量	不得大于 3.9%	不得大于 5.0%
比表面积	宜在 300~450m²/kg	宜在 300~450m²/kg
细度（80μm）	筛余量不得大于 10%	筛余量不得大于 10%
初凝时间	不早于 1.5h	不早于 1.5h
终凝时间	不迟于 10h	不迟于 10h
28 天干缩率[①]	不得大于 0.09%	不得大于 0.10%
耐磨性[①]	不得大于 3.6kg/m²	不得大于 3.6kg/m²

① 28 天干缩率和耐磨性试验方法采用《道路硅酸盐水泥》（GB 13693—2005）标准。

二、细骨料

骨料的品质是决定碾压混凝土质量的关键因素之一，在碾压混凝土中按体积计算骨料占 80%~85%，其中粗骨料占 60%~65%，所以对骨料的质量（尤其是粗骨料）进行严格的质量控制。

在现行的行业标准《公路水泥混凝土路面施工技术规范》（JTG F30—2003）中，砂按技术要求分为Ⅰ级、Ⅱ级、Ⅲ级，路面碾压混凝土用砂的技术要求应符合表 31-2

中的规定。

配制碾压混凝土的细骨料，其含水量要尽可能少，一般不宜超过 6%，否则应当采取脱水措施；细骨料的细度模数宜控制在 2.2～3.0 之间，人工砂的石粉（指粒径不大于 0.16mm 的颗粒）含量宜控制在 8%～17% 范围内。

表 31-2　路面用细骨料技术指标

项　目	技　术　要　求		
	Ⅰ 级	Ⅱ 级	Ⅲ 级
机制砂单粒级最大压碎指标/%	＜20	＜25	＜30
氯化物（按氯离子质量计）/%	＜0.01	＜0.02	＜0.06
坚固性（按质量损失计）/%	＜6	＜8	＜10
云母（按质量计）/%	＜1.0	＜2.0	＜2.0
天然砂、机制砂含泥量（按质量计）/%	＜1.0	＜2.0	＜3.0①
天然砂、机制砂泥块含量（按质量计）/%	0	＜1.0	＜2.0
机制砂 MB 值小于 1.4 或合格石粉含量②（按质量计）/%	＜3.0	＜5.0	＜7.0
机制砂 MB 值小于 1.4 或不合格石粉含量（按质量计）/%	＜1.0	＜3.0	＜5.0
有机物含量（比色法）	合格	合格	合格
硫化物及硫酸盐（按 SO_3 质量计）/%	＜0.5	＜0.5	＜0.5
轻物质（按质量计）/%	＜1.0	＜1.0	＜1.0
机制砂母岩抗压强度	火成岩不应小于 100MPa；变质岩不应小于 80MPa；水成岩不应小于 60MPa		
表观密度	＞2500kg/m³		
松散堆积密度	＞1350kg/m³		
空隙率	＜47%		
碱集料反应	经碱集料反应试验后，由砂配制的试件无裂缝、酥裂、胶体外溢等现象，在规定试验龄期的膨胀率应小于 0.10%		

① 天然Ⅲ级砂用作路面时含泥量应小于 3%；用作贫混凝土基层时可小于 5%。
② 亚甲蓝试验 MB 试验方法见有关内容。

三、粗骨料

路面碾压混凝土所用的粗骨料，应使用致密、质地坚硬、耐久性好、洁净的碎石、碎卵石和卵石，其表观密度应控制在 2.50g/cm³ 以上，吸水率应小于 1.5%。其他技术要求应符合表 31-3 中的规定。

表 31-3　碎石、碎卵石和卵石技术指标

项　目	技　术　要　求		
	Ⅰ 级	Ⅱ 级	Ⅲ 级
碎石压碎指标/%	＜10	＜15	＜20①
卵石压碎指标/%	＜12	＜14	＜16
坚固性（按质量损失计）/%	＜5	＜8	＜12
针片状颗粒含量（按质量计）/%	＜5	＜15	＜20②
含泥量（按质量计）/%	＜0.5	＜1.0	＜1.5
泥块含量（按质量计）/%	＜0	＜0.2	＜0.5
有机物含量（比色法）	合格	合格	合格
硫化物及硫酸盐（按 SO_3 质量计）/%	＜0.5	＜1.0	＜1.0
岩石抗压强度	火成岩不应小于 100MPa；变质岩不应小于 80MPa；水成岩不应小于 60MPa		
表观密度	＞2500kg/m³		
松散堆积密度	＞1350kg/m³		
空隙率	＜47%		
碱集料反应	经碱集料反应试验后，试件无裂缝、酥裂、胶体外溢等现象，在规定试验龄期的膨胀率小于 0.10%		

① Ⅲ级碎石的压碎指标，用作路面时应小于 20%；用作下面层或基层时可小于 25%。
② Ⅲ级粗骨料的针片状颗粒含量，用作路面时应小于 20%；用作下面层或基层时可小于 25%。

配制碾压混凝土的粗骨料最大粒径以不超过 80mm 为宜，同时不宜采用间断级配。粗骨料的磨耗率和磨光值、级配与公称最大粒径等，应符合现行的行业标准《公路水泥混凝土路面施工技术规范》（JTG F30—2003）中规定。

根据碾压混凝土配制施工中的实践经验，对于碾压混凝土骨料级配范围建议值，可参考表 31-4。

表 31-4　碾压混凝土的骨料级配范围建议值

最大粒径/mm	筛孔尺寸/mm								
	圆　孔						方　孔		
	40	25	20	10	5.0	2.5	0.60	0.30	0.15
	通过百分率（以质量计）/%								
20	—	—	90～100	50～65	30～40	21～35	10～20	7～15	5～10
40	90～100	65～77	—	35～50	25～40	19～32	10～20	7～15	5～10

四、掺合料

在碾压混凝土中掺加适宜的掺合料，不仅可以改善混凝土的性能，而且还可以降低工程的造价，配制碾压混凝土常用的掺合料有粉煤灰、硅灰和磨细（水淬高炉）矿渣等，它们的质量应符合下列要求。

（一）对粉煤灰的要求

粉煤灰是一种活性掺合料，掺在路面混凝土中，必须满足活性高的要求。首先，必须保证水泥混凝土路面的 28 天强度要求；而后利用其长期强度高的特点增加抵抗超载的强度储备，以利于延长路面使用寿命，保障水泥混凝土路面弯拉强度、耐疲劳性和耐久性。其具体使用要求主要有以下几项。

（1）在混凝土路面或贫混凝土基层中使用粉煤灰时，应确切了解所用水泥中已经加入的掺合料种类和数量。

（2）混凝土路面在掺用粉煤灰时，应掺用质量指标符合行业标准《公路水泥混凝土路面施工技术规范》（JTG F30—2003）中的规定，必须使用电收尘Ⅰ、Ⅱ级干排或磨细粉煤灰，不得使用Ⅲ级粉煤灰。贫混凝土、碾压混凝土基层或复合式路面下面层应掺用符合Ⅲ级以上或Ⅲ级的粉煤灰，不得使用等外粉煤灰。

（3）路面混凝土中使用粉煤灰必须有适宜掺量控制。在高速公路水泥混凝土路面中，应根据所使用的水泥种类而确定。当使用硅酸盐水泥时，粉煤灰的极限掺量不得大于 30％；当使用普通硅酸盐水泥时，允许有不大于 15％的混合材料，则粉煤灰掺量不应大于 15％。粉煤灰的极限掺量是水泥及外掺粉煤灰能够全部水化的最高掺量要求，同时也是路面抗冲、耐磨和耐疲劳性能的要求。

（4）粉煤灰进货应有等级检验报告，并宜采用散装干（磨细）粉煤灰。粉煤灰的储藏、运输等要求与水泥相同。

（二）对其他掺合料的要求

路面碾压混凝土中可以掺加适量的硅灰和磨细（水淬高炉）矿渣，其性能及使用要求等应符合《公路工程水泥混凝土外加剂与掺合料应用技术指南》（SHC F90-01—2003）中的规定，使用前应经过试验检验，确保路面混凝土的抗压强度、弯拉强度、工作性、抗磨性、抗冻性等技术指标全部合格，方可使用。

磨细矿渣本身具有自硬化能力，硅灰的水化反应速度极快。这两种掺合料均是配制高性能道路混凝土的必备原材料，配制碾压混凝土也可以采用。尤其是硅灰对混凝土有很强的促凝作用，虽然在路面混凝土中应用较少，但多用于桥面或桥梁主要构件和腐蚀性很强的混凝土结构，用来制作高强混凝土。

五、外加剂

配制碾压混凝土应根据实际情况掺加适宜和适量的外加剂，常用的有减水剂、早强剂、缓凝剂、阻锈剂等。尤其是混凝土中掺加适量的减水剂，可以改善混凝土拌和物的工作性，使振动碾压时干硬性混凝土比较容易地发生"液化"，从而大大缩短混凝土密实所需要的时间。碾压混凝土对减水剂的种类和减水率大小并无特殊要求，但在掺加较多量的掺合料时应进行适当的试验（如对减水率的影响等）。

碾压混凝土中无论掺加任何外加剂，必须进行对水泥和掺合料、几种外加剂之间的相容性进行试验。其检验方法要符合《公路工程水泥混凝土外加剂与掺合料应用技术指南》（SHC F90-01—2003）中附录 D 的规定，化学成分不适应和相容性不良者，不得用于实际工程中。

六、混凝土用水

配制和养护碾压混凝土所用的水，与普通水泥混凝土相同。其技术指标应符合《混凝土用水标准》（JGJ 63—2006）中的要求。

第二节　碾压混凝土配合比设计

碾压混凝土的配合比设计过程和方法，基本上类同于普通水泥混凝土，一般采用绝对体积法进行。但由于碾压混凝土具有坍落度很小、骨料用量大、水泥用量少等特点，因此，其设计方法既有与普通水泥混凝土相同之处，也存在着不少差别。一般可按照以下设计原则和步骤进行。

一、碾压混凝土配合比设计原则

在进行碾压混凝土配合比设计时，应当遵循以下设计原则。

（1）在满足碾压混凝土工作性和强度的前提下，为降低工程造价和提高耐磨性，应尽量增加骨料的用量。

（2）碾压混凝土拌和物应具有适合振动碾压的工作性，即要求振动碾压时不产生下陷现象，同时又有利于密实。

（3）应强调指出的是，碾压混凝土拌和物的工作性中，应特别注意混凝土拌和物的黏聚性。黏聚性决定于水泥用量、水灰比和砂率。如果混凝土拌和物的黏聚性不好，在运输和振动碾压时将产生严重离析。这种离析对混凝土的力学性能及其他性能（如抗冻性、抗渗性等）的影响，要比对普通水泥混凝土大得多。

碾压混凝土工作性的测定与普通水泥混凝土不同。普通水泥混凝土是用测定坍落度值进行控制，而对于干硬性的碾压混凝土必须用维勃稠度仪进行测定。对于坍落度为零的特干硬性混凝土，必须用改进型的维勃稠度仪进行测定。

（4）对于体积较大的混凝土工程，必须考虑到混凝土的水化热温升问题。

二、碾压混凝土配合比设计步骤

（一）设计依据和基本资料

为了搞好碾压混凝土的配合比设计，达到配比科学、配制容易、符合要求、施工方便、经济合理的目的，在正式进行配合比设计前，应按照有关要求收集设计依据和基本资料。

1. 配合比设计要求

碾压混凝土配合比设计要求，主要包括设计强度等级、强度保证率、抗渗性、抗冻性、其他方面的要求等。这些设计要求是进行碾压混凝土配合比设计的标准和依据，也是配合比设计所要达到的目标。

2. 施工与质量要求

碾压混凝土的施工要求和质量控制要求，是配合比设计非常重要的方面，直接关系到混凝土的施工难易和施工质量，主要包括混凝土的工作度（VC 值）、施工部位、粗骨料的最大粒径、混凝土的均方差和变异系数等。

3. 组成材料的情况

碾压混凝土组成材料的情况，即各种原材料的技术指标，这是影响混凝土质量的关键。主要包括：水泥品种、强度等级和其他技术指标；掺合料的种类、密度和其他技术指标；骨料的粒径、级配、表观密度、含水率和其他技术指标；外加剂的种类、性质、掺量、相容性和其他技术指标等。

（二）配合比设计参数的选定

碾压混凝土配合比设计参数的选定，主要包括水胶比、掺合料、用水量和砂率等。

1. 碾压混凝土水胶比的选定

根据设计要求的强度和耐久性，选定混凝土的水胶比。在水泥和掺合料用量一定的条件下，通过试验建立碾压混凝土水胶比与其 90d（或 180d）龄期强度的关系，再根据混凝土配制强度确定水胶比。式(31-1) 可供初选配合比时参考：

$$R_{90} = AR_{28}\left(\frac{C+F}{W} - B\right) \tag{31-1}$$

式中，R_{90} 为 90 天龄期混凝土的抗压强度，MPa；R_{28} 为水泥和掺合料 28 天胶砂强度，MPa；C 为混凝土中水泥的用量，kg/m^3；F 为混凝土中掺合料的用量，kg/m^3；W 为混凝土中的用水量，kg/m^3；A、B 为混凝土的回归系数，由试验确定，无试验资料时可参考表 31-5。

表 31-5　混凝土回归系数参考值

骨料类别	A 值	B 值	骨料类别	A 值	B 值
卵石	0.733	0.789	碎石	0.811	0.581

用于公路路面的碾压混凝土，在进行配合比设计时，对其强度的要求可参考表 31-6 和表 31-7 中的数值。

表 31-6　路面碾压混凝土设计指标参考值

变异系数	8	9	10	11	12	13	14	15
加成系数 k	1.07	1.08	1.09	1.10	1.11	1.12	1.13	1.14
配比 28 天强度/MPa	5.9	6.0	6.0	6.1	6.2	6.2	6.3	6.4

注：1. 按照重交通和特重交通路面混凝土设计基准抗折强度为 5.0MPa 计算。

2. 混凝土的抗折强度试验采用 15cm×15cm×55cm 棱柱体小梁试验。

表 31-7　碾压混凝土的强度指标

粗骨料的最大粒径/mm	20	配合的抗折强度/MPa	5.7(养生 7 天)
设计抗折强度/MPa	4.5(养生 7 天)	要求的混凝土密实度/%	96(空隙率为 4%)

2. 碾压混凝土的骨料级配范围

碾压混凝土的骨料级配范围,随着其最大粒径的不同而不同。在确定碾压混凝土的骨料级配时可参考表 31-8 中的建议值。

表 31-8 碾压混凝土的骨料级配范围建议值

最大粒径/mm	筛孔尺寸/mm								
	圆 孔						方 孔		
	40	25	20	10	5.0	2.5	0.60	0.30	0.15
	通过百分率(以质量计)/%								
20	—	—	90~100	50~65	30~45	21~35	10~20	7~15	5~10
40	90~100	65~77	—	35~50	25~40	19~32	10~20	7~15	5~10

3. 碾压混凝土掺合料的选定

碾压混凝土的掺合料,应当根据水泥品种、强度等级、掺合料品质、设计对碾压混凝土的技术要求和混凝土的使用部位等具体情况,根据同类工程的配合比经验,选择适当的掺合料的种类及掺量,必要时也可通过试验确定。

4. 碾压混凝土用水量的选定

碾压混凝土的用水量,应根据施工要求的混凝土拌和物的工作度（VC 值）和粗骨料的最大粒径（D_{max}），测定用水量-表观密度-抗压强度之间的关系,由试验选定最优单位用水量。配制试验证明,碾压混凝土中的用水量主要与骨料种类和最大粒径有关。在进行碾压混凝土试配时可参考表 31-9 中的数值。

表 31-9 碾压混凝土单位用水量参考值　　　　　单位:kg

拌和物稠度/s	卵石最大粒径/mm			碎石最大粒径/mm		
	10	20	40	10	20	40
15~20	175	160	145	180	170	155
10~15	180	165	150	185	175	160
5~10	185	170	155	190	180	165

5. 碾压混凝土砂率的选定

砂率对于碾压混凝土的强度和拌和物的工作性也有重要影响。试验研究表明,当用水量和胶凝材料用量不变时,随着砂率的不断增加,碾压混凝土拌和物的稠度也随之增加,反之则稠度减小。但当砂率小至一定程度时,如果再继续降低砂率,混凝土拌和物的稠度反而增加,其原因是当砂率小于砂浆不能填满粗骨料之间的空隙时,用维勃稠度测定的过程中,通过振动达到骨料之间的密实需要时间增长,也就是使砂浆泛到表面时间延长。

碾压混凝土砂率的选定,实质上就是在满足碾压混凝土施工工艺要求前提下,选择最佳砂率。碾压混凝土最佳砂率的评定标准为:①混凝土拌和物骨料分离现象很少;②在水胶比及用水量固定不变条件下,混凝土拌和物的工作度（VC 值）比较小;③混凝土的表观密度大、强度比较高。

碾压混凝土配合比试验表明:砂石料的品种不同,所用的砂率是不同的。当采用天然砂石料时,三级配碾压混凝土的砂率宜为 26%~32%,二级配碾压混凝土的砂率宜为 32%~34%;当采用人工砂石料时,砂率一般应比天然砂石增加 4%~6%。究竟采用何种砂率,也应当通过混凝土配制试验确定。

(三) 碾压混凝土配合比设计方法

碾压混凝土的配合比设计,实际上是确定水胶比、掺合料掺量、用水量和砂率这 4 个参数。由混凝土的 4 个设计参数和单位材料绝对体积为 1m³ 这 5 个条件，可以建立以下方程式，求解这些方程式可得到每立方米碾压混凝土中各组成材料的用量，其中用水量由试验选定最优用水量。

$$\frac{W}{C+F} = K_1 \tag{31-2}$$

$$\frac{F}{C+F} = K_2 \tag{31-3}$$

$$\frac{S}{S+G} = K_3 \tag{31-4}$$

$$W + \frac{C}{\rho_c} + \frac{F}{\rho_f} + \frac{S}{\rho_s} + \frac{G}{\rho_g} = 1000 - 10V_a \tag{31-5}$$

式中，K_1、K_2、K_3 分别为碾压混凝土的配合比设计参数；W 为碾压混凝土的用水量，kg/m³；C 为碾压混凝土的水泥用量，kg/m³；F 为碾压混凝土的掺合料用量，kg/m³；S 为碾压混凝土的砂用量，kg/m³；G 为碾压混凝土的石子用量，kg/m³；V_a 为碾压混凝土的含气量，%；ρ_c、ρ_f、ρ_s、ρ_g 分别为碾压混凝土中水泥、掺合料、砂和石子的表观密度，kg/L。

（四）试拌、调整和现场复核

碾压混凝土的试拌、调整和现场复核，与普通水泥混凝土相同。即试拌测定混凝土的工作度（VC 值），当不符合要求时进行适当调整，并对混凝土力学性能等进行复核。经过试拌、调整和现场复核后，最后确定碾压混凝土的配合比，经各方确认后提交工程使用。

碾压混凝土的试配，首先按初步计算的配合比，称出总量为 10kg 各种材料的用量，搅拌均匀后按规定测试其稠度。如果工作性不符合要求，可通过在砂率和水灰比不变的情况下，改变水泥浆量进行调整。经过试配调整后，还应考虑到细骨料和粗骨料中含水量对配比的影响，计算方法与普通水泥混凝土完全相同。

第三节　碾压混凝土参考配合比

表 31-10 中列出了部分碾压混凝土配合比设计参考值，表 31-11 中列出了 C20、C30 和 C40 三种典型碾压混凝土参考配合比，可供设计和施工中参考。

表 31-10　碾压混凝土配合比设计参考值

水泥种类	水灰比	砂率/%	单位粗骨料的体积/m³	单位体积材料用量/(kg/m³)							理论最大堆积密度/(kg/m³)
				水	水泥	砂	粗骨料		外加剂		
							10~13mm	13~15mm	减水剂	AE 剂	
普通水泥	0.35	43.9	0.75	105	300	956	646	626	1.80	0.24	2633
粉煤灰水泥	0.33	43.9	0.74	105	318	942	636	616	1.91	0.25	2617
中热水泥	0.35	43.9	0.75	105	300	959	648	627	1.80	0.24	2639

表 31-11　典型碾压混凝土参考配合比

碾压混凝土强度等级	稠度值/s	混凝土组成材料配比				
		水泥	粉煤灰	拌和水	石子	砂
C20	20~30	1	0.25	0.50	4.30	1.90
	10~20	1	0.20	0.55	4.10	2.00
	5~10	1	0.15	0.60	3.90	2.30

碾压混凝土 强度等级	稠度值/s	混凝土组成材料配比				
		水泥	粉煤灰	拌和水	石子	砂
C30	20~30	1	0.25	0.45	4.20	1.90
	10~20	1	0.20	0.50	4.00	2.10
	5~10	1	0.15	0.55	3.80	2.00
C40	20~30	1	0.15	0.40	4.20	2.00
	10~20	1	0.10	0.45	4.00	2.20
	5~10	1	0.05	0.50	3.90	2.10

注：C20 混凝土用强度等级为 42.5MPa 的普通硅酸盐水泥配制；C30、C40 混凝土用强度等级为 52.5MPa 的普通硅酸盐水泥配制。

参 考 文 献

[1] 赵志缙等编著. 新型混凝土及其施工工艺. 北京：中国建筑工业出版社，1986.

[2] 李立权. 混凝土工手册. 第三版. 北京：中国建筑工业出版社，2005.

[3] 冯乃谦编著. 流态混凝土. 北京：中国铁道出版社，1988.

[4] 曹文达，曹栋编著. 新型混凝土及其应用. 北京：金盾出版社，2001.

[5] 程绪楷主编. 建筑施工技术. 北京：化学工业出版社，2005.

[6] 悉尼，明德斯等著. 混凝土. 方秋清等译. 北京：中国建筑工业出版社，1989.

[7] 李继业编著. 新型混凝土实用技术手册. 北京：化学工业出版社，2005.

[8] 沈旦申编著. 粉煤灰混凝土. 北京：中国铁道出版社，1989.

[9] 张厚先，王志清主编. 建筑施工技术. 北京：机械工业出版社，2003.

[10] 吴中伟，张鸿直著. 膨胀混凝土. 北京：中国铁道出版社，1990.

[11] 程良奎编著. 喷射混凝土. 北京：中国建筑工业出版社，1990.

[12] 《建筑施工手册》编写组编. 建筑施工手册. 第二版. 北京：中国建筑工业出版社，1992.

[13] 陈肇元等编著. 高强混凝土及其应用. 北京：中国建筑工业出版社，1992.

[14] 王士川主编. 建筑施工技术. 北京：冶金工业出版社，2004.

[15] 雍本编著. 特种混凝土设计与施工. 北京：中国建筑工业出版社，1993.

[16] 雍本主编. 特种混凝土配合比手册. 成都：四川科学技术出版社，2003.

[17] 乔英杰，李家和等编著. 特种水泥与新型混凝土. 哈尔滨：哈尔滨工业大学出版社，1997.

[18] 傅温主编. 混凝土工程新技术. 北京：中国建材工业出版社，1996.

[19] 杨文浦，钱绍武编. 道路施工工程师手册. 北京：人民交通出版社，1997.

[20] 王政，战宁亭主编. 新型建筑材料. 哈尔滨：哈尔滨工业大学出版社，1996.

[21] 赵志缙，赵帆编著. 混凝土泵送施工技术. 北京：中国建筑工业出版社，1998.

[22] 杨伯科主编. 混凝土实用新技术手册. 长春：吉林科学出版社，1998.

[23] 高强与高性能混凝土委员会编. 高强混凝土工程应用. 北京：清华大学出版社，1998.

[24] 赵志缙，李继业等编. 高层建筑施工. 上海：同济大学出版社，1999.

[25] 李继业主编. 新型混凝土技术与施工工艺. 北京：中国建材工业出版社，2002.

[26] 卢循主编. 建筑施工技术. 上海：同济大学出版社，1999.

[27] 迟培云等编著. 现代混凝土技术. 上海：同济大学出版社，1999.

[28] 项橐行著. 冬季混凝土施工工艺学. 北京：中国建材工业出版社，1993.

[29] 买淑芳著. 混凝土聚合物复合材料及其应用. 北京：科学技术文献出版社，1996.

[30] 李继业主编. 道路建筑材料. 北京：科学出版社，2004.

[31] 沈威等编著. 水泥工艺学. 武汉：武汉工业大学出版社，1991.

[32] 张信鹏等编著. 耐腐蚀混凝土. 北京：化学工业出版社，1989.

[33] 中国建筑工业出版社编. 现行建筑材料规范大全. 北京：中国建筑工业出版社，1995.

[34] 李继业主编. 建筑装饰材料. 北京：科学出版社，2002.

[35] 雍本编著. 特种混凝土施工手册. 北京：中国建材工业出版社，2005.

[36] 文梓芸等主编. 混凝土工程与技术. 武汉：武汉理工大学出版社，2004.

[37] 李继业主编. 特殊性能新型混凝土技术. 北京：化学工业出版社，2007.

[38] 李继业主编. 特殊施工新型混凝土技术. 北京：化学工业出版社，2007.

[39] 李继业主编. 特殊材料新型混凝土技术. 北京：化学工业出版社，2007.

[40] 钟世云，袁华编著. 聚合物在混凝土中的应用. 北京：化学工业出版社，2003.

[41] 姚明芳主编. 新编混凝土强度设计与配合比速查手册. 长沙：湖南科学技术出版社，2000.

[42] 闫振甲，何艳君著. 泡沫混凝土实用生产技术. 北京：化学工业出版社，2006.

[43] 张国强主编. 土木工程材料. 北京：科学出版社，2004.

[44] 马保国编著. 新型泵送混凝土技术及施工. 北京：化学工业出版社，2006.

［45］谢洪学主编．混凝土配合比实用手册．北京：中国计划出版社，2002.

［46］李继业主编．现代工程材料实用手册．北京：中国建材工业出版社，2007.

［47］朱宏军等编著．特种混凝土和新型混凝土．北京：化学工业出版社，2004.

［48］刘新佳主编．建筑工程材料手册．北京：化学工业出版社，2009.

［49］李继业主编．混凝土配制实用技术手册．第二版．北京：化学工业出版社，2011.